내진설계 이야기

이론에서 실무까지

YouTube 강의
건축기사 연습문제
동영상 링크

김두기

도서출판
구미서관

머리말

이 책은 지진과 내진에 관한 기본 이론(1장 지진, 2장 내진설계란?, 3장 구조물의 지진 피해)과 내진설계의 실무(4장 지진하중, 5장 구조계획, 6장 연성, 7장 면진과 제진, 8장 비구조요소와 건물외구조물)로 구성되었다. 본문의 이해에 필요한 내용을 부록(용어, 기준과 지진 목록)에 실었으며, 관련 기사 및 공무원 기출문제를 연습문제로 첨부하였다. 또한 본문 내용을 유튜브와 홈페이지를 통해 공개하여 학습효과를 높이려 하였다.

일반 독자들을 대상으로 하는 교양서적을 목표로 집필을 시작했지만, 상대적으로 짧은 시간에 서둘러 집필하여, 내진전문가들을 위한 전문서적이 되어 버린 것 같다.

방대한 내용을 부족한 실력으로 어떻게 설명하고 마무리할 수 있을까 막막했지만, 주위 분들의 관심과 격려 덕분에 일단락을 지을 수 있게 되었다. 향후 꾸준한 보강을 통해 부족 부분을 채워 나가고자 한다.

국내 내진설계 불모지를 외롭지만 꿋꿋하게 개척해 온 선배님들께 큰 감사를 드린다. 그 분들의 헌신 덕분으로 감히 이 책자를 쓸 수 있었다. 마지막으로 책이 나오기 전까지 큰 도움을 주신 가족, 출판사, 연구실 분들께 큰 감사의 뜻을 전한다.

"소년이로학난성(*少年易老學難成*, 소년은 쉬이 늙고 학문은 이루기 어렵다) - 주자(南宋, 1127~1279)"

2024. 8.
공주대학교 천안공과대학
김두기 배상

목차

제2장 내진설계란?

제3장 구조물의 지진 피해

제4장 내진설계 지진하중

제5장 내진설계 구조계획

제7장 [내진설계] 면진과 제진

제8장 [내진설계] 비구조요소

제 1 장

지진

1.1 지진 발생

1.1.1 지구는 생명체!

지구를 축구공처럼 생긴 살아있는 커다란 생명체라고 생각해 보자. 지표면(서울)에서 지구 중심(핵)까지의 깊이가 약 6,370km이고, 이 깊이는 서울에서 부산까지 거리가 약 323km 이니, 서울과 부산을 왕복으로 대략 10번을 다녀올 거리로 굉장히 깊다. 말하자면 시속 170km 속도로 달리는 KTX로 쉬지않고 달리면 38시간(즉, 하루 반)이면 도착할 거리이다.

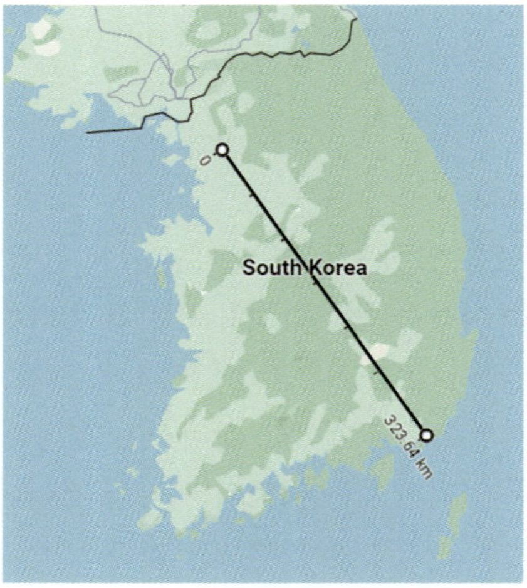

그림 1.1.1a 지구의 반경은 서울-부산간 거리의 약 20배이다.

지구 중심에는 약 5,400℃로 끓고 있는 단전(핵)이 있고, 그 둘레에는 고체가 고온과 고압에 녹아서 액체가 되어 사람의 피(맨틀)처럼 흐르고(즉, 대류하고) 있다. 우주의 온도는 거의 절대온도에 가까운 -270℃이므로, 맨틀의 겉표면은 우주의 절대온도에 식어 사람의 피부처럼 평균 30km 두께의 얇은 껍질(지각)이 되었다. 지구의 껍질(즉, 지각)은 지구반경의 1/200 배로 지구반경에 비해서는 매우 얇다. 사람의 관점에서 지각을 보면 우리나라에서 제일 높은 초고층빌딩인 롯데월드타워(123층, 높이 555m)의 약 12배에 해당한다. 세상에서 가장 깊은 구멍은 1989년 소련에서 지각을 연구하기 위해 콜라 반도(Kola Penisula, 북극과 가까운 지역)에 시추한 '콜라 수퍼딥 시추공(Kola Superdeep Borehole)'이다. 이 시추공은 약 12km 깊이이며, 15km 깊이가 시추의 목표였으나, 12km 시추 당시 100°C로 예측했던 지층내의 온도가 180°C까지 올라갔고, 15km 깊이에는 약 300°C가 될 것으로 예상되어 시추장비 문제로 중단하였다.

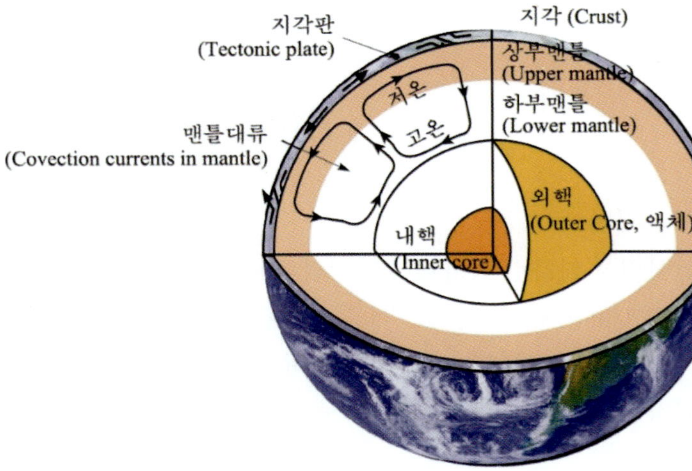

그림 1.1.1b 지구의 구조

1.1.2 탄성반발설

지진의 원인에 대해서는 다양한 학설이 있지만 크게 탄성반발설과 판구조론으로 나눌 수 있다. 46억살의 살아있는 지구는 동적평형을 유지하기 위해 늘 움직여야 한다. 만약 지구가 육체적으로 오랫동안 움직이지 않았다면 스트레칭을 하여 몸의 스트레스를 해소할 것이다. 이러한 지구의 생명 움직임이 지구에게는 살아있는 생명체로서 자연스런 일상이지만, 지구 위에 붙어 사는 매우 작은 인간에게는 재해와 재난일 것이다. 탄성반발설의 원리는 이와 유사하다.

'탄성반발설(elastic rebound theory)'은 단층면 내에 갇혀 있던 에너지가 갑자기 방출되어 지진이 발생한다고 보는 이론이다. 여기서 '단층(fault; 斷層 = 지층이 끊어져서 생긴 층)'이란 지각이 과거의 지각 변동에 의해 양쪽이 서로 엇갈린 면을 말한다. 1906년 샌프란시스코 대지진이 발생했을 때 미국 지진학자 해리 필딩 리드(Harry Fielding Reid)가 지각의 단층구조를 조사하여 지진의 원인을 규명한 이론이다. 지구 내부로 갈수록 온도와 압력이 증가하므로 단층운동에 의한 탄성반발설은 주로 지구 표면에 분포하는 암석에 한정된다. 따라서 탄성반발설은 진원(震源)이 지하 70km 이내인 천발지진(淺發地震, shallow earthauqke)에 적용된다.

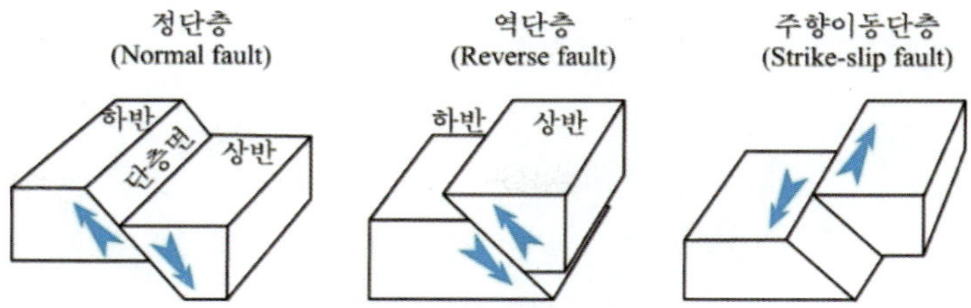

(a) 단층의 유형

(b)

(b)북미 San Andreas 단층

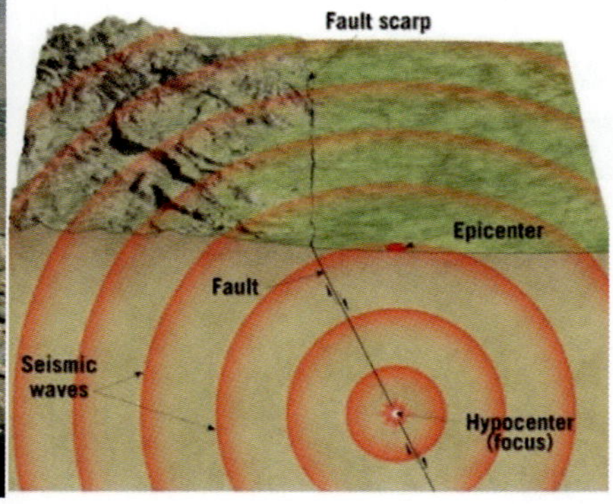

(c) 지진과 단층

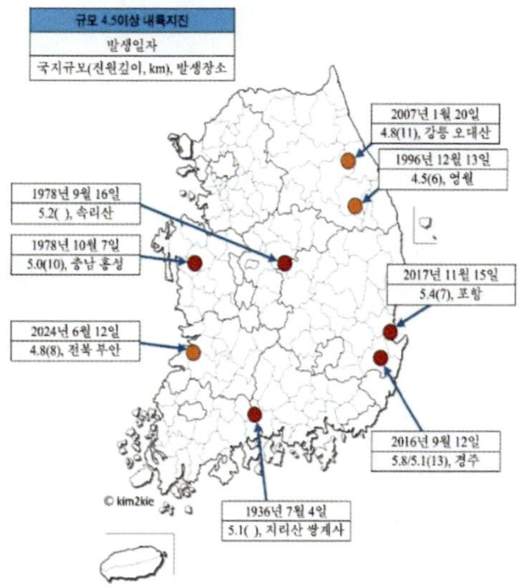

(d) 국내지진 진원과 진앙

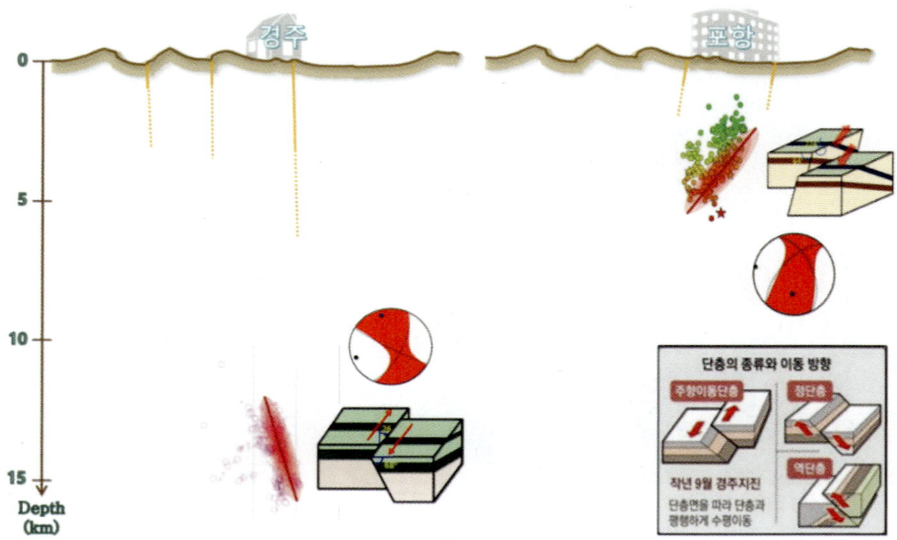

(e) 경주 지진(M_L 5.8, 2016) 및 포항 지진(M_L 5.4, 2017)

그림 1.1.2a 단층 유형과 지진 발생(용어: 단층, '진원(震源, hypocenter)', '진앙(震央, epicenter)')

(사진 출처: (b) www.britannica.com; (c) Pearson Education, Inc; (d) 김두기, 2021;

(e) 한국지질자원연구원(KIGAM) Geo-Data 통합 기반 지진원 정밀분석 기술자료)

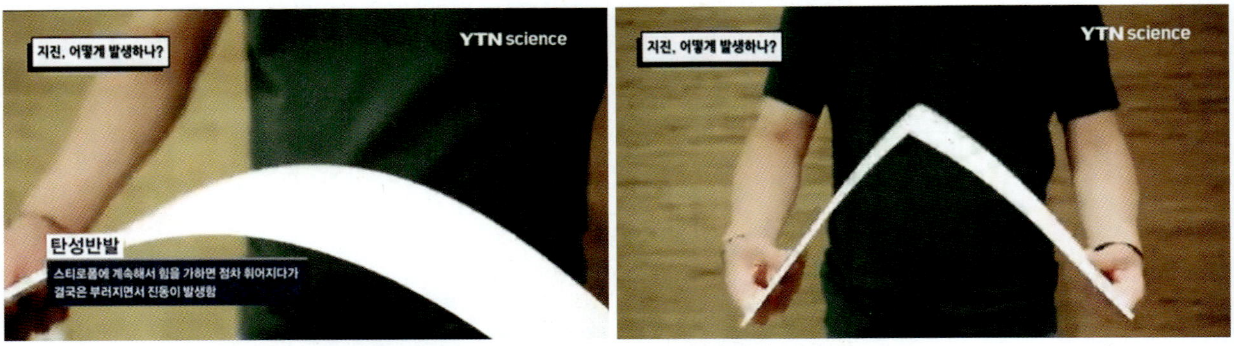

(a) 지진, 어떻게 발생하나 (출처: YTN 사이언스) [YouTube]

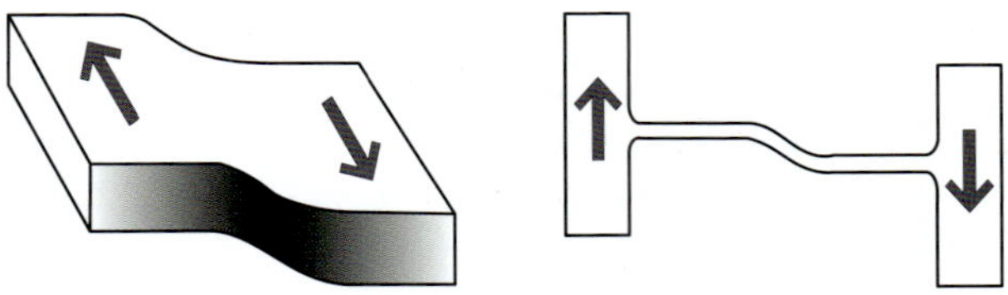

(b) 암석에서의 탄성에너지 축적

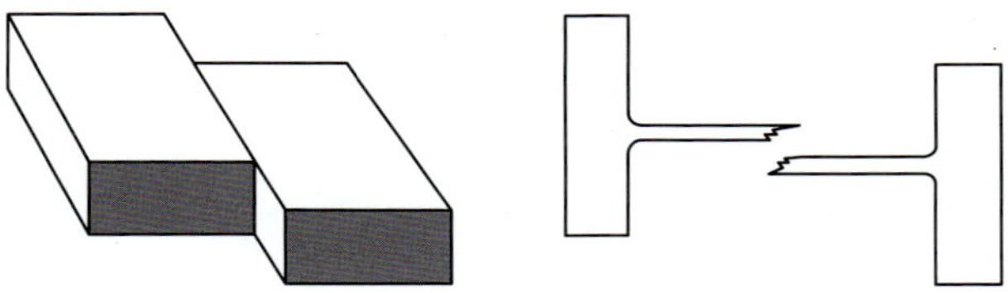

(c) 단층발생으로 인한 탄성에너지 방출

그림 1.1.2b 단층에 축적된 탄성에너지와 탄성반발설에 의한 지진 발생

(a) 맥사 테크놀로지의 대지진 전후 위성 자료를 보면 가지안테프주 누르다이 지역은 그야말로 땅이 찢어졌다. 2023.2.8 맥사 테크놀로지 [Animation]

(b) 미국 지질조사국(USGS)은 6일(현지시간) 튀르키예에서 발생한 강진으로 단층이 약 3.2m 이동한 걸로 분석했다. 2023.2.9 맥사테크놀로지 [Animation]

그림 1.1.2c 튀르기예(Turkey–Syria) 지진(M_w 7.8, 2023)으로 인한 단층이동

1.1.3 대륙이동설과 판구조론

탄성반발설에 근거하여 모든 지진들이 단층운동으로 일어난다는 설명에는 불충분한 면이 많다. 무엇보다도 지진이 단층운동으로 발생한다고 한다면 단층을 움직이는 힘은 어디에서 나오는가를 탄성반발설만으로는 설명할 수 없었다. 이를 설명하는 학설이 1910년대 제시된 대륙이동설을 근거로 1960년대 후반에 등장한 '판구조론(plate tectonics theory)'이다.

남미의 동부 해안선과 아프리카의 서부 해안선이 잘 들어맞는 현상은 과거부터 하나의 수수께끼로 제시되어 왔다. 1912년 독일 지질학자 알프레드 베게너(Alfred L. Wegener)는 이에 대한 설명으로 '대륙이동설(continental drift theory)'을 제시하였다.

지표면 아래에는 끓는 액체인 맨틀이 흐르고(즉, 대류하고) 있다. 이 흐르는 맨틀 위에 놓인 지각은 사람이 알아차리지 못할 정도의 매우 느린 속도(연간 수 cm)로 움직이고 있다. 대륙이동설에 따르면 3억 년 전에 대륙이 뭉쳐 판게아라는 하나의 초대륙이 만들어졌고, 판게아는 오랜 시간이 맨틀 위를 흐르면서 점차 분리되어 현재와 같은 7개 대륙으로 나뉘었다.

(a) 판게아(판 + 가이아 = 모든 + 땅, Pangaea)(출처: 위키피디아)

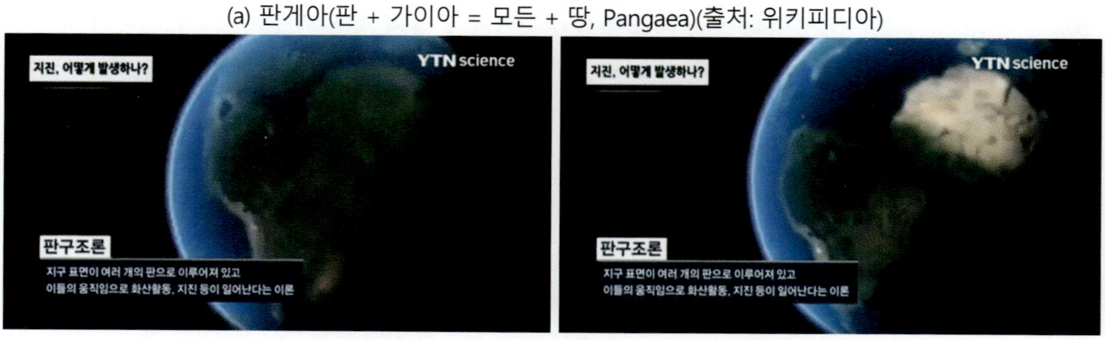

(b) 지진, 어떻게 발생하나 (출처: YTN 사이언스) [YouTube]

그림 1.1.3a 대륙이동설

이러한 대륙이동설이 원동력이 되어 1960년대 후반에 등장한 판구조이론은 현재까지 가장 성공적인 지구물리학 이론 가운데 하나로 인정받고 있다. 판구조론에 따르면 지각은 여러 개의 판으로 구성되어 지구 표면을 덮고 있고, 지구 내부 암석권에 있는 판이 제각기 이리저리 움직이면서 서로 충돌을 일으켜 지진이 일어난다. 지구 표층인 지각은 대륙지각에서는 35 km, 해양지각에서는 5~10km의 평균 두께를 갖는다. 이들은 6개의 큰 판 (유라시아판, 아프리카판, 인도판, 태평양판, 아메리카판, 남극판)과 몇 개의 작은 판 (필리핀판, 카리브판, 코코스판, 나스카판 등)으로 구성되어 있으며, 이들이 지구 내부에서 작용하는 힘에 의하여 연간 수 cm 정도의 속도로 서로 움직이고, 이에 따라 화산작용, 지진현상, 마그마의 형성, 습곡산맥 형성 등 각종 지각변동을 일으킨다.

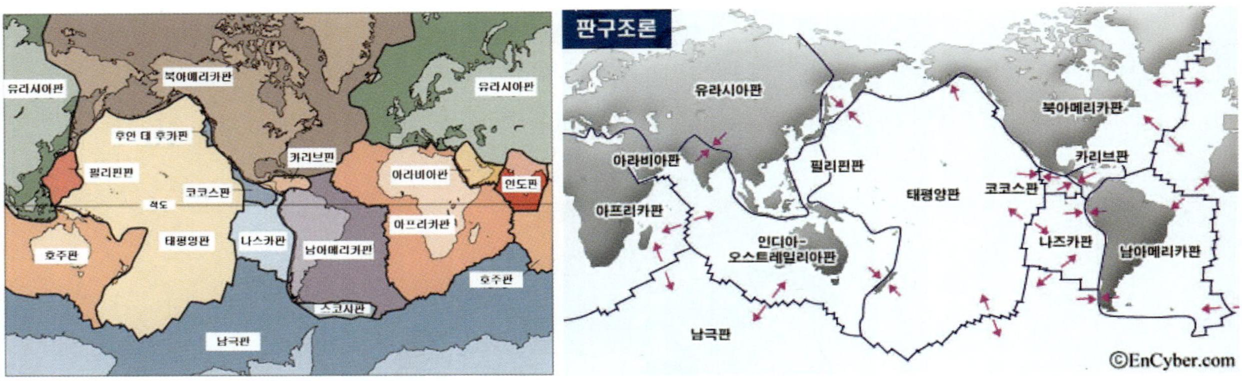

그림 1.1.3b 판구조 (출처: 우측, 두산백과사전)

지진이 발생하기 쉬운 지역은 보통 판경계(interplate) 부근이지만 판내부(intraplate)에서도 종종 지진이 발생하고 있다. 전 세계에서 방출되는 지진에너지의 거의 98% 정도가 '판경계(interplate)' 지진 활동이고, 나머지 2% 정도가 '판내부(intraplate)' 지진 활동에 의하여 방출된다. 다행히 우리나라는 이러한 판의 경계에서는 다소 떨어져 있어서 지진이 빈번히 발생하는 강진지역은 아닌 중약진지역이다.

다음 그림에 1963년부터1998년까지 발생한 358,214회 지진의 진앙 위치를 나타내는 지진활동도를 나타냈다. 여기서 '지진활동도(seismicity)'란 특정한 기간동안 어떤 지역에서 발생한 지진의 공간 분포를 의미하며, 대부분의 큰 지진들은 판경계에서 발생하는 것을 알 수 있다.

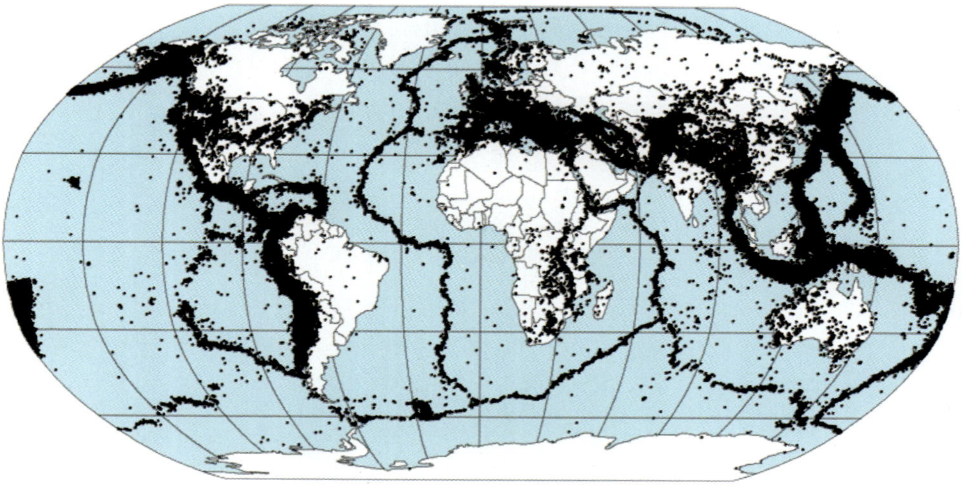

그림 1.1.3c 단층과 지진활동도(1963-1998, seismicity)
(출처: P.D. Lowman, Jr.와 B.C. Montgomery이 작성한 1963년부터1998년까지 발생한 358,214회 지진의 진앙 위치)

판과 판의 경계에서는 마그마가 분출하기도 쉽기 때문에 지진발생 빈번지역과 화산이 주로 발생하는 지역은 서로 유사하게 마련이다. 따라서 이 이론은 대규모 수평면 운동이 지진, 화산 및 조산현상의 원인임을 설명하였다. 일본의 지진은 대부분 태평양쪽에서 발생하고 있는데, 이것은 판경계지진으로 태평양판과 필리핀판이 유라시아판 밑으로 충돌 및 침강하고 있기 때문이다.

1.1.4 신화 속의 지진

근대 과학이 발전하기 전까지 사람들에게 지진은 도저히 설명할 수 없는 천재지변으로 여겼다. 이 때문에 세계의 다양한 문화권에서는 지진을 절대적인 힘을 가진 신이나 용과 같이 신비로운 존재와 연관 지어 생각하곤 했다.

고대 그리스 신화에서는 바다의 신 '포세이돈(Poseidon)'이 지진을 일으켰다. 난폭한 성격을 지닌 그는 화가 나면 삼지창으로 바다의 밑바닥을 내리치곤 했다. 이로 인해 바다에는 풍랑이 일고 육지에는 지진이 일어났으며, 사람들은 지진을 신의 분노로 여겼다.

그림 1.1.4a 포세이돈은 바다의 해일, 태풍, 지진, 화산 폭발을 일으키는 신이다.
(출처: 바다의 신 넵투누스, 18세기경, 캔버스에 유채, 파리 루브르 박물관 소장)

과거 일본에서는 지진이 거대한 메기 때문에 일어난다고 생각했다. 땅속 깊은 곳에는 난폭하고 커다란 메기가 살고 있는데, 평소에는 '가시마(かしま; 鹿島)' 또는 '다케미쓰치노카미(武甕槌神; たけみかづちのかみ)'라는 무신(武神)이 길쭉한 돌(요석, 要石; かなめいし)로 메기(鯰; なまず)의 머리를 눌러 제압하고 있었다. 그런데 이 신이 실수로 메기를 놓치면 그것이 마구 날뛰면서 지진을 일으켰다. 이에 당시 일본 사람들은 지진 피해를 막기 위한 일종의 부적 같은 의미로 집 안에 메기 그림을 걸거나 메기를 어항에 넣고 키우기도 했다.

그림 1.1.4b 에도(江戸)시대의 메기(鯰) 목각 판화(출처: 미상)
(위) 요석(要石)을 모시는 가시마신궁(鹿島神宮), (아래) 검을 들고 큰 메기를 억제하는 다케미쓰치노카미(武甕槌神)

뉴질랜드의 원주민중에서 마오리(Maori)족이라는 부족이 있다. 이 마오리족은 옛날부터 화산과 지진의 신이라는 '루아우모코(Ruaumoko)'의 상을 여기저기 만들어 두고 재앙을 내리지 않도록 제사를 지내면 빌었다. 마오리 신화에 따르면, 루아우모코는 대지의 어머니와 하늘의 아버지 사이에서 태어난 아이로서, 지하 세계의 신이다. 그의 움직임은 지진과 화산의 활동을 일으키며, 그의 이름 Ruaumoko는 '지하의 화산'이나 '지하의 불'을 의미한다.

그림 1.1.4c 루아우모코 - 화산과 지진과 계절의 신(출처: Otara Library 페이스북, 뉴질랜드)

중국과 일본 같은 문화에서는 지진을 자연 현상으로 이해했지만, 이를 특별한 예언의 징조나 운명의 일부로 해석하기도 했다. 결론적으로, 옛 사람들의 지진에 대한 생각은 그들의 문화적 배경과 지식 수준에 따라 다양했다. 즉, 현대의 과학적 이해와는 다르게, 그들은 자신들의 경험과 신화를 통해 지진을 해석했다.

1.2 지진 현상

1.2.1 흔들리는 지반

지진으로 지반에 발생하는 현상은 다음과 같다.

(1) 지반운동

지진에 의하여 지반이 진동하거나 흔들리는 현상으로 '지반진동(ground shaking)' 또는 '지진동(ground motion)'이라고 한다. 단층이 파열되면서 지진파가 방사되고 지반이 진동한다. 진동의 크기는 방출되는 진동에너지에 비례하고, 단층(fault) 또는 진앙(epicenter)과의 거리에 반비례한다. 일반적으로 지진이 발생한 위치인 진앙 근처에서 피해가 가장 심각하다.

그림 1.2.1(1) 실체파와 표면파(동영상 출처: infogenesisgr) [YouTube]

(2) 산사태 및 눈사태

지반의 전단강도 저하로 '산사태(land slide)'나 '눈사태(snow slide)'가 발생한다. 특히 지반 액상화가 진행될 경우에는 지반의 전단강도가 갑자기 저하가 되므로 이 현상이 발생하기 쉽다.

그림 1.2.1(2) 일본 이시카와현 노토지진(M_W 7.4, 2024) 시 발생한 산산태(동영상 출처: NBC News) [YouTube]

(3) 지반 액상화

지반 '액상화(liquefaction)'란 물로 포화된 느슨한 사질토 지반에 반복하중인 지진하중이 작용할 때, 지반의 간극수압이 증가함에 따라(즉, 과잉간극수압이 증가함에 따라) 유효응력이 감소하여 지반의 전단강도를 잃는 현상이다. 이러한 현상은 지진 시 유발되는 대표적인 지반공학적 현상이며 구조물에 많은 피해를 야기할 수 있다.

사질토 지반에 건설된 건물의 지진 시 액상화 현상을 모래 항아리를 통해 시험해 보자.

1. 항아리 A에는 모래만을 채우고, 항아리 B에는 모래를 채운 후 물로 포화시킨다.
2. 무거운 쇠막대기를 건물이라고 생각하고 항아리 A와 B의 모래 위에 꽂는다.
3. 손으로 두 항아리를 반복하여 흔든다.
4. 항아리 A의 막대기는 그대로이고, 항아리 B의 막대기는 서서히 가라앉으며 기울어진다. 항아리 B의 사질토에서 액상화가 발생한 것이다.

그림 1.2.1(3)a 물 위에 땅 뜬 듯...무서운 지반 '액상화'.. 일본의 해법은? (출처: MBC 뉴스) [YouTube]

니가타 지진 및 알래스카 지진에서는 액상화로 인한 건축물의 전도, 철로의 손상 등이 보고 되었다. 중약진 지역으로 지진에 대한 피해가 상대적으로 작을 것으로 평가되는 우리나라에서도 2017년 발생한 포항 지진 시 처음으로 액상화 현상이 관측되었다.

그림 1.2.1(3)b 니카타 지진(M_w 7.6, 1964)으로 발생한 지반 액상화로 인해 쓰러진 아파트(출처: 위키피디아)
니카타 지진은 일본에서 처음으로 지반 액상화현상이 보고된 지진이다.

그림 1.2.1(3)c 앵커리지 근방에서 발생한 알래스카 지진(M_w 9.2, 1964)은 북미 역사상 가장 강력한 지진이며, 1900년 이후 전세계에서 발생한 지진 중 두 번째로 강력한 지진이다(출처: U.S. Geological Survey).

그림 1.2.1(3)d 포항지진(M_w 5.4, 2017) 시 액상화
(출처: '지반 침하 부르는 액상화 현상 국내 첫 확인', KBS1 뉴스) [YouTube]

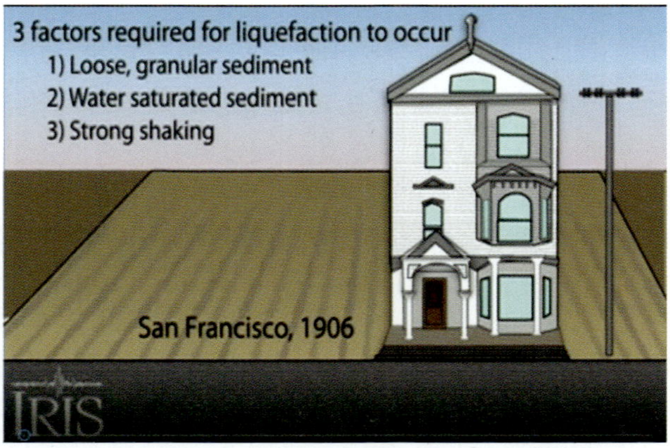

그림 1.2.1(3)e 샌프란시스코 지진(M_w 7.9, 1906) 시 액상화에 의한 건물의 붕괴
(출처: IRIS Earthquake Science) [YouTube]

(4) 지반 솟음과 지반 유동

지진으로 인하여 땅이 솟아오르고('지반 솟음(ground launching)') 유동하는('지반 유동(ground spreading)') 현상을 말한다. 바로 지반에서의 단층 활동이 지상으로 나타나는 가장 가시적인 현상이으로, 흔히 이것을 지진현상이라 한다.

그림 1.2.1(4) 아이티 지진(M_w 7.0, 2010) 시 항만 야적장에서 발생한 측방유동(출처: R.A. Green et al.,2011)

(5) 지반의 부등침하

지진은 건물에서 발생하는 지반 '부등침하(differential settlement)'의 직접적인 원인이 될 수 있다.

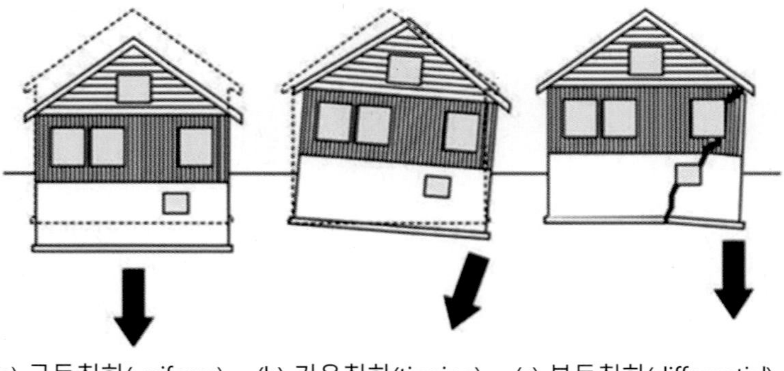

(a) 균등침하(uniform) (b) 기운침하(tipping) (c) 부등침하(differential)

그림 1.2.1(5) 침하의 종류(출처: https://dreamcivil.com/)

(6) 단층운동

'단층운동(fault movement)'은 구조물에 직접적인 영향을 준다. 이 현상은 지진의 결과라기 보다는 원인이라고 볼 수 있으며, 이 현상으로 선형구조물인 지중 파이프라인, 철도나 운하 및 댐에 치명적인 영향을 줄 수 있다.

그림 1.2.1(6)a 튀르키예 이즈미트 지진(M_w 7.6, 1999) 시 아나톨리아 단층을 가로지르는 곳에 위치한 철도의 일그러진 레일(출처: 아이쿠트 바르카)

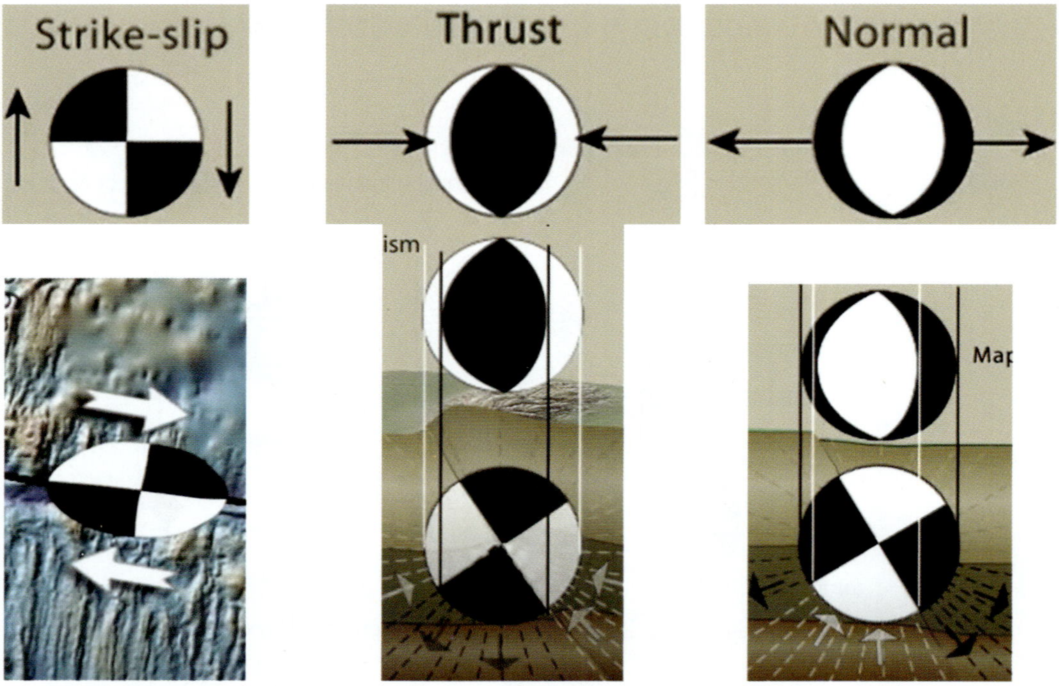

그림 1.2.1(6)b 발진기구(focal mechanism)과 비치볼(beach ball)의 지표면과 지중 형상 (출처: Focal Mechanisms Explained: What are those "beach balls"?) [YouTube]

(7) 쓰나미

지진으로 발생하는 해일을 '쓰나미(津波; 진파; Tsunami)'라 한다.

그림 1.2.1(7) 동일본 대지진(M_w 9.1, 2011) 시 미야코시를 강타한 쓰나미(출처: AFP 연합뉴스)

(8) 세이시

'세이시(Seiche; 프랑스어로 이리저리 흔들리다라는 뜻)'는 완전히 혹은 부분적으로 닫혀 있는 수역에서 만들어지는 정지파(standing wave)의 일종이다. 보통 호수, 저수지, 수영장, 만, 부두, 바다 등지에서 세이시 관련 현상을 볼 수 있다.

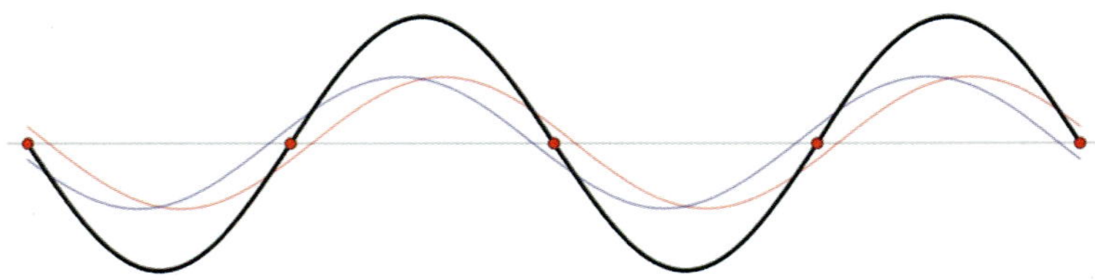

그림 1.2.1(8)a 검정색 정지파는 서로 반대 방향으로 진행하는 두 파(파랑색과 빨강색)의 합(출처: Wikipedia) [Animation]

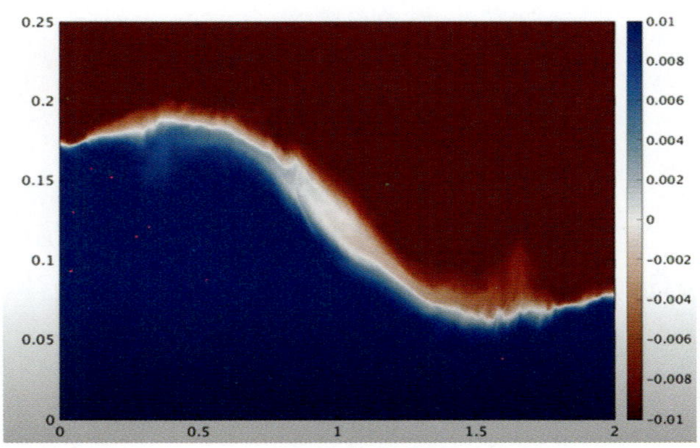

그림 1.2.1(8)b 2m 탱크에서 발생하는 세이시(출처: Youtube, Fluids_Group UW) [YouTube]

1.2.2 흔들리는 구조물

'재난(disaster)'은 '재해(hazard)'와 다르다. 재해로 사람이 다치거나 재산이 훼손 됐을 때만 재난으로 간주한다. 지진 그 자체에 의해서여러 가지 재난이 발생하지만, 인간이 만들어 놓은 시설물들에 의해서도 엄청난 피해를 입을 수 있다. 구조물에 파괴에 의해 발생하는 피해를 예로 들면 다음과 같다.

- 건물 및 기타 구조물의 붕괴
- 장식물, 파라펫, 외장재 등의 낙하로 인한 사고
- 댐의 파괴에 따른 홍수
- 가스파이프의 절단 등에 의한 화재 발생
- 가스, 유류탱크 및 기타 유해 화학물질의 폭발
- 원자력 발전소로부터의 방사능 물질의 누출

1.2.3 규모 = 지진에너지 크기

일반적으로 지진의 크기를 나타내는 척도(measure)로서 진도(intensity)와 규모(magnitude)라는 용어를 사용한다. '규모(規模, magnitude)'는 지진이 발생했을 때 지진파의 파동으로 방출된 총 에너지의 크기를 나타내는 척도이며, 지진계에 기록된 진폭(지진의 크기)을 진원의 깊이와 진앙까지의 거리 등을 고려하여 숫자로 나타낸다. 지진의 계측위치와는 관계없는 절대적 개념(또는 정량적 개념)으로 지진을 대표하는 크기이다.

(1) 리히터 규모

지진의 규모를 나타내는 규모 중에서 가장 오랫동안 일반적으로 사용된 규모이다.

1920년대 Wood(Harry O. Wood)와 Anderson(John A. Anderson)은 최초의 실용적 지진계인 Wood-Anderson 지진계를 발명하였고, 이 지진계를 사용하여 캘리포니아주에 지진관측망을 구성하였다.

1931년 와다찌(*わだち きよお*, Kiyoo Wadati)는 일본에서 발생한 여러 강진의 규모(M)를 다양한 진앙거리(Δ)와 진동의 진폭(A)을 로그 척도로 표시하였다.

1935년 캘리포니아공대 Richter(Charles Francis Richter)는 이 방법을 보완하였으며, 그의 동료 Gutenberg(Beno Gutenberg)가 Wood-Anderson 지진계로 수집한 지진데이터를 분석하여 강진의 규모를 정의하였다. Richter가 정의한 '리히터 규모(Richter local magnitude, M_L)'는 다음과 같이 진동의 최대 진폭(A)을 로그($\log A$)로 나타낸다.

$$M_L = \log A \tag{1.2.3a}$$

여기서 A는 표준지진계(즉, Wood-Anderson 지진계)로 진앙거리(Δ) 약 100 km에서측정한 지진의 최대진폭(μm)이다.

만약 계측위치의 진앙거리가 100 km가 아닌 임의의 위치에 지진계가 설치된 경우, 진앙거리가 증가함에 따른 지진 진폭의 감쇠를 다음처럼 지진계별로 보정하여 규모를 정의한다.

$$M_L = \log \frac{A}{A_0} \tag{1.2.3b}$$

여기서 A는 표준지진계(즉, Wood-Anderson 지진계)로 계측한 지진의 최대 진폭(μm)이며, A_o는 진앙거리 Δ(km)에 따른 보정 최대 진폭(μm)이다.

1956년 Richter는 지진규모와 지진에너지 크기와의 관계식을 발표하였다.

$$\log E = 11.8 + 1.5M_L \tag{1.2.3c}$$

또는 $$E = 10^{11.8+1.5M_L} \tag{1.2.3d}$$

여기서 E는 erg(= 10^{-7}N · m) 단위를 갖는 지진에너지의 크기이고, M_L은 리히터 규모이다. 이때 Gutenberg와 Richter는 리히터 규모를 여전히 그냥 '규모'라고만 불렀지만 둘이 개발한 또 다른 지진의 규모 척도인 표면파 규모(M_s)와 실체파 규모(M_b)와 구분하기 위하여 M_L이라는 약자와 함께 '국지규모(local magnitude)'로도 언급하기 시작했다. 규모를 나타내는 척도는 이외에도 모멘트 규모(M_w) 등이 있으며, 1983년 캘리포니아공대 가나모리(かなもり ひろお, Hiroo Kanamori)는 모멘트 규모도 상기 식을 사용할 수 있다고 발표하였다.

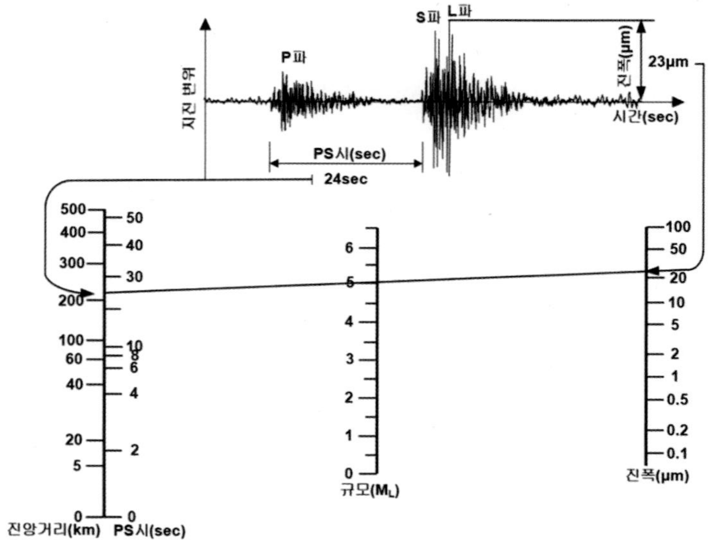

그림 1.2.3a 규모와 리히터 규모의 결정방법

[예제]

일반적으로 지진에너지를 원자폭탄의 위력과 비교하곤 한다. 히로시마 원자폭탄의 위력을 지진 규모로 나타내라. 여기서 히로시마 원자폭탄은 TNT 폭팔물 약 16 kton의 위력을 가지며, 우라늄 235(^{235}U) 약 0.7 g이 에너지로 변환되었다.

(풀이)

TNT 1 ton은 약 4.18×10^{16} erg의 에너지로 변환되므로, 에너지로 환산하면 다음과 같다. 여기서 에너지 단위 1 erg는 1×10^{-7} J이다.

1) TNT 16 kton 에너지

$$E = (16 \times 10^3 \text{ ton}) \times (4.18 \times 10^{16} \text{ erg/tonf}) = 6.7 \times 10^{20} \text{ erg}$$

2) ^{235}U 0.7 g 에너지

$$E = mc^2 = 0.7 \text{ g} \times (29{,}979{,}245{,}800 \text{ cm/s})^2 = 6.3 \times 10^{20} \text{ erg}$$

3) 규모 6.1 에너지

$$E = 10^{11.8+1.5M_L} = 10^{11.8+1.5\times6.1} = 8.9 \times 10^{20} \text{ erg}$$

따라서 히로시마 원자폭탄의 위력을 지진에너지로 환산하면 리히터 규모 6.1에 해당한다.

$$M_L = \log\frac{A}{A_0} \qquad (1.2.3b)$$

$$E = 10^{11.8+1.5M_L} \qquad (1.2.3d)$$

식 (1.2.3b)를 참고하면 리히터 규모(M_L) 1이 증가할 때마다 지진파의 진폭(A)이 10배 증가하지만, 식 (1.2.3d)를 참고하면 리히터 규모(M_L) 1이 증가할 때마다 지진에너지의 크기(E)는 가 $10^{1.5}$배(약 32배) 증가한다.

규모의 표시는 아라비아 숫자로 소수점 첫째 자리까지 표시한다(예: 규모 5.4). 일반적으로 더 큰 지진에너지는 더 오랫동안 지속되고 더 넓은 지역까지 지진에너지가 방출된다.

[예제]

규모 6.0의 지진에너지는 규모 5.0의 지진에너지의 몇 배인가?

(풀이)

규모가 0.2만큼 증가할 때 지진에너지는 약 2배 증가한다. 규모가 1.0만큼 증가한다는 것은 0.2씩 5번 증가하므로, 약 32배(즉, 2배 × 2배 × 2배 × 2배 × 2배 = 32배) 증가한다.

규모 0.2 + 규모 0.2 + 규모 0.2 + 규모 0.2 + 규모 0.2 = 규모 1.0

2배 × 2배 × 2배 × 2배 × 2배 = 32배

[예제]

1978년 홍성지진의 리히터 규모는 5.0이었고, 2017년 포항지진의 리히터 규모는 5.4이었다.

이 두 지진의 에너지 방출량의 차이를 계산하라.
(풀이)
규모 5.0과 5.4는 0.4만큼의 차이가 있다. 규모가 0.2만큼 증가할 때 지진에너지는 약 2배 증가하므로, 다음과 같이 에너지 방출량 차이가 4배임을 계산할 수 있다.

규모 0.2 + 규모 0.2 = 규모 0.4

2배 × 2배 = 4배

리히터 규모가 로그 척도를 사용하는 이유는 규모를 인간적인 범위 내에서 쉽게 이해할 수 있기 때문으로 이해해야 한다. 즉, 10~1,000,000을 상용로그(즉, 밑이 10인 로그)를 사용하여 나타내면 1~6(즉, $\log 10 \sim \log 10^6$)으로 손가락의 개수인 5 또는 10보다 작은 수로 에너지 크기를 나타낼 수 있기 때문이다.

(2) 국내의 규모 산정식

Richter가 처음 세웠던 캘리포니아 표준지진($M_L = 0, A = 0.001\ \mu\text{m}, \Delta = 100\ \text{km}$)에 기반한 보정($A_0$)을 캘리포니아 외 다른 지역에서도 비슷한 값이 나오도록 보정하여야 한다. 따라서 초기 리히터 규모 경험식의 A_0 대신 각 지역별로 보정 리히터 규모 경험식이 제시되었다.

일본과 한국의 기상청에서는 사용하는 지진규모 산정식은 깊이 70km 이하의 천발지진의 규모결정에 사용되는 1954년 동경대학 쓰보이(Chuji Tsuboi)가 제시한 경험식을 사용한다.

$$M_L = \log A + 1.73 \log \Delta - 0.83 \qquad (1.2.3\text{d})$$

여기서 A는 지진계로 계측한 지진의 최대 진폭(μm)이며(즉, 최대 수평성분으로 2방향 수평성분의 합성값이며), Δ는 진앙거리(km)이다. 이 경험식에는 캘리포니아 표준지진에 기반한 보정인 A_o 대신 진앙거리(Δ)가 경험식에 직접 사용된 것을 알 수 있다.

[예제]
진앙거리 180km 인 지진파 기록에서 S파 최대 진폭은 M_{NS}(남북방향)= 6mm M_{EW}(동서방향)= 8mm이며 그 주기가 0.25초일 경우에 리히터 규모 M_L을 계산하라. (단, 지진계의 증폭비는 3~5 Hz의 진동에 대하여 15,000배이다)
(풀이)
$A = \sqrt{6^2 + 8^2} \times \frac{1{,}000}{15{,}000} = \frac{2}{3}\ \mu\text{m}, \Delta = 180\ \text{km}$이므로
이들을 식(1.2.3d)에 적용하면 다음과 같다.
$M_L = \log A + 1.73 \log \Delta - 0.83 = \log \frac{2}{3} + 1.73 \log 180 - 0.83 = 2.9$

(3) 기타 규모

국지규모는 600 km 이내의 진앙거리를 갖는 천발지진에 대해 현재까지도 사용되고 있다. 그러나 규모 8이상의 초대형지진에 대해 국지규모는 규모를 실제보다 과소평가하는 경향이 있다. 규모를 산정하는 방법에 따라 수치적인 최댓값을 가지며 이 한계를 규모의 '포화수준(飽和水準, saturation level)'이라 한다. 다음 그림에 규모의 유형에 따른 포화수준을 나타냈다.

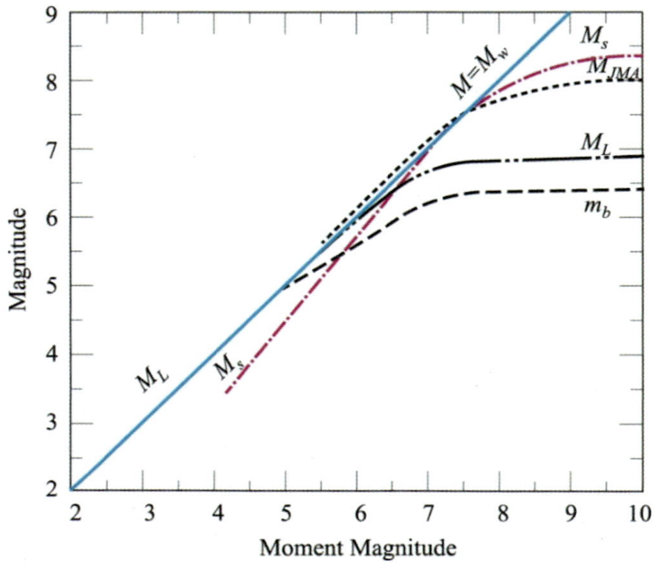

그림 1.2.3b 규모와 포화수준(saturation level)(출처: Idriss, 1985; Kramer, 1996)

M_w = 모멘트 규모(moment magnitude) M_L = 리히터 규모(Richter local magnitude)

M_s = 표면파 규모(surface wave magnitude) m_b = 실체파 규모(short-period body wave magnitude)

M_{JMA} 또는 M_j = JMA 규모(Japanese Meteorological Agency magnitude)

1.2.4 진도 = 지반진동 크기

(1) 진도의 정의

특정 지진의 절대적인 지진에너지 크기를 나타내는 지진 규모와 달리, '진도(震度, intensity)'는 특정 지역의 흔들리는 정도를 나타내는 강도나 세기를 분류하는 체계이다. 진도(즉, 지반진동의 크기를 느끼는 정도)는 사람마다 다르게 느껴지므로 상대적 개념(또는 정성적 개념)이다. 따라서 지진규모가 작더라도 강한 진동을 일으키는 높은 진도의 지진이 일어날 수 있으며, 지진규모는 크지만 사람이 거의 느낄 수 없는 작은 진도의 지진이 일어날 수 있다.

진도는 다음의 몇가지 사항으로 정의할 수 있다.

1) 지진의 크기를 나타내는 가장 오래된 척도이다.

2) 어떤 장소에 나타난 지반진동의 세기를 사람의 느낌이나 주변의 물체 또는 구조물의 흔들림 정도를 수치로 표현한 것으로 정해진 설문을 기준으로 계급화한 척도이다.
3) 정성적으로 표현된 지진피해는 지진계를 통한 계측기록이 없는 역사지진의 크기를 추정할 수도 있다.
4) 지진 발생시 지반운동의 크기를 평가하는데 사용되지만 정밀하지는 않다. 그러나 지형적으로 다른 지역의 지진효과의 비교, 지진피해 평가 등에도 응용될 수 있다.

(2) 진도의 종류

진도계급은 세계적으로 통일되어 있지 않으며 나라마다 실정에 맞는 척도를 채택하고 있다. 우리나라 기상청은 과거 일본 기상청계급(JMA Scale: 1949)을 사용하여 왔으나, 2001년 1월 1일부터는 MM scale (Modified Mercalli scale: 1931, 1956)을 사용하고 있다. 세계적으로 주로 사용하는 진도계급은 다음과 같다.

1) 미국

'수정 머칼리 (진도) 계급(Modified Mercalli (Intensity) scale, MM scale, MMI scale, MM 계급, MMI 계급)'으로 12단계의 진도 계급을 사용한다. MM(Modified Mercalli)진도는 1902년 이탈리아 지진학자 메르칼리 (Mercalli)에 의해 처음 만들어졌으며, 1931년 미국의 우드(H. O. Wood)와 노이만(Frank Neumann)에 의해 수정된 후 1956년 미국의 지진학자 리히터 (Richter)에 의해 재 수정된 바 있다.

2) 일본

'일본 기상청 진도 계급(Japan Meteorological Agency Scale: JMA scale)'으로 8단계의 진도의 진도 계급을 사용한다.

3) 중국

진도를 지진의 피해와 영향에따라 로마 숫자로 1(I)부터 12(XII)까지 총 12개의 '열도(烈度, intensity)'로 구분한다.

4) 러시아, 인도 등

MMI 계급과 매우 유사하게 로마자로 된 총 12개 계급 체제인 'MSK 계급'으로 구분한다.

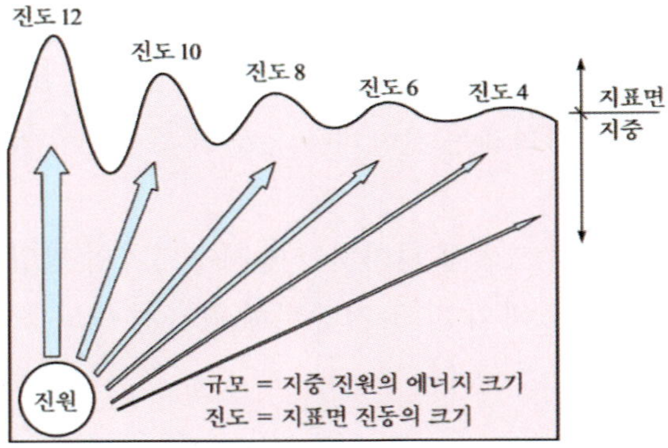

그림 1.2.4a 진도

(3) 진도의 특징

1) 진도표시는 모두 로마숫자의 정수로 표기가 된다(예: JMA 진도 VI). 진도는 계급값을 쓰는 대신 가속도단위($\frac{cm}{sec^2}$)로 나타내기도 하고, 중력가속도 g(=981 $\frac{cm}{sec^2}$) 또는 %g(=9.81 $\frac{cm}{sec^2}$)를 사용하기도 한다. 또한, $\frac{cm}{sec^2}$는 gal로 표시하기도 하며, 1g를 981gal이라고도 쓴다.
2) 진도는 보통 지진이 발생한 후에 지진을 경험한 사람들과의 인터뷰를 통해 정해진다.
3) 미국의 경우 우편조사를 통하여 진도결정에 필요한 인터뷰가 시행되며 지진이 자주 발생하는 지역에서는 지진경험이 많은 시민들이 주축이 되어 불확실성을 줄이고 객관적으로 진도를 결정할 수 있도록 훈련을 하고 있다.
4) 진도는 지진측정계기보다 사람이나 건물들이 더 넓게 분포하고 있으므로 특정지역의 땅의 진동분포를 더 합리적으로 표시한다고 할 수 있다.
5) 진도는 지표면의 진동효과를 기준으로 하므로, 진앙지 근처에서 가장 큰 값을 갖고 진앙에서 멀어질수록 그 값이 감소한다.

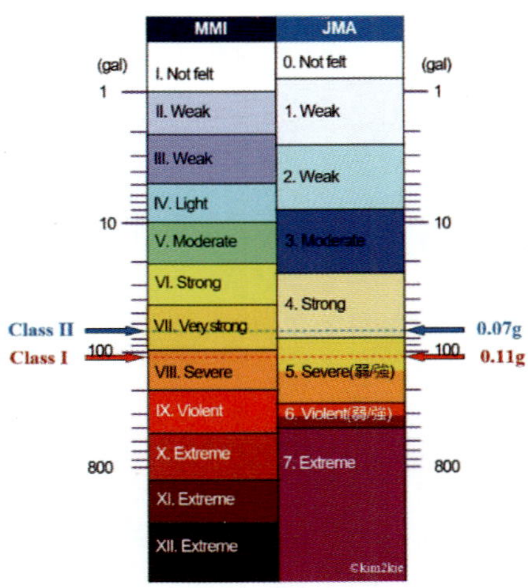

그림 1.2.4b MMI 및 JMA 진도 계급

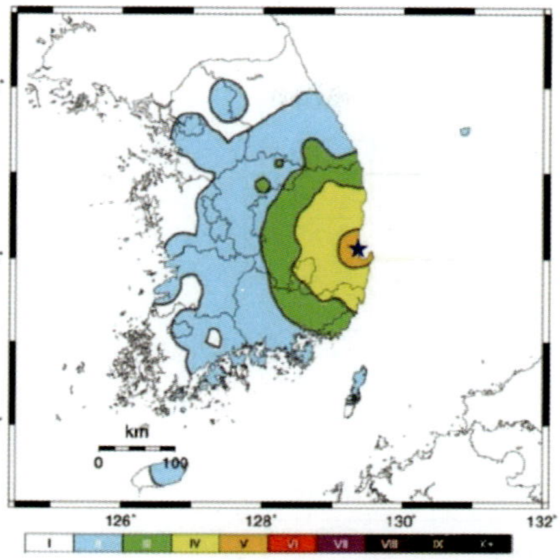

그림 1.2.4c 포항지진(M_w 5.4, 2017) 진앙 위치 및 MMI 진도

그림 1.2.4c 후쿠시마현 해역 지진(M_j 7.3, 2021) 시
실제 일본 NHK에서 방영된 지진정보(출처: 나무위키)

(4) MMI 진도

MMI 낮은 등급은 주로 지진동에 의한 사람의 느낌을 위주로, 높은 등급은 구조물의 손상을 위주로 구분한다. 규모와 진도에 관한 잘못 사용되는 용어를 정리하면 다음과 같다.

1) 규모는 소수 1위의 아라비아 숫자로 표기하고 진도는 정수단위의 로마 숫자로 표기한다 (예: 규모 5.6, 진도 IV).
2) 리히터지진계로 진도 5.6의 지진은 틀린 표현이며 리히터스케일 혹은 리히터 규모 5.6의 지진 또는 단순히 규모 5.6의 지진라 표현해야 한다. 리히터지진계는 존재하지 않는다..
3) 진도 5.6은 틀린 표현이며 규모 5.6이라 표현하는 것이 옳은 표기법이다.
4) 강도라는 표현은 지진학에서 사용하지 않는 용어이다.

표 1.2.4 MM scale(수정 머칼리 진도계급)

규모	진도	최대지반가속도(%g) [최대지반속도 (cm/sec)]	설명
1.0~3.0	I Instrumental	%g < 0.07 [V < 0.03]	특별히 좋은 상태에서 극소수의 사람을 제외하고는 전혀 느낄 수 없다. 지진계에만 감지되는 경우가 많다.
3.0~3.9	II Weak	0.07 ≤ %g < 0.23 [0.03 ≤ V < 0.07]	소수의 사람들, 특히 건물의 위층에 있는 소수의 사람들에 의해서만 느낀다. 매달린 물체가 약하게 흔들린다.
	III Slight	0.23 ≤ %g < 0.76 [0.07 ≤ V < 0.19]	실내에서 현저하게 느끼게 되는데 특히 건물의 위층에 있는 사람에게 더욱 그렇다. 그러나 많은 사람들은 그것이 지진이라고 인식하지 못한다. 정지하고 있는 차는 약간 흔들린다. 트럭이 지나가는 것과 같은 진동, 지속시간이 산출된다.
4.0~4.9	IV Moderate	0.76 ≤ %g < 2.56 [0.19 ≤ V < 0.54]	지진동안 실내에 서있는 많은 사람들이 느낄 수 있으나 옥외에서는 거의 느낄 수 없다. 밤에는 잠을 깨운다. 그릇, 창문, 문 등이 소란하며 벽이 갈라지는 소리를 낸다. 대형트럭이 벽을 받는 느낌을 준다. 정지하고 있는 자동차가 뚜렷하게 움직인다.
	V Rather Strong	2.56 ≤ %g < 6.86 [0.54 ≤ V < 1.46]	거의 모든 사람들에 의해 느낀다. 많은 사람들이 잠을 깬다. 약간의 그릇과 창문 등이 깨지고 어떤 곳에서는 벽의 석회에 금이 간다. 불안정한 물체는 뒤집어 진다. 나무, 전선주 등 높은 물체가 심하게 흔들린다. 추시계가 멈추기도 한다.
5.0~5.9	VI Strong	6.86 ≤ %g < 14.73 [1.46 ≤ V < 3.7]	모든 사람들에 의해서 느낀다. 많은 사람들이 놀라서 밖으로 뛰어 나간다. 어떤 무거운 가구가 움직인다. 벽의 석회가 떨어지기도 하며, 피해를 입은 굴뚝이 일부 있다.
	VII Very Strong	14.73 ≤ %g < 31.66 [3.7 ≤ V < 9.39]	모든 사람들이 밖으로 뛰어 나온다. 아주 잘 설계되었거나 건축된 건물에서는 피해가 무시될 수 있고, 보통 건축물에서는 약간의 피해가 있으며, 설계 및 건축이 잘못된 건축물에서는 상당한 피해가 발생한다. 굴뚝이 무너지고 운전하고 있는 사람들이 느낄 수 있다.
6.0~6.9	VIII Destructive	31.66 ≤ %g < 68.01 [9.39 ≤ V < 23.58]	특별히 설계된 구조물에는 약간 피해가 있고, 보통 건축물에는 부분적인 붕괴와 더불어 상당한 피해를 일으키며, 부실 건축물에서는 아주 심하게 피해를 준다. 창틀로부터 창문이 떨어져 나간다. 굴뚝, 공장 재고품, 기둥, 기념비, 벽들이 무너진다. 무거운 가구가 뒤집어 진다. 모래와 진흙이 약간 분출된다. 우물수면의 변화가 있고 차량운행하기 어렵다.
	IX Violent	68.01 ≤ %g < 146.14 [23.58 ≤ V < 60.61]	특별히 설계된 구조물에 상당한 피해를 준다. 잘 설계된 구조물의 골조가 기울어진다. 구조물에는 큰 피해를 주며, 부분적으로 붕괴를 한다. 건물은 기초에서 벗어난다. 지표면에 선명한 금이 생긴다. 지하송수관도 파괴된다.
7.0이상	X Intense	146.14 ≤ %g < 314 [60.61 ≤ V < 154]	잘 지어진 목조구조물이 파괴되기도 하며, 대부분의 석조건물과 그 구조물이 기초와 함께 부서진다. 지표면이 심하게 갈라진다. 철도의 선로가 휘어진다. 산사태가 강둑이나 경사면에서 생기며, 모래와 진흙이 이동된다. 물이 튀며, 둑을 넘어 흘러 내린다.
	XI Extreme	314 ≤ %g [154 ≤ V]	남아있는 석조구조물은 거의 없다. 다리가 부서지고 지표면에 넓은 균열이 간다. 지하송수관이 완전히 파괴된다. 연약한 땅은 푹 꺼지고 지층이 어긋난다. 기차선로가 심하게 휘어진다
	XII Catastrophic		전면적인 피해가 발생한다. 지표면에 파동이 보인다. 시야와 수평면이 뒤틀린다. 물체가 공중으로 튀어 나간다.

[Note]
참조 1: 진도에 따른 최대지반속도와 가속도는 2018년 11월 기상청 자료 참조
참조 2: Scale based on Worden et al.(2012)

Shaking	Not felt	Weak	Light	Moderate	Strong	Very strong	Severe	Violent	Extreme
DAMAGE	None	None	None	Very light	Light	Moderate	Moderate/heavy	Heavy	Very heavy
PGA(%g)	<0.0464	0.297	2.76	6.2	11.5	21.5	40.1	74.7	>139
PGV(cm/s)	<0.0215	0.135	1.41	4.65	9.64	20	41.4	85.8	>178
INTENSITY	I	II-III	IV	V	VI	VII	VIII	IX	X+

Ref) Worden, C. B. et al., Probabilistic Relationships between Ground-Motion Parameters and Modified Mercalli Intensity in California, Bulletin of the Seismological Society of America (2012),102(1): 204

제2장

내진설계란?

2.1 구조설계

2.1.1 구조설계의 원리

구조물을 공격하는 외부하중의 크기를 'D(demand, 요구, 소요, 요구성능)'라 하고, 이 공격을 방어하는 구조물의 능력의 크기 'C(capacity, 능력, 역량, 성능)'라 한다. 구조설계의 기본원리는 공격크기(D) 보다 방어능력(C)을 크게 하여, 외부 공격에 구조물이 안전하게 방어하도록 설계하는 것이다. 즉, 구조설계의 기본원리는 D와 C를 사용한 다음과 같은 '안전부등식(safety inequality)'으로 나타낼 수 있다.

$$\mathrm{D(DEMAND)} < \mathrm{C(CAPACITY)}$$

여기서 외부하중의 공격으로 표현된 D는 바람, 파랑, 지진 등을 나타내며, 구조물의 방어능력으로 표현된 C는 구조물의 최대 하중지지능력, 변위지지능력 등을 나타낸다. 안전부등식은 구조물의 설계 외에도 유지관리, 리모델링 등 구조물의 사용수명기간동안에도 성립되어야 구조물의 안전을 보장할 수 있다.

만약 외부 공격(D)이 구조물의 방어능력(C)보다 크게 들어올 경우, 구조물은 파괴될 수 있다. 구조물의 공격 양상에 따른 구조물 부재의 파괴의 예를 다음 그림에 나타냈다.

그림 2.1.1a 포항 지진(M_L 5.4, 2017)으로 인한 필로티 구조물 기둥의 전단파괴(사진: 정석재)

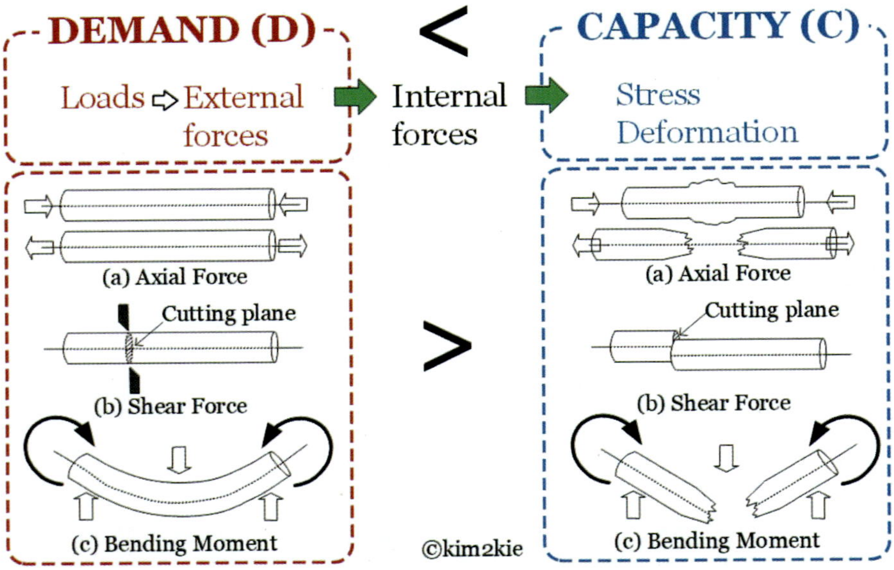

그림 2.1.1b D와 C의 개념

즉, 축방향 저항능력이 부족한 구조부재인 경우에 압축 또는 인장파괴가 발생하고, 전단능력이 부족한 경우에 전단파괴가 발생하며, 휨능력이 부족한 경우에 휨파괴가 발생한다. 여기서 파괴(failure)란 요구가 능력보다 큰 경우(즉, D > C인 경우)를 나타내며, 바라보는 관점에 따라 과대 변위, 과대 진동, 균열 발생 등이 될 수 있다. 이러한 파괴를 방지하기 위해 구조설계에서는 'CDR(CD비, C/D, 전력분야에서 많이 사용)'를 1보다 크게 해야 하거나 'DCR(DC비, D/C, 건축물분야에서 많이 사용)'를 1보다 작게 하여야 한다.

2.1.2 좋은 구조물의 형상

좋은 구조물의 형상은 구조물의 안전성과 경제성 모두를 확보하여야 한다. 안전성 관점에서 좋은 구조물의 형상은 구조물로 입력된 외부 하중의 공격이 구조물 내부로 전달되어 지반 혹은 지지점으로 자연스럽게 흘러 내려가는 구조물을 말한다. 다음 그림은 구조물 내부로 전달된 하중(즉, 응력)이 흘러나가는 데 있어 부재의 구멍으로 인해 하중흐름(또는 응력흐름)의 병목현상(즉, 빨강색으로 표시된 응력집중)이 발생하는 것을 나타낸다. 그 부담이 구조부재가 허용할 수 있는 한계를 초과할 경우, 균열 등과 같은 파괴가 발생할 수 있다.

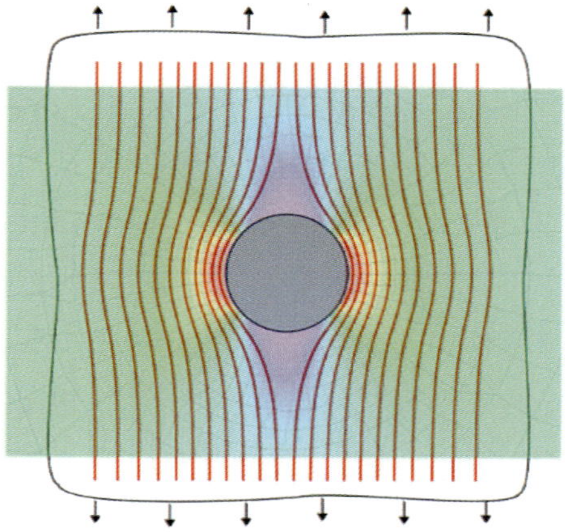

그림 2.1.2a 부재내부의 응력흐름과 구멍으로 인한 응력집중

구조물이 좋은 성능을 나타내기 위한 기본적으로 구조물이 갖춰야 할 사항을 열거하면 다음과 같다(FEMA P-749, 2010).

- 안정한 기초 (stable foundations)
- 방해 받지 않는 하중의 흐름 (continuous load path)
- 적절한 강성과 강도 (adequate stiffness and strength)
- 바른 형상 (정형성, regularity)
- 여유도 (여용력, redundancy)
- 연성과 인성 (ductility and toughness)
- 견고함 (ruggedness)

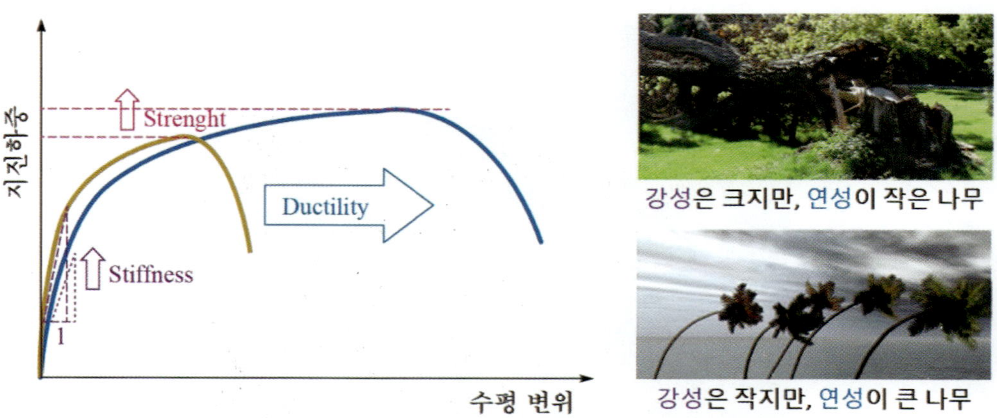

그림 2.1.2b 강성(stiffness), 강도(strength) 및 연성(ductility)의 구분

'강성(剛性, stiffness)'은 하중에 따라 발생하는 변형을 억제하는 구조물 또는 재료의 저항능력이다. 응력-변형률선도에서 탄성영역의 기울기로 표시된다. 강성은 변위, 균열 및 진동과 같은 구조물의 사용성과 가장 관련이 있다. 일반적으로, 더 강성이 큰 구조물은 (변형이 작으므로) 더 좋은 편안함을 제공하므로 사용성 측면에서 더 바람직하다. 내진설계의 관점에서, 빈번한 작은 규모의 지진의 경우, 큰 강성은 구조물의 큰 변위와 불편함을 방지하고, 칸막이벽(partition), 장비, 벽체패널(파사드, façade) 등과 비구조요소의 손상을 줄인다.

'강도(强度, strength)'는 구조물 또는 재료가 영구적인 변형(즉, 소성변형)을 겪지 않고 저항할 수 있는 정도의 최댓값이다. 응력-변형률선도에서 이것은 부재력 또는 응력의 최댓값으로 표시된다. 내진설계에서 드물게 발생하는 큰 규모의 지진의 경우, 구조물은 일반적으로 복구 가능한(즉, 제어 가능한) 손상상태(damage limit state)를 유지할 것으로 예상된다. 해석적 관점에서 볼 때, 구조물의 부재에 부재력이 설계강도를 초과하여 소성힌지가 형성될 수 있지만, 구조물이 붕괴되어서는 안된다. 지진 시 소성힌지가 더 많이 형성될수록 구조물에 더 많은 손상이 가해진다고 볼 수 있다. 강도가 큰 구조물은 소성힌지를 적게 생성되며, 구조물에서 소성힌지가 형성되기 위해서는 구조물과 재료가 충분한 연성을 갖고 있어야 한다.

'연성(延性, ductility ≠ 柔軟性)'은 재앙적인 충돌(예를 들어, 중량의 트럭, 선박, 비행기의 충돌), 매우 드문 규모가 큰 지진과 같은 재앙적인 사건에서 구조물에 복구할 수 없는 손상이 발생하는 것을 허용하지만, 구조물이 붕괴되지 않고 재해에 견딜 수 있도록 하는 (붕괴방지 수준) 설계와 관련이 깊다. 붕괴되지 않은 구조물 안에 있는 사람들이 적시에 대피할 수 있어 생명을 구할 수 있다. 해석적 관점에서 연성은 구조물이 과대한 하중을 받으면 소성변형이 발생되고, 이 과정에서 구조물에 입사된 에너지를 흡수하고 소산한다. 이 작용을 '감쇠(減衰, damping)'라고 한다. 대표적인 예로 자동차가 강체벽에 충돌할 때, 자동차의 앞부분을 작은 강성과 큰 연성을 갖도록 설계되어 충격 에너지를 흡수하고, 운전자와 승객을 보호한다. 응력-변형률선도에서 연성은 항복 후 거동의 길이로 표시하며, 이 길이가 길수록 구조물의 연성은 크다.

그림 2.1.2c 네팔 지진(M_w 7.8, 2015)으로 손상된 연성이 작은 조적건물(출처: Gita Dhoj Karki)

그림 2.1.2d 강성은 같지만, 연성이 다른 기둥[animation]
(출처: How concrete buildings fail in earthquakes, Los Angeles Times, 2013)

2.2 D(요구) vs C(능력)

2.2.1 D: 외부하중의 공격

구조물을 공격하는 외부하중의 크기를 'D(demand, 요구, 소요, 요구성능)'라 한다. D에 속하는 외부하중으로는 중력, 바람, 지진, 눈, 운전 시 작동하중 등이 있다. 이러한 외부하중은 구조물 내부에 전달되어 응력(stress)을 발생시키고, 구조물의 형상을 변형시킨다.

구조물을 공격하는 하중을 구조물 설계에 사용할 경우 '설계하중(design load)'이라 한다.

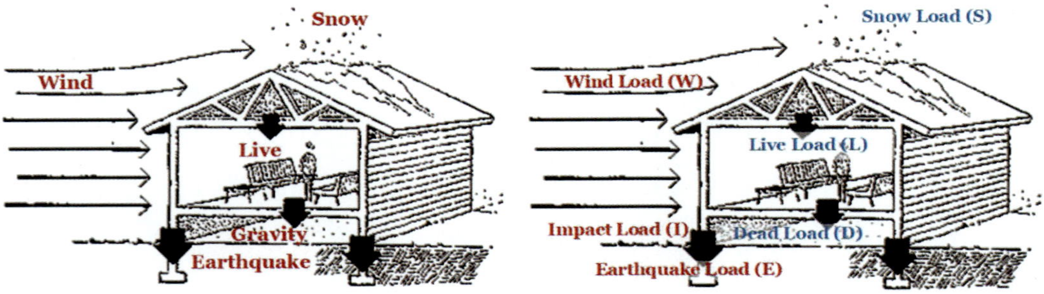

(a) 구조물을 공격하는 하중(D) (b) 구조물의 설계하중

그림 2.2.1a 구조물에 작용하는 하중

대표적인 설계하중을 예로 들면 다음 표와 같다. 이중 고정하중(dead load), 활하중(live load), 설하중(snow load)은 하중이 가해지는 동안 크기의 변동성이 작으므로 주로 (시간에 따라 변동하지 않는) 정적 하중으로 구조설계에 반영한다. 이에 반해, 풍하중(wind load), 지진하중(earthquake), 충격하중(impact load)은 하중이 가해지는 동안 크기의 변동성이 크므로 (시간에 따라 변동하는) 동적 하중으로 구조설계에 정밀하게 반영하여야 한다. 동적 하중으로 구조설계에 정밀하게 반영하기가 어려울 경우, 정적 하중을 동적증폭계수 등으로 증폭하여 동적 하중 효과를 근사적이며 보수적으로 고려할 수 있다.

표 2.2.1 구조물의 대표적인 설계하중과 특성

Type	Design	Magnitude	Time-Dependency	Uncertainty
Dead Load (D)	Preliminary or Basic	↑	Independent → Static	Certain
Live Load (L)				
Snow Load (S)				
Wind Load (W)	Wind-Resistant	↓	Dependent → Dynamic	Uncertain
Earthquake Load (E)	Earthquake-Resistant (= Seismic)			
Impact Load (I)	Vibration-Resistant			

풍하중, 지진하중, 충격하중은 늘 존재하는 고정하중, 활하중, 설하중과 달리 가끔 발생하는 '이벤트 하중(event load)'이므로, 하중의 크기와 발생시기를 가늠하기 어려워 구조설계

에 반영하기가 매우 어렵다. 따라서 정부와 같이 공공의 책임이 있는 기관에서 관련 설계기준(design standard; design code)을 제시하고 최소한의 하중의 크기를 제시한다.

태풍과 중대형지진 등의 하중 크기는 최근의 이론과 지금까지 축적된 자료를 근간으로 확률론적으로 정해지며, 이를 '재현주기(return period; recurrence interval)'로 나타낸다. 여기서 재현주기란 연발생확률(즉, 1년에 한 번이상 발생할 확률)의 역수를 나타낸다. 예를 들어, 1년에 한 번이상 발생할 확률이 2%(즉, 1/50)와 10%(즉, 1/10)인 경우에 재현주기는 각각 50년(즉, 1/0.02)와 10년(즉, 1/0.1)이라 한다.

큰 지진이 발생할 확률은 큰 바람이 불 확률보다 훨씬 작다. 따라서 지진의 재현주기는 바람의 재현주기보다 훨씬 길다. 다음 그림은 우리나라 정부에서 제시한 2,400년 재현주기를 갖는 지진의 크기를 지도로 나타낸 지진위험지도(행정안전부, 2013)이다. 만약 이 지도상의 특정 위치에서 크기가 18이라면, 이 지역에서 크기가 18을 초과하는 지진이 1년에 1번이상 발생할 확률은 1/2,400년(즉, ≈ 0.000417)라는 것을 의미한다. 다르게 설명하면 이 지역에서 크기가 18을 초과하는 지진은 확률적으로 2,400년에 한 번 발생한다.

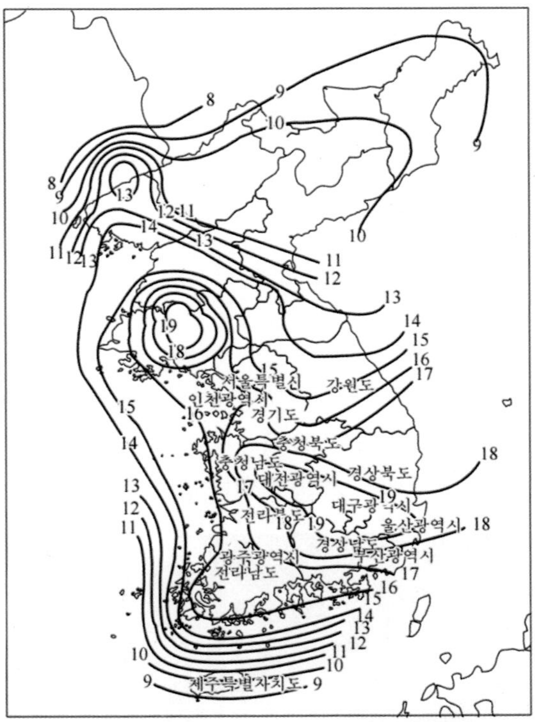

그림 2.2.1b 2,400년 재현주기의 지진위험지도 (행정안전부, 2013)

하중의 크기를 아무리 정확히 측정하고 예측한다고 할 지라도 실제 하중의 크기는 예측보다 클 수 있다. 이러한 하중 크기의 불확실성(uncertainty)을 설계에 반영하기 위해 설계기준에서는 '하중계수(load factor)'를 사용하여 실제 예측된 하중보다 크도록 하중을 증폭시켜 구조물의 설계에 반영한다.

계수하중(Factored Load) = 하중계수(Load Factor) × 공칭하중(Nominal Load)

하중의 크기를 비교적 정확하게 예측할 수 있는 경우(즉, 예측 불확실성이 작은 경우), 작은 하중계수를 사용하고, 이와 반대인 경우 큰 하중계수를 사용한다. 다음에 7가지 기본 하중조합에 사용되는 하중계수의 예를 들었다(ASCE 7, 2016).

1. 1.4D
2. 1.2D + 1.6L + 0.5(L_r or S or R)
3. 1.2D + 1.6(L_r or S or R) + (L or 0.5W)
4. 1.2D + 1.0W + L + 0.5(L_r or S or R)
5. 1.2D + 1.0E + L + 0.2S
6. 0.9D + 1.0W
7. 0.9D + 1.0E

여기서 불확실성이 작은 고정하중(D)의 경우 하중계수는 1.2인데 반해, 불확실성이 큰 활하중(L)의 경우 이 보다 큰 1.6을 사용하였다. 여기서 주목할 것은 지진하중의 경우 하중계수를 사용하지 않았다(즉, 하중계수는 1.0). 그 이유는 지진하중은 하중계수를 증가하여 사용하기보다는 하중계수를 1.0으로 고정하고 재현주기를 증가시켜 하중의 크기를 증가시키기 때문이다. 예를 들어, 하중계수를 1.0에서 1.4로 증가시키는 대신에 재현주기를 500년에서 1,000년으로 증가시킨다. 참고로 우리나라 설계기준(KDS 17 10 00 내진설계 일반)에서 제시하는 재현주기 500년과 1,000년에 해당하는 지반운동의 위험도계수(I)는 각각 1.0과 1.4이다.

2.2.2 C: 구조물의 저항

하중의 공격을 방어하는 구조물의 능력 크기를 'C(capacity, 능력, 역량, 성능)'라 한다. 다음 실험 사진은 휨하중의 공격을 받는 보(Beam)의 저항을 나타낸다. 공격의 크기(D)가 구조물의 저항 한계(C)를 초과할 경우에 구조물에서는 휨균열이 발생한다.

그림 2.2.2a 보에 작용하는 하중의 공격(D)과 보의 저항(C)

구조물의 저항 능력(C)을 페인트 통이라는 구조물을 사용하여 개념적으로 설명할 수 있다. 2리터 용량의 페인트 통을 공장에서 설계하여 제작하였다. 즉, 페이트 통의 요구(D)는 2리터이다. 이 통에 2리터의 페인트를 부었을 때 페인트는 넘치지 않을 것이다. 일반적으로 공장에서는 페인트 통을 설계할 때 약간의 여유를 두어 설계하므로 실제 들어갈 수 있는 페인트의 양은 2리터이상일 것이다. 즉, 이 페이트 통의 능력(C)은 2리터이상이다. 만약 설계를 잘못하여 2리터의 페인트를 넣었을 경우, 페인트 통의 능력(역량)이 부족하여 넘칠 수 있을 것이다. 이 경우를 페이트 통의 '파괴(failure)'라고 한다.

그림 2.2.2b 페인트 통을 사용한 D와 C의 개념

비록 페인트 통을 공장에서 2리터로 설계를 하였다할지라도 제작시 각종 불확실성에 따라 이보다 작은 용량으로 제작이 될 수도 있다. 이 경우 2리터의 페인트를 붓는 경우, 페인트가 넘칠 수 있다. 즉, 파괴가 발생할 수 있다. 이러한 파괴를 구조설계에서 미연에 방지하기 위해, 제작된 페인트 통이 실제 담을 수 있는 페인트의 양이 2리터이지만 1보다 작은 '저항계수(resistance factor)' 또는 '강도감소계수(strength reduction factor)'를 곱하여(예를 들어, 0.5), 페인트 통의 용량을 1리터(즉, 2 × 0.5)라고 명기하여, 페인트 통에 1리터의 페인트를 넣어도 넘치지 않도록 한다.

설계강도(Design Strength) = 저항계수(Resistance Factor) × 공칭강도(Norminal Strength)

그림 2.2.2c 같은 시대에 건축되었지만 지역에 따라 다르게 설계된 성벽

2.3 내진설계와 내진성능평가

2.3.1 구조설계 vs 내진설계

'내진설계(seismic design)'란 큰 지진이 구조물에 공격해 들어왔을 때, 균열이 발생하지 않도록 설계하는 것이 아니다. 원자로 건물(RCB; reactor containment building)과 같은 경우에는 구조물의 균열에 의해 방사능이 유출될 수도 있으므로, 고비용이지만 균열이 발생하지 않도록 매우 안전하게 (탄성적으로) 설계할 수도 있다. 말하자면, 경제성에 비해 안전성이 훨씬 더 중요하다. 그러나 대부분 구조물은 경제성을 고려하여 큰 지진이 발생할 경우에 구조물에 균열이 발생할 수 있지만, 붕괴는 발생하지 않도록 하여 거주자의 인명안전을 보장하고 동시에 경제성을 확보하도록 구조설계한다.

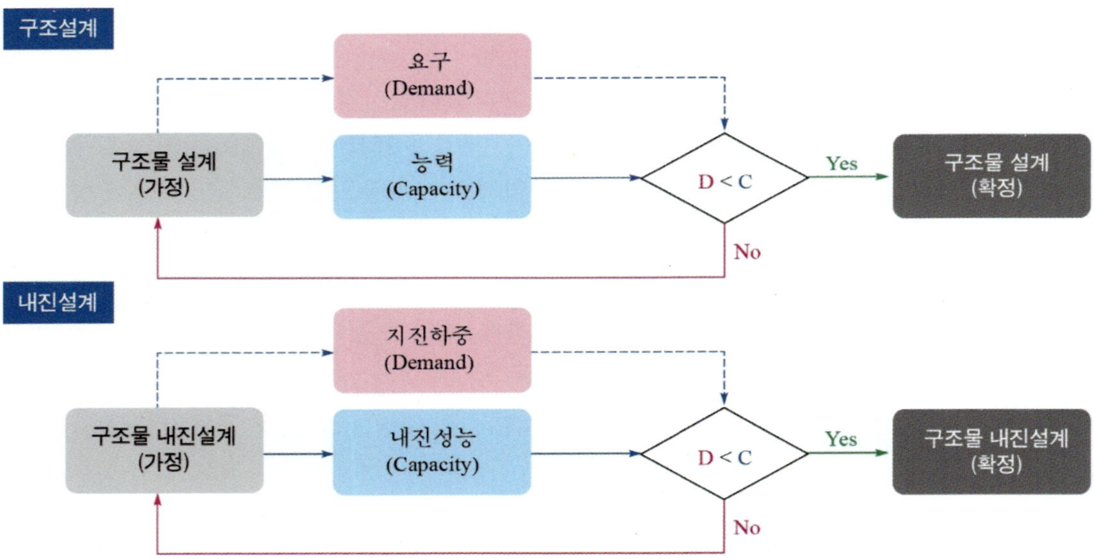

그림 2.3.1 구조설계 절차와 내진설계 절차의 비교

2.3.2 내진설계 vs 내진성능평가

(기존 구조물의) 성능평가와 (신축 구조물의) 구조설계는 개념적으로 다르다.

1) 구조설계는 아직 건설되지 않은 구조물을 대상으로 하기 때문에 주요 구조부재만을 대상으로 구조해석을 한다. 이 때 해석에 포함되는 하중과 재료의 불확실성을 극복하고 구조적 안정성을 확보하기 위해, 하중은 하중계수를 통해 증가시키고 부재의 능력(역량)은 강도감소계수를 통해 감소시켜 보수적인 결과를 구한다.

2) 구조설계가 설계 도면에 근거하여 해석 모델을 작성하는 반면, 성능평가는 건설되어 존재하는 실제 구조물을 대상으로 하므로 설계 도면 외에도 실제 치수, 재료 물성치, 하중 등을 사용한다. 또한 주요 구조 부재뿐만 아니라 하중 저항에 관여하는 모든 부재를 해석 모델에 포함시켜 구조물의 실제 거동을 근사할 수 있도록 해야 하고, 하중계수와 강도감소계수를 사용하지 않는다.

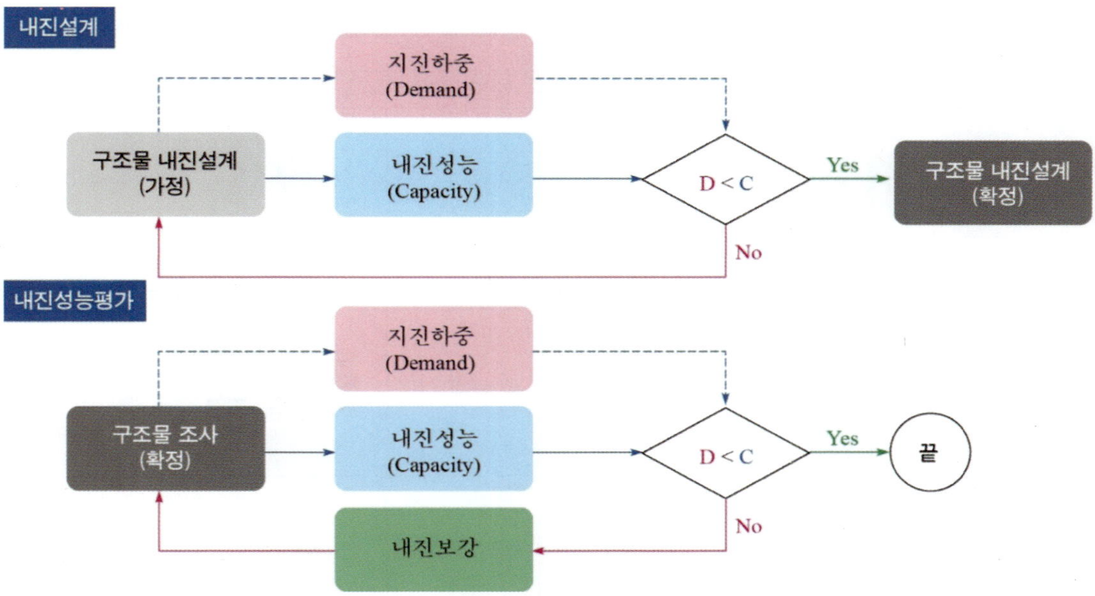

그림 2.3.2 내진설계 절차와 내진성능평가 절차의 비교

2.3.3 내진설계 역사와 의무대상

(1) 내진설계 역사

우리나라는 건축물의 내진설계기준을 행정구역에 따라 나누고 내진 설계 기준 건축연도에 따라 내진설계기준이 달리 적용이 되어 왔다.

1) 1988년 이전
- 내진설계기준 미제정

2) 1988년 이후
- 6층 이상 또는 연면적이 100,000m^2 이상 건물

3) 1995년 이후
- 6층 이상 또는 연면적 10,000m^2 이상 건물

4) 2005년 이후
- 3층 이상 또는 연면적 1,000m^2 이상 건물

5) 2015년 이후부터 ~ 2019년 미만
- 3층 이상 또는 연면적 500m² 이상 건물

6) 2019년 이후
- 2층 이상 건물 (목조건물은 3층 이상)
- 연면적 200m² 이상 건물 (목조건물은 500m²이상, 창고, 축사, 작물 재배사는 제외)
- 기타 사항은 다음 절 참조

건축시기	내진설계 의무대상 건축물	건축시기	내진설계 의무대상 건축물
1988년	 6층 이상 100,000 m² 이상	2015년	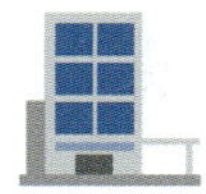 3층 이상 500 m² 이상
1995년	 6층 이상 10,000 m² 이상	2017년 2월	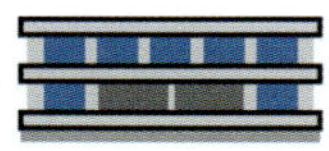 2층 이상 또는 500 m² 이상
2005년	 3층 이상 1,000 m² 이상	2017년 12월 (현행	 2층 이상 또는 200 m² 이상

그림 2.3.3a 내진설계 의무대상 건축물(출처: 지진안전 시설물 인증제) [LINK]

(2) 내진설계 의무대상

건축물을 건축하거나 대수선하는 경우, 내진설계 의무대상 건축물은 착공 신고 시 확인서류를 허가권자에게 제출해야 한다. 2019년 이후 건축법 시행령에서는 내진설계 의무대상 건축물은 건축규모(높이, 층수, 면적), 용도, 구조, 공법, 지진구역 등에 따라 다음 9가지로 규정하고 있다(출처: 건축법 시행령, 국가법령정보센터 [LINK]).

1) 2층 이상 건물 (목조건물은 3층 이상)
2) 연면적 200m² 이상 건물 (목조건물은 500m²이상, 창고, 축사, 작물 재배사는 제외)
3) 높이 13m 이상 건물
4) 처마높이 9m 이상 건물
5) 중요도가 높은 건물(국토교통부령이 정하는 건물)

6) 국가적 문화유산

7) 한쪽만 고정된 구조로 보, 차양 등이 외벽의 중심선으로부터 3m이상 돌출된 건물

8) 특수한 설계, 시공, 공법 등이 필요한 건물(국토부령이 정하여 고시)

9) 별표 1에 의한 단독주택, 공동주택

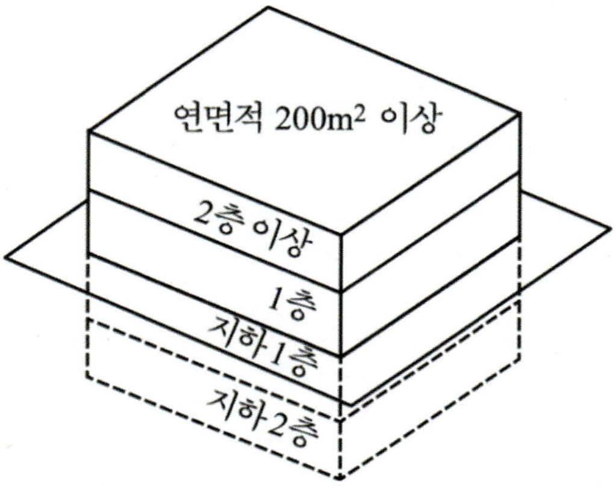

1) 2층 이상 건물 (목조건물은 3층 이상)
2) 연면적 200m²이상 건물 (목조건물은 500m²이상, 창고, 축사, 작물 재배사는 제외)

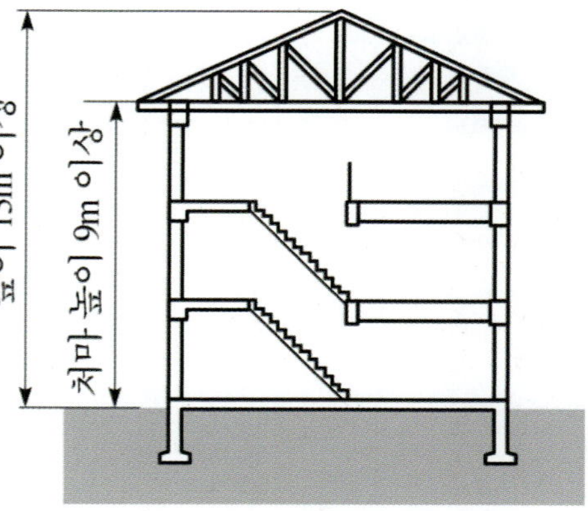

3) 높이 13m 이상 건물
4) 처마높이 9m 이상 건물

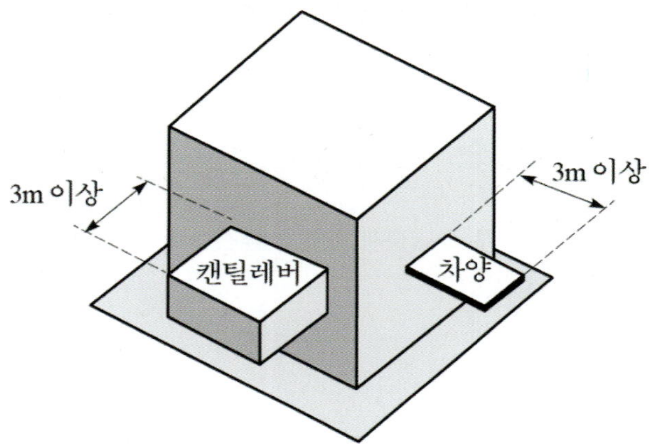

7) 한쪽만 고정된 구조로 보, 차양 등이 외벽의 중심선으로부터 3m이상 돌출된 건물

그림 2.3.3b 내진설계 의무대상 건축물

(3) 내진능력 공개

다음에 해당하는 건축물은 사용승인을 받는 즉시 건축물이 지진 발생 시에 견딜 수 있는 능력(이하 "내진능력"이라 한다)을 공개하여야 한다. 다만, 구조안전 확인 대상 건축물이 아니거나 내진능력 산정이 곤란한 건축물로서 대통령령으로 정하는 건축물은 공개하지 아니한다(출처: 건축법, 국가법령정보센터 [LINK]).

1) 2층 이상 건물 (목조건물은 3층 이상)

2) 연면적 200m² 이상 건물 (목조건물은 500m² 이상)

3) 그 밖에 건축물의 규모와 중요도를 고려하여 대통령령으로 정하는 건물

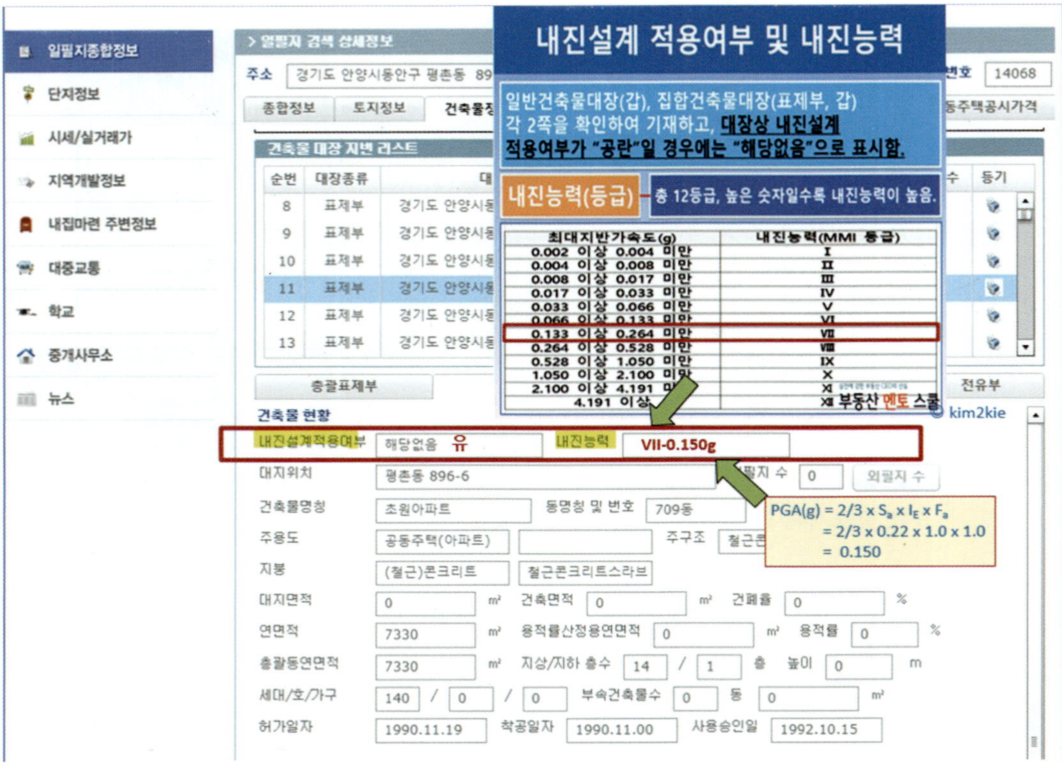

그림 2.3.3c 내진능력 공개 예시(출처: 우리집 내진설계 간편조회 서비스, [LINK])

제3장

구조물의 지진 피해

3.1 구조물 파괴

3.1.1 강성/강도와 연성

내진성능 평가요령(국토안전관리원, 2021)에 따르면 지진 시 모든 부재의 거동은 다음과 같이 힘지배거동과 변형지배거동으로 분류한다.

1) '힘지배거동(force controlled action)'은 취성적 특성을 가지는 부재의 거동으로 지진력 저항시 항복이 수반되지 않거나 항복 후 저항력을 기대할 수 없는 부재의 거동이다. 힘지배거동은 최대 하중 이후 변형능력이 없는 취성적인 거동이다. 따라서 힘지배거동이 지배적인 구조물인 경우 급격한 붕괴가 발생할 수 있다.
2) '변형지배거동 (deformation controlled action)'은 지진력 저항 시 항복이 수반되고 항복 후 저항력을 기대할 수 있는 부재의 거동이다. 휨거동이 대표적이며 부재의 종류에 따라 휨 이외에 전단거동이 포함될 수 있다.

말하자면 힘지배거동 구조물은 지진력이 수평강도를 초과하지 않으면 붕괴하지 않고, 변형지배거동 구조물은 지진 시 수평변형이 한계변형을 초과하지 않으면 붕괴하지 않는다. 따라서 구조물의 붕괴방지 또는 인명안전을 성능목표로 설계를 한다면 구조물을 힘지배거동 그리고/또는 변형지배거동으로 설계를 해야 한다.

지반진동에 견디는 구조물의 성능은 다음 2가지에 의존한다.

1) 구조물을 구성하는 부재의 수평강도 ~ 힘지배거동
2) 항복 후 수평변형능력(즉, 연성) ~ 변형지배거동

변형능력이 작은(즉, 힘지배거동을 하는) 구조물은 높은 강도를 확보해야 하고, 변형능력이 큰(즉, 변형지배거동을 하는) 구조물은 강도가 작더라도 큰 소성변형까지 붕괴하지 않는 연성을 확보해야 한다.

일반적으로수평내력(강성과 강도; stiffness and strength)이 큰 구조물은 수평내력이 작은 구조물에 비하여 지진 시 변형이 적으므로 (구조물이 붕괴할 때의 변형능력에 관계없이) 구조물의 손상도 적다. 따라서 원자력발전소 구조물과 같이 큰 지진에 대하여 고도의 성능(예: 방사능 누출을 방지하기 위해 균열이 발생되지 않을 수준의 성능)을 요구하는 구조물에서는 최소한의 수평내력을 확보하여야 한다.

다음 그림은 고베 지진으로 한 층이 붕괴된 공동주택을 나타낸다. 이 건물은 구조물 부재의 수평내력(강성과 강도)만을 확보하는 내진기준에 따라 설계되었다. 말하자면 힘지배거동만을 만족하는 내진설계기준에 따라 설계되었다. 따라서 지진 시에 기둥에 작용하는 전단력이 전단강도에 도달하면 작은 변형에서도 취성적으로 전단파괴되어 수평하중과 수직하중에 저항하는 구조능력을 상실하였다. 우연히 한 개의 기둥이 전단파괴되어 수평하중을 부담할 수 없다면, 이 기둥에 작용하고 있는 수평력을 다른 기둥이 부담해야 하기 때문에 동일한 전단강도를 갖는 다른 기둥도 연쇄적으로 전단파괴된다. 이와 같이 동일한 층에서 기둥이 연쇄적으로 전단파괴가 되어 층 전체가 붕괴되었다.

그림 3.1.1 고베 지진(M_w 6.9, 1995) 시 3층 하부가 붕괴된 공동주택(출처: https://konjaku-photo.com)

3.1.2 연층/약층

수평내력(강성 및 강도)이 다른 층에 비하여 아주 작은 층을 '약층(弱層, weak story)'이라고 한다. 내진설계기준에서는 강성이 작은 경우를 '연층(軟層, soft stroy)'이라고 하고, 강도가 약한 경우를 약층(弱層, weak story)로 구분한다(참조: 수직 비정형성). 구조물이 지진운동을 받으면 이러한 약층에 큰 변형이 집중된다. 특히 약층의 기둥이 연성능력이 작아 적은 변형에서도 취성파괴를 하면 이 층에서 붕괴가 발생한다.

중고층 공동주택의 경우 1층을 상업시설 또는 주차장으로 이용하기 위해 흔히 '필로티 구조물(piloti structure)'로 설계한다. 1층은 벽체가 없거나 적고 기둥으로 수직하중을 지지한다. 상층에 비해 1층은 수평내력이 작고 큰 변형이 발생하기 쉽다. 필로티 구조물이 강한 지진운동을 받으면 1층의 기둥에는 건물 전체에 작용하는 큰 수평력(층전단력)이 작용하고 큰 수평변형이 발생한다. 이러한 기둥이 전단보강철근으로 충분한 연성이 확보되어 있지 않거나 큰 축력을 받는 경우, 기둥은 큰 변형을 수용하지 못하고 취성파괴된다. 또한 건물의 외측 기둥은 작용하는 수평력에 따라 전도모멘트에 의해 큰 변동축력을 받으므로, 이러한 부가적인 축력에 의해 기둥의 변형능력이 저감된다.

다음 사진은 1971년 캘리포니아 LA 교외에서 발생한 산페르난도(San Fernando) 지진으로 피해를 받은 필로티 구조물인 Olive View 병원이다. 상층에서는 연속된 벽이 1층에는 설치되어 있지 않았으므로 큰 수평변형이 1층에 집중되었다.

그림 3.1.2a 산페르난도(San Fernando) 지진(M_w 6.6, M_s 6.5, 1971) 시 Olive View 병원 피해(출처: USGS)

다음 사진은 1995년의 고베 지진의 피해사진이다. 상층에는 호수를 나누는 내진벽이 있어 수평내력이 크다. 그러나 주차장으로 사용되는 1층에서는 내진벽이 없어 수평내력이 과도하게 작기 때문에 1층이 붕괴되었다.

그림 3.1.2b 고베 지진(M_w 6.9, 1995)으로 1층 하부가 붕괴된 주택(출처: 오타니, 2009)

다음 사진은 2024년 대만 화렌지진의 진앙에서 17km 떨어진 화렌시 중심가 건물의 붕괴 전후 사진이다. 약층 외에도 삼각형 평면을 가진 평면 비정형성을 포함한 구조계획 등 구조적으로 주의를 기울여 볼 것이 있다. 특히, 오래된 건물로 보임에도 붕괴 충격에 외장 마감재(비구조요소) 탈락이 거의 없는 것을 볼 수 있다.

그림 3.1.2c 화렌 지진(M_w 7.4, 2024, 대만)으로 1층이 붕괴된 건물의 붕괴 전과 후
(좌측 출처: 구글맵, 우측 출처: VCG via Getty Images, 2024)

(a) '면내거동(in-plane behavior)' (b) '면외거동(out-of-plane behavior)'

그림 3.1.2d 내진벽체의 거동(출처: Marnetto et al., 2014)

3.1.3 편심

'질량중심(CM, center of mass; 즉, 관성력이 작용하는 평면의 중심)'과 '강성중심(CR, center of stiffness; 즉, 수평강성의 중심)'의 위치가 서로 다른 경우, 즉, '편심(eccentricity)'이 있는 경우, 지진 시 강성중심을 통과하는 수직축에 대하여 회전운동이 발생시켜 강성중심에서 먼 부재에 큰 변형과 이에 따른 손상이 발생한다.

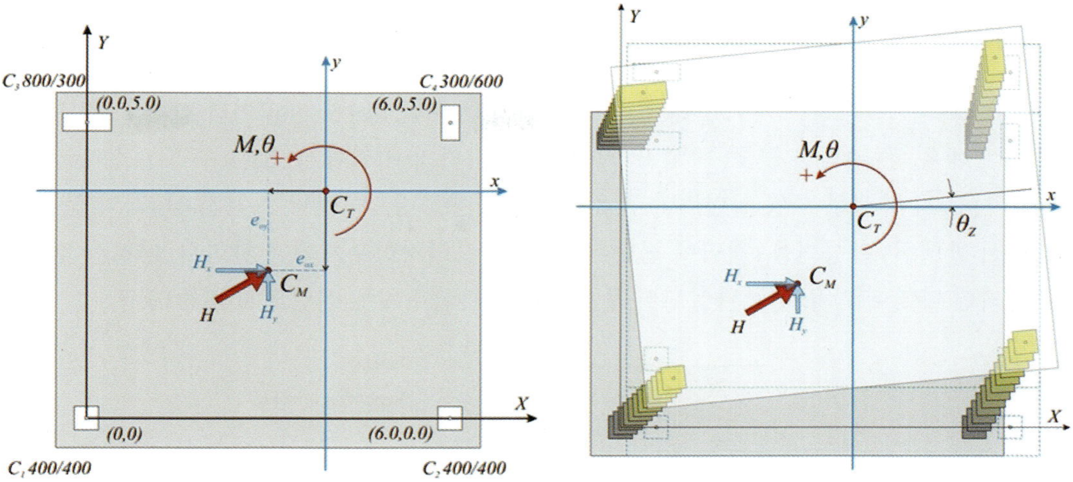

(a) 질량중심(C_M)과 강성중심(C_T) (b) 지진 시 질량중심(C_M)에 작용하는 관성력

그림 3.1.3a 바닥슬래브는 격막(다이아프램)이라고 불리는 강성이 큰 수평요소며, 실제 거동은 강체로서 보와 기둥의 상부에 특정 운동을 부과한다(출처: https://debug.pi.gr)

다음 사진에 보인 건물의 좌측에는 계단실과 내진벽이 있지만 우측 1층에는 기둥뿐이므로 건물의 좌측 강성에 비하여 우측 강성이 과하게 작다. 따라서 지진 시 건물의 좌측을 중심으로 하는 회전운동을 발생시켜 건물의 우측 기둥에 큰 수평변형이 발생한다. 이러한 건물을 보강할 경우에는 질량중심과 강성중심의 위치를 고려하여 우발적인(accidental) 회전운동에 대해서도 충분한 내력을 확보함과 동시에 큰 변형을 견딜 수 있도록 부재의 연성을 확보해야 한다.

그림 3.1.3b 미야기현 지진(M_S 7.7, 1978) 시 (강성이 큰) 건물의 1층 좌측부에 비해 (강성이 작은) 건물의 1층 우측부에 큰 피해가 발생(출처: 오타니, 2009)

3.1.4 격막(다이아프램)

수평력을 전달하는 바닥슬래브를 '격막(다이아프램, diaphragm)'이라 한다. (수평방향 강성이 매우 큰) 격막은 골조, 벽체 및 기둥과 같은 (격막에 접합된) 모든 수직 요소가 강성 비율로 지진 시 발생한 수평 전단력을 공유하도록 강제한다. 즉, 격막은 지진 시 (격막 상부구조물에서 발생한) 관성력을 (격막에 접합된) 모든 지진력저항부재에 전달한다. 따라서 격막이 손상되면 바닥에 작용하는 관성력이 주요 지진력저항부재에 전달되지 않는다.

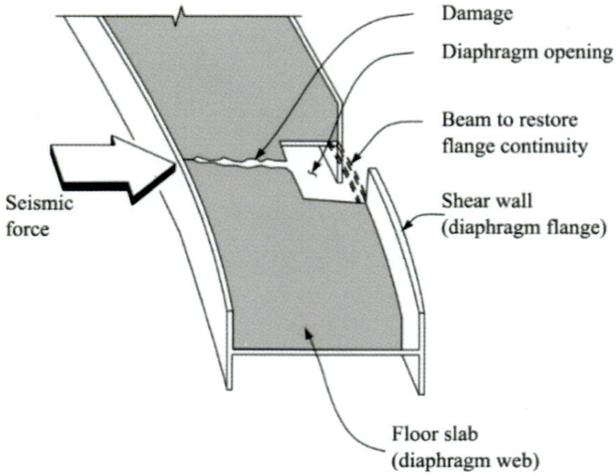

그림 3.1.4a 개구부를 갖는 격막(출처: Taranath, 2010)

1994년 노스리지 지진은 지진 시 유연한 목재 지붕 격막의 벽체 정착(anchorage)에 대한 (1976년 이후 개정된) UBC 내진설계 조항의 첫 번째 시험이었다. 지붕 격막의 부적절한 벽체 정착으로 인해 수백 개의 건물이 심각하게 손상되었다. 1973년 이전의 UBC 조항으로 설계된 '틸트업(tilt-up; 주: 기중기 따위로 조립용 콘크리트 판을 들어 올려서 지붕, 벽체, 바닥 등을 맞추어 건물을 짓는 방법)' 또는 프리캐스트(precast) 건물의 열악한 내진성능은 예상했으나, 1976년 개정된 기준으로 내진설계된 건물의 손상 규모는 예상하지 못했다.

그림 3.1.4b 노스리지 지진(M_w 6.7, 1994) 시 벽체 정착 유실로 인한 틸트업 콘크리트 건물 손상(출처: EERI)

3.1.5 2차 부재

구조부재는 지진력(즉, 횡하중)을 저항하는지에 따라 1차 부재와 2차 부재로 구분한다.

1) '1차 부재(primary component)'는 지진력(연직하중포함)을 저항하도록 요구되는 부재로서 주로 지진력저항시스템 내의 부재이다.
2) '2차 부재(secondary component)'는 연직하중만을 저항하도록 요구되는 부재이다. 횡하중 저항능력이 요구되지는 않으나, 지진 시 발생한 횡변위가 발생하여도 연직하중 지지능력을 유지하여야 한다. 이것을 '변형적합조건(deformation compatibility)'라고 한다.

일부 주요 부재(예: 건물의 외측에 설치된 큰 기둥)만을 1차 부재로 설계되고, 대부분의 부재가 횡하중을 저항하는 능력이 요구되지 않는 2차 부재로 설계되는 경우가 있다. 그러나 2차 부재로 설계되었다고 할지라도 지진 시 발생하는 구조물의 수평변위를 받으므로, 수평변형에도 연직하중 지지능력을 유지할 수 있도록 배근을 하여야 한다.

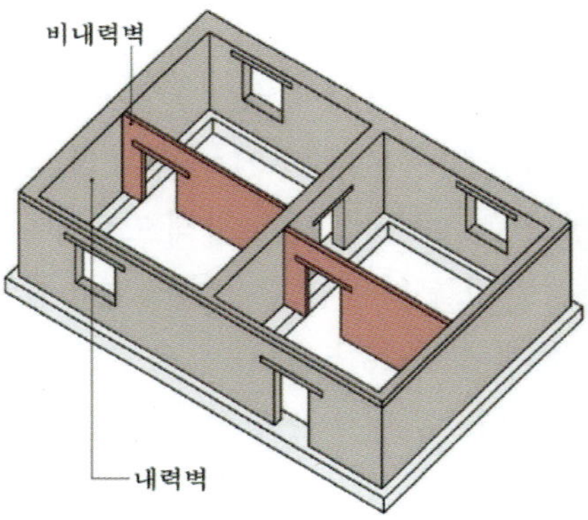

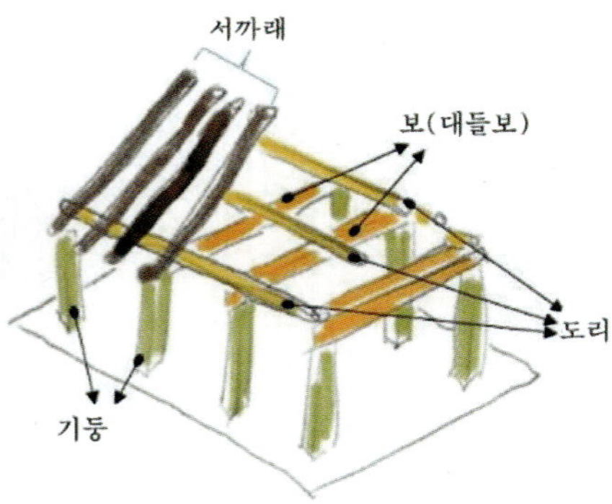

그림 3.1.5a 연직하중과 수평하중에 인내할 수 있는 벽체를 '내력벽(耐力壁, bearing wall)'이라 한다
(출처: (좌) 월간 전원속의 내집, 2023; (우) 가구(架構, frame) https://parkdonggyun.tistory.com)

KDS 41 17 00 건축물 내진설계기준

6.2 지진력저항시스템의 정의 6.2.3 건물골조시스템 (1) 건물골조시스템은 수직하중은 보, 슬래브, 기둥으로 구성된 골조가 저항하고 지진하중은 전단벽이나 가새골조 등이 저항하는 지진력저항시스템이다.

[해설] 6.2.3 건물골조시스템

연성모멘트골조(특수모멘트골조 혹은 중간모멘트골조)가 전체 설계지진력의 25% 이상을 저항하지 못하여 이중골조 스탱의 요건에 부합하지 않은 경우, 건물골조시스템에 해당한다. 건물골조시스템으로 설계 시 연성모멘트골조를 적용할 경우에는 전단벽이나 가새골

조가 지진하중의 100%를 저항하도록 설계할 필요는 없으며, 골조가 지진하중의 일부를 부담하도록 설계할 수 있다. 다만, 건물골조시스템에서 보통모멘트골조로 설계하는 경우에는 설계지진력의 100%를 횡력시스템이 저항하도록 설계한다

KDS 41 17 00 건축물 내진설계기준

6.6 내진설계범주 'D'에 대한 시스템 제한
6.6.2 변형의 적합성
(1) 고려하는 방향의 지진력저항시스템에 포함되지 않은 모든 구조요소는 7.2.7.1에 따라 결정된 설계층간변위에 의하여 발생하는 모멘트와 전단력뿐만 아니라 수직하중에 저항할 수 있는 연성능력을 발휘하도록 설계한다. 허용응력설계법을 사용할 경우, 는 하중계수 0.7을 곱하지 않은 지진력에 대해 산정한다. 고려하는 방향의 지진력저항시스템에 포함되지 않은 부재에 발생되는 모멘트와 전단력은 인접한 강한 구조 및 비구조요소에 의한 강성 증가효과를 포함하여 산정한다.

[해설] 6.6.2 변형의 적합성

각 부재의 비탄성변형 적합성에 대한 검증은 설계층간변위에 대한 각 보와 기둥의 소성힌지 변형능력이 요구변형보다 크다는 것을 입증하면 된다. 강기둥-약보의 경우에는 보의 양단에 소성힌지가 발생하는 것으로 가정하여 요구변형을 근사적으로 구할 수 있으며, 약기둥-강보의 경우에는 기둥 양단의 소성힌지를 검토한다. 변형능력은 실험결과에 의존하거나 ASCE 41, 공동주택 성능기반 진설계 지침(2016) 등과 같은 지침을 이용하여 연성상세에 따라 결정한다. 만약 소성힌지의 변형능력이 요구변형 보다 작다면 전체구조시스템의 강성과 강도를 증가시켜서 소성힌지에 큰 변형이 요구되지 않도록 조절한다.

이때 부재의 설계전단력은 설계지진하중에 대한 구조해석으로 산출한 값이 아닌 부재의 소성휨모멘트 에 근거하여 산출한 값이어야 한다. (KDS 41 30 00 건축물 콘크리트구조 설계기준 참조) 또한 수직하중 에 의한 부가적 2차효과를 고려하도록 설계하여야 한다 (7.2.8.2 참조).

위의 요건을 고려할 때 내진설계범주 D에 해당되는 구조물은 중간모멘트골조 이상의 연성상세를 갖도록 설계하는 것이 바람직하다.

[질문]

1) 6.2.3절은 국내 기준에서 건물골조시스템을 적용 시 연성모멘트골조를 적용하면, 변형적합을 고려하지 않아도 된다는 해설 내용이다.
2) 6.6.2절은 변형의 적합성을 따로 검토하지 않을 경우 상세를 제시하는 것으로 보인다.
3) 상기 2가지는 내용이 중복되므로 기준을 정리할 필요가 있다.

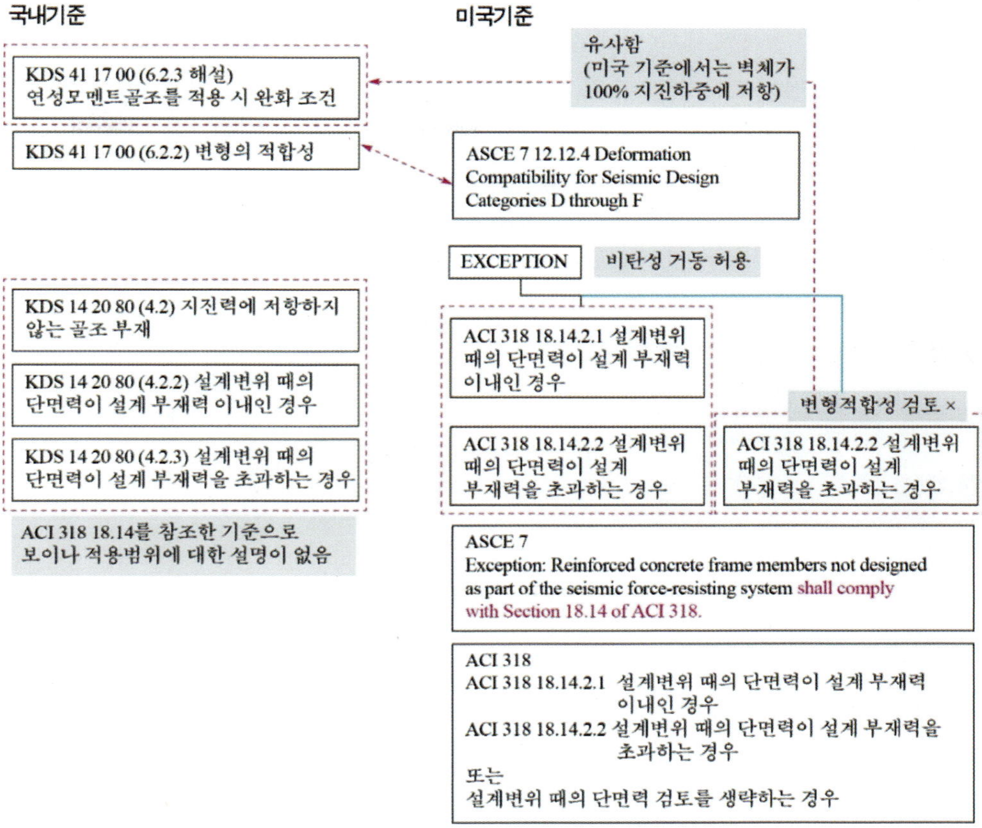

그림 3.1.5b 변형의 적합성과 관련된 요건

3.1.6 비구조요소

'비구조요소(nonstructural component)'는 차양, 장식탑, 비내력벽, 기타 이와 유사한 것으로서 횡력저항에 영향을 미치지 않는 건축물의 구성부재이다. '조적채움벽(masonry infill wall)'의 경우 비구조부재로 설계되나 구조물의 횡력저항능력에 미치는 영향이 크므로 구조물의 내진성능평가 시 해석모델에 포함하여야 한다.

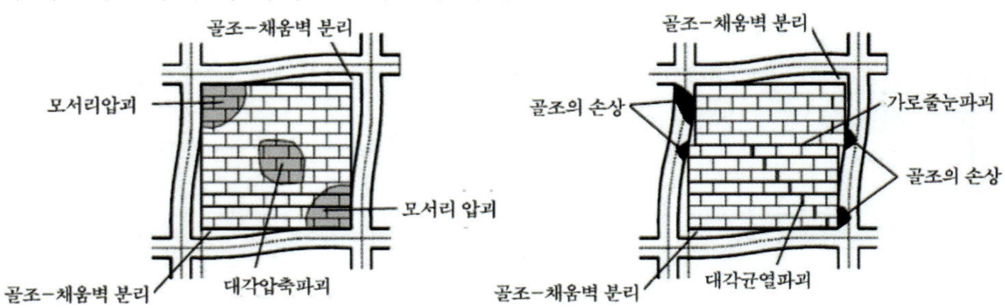

(a) 모서리 압괴(corner crushing, CC), 대각압축파괴(diagonal compression, DC)

(b) 가로줄눈파괴(sliding shear, SS), 대각균열파괴(diagonal cracking, DK), 골조손상(frame failure, FF)

그림 3.1.6a 조적채움 파괴모드(출처: Asteris, 2011; 국토안전관리원, 2021)

일반적으로 구조설계에서는 비구조요소를 배제하고 구조해석을 수행하고 구조부재를 설계한다. 그러나 실제로는 조적채움벽과 같이 비구조요소라고 하더라도 역학적으로는 무시할 수 없는 것이 있다. 즉, 비구조요소가 존재하는 경우 인접하는 구조부재에 작용하는 부재력이 달라질 수 있다. 이러한 비구조요소는 골조에 큰 강성을 부여하며, 이러한 부가강성을 무시하면 구조물에 대한 예상치 못한 나쁜 영향을 미칠 수 있다.

그림 3.1.6b 단주효과 개념도(출처: 서울시 건축물 내진성능 자가점검 자료)

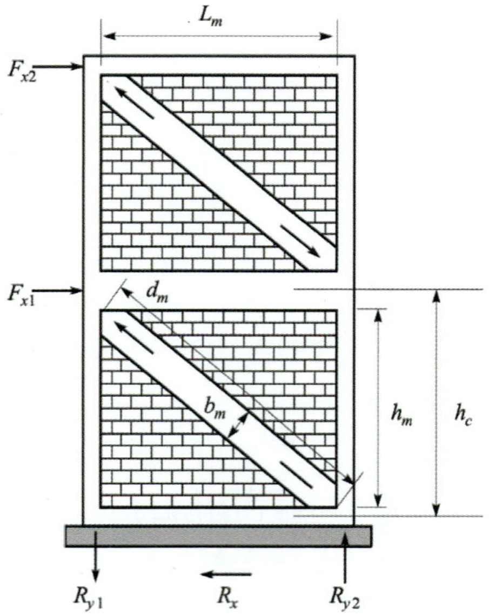

(a) 등가스트럿 모델

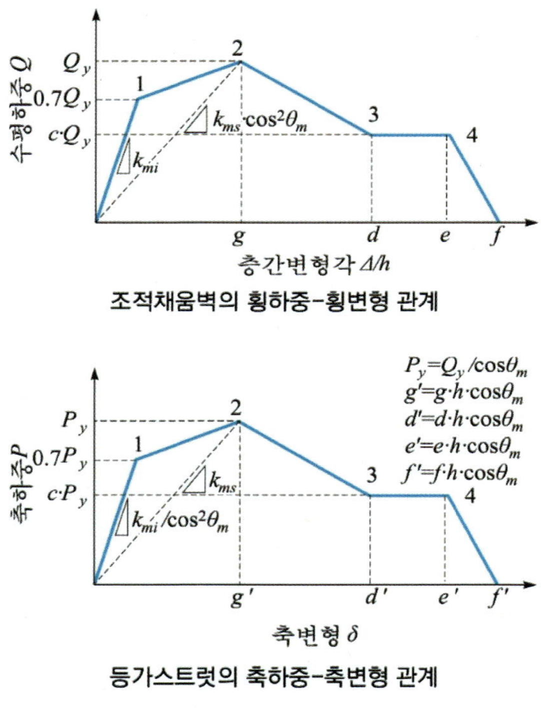

(b) 가력 초기 단계에서 골조와 일체화된 거동을 하다가 분리된 이후에는 압축 스트럿이 형성되는 거동

그림 3.1.6c 조적채움벽의 강성 모델링(출처: 국토안전관리원, 2021)

학교건물의 특성상 기둥을 구속하고 있는 조적벽으로 인하여 기둥의 길이가 짧아지는 단주효과로 인하여 기둥에 피해가 집중되었다.

그림 3.1.6d 도카치 해역(十勝沖) 지진(M_j 7.9, 1968) 시 미사와상고(三沢商高) 단주의 전단파괴
(전단철근 간격 200mm; 출처: 시바타, 2012)

수벽(垂壁) 등이 기둥에 접하면 기둥에 단주효과가 발생한다. 단주가 장주보다 강성은 크지만, 동일한 층의 수직부재들은 동일한 층변위를 가지므로, 단주가 장주보다 더 큰 변위각이 발생하면서 X자 전단균열이 발생하면서 먼저 파괴된다. 이후 파괴된 부재가 분담하는 하중이 다른 부재들에 가중되고, 그 부재들의 여유력이 부족하면 순차적으로 취약한 부재들부터 연속파괴되면서 건물전체의 붕괴가 발생할 수 있다.

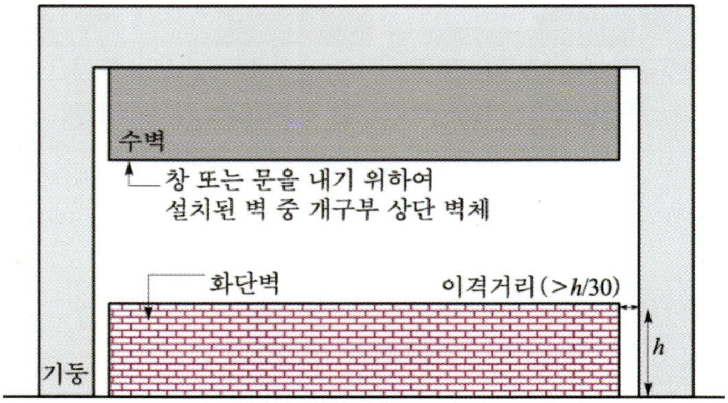

그림 3.1.6e 단주효과 개념도(출처: https://bmtars.tistory.com)

비구조요소의 내진설계가 필요한 대표적인 이유를 열거하면 다음과 같다.

1) 건축물의 기능유지

중소지진에 있어서 건축물의 기능유지는 중요한 성능목표이다. 건축물의 기능을 유지하기 위해서는 구조물의 비구조요소도 충분한 성능을 확보해야 한다. 경험에 따르면 건물의 거주자는 칸막이, 창문, 문, 기계설비 등의 비구조요소의 손상으로 공포를 느낀다. 이러한 경우 비구조요소의 손상이 복구되거나 교체될 때까지 건물을 사용할 수가 없다.

2) 건축물의 보수비

건물의 보수비용은 구조부재의 보수비에 따라 결정되는 경우가 많으므로 건물 소유자의 경제적인 부담을 줄여주기 위해서도 비구조요소를 손상시키지 않도록 보호해야 한다. 통계적으로 건축물 복구 공사비용에서 구조요소가 20%, 비구조요소를 포함한 그 외 요소가 80%를 차지한다(참조: 제8장 [내진설계] 비구조요소).

3) 피난 경로 확보

손상된 요소가 낙하하여 건물 안 또는 건물에서 피난하고자 하는 사람들의 위에서 낙하하면 극히 위험하다. 경우에 따라 손상된 비구조요소가 피난로를 막아버릴 수 있으므로 구조물의 큰 변형에 의해 문과 같은 비구조요소가 지진 후에 열리도록 구조물의 수평강성을 높게 하거나 비구조요소가 변형을 수용할 수 있도록 주변에 부드러운 완충재를 사용하는 것이 좋다.

(a) 입구 문의 피해와 콘크리트 사이 칸막이 벽 파괴 (b) 프리캐스트 콘크리트 커튼월 낙하

그림 3.1.6f 고베 지진(M_w 6.9, 1995)으로 인한 비구조요소의 파괴(출처: 오타니, 2009)

3.1.7 기둥

기존 건축물의 내진성능을 판단하는 경우에는 구조도면만으로 조사하는 것은 불충분하다. 다음 사진은 1948년 후쿠이 지진(福井地震)에 의한 다이와 백화점(大和百貨店)의 붕괴 사진이다. 1945년 7월 제2차 세계대전 당시 후쿠이 공습으로 인한 화재, 지진 시 지반운동으로 인한 남쪽지반의 부등침하, 그리고 철근콘크리트구조물의 배근불량이 붕괴 원인으로 지목되었다.

그림 3.1.7a 후쿠이 지진(M_w 6.8, 1948)의 다이와 백화점의 붕괴(출처: Wikipedia)

횡방향 지진하중으로 인하여 횡방향 변위가 발생한다. 기둥 상단은 고정된 하단에 비해 횡방향 상대변형이 발생한다. 장주는 단주에 비해 변형이 더 자유롭다. 단주는 장주와 동일한 횡방향 변위를 가져야 하므로 장주에 비해 더 큰 부재력이 발생하고 파괴가 발생한다.

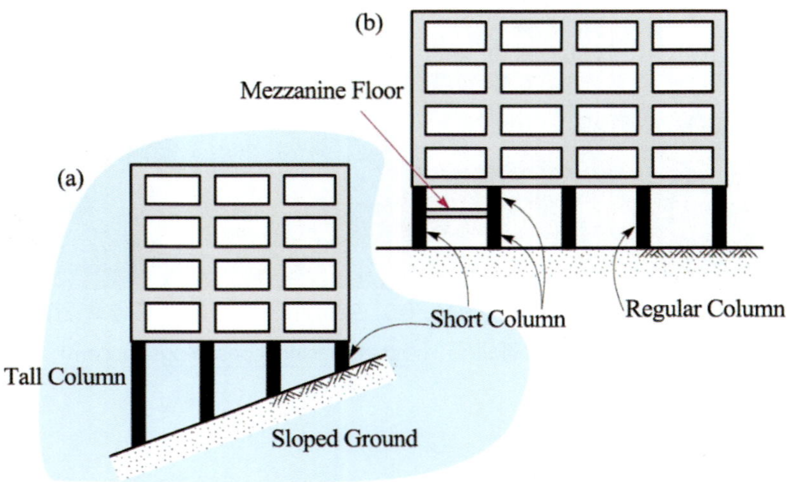

그림 3.1.7b 경사지반과 중이층(中二層, mezzanie)으로 인한 단주 파괴
(출처: https://www.structuralguide.com)

3.1.8 구조물 충돌

인접하는 건물과 간격이 작으면, 지진 시에 수평변위에 의해 인접하는 건물과 충돌이 발생한다. 특히 인접건물의 바닥슬래브의 높이가 동일한 높이가 아닌 경우에는 피해가 크고, 낮은 건물의 슬래브 상면이 인접하는 건물의 기둥을 심하게 손상하는 경우가 있다. 다음 사진은 1985년 멕시코시티 지진 시 발생한 구조물 충돌의 예이다.

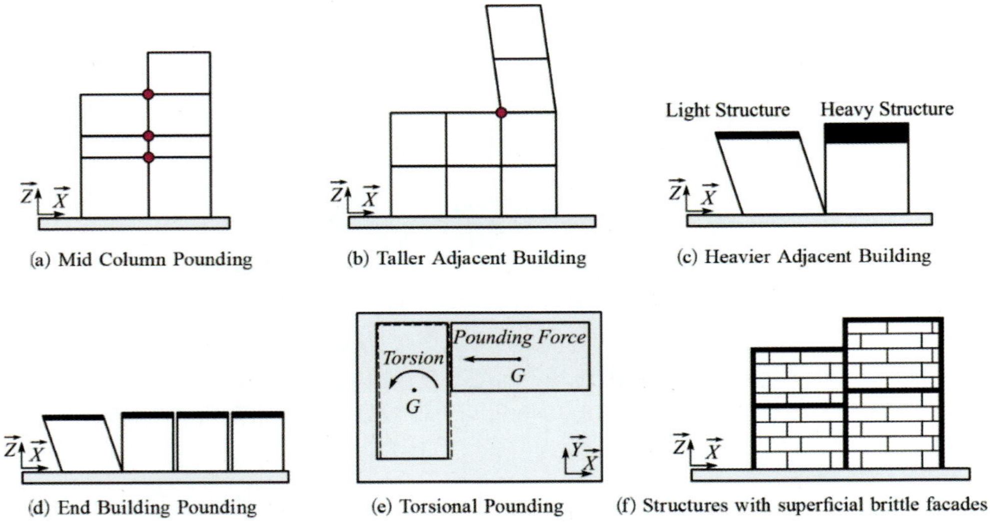

그림 3.1.8a 구조물 충돌 형태(출처: T. Langlade, et al., 2021)

그림 3.1.8b 멕시코시티 지진(M_w 8.0, 1985)의 인접 건물의 충돌로 인한
Hotel De Carlo의 층붕괴(출처: https://facingyconst.blogspot.com)

3.1.9 팬케익 파괴

공간을 크게 확보하기 위하여 '무량판(無樑板; flat slab/plate)' 구조를 사용한다. 이 구조는 다음과 같은 이유로 '팬케익(pancake) 파괴'가 발생할 수 있다.

1) 보가 없기 때문에 수평강성이 적고 큰 수평변위가 크다.
2) 기둥이 바닥슬래브를 전단파손하여 슬래브에 작용하는 수직하중을 지지하지 못하고 슬래브가 낙하한다.

이러한 파괴는 보가 없기 때문에 상하층 슬래브가 직접 접촉하는 붕괴이며, 상하층 슬래브 사이에는 사람이 대피할 공간이 없다. 인명보호의 입장에서도 이러한 붕괴는 발생해서는 안된다. 깊은보 또는 허리벽을 사용한다면 건물이 붕괴한 이후에도 상하층 슬래브 사이에 사람이 대피할 공간이 생긴다.

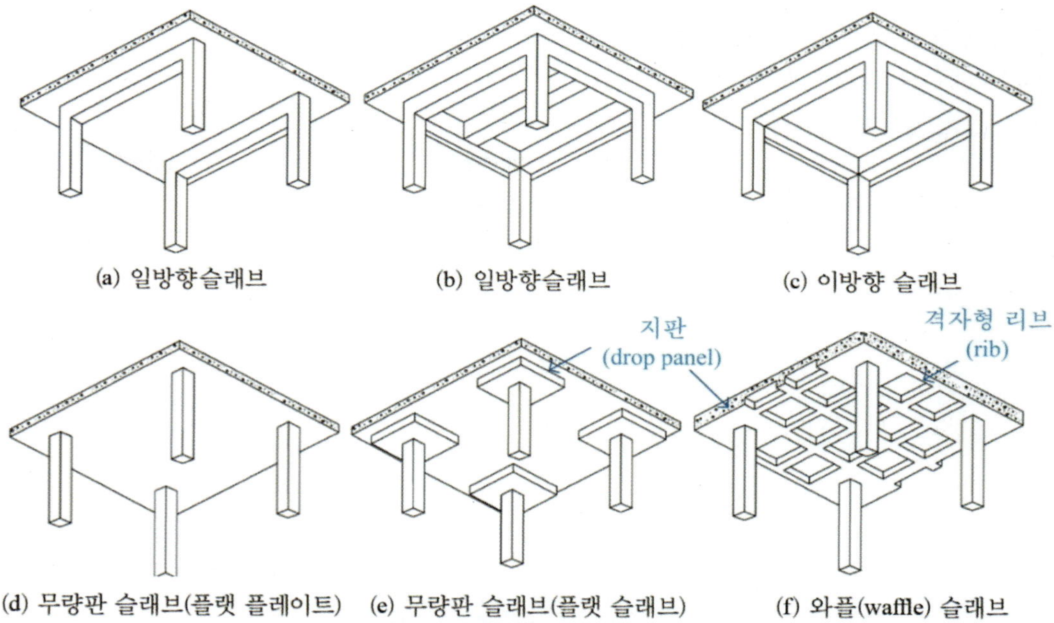

그림 3.1.9a 슬래브의 종류(출처: 건축구조지식저장소, https://next-archi.tistory.com)

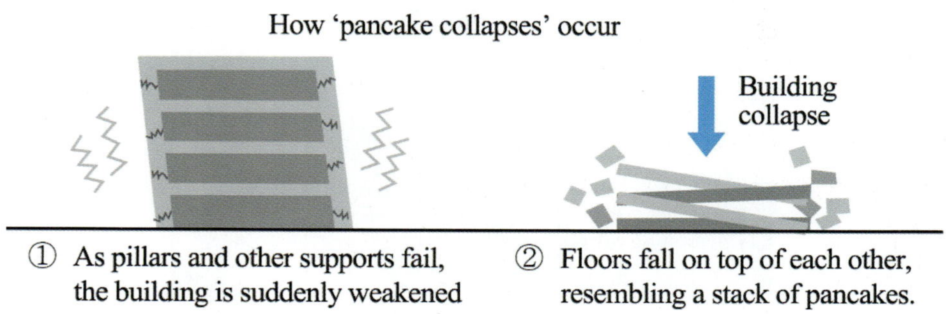

그림 3.1.9b 팬케익 붕괴 메커니즘(출처: https://japannews.yomiuri.co.jp)

그림 3.1.9c 튀르기예 지진(M_w 7.8, 2023)으로 Kahramanmaras시에서 붕괴된 건물

(출처: https://japannews.yomiuri.co.jp)

3.1.10 기초

기초에서 손상이 발생하면 이에 대한 보수비용은 상부구조물에 비해 매우 크므로, 내진설계 시 기초는 상부구조물에 비해 보수적으로 내진설계한다. 지진 시 기초 파괴의 원인을 예로 들면 다음과 같다.

1) 지반의 액상화와 측방유동
2) 지반의 액상화에 의한 기초의 지지력 상실
3) 단층의 어긋남
4) 지반의 압밀
5) 절토와 매립토의 경계면에서의 부등침하

지반의 액상화는 말뚝기초에 큰 변형을 발생시킨다. 말뚝기초의 피해는 미야기현 지진(M_s 7.7, 1978) 및 고베 지진(M_w 6.9, 1995)에서 나타났다.

그림 3.1.10a 니카타 지진(M_w 7.6, 1964) 시 사질토 지반의 액상화에 의한 공동주택의 전도

그림 3.1.10b 멕시코시티 지진(M_w 8.0, 1985) 시 건물 침하(출처: 오타니, 2009)

3.2 부재 파괴

3.2.1 기둥 휨파괴

[용어] '띠철근(대근, hoop, 帶筋; 띠근, tie hoop, -筋, tie bar, tie reinforcement; 후프철근)'

- 기둥에서 종방향 철근의 위치를 확보하고 전단력에 저항하도록 정해진 간격으로 배근된 횡방향의 보강철근

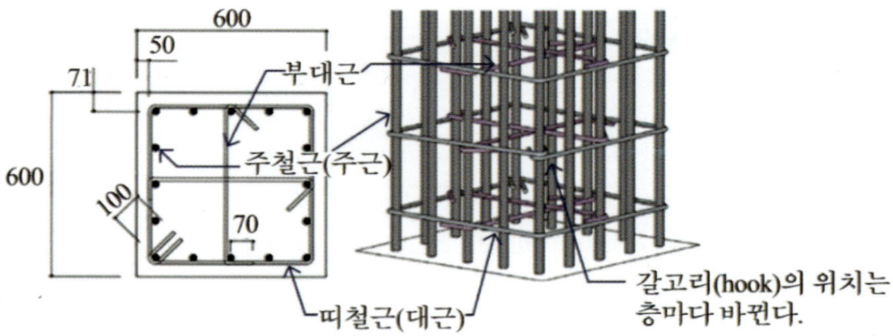

그림 3.2.1a 기둥의 철근

[용어] '스터럽 (늑근, stirrup, 肋筋)'

- 보의 주근을 둘러싸고 이에 직각이 되게 또는 경사지게 배치한 복부 보강철근
- 전단력 및 비틀림모멘트에 저항하도록 배치한 보강철근

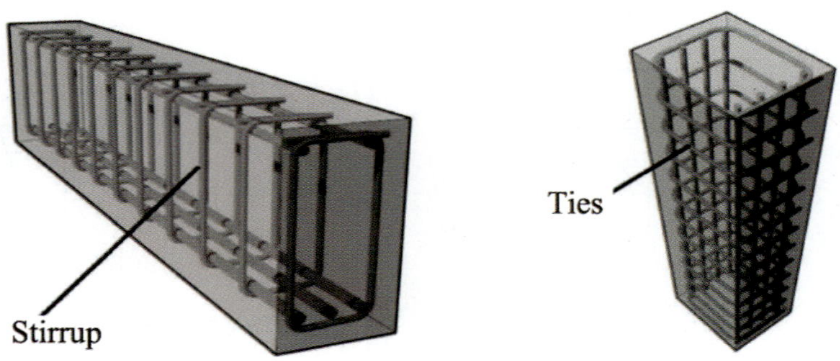

그림 3.2.1b 보의 스터럽 vs 기둥의 띠철근

휨을 받은 기둥의 횡변형능력은 다음 요인에 영향을 받는다.

1) 기둥에 작용하는 압축력의 크기 → 압축력이 클수록 횡변형능력은 감소한다.

2) 소성힌지영역의 횡보강철근량 → 철근량이 많을수록 횡변형능력은 증가한다.

일반적으로 기둥에 큰 압축력이 작용하면 휨모멘트와의 상승효과에 의해 콘크리트 기

둥 단면이 팽창되는 압축파괴가 발생한다. 여기서 콘크리트 기둥에 단면의 팽창을 억제하는 횡방향 구속철근을 배근하면 콘크리트의 압축파괴를 지연시킬 수 있다.

외곽 기둥, 특히 모서리 기둥은 건물에 작용하는 전도모멘트에 따라 큰 변동축력을 받으며, 휨압축파괴가 발생한 이후에 축력을 유지할 수 없다. 일반적으로 기둥의 휨파괴는 기둥의 상단 및 하단에 발생하고, 콘크리트의 압축파괴를 동반하므로 전단압축파괴와 휨압축파괴를 구별하는 것은 어렵다.

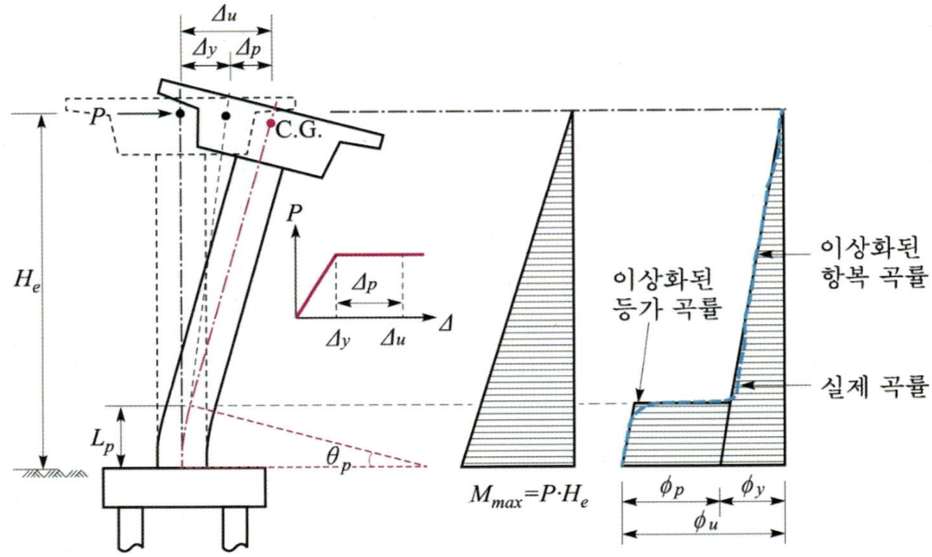

(a) 캔틸레버 거동

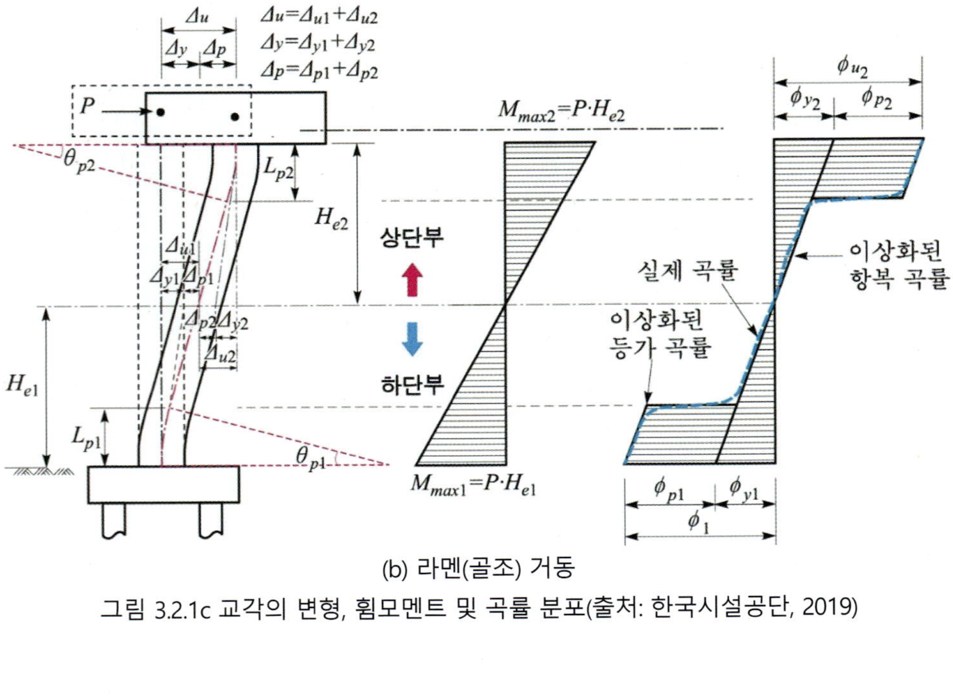

(b) 라멘(골조) 거동

그림 3.2.1c 교각의 변형, 휨모멘트 및 곡률 분포(출처: 한국시설공단, 2019)

다음 사진은 100 mm 의 좁은 간격으로 띠철근이 배근된 기둥의 파괴를 보여준다. 띠철근이 가장 외부만 배근되어 있으므로 내부 콘크리트가 압축되어 밖으로 팽창할 때 이를 충분히 구속할 수 없었다.

그림 3.2.1d 고베 지진(M_w 6.9, 1995) 시 휨압축파괴된 기둥(출처: 오타니, 2009)

(a) 띠철근 부족으로 인한 휨파괴 (b) 축력과 휨모멘트에 의한 파괴

그림 3.2.1e 라퀼라 지진(M_w 6.3, 2009) 시 기둥의 압축휨파괴(출처: Ricci et al., 2011)

건물이 대변형 이후에 $P-\Delta$효과로 파괴되는 것은 매우 드물다. 이러한 파괴는 기둥부재가 가늘고 변형능력이 큰 기둥의 휨항복파괴인 경우에 발생한다. 다음 사진은 구조물에 큰 수평변형이 발생하여 기둥상부에서 기둥의 주근이 보-기둥 접합부에서 뽑혀서 발생한 파괴를 보여준다.

그림 3.2.1f 카이엔(Qayen) 지진(M_w 7.3, 1997, 이란) 시 큰 수평변형으로 기둥의 휨파괴가 발생되어 붕괴된 골조(출처: 오타니, 2009)

3.2.2 기둥 전단파괴

전단파괴는 가장 취성적인 부재의 파괴이다. 철근콘크리트 기둥에 작용하는 전단응력은 45° 인장응력과 45° 압축응력으로 변환하여 나타낼 수 있다. 일단 전단균열이 발생하면 콘크리트는 인장응력에 저항하지 못하고 45° 사인장파괴가 발생한다.

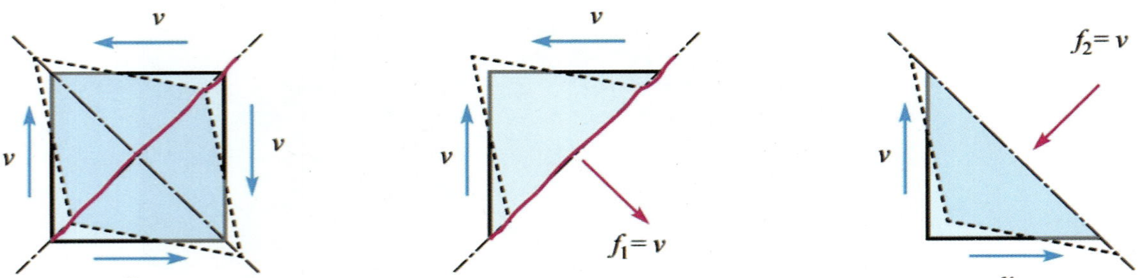

그림 3.2.2a 전단응력에 의한 '사인장 균열(diagonal tension crack)'

부재축에 거의 45° 방향으로 발생하는 전단균열을 적어도 1개 이상의 전단보강철근이 가로지르도록 해야 한다. 큰 전단력을 받는 부재에서는 콘크리트가 부담하고 있는 인장력을 전단보강철근이 함께 부담하도록 해야하고, 큰 압축력을 받는 콘크리트를 구속하여 변형능력을 증가시키기 위하여 전단보강철근의 간격을 충분히 좁게 해야 한다.

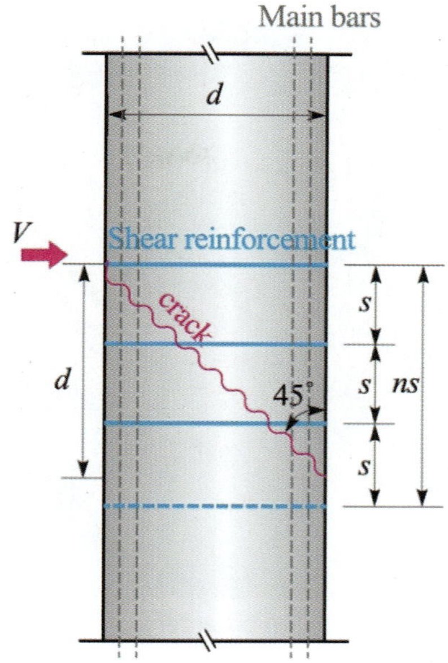

그림 3.2.2b 전단균열과 전단철근

전단파괴는 '횡보강철근(transverse reinforcement)'(즉, 전단보강철근의 직경, 간격, 강도 등)이 부족하여 발생한다. 다음 사진은 전단보강철근의 직경이 작고 간격이 넓어 발생한 전단파괴를 보여준다.

그림 3.2.2c 루손(Luzon, 필리핀) 지진(M_w 7.7, 1990) 시 발생한 기둥의 전단파괴(출처: 오타니, 2009)

그림 3.2.2d 멕시코시티 지진(M_w 8.0, 1985) 시 Lazaro Cardenas 학교 건물 기둥의 전단파괴(출처: 오타니, 2009)

장방향 횡보강철근의 단부는 135° '갈고리(hook)'로 절곡하여 콘크리트 코아 내부에 정착되어야 한다. 다음 사진은 횡보강철근의 단부가 135° 갈고리로 절곡되지 않아, 전단보강철근에 작용하는 인장력에 의해 횡보강철근의 정착부분이 풀려 발생한 기둥의 전단파괴 사례이다.

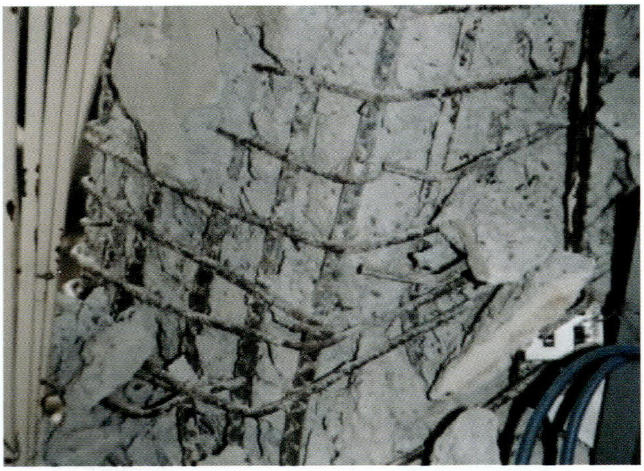

그림 3.2.2e 고베 지진(M_w 6.9, 1995) 시 90° 절곡한 횡보강철근이 풀려서 발생한 기둥의 전단파괴(출처: 오타니, 2009)

다음 그림은 지진 시 횡보강철근 절곡부의 파단을 나타낸다. 지진 시 횡보강철근의 절곡부에서는 소성변형이 발생하며, 파괴 전까지 소성변형을 견딜 수 있어야 한다.

그림 3.2.2f 고베 지진(M_w 6.9, 1995) 시 기둥 횡보강철근 절곡부의 파괴(출처: 오타니, 2009)

다음 사진은 콘크리트 비구조벽이 기둥의 변형길이를 짧게 하여 발생한 단주효과에 의한 기둥의 전단파괴를 나타낸다.

그림 3.2.2g 미야기현 지진(M_s 7.7, 1978) 시 철근콘크리트 철도학원 건축물 기둥의 전단파괴(출처: 오타니, 2009)

(a) 허리벽(partial infilling wall)에 의한 파괴

(b) 계단의 높이 차이에 의한 단주 파괴

그림 3.2.2h 라퀼라 지진(M_w 6.3, 2009) 시 기둥의 전단파괴(출처: Ricci et al., 2011)

3.2.3 부착할렬파괴

이형철근의 인장은 '부착응력(附着應力; bond stress)'에 의해 철근 주변 콘크리트에 인장응력을 발생시킨다. 부재의 휨모멘트가 큰 경우 부재에 휨부착응력도 크게 발생한다. 다음과 같은 경우에 주철근을 따라 '할렬(割裂, splitting/cleavage)' 균열이 발생한다. 이러한 할렬균열에 의해 주철근 부착응력이 상실되어 기둥의 내력을 저하시켜 구조물의 붕괴에 이르는 경우도 있다.

1) 보 또는 기둥의 주철근이 밀실하게 배근된 전단철근으로 지지되지 않은 경우
2) 콘크리트 강도가 약한 경우
3) 고강도의 대구경 주철근을 사용하는 경우
4) 이형철근의 피복콘크리트 두께가 얇은 경우

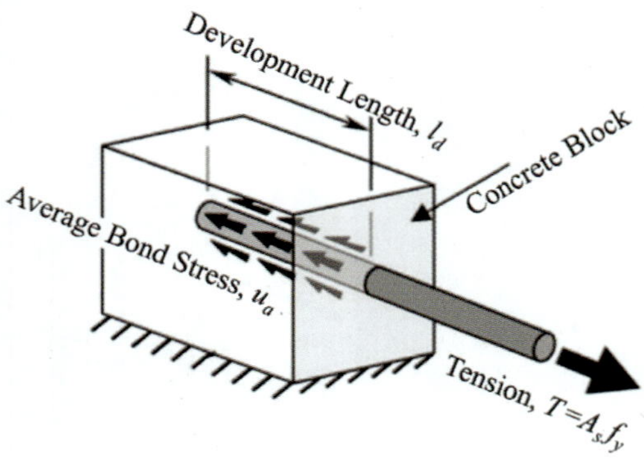

그림 3.2.3a 철근과 부착응력

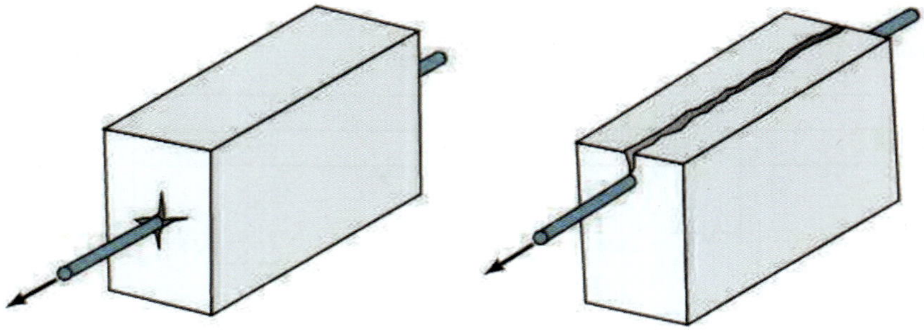

그림 3.2.3b 뽑힘부착파괴와 쪼갬부착파괴
(출처: 모르타르 충전식 철근이음장치, KR1020040091541A)

다음 그림은 콘크리트의 강도가 낮고 골재의 품질불량으로 발생한 기둥의 주근을 따라 발생한 부착할렬파괴를 보여준다.

그림 3.2.3c 동해 중부 지진(M_w 7.8, 1983) 시 나미오카 병원(浪岡病院)에서
기둥 이형철근의 주근을 따라 발생한 부착할렬파괴(출처: 오타니, 2009)

3.2.4 주철근 겹이음 파괴

공장에서 생산되어 건설현장까지 운반되는 철근의 길이에는 약 8m 정도이므로, 철근의 길이가 충분하지 않으면 현장에서 '철근이음(bar splice)'을 하여 사용한다. 이러한 이음은 철근의 인장응력이 작은 영역에서 하여야 한다. 그러나 시공 시 이해 부족으로 인장응력이 큰 부분에서 겹이음을 설치한 경우도 있다.

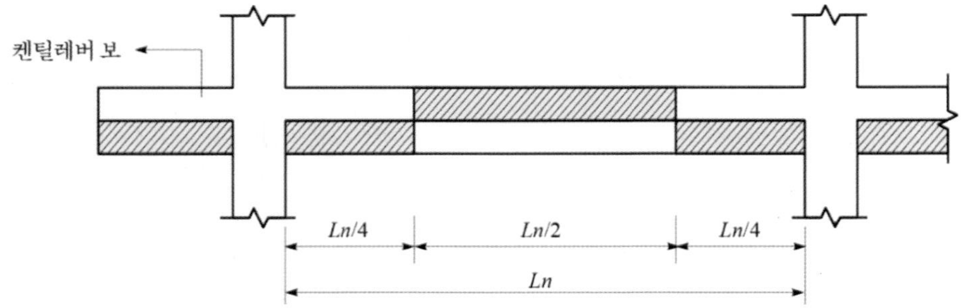

(a) 보(중간모멘트골조 및 특수모멘트골조 제외)

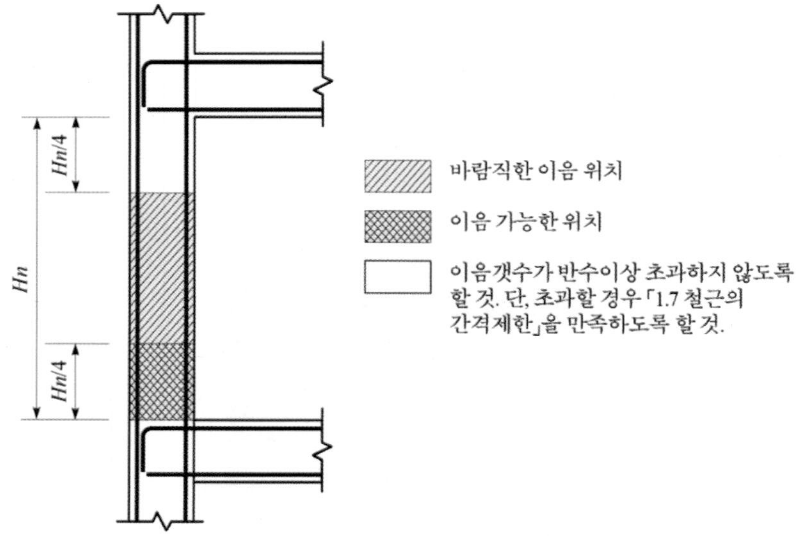

(b) 기둥(중간모멘트골조 및 특수모멘트골조 제외)

그림 3.2.4a 겹침이음 가능 위치

다음 그림은 '용접이음(welded splice)'과 '겹침이음(lap splice)'의 파괴를 보여준다. 용접이음은 철근단부를 가스로 가열하여 녹여서 압접하는 것으로 시공관리가 나쁘면 지진 시 압접부에서 파단될 수 있다.

그림 3.2.4b 고베 지진(M_w 6.9, 1995) 시 발생한 철근의 용접이음 파단(출처: 오타니, 2009)

그림 3.2.4c 루손(Luzon, 필리핀) 지진(M_w 7.7, 1990) 시 발생한 철근의 겹침이음 파단(출처: 오타니, 2009)

3.2.5 정착 파괴

보 또는 기둥의 응력은 보-기둥 접합부에서 철근의 '정착(anchorage)'을 통해 전달된다.

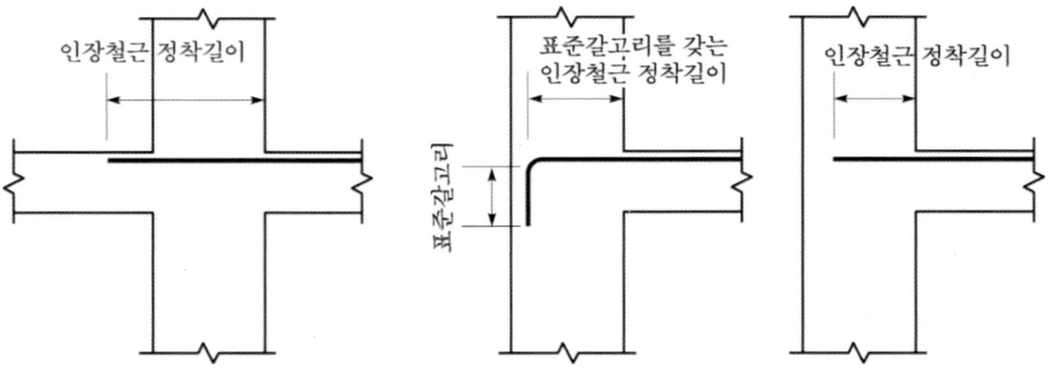

그림 3.2.5a 보-기둥 접합부에서 인장철근의 정착길이

다음 그림은 다음 두 가지 이유로 발생한 파괴를 보여준다.

1) 횡보강철근으로 배근되지 않는 보-기둥 접합부의 경우, 주근의 정착부에서 주근을 따라 부착할렬파괴가 발생하여 외측의 콘크리트가 박리된다.
2) 보-기둥 접합부에 완전하게 정착되지 못한 주근은 접합부에서 빠질 수 있다. '정착길이(development length)'의 부족은 보의 인장철근이 보-기둥 접합부에 밖으로 정착되어 있지 않는 경우에 나타난다.

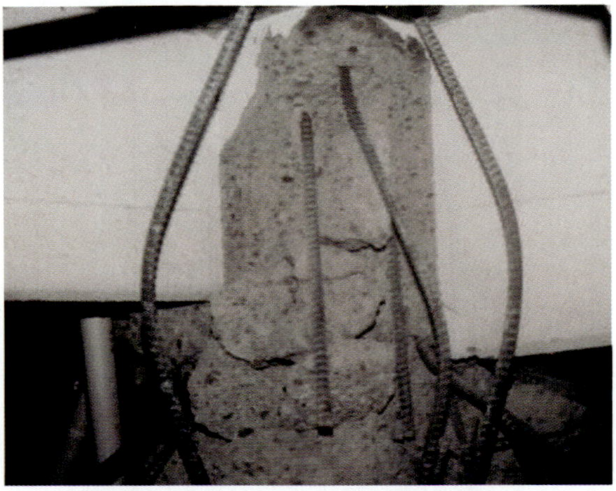

그림 3.2.5b 거더 접합부에 횡보강근이 배근되지 않았기에, 주철근을 따라 발생한 부착할렬균열로 인한 콘크리트의 박락(출처: 오타니, 2009)

3.2.6 보-기둥 접합부 파괴

'보-기둥 접합부(beam-column joint/connection)'의 파괴형태는 1) J 파괴(joint failure), 2) BJ 파괴(beam-joint failure), 3) B 파괴(beam failure ~ 강기둥-약보)로 구분할 수 있다. 여기서 강기둥-약보로 거동하기 위해 보-기둥 접합부의 강성이 보와 기둥의 강성보다 커야 한다.

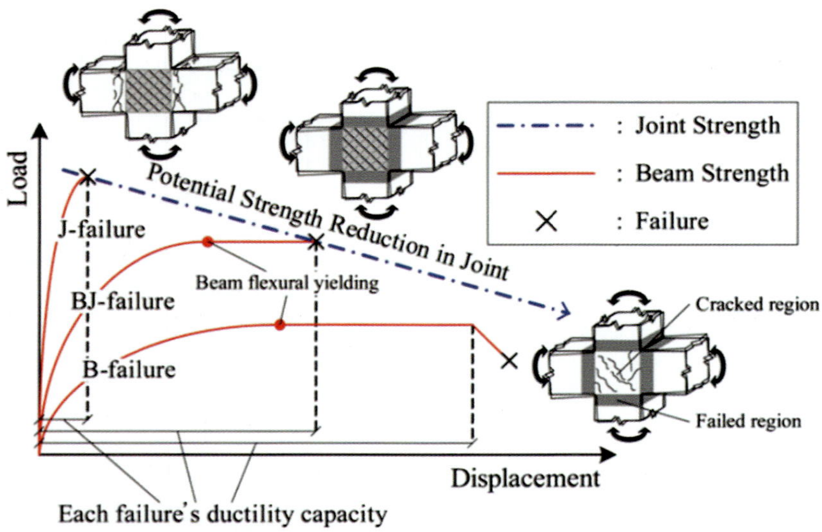

그림 3.2.6a 보-기둥 접합부 전단파괴 형태(출처: Lee JY et al., 2009)

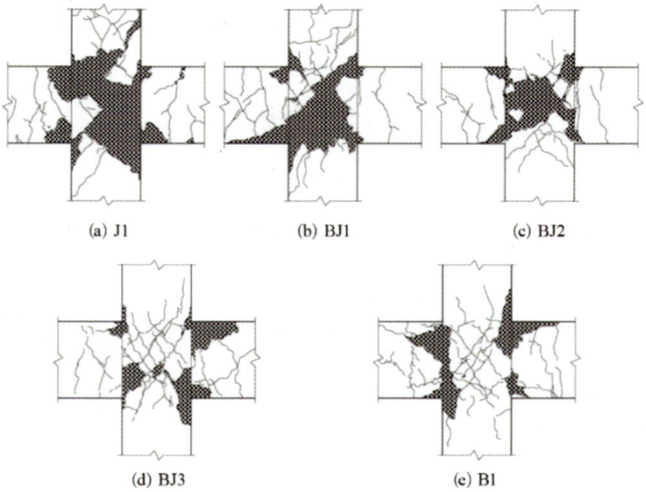

그림 3.2.6b 3가지 접합부 전단파괴 형태(출처: Lee JY et al., 2009)

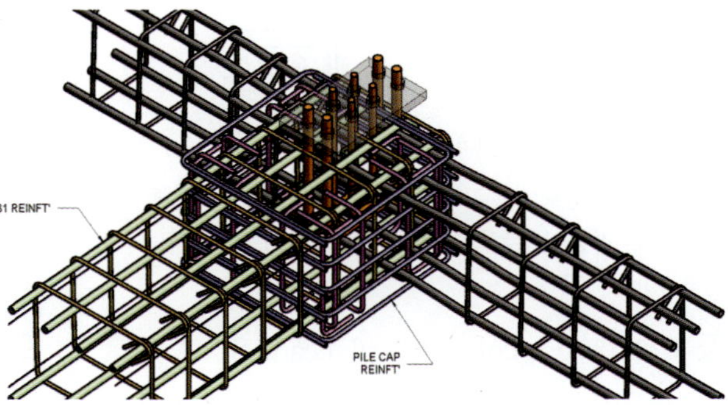

그림 3.2.6c 보-기둥 접합부의 배근(출처: https://revitiq.com)

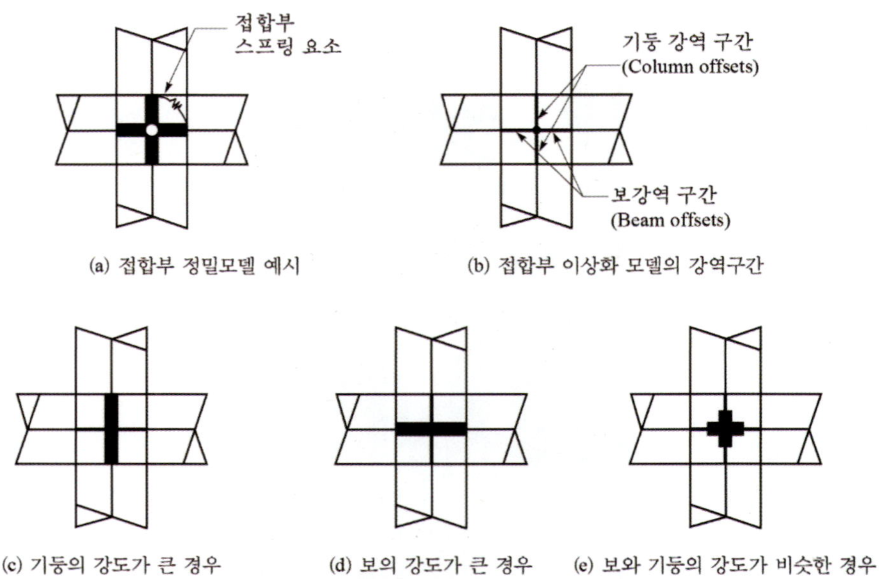

그림 3.2.6d $\sum M_{nc} / \sum M_{nb}$에 따른 보-기둥 접합부 '강역(rigid zone)'의 모델링(출처: 국토안전관리원, 2021)

보-기둥 내부접합부의 파괴에 의해 구조물의 붕괴는 나타나지 않는다. 그러나 보-기둥 외부접합부에서는 손상이 현저해져 콘크리트 기둥의 압축파괴에 의해 수직하중을 지지할 수 없게 되어, 보-기둥 외부접합부의 파괴로 건물이 붕괴되는 경우가 있다.

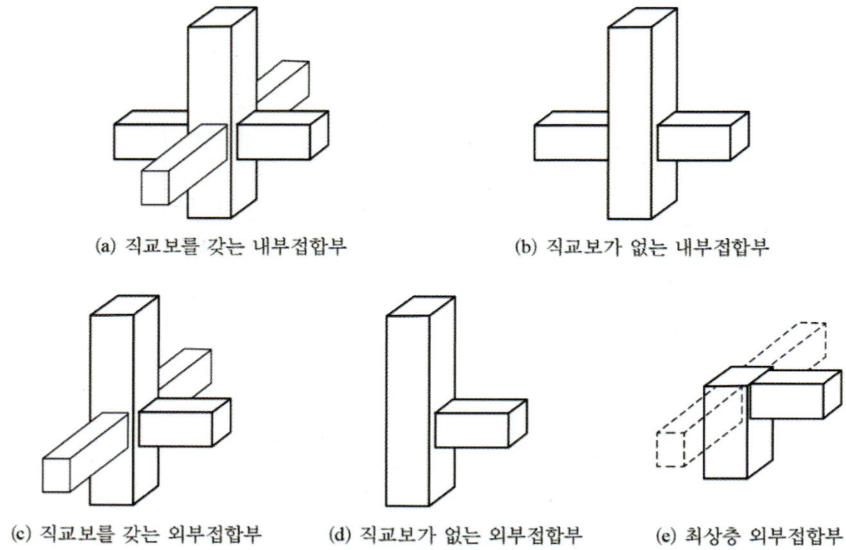

그림 3.2.6e 보-기둥 내부접합부와 외부접합부(출처: 국토안전관리원, 2021)

골조가 '강기둥-약보(strong column-weak beam, SC-WB)'로 설계되면, 보가 항복한 후, 보-기둥 접합부에 응력이 증가하여 보-기둥 접합부에서 경사균열(즉, 전단균열)이 발생한다. 이 전단균열에 의해 골조의 강성은 저하되고, 보단부에는 보의 주근이 보-기둥 접합부에서 빠지면서 휨균열이 발생한다.

그림 3.2.6f 이즈미트 지진(M_w 7.6, 1999) 시 보-기둥 접합부 J-파괴(출처: EERC)

다음 그림에 표시된 하부 접합부에서는 접합부 내에 띠철근이 사용되지 않고 보의 종방향 주철근은 접합부 내에서 이음되었다. 접합부의 성능저하가 발생하면 보 철근의 정착이 완전히 손실되고 보의 수직방향 하중저항능력이 온전하게 발휘되지 못한다.

상부 접합부에는 띠철근이 적절한 간격으로 사용되었기에, 이 건물에서 발견된 (띠철근이 사용된) 접합부의 손실은 이 곳뿐이었다.

접합부 근방에서 기둥의 대각균열이 관찰되었지만, 기둥 띠철근이 촘촘하게 사용되었기에 (기둥의 전단파괴가 아닌) 접합부의 파괴로 유도되었을 수도 있다.

그림 3.2.6g 이즈미트 지진(M_w 7.6, 1999) 시 보-기둥 접합부 J-파괴(출처: Wallace, PEER)

3.2.7 PC와 PSC 부재 파괴

'프리캐스트(precast; PC) 콘크리트' 구조물의 지진피해의 사례은 적지만 프리캐스트 부재의 접합부(joint/connection)가 구조물의 약점이 되는 경우는 많다. 지금까지 강진지역에서 이러한 구조물의 내진성능에 대하여 충분한 배려하지 않고 프리캐스트 콘크리트 부재로 구성된 건축물을 건설하여 왔다. 1988년 아르메니아 지진에서는 내진안전성에 대한 검증이 수행되지 않은 기술을 사용함에 따라 프리캐스트 구조물에 큰 피해와 붕괴가 발생했다.

(a) 건설중인 프리캐스트 건물의 붕괴

(b) 현장치기 콘크리트 접합에 의한 벽식구조의 붕괴

(c) 프리캐스트 콘크리트와 현장치기 조적벽 건물의 붕괴

그림 3.2.7a 아르메니아 지진(M_w 6.8, 1988) 시 발생한
프리캐스트 콘크리트 건물의 붕괴(출처: 오타니, 2009)

1994년 노스리지 지진에서도 프리캐스트 콘크리트 구조물의 주차장 건물이 붕괴되었다. 수평저항요소의 부족에 의해 현장타설 표면콘크리트가 큰 응력을 받았다. 이 이외의 경우에도 기둥의 과대한 수평변형에 의해 기둥이 파손되고 건물 전체가 붕괴하였다. 만약 큰 변형이 발생한 경우라면 보가 지지대에서 탈락하는 경우도 있다. 예상되는 수평변형에 따른 접합부에 회전이 발생한 후에도, 보에 충분한 지지폭이 있다는 것을 확인하여야 한다.

그림 3.2.7b 노스리지 지진(M_w 6.7, 1994) 시 발생한
프리캐스트 콘크리트 주차건물의 붕괴(출처: EERI)

3.2.8 말뚝 파괴

기초는 건물에 작용하는 관성력을 견딜 수 있어야 한다. '말뚝(pile)' 상단에 작용하는 축력과 큰 휨모멘트의 조합에 의해 콘크리트 말뚝 기초의 압축파괴가 발생한다. 지진 후 이러한 기초 구조의 파괴를 발견하는 것은 어려우며, 기초 파괴의 결과로 발생하는 건물의 기울어짐으로 나타나는 경우가 많다.

(a) 깊은 기초의 말뚝 캡(pile cap) (b) 말뚝 캡의 시공 전 말뚝 두부 커팅(pile head cutting)

그림 3.2.8a 말뚝 기초의 명칭(출처: http://www.curiouscivileng.com/2019/06/pile-cap.html)

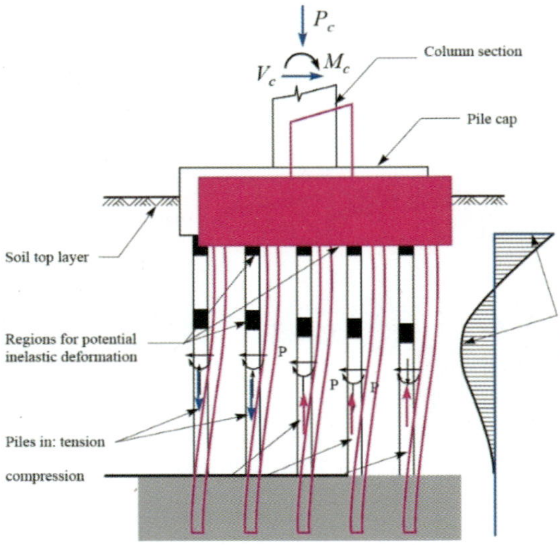

그림 3.2.8b 지진 시 말뚝 기초의 거동과 말뚝의 휨모멘트(출처: T. Langlade et al., 2021)

(a) 말뚝 두부와 말뚝 캡의 분리　　(b) 말뚝과 말뚝 캡의 연결부 파괴

그림 3.2.8c 대형 지진 시 말뚝 기초의 파괴(출처: Mizuno, 1987)

(a) 매립지에서의 말뚝 파괴　　(b) 액상화에 따른 측방 유동에 의한 말뚝 파괴

그림 3.2.8d 고베 지진(M_w 6.9, 1995) 시 말뚝 파괴(출처: 오타니, 2009)

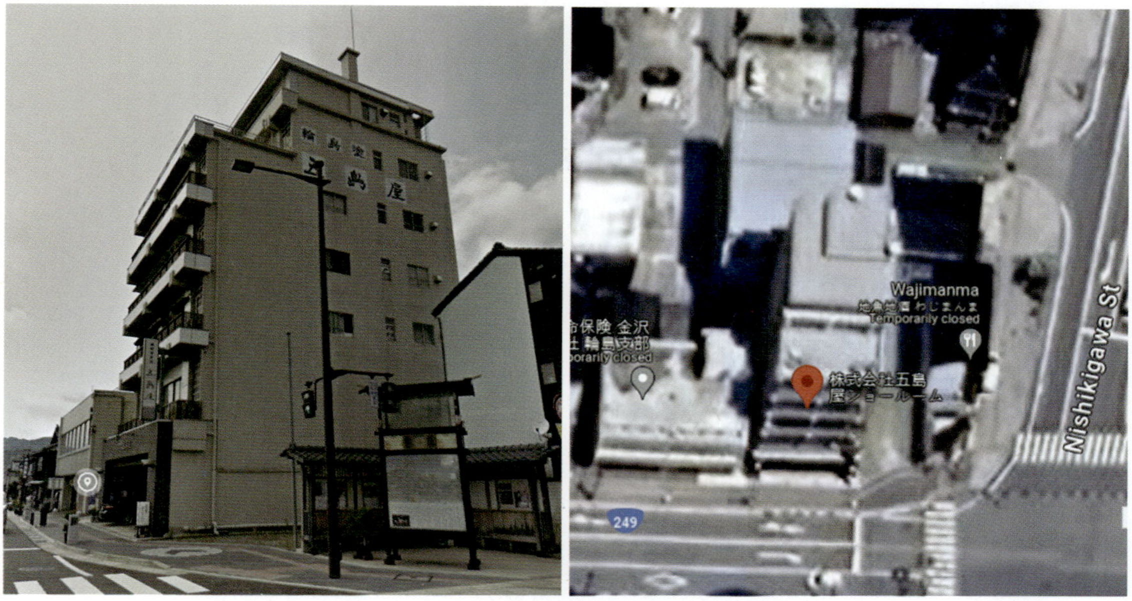

(a) 붕괴 전 이시카와현(石川県) 와지마시(輪島市)에 위치한
지상 7층 지하 1층 철근콘크리트 고시마야(五島屋) 빌딩(출처: 구글맵)

(b) 붕괴 후 빌딩(출처: Miyajima et al., 2024)
(좌측) 전도된 건물 압축측의 저층부 침하. 와지마시의 연약지반이 건물 전도의 주요 원인중의 하나로 추정됨
(우측) 각 기둥에 4~5개의 파일이 매입된 파일기초. 지중보의 파괴. 파일의 인발 또는 압축파괴.
연약한지반과 중공식콘크리트 기초파일로 추정되는 독립기초로 지중보로 연결되었으나 파일과 기초판과의
주두부 보강 불량으로 파일의 인발과 전단파괴, 지중보 파괴로 전도되었을 것으로 추정됨

그림 3.2.8e 노토반도(能登半島) 지진(M_w 7.5, 2024) 시 말뚝 파괴

제4장

[내진설계] 지진하중

4.1 구조해석법과 지진하중

4.1.1 지진하중

내진설계 시 사용할 지진의 크기를 재현주기를 사용하여 나타낸다(출처: KDS 41 17 00 건축물 내진설계기준). .

- '재현주기(再現週期, return period)'
  지진과 같은 자연재해가 특정한 크기 이상으로 발생할 주기(단위: 년)를 확률적으로 계산한 값. 즉, 일년 동안에 특정한 크기 이상의 자연재해가 발생할 확률의 역수
- '설계지진(design basis earthquake; DBE)'
  건축물 혹은 비구조요소의 중요도 및 성능목표별 지진의 재현주기에 따라 2장에서 정의한 기본설계지진에 중요도계수 및 위험도계수를 곱한 지진

내풍설계 시 풍하중의 크기를 재현기간을 사용하여 나타낸다(출처: KDS 41 12 00 건축물 설계하중).

- '재현기간(return period)' : 일정 규모의 바람이 다시 내습할 때까지의 통계적 기간년수.
- '기본풍속(basic wind speed)' : 지표면조도구분 C인 지역의 지표면으로부터 10m 높이에서 측정한 10분간 평균풍속에 대한 재현기간 100년 기대풍속

참조로 홍수를 나타낼 때는 '발생빈도(frequency of occurrence)'를 사용한다.

특정 내진설계기준에 따라 2,400년 재현주기를 갖는 지진에 견딜 수 있도록 구조물을 해석하고 설계해야 한다고 하자. 여기서 2,400년 재현주기를 갖는 지진은 무엇이고, 어떻게 내진설계에 사용할까? 정부는 건설 예정지에서 각 재현주기 별로 예상되는 지진 진도의 최댓값(예: 최대지반가속도, 유효지반가속도)과 지진의 특성(예: 응답스펙트럼)을 고시와 기준을 통해 공시한다.

내진설계에서는 지진을 관심 대상지역의 '가속도시간이력(가속도시계열, acceleration time history)' 형태로 계측된(또는 정의된) 지진파로 규정한 후, 이 지진파를 지진하중으로 변

환하여 지진해석의 입력으로 사용한다. 여기서 '지진해석(earthquake analysis)'이란 구조해석의 일종으로 구조물 수치모델에 지진을 입력하여 구조물의 응답(또는 반응, response; 예: 변위, 속도, 가속도, 응력, 부재력 등)을 출력으로 구하는 것을 말하며, 구조설계 과정에서 안전부등식의 D(요구, demand)를 구하는 중요한 절차이다.

지진해석을 위해 지진을 구조물 수치모델에 입력하는 방법을 구조해석법에 따라 구분하면 다음과 같다.

[방법 1] 지진파를 관성력인 등가정적하중으로 입력 → 등가정적해석법

[방법 2] 지진파를 가속도응답스펙트럼으로 입력 → 응답스펙트럼해석법

[방법 3] 지진파를 가속도시간이력 그대로 입력 → 시간이력해석법

[방법 1]을 사용하는 구조해석법을 '정적해석법(static analysis method)'이라 하고, [방법 2]와 [방법 3]을 '동적해석법(dynamic analysis method)'이라 한다.

Procedure (ASCE 7-16: KBC-16)	Governing Equation	Seismic Force
I. Equivalent Lateral Force(ELF) Procedure (등가정적해석법)	$V=C_sW$	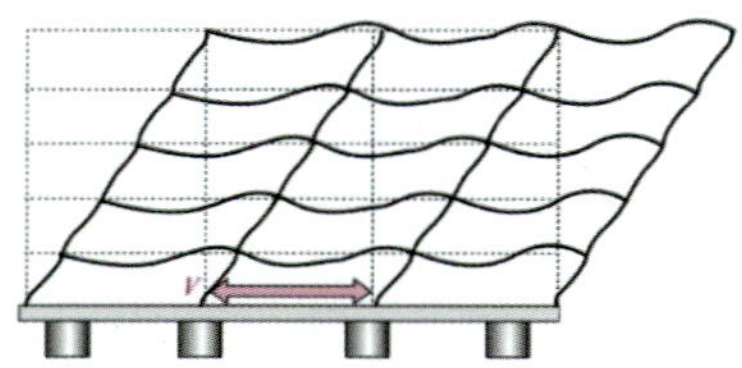
II. Modal Response Spectrum Analysis (동적해석법: 응답스펙트럼해석법)	$F=S_aM$	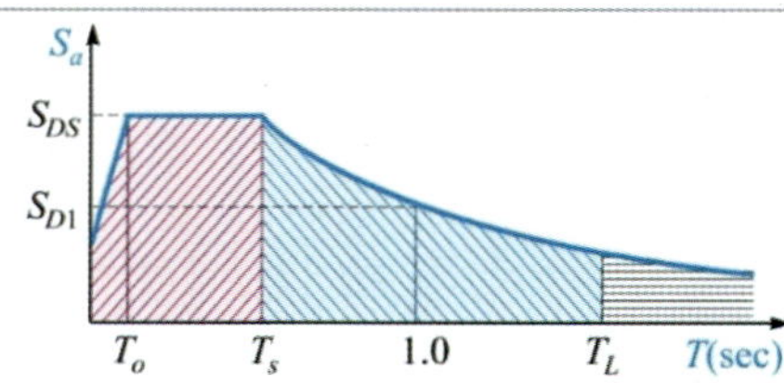
III. Seismic Response History Procedure (동적해석법: 시간이력해석)	$M\ddot{U}_g=M\ddot{U}+C\dot{U}+KU$	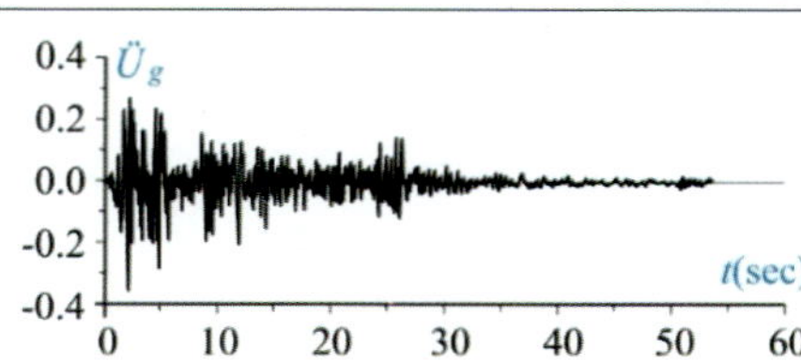

그림 4.1.1 건축구조기준에서 규정한 지진하중 재하방법

4.1.2 등가정적해석법

'등가정적해석법(equivalent static analysis method)'은 지진파를 관성력인 등가정적하중으로 만들어 구조물에 정적하중처럼 그 하중을 적용하는 정적해석법이다.

구조해석을 하는 중요한 목적 중에 하나는 구조부재에 작용하는 부재력을 산정하는 것

이며, 이것은 지반에 대한 구조물의 상대변위 $u(t)$를 사용하여 구할 수 있다. 따라서 지진 시 지진하중의 시간에 따른 변화를 고려하지 않고, 구조물에 작용하는 최대 관성력을 구조물에 작용하는 등가정적하중으로 환산하여 정적 해석을 수행하는 것을 '등가정적해석(equivalent static analysis)'라고 한다. 이 해석은 '유사정적해석(pseudo-static analysis)' 또는 '진도법(震度法, seismic coefficient method)'이라고도 하며, 다음과 같이 수행할 수 있다.

$$ku_{max} = -m\ddot{u}_{g,max}$$

이 식에서 $\ddot{u}_{g,max}$는 '최대지반가속도(peak ground acceleration; PGA)'이며, 지진하중의 크기를 대표하는 가장 중요한 지표 중에 하나이다.

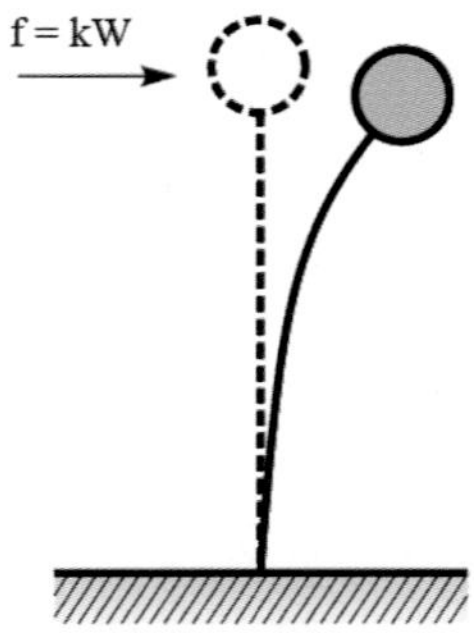

그림 4.1.2a 진도법(출처: 김두기, 2021)

지표면 위에 정지된 구조물은 지진 시 지표면과 함께 움직인다. 이 때 구조물의 질량을 m, 최대지반가속도를 a라고 하면, 구조물에 작용하는 지진력에 의해 구조물의 변형이 발생한다. 구조물에 작용하는 지진력을 관성력으로 나타낼 수 있으며, 그 크기는 ma이다. 최대지반가속도(a)를 중력가속도(g)로 나눈 값을 '진도(震度, C_s)'라 하며 다음과 같다.

$$C_s = \frac{a}{g}$$

여기서 구조물의 자중(W)은 mg이므로, 구조물에 작용하는 지진력(V)은 다음과 같다.

$$V = ma = \frac{a}{g} \times mg = C_s W$$

여기서 건축구조기준의 등가정적해석법에서는 지진력(V)를 '밑면전단력(base shear)'라고 하고, C_s를 진도 대신에 '지진응답계수(seismic response coefficient)'라고 한다.

진도법을 정의하는데 사용한 "지표면 위에 정지된 구조물은 지진 시 지표면과 함께 움직인다"라는 가정을 사용하기 위해서는 구조물의 고유주기가 작용하는 지진동의 주요한 가진 주기보다 작아야 한다. 예를 들어, 구조물의 고유주기가 지진의 주요한 가진 주기보다 작아, 지진시 구조물이 단단하고 강체에 가까운 거동을 할 경우, 구조물의 가속도 응답은 지반가속도와 거의 동일하다. 따라서 구조물에 작용하는 지진력은 구조물의 질량에 구조물의 응답가속도 대신에 지반가속도를 곱하여 구할 수 있다. 진도법은 최대 지반가속도 만을 고려하여 구조물에 작용하는 최대지진력을 구한 후, 지반이 고정된 구조물의 각 부분에 최대지진력을 정적으로 작용시킨다. 즉, 진도법에서는 시간에 따라 복잡하게 변동하는 지진력을 일정한 정적 외력으로 바꾸므로, 내진설계를 정역학적으로 간편하게 수행할 수 있다는 장점이 있다.

진도법을 적용하여 내진설계를 하기 위해서는 구조물의 강성이 매우 크거나, 고유주기가 지진의 주요 가진 주기보다 매우 작아, 지반가속도가 구조물의 가속도 응답과 거의 동일하여야 한다. 만약 구조물의 고유주기가 지진의 주요 가진 주기와 유사하다면, 공진 등으로 인해 구조물의 가속도 응답은 지반가속도와는 차이가 크게 발생하며, 이 경우 진도법을 그대로 적용할 수 없으므로 동적 해석을 수행하거나 '수정진도법'을 사용하여야 한다.

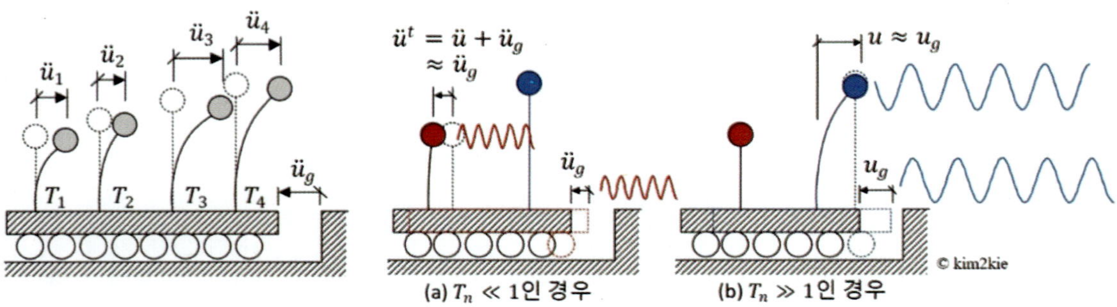

그림 4.1.2b 구조물의 고유주기에 따른 단자유도계의 응답(출처: 김두기, 2021)

지진 시 변형하기 쉬운 구조물의 경우(즉, 구조물의 고유주기가 지진의 주요 주기보다 매우 작지 않은 경우), 일반적으로 구조물의 응답 가속도는 지반가속도보다 크다. 따라서 진도법을 적용하고자 할 경우 설계 진도를 큰 값으로 수정하여 사용하는 것이 합리적이며, 이와 같이 진도법의 간편함에 구조물의 응답 특성을 반영한 방법이 '수정진도법(modified seismic coefficient method)'이다.

다음은 내진성능평가 규정에서 나타낸 바와 같이 정적해석법은 구조물의 응답에 1차모드가 지배적인 경우에 사용할 수 있다. 즉, 고차모드의 영향이 큰 경우 동적해석을 사용하는 것이 바람직하다.

표 4.1.2 기존 시설물(건축물) 내진성능 평가요령(국토안전관리원, 2021)

4.3 비선형 정적절차 4.3.1 일반사항 비선형정적절차에 사용될 구조해석모델은 이 장에 제시된 방법을 따라서 구축한다.

(1) 구조해석모델에 포함되는 구조요소는 해당부재의 조건에 따라 5장, 6장 및 7장에 제시된 모델링 변수를 사용하여 모델링하고 해석한 후 부재별 허용기준과의 비교를 통해 부재별 성능수준을 판정한다.
(2) 비선형정적절차에 사용되는 횡하중의 분포는 구조물의 1차모드가 지배적이라는 가정으로부터 구한 밑면전단력의 수직분포를 사용한다. 따라서 비선형정적 푸시오버해석은 기본적으로 고차모드의 영향이 크지 않은 건물에 사용할 수 있다.
(3) 고차모드 영향은 응답스펙트럼법을 사용하여 판정한다. 즉, 각 모드의 참여계수의 합이 전체 질량의 90%인 해석모델과 1차모드만을 사용한 해석모델의 해석 결과를 비교하여 각 층의 층전단력이 130% 이상 차이가 날 경우 고차모드의 영향이 큰 구조물로 판정한다.
(4) 고차모드의 영향이 큰 구조물로 판명된 경우, 비선형정적절차를 적용하기 위해서는 선형동적절차에 따른 해석을 추가로 수행하여 내진성능을 판정해야 한다. 이때 사용되는 선형동적절차에는 규정된 m 계수를 1.3배 증가시킨 값을 사용하며 두 가지 평가결과 중 불리한 쪽으로 내진성능을 판정한다.

고차모드의 영향은 고층건물이 저층건물에 비해 크다. 고차모드는 저차모드에 비해 단주기성분(즉, 고진동수성분)이다. 장주기성분이 지배적인 풍하중의 경우 고층건물의 저차모드 응답이 중요하다. 하지만 단주기성분이 지배적인 반복하중 특성을 갖는 지진하중의 경우 고차건물의 고차모드 응답도 중요하다. 이 개념을 그림으로 나타내면 다음과 같다.

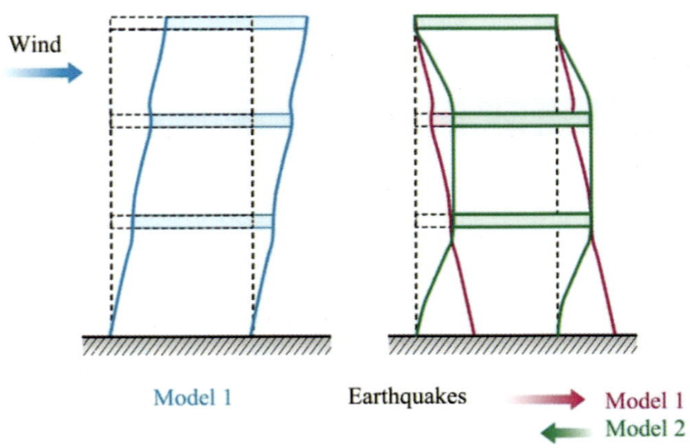

그림 4.1.2c 풍하중과 지진하중을 받는 고층건물의 응답에 미치는 고차모드의 영향

4.1.3 응답스펙트럼해석법

'응답스펙트럼(response spectrum, RS)'이란 특정한 지반가속도에 대한 고유주기(또는 고유진동수)와 감쇠비에 따른 단자유도계의 최대응답을 나타낸다. 여기서 스펙트럼이란 주기

(또는 진동수)를 크기에 따라 가로축에 펼친 것을 의미하고(예: 마치 무지개 색들을 순서대로 펼친 것을 스펙트럼이라고 함), 세로축에 나타낸 단자유도계의 최대 변위 응답, 최대 속도 응답 및 최대 가속도 응답을 각각 '스펙트럼 변위(spectral displacement)', '스펙트럼 속도(spectral velocity)' 및 '스펙트럼 가속도(spectral acceleration)'라 한다.

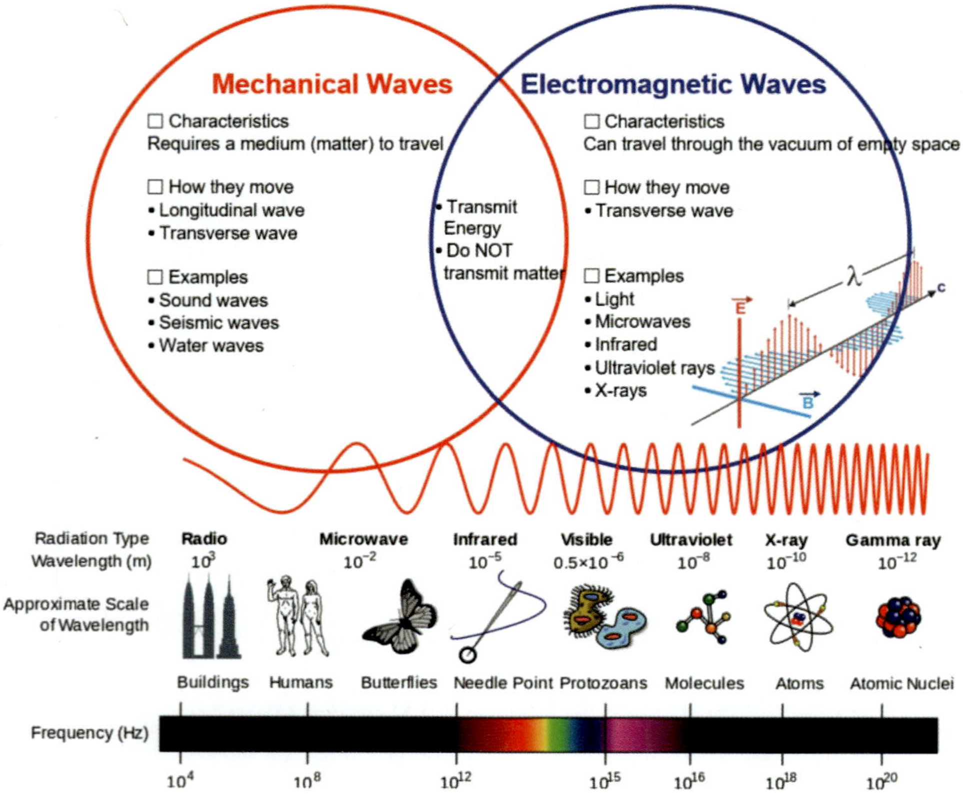

그림 4.1.3a 탄성파(역학적 파동)와 전자기파 스펙트럼(출처: Wikiversity 등의 자료를 재구성)

특정 지진에 대해 단자유도 구조물이 갖는 응답(예: 변위, 속도, 가속도)은 감쇠비가 일정한 경우에 고유주기에 따라 변한다. 서로 다른 고유주기를 갖는 단자유도 구조물의 최대 응답을 크기로 하고, 고유주기를 가로축으로 하여 그린 그림을 응답스펙트럼이라 한다.

다음에 El Centro(1940) 지진을 지반가속도로 가속도 응답스펙트럼을 구하는 개념적인 절차를 나타냈다. 여기서 응답스펙트럼의 크기는 고유주기 T_n 과 감쇠비 ξ만의 함수이다. 따라서 질량 m 또는 강성 k의 절대적인 크기와는 무관하며, 단자유도계의 질량 m과 강성 k의 비율(즉, $\sqrt{m/k}$)이 중요하다.

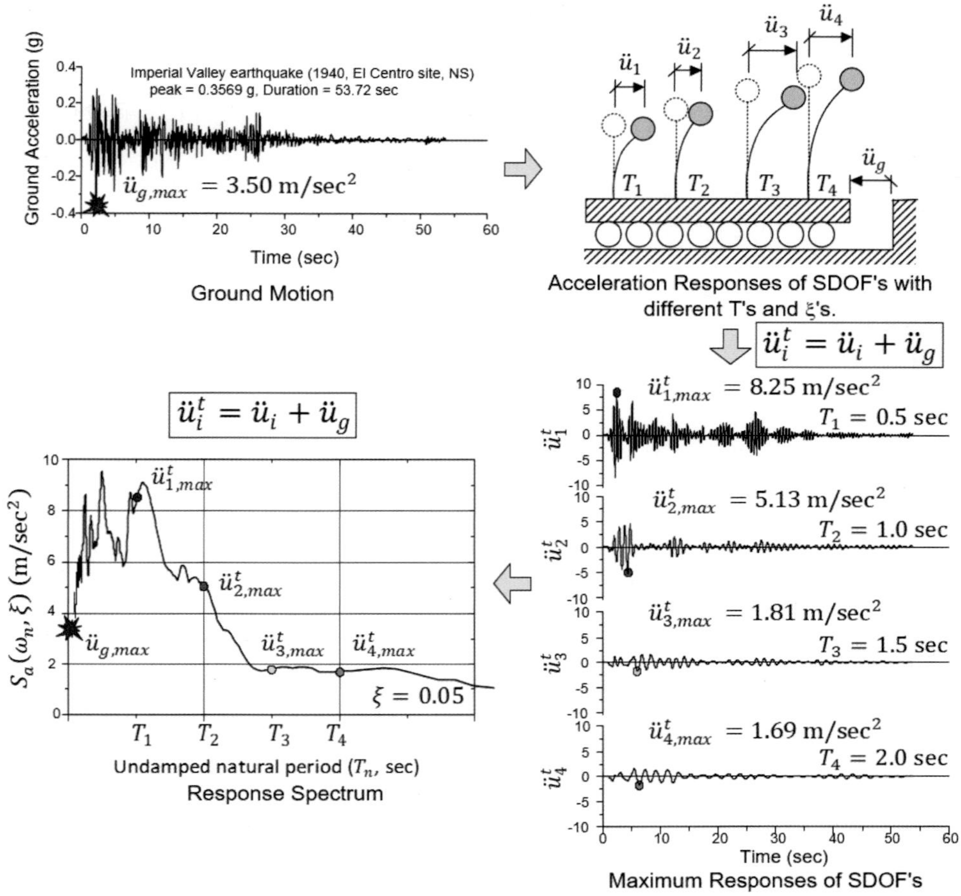

그림 4.1.3b 응답스펙트럼 작성절차의 개념도(출처: 김두기, 2021)

특정 지진에 대해 응답스펙트럼을 구하면, 이 응답스펙트럼을 이용하여 단자유도 구조물이 아닌 다자유도 구조물의 각 모드별 최대 응답도 구할 수 있다. 각 모드별 최대 응답을 적당한 방법에 의해 조합하면 구조물의 최대 거동을 쉽게 예측할 수 있으며, 이러한 해석법을 '응답스펙트럼해석법(response spectrum analysis method)'이라 한다.

모든 모드의 응답이 동시에 최대에 도달하는 경우, 각 모드별 구한 절대최대변위를 더하면 구조 시스템의 최대변위응답을 구할 수 있다. 하지만, 실제 모든 모드의 응답이 동시에 최대로 발생할 가능성은 확률적으로 매우 낮다. 따라서 최대변위응답을 구하기 위해 모드별 최대응답을 조합하는 방법을 사용한다. 가장 많이 사용하는 조합법으로 'ABS 방법(절대합산법; absolute sum method)', 'SRSS(제곱합제곱근; square root of sum of squares) 방법', 및 'CQC(완전 2차 조합법; complete quadratic combination)방법'이 있다. 이 방법 중에서 일반적으로 SRSS 조합법이 보편적으로 많이 사용되지만, 2 개 이상의 인접한 모드에 대한 진동주기가 서로 비슷한 경우에는 응답을 과소평가할 수 있다.

다음에 최대지반가속도가 $0.13g$인 지진의 가속도 응답스펙트럼이 다음과 같을 때, 다자유도계 최대응답을 응답스펙트럼을 사용하여 구하였다.

응답스펙트럼해석법을 적용한 풀이 과정을 요약하면 다음과 같다.

[단계 1] 구조물의 고유진동주기와 자유진동모드 산정

[단계 2] (일반좌표계에서) 각 모드별 최대 가속도 응답 산정

→ 각 모드별 최대 가속도 응답을 최대 변위 응답으로 변환

[단계 3] 일반좌표계의 각 모드별 변위 응답을 물리좌표계의 각 모드별 변위 응답으로 변환

[단계 4] 물리좌표계의 각 모드별 변위 응답과 구조물의 강성을 곱하여 물리좌표계의 각 모드별 부재력 응답 산정

[단계 5] 각 모드별 변위 응답과 부재력을 조합하여, 최대 변위 응답과 최대 부재력을 산정

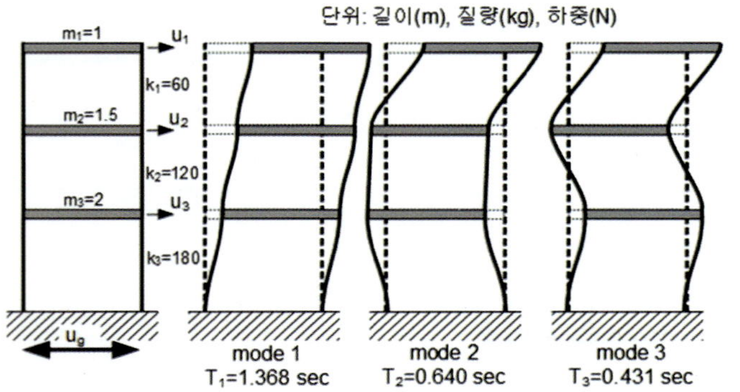

(a) 지진을 받는 3층 전단건물의 고유주기와 모드형상

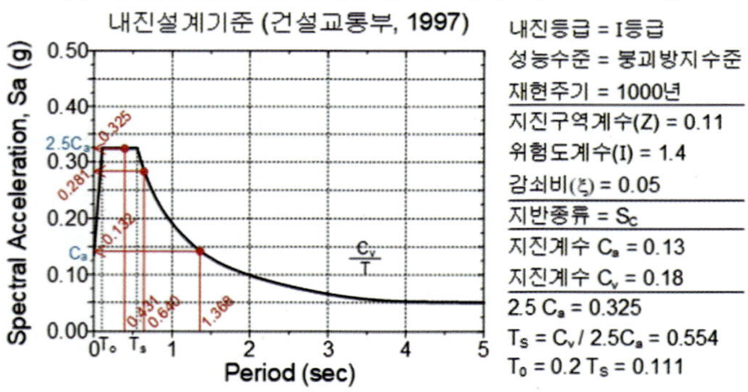

(b) 최대지반가속도가 0.13g인 지진을 받는 3층 전단건물의 모드별 하중

구분		ABS방법	SRSS방법	CQC방법
최대 변위 (m)	$\begin{Bmatrix} u_{1,max} \\ u_{2,max} \\ u_{3,max} \end{Bmatrix}$	$\begin{Bmatrix} 0.1030 \\ 0.0688 \\ 0.0396 \end{Bmatrix}$	$\begin{Bmatrix} 0.0882 \\ 0.0572 \\ 0.0283 \end{Bmatrix}$	$\begin{Bmatrix} 0.0880 \\ 0.0573 \\ 0.0285 \end{Bmatrix}$
최대 부재력 (N)	$\begin{Bmatrix} f_{S,1,max} \\ f_{S,2,max} \\ f_{S,3,max} \end{Bmatrix}$	$\begin{Bmatrix} 3.5400 \\ 4.1828 \\ 4.4501 \end{Bmatrix}$	$\begin{Bmatrix} 2.3345 \\ 2.4649 \\ 2.6338 \end{Bmatrix}$	$\begin{Bmatrix} 2.3085 \\ 2.4405 \\ 2.7088 \end{Bmatrix}$
최대 밑면전단력 (N)	V_{max}	12.1729	7.4331	7.4578

(c) 각 모드별 최대응답의 조합방법에 따른 구조물의 최대응답

그림 4.1.3c 응답스펙트럼해석법을 사용하여 구한 다자유도계의 최대응답(출처: 김두기, 2021)

4.1.4 시간이력해석법

'시간이력해석법(time history analysis method)'은 입력 지진에 대한 구조물 응답을 매 시간단계에서 구조물의 운동방정식을 풀어 구하는 해석법이다. 대표적 방법으로 가속도 응답을 (직접) 두 번 적분하여 변위 응답을 구하는 '직접적분법(direct integration method)'이 있다.

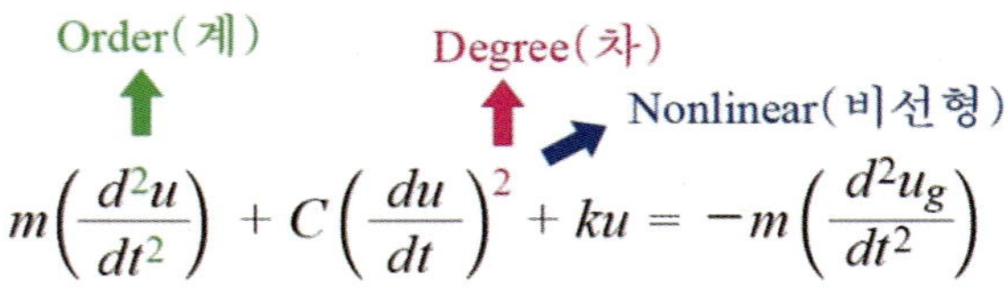

그림 4.1.4a 미분방정식의 용어

지진 시 단자유도계(SDOF system)의 운동방정식은 이계(일차)미분방정식으로 다음과 같다. 여기서 m, c, k는 각각 단자유도계의 질량, 감쇠 및 강성을 나타낸다.

$$m\ddot{u}(t) + c\dot{u}(t) + ku(t) = -m\ddot{u}_g(t)$$

여기서 $u_g(t)$는 지진으로 유발된 지반의 수평운동으로 운동방정식의 우편에 위치한 기지(known)의 입력하중에 해당하고, $u(t)$는 구조물의 (상대변위) 응답으로 운동방정식의 좌편에 위치한 미지수(unknown)로 방정식을 풀어서 구한다.

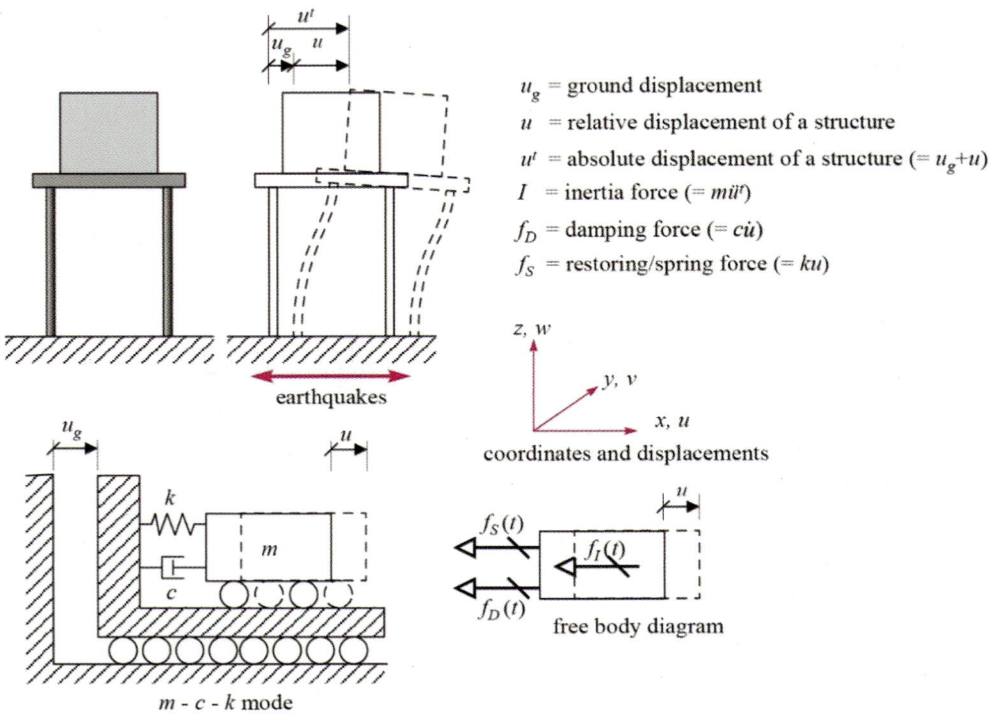

그림 4.1.4b 지반운동에 의한 단자유도계 운동(출처: 김두기, 2021)

이 운동방정식을 살펴보면 지진하중은 크기가 구조물의 질량 m과 지진가속도 $\ddot{u}_g(t)$를 곱한 것과 같고, 그 방향은 마이너스(−) 부호로 지진가속도의 반대 방향임을 알 수 있다. 즉, 지진의 효과는 지반이 움직이는 대신에 구조물의 자체 질량과 지진가속도에 의한 관성력이 구조물에 지진의 방향(즉, 지반운동의 방향)과 반대 방향으로 작용하는 경우와 동일하다.

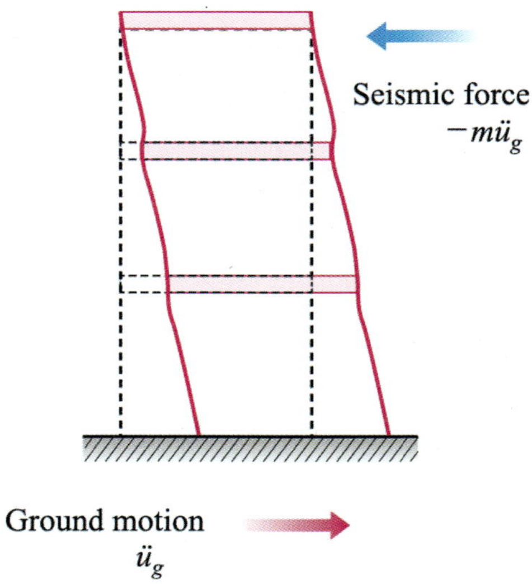

그림 4.1.4c 지진의 방향 vs 지진력의 방향

운동방정식을 푸는 방법(즉, 시간이력해석법)은 '시간영역방법(time domain method; 예: 직접적분법, 모드중첩법 등)'과 '진동수영역방법(frequency domain method)'으로 구분할 수 있다. 다음은 직접적분법 중에 하나인 뉴마크방법을 사용하여 지진운동을 받는 단자유도계의 응답을 구한 예를 나타낸다.

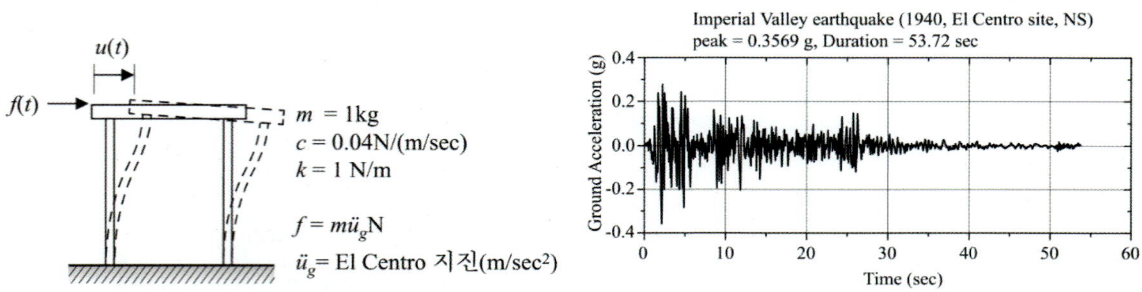

(a) 단자유도계와 엘센트로 지진(리히터 규모 6.9, 1940)의 가속도시간이력

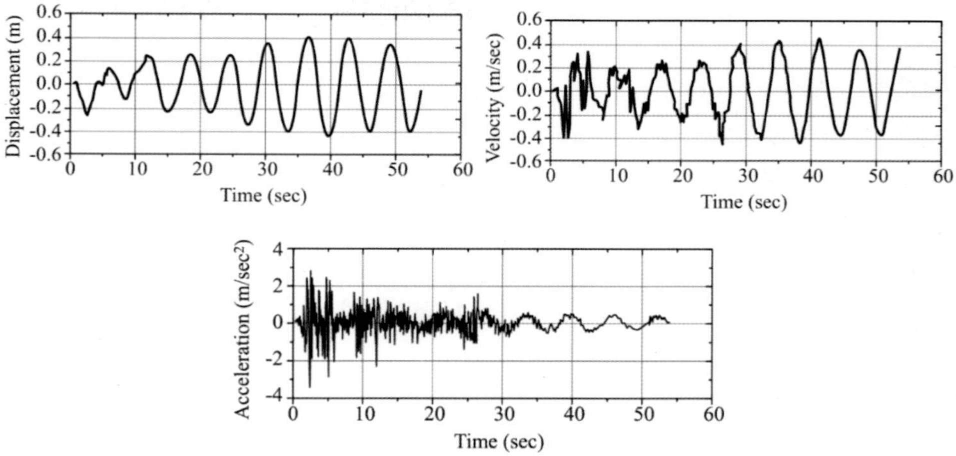

(b) 구조물의 변위응답, 속도응답 및 가속도응답

그림 4.1.4d 시간이력해석법을 사용한 단자유도계 구조해석 예(출처: 김두기, 2021)

직접적분법을 적용하기 위해, 점진적으로(step-by-step) 수치적분을 수행하여야 한다. 여기서 점진적이란 운동방정식의 해를 전체 시간구간 $(0 \leq t \leq n\Delta t)$에서 한 번에 구하는 것이 아니라, 현재 시점 $t = n\Delta t$ 에서 해(${}^{n\Delta t}u$)를 Δt간격으로 알고 있을 때, 다음 $t = (n+1)\Delta t$시점에서의 해(${}^{(n+1)\Delta t}u$)를 계산하고, 이를 다시 반복하여 점진적으로 그 다음 $t = (n+2)\Delta t$ 시점에서의 해(${}^{(n+2)\Delta t}u$)를 계산하는 것을 의미한다.

한 단계 미래 $t = (n+1)\Delta t$시점에서의 해(${}^{(n+1)\Delta t}u$)를 계산하기 위한 직접적분법은 명시적 방법과 묵시적 방법으로 구분할 수 있다.

1) '명시적 방법(explicit method, 양역법)'은 다음과 같은 현재 시점 $t = n\Delta t$에서의 평형방정식을 풀어 그 다음 $t = (n+1)\Delta t$시점에서의 해 ${}^{(n+1)\Delta t}u$를 구하는 방법이다.
2) '묵시적 방법(implicit method, 음역법)'은 다음과 같은 한 단계 미래 시점 $t = (n+1)\Delta t$ 에서의 평형방정식을 풀어 $t = (n+1)\Delta t$시점에서의 해 ${}^{(n+1)\Delta t}u$를 구하는 방법이다.

일반적으로 명시적 방법은 묵시적 방법에 비해 계산이 간단하여 상대적으로 계산량은 적으나, 수치적 안정성을 확보하기 위해 Δt를 작게 하여야 한다. 명시적 방법은 충격하중을 받는 구조물의 응답을 해석하기에 좋으나, Δt의 크기가 구조물의 관심 있는 중요한 고유주기(T_n)에 대해 구한 임계시간간격(critical time interval, $\Delta t_{cr} = \frac{T_n}{\pi}$)보다 작아야 하는 조건을 동반하므로, '조건 안정(conditionally stable)'이라 한다. 명시적 방법은 묵시적 방법에 비해 계산이 간단하지만, 명시적 방법의 조건 안정은 고차 진동수를 갖는 다자유도계 동적 해석에 안정성 문제를 유발할 수 있다. 명시적 방법으로 중앙차분법(central difference method)이 있다.

묵시적 방법은 명시적 방법에 비해 안정성이 좋아 상대적으로 Δt를 크게 할 수는 있지만 계산량이 많으며 알고리즘이 복잡하다. 묵시적 방법은 더 개선된 정확성을 위해서만 Δt 크기의 조절이 필요할 뿐, Δt 크기와 무관하게 항상 안정하므로 '무조건 안정(unconditionally stable)'이라 한다. 묵시적 방법으로 Houbolt방법, 윌슨방법, 뉴마크방법 등이 있다.

4.2 지진하중 변수

4.2.1 밑면전단력

건축구조기준 등가정적해석법의 '밑면전단력(base shear; 구조물의 밑면에 작용하는 설계용 총 전단력)'은 다음과 같다. 여기서 '밑면(base)'은 지반운동에 의한 수평지진력이 작용하는 기준면을 말한다.

$$V = C_s W$$

여기서

V = 밑면전단력(base shear)

C_s = 지진응답계수(seismic response coefficient)

W = 구조물의 '유효건물중량(effective seismic weight of building)'

W는 고정하중(D)에 다음 하중을 포함한다.

1) 창고로 쓰이는 공간에서는 활하중의 최소 25%
2) 바닥하중에 칸막이벽 하중이 포함될 경우 칸막이의 실제중량과 0.5 kN/m^2 중 큰 값
3) 영구설비의 총 하중
4) 적설하중이 1.5kN/m^{2}을 넘는 평지붕의 경우에는 평지붕 적설하중의 20%

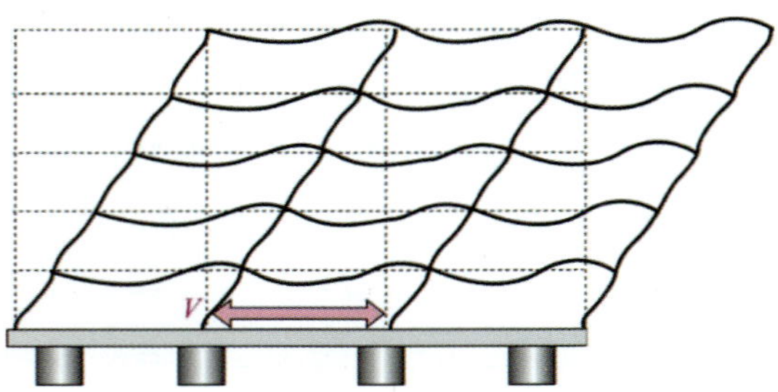

그림 4.2.1a 건축구조기준 등가정적해석법의 밑면전단력

진도에 해당하는 C_s를 '지진응답계수(seismic response coefficient)'라고 하며, 다음 식으로 구한다.

$$C_s = \frac{S_D \times I_E}{R \times T}$$

여기서

S_D = 설계스펙트럼가속도(design spectral response acceleration)

I_E = 건축물의 중요도계수(importance factor)

R = 반응수정계수(response modification factor)

T = 건축물의 고유주기(natural period)

이 수식은 다음과 같은 특징을 갖는다.

1) S_D와 I_E는 C_s의 크기와 비례한다.

2) R과 T는 C_s의 크기와 반비례한다.

3) S_D와 I_E는 건축물의 위치와 용도에 따라 결정되므로 설계자가 관여할 소지가 작다.

4) R과 T는 구조물의 형태와 구조 상세 등에 의해 결정되므로 설계자가 관여할 소지가 많다.

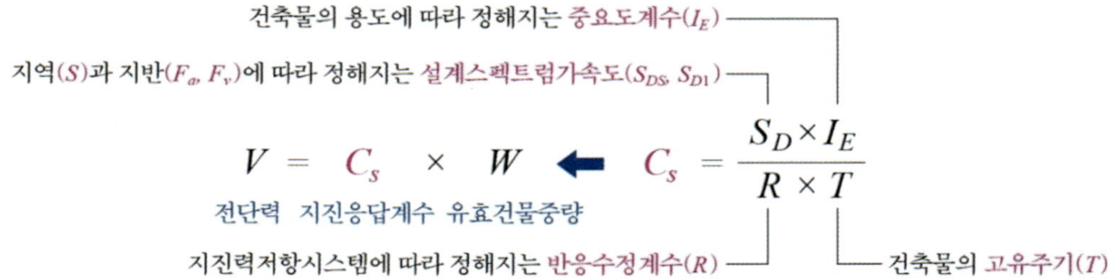

그림 4.2.1b 건축구조기준 등가정적해석법의 밑면전단력

건축물에 작용하는 지진하중의 크기, 즉, 건축물의 밑면전단력(V)은 유효건물중량(W)과 지진응답계수(C_s)의 곱으로 정해진다. 5층 이하의 중저층구조물의 경우, C_s는 일반적으로 0.1 ~ 0.4의 값을 가지므로, 지진하중의 크기는 대략 건축물의 무게의 10 ~ 40%정도이다. 예를 들어 만약 건축물의 중량이 100톤 정도라면 그 건축물의 내진설계에 사용하는 지진의 크기는 10 ~ 40톤 정도이다.

4.2.2 지반가속도

밑면전단력의 크기에 비례하는 '설계스펙트럼가속도(S_D; design spectral response acceleration)'는 '단주기 설계스펙트럼가속도(S_{DS}; spectral response acceleration parameter at short periods)'과 '주기 1초 설계스펙트럼가속도(S_{D1}; spectral response acceleration parameter at a period of 1 s)'로 나타낼 수 있다. 즉, S_{DS}와 S_{D1}만 있으면 S_D를 그릴 수 있다.

$$S_D = function(S_{DS}, S_{D1})$$

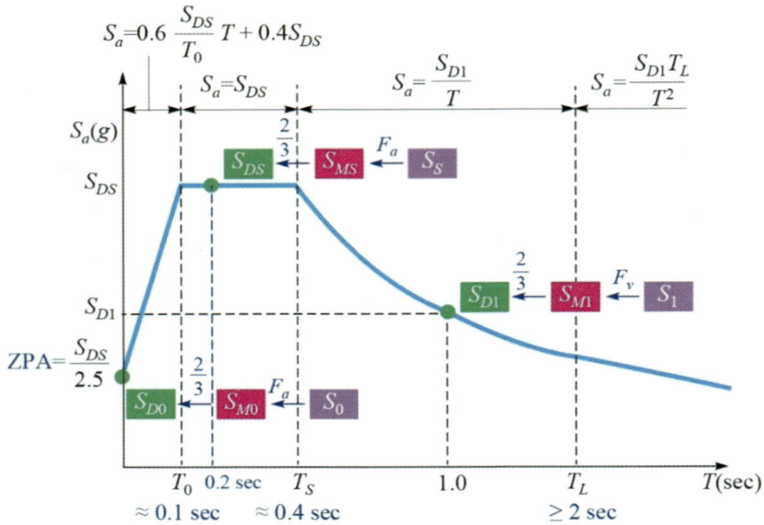

그림 4.2.2a 가속도설계응답스펙트럼

S_{DS}와 S_{D1}는 유효지반가속도(S)와 지반증폭계수(F_a, F_v)를 사용하여 다음과 같이 구분하여 나타낼 수 있다.

$$S_{DS} = function(S, F_a) = S \times 2.5 \times F_a \times 2/3$$

$$S_{D1} = function(S, F_v) = S \times F_v \times 2/3$$

여기서 S는 재현주기 2,400년을 기준으로 정의되는 최대고려지진(MCE)의 '유효지반가속도(EPA, S)'이고, F_a와 F_v는 각각 '단주기 지반증폭계수(short-period site coefficient at 0.2 s-period)'와 '1초주기 지반증폭계수(long-period site coefficient at 1.0 s-period)'이다.

결론적으로 지진응답계수(S_{DS}, S_{D1})의 크기는 유효지반가속도(S)와 지반증폭계수(F_a, F_v)에 비례한다. 유효지반가속도(S)는 건축물이 위치한 지역에 따라 결정되고, 지반증폭계수(F_a, F_v)는 건축물이 건설될 지반의 특성에 따라 결정된다. 따라서 건축주가 특정 지역에 특정 위치에 건물을 짓겠다라고 결정한 순간, 지진응답계수(S_{DS}, S_{D1})는 함께 결정되어 설계자가 임의로 변경할 수 없다.

$$F_a = function\left(S, \text{지반분류: } S_2 \sim S_5\right)$$

$$F_v = function\left(S, \text{지반분류: } S_2 \sim S_5\right)$$

▪ 유효지반가속도(S)

S는 내진설계 일반(KDS 17 10 00)에 근거하여 2,400년 재현주기의 지진위험지도(행정안전부, 2013) 또는 다음과 같이 행정구역에 따라 결정한다.

$$S = Z \times I$$

여기서

Z = 평균재현주기 500년에 해당하는 '지진구역계수(seismic zone factor)'로서 강원 북부와 제주 지역을 제외한 남한 전역에서는 0.11을 사용한다.

I = 평균재현주기가 500년인 지진의 유효수평지반가속도를 기준으로 하여, 평균재현주기가 다른 지진의 유효수평지반가속도를 상대적 비율로 나타낸 '위험도 계수(risk factor)'로서 2,400년 지진인 경우 2.0을 사용한다.

강원 북부와 제주 지역을 제외한 행정구역의 유효지반가속도는 다음과 같다.

$$\begin{aligned} S &= Z \times I \\ &= 0.11 \times 2.0 = 0.22 \end{aligned}$$

다만, 국가지진위험지도를 이용하여 결정하는 경우, 행정구역에 따라 결정한 값의 80% 보다 작지 않아야 한다. 따라서 국가지진위험지도를 사용하여 구한 유효지반가속도는 행정구역에 따라 결정한 0.22의 80%인 $0.176(= 0.8 \times 0.22)$보다 크거나 같아야 한다.

▪ 지반증폭계수(site coefficient, F_a와 F_v)

F_a와 F_v는 지반의 동적특성(주기), 지반의 강도 및 지반운동의 비선형성(지반가속도)에 의하여 영향을 받는다. 지반의 동적주기가 증가할수록(지반의 강도가 작고, 지반의 깊이가 증가할수록) F_v가 크게 증가하는 반면, F_a는 일정값 이상으로 증가하지 않는다. 또한 유효지반가속도(S)가 증가할수록 지반운동의 비선형성이 증가하면서 지반증폭계수도 감소하는 경향을 나타낸다.

▪ 설계스펙트럼가속도(S_D)

S_D를 건축물의 주기별로(즉, 스펙트럼상)에 나타낸 것이 건설부지의 대상 건축물에 대한 '가속도설계응답스펙트럼(acceleration design response spectrum; acceleraction DRS)'이다.

다음에 가속도설계응답스펙트럼을 예로 나타냈다. 설계응답스펙트럼에서 y 절편은 유효지반가속도(S, effective PGA)이고 구조물의 주기가 영(0)일 때의 가속도이므로 '영주기가속도(zero period acceleration; ZPA)'라고도 한다. 이 값은 단주기 설계스펙트럼가속도(S_{DS})의 $1/2.5$배(즉, S_{DS}의 40%)이다. 지반증폭계수(F_a와 F_v)는 대상부지에서의 지반운동의 세기(S)와 지반의 특성($S_1, S_2, \cdots, S_6$)을 고려하여, 암반부지에 대해 산정한 설계응답스펙트럼을 단주기 성분과 장주기 성분에서 증폭한다.

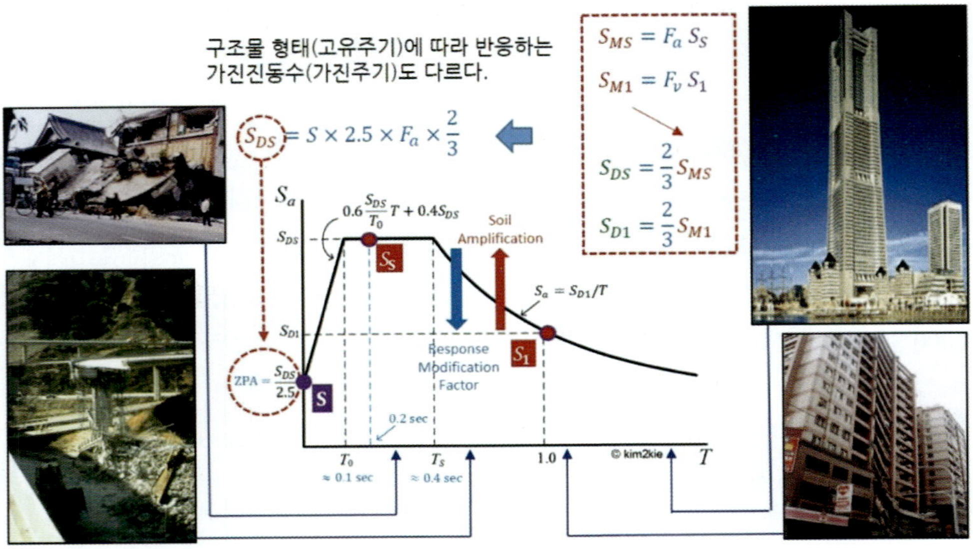

그림 4.2.2b 가속도설계응답스펙트럼

▪ 최대지반가속도(PGA) vs 유효지반가속도(EPA)

내진설계기준에서 규정한 최대지반가속도(PGA)와 유효지반가속도(EPA)는 다음과 같다.

(1) '최대지반가속도(peak ground acceleration, PGA)'는 지진에 의한 진동으로 특정위치에서의 지반이 수평 2방향 또는 수직방향으로 움직인 가속도의 절댓값의 최댓값을 나타낸다.

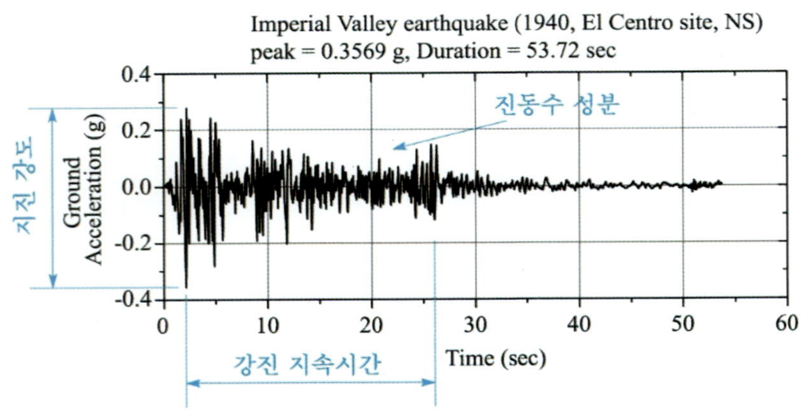

그림 4.2.2c 구조물에 영향을 미치는 지반진동의 주요 요소(PGA = 0.3569g)(출처: 김두기, 2021)

(2) '유효지반가속도(effective peak acceleration; EPA; S)'는 지진하중을 산정하기 위하여 (국가지진위험지도나 행정구역을 기준으로) 제시된 기반암(즉, 암반지반)의 지반운동 수준이다. 유효수평지반가속도와 유효수직지반가속도로 구분한다. 여기서 유효지반가속도는 유효(최대)지반가속도이다.

내진설계기준에서는 최대지반가속도(PGA)와 유효지반가속도(EPA)를 구분한다.

(1) PGA란 계측된 지진가속도 시간이력에서 최대크기를 의미한다. 즉, PGA는 부지만의 운동이며, 부지에 건설될 구조물의 응답과는 상관이 없다. 응답스펙트럼을 사용하여 PGA를 설명하면, PGA는 무한강성을 갖는(즉, 고유주기가 0초인) 단자유도계의 지진시 가속도응답 중 최대절댓값이다. 따라서 PGA는 주기가 0초이 아닌 실제 구조물의 지진에 의한 손상가능성을 제대로 나타낸다고 할 수 없다.

(2) 내진설계기준에서는 실제 구조물에 지진에 의한 손상가능성을 나타낼 수 있는 지진가속도를 정량화하기 위한 대안으로 내진설계기준에서는 EPA를 사용한다. EPA는 PGA에 의해 정확하게 반영될 수 없었던 (고유주기가 0.1 ~ 0.5초인) 실제 구조물의 지진에 의한 손상가능성을 나타내기 위한 의도로 제안되었다. 따라서 EPA에 대한 정의는 지진의 크기뿐만 아니라, 지진의 진동수성분과 대상 구조물의 고유주기 특성을 함께 반영하여야 한다(김두기, 구조동역학, 6.3절 이야기 참조).

PGA가 크다는 것은 지진의 규모가 크다고 할 수는 있지만, 꼭 지진에 의한 구조물의 피해가 크다고 할 수는 없다. 그러나 EPA가 크다는 것은 곧 지진에 의한 구조물의 피해와 직접적인 연관성을 가질 수 있다.

[KDS 41] 4.2.1 설계응답스펙트럼의 정의

4. 지반조건 및 설계응답스펙트럼

4.2 설계응답스펙트럼

4.2.1 설계응답스펙트럼의 정의

(1) 지진의 설계응답스펙트럼은 다음 식에 따라 구한 후 그림 4.2-1과 같이 작성한다.

① $T \le T_0$일 때, 스펙트럼가속도 S_a는 식 (4.2-1)에 의한다.

② $T_0 < T \le T_S$일 때, 스펙트럼가속도 S_a는 4.2.2에 따라 산정되는 S_{DS}와 같다.

③ $T_S < T \le T_L$일 때, 스펙트럼가속도 S_a는 식 (4.2-2)에 의한다.

④ $T > T_L$ $T > T_L$일 때, 스펙트럼가속도 S_a는 식 (4.2-3)에 의한다.

$$S_a = 0.6\frac{S_{DS}}{T_0}T + 0.4S_{DS} \qquad (4.2\text{-}1)$$

$$S_a = \frac{S_{D1}}{T} \qquad (4.2\text{-}2)$$

$$S_a = \frac{S_{D1}T_L}{T^2} \qquad (4.2\text{-}3)$$

여기서, T: 구조물의 고유주기(초)

$T_0 = 0.2S_{D1}/S_{DS}$

$T_S = S_{D1}/S_{DS}$

$T_L = 5$초

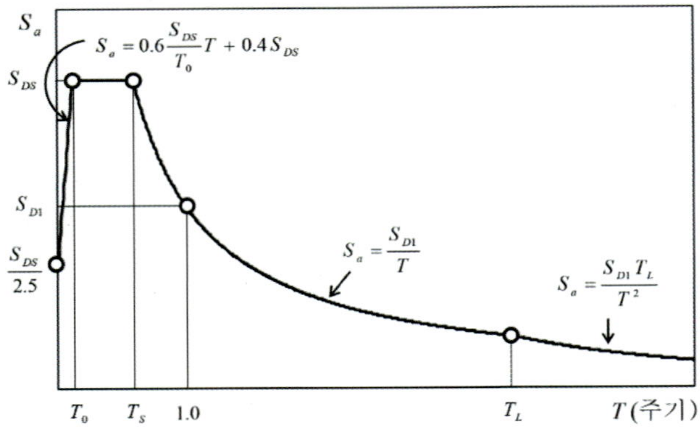

그림 4.2-1 설계응답가속도스펙트럼(출처: KDS 41)

[해설]

이 기준에서는 KDS 17 10 00 내진설계일반에 따라 설계응답스펙트럼을 가속도일정구간($T_0 < T \le T_S$), 속도일정구간($T_S < T \le T_L$)을 사용하여 정의하였다.

KDS 17 10 00에서는 설계응답스펙트럼의 변위일정구간을 정의하는 전이주기 T_L을 3초로 정의하고 있다. 그러나 이 기준에서는 주기 구조물인 고층 건물의 안전성을 위하여 변위일정구간을 정의하는 전이주기를 5초로 상향 조정하였다.

[KDS 41] 4.2.2 단주기와 1초주기 설계스펙트럼가속도(1)

4. 지반조건 및 설계응답스펙트럼

4.2 설계응답스펙트럼

4.2.2 단주기와 1초주기 설계스펙트럼가속도

(1) 단주기와 주기 1초의 설계스펙트럼가속도 S_{DS}, S_{D1}은 식 (4.2-4), (4.2-5)에 의해 산정한다.

$$S_{DS} = S \times 2.5 \times F_a \times 2/3 \quad (4.2\text{-}4)$$

$$S_{D1} = S \times F_v \times 2/3 \quad (4.2\text{-}5)$$

여기서, F_a와 F_v는 각각 표 4.2-1과 표 4.2-2에 규정된 지반증폭계수이다.

[해설]

(1) 식 (4.2-4)와 (4.2-5)에서 $S \times 2/3$은 인명안전수준의 유효지반가속도를 나타내며, 식 (4.2-4)의 계수 2.5는 가속도일정구간에서 구조물의 응답증폭을 나타낸다.

F_a와 F_v는 각각 설계응답스펙트럼에서 가속도일정구간과 속도일정구간 구조물의 응답증폭을 나타낸다.

{Q} S_4는 S_C에 해당하는가? 아니면 S_D에 해당하는가?

S_4는 S_C와 S_D를 모두 포함한다. 따라서 KBC 기준에 따라 S_C 지반으로 분류된 경우, 내진설계일반(KDS 17 10 00)에 따라 S_4로 분류된다. 이경우에 과대한 지진하중이 유발되는 것을 방지하기 위하여, 건축물 내진설계기준(KDS 41 17 00)은 내진설계일반(KDS 17 10 00)

의 관련 지반분류 기준을 수정하여 적용할 수 있도록 하였다.

[KDS 41] 4.2.2 단주기와 1초주기 설계스펙트럼가속도(2)

4. 지반조건 및 설계응답스펙트럼

4.2 설계응답스펙트럼

4.2.2 단주기와 1초주기 설계스펙트럼가속도

(2) 기반암의 깊이가 20 m를 초과하고 지반의 평균전단파속도가 360 m/s 이상인 경우, 표 4.2-2에 규정된 F_v의 80%를 적용한다.

(3) 지반분류가 S_5이고 기반암의 깊이가 불분명한 경우, 표 4.2-1과 표 4.2-2에 규정된 F_a와 F_v의 110%를 적용한다.

[해설]

(2) KDS 17 10 00 내진설계일반에서는 기반암의 깊이가 20m를 초과하고 지반의 평균전단파속도가 $180\mathrm{m/s}$ 이상인 경우 지반분류 S_4를 적용한다. 그러나 KDS 17 10 00에서 규정하는 S_4 지반의 지반증폭계수를 적용할 경우, 건축구조기준(2016)에 비하여 지진하중이 증가하고 내진설계범주가 높아져 비경제적인 설계 우려가 있다. 그 이유는 S_4 지반이 건축구조기준(2016)의 S_C와 S_D 지반에 해당하는 구간을 합한 넓은 범위이기 때문이다. 따라서 이 기준에서는 합리적이고 경제적인 설계를 위하여 S_4지반을 세분화하였다. 즉, S_4 지반 중 지반의 평균전단파속도가 $360\mathrm{m/s}$이상으로 높은 구간에 대해 다수의 부지응답해석결과를 근거로 표 4.2-2에 규정된 F_v의 80%를 적용할 수 있도록 하였다.

[Note]

(2) 과대한 지진하중이 유발되는 것을 방지하기 위함이다.

1) KDS(내진설계일반)와 KBC(IBC와 동일)와 비교를 해본결과, KBC는 Vs = 360m/s 기준으로 S_C와 S_D로 나뉘었는데, KDS에서는 암반까지 심도 20m 이상, $V_S = 760 - 180\ \mathrm{m/s}$인 경우 S_4로서, S_4에 S_C와 S_D가 함께 포함되어 있다.

2) 건축물의 내진설계에서는 내진설계범주도 중요한데, 암반까지 심도 20m 이상인 S_4 지반의 경우, 내진설계범주 D가 도출된다. 따라서 KBC와 큰 차이가 발생하였다.

3) 따라서 추가 지반응답해석 연구(김동관 등, 2021)를 통해, S_C와 같은 지진하중과 내진설계범주를 유도하도록 해당 문구가 삽입되었다.

(3) 암반까지 심도가 불분명한 경우, 모든 경우에 부지응답해석을 하기보다는 실무적으로 적용가능하도록 지진하중을 증가시켰다.

4.2.3 지반 종류

관측점에서 지진의 특징은 단층의 발생 메커니즘, 지진파의 진행경로, 국부적인 지반상태 등에 따라 달라진다.

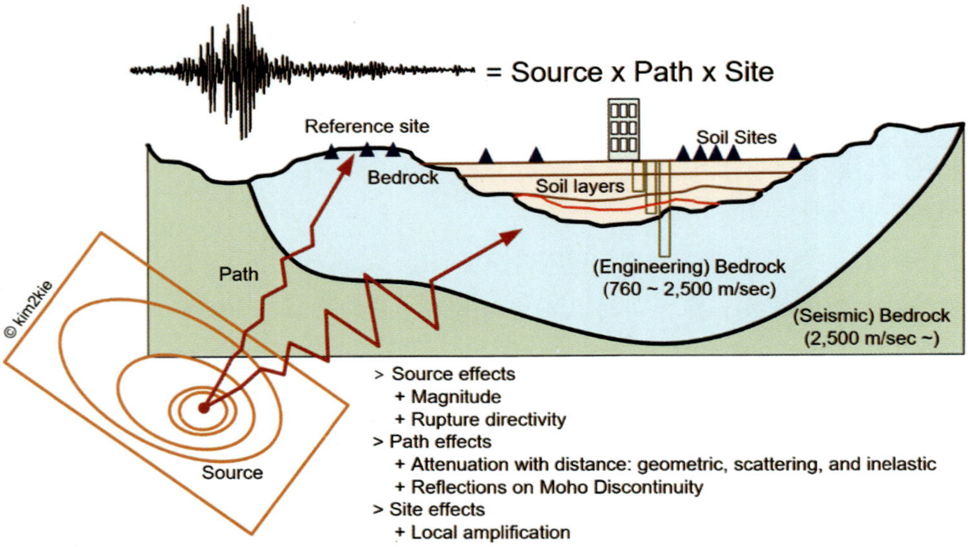

그림 4.2.3a 진원, 경로, 지반이 지반운동에 미치는 영향

1989년 규모 6.9의 Loma Prieta 지진에 의한 북서부 캘리포니아 지역의 손상분포는 $\bar{v}_{s30}$과의 연관성을 잘 보여준다. 이 지역의 연암지반과 연약지반의 $\bar{v}_{s30}$은 각각 620 m/sec와 150 m/sec였다. 진앙에서 약 100 km나 떨어진 지역에 위치한 고속도로 교량의 상판 붕괴는 연약지반조건에 의한 지반운동의 증폭 때문이다.

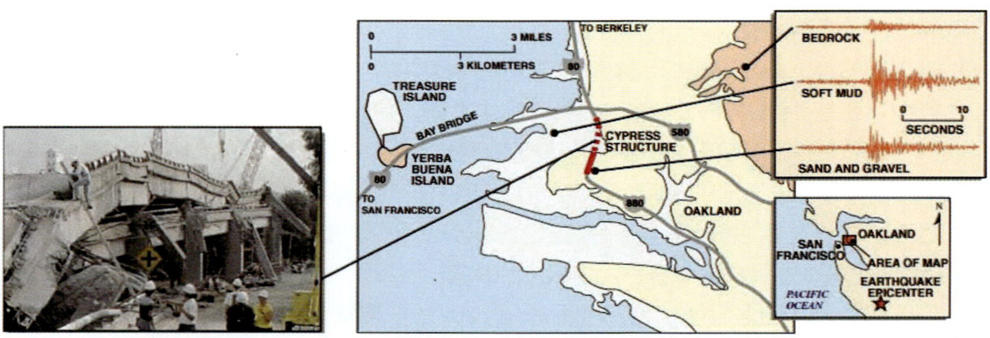

그림 4.2.3b 지반에 의한 지반운동의 증폭(Brocher et al., 2014)
(빨강색 실선: 연암지반에 놓인 붕괴되지 않은 교량, 빨강색 점선: 연약지반에 놓인 붕괴된 교량)

국지적인 토질조건, 지질조건과 지표 및 지하 지형이 지반운동에 미치는 영향이 고려하기 위하여 원칙적으로 지반을 다음 그림과 같이 6 종류로 분류한다.

지반은 지표면에서부터

1) 연약한 토사(예: 매립토, $\bar{N} < 15, V_{s,soil} < 180\text{m/s}$),

2) 단단한 토사(풍화토, 풍화암, $15 \leq \bar{N} \leq 50, 180 \leq V_{s,soil} < 360\text{m/s}$),

3) 연암($\bar{N} > 50, 360 \leq V_{s,soil} < 760\text{m/s}$),

4) 보통암($760 \le V_{s,soil} < 1{,}500$m/s),
5) 경암(> 1,500m/s) 순으로
단단해지고(즉, 표준관입시험의 평균 $\bar{N}$값이 커지고),
(공내하향식 탄성파시험으로 구한) 토층 평균 전단파 속도 $V_{s,soil}$(m/s)값이 증가한다.

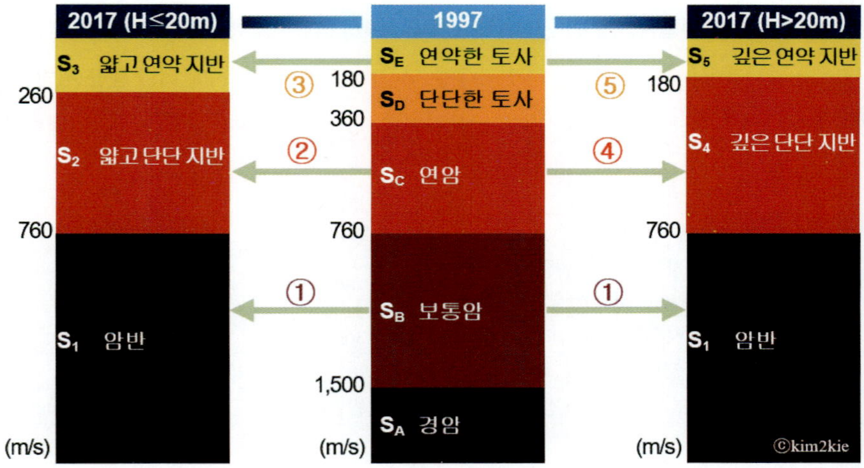

그림 4.2.3c 내진설계기준연구(II)(1997)와 공통적용사항(2017)의 지반 분류

일반적으로 다층지반에 설계 기준에 사용한 지반의 분류를 적용하기 위해, 상부 토층 30 m의 평균 전단파 속도($\bar{v}_s$)를 다음과 같이 구한다.

$$\frac{d_1+d_2+\cdots}{\bar{v}_s} = \frac{d_1}{v_{s1}} + \frac{d_2}{v_{s2}} + \cdots \rightarrow \bar{v}_s = \frac{\sum_{i=1}^{n} d_i}{\sum_{i=1}^{n} \frac{d_i}{v_{si}}}$$

여기서 n은 토층의 개수; d_i는 i번째 층의 두께(m); v_{si}는 i번째 토층의 전단파 속도(m/sec)이다. 참고로 $\sum_{i=1}^{n} d_i = 30$ m이다.

기반암까지 지반의 깊이를 고려하여 구한 지반의 '특성부지주기(T_C, characteristic site period)'는 다음과 같다.

$$T_C = 4\sum_{i=1}^{n} \frac{d_i}{v_{si}}$$

여기서 d_i는 i번째 층의 두께(m)이며, 기반암의 깊이에 따라 지반의 고유주기가 변하는 것을 알 수 있다. 만약 기반암까지 단일층으로 구성된 지반으로 가정하면, 지반의 깊이와 평균전단파속도가 각각 H와 v_s인 지반의 특성 부지 주기는 다음과 같이 정확하게 구할 수 있다.

$$T_C = 4\frac{H}{v_s}$$

공통적용사항(2017)에서는 기존 지반분류는 단주기 영역에 대하여 과소 평가하고 장주기 영역에 대하여 과대 평가 경향이 있다고 판단하였다. 이에 따라 기존의 기반암의 기준 깊이를 국내실정에 맞춰 30m에서 20m로 변경하였고, 지반의 명칭도 "S_A, S_B, S_C, S_D, S_E, S_F"에서 "S_1, S_2, S_3, S_4, S_5, S_6"로 변경하였다.

표 4.2.3a 지반의 분류(내진설계기준연구(II) 1997; KBC 2016)

지반종류	지반종류의 호칭	상부 30.480 m에 대한 평균 지반 특성		
		전단파 속도(m/s)	표준관입시험 ($\bar{N}$)	비배수전단강도(kPa) $\bar{S}_u$
S_A	경암지반 (hard rock)	> 1500	-	-
S_B	보통암지반 (rock)	760 - 1500		
S_C	매우 조밀한 토사지반 또는 연암지반 (very dense soil and soft rock)	360 - 760	> 50	> 100
S_D	단단한 토사지반 (stiff soil)	180 - 360	15 - 50	50 - 100
S_E	연약한 토사지반 (soft clay soil)	< 180	< 15	< 50
S_F	부지 고유의 특성평가가 요구되는 지반 (soil requiring site response analysis)			

다음 표에 나타낸 바와 같이 공통적용사항을 따르는 내진설계일반(KDS 17 10 00)과 건축물 내진설계기준(KDS 41 17 00)의 지반 분류가 다소 차이가 있음을 알 수 있다.

표 4.2.3b 지반 분류(내진설계일반 KDS 17 10 00 표 4.2-4; 건축물 내진설계기준 KDS 41 17 00 해표 4.1-1)

지반종류	지반종류의 호칭	분류기준: 내진설계일반 vs 건축물 내진설계기준(괄호 내용)	
		기반암* 깊이, H(m)	토층 평균전단파속도, $V_{s,soil}$ (m/s)
S_1	암반지반	1 미만(3 미만)	-
S_2	얕고 단단한 지반	1 ~ 20 이하 (3 ~ 20 이하)	260 이상
S_3	얕고 연약한 지반		260 미만
S_4	깊고 단단한 지반	20 초과 (20 초과 50 미만)	180 이상
S_5	깊고 연약한 지반		180 미만(120 초과 180 미만)
	(매우 깊고 연약한 지반)	(3 이상)	(120 이하)
S_6	부지 고유의 특성평가가 요구되는 지반		

* 전단파속도 760 m/s 이상을 나타내는 지층이다.
기반암 깊이와 무관하게 토층 평균전단파속도가 120 m/s 이하인 지반은 S_5 지반으로 분류하였다.

{Q} 기반암 깊이가 20m이상인 S_4 또는 S_5 지반의 경우, 평균전단파속도 $V_{s,soil}$는?

$H = 40$m일 경우, $V_{s,soil}$(m/s)는 내진설계일반을 따를 경우에 기반암 깊이 40m까지의 토층 평균전단파속도를 사정하여 S_4(20m 이상의 깊고 단단한 지반) 또는 S_5(20m 이상의 깊고 연약한 지반)으로 분류한다. 그러나 건축구조기준을 따를 경우에 통상 깊이 30m까지 지반조사를 하므로 30m 평균전단파속도를 사용하여 S_4와 S_5를 보수적으로 분류할 수 있다.

{Q} 수정된 건축물 지반분류 기준?

다음과 같은 이유로 건축물 내진설계기준(KDS 41 17 00)은 내진설계일반(KDS 17 10 00)에서 규정하고 있는 지반분류 기준을 수정하여 적용할 수 있도록 하였다.

(1) 건축물의 경우 기초가 지표면으로부터 일정 깊이 이하에 설치되며, 성토가 이루어지는 경우가 많으므로 암반지반을 정의하는 기반암 깊이를 1m에서 3m로 수정 적용하였다.

(2) 암반까지 심도가 깊은 지반조건에서는 원칙적으로 기반암의 심도까지 조사해야 한다. 그러나 일반적으로 지반의 심도가 증가할수록 지반의 강도가 증가하므로 상부 30m까지의 전단파속도를 사용해도 안전측의 설계결과를 얻을 수 있다.

(3) 대상지역의 지반을 분류할 수 있는 자료가 충분하지 않는 경우에 지반종류 S_4를 적용할 수 있다. 다만, S_4의 가정에 대해 14. 지하구조물 내진설계에서 요구하는 지진토압 산정 시 다음의 조건을 적용한다.

1) 국토지반정보 포털시스템 시추공 자료 활용
2) 지반의 변위를 산정하기 위한 지반의 물성은 평균전단파속도 180m/s를 적용
3) 지반반력계수를 산정하기 위한 지반의 물성은 평균전단파속도 360m/s를 적용

[KDS 41] 4.1.1 지반 종류

4. 지반조건 및 설계응답스펙트럼

4.1 지반의 분류

4.1.1 지반 종류

(1) 지반의 분류는 KDS 17 10 00의 4.2.1.2를 따른다. 단, 건축물의 특성을 반영하여 아래와 같이 수정하여 적용할 수 있다.

① 기반암깊이가 3m 미만인 경우 S_1지반으로 볼 수 있다.

② 기반암의 위치가 기준면으로부터 30m를 초과하는 경우 상부 30m에 대한 평균전단파속도를 토층의 평균전단파속도($V_{s,soil}$)로 볼 수 있다.

③ 대상지역의 지반을 분류할 수 있는 자료가 충분하지 않고, 지반의 종류가 S_5일 가능성이 없는 경우에는 지반종류 S_4를 적용할 수 있다.

{Q} 지반분류의 '기준면(基準面; base level)'은?

지반분류의 '기준면(基準面; base level)'은 어디로 정할까?
건축물 내진설계기준에서는 지반의 특성과 분류는 기본적으로 구조물이나 지하층의 유무와 관계없이 일정하므로, 기준에서는 지반분류를 위한 기준면은 지표면으로 정하였다.

[KDS 41] 4.1.3 지반분류의 기준면

> 4. 지반조건 및 설계응답스펙트럼
> 4.1 지반의 분류
> 4.1.3 지반분류의 기준면
> 각 지반조사 위치에서 지반분류의 기준면은 해당 위치의 지표면으로 정한다. 여기서, 지표면은 대상 건축물의 완공 후 지표면을 가리킨다.

{Q} 지하층구조로 연결된 아파트단지의 지반분류는?

지상층 건물이 분리되고 지하층구조로 연결되어 있는 경우 지반분류는?
지하층구조의 일체거동에 영향을 받으므로 단일값의 대표지반증폭계수를 사용해야 한다. 건물의 대지 내에서 균등한 간격으로 전단파속도를 3개소 이상 측정한 경우에는 각 지반조사 위치에서 결정된 값의 평균값으로 대표지반증폭계수를 정할 수 있으며, 그렇지 않은 경우에는 설계상 가장 불리한 값으로 정한다.

[KDS 41] 4.2.3 지반증폭계수(1)

> 4. 지반조건 및 설계응답스펙트럼
> 4.2 설계응답스펙트럼
> 4.2.3 지반증폭계수
> (1) 단주기 지반증폭계수 F_a와 1초 주기 지반증폭계수 F_v는 각각 표 4.2-1과 표 4.2-2에 따른다.
> ① 지하층 및 지상층 건물의 설계에는 단일값의 대표지반증폭계수를 사용해야 하며, 이때 대표지반증폭계수는 각 지반조사 위치에서 결정된 값의 평균값으로 정하거나, 설계상에 가장 불리한 값으로 정한다. 하나의 지하층 구조로 연결된 복수의 지상층 건물의 설계에도 단일값의 대표지반증폭계수를 사용한다.

표 4.2-1 단주기 지반증폭계수, F_a

지반종류	지진지역		
	$s \leqq 0.1$	$s = 0.2$	$s = 0.3$
S_1	1.12	1.12	1.12
S_2	1.4	1.4	1.3
S_3	1.7	1.5	1.3
S_4	1.6	1.4	1.2
S_5	1.8	1.3	1.3

* S는 3.2에서 정의된 유효지반가속도의 값이다. 위 표에서 S의 중간값에 대하여는 직선보간한다.

표 4.2-2 1초주기 지반증폭계수, F_v

지반종류	지진지역		
	$s \leqq 0.1$	$s = 0.2$	$s = 0.3$
S_1	0.84	0.84	0.84
S_2	1.5	1.4	1.3
S_3	1.7	1.6	1.5
S_4	2.2	2.0	1.8
S_5	3.0	2.7	2.4

* S는 3.2에서 정의된 유효지반가속도의 값이다. 위 표에서s의 중간값에 대하여는 직선보간한다.

{Q} 급격한 경사지의 지반분류는?

건축물이 급격한 경사지에 건설되는 경우 지반분류는?
급격한 경사지는 완공 후 지표면이 경사지인 경우와 토사깊이가 얕고 암반의 분포가 급격한 경사인 경우 등이 있다. 급격한 경사지의 판단이 모호할 경우 건물의 지진응답에 영향을 미치는 지반운동의 특성을 고려하여 관련 전문가의 판단을 통해 결정하는 것이 바람직하다.

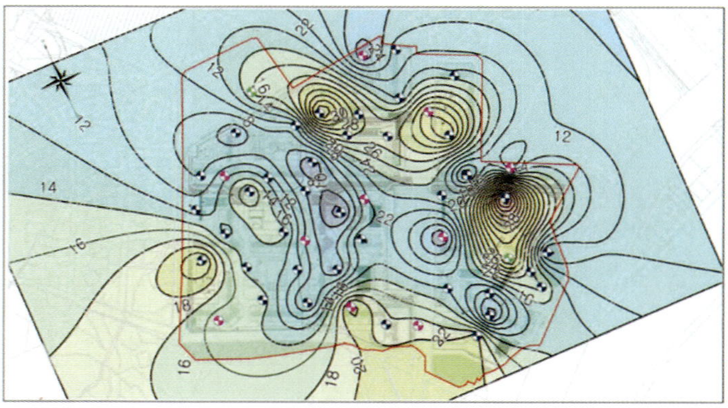

그림 4.2.3d 기반암 출현심도가 급격할 경우 지반분류는 S_2 vs S_4? (안양 OO아파트 주택재건축 부지)

[KDS 41] 4.2.3 지반증폭계수(2)

4. 지반조건 및 설계응답스펙트럼
4.2 설계응답스펙트럼
4.2.3 지반증폭계수
② 건물이 급격한 경사지에 건설되는 경우 대표지반증폭계수는 각 지반조사위치에서 결정된 값 중에서 설계상에 가장 불리한 값으로정한다.

{Q} 부지응답으로 F_a와 F_v를 구할 수 있는가?

부지응답해석으로 F_a, F_v를 구하여 설계응답스펙트럼을 도출할 경우, KDS 41 17 00 4.2.3 지반증폭계수의 ③항을 잘 봐야 한다. ③항에 따르면 부지응답해석을 하더라도 그 결과가 적용된 설계응답스펙트럼이 $S = 0.22$ 사용한 스펙트럼의 80% 이상이 되도록 정한다.

[KDS 41] 4.2.3 지반증폭계수(3)

4. 지반조건 및 설계응답스펙트럼

4.2 설계응답스펙트럼

4.2.3 지반증폭계수

③ F_a와 F_v값을 부지고유의 지진응답해석을 수행하여 결정할 수 있다. 이 경우 부지고유응답해석으로 산정한 설계스펙트럼가속도 S_{DS}와 S_{D1}는 지진구역계수(Z)와 2400년 재현주기에 해당하는 위험도계수(I) 2.0을 곱한 값에 표 4.2-1, 표 4.2-2, 4.2.2의 (2)항에 제시된 해당 지반의 증폭계수를 적용하여 구한 값의 80% 이상이어야 한다.

[해설]

③ 부지고유의 지진응답해석방법으로는 1 차원 등가선형해석방법과 1차원 비선형해석방법을 사용할 수 있다 지진응답해석에 사용되는 지반입력변수로는 지반의 층상구조와 각 층의 동적물성치가 있고, 자세한 사항을 해표 4 2-1 에 명시하였다. 부지고유의 지진응답해석을 수행하기 위하여 반드시 신뢰성 있는 지반조사와 지반입력변수를 평가하여야 한다.

해표 4.2-1 지반입력변수 및 결정방법

지반입력변수	결정방법
지반의 층상구조 (기반암 깊이, 층 두께)	SPT, CPT, Boring 등
지반의 전단파속도 주상도	다운홀, 업홀, SASW, HWAW 등 현장 탄성파 시험
각 층의 비선형거동 특성 – 정규화 전단탄성계수 감소곡선($\frac{G}{G_{max}} - \gamma$) – 감쇠비 곡선($D - \gamma$)	공진주/비틀림전단시험, 미소변형 삼축시험 등

부지고유의 응답스펙트럼값 S_{DS}와 S_{D1}을 결정하는 데 있어 암반노두가속도를 2400년 재현주기 지진의 유효지반가속도(S)값을 사용하여 해석을 수행한다. 부지고유의 응답스펙트럼을 결정하는 F_a와 F_v는 다음과 같이 산정한다. 각 주기 T에 대하여 암반과 해당 부지 지반조건에 대한 해석을 수행한다. 암반노두스펙트럼값(RS_{rock})과 부지고유스펙트럼값(RS_{soil})의 비율(RS_{soil}/ RS_{rock})을 주기 T에서의 스펙트럼가속도비(RRS, Ratio of Response Spectra)로 정의한다. 증폭계수 F_a와 F_v는 단주기와 장주기(중간주기) 영역에서의 평균적인 증폭계수를 의미하므로 RRS값들을 이용하여 다음과 같이 증폭계수를 구할 수 있다.

$$F_a = \frac{R_{soil}}{R_{rock}} \frac{1}{0.4} \int_{0.1}^{0.5} RRS(T)dT \qquad \text{(해식 4.2-1)}$$

$$F_v = \frac{R_{soil}}{R_{rock}} \frac{1}{1.1} \int_{0.4}^{1.5} RRS(T)dT \qquad \text{(해식 4.2-1)}$$

여기서, R_{rock}과 R_{soil}은 각각 진원에서 암반노두와 지표면까지의 거리를 의미하고, 일반적으로 진앙에서 거리가 먼 경우에 R_{soil}/R_{rock}은 1.0을 사용한다. 입력지진파를 산정할 때 다양한 주파수 성분을 가지는 지진파를 선정하도록 노력해야 한다. 이를 위하여 실지진기록 및 인공지진기록을 혼합하여 해석에 이용하고, 최소한 3개 이상의 지진파를 이용하여 해석을 수행할 것을 추천한다. 3개의 지진파를 이용하여 해석할 경우에는 최대응답을 사용하여 설계하고 7개 이상의 지진파를 이용할 경우에는 평균응답의 값으로 설계를 수행하도록 한다. 우리나라의 경우에는 큰 규모의 지진이 자주 발생하지 않는 중약진지역이고, 내진설계기준 제정을 위한 실지진기록이 부족하여 지진응답해석올 수행할 경우에는 주로 외국에서 측정된 실지진기록을 이용하거나 인공지진올 이용해야 한다. 외국의 실지진기록을 선택할 경우에는 국내 지반조건에 부합되는 지진규모, 계측 지반조건 등을 고려하여야 하며, 한국지진공학회의 홈페이지 통해서 지진파를 검색할 수 있다.

{Q} 지하층의 강성에 의하여 지반운동(즉, 지반증폭계수)이 저감될 수 있는가?

지반과 인접한 지하층의 강성의 영향을 고려하여 저감된 지반증폭계수를 구할 수 있으며, 이로 인해 내진설계범주(SDC)가 D에서 C로 변경되는 경우가 발생할 수도 있다.

KBC 2009에서는 지하구조물에 대한 내진설계를 수행하면, 지반분류의 기준면을 지하층 저면(=기초저면)으로 하여 지진하중을 저감하여 설계할 수 있도록 되어 있었다. 그러나 KBC 2009 ~ KBC 2016에는 지하구조물 내진설계에 대한 내용이 없었으므로 사람들이 이를 중요하게 생각하지 않았다. 또한, 기초저면 위에 있는 지반의 영향을 고려하지 않았으므로 불합리하였다. 따라서, KDS 41 17 00에서는 지하구조물에 대한 내진설계 시 지진토압에 대하여 엔지니어가 구할 수 있으니 지진토압에 의한 지하구조물의 변위(c)를 구하여 보정할 수 있도록 하였다.

다음 그림의 표와 같이 설계자가 다양하게 고려하여 내진설계를 수행할 수 있다. 또한, 이 내용은 KDS 41 17 00 에서 지하구조물에 대한 내진설계가 도입되면서, 지하구조물에 대한 내진설계와 거동을 면밀히 분석하여 상부구조물의 지진하중을 저감할 수 있는 것으로 지하구조물 내진설계와 함께 적용되는 것으로 봐야 한다.

[KDS 41] 4.2.4 지하구조의 영향을 고려한 지반증폭계수의 보정

4. 지반조건 및 설계응답스펙트럼

4.2 설계응답스펙트럼

4.2.4 지하구조의 영향을 고려한 지반증폭계수의 보정

(1) 지하구조물이 14장 지하구조물의 내진설계에 따라 지진토압에 대하여 안전하게 설계되어 있는 것으로 판단되는 경우, 지반종류가 S_1, S_2 또는 S_4에 속하며, 기초저면에서 암반까지의 평균 전단파속도가 260m/s 이상이고 지진토압과 지진하중이 기초저면의 지반에 직접 전달될 수 있도록 기초저면이 지반에 견고히 정착되어 있다면, 지하구조강성에 대한

지표면 운동의 강도를 반영하여 지진시 지반운동에 의한 지표면 변위와 지진토압에 의한 지하구조물의 변위의 비율에 따라 지상구조에 적용되는 지반증폭계수를 조정할 수 있다.

[해설]

4.2.4를 적용하기 위한 지반조건은 지진 시 유발된 지진토압과 지진하중이 기초저면의 지반에 직접 전달될 수 있는 조건으로써, 지반 종류가 S_1 혹은 S_2에 속하면서 기초저면에서의 전단파속도가 260m/s 이상인 경우에 적용할 수 있다. 지반 종류가 S_4이더라도 기초저면에서의 전단파속도가 260m/s 이상인 경우에 지하구조의 영향을 고려한 지반증폭계수를 보정할 수 있다. 구조물에 지진토압으로 작용하는 지반운동이 해그림 4.2-1과 같이 지하구조물의 강성에 의해 제어 되는 경우에 해식 (4.2-3)과 같이 지반증폭계수가 감소될 수 있다.

$$F_{eff} = F_{rock} + (F_{soil} - F_{rock}) \times \frac{b+c}{a} \qquad \text{(해식 4.2-3)}$$

여기서, F_{soil}는 표 4.2-1과 표 4.2-2에 의해 산정되 는 해당지반의 지반증폭계수이고, F_{rock}은 S_1 지반의 지반증폭계수이다. F_{eff}는 지하구조의 영향이 고려된 유효지반증폭계수이다. 지진 시 지반운동은 해그림 4.2-1과 같은 형태로 증폭되어 자유장 지표면의 횡변위(a)를 유발한다. 반면에 지하구조의 강성이 큰 경우에는 지하구조가 지반운동을 강소시키므로 지표면의 움직임(즉 지상구조의 저면)이 $(b + c) < a$로 감소한다. 따라서 지하구조물의 강성을 고려하여 지상구조에 적용하는 지반증폭계수를 저감할 수 있다.

다만, 지하구조는 14장에서 요구하는 안전성을 확보해야 하며, 지하구조의 횡변위 c 계산에서는 반응수정계수로 저감되지 않은 지진토압을 사용해야 한다. 지반의 변위 a와 b는 응답변위법 등으로 계산할 수 있다.

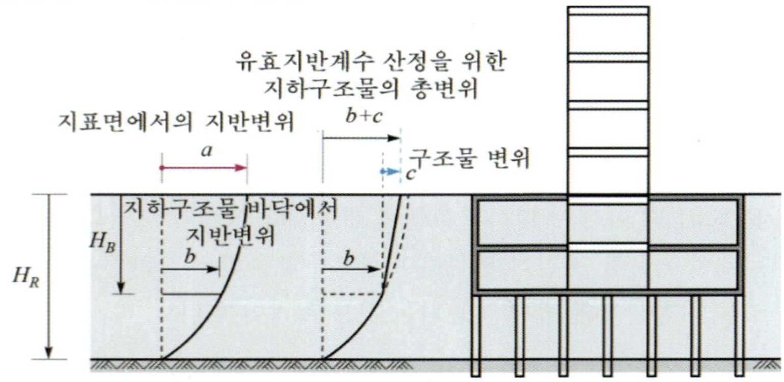

해그림 4.2-1 지반운동에 대한 지하구조의 영향

a : 지표면에서의 지반의 횡변위　　b : 지하구조바닥에서 지반의 횡변위

c : 지진토압에 의한 지하구조물의 횡변위　　$b + c$: 유효지반계수 산정을 위한 지진 시 지하구조물의 총변위

지하구조물의 하부경계조건 및 강성에 따른 유효지반증폭계수(F_{eff})는 다음과 같다

① 지하구조물의 강성이 매우 약하거나 고려하지 않는 경우 지하구조물의 변위는 자유장 변위와 같으므로 유효지반중폭계수는 지표면을 기준으로 산정된 지반중폭계수와 동일하다($F_{eff} = F_{soil}$).

② 지진토압에 의하여 지하구조물의 변형이 해그림 4. 2-1과 같이 발생하면 유효지반증폭계수는 해식 4. 2-3과 같다.

③ 지하구조물의 강성이 매우 커서 지진토압에 의한 구조물의 변형이 매우 작으면($c = 0$), 기초면을 기준으로 지반증폭계수를 산정하는 효과가 나타난다.

④ 지하구조물의 하부 또는 기초가 기반암에 정착되어 있고, 지하구조의 강성이 큰 경우에는 $b = 0$, $c = 0$이므로 유효지반증폭계수 $F_{eff} = F_{rock}$(기반암에 대한 F값)이 된다. 이는 지하구조물 하부 또는 기초저면에 위치한 기반암운동을 기준으로 내진설계를 수행하는 효과가 나타난다. 구조해석과 모델링에 관련된 사항은 14장을 창조하며, 자세한 방법은 건축물의 지하구조 내진설계 지침((사) 대한건축학회, 2018)을 따른다.

지하구조물의 하부경계조건 및 강성에 따른 유효지반증폭계수(F_{eff})는 다음과 같다.

지하구조물의 강성	지하구조물 변위	유효지반증폭계수	비고
① 매우 약하거나 고려하지 않음 ≈ 0	$b + c = a$	$F_{eff} = F_{Soil}$	지하층 고려하지 않음
② 지진토압에 의해 변형이 c 만큼 발생	$b + c$	$F_{eff} = F_{rock} + (F_{soil} - F_{rock}) \times \frac{b+c}{a}$	
③ 지하구조가 암반에 정착되어 있지 않고, 강성이 매우 큼	$b + c \cong b$ $c = 0$	$F_{eff} = F_{rock} + (F_{soil} - F_{rock}) \times \frac{b}{a}$	기초저면 기준
④ 지하구조가 암반에 정착되어 있고, 강성이 매우 큼	$b + c \cong 0$	$F_{eff} = F_{rock}$	암반 기준

4.2.4 중요도계수

건축물의 '중요도계수(I_E; importance factor; 표 2.2-1)'는 건축물의 중요도에 따라 지진응답계수(C_S)를 증감하는 계수이다. 건축물의 중요도는 중요도(특), 중요도(1), 중요도(2), 중요도(3)으로 구분하며, 다음과 같을수록 등급이 높다. 중요도를 구분하는 주된 이유는 중요도가 높은 건축물에 해당할수록 설계하중을 크게 고려해 더 안전하게 설계하기 위함이다.

1) 위험한 물질을 취급하는 시설일수록(예: 액화저장시설 등)
2) 비상사태에 사회가 최소한의 기능을 수행하는데 필요한 필수 사회기반시설에 해당할수록(예: 병원, 소방서, 경찰서, 대피소 등)
3) 붕괴 시 많은 인명피해가 예상될수록(예: 공연시설 등)

[KDS 41] 2. 내진등급 및 성능목표

2.2 건축물의 내진등급과 중요도계수

(1) KDS 41 10 05(3.)에서 정의된 건물의 중요도를 고려하여 표 2.2-1에 따라 건물의 내진등급과 내진설계 중요도계수 I_E를 결정한다.

(2) 2개 이상의 건물에 공유된 부분 또는 하나의 구조물이 동일한 중요도에 속하지 않는 2개 이상의 용도로 사용되는 경우에는 가장 높은 중요도를 적용해야 한다.

(3) 건축물이 구조적으로 분리된 2개 이상의 부분으로 구성된 경우에는 각 부분을 독립적으로 분류하여 설계할 수 있다. 다만, 한 구조물에서 구조적으로 분리된 부분이 더 높은 중요도를 가진 다른 부분에 대해 그 중요도에 부합하는 사용을 위해서 필수 불가결한 접근

로나 탈출로를 제공하거나 인명안전 또는 기능수행 관련 요소를 공유할 경우에는 양쪽 부분 모두 높은 중요도를 적용하여야 한다.

표 2.2-1 내진등급과 중요도계수(출처: KDS 41 17 00 건축물 내진설계기준)

건축물의 중요도	내진등급	내진설계 중요도계수(I_E)
중요도(특)	특	1.5
중요도(1)	I	1.2
중요도(2), (3)	II	1.0

건축물의 중요도계수(I_E)는 건축물의 중요도 등급과 마찬가지로 지진이 발생했을 때 인명피해가 많이 발생할 수 있는 용도일수록 값이 크다. 그리고 지진이 발생했을 때 대피시설로 사용되는 학교, 사상자를 치료하는 병원, 지진 후 발생하는 화재를 진압하는 소방서, 지진 후 치안을 담당하는 경찰서, 지진 후 재난관리를 총괄하는 공관 등은 건물에 피해가 있으면 안 되는 건물들로 큰 중요도계수를 사용한다.

일반적으로 중요도 등급이 크면 중요도계수가 크므로 설계에 사용하는 지진하중도 크다. 중요도계수(I_E)는 건물의 중요도와 관련된 값으로 건물의 용도가 정해지면 기준에 의해 결정되므로, 지진응답계수(S_{DS}와 S_{D1})와 마찬가지로 설계자가 임의로 변경할 수 없다.

4.2.5 반응수정계수

'반응수정계수(response modification factor, R, 응답수정계수)'는 구조물의 비탄성변형능력과 초과강도를 고려하여 지진하중을 감소시키는 역할을 한다.

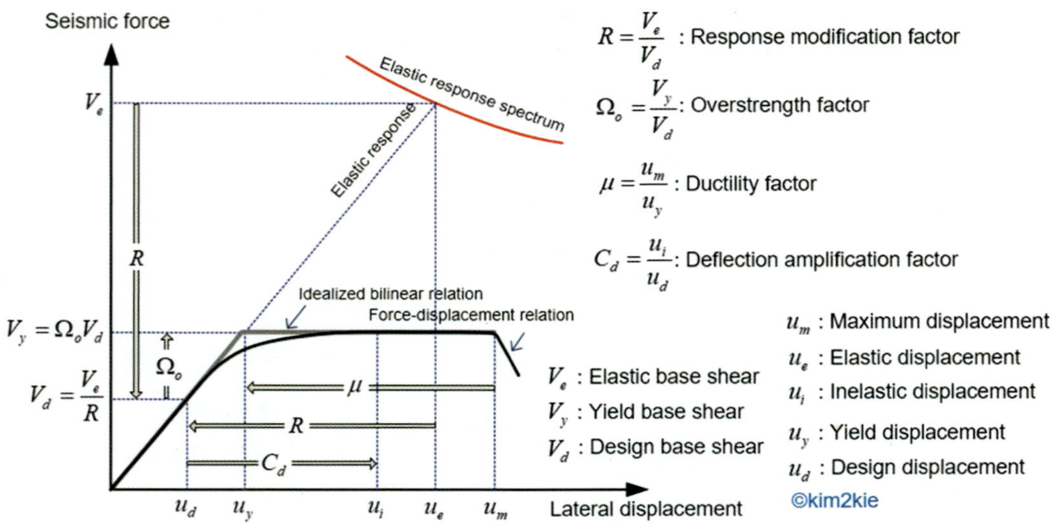

그림 4.2.5a 반응수정계수, 초과강도계수, 연성도 및 변위증폭계수(출처: 김두기, 2021)

반응수정계수(R)는 지진력저항시스템(즉, 지진력에 저항하도록 구성된 구조시스템)에 따라 다르다. 기본 지진력저항시스템은 다음과 같이 구분할 수 있다.

1. 내력벽시스템
2. 건물골조시스템
3. 모멘트-저항골조시스템
4. 특수모멘트골조를 가진 이중골조시스템
5. 중간모멘트골조를 가진 이중골조시스템
6. 역추형시스템
7. 철근콘크리트 보통 전단벽 – 골조 상호작용 시스템
8. 강구조기준의 일반규정만을 만족하는 철골구조시스템
9. 철근콘크리트구조기준의 일반규정만을 만족하는 철근콘크리트구조시스템
10. 지하외벽으로 둘러싸인 지하구조시스템

반응수정계수는 설계자가 선택하는 구조시스템에 따라 달라지므로, 내진성능과 경제성 등을 고려하여 내진설계에서 설계자가 결정할 수 설계변수이다.

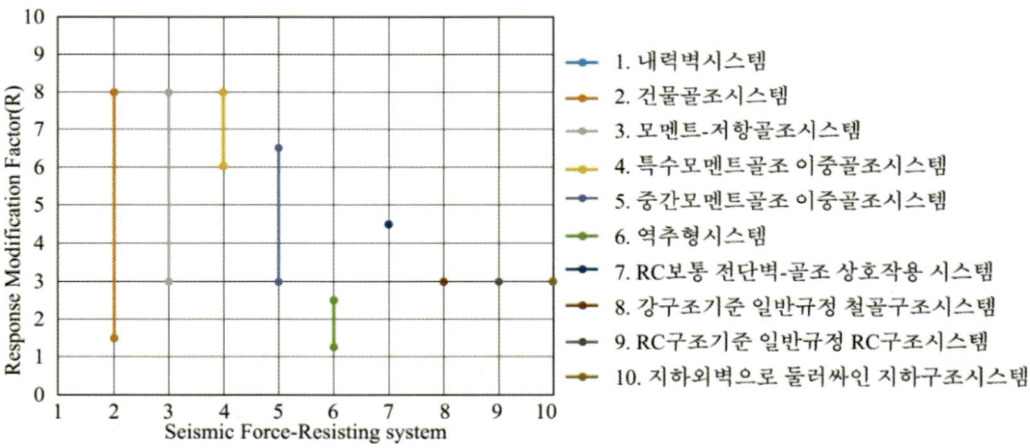

그림 4.2.5b 기본 지진력저항시스템 vs 반응수정계수

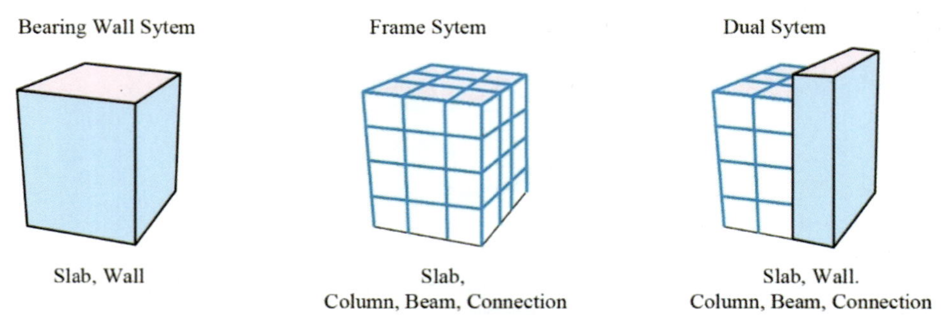

(a) 내력벽방식(1.5 ~ 6)　(b) 모멘트저항골조방식(3 ~ 8)　(c) 이중골조방식(3 ~ 8)

그림 4.2.5c 지진력저항시스템의 구분과 R값(출처: Dookie Kim, 2018)

4.2.6 고유주기

질량(mass, m)과 강성(stiffness, k)을 갖는 모든 구조물은 진동을 하고, 1초 동안에 진동한 박동수를 '고유진동수(natural frequency, f)'라고 하며, 단위는 Hz(= cycles/sec)이다. 비록 그 진동이 작아서 평상 시에 사람이 느끼지 못할 뿐이지 사람이 심장박동수를 갖고 있듯이 구조물도 고유한(natural) 진동수를 갖고 있다. 사람 심장에 청진기를 갖다대면 심장박동을 크게 들을 수 있듯이, 구조물에 센서를 설치하면 구조물의 고유진동수를 뚜렷하게 계측할 수 있다.

사람의 심장박동수는 희노애락에 따라 다르게 뛴다. 즉, 사람의 심장박동수는 사람의 고유한 특성을 나타내며, 주변 상황에 따라 희로애락에 해당하는 심장박동수가 발현되고 희로애락 각각에 해당하는 얼굴 표정도 다르다. 구조물도 이와 같아 사람의 심장박동수와 같은 여러 개의 고유진동수가 존재하며, 고유진동수에 대응하는 사람의 얼굴 표정과 같은 구조물의 변형된 형상이 있으며 이것을 '모드형상(mode shape)'이라고 한다.

고유진동수를 작은 것부터 오름차순으로 나열 했을 때 가장 작은 고유진동수가 평상 시의 거동 특성을 나타내는 고유진동수로 '기본고유진동수(fundamental natural frequency)'라고 한다. 건축물과 같이 질량이 강성에 비해 큰 구조물은 기본고유진동수가 일반적으로 1보다 작으므로, 고유진동수의 역수를 취해 1보다 큰 값으로 나타내는 데 이것을 '고유주기(natural period, T)'라고 한다. 고유주기는 진동 1 cycle에 소요되는 시간을 나타내므로 단위는 sec이다.

사람이 위기와 불안을 느낄 때 심장박동수가 크게 뛰듯이, 구조물도 외부의 하중특성에 따라 구조물의 특정한 고유주기에서 진폭이 크게 증가하며 이것을 '공진(共振; resonance)'이라고 한다. 즉, 구조물의 동적 특성(즉, 고유주기)과 외력의 동적 특성(즉, 가진 주기)이 일치할 경우 구조물의 진동은 크게 증폭된다.

내진설계에서도 건축물의 고유주기와 지진의 가진 주기 특성을 고려하여야 하며, 이를 위해 구조해석에서는 구조물의 고유주기와 고유주기별 모드형상에 대해서 분석한다.

고유주기(T)는 건축물의 고유한 구조특성을 나타내고, 건축물의 형상, 부재강성, 고정하중 등 여러 요소가 건축물의 고유주기에 영향을 주며, 설계자가 어느 정도 조정이 가능한 설계변수이다.

그림 4.2.6a 구조물의 건전성 모니터링(SHM) 개념 (출처: 미상)

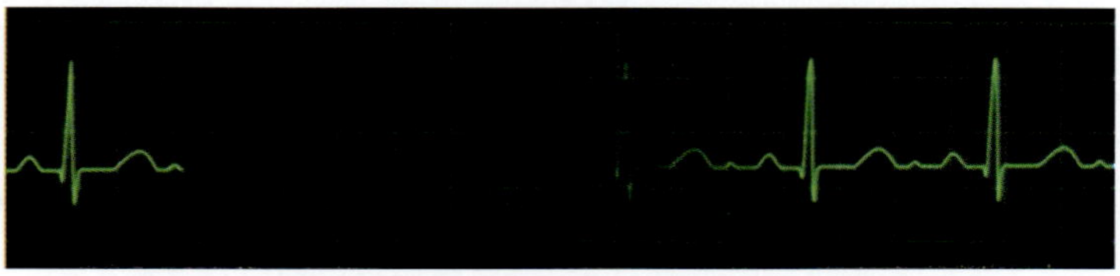

그림 4.2.6b 심전도(心電圖, electrocardiogram, ECG) (출처: gfycat.com) [animation]

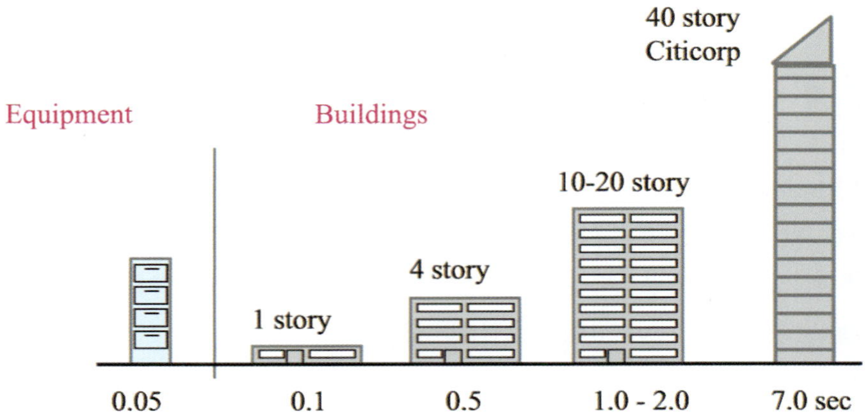

그림 1.1.2h 내진설계를 위한 일반 건물의
첫 번째 고유주기 근삿값 (출처: www.wbdg.org)

(a) 단자유도계 Sweep 진동대 시험 [animation]

(b) 빌딩 Sweep 진동대 시험 [animation]

그림 4.2.6c 특정 가진에 공진하는 단자유도계 진동대 시험

(출처: YouTube; 좌측: SDOF Resonance Vibration Test; 우측: Building Resonant Frequency Model)

4.3 [기준] 내진설계

4.3.1 용어

[KDS 41] 1.2 용어의 정의

1. 일반사항

1.2 용어의 정의

• '기반암(bedrock)'

연암층, 퇴적층 또는 토층의 아래에 위치하는 전단파속도가 760m/s 이상인 단단한 암석층(보통암 등). 참고로 원자력발전소 내진설계기준에서는 2007년 이후 암반의 기준을 1,100m/s에서 2,439m/s로 강화하였다(USNRC, SRP 3.7.2).

• '활성단층(active fault)'

지난 11,000년(충적세, 沖積世, 現世, Holocene vs 홍적세, 洪積世, Pleistocene) 동안 지진활동의 지질학적 증거나 역사적으로 연평균 1mm 이상의 미끄러짐이 있는 단층

• '유효지반가속도(effective peak acceleration; EPA)'

지진하중을 산정하기 위한 기반암의 지반운동 수준으로 유효수평지반가속도와 유효수직지반가속도로 구분

• '최대지반가속도(peak ground acceleration; PGA)'

지진에 의한 진동으로 특정위치에서의 지반이 수평 2방향 또는 수직방향으로 움직인 가속도의 절댓값의 최댓값

• '설계지진(design earthquake; DE; design basis earthquake; DBE)'

건축물 혹은 비구조요소의 중요도 및 성능목표별 지진의 재현주기에 따라 2장(내진등급 및 성능목표)에서 정의한 '기본설계지진'(최대고려지진에 의한 값의 2/3 수준에 해당하는 지진)에 중요도계수 및 위험도계수를 곱한 지진

• '최대고려지진(maximum considered earthquake; MCE)'

내진설계에서 고려하는 가장 큰 지진으로서 국가지진위험지도의 2,400년 재현주기에 해당하며, 그 유효지반가속도의 크기는 3장(지진구역 및 지진구역계수)의 규정에 따라서 정한다.

• 지진하중

지진에 의한 지반운동으로 구조물에 작용하는 하중

• 지진력

지진운동에 의한 구조물의 응답에 대하여 구조물과 그 구성요소를 설계하기 위하여 결정

된 힘

- '층지진하중(story shear, 층전단력)'
  밀면전단력을 건축물의 각 층별로 분포시킨 하중
- '밑면전단력(base shear)'
  구조물의 밑면에 작용하는 설계용 총 전단력
- '층간변위(story drift)'
  인접층 사이의 상대수평변위
- '층간변위각(story drift ratio)'
  층간변위를 층 높이로 나눈 값
- 지반종류
  지반의 지진증폭특성을 나타내기 위해 분류하는 지반의 종류
- '지반증폭계수(site coefficient)'
  기반암의 스펙트럼 가속도에 대한 지표면의 스펙트럼 가속도의 증폭비율(F_a, F_v)
- 지진구역
  유사한 지진위험도를 갖는 행정구역 구분으로서 지진구역I, 지진구역II로 구분

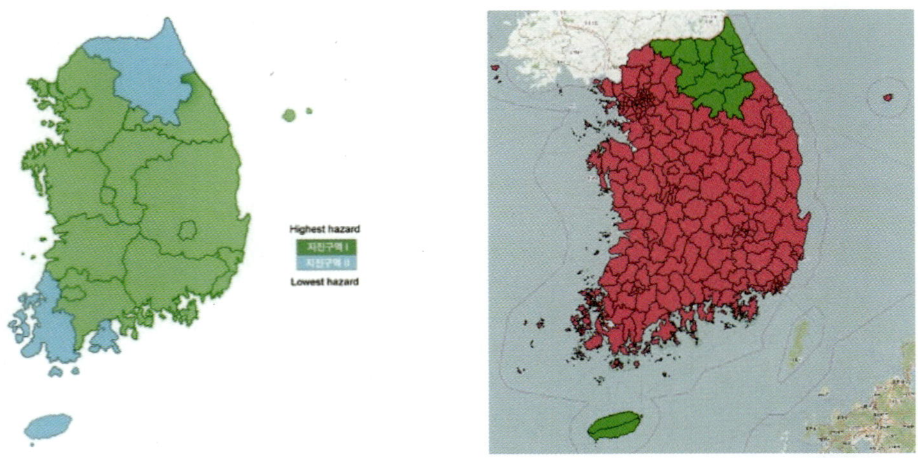

(a) 2013는 12월 소방방재청 지진구역 공표 이전 (b) 2014년 6월 소방방재청 공표 유예기간 이후

그림 4.3a 지진구역

(2013년 12월 소방방재청은 구조물의 내진설계에 활용하기 위해 국가지진위험지도를 제작하고 지진구역·지진구역계수를 정해 이를 공표하였다. 지진 I 구역으로 바뀐 전남 남서부지역은 무안군, 신안군, 완도군, 영광군, 진도군, 해남군, 영암군, 강진군, 고흥군, 함평군, 목포시 등이다.)

- 지진구역계수(Z)
  지진구역I과 지진구역II의 기반암 상에서 평균재현주기 500년 지진의 유효수평지반가속도를 중력가속도 단위(g)로 표현한 값

- '지진위험도 (seismic risk; 지진재해도; seismic hazard)'
  내진설계의 기초가 되는 지진구역을 설정하기 위하여 과거의 지진기록과 지질 및 지반특성 등을 종합적으로 분석하여 산정한 지진재해의 연초과 발생빈도
- '지진위험지도 (seismic risk map; 지진재해지도; seismic hazard map)'
  내진설계 등에 활용하기 위하여 정밀한 지진위험도(또는 지진재해도) 분석결과를 표시한 지도로서 정의된 재현주기 또는 초과확률 내에서 지리적 영역에 걸쳐 예상되는 유효지반가속도를 등고선의 형태로 나타낸 지도
- 응답스펙트럼
  지반운동에 대한 단자유도 시스템의 최대응답을 고유주기 또는 고유진동수의 함수로 표현한 스펙트럼
- 설계스펙트럼가속도
  설계지진에 대한 단주기(0.2초)와 주기 1초에서의 응답스펙트럼가속도(spectral response acceleration; S_{DS}, S_{D1})
- 최대응답
  응답의 절댓값의 최댓값
- 지진응답계수(seismic response coefficient)
  식 (7.2-2) ~ 식 (7.2-5)에 따라 결정된 계수, C_s

$$V = ma = \frac{a}{g} \times mg = C_s W$$

- 필로티구조(pilotis)
  건축물 상층부는 내력벽이나 가새골조등 강성과 강도가 매우 큰 구조로 구성되어 있으나, 하층부는 개방형 건축공간을 위하여 대부분의 수직재가 기둥으로 구성되어 내진성능이 크게 저하될 수 있는 구조
- 내진중요도 그룹
  표 2.2-1에 따른 건물용도 및 내진중요도의 분류. 건축물의 중요도는 4가지 중요도(특, 1, 2, 3)로 분류하고, 내진등급은 3가지 내진등급(특, I, II)로 분류한다.
- '내진설계범주(seismic design category; SDC)'
  구조물은 내진등급과 지반상태를 고려하여 구조물을 분류하며, 구조물은 내진설계범주 A ~ D 중 하나에 속한다.
- '가새골조(braced frame)'
  횡력에 저항하기 위하여 건물골조방식 또는 이중골조방식에서 중심형 또는 편심형의 수직트러스 또는 이와 동등한 구성체
  - '중심가새골조(concentrically braced frame; CBF)'
    트러스메카니즘에 의하여 부재의 축력에 의하여 횡하중을 저항하는 가새골조

· '편심가새골조(eccentrically braced frame; EBF)'
경사가새가 설치되어 가새부재 양단부의 한쪽 이상이 보-기둥 접합부로부터 약간의 거리만큼 떨어져 보에 연결되어 있는 가새골조. 중심가새골조에 비하여 연성능력을 향상시킬 수 있음

• '건물골조방식(building frame)'
수직하중은 입체골조가 저항하고, 지진하중은 전단벽이나 가새골조가 저항하는 구조방식

• '모멘트골조방식(moment frame)'
수직하중과 횡력을 보와 기둥으로 구성된 라멘골조가 저항하는 구조방식

• '연성모멘트골조(ductile moment frame)'
횡력에 대한 저항능력을 증가시키기 위하여 부재와 접합부의 연성을 증가시킨 모멘트골조. 중연성도와 고연성도의 연성능력을 발휘할 수 있도록 각 재료기준에 따라서 연성요구조건을 만족해야 함

· '보통모멘트골조(ordinary moment frames; OMF)'
연성거동을 확보하기 위한 특별한 상세를 사용하지 않은 모멘트골조

· '중간모멘트골조(intermediate moment frames; IMF)'
연성모멘트골조의 일종으로서 중연성도의 연성능력을 가지도록 설계된 모멘트골조

· '특수모멘트골조(special moment frames; SMF)'
연성모멘트골조의 일종으로서 고연성도의 연성능력을 가지도록 설계된 모멘트골조

• '이중골조방식(dual system)'
지진력의 25% 이상을 부담하는 연성모멘트골조가 전단벽이나 가새골조와 조합되어 있는 구조방식

4.3.2 하중조합

[KDS 41] 8.1 지진하중의 조합

8. 하중조합 및 설계 요구사항

8.1 지진하중의 조합

8.1.1 일반사항

(1) 이 절은 구조물 및 부재 설계를 위한 하중조합과 특별지진하중을 규정한다. 또한 지진하중의 방향과 수직지진력의 영향을 고려하여 설계지진력을 결정하는 방법을 규정한다.

8.1.2 하중조합

8.1.2.1 강도설계

(1) 강도설계 또는 한계상태설계를 수행하는 경우 지진하중을 포함하는 하중조합은 KDS 41

12 00 건축구조기준 설계하중의 1.7 하중조합을 따른다.

8.1.2.2 허용응력설계

(1) 허용응력설계를 수행하는 경우 지진하중을 포함하는 하중조합은 KDS 41 12 00 건축구조기준 설계하중의 1.7 하중조합을 따른다.

8.1.2.3 특별지진하중

(1) 필로티 등과 같이 전체 구조물의 불안정성으로 붕괴를 일으키거나 지진하중의 흐름을 급격히 변화시키는 주요부재와 이를 지지하는 해당 위치의 수직부재 설계에는 지진하중을 포함한 하중조합에 일반 지진하중(E) 대신 특별지진하중(E_m)을 사용하여야 한다.

$$E_m = \Omega_0 E \pm 0.2 S_{DS} D \qquad (8.1\text{-}1)$$

여기서, Ω_0는 표 6.2-1에서 정한 시스템초과강도계수, S_{DS}는 4.2에서 정의한 단주기설계스펙트럼가속도, D는 고정하중이다. 단, $\Omega_0 E$는 지진력저항 시스템에서 다른 부재의 내력에 의해 전달될 수 있는 최대하중을 초과할 필요는 없다.

[Note] 8.1.2.3 특별지진하중

이 교재의 6.3.4절 특별지진하중을 참조할 수 있다.

8.1.3 지진하중의 방향

8.1.3.1 내진설계범주 'B'

(1) 설계지진력은 각 부재에 가장 큰 하중효과가 발생하는 방향으로 적용한다. 이러한 규정은 지진력을 직교하는 임의의 두 방향으로 각각 작용시켰을 때 만족하는 것으로 간주한다.

8.1.3.2 내진설계범주 'C'

(1) 8.1.3.1의 규정을 만족하여야 하며, 특히 표 5.3-1에 규정된 평면비정형 유형 H−5에 해당하는 구조물의 설계부재력은 다음의 두 가지 방법 중 한 가지 방법을 이용하여 결정한다.

① 한 방향지진하중에 의한 하중효과의 100%와 그에 직교하는 방향 지진하중에 의한 하중효과의 30%에 대한 절대값을 더하되, 두 조합 중 큰 값을 택한다.

② 직교하는 두 방향 하중효과의 100%를 제곱합제곱근(SRSS) 방법으로 조합한다.

8.1.3.3 내진설계범주 'D'

(1) 구조물의 설계부재력은 다음의 두 가지 방법 중 한 가지 방법을 이용하여 결정한다.

① 한 방향지진하중에 의한 하중효과의 100%와 그에 직교하는 지진하중에 의한 하중효과의 30%에 대한 하중효과의 절대값을 더하되, 두 조합 중 큰 값을 택한다.

② 직교하는 두 방향 하중효과의 100%를 제곱합제곱근(SRSS) 방법으로 조합한다.

[해설] 8.1.3 지진하중의 방향

지진하중은 건물의 임의 방향으로 작용할 수 있으며, 이러한 현상을 고려하기 위하여 일반적으로 직교하는 2축의 지진하중 효과를 조합하여 설계한다. 그러나 2축에 대하여 최대 지진하중이 동시에 작용할 확률은 매우 적으므로 적절한 방법으로 직교하는 축에 대한 하중효과를 조합하여야 한다. 이 조항에서는 어느 한 방향 지진하중 효과의 100%와 그 직각방향 지진하중 효과의 30%를 단순히 합하거나 양방향 지진하층 효과의 100%를 SRSS법으로 조합하도록하고있다. 즉,

(1) (x방향 지진력의 100% ± y방향 지진력의 30%) 또는 (x방향 지진력의 30% ± y방향 지진력의 100%)

(2) [(x방향 지진력의 100%)^2 + (y방향 지진력의 100%)^2]의 제곱근

첫 번째 방법을 적용할 경우에는 특정한 기둥의 x방향 설계모멘트는 x방향 지진력에 의하여 발생하는 x방향 모멘트의 100%와 y방향 지진력에 의하여 발생하는 x방향 모멘트의 30%를 더하여 구한다. 양 방향이 조합된 지진하중의 효과는 주로 기둥과 전단벽 등 지진력을 부담하는 수직재에 크게 나타난다.

선형 또는 비선형 시간이력해석법을 사용하는 경우에는 7.3.4.1에 따라 조정된 직교 2방향 지반운동 100%를 동시에 가진하여 얻은 해석결과를 사용한다. 이때 설계지진응답의 결정은 7.3.4.2 또는 7.3.4.3을 따른다.

8.1.4 수직지진력

(1) 내진설계범주 'D'로 분류된 구조물의 수평 내민보와 프리스트레스를 받는 수평요소는 해당 하중조합에 추가하여 고정하중의 20% 이상에 해당하는 수직지진력에 저항할 수 있도록 설계한다.

[해설] 8.1.4 수직지진력

이 기준에서는 수직지진력을 별도로 규정하지 않고 있으나, 그 영향이 큰 것으로 판단되는 캔틸레버보와 프리스트레스보 설계에 반영하도록 규정하고 있다.

[KDS 41 12 00 건축물 설계하중] 1.7 하중조합

1. 일반

1.7 하중조합

1.7.1 강도설계법 또는 한계상태설계법의 하중조합

(1) 강도설계법 또는 한계상태설계법으로 구조물을 설계하는 경우에는 다음의 하중조합으로 소요강도를 구하여야 한다.

$1.4(D+F)$ (1.7-1)

$1.2(D+F+T)+1.6L+0.5(L_r \text{ 또는 } S \text{ 또는 } R)$ (1.7-2)

$1.2D+1.6(L_r \text{ 또는 } S \text{ 또는 } R)+(1.0L \text{ 또는 } 0.5W)$ (1.7-3)

$1.2D+1.0W+1.0L+0.5(L_r \text{ 또는 } S \text{ 또는 } R)$ (1.7-4)

$1.2D+1.0E+1.0L+0.2S$ (1.7-5)

$0.9D + 1.0W$ (1.7-6)

$0.9D + 1.0E$ (1.7-7)

(2) 주차장과 공공집회 장소를 제외하고 기본등분포활하중이 $5.0\mathrm{kN/m^2}$ 이하인 용도에 대해서는 식(1.7-3), 식(1.7-4) 및 식(1.7-5)에서 활하중 L에 대한 하중계수를 0.5로 감소할 수 있다.

(3) 지하수압·토압 또는 분말 및 입자형 재료의 횡압력에 의한 하중 H가 존재할 때는 다음의 하중계수를 적용하여 조합하여야 한다.

① H가 단독으로 작용하거나 H의 하중효과가 다른 하중효과를 증대하는 경우에는 하중계수를 1.6으로 하여야 한다.

② H의 하중효과가 영구적이면서 다른 하중효과를 상쇄하는 경우에는 하중계수를 0.9로 하여야 한다.

③ H의 하중효과가 영구적이지 않으면서 다른 하중효과를 상쇄하는 경우에는 하중계수를 0으로 하여야 한다.

(4) 별도 요구가 있는 경우 시공하중에 대한 하중조합 11.2를 (1)에 추가하여 고려한다.

[해설]

건축구조기준의 설계하중은 일반적으로 사용하는 구조재료, 즉 콘크리트구조, 강구조, 조적구조, 목구조 등의 설계기준에 적용하기 위하여 규정한 것이다. 이러한 설계기준은 강도설계법이나 한계상태설계법 또는 허용응력설계법을 바탕으로 하고 있다.

강도설계법 또는 한계상태설계법을 사용하는 구조기준에서는 하중계수를 사용하여 증가시킨 소요강도와 강도감소계수를 사용하여 공칭강도를 감소시킨 설계강도를 비교하여 구조물의 안전성을 확보하고 있다. 이 조항에서 규정한 강도설계법과 한계상태설계법의 하중계수는 공칭강도와 강도감소계수를 사용하여 강도설계법 또는 한계상태설계법의 원리를 채택한 모든 구조재료의 구조설계에 적용할 수 있다.

강도설계에서 풍하중계수가 KBC 2016의 1.3에서 1.0으로 변경된 것은 기본풍속의 재현기간이 100년에서 500년으로 높아졌고, 500년 풍속레벨이 한계상태에 해당하기 때문이다.

4.3.3 내진설계범주

[KDS 41] 5.1 일반사항

5. 내진설계범주

5.1 일반사항

(1) 구조물은 내진등급과 지반상태를 고려하여 분류한 내진설계범주 A~D중 하나에 속하며, 내진설계범주에 따라 구조물에 허용되는 지진력저항시스템, 높이와 비정형성에 대한 제한, 내진설계 대상 부재, 구조해석방법 등을 결정한다.

{Q} 내진설계범주는 비구조요소와 건물외구조물에도 적용가능한가?

내진설계범주는 건축물 외에도 비구조요소와 건물외구조물에도 적용가능한가?
"[KDS 41] 5.2 내진설계범주의 결정"에 따르면 "모든" 구조물에 적용가능하다.

[KDS 41] 5.2 내진설계범주의 결정

5.2 내진설계범주의 결정

(1) 모든 구조물은 2.2에 따라 결정된 내진등급과 4.2.2에 따라 결정된 설계스펙트럼가속도 S_{DS}및S_{D1}을 사용하여, 표5.2-1과 표 5.2-2로부터 내진설계범주를 결정한다. 표 5.2-1과 표 5.2-2에 따라 결정한 내진설계범주가 다를 경우에는 높은 내진설계범주로 분류한다.

표 5.2-1 단주기설계스펙트럼가속도에 따른 내진설계범주

S_{DS}의 값	내진등급		
	특	I	II
$0.50 \le S_{DS}$	D	D	D
$0.33 \le S_{DS} < 0.50$	D	C	C
$0.17 \le S_{DS} < 0.33$	C	B	B
$S_{DS} < 0.17$	A	A	A

표 5.2-2 주기 1초 설계스펙트럼가속도에 따른 내진설계범주

S_{D1}의 값	내진등급		
	특	I	II
$0.20 \le S_{D1}$	D	D	D
$0.14 \le S_{D1} < 0.20$	D	C	C
$0.07 \le S_{D1} < 0.14$	C	B	B
$S_{D1} < 0.07$	A	A	A

[KDS 41] 5.3 건물의 비정형성

5.3 건물의 비정형성

(1) 모든 구조물은 이 조항에 따라 평면 비정형 및 수직 비정형의 유형을 구분한다.

5.3.1 '평면 비정형성(horizontal irregularity)'

(1) 표 5.3-1에 나열된 특징 중 하나 이상에 해당되는 건물은 평면 비정형성을 가진 것으로 정의한다.

5.3.2 '수직 비정형성(vertical irregularity)'

(1) 표 5.3-2에 나열된 특징 중 하나 이상에 해당되는 건물은 수직 비정형성을 갖는 것으로 정의한다. 다만, 다음의 경우에는 예외로 한다.

① 설계지진하중 작용 시 임의의 층의 층간변위각에 대한 인접한 상부층의 층간변위각의 비가 130% 이하이면 표 5.3-2의 유형 V-1 혹은 V-2의 수직비정형성을 적용하지 않는다. 여기서 층간변위각의 산정에 비틀림효과(torsional effect)를 고려할 필요가 없다. 또한 건축물의 최상 2개 층에 대한 층변위각 관계는 평가하지 않아도 된다.

② 표 5.3-2의 수직비정형성 유형 V-1과 V-2는 2층 이하의 건축물에 대하여는 적용하지 않아도 된다.

표 5.3-1 평면 비정형성의 유형과 정의(출처: KDS 41 17 00 : 2022 건축물 내진설계기준)

유형번호	유형	정 의	관련 항목	적용내진 설계범주
H - 1	비틀림비정형	격막이 유연하지 않을 때 고려함. 어떤 축에 직교하는 구조물의 한 단부에서 우발편심을 고려한 최대 층변위가 그 구조물 양단부 층변위 평균값의 1.2배보다 클 때 비틀림 비정형인 것으로 간주한다.	7.2.6.4	C, D
			표 7.1-1	D
			7.2.8.1	C, D
H - 2	요철형 평면	돌출한 부분의 치수가 해당하는 방향의 평면치수의 15%를 초과하면 요철형 평면을 갖는 것으로 간주한다.	-	-
H - 3	격막의 불연속	격막에서 잘려나간 부분이나 뚫린 부분이 전체 격막 면적의 50%를 초과하거나 또는 인접한 층간 격막 강성의 변화가 50%를 초과하는 경우, 격막의 불연속이 존재하는 것으로 간주한다.	-	-
H - 4	면외 어긋남	수직 부재의 면외 어긋남 등과 같이 하중전달 경로의 불연속성이 존재하는 경우	8.3.3	B, C, D
H - 5	비평행 시스템	횡력저항 수직 요소가 전체 횡력저항 시스템에 직교하는 주축에 평행하지 않은 경우	8.1.3.2	C
			8.1.3.3	D

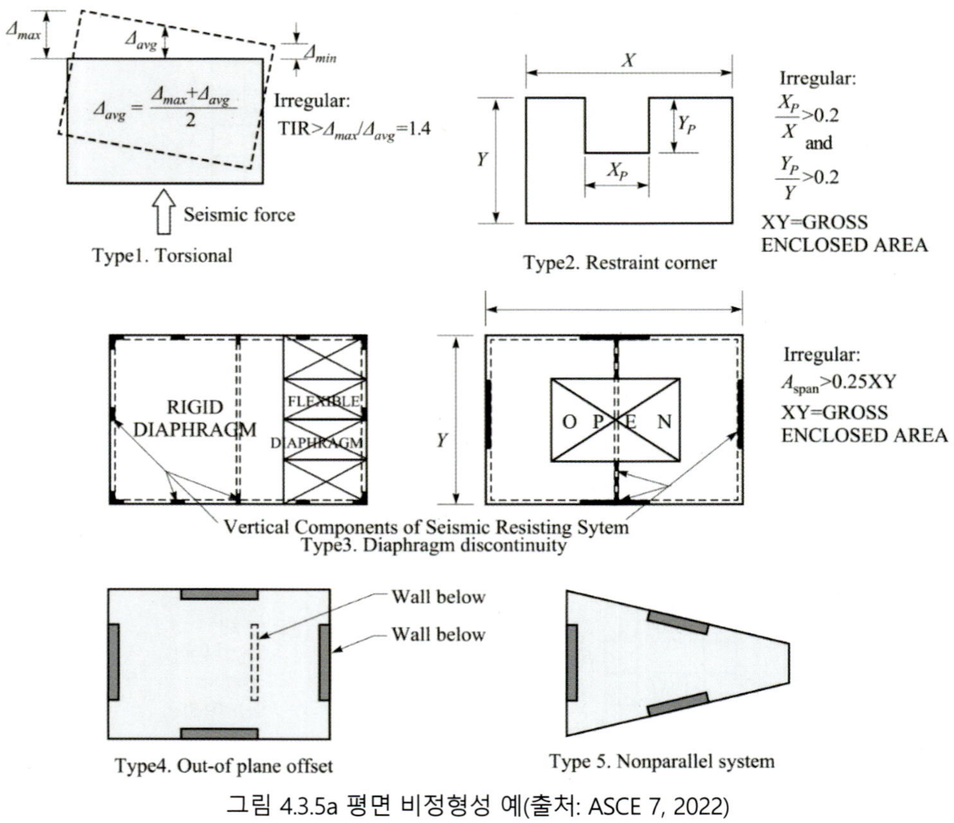

그림 4.3.5a 평면 비정형성 예(출처: ASCE 7, 2022)

표 5.3-2 수직 비정형성의 유형과 정의(출처: KDS 41 17 00 : 2022 건축물 내진설계기준)

유형번호	유형	정 의	관련 항목	내진설계범주
V - 1	강성비 정형 - 연층(soft story)	어떤 층의 횡강성이 인접한 상부층 횡강성의 70% 미만이거나 상부 3개 층 평균강성의 80% 미만인 연층이 존재하는 경우에는 강성분포의 비정형이 있는 것으로 간주한다.	표 7.1-1	D
V - 2	중량비 정형	어떤 층의 유효중량이 인접층 유효중량의 150%를 초과할 때 중량 분포의 비정형이 존재하는 것으로 간주한다. 단, 지붕층이 하부층보다 가벼운 경우는 이를 적용하지 않는다.	표 7.1-1	D
V - 3	기하학적 비정형	횡력저항 시스템의 수평치수가 인접층치수의 130%를 초과할 경우에는 기하학적 비정형이 존재하는 것으로 간주한다.	표 7.1-1	D
V - 4	횡력저항 수직저항 요소의 비정형	횡력저항요소의 면내 어긋남이 그 요소의 길이보다 크거나 인접한 하부층 저항요소에 강성감소가 일어나는 경우에는 수직저항요소의 면내불연속에 의한 비정형이 있는 것으로 간주한다.	8.3.3	B, C, D
V - 5	강도의 불연속 - 약층(weak story)	임의 층의 횡강도가 직상층 횡강도의 80% 미만인 약층이 존재하는 경우에는 강도의 불연속에 의한 비정형이 존재하는 것으로 간주한다. 각층의 횡강도는 층전단력을 부담하는 내진요소들의 저항방향 강도의 합을 말한다.	8.3.1	B, C, D

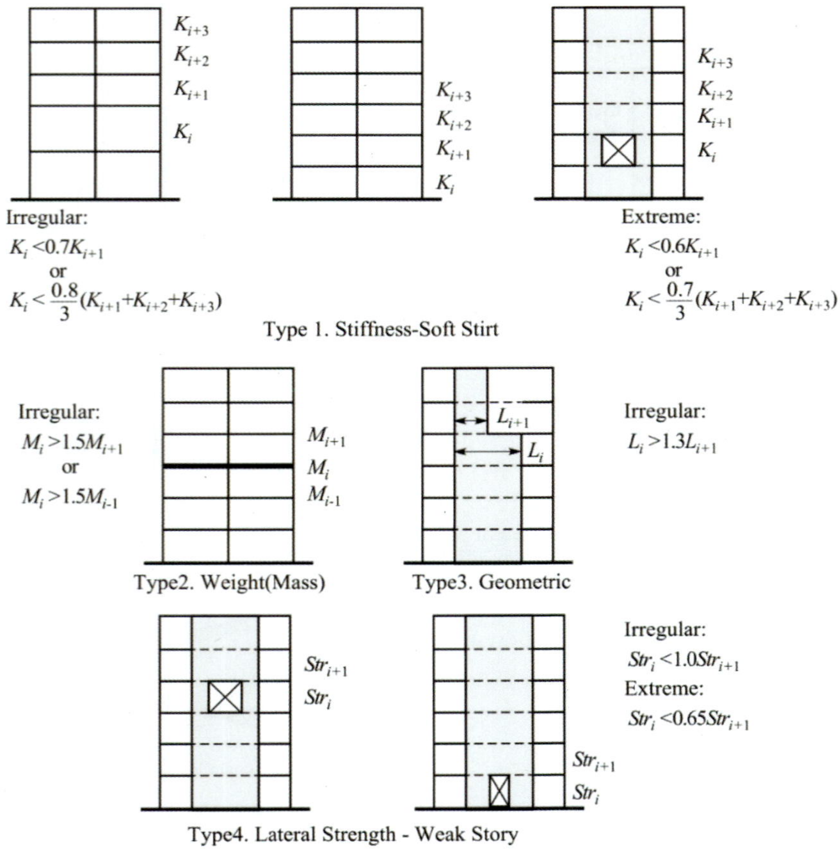

그림 4.3.5b 수직 비정형성 예(출처: ASCE 7, 2022)

4.3.4 등가정적해석법

[KDS 41] 7.2.1 밑면전단력

7. 지진하중의 계산 및 구조해석

7.2 등가정적해석법

7.2.1 밑면전단력

(1) 밑면전단력 V는 식 (7.2-1)에 따라 구한다.

$$V = C_s W \tag{7.2-1}$$

여기서,

C_s: 식 (7.2-2)에 따라 산정한 지진응답계수

W: 고정하중과 아래에 기술한 하중을 포함한 유효 건물 중량

① 창고로 쓰이는 공간에서는 활하중의 최소 25%(공용차고와 개방된 주차장 건물의 경우에 활하중은 포함시킬 필요가 없음)

② 바닥하중에 칸막이벽 하중이 포함될 경우에 칸막이의 실제중량과 0.5kN/m^2 중 큰 값

③ 영구설비의 총 하중

④ 적설하중이 1.5kN/m^2을 넘는 평지붕의 경우에는 평지붕 적설하중의 20%

⑤ 옥상정원이나 이와 유사한 곳에서 조경과 이에 관련된 재료의 무게

[KDS 41] 7.2.2 지진응답계수

7.2.2 지진응답계수

(1) 지진응답계수 C_s는 식 (7.2-2)에 따라 구한다.

$$C_s = \frac{S_{DS}}{\left[\frac{R}{I_E}\right]} \tag{7.2-2}$$

식 (7.2-2)에 따라 산정한 지진응답계수 C_s는 다음 값을 초과하지 않아도 된다.

$$T \le T_L: \quad C_s = \frac{S_{D1}}{\left[\frac{R}{I_E}\right]T} \tag{7.2-3}$$

$$T > T_L: \quad C_s = \frac{S_{D1}T_L}{\left[\frac{R}{I_E}\right]T^2} \tag{7.2-4}$$

그러나 지진응답계수 C_s는 다음 값 이상이어야 한다.

$$C_s = 0.044 S_{DS} I_E \ge 0.01 \tag{7.2-5}$$

여기서,

I_E : 표 2.2-1에 따라 결정된 건축물의 중요도계수

R : 표 6.2-1에 따라 결정한 반응수정계수

S_{DS} : 4.2에 따른 단주기 설계스펙트럼가속도

S_{D1} : 4.2에 따라 결정한 주기 1초에서의 설계스펙트럼가속도

T : 7.2.3에 따라 산정한 건축물의 고유주기(초)

T_L : 5초

[KDS 41] 7.2.3 고유주기 산정법

7.2.3 고유주기 산정법

(1) 구조물의 고유주기는 7.2.4의 약산식에 따라 산정하거나 저항요소의 변형특성과 구조적 특성을 고려한 수치해석적 방법으로 구할 수 있다. 다만, 수치해석적 방법에 의하여 산정한 고유주기는 약산식에 따라 구한 고유주기 T_a에 표 7.2-1의 주기상한계수 C_u를 곱한 값을 초과할 수 없다.

표 7.2-1 주기상한계수, C_u

S_{D1}	C_u
0.4 이상	1.4
0.3	1.4
0.2	1.5
0.15	1.6
0.1 이하	1.7

※ S_{D1}의 중간값에 해당할 경우 주기상한계수 C_u는 직선보간한다.

[해설]

구조물에 대한 해석모델을 사용하면 수치적으로 정확한 구조물의 진동주기를 구할 수 있다. 그러나 수치적 모델에서는 실제 건축물에 사용되는 많은 비구조재의 강성이 생략되어 있으며, 따라서 진동주기를 과대평가할 수 있다. 진동주기가 과대평가될 경우 지진하중을 과소평가할 수 있으므로 주의해야 한다. 이러한 점을 고려하여 이 조항에서는 수치해석에 의한 진동주기가 7.2.4의 약산식에 의한 기본주기에 표 7.2-1의 주기상한계수를 곱한 값을 초과하지 못하도록 규정하였다.

[KDS 41] 7.2.4 고유주기의 약산법

7.2.4 고유주기의 약산법

(1) 근사고유주기 T_a(초)는 식 (7.2-6)에 따라 구한다.

$$T_a = C_t h_n^x \qquad (7.2\text{-}6)$$

여기서

$C_t = 0.0466, x = 0.9$: 철근콘크리트모멘트골조

$C_t = 0.0724, x = 0.8$: 철골모멘트 골조

$C_t = 0.0731, x = 0.75$: 철골 편심가새골조 및 철골 좌굴방지가새골조

$C_t = 0.0488, x = 0.75$: 철근콘크리트전단벽구조, 기타골조

h_n : 건축물의 밑면으로부터 최상층까지의 전체높이 (m)

(2) 강성에 영향을 줄 수 있는 비보강채움벽이 있는 철근콘크리트모멘트골조, 철골모멘트골조의 주기는 상기식에 2/3를 곱하여 산정한다. 콘크리트 전단벽체가 주요 횡저항 시스템인 경우에는 기타골조의 주기식을 적용한다.

(3) 철근콘크리트와 철골 모멘트저항골조에서 12층을 넘지 않고 층의 최소높이가 3m 이상일 때 근사고유주기 T_a는 아래 식에 의하여 구할 수 있다.

$$T_a = 0.1N \qquad (7.2\text{-}7)$$

여기서, N : 층수

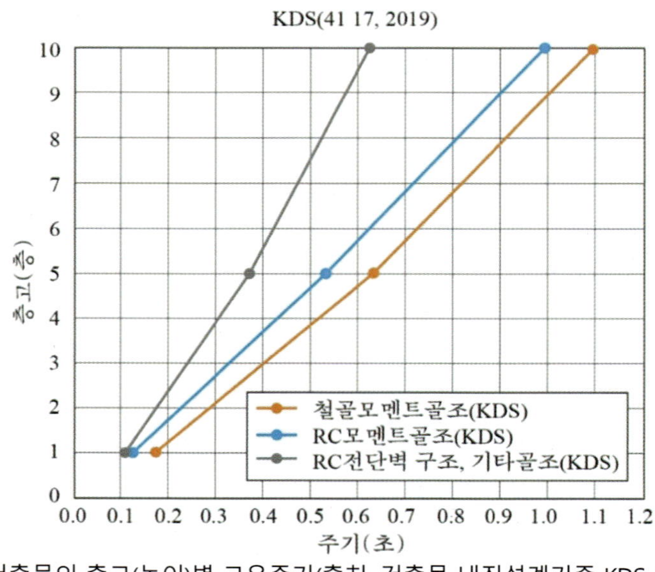

그림 4.3.7.2a 건축물의 층고(높이)별 고유주기(출처: 건축물 내진설계기준 KDS 41 17 00 : 2022)

$T_a = C_t\,(h_n)^x, T_a = 0.1N$

표 4.3.7.2a 건축물의 층고(높이)별 고유주기(출처: 건축물 내진설계기준 KDS 41 17 00 : 2022)

층고 (층)	높이 (m)	RC모멘트골조 (초)	철골모멘트골조 (초)	철골 편심가새골조 및 철골 좌굴방지가새골조 (초)	RC전단벽구조, 기타골조 (초)	근사식 (초)
C_T		0.0466	0.0724	0.0731	0.0488	
x		0.9	0.8	0.75	0.75	
1	3	0.13	0.17	0.17	0.11	0.1
5	15	0.53	0.63	0.56	0.37	0.5
10	30	0.99	1.10	0.94	0.63	1.0

여기서 1. 강성에 영향을 줄 수 있는 비보강채움벽이 있는 RC모멘트골조, 철골모멘트골조의 주기는 상기식에 2/3를 곱하여 산정

2. 콘크리트 전단벽체가 주요 횡저항 시스템인 경우에는 기타골조의 주기식을 적용

3. 근사식은 RC와 철골 모멘트저항골조에서 12층을 넘지 않고 층의 최소높이가 3m 이상일 때 적용

$$T_a = C_t\,(h_n)^x, T_a = 0.1N$$

[해설]

구조물의 주기는 지진하중에 의한 설계 밑면전단력의 크기를 결정하는 중요한 설계변수 중 하나이다. 기존 건축구조기준(2016)에서 제시하는 고유추기 산정식은 미국 규준인 ATC 3-06(1983)에 기초한 것으로 이는 San Fernando(l971) 지진 시 실제 계측된 자료를 바탕으로 결정된 식이다. 그러나 이 식은 1970년대에 존재했던 저층구조물을 계측 대상으로 했기 때문에 현재 지어진 고층건물에 적용할 경우 실제보다 주기를 짧게 평가하는 경향이 있다.

Goel과 Chopra는 ATC 3-06 고유주기 산정식을 보완하기 위해 San Fernando(l971) 지진 이후 발생한 Northridge(1994) 및 Morgan Hill(984), Loma Prieta(1989) 등의 지진 계측 자료를 통해 모멘트골조 및 전단벽 구조물에 대한 새로운 식을 제시하였다. 이 식은 ASCE 7-10부터 사용되기 시작하여 ASCE 7-16에도 동일한 식이 사용되고있다.

본 기준에서도 모멘트골조에 대한 최신의 연구결과를 반영하여, ASCE 7-10에 제시하고 있는 주기산정식으로 변경하였다. 단, 국내에서 콘크리트 및 조적채움벽 등 주기에 영향을 줄 수 있는 구조해석에서 고려되지 않는 비구조요소가 많이 사용되고 있는 현실을 고려하여 비보강채움벽이 있는 경우 ASCE 7-10에 제시하고 있는 모멘트골조의 주기산정식에 2/3를 곱한 값을 사용하는 조항을 신설하였다.

ASCE 7-10의 전단벽 구조물 고유주기 산정식은 Goel과 Chopra의 연구를 근거로 하였으며, 이 연구에서는 2~17층(8~49m) 높이의 16개 건물 대부분 일자형 벽체를 가진 구조물을 대상으로 하여 도출되었다. 그러나 국내의 전단벽 구조물은 ㄱ형, T형, H형 등의 이형벽체가 많아 ASCE 7-10의 주기산정식보다 주기가 짧아질 가능성이 매우 높아 본 기준에서는 채택하지 않았다. 또한, 기존의 전단벽식 주기산정식은 구조물의 형식과 높이만을 고려한 모멘트골조 주기산정식과 달리 추가로 진단벽의 유효면적을 고려하여 주기를 산정한다. 하지만 지진하중에 평행한 전단벽의 길이만을 사용하고, 건물의 면적을 고려하지 않아, 면적에 따라 변화하는 질량 효과 및 지진하중에 수직인 이형벽체효과를 고려하지 못하는 단점을 가진다. 이에 본 기준에서는 기존의 전단벽식 주기산정식을 삭제하였으며, 이에 따라 전단벽식 구조물의 경우 기타 구조물의 주기산정식을 사용하도록 하였다.

[KDS 41] 기타(7.2.5 지진력의 연직분포; 7.2.6 수평전단력분포; 7.2.7 전도모멘트; 7.2.8 층간변위 결정과 $P-\Delta$ 효과; 7.2.9 지반-구조물 상호작용)

7.2.5 지진력의 연직분포

(1) 밑면전단력을 수직분포시킨 층별 횡하중 F_x는 다음 식에 따라 결정한다.

$$F_x = C_{vx}V \quad (7.2\text{-}8)$$

$$C_{vx} = \frac{w_x h_x^k}{\sum_{i=1}^{n} w_i h_i^k} \quad (7.2\text{-}9)$$

여기서, C_{vx} : 수직분포계수

k : 건축물 주기에 따른 분포계수

$k=1$: 0.5초 이하의 주기를 가진 건축물

$k=2$: 2.5초 이상의 주기를 가진 건축물

단, 0.5초와 2.5초 사이의 주기를 가진 건축물의 경우 k는 1과 2 사이의 값을 직선보간하여 구한다.

h_i, h_x : 밑면으로부터 i 또는 x층까지의 높이

V : 밑면전단력

w_i, w_x : i 또는 x층 바닥에서의 중량

n : 층수

7.2.6 수평전단력분포

7.2.6.1 수평전단력의 계산

$$V_x = \sum_{i=x}^{n} F_i \quad (7.2\text{-}10)$$

7.2.6.2 강한격막

7.2.6.3 유연한 격막

7.2.6.4 수평비틀림모멘트

7.2.6.5 비틀림의 동적증폭

$$A_x = \left[\frac{\delta_{max}}{1.2\delta_{avg}}\right]^2 \quad (7.2\text{-}11)$$

7.2.7 전도모멘트

$$M_x = \tau \sum_{i=x}^{n} F_i(h_i - h_x) \quad (7.2\text{-}12)$$

7.2.8 층간변위 결정과 $P-\Delta$ 효과

7.2.8.1 층간변위의 결정

$$\delta_x = \frac{C_d \delta_{xe}}{I_E} \quad (7.2\text{-}13)$$

7.2.8.2 $P-\Delta$ 효과

$$\theta = \frac{P_x\Delta}{V_x h_{sx} C_d} \quad (7.2\text{-}14)$$

$$\theta_{max} = \frac{0.5}{\beta C_d} \le 0.25 \quad (7.2\text{-}15)$$

7.2.9 지반－구조물 상호작용

4.3.5 배근 상세

[KDS 14] 5. 배근

5.1 보

5.1.1 일반 설계 (중간모멘트골조 및 특수모멘트골조 제외)

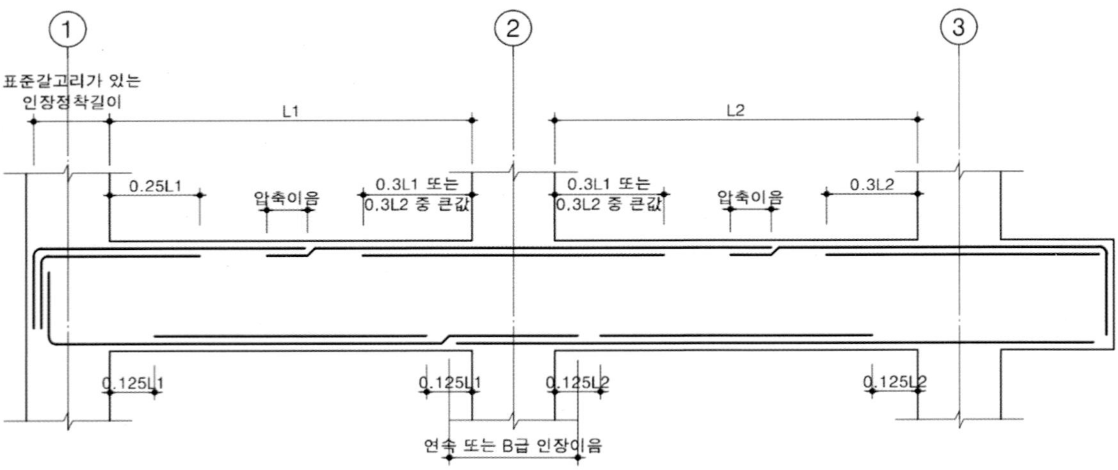

(a) 주철근

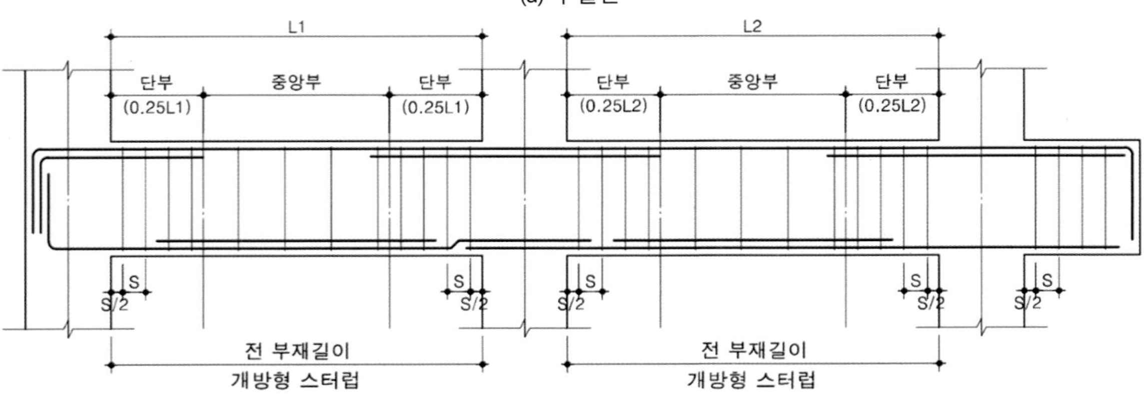

(b) 스터럽

그림 4.3.5a 내부보

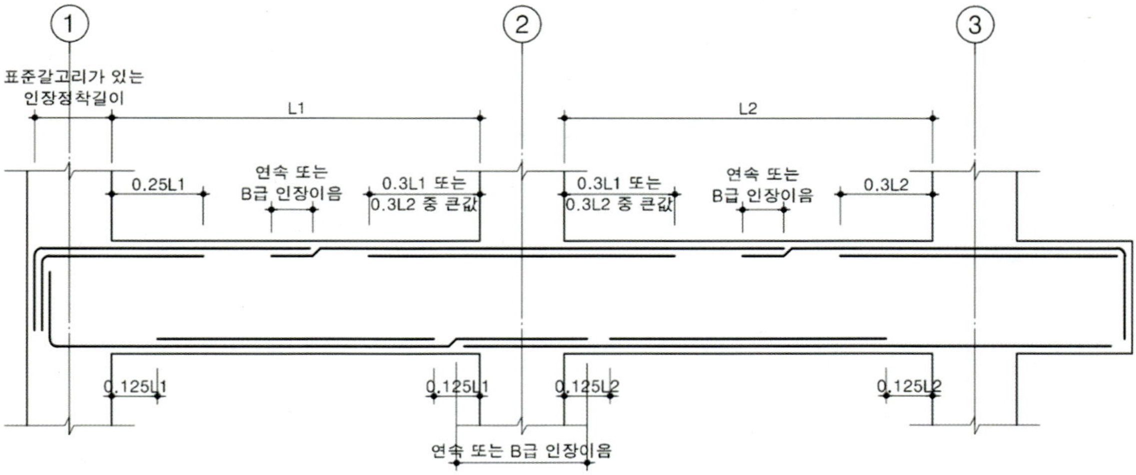

(a) 주철근

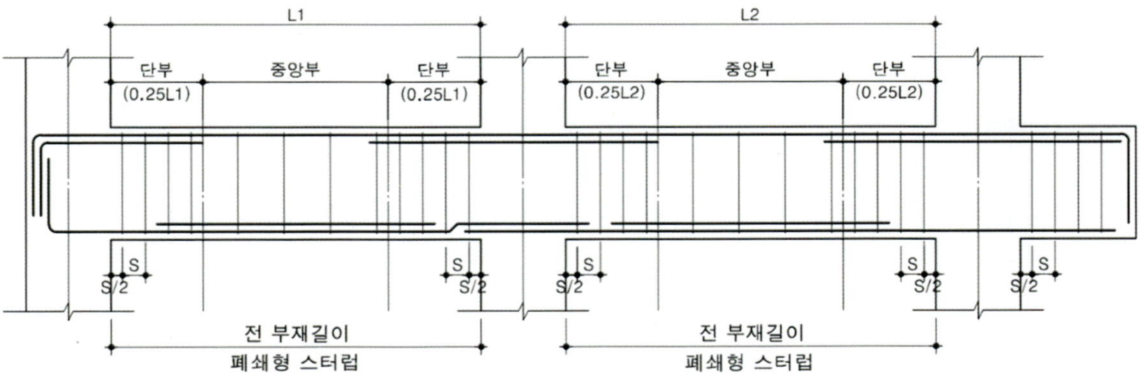

(b) 스터럽

그림 4.3.5b 테두리보

5.1.2 내진설계 (중간모멘트골조 및 전이보)

[해설]

- 내부보, 테두리보 동일 적용

1) 보의 소성힌지 구간에서는 주철근의 겹침이음과 용접이음이 허용되지 않는다. (KDS 41 17 00 9.3.2)

2) 주철근의 이음위치는 『2.4(5) 부위별 이음위치』를 참조할 것

3) 모멘트골조, 전이보 부재에 사용되는 주철근은 한국산업규격의 내진용 철근을 사용해야 한다. (KDS 41 17 00 9.3.1)

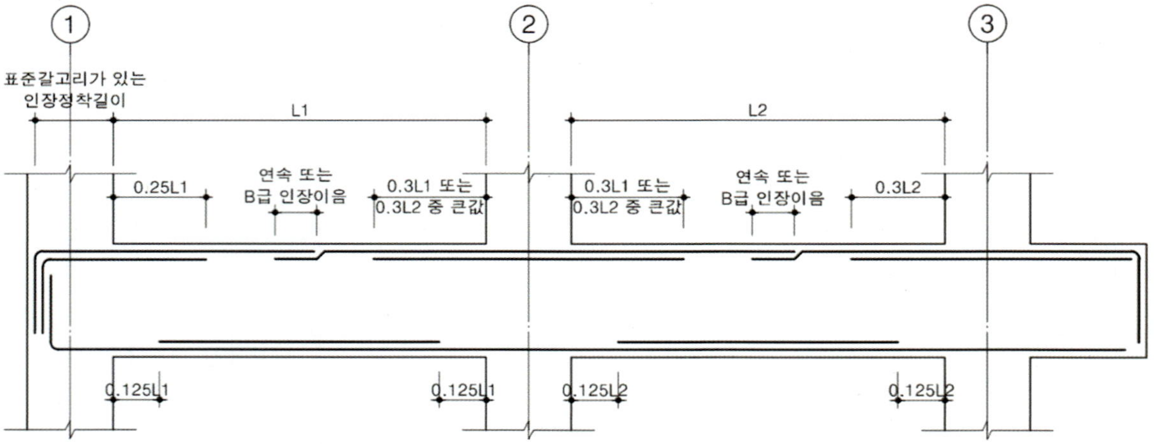

(a) 주철근

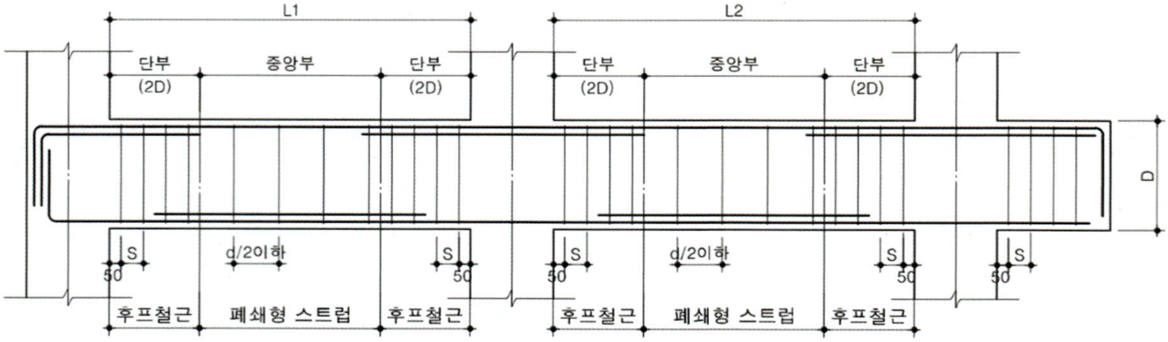

(b) 스터럽(중간모멘트 골조)

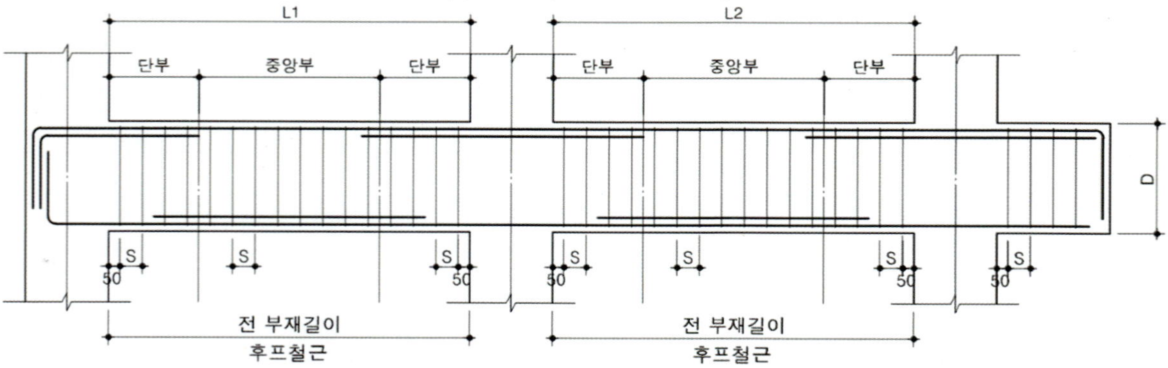

(c) 스터럽(특별지진하중을 적용하는 전이보)

그림 4.3.5c 중간모멘트 골조 및 특별지진하중을 적용하는 전이보

[해설]

* 보의 배근의 원칙은 압축이 발생하는(응력이 적은) 곳에 이음하고, 이음은 반수이음이 원칙.
* 철근의 순간격 유지 조건 (1.7 철근의 간격제한 참조)
* 위의 조건이 맞지 않을 경우 보의 폭을 증대하거나 이음길이가 증대(압축, A급이음 → B급이음)하므로 구조기술사의 승인이 필요하다.

5.2 기둥
5.2.1 일반 상세 (비내진상세)

[Note] KDS 14 20 50 : 4.4.2(3)
주철근의 이음위치는『2.4(6) 부위별 이음위치』를 참조할 것

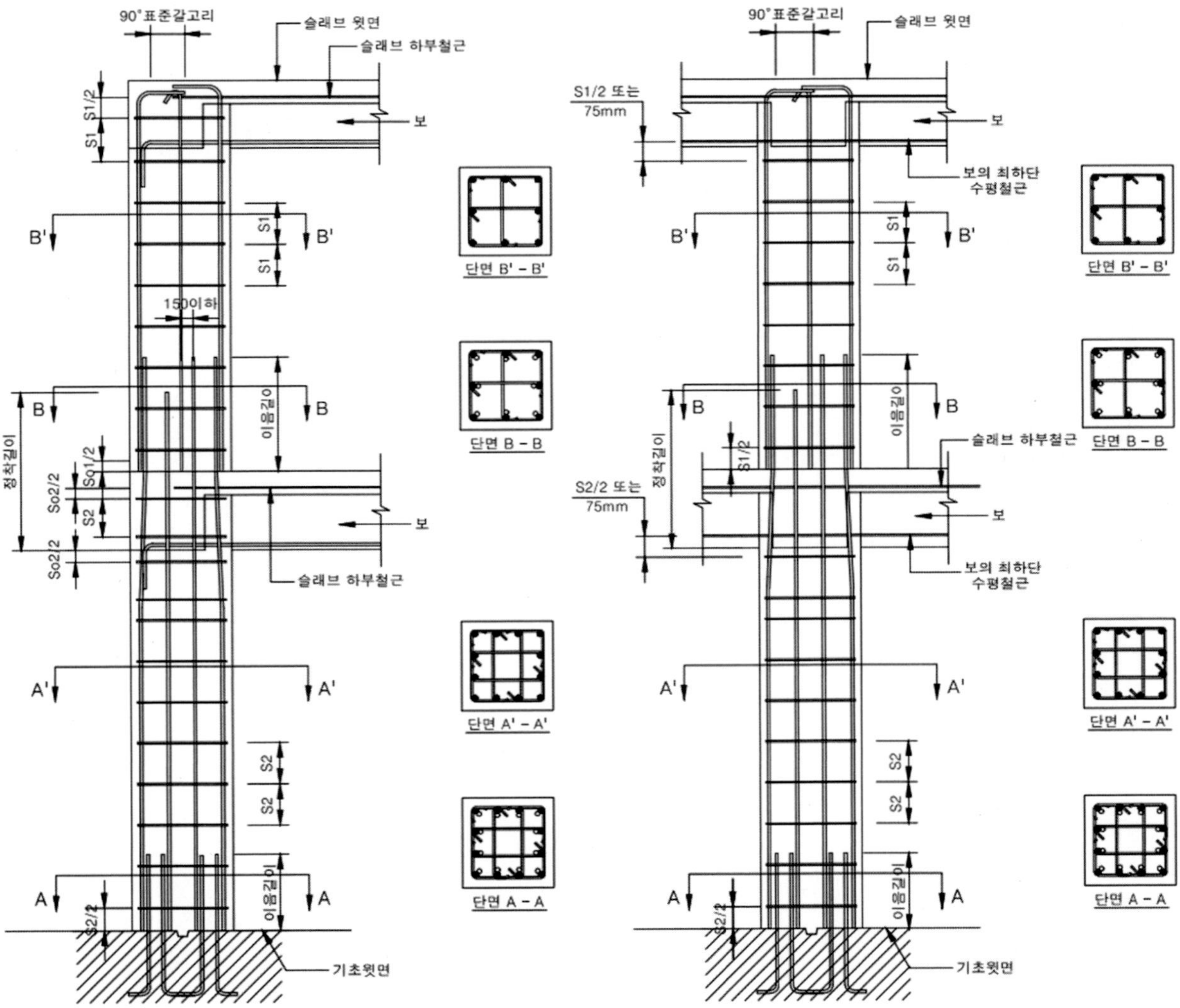

(a) 외부 (b) 내부

그림 4.3.5d 띠철근 기둥

5.2.2 중간모멘트골조 내진상세

[Note] KDS 14 20 80 : 4.9.5

주철근의 이음위치는『2.4(7) 부위별 이음위치』를 참조할 것

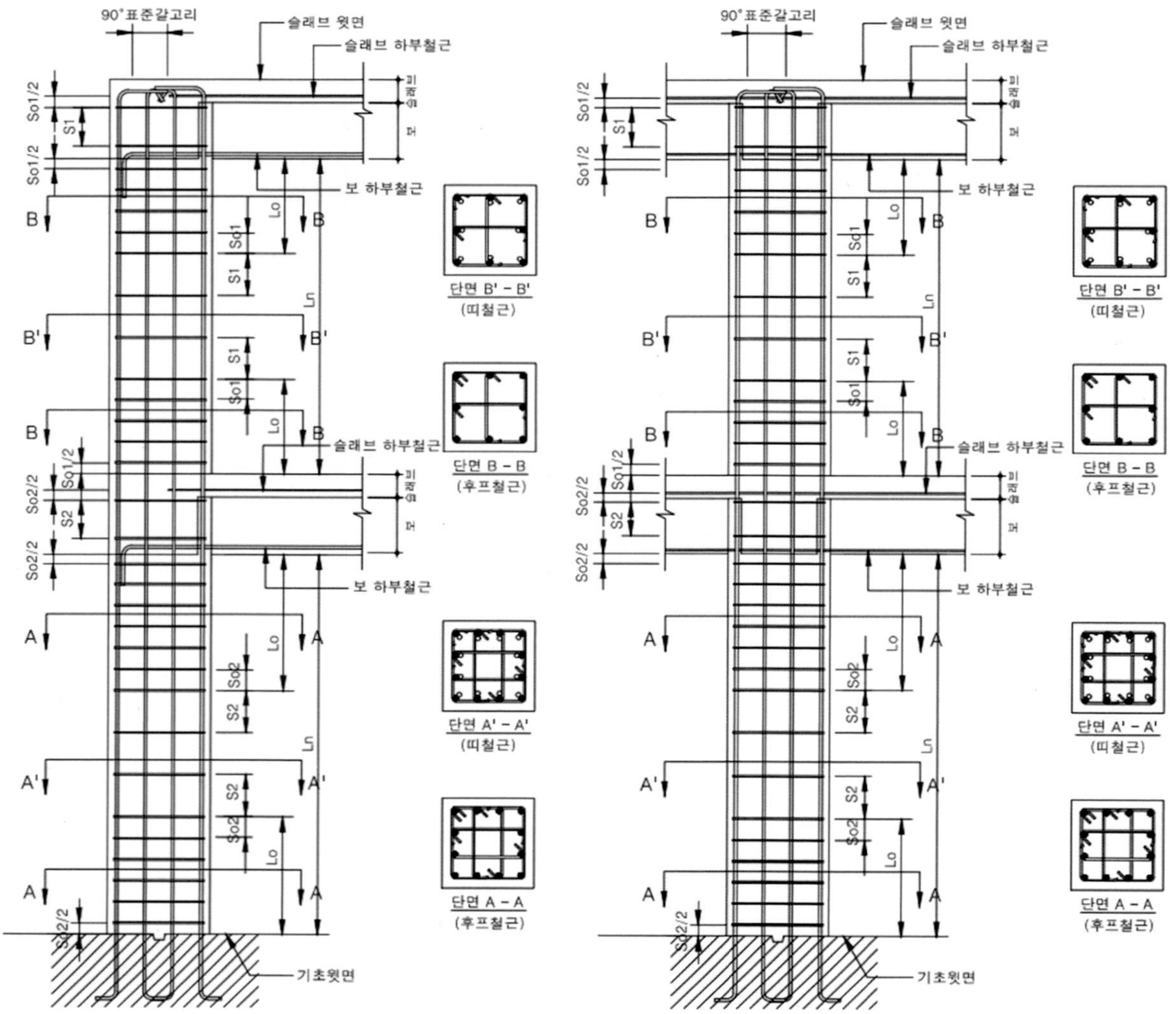

(a) 외부(4면보 구속형이 아닌 경우) (b) 내부(4면보 구속형인 경우)

그림 4.3.5e 띠철근 기둥

5.2.3 특별지진하중을 적용하는 기둥상세(전이기둥)

[해설]

KDS 14 20 80 : 4.9.5

KDS 14 17 00 : 9.8.4

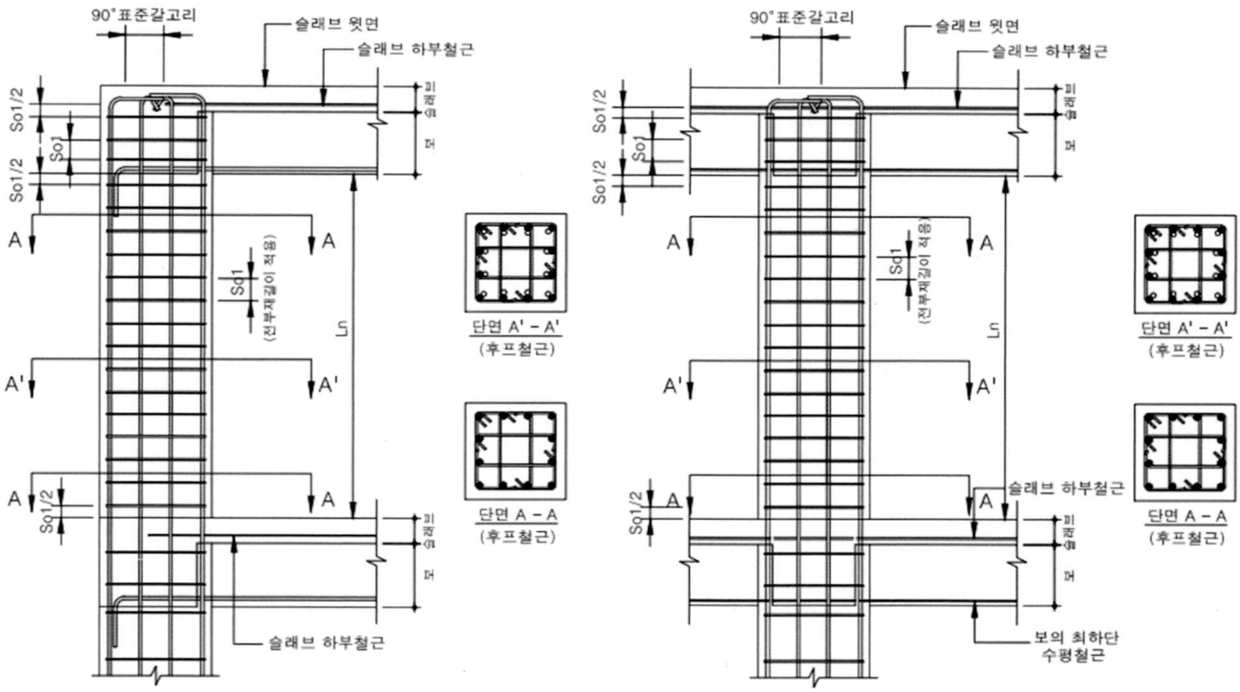

(a) 외부(4면보 구속형이 아닌 경우) (b) 내부(4면보 구속형인 경우)

그림 4.3.5f 띠철근 기둥

제5장

[내진설계] 구조계획

5.1 내진설계 철학

5.1.1 내진성능목표

내진설계의 고려사항은 지난 수 십년 동안 발전되어 왔다. 인명안전(LS; life safety) 만을 주요 고려사항으로 설계하였던 과거의 내진설계와는 달리, 근래의 내진설계는 인명안전 외에도 즉시거주(IO; immediate occupancy), 붕괴방지(CP; collapse prevention) 등과 같이 다양한 고려사항을 설계에 반영하고 있다. 발전시설 등과 같이 구조물의 종류에 따라 인명안전(LS) 외에도 내부 기기의 장애가 발생하지 않도록 하는 기능성(functionality)도 중요한 고려사항이 될 수 있다. 이러한 주요 고려사항을 구조물의 '성능한계(PL; performance limit)' 또는 '한계상태(LS; limit state)'라 한다.

일반적으로 건축물의 '내진성능수준(seismic performance level)'은 다음과 같은 4단계 분류를 따른다(FEMA-273, 1997).

[1단계] '기능수행수준(operational level; OP)'

대상 지진 발생 후에도 이전과 동일하게 정상적으로 건물을 사용할 수 있다.

[2단계] '즉시거주수준(immediate occupancy level; IO)'

대상 지진 발생 후에도 건물에 계속 거주할 수 있으며, 정상적으로 사용하기 위해 경미한 보수가 필요할 수 있다.

[3단계] '인명안전수준(life safety level; LS)'

대상 지진에 의해 건물 및 설비에 상당한 손상이 발생하여 재사용을 위해서는 상당한 복구 비용이 소요된다.

[4단계] '붕괴방지수준(collapse prevention level, CP)'

대상 지진에 의해 건물이 붕괴되지는 않으나 여진 발생 시 붕괴 가능성이 크고 보수에 의한 건물의 재사용은 거의 불가능하다.

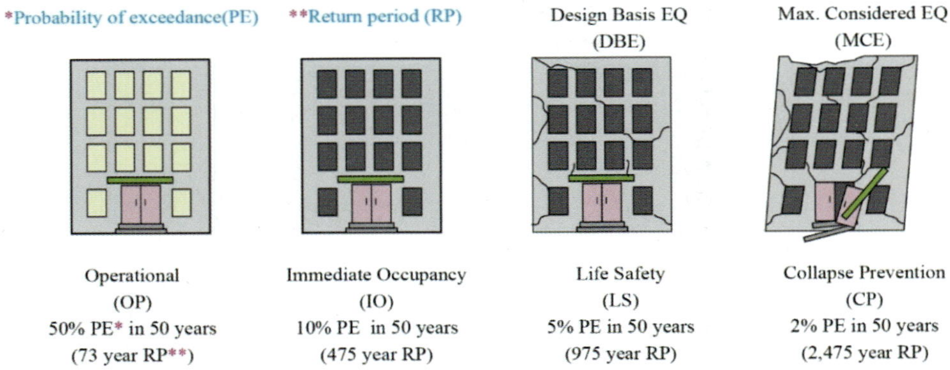

그림 5.1.1a 지진의 크기에 따른 성능한계

내진설계에는 지진의 발생빈도와 발생한 지진에 대한 구조물의 파괴확률의 개념이 들어가 있다. 유사한 확률의 예를 들면 "우리나라 국민이 평생 교통사고가 날 확률은 35.2%, 사망확률은 1.02%로 나타났다(출처: YTN, 2010.02.09)"라는 기사가 있다. 이 경우를 내진설계와 굳이 비유한다면 교통사고가 날 확률을 지진이 발생할 확률에 해당하고 발생한 교통사고에 대해 사망할 확률이 구조물이 파괴될 확률에 해당한다고 볼 수 있다.

구조물의 내진설계에서는 지진의 크기에 따라 다른 '내진성능목표(SPO; seismic performance objective)'를 사용한다. 예를 들어,

(1) 자주 발생할 수 있는 작은 규모의 지진에 대해서는 주요 부재가 전혀 손상을 입지 않아 지진 후 즉시거주할 수 있도록 하며(기능수행수준, 즉시거주수준),

(2) 가끔 발생하는 중간 규모의 지진에 대해서는 주요 부재가 큰 손상을 입지는 않아 지진 후 손상을 복구하여 구조물을 사용할 수 있으며(즉시복구수준, 장기복구/인명보호수준),

(3) 아주 가끔 발생할 수 있는 희귀하게 큰 규모의 지진에 대해서는 주요 부재가 큰 손상을 입어 복구하여 재사용을 할 수는 없지만, 구조물의 붕괴가 발생하지 않아 인명피해가 발생하지 않도록 설계하는 것이다(붕괴방지수준).

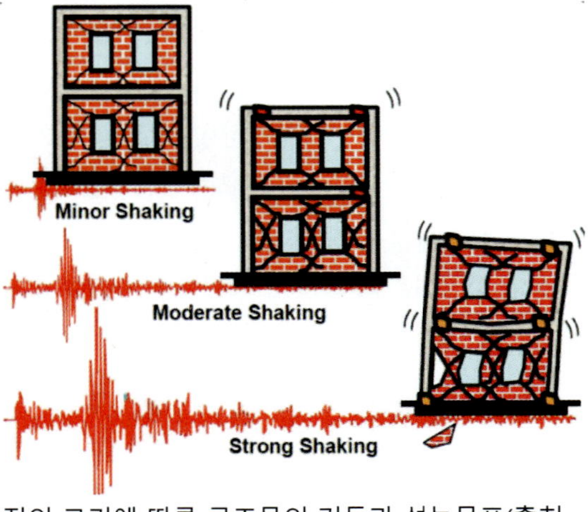

그림 5.1.1b 지진의 크기에 따른 구조물의 거동과 성능목표(출처: www.nicee.org)

5.1.2 성능기반설계

지진의 규모별로 구조물의 성능한계를 정하여, 성능한계를 만족하도록 구조물을 설계하는 것을 '성능기반설계(performance based design; PBD)'라 한다.

설계 세부요건(즉, 사양 또는 규정)을 세세하게 규정하는 과거의 내진설계기법을 '사양설계(prescriptive design; 규정중심설계; code prescriptive design)'라고 한다. 개념상으로 환자가 의사에게 진찰 후 받은 처방전(prescription; 사양)을 약사에게 갖다 주면, 약사는 처방전에 나와 있는 약을 그대로 제조하여 환자에게 제공한다. 약사의 환자에 관한 경험과 약의 선별과 제조에 관한 기술이 전혀 반영되지 않는다.

과거의 사양기반설계와는 달리 근래의 성능기반설계는 성능목표(즉, 각 지진의 크기에 따라 다중 성능한계)를 규정하고, 구조물이 성능목표(즉, 다중 성능한계)를 만족할 수 있도록 설계자가 각자의 기술과 취향을 반영하여 구조물을 설계하는 것이다. 즉, 의사(즉, 설계기준)는 병명(즉, 성능목표)을 진단하고, 이에 대한 세세한 조치는 약사(즉, 설계자)가 경험과 기술에 따라 약을 제조하는(즉, 설계를 하는) 것이다.

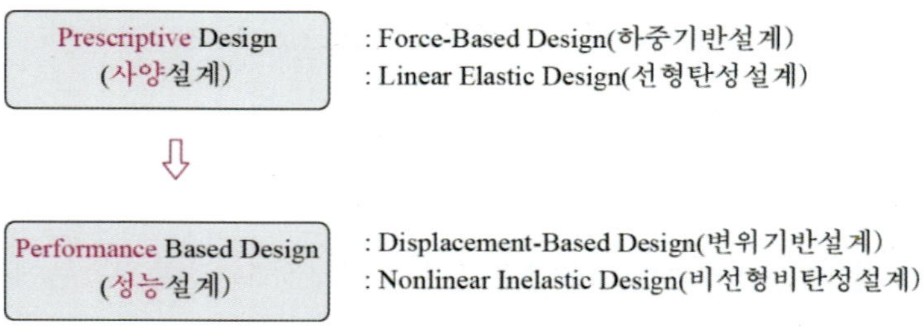

그림 5.1.2a 사양설계(규정중심설계)와 성능기반설계

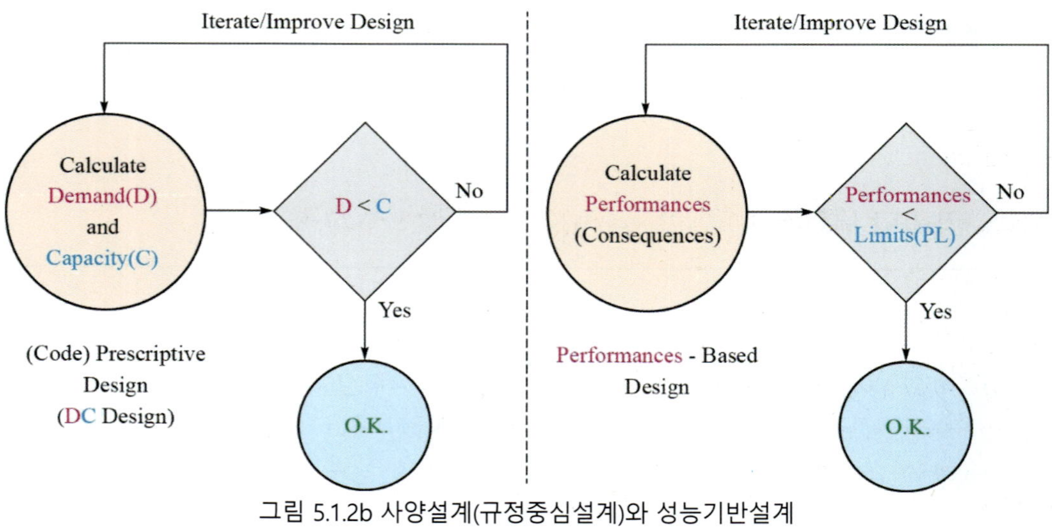

그림 5.1.2b 사양설계(규정중심설계)와 성능기반설계

KDS 41 17 00 : 2022 건축물 내진설계기준

> 15. 성능기반설계
>
> 15.1 적용범위
>
> (1) 성능기반설계법은 비선형해석법을 사용하여 구조물의 초과강도와 비탄성변형능력을 보다 정밀하게 구조모델링에 고려하여 구조물이 주어진 목표성능수준을 정확하게 달성하도록 설계하는 기법으로, 표 6.2-1에 규정된 시스템 계수*를 적용하기 어려운 구조물과, 다양한 성능수준을 만족하고자 하는 구조물의 내진설계에 적용할 수 있다. 면진 및 감쇠장치를 사용하는 경우에는 16장과 17장을 따른다. 다만, 면진 및 감쇠장치를 사용하는 경우에도 15.7의 요구사항**은 준수하여야 한다.

* 표 6.2-1 지진력저항시스템에 대한 설계계수
반응수정계수(R), 시스템초과강도계수(Ω_0), 변위증폭계수(C_d)

** 15.7 성능기반설계 결과의 검증

(1) 성능기반설계법을 사용하여 설계할 때는 그 절차와 근거를 명확히 제시해야 하며, 전반적인 설계과정 및 결과는 설계자를 제외한 성능기반 내진설계를 검증할 수 있는 2인 이상의 제3자 검토자에게서 타당성을 검증받아야 한다. 제3자검토자는 해당분야 실무실적을 보유한 국가기술자격법에 의한 건축구조기술사와 관련분야의 연구실적이 있는 박사학위 취득자로 한다.

5.1.3 내진성능수준

한국지진공학회와 한국건설기술연구원에서 연구하고 건설교통부에서 1997년 12월에 편찬한 “내진설계기준연구(II)”가 시작점이 되었고, 2017년 7월부터 변경되어 시행된 “내진설계기준 공통적용사항(이하 공통적용사항)”을 정리하였다(KDS 17 10 00 : 2024 내진설계 일반).

구조물의 내진등급은 중요도에 따라서 3가지 등급(내진 II등급, 내진 I등급, 내진 특등급)으로 분류하며, 구조물별 구체적인 분류기준은 해당 구조물의 내진설계 성능기준에서 규정한다.

[KDS 17] 4.1.1 내진등급

> 4.1 내진성능기준
>
> 4.1.1 내진등급
>
> (1) 시설물의 내진등급은 중요도에 따라서 내진특등급, 내진I등급, 내진II등급으로 분류한다.
>
> (2) 내진특등급은 지진 시 매우 큰 재난이 발생하거나, 기능이 마비된다면 사회적으로 매우 큰 영향을 줄 수 있는 시설의 등급을 의미한다.
>
> (3) 내진I등급은 지진 시 큰 재난이 발생하거나, 기능이 마비된다면 사회적으로 큰 영향을 줄 수 있는 시설의 등급을 의미한다.

(4) 내진II등급은 지진 시 재난이 크지 않거나, 기능이 마비되어도 사회적으로 영향이 크지 않은 시설의 등급을 의미한다.
(5) 시설물의 구체적인 내진등급 분류 기준은 4.3의 기본개념에 따라 해당 시설물의 내진설계기준에서 정의한다.

구조물은 기능수행수준과 붕괴방지수준의 두 가지 내진성능수준을 만족하도록 설계되어야 한다. '기능수행수준'이란 설계지진 작용시 구조물이나 구조물에 발생한 변형이나 손상은 그 구조물이나 구조물의 기능을 차질 없이 수행할 수 있는 범위 내로 제한되는 성능수준을 의미한다. '붕괴방지수준'이란 설계지진 작용시 구조물이나 구조물에 상당한 변형이나 손상이 발생할 수는 있지만, 그 수준과 범위는 구조물이나 구조물이 붕괴되거나 또는 구조물이나 구조물의 손상으로 인하여 대규모 피해가 초래되는 것을 방지될 수 있는 성능수준을 의미한다. 각 성능수준의 구체적인 정의는 해당 구조물의 내진설계 성능기준에서 규정한다.

공통적용사항(2017)에서는 기존의 2단계(기능수행수준, 붕괴방지수준)에서 다음과 같이 4단계(기능수행, 즉시복구, 장기복구/인명보호, 붕괴방지)로 세분화하였다.

[KDS 17] 4.1.2 내진성능수준

4.1 내진성능기준
4.1.2 내진성능수준
(1) 시설물의 내진성능수준은 기능수행수준, 즉시복구수준, 장기복구/인명보호수준과 붕괴방지수준으로 분류하며, 시설물의 중요도에 따라 요구되는 내진성능수준을 만족하도록 설계하여야 한다.
(2) 기능수행수준은 설계지진하중 작용 시 구조물이나 시설물에 발생한 손상이 경미하여 그 구조물이나 시설물의 기능이 유지될 수 있는 성능수준이다.
(3) 즉시복구수준은 설계지진하중 작용 시 구조물이나 시설물에 발생한 손상이 크지 않아 단기간 내에 즉시 복구되어 원래의 기능이 회복될 수 있는 성능수준이다.
(4) 장기복구/인명보호수준은 설계지진하중 작용 시 구조물이나 시설물에 큰 손상이 발생할 수 있지만 장기간의 복구를 통하여 기능 회복이 가능하거나, 시설물에 상주하는 인원 또는 시설물을 이용하는 인원에 인명손실이 발생하지 않는 성능수준이다.
(5) 붕괴방지수준은 설계지진하중 작용 시 구조물이나 시설물에 매우 큰 손상이 발생할 수는 있지만 구조물이나 시설물의 붕괴로 인한 대규모 피해를 방지하고, 인명 피해를 최소화하는 성능수준이다.
(6) 각 시설물의 특성을 고려한 내진성능수준의 구체적인 정의는 해당 시설물의 내진설계기준에서 규정한다.

설계지반운동의 수준은 '평균재현주기(mean return period)'를 사용하여 분류하고, 등급별 구조물은 규정된 평균재현주기를 갖는 설계지반운동에 대하여 기능수행수준, 즉시복구수준, 장기복구/인명보호수준, 붕괴방지수준을 만족할 수 있도록 설계되어야 한다. 또한 평균재현주기별 최대유효지반가속도의 비를 의미하는 위험도 계수(I)는 평균재현주기 500년 지진의 가속도를 근간으로 작성된다.

[KDS 17] 4.1.4 내진성능목표

4.1 내진성능기준

4.1.4 내진성능목표

(1) 내진성능목표는 평균재현주기를 갖는 설계지진과 요구되는 내진성능수준의 조합으로 정의한다.

(2) 내진등급별로 시설물은 표 4.1-1에 규정한 최소 내진성능목표를 만족하도록 설계한다.

(3) 시설물의 내진등급에 따라 기능수행수준, 즉시복구수준, 장기복구/인명보호수준, 붕괴방지수준 중에서 두 개 이상의 내진성능수준을 선택하여 적용할 수 있다.

(4) 시설물별로 보다 강화된 내진성능목표가 필요한 경우에는 표 4.1-1에 규정된 최소 내진성능목표 이상으로 설계하여야 한다.

표 5.1.3 내진성능목표와 설계지반운동 수준(출처: KDS 17 10 00 내진설계 일반, 2024)

내진성능수준(1)				설계지반운동 수준(2)		위험도 계수(I)(3)	지진구역 계수(Z) I(II)구역(4)
기능수행	즉시복구	장기복구/인명보호	붕괴방지	재현주기(년)	초과발생확률/기간		
II 등급				50	10% / 5년	0.40	
I 등급	II 등급			100	10% / 10년	0.57	
특등급	**I 등급**	II 등급		200	10% / 20년	0.73	
	특등급	**I 등급**	II 등급	**500**	**10% / 50년**	**1**	**0.11(0.07)**
		특등급	**I 등급**	1,000	10% / 100년	1.4	0.154(0.098)
			특등급	2,400	10% / 250년	2.0	0.22(0.14)
			특등급	4,800	10% / 500년	2.6	

(1) 표 4.1-1 최소 내진성능목표
(2) 4.1.3 설계지반운동 수준
(3) 표 4.2-3 위험도계수
(4) 표 4.2-2 지진구역계수(평균재현주기 500년에 해당)

5.1.4 [KDS 41] 1. 일반사항

[KDS 41] 1.4 내진설계절차

1. 일반사항
1.4 내진설계의 절차
건축물의 일반적인 내진설계 절차는 다음을 따른다.
(1) 지진위험도, 내진등급, 성능목표의 결정
(2) 내진구조계획
(3) 지진력저항시스템 및 설계계수의 결정
(4) 지진하중의 산정
(5) 구조해석
(6) 해석결과의 분석
(7) 구조시스템과 부재에 대한 강도설계
(8) 부재 및 연결부의 구조상세에 대한 설계
(9) 필요시 비선형 해석에 대한 결과 검증
(10) 비구조요소에 대한 설계

[해설]

(10) 비구조요소에 대한 설계는 내전안전성이 입증된 상세를 사용하거나 직접 내진설계를 수행할 수 있다. 비구조요소 내진성능 확보를 위한 구체적인 사항은 18장에 따른다. 설계절차상 비구조요소의 설계가 어려운 경우에는 시공단계에서 내진설계를 수행할 수 있으며, 이때 설계 결과는 내진설계책임구조기술자에 의하여 검토 되어야 한다.

[KDS 41] 1.5 내진구조계획

1. 일반사항
1.5 내진구조계획
구조물의 내진안정성을 제고하기 위한 고려사항은 다음과 같다.
(1) 각 방향의 지진하중에 대하여 충분한 여유도를 가질 수 있도록 횡력저항시스템을 배치한다.
(2) 지진하중에 대하여 건물의 비틀림이 최소화되도록 배치한다. 긴 장방형의 평면인 경우, 평면의 양쪽 끝에 지진력저항시스템을 배치한다.
(3) 약층(weak story, 부재의 강성) 또는 연층(soft story, 부재의 강도)이 발생하지 않도록 수직적으로 구조재의 크기와 층고는 강성 및 강도에 급격한 변화가 없도록 계획한다.
(4) 한 층의 유효질량이 인접층의 유효질량보다 과도하게 크지 않도록 계획한다.
(5) 가급적 수직재는 연속되어야 한다.
(6) 슬래브에 과도하게 큰 개구부는 피한다.

(7) 증축계획이 있는 경우, 내진구조계획에 증축의 영향을 반영한다.

[해설]

(1) 내진 안전성을 확보하기 위해서 건축물은 여러 개의 골조로 구성되는 충분한 여유도를 가지도록 설계되어야 한다.

(2) 건물에 과도한 비틀림이 발생할 경우 구조기준에서 고려하는 비틀림 증폭보다 건물에 큰 영향을 미칠 수 있기 때문에 구조계획 수립 시 비틀림에 대한 적절한 구조계획이 필요하다. 일반적으로 고유치 해석결과에서 직교하는 두 축의 고유주기가 비틀림의 주기보다 클 경우 어느 정도 비틀림현상이 제어되었다고 볼 수 었다. 즉, 비틀림이 지배적인 주기가 두 축방향의 주기보다 짧도록 지진력저항시스댐을 계획하는 것이 바람직하다. 또한, 상부층 강성이나 강도의 70% 또는 80% 미만의 연층이나 약층의 경우 비틀림현상을 최소화하도록 하고 상부층에 대한 약층의 층간변위비가 30% 이상 차이나지 않도록 제어하는 것이 바람직하다.

[KDS 41] 1.6 구조해석

1. 일반사항

1.6 구조해석

(1) 구조해석모델에는 구조부재뿐만 아니라 지진력과 구조물의 저항성능에 큰 영향을 줄 수 있는 비구조요소도 포함해야 한다.

(2) 구조물의 주기와 지진하중을 과소평가하지 않도록 구조물의 질량과 초기강성을 과소평가하지 않아야 한다.

(3) 구조물의 비탄성변형을 과소평가하지 않도록 항복 후 구조물의 강성을 과대평가하지 않아야 한다.

(4) 비틀림의 영향을 고려할 수 있도록 3차원 구조해석모델을 사용한다.

[해설]

1) 건축계획상 비구조요소로 분류되었더라도 구조물의 거동과 안전성에 큰 영향을 줄 수 있는 비구조요소는 구조해석에 포함되어야 하며, 최소한의 내진상세를 갖도록 설계되어야 한다. 그렇지 않은 경우에는 구초체로부터 이격되도록 설계되어야 한다. 다만, 비구조요소의 영향이 크지 않은 경우에는 구조해석에서 생략할 수 있다.

[KDS 41] 1.7 내진구조설계

1. 일반사항

1.7 내진구조설계

(1) 각 부재가 연성능력을 발휘할 수 있도록 취성파괴를 억제하도록 설계해야 한다. 즉, 휨항복을 유도하기 위하여 전단파괴와 연결부파괴가 억제되도록 안전하게 설계한다.

(2) 취성파괴를 피할 수 없는 부재는 초과강도계수를 고려한 특별지진하중을 적용하여 안전

하게 설계한다. 수직재가 연속이 아닌 경우와 취약한 연결부위 등이 이에 속한다.

(3) 보-기둥 연결부에서 가능한 한 강기둥-약보(strong-column weak beam; SCWB)가 되도록 설계한다. 기둥이 큰 축력을 받는 경우 기둥의 휨강도가 보의 휨강도보다 크도록 설계한다.

(4) 기둥과 큰 보의 단부는 성능목표에 해당하는 연성능력을 유지할 수 있도록 콘크리트기준과 강구조기준에서 요구하는 연성상세를 사용한다.

(5) 보-기둥 접합부의 보강, 철근의 정착 및 이음, 강재의 접합(용접, 볼트이음) 등의 상세도서와 시방서에 설계 및 시공요구사항을 정확히 제공한다.

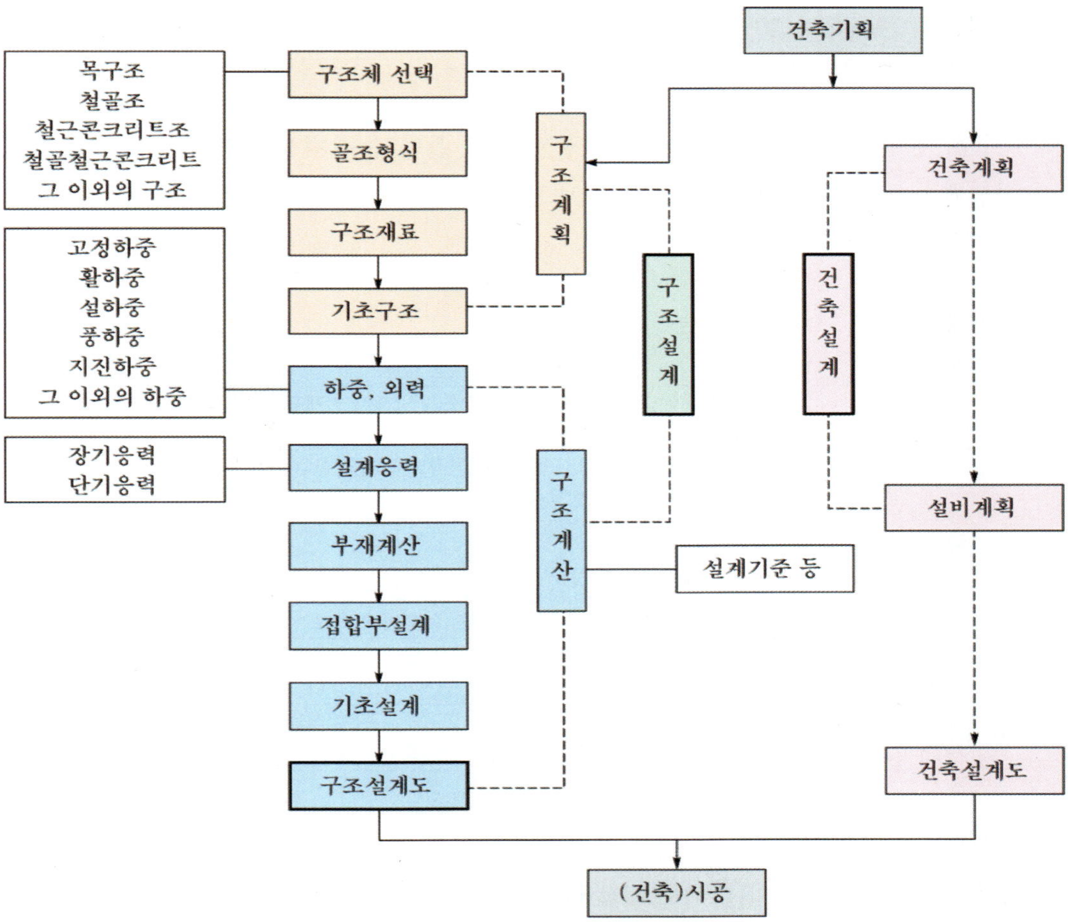

그림 5.1.4 건축물의 설계 흐름도

5.2 구조물 형태

건축물의 구조설계는 1) 안전성, 2) 사용성, 3) 내구성을 확보하고 4) 친환경성을 고려한다. 이 중에서 내진설계는 안전성과 관련되며, 적절한 구조계획을 통해 지진하중에 대해 건축물이 구조적으로 안전하도록 한다. 설계초기단계인 구조계획에서 1) 구조 재료, 2) 구조물 형태, 3) 구조 방식(즉, 지진력저항시스템) 등의 선택을 통해 안전성을 확보하는 것이 중요하다.

5.2.1 구조 재료

구조 재료의 특성과 함께 건물이 건설될 지역, 안전성, 경제성과 건축 계획 등을 고려하여 적합한 구조 재료를 선택하여야 한다. 내진성능이 좋은 구조물의 재료는 다음과 같은 특성을 지녀야 한다.

표 5.2.1 내진성능을 고려한 구조재료의 특성

재료 성질	구조 재료의 특성
연성	연성 재료는 에너지 흡수능력으로 강도가 약해서 입게되는 피해를 줄일 수 있고, 반복하중 시 에너지 소산능력이 있다.
강도/강성	1. 강도비: 항복강도 대비 충분한 인장강도 가져야 한다. '강도비' = 인장강도/항복강도 '항복비' = 항복강도/인장강도 = 1/강도비 2. 항복강도: 설계기준강도 대비 과도하지 않아야 한다. 3. 강도저하: 반복하중 작용 시 강성과 강도의 저하가 낮다.
강도에 대한 무게 비	재료가 가벼울수록 관성력인 지진하중이 줄어들기에 가볍고 강한 재료를 선택한다.
균질성	재료가 균질하여 지진 시 재료분리가 발생하지 않는다.
부자간 연결성	부재간의 연결 시 접합부의 내진성능이 좋은 구조형식을 선정한다.
경제성	월등한 내진성능을 가진다 할지라도 경제적으로 불리한 내진구조계획은 부적정하다.

강재는 일반적으로 강도에 비해 가볍고 연성이 크므로 고층 건물에 적합하다. 강구조인 철골 구조에 횡강성을 추가하려면 가새(brace)로 보강하거나 철근콘크리트 전단벽을 도입할 수 있다. 철골 구조는 앞서 언급한 좋은 구조 특성을 가지고 있으나 중저층 구조물의 경우에 경제성이 뒤떨어질 수 있다.

[KDS 41] 9. 콘크리트구조의 고려사항

9. 콘크리트구조의 고려사항

9.3 재료요구사항

9.3.1 철근

(1) 모멘트골조부재, 벽체의 경계요소, 연결보에 사용되는 주철근에 대해서는 다음과 같은 성능을 가지는 한국산업규격의 '내진용 철근(SD400S, SD500S, SD600S)'을 사용해야 한다.

① 철근의 인장강도는 항복강도를 일정이상 초과하는 충분한 강도를 가져야 한다.
② 철근의 실제 항복강도는 설계기준 항복강도대비 과도한 강도를 나타내서는 안 된다.
③ 철근은 충분한 신장율을 나타내야 한다.

[해설]

① 부재의 소성힌지에서 충분한 변형능력을 발휘하기 위해서는 철근이 항복강도 대비 충분한 인장강도와 신장률을 가져야 한다. 즉, 강도비(=인장강도/항복강도 > 1)와 연성능력이 커야 한다.
② 철근의 실제항복강도가 설계기준항복강도보다 과도하게 크면, 설계자가 원하지 않는 취성파괴가 발생할수 있다.

〈해표 9.2-1) 철근 산업규격

종류 기호	항복점 또는 항복강도 (N/mm^2)	인장강도[a] (N/mm^2)	인장 시험편	연신율[b] (%)	굽힘성	
					굽힘 각도	안쪽 반지름
SD300	300~420	항복강도의 1.15배 이상	2호에 준한 것	16 이상	180°	D16 이하 공칭 지름의 1.5배
			3호에 준한 것	18 이상		D16 초과 공칭 지름의 2배
SD400	400~520	항복강도의 1.15배 이상	2호에 준한 것	16 이상	180°	공칭 지름의 2.5배
			3호에 준한 것	18 이상		
SD500	500~650	항복강도의 1.08배 이상	2호에 준한 것	12 이상	90°	D25 이하 공칭 지름의 2.5배
			3호에 준한 것	14 이상		D25 초과 공칭 지름의 3배
SD600	600~780	항복강도의 1.08배 이상	2호에 준한 것	10 이상	90°	D25 이하 공칭 지름의 2.5배
			3호에 준한 것			D25 초과 공칭 지름의 3배
SD700	300~420	항복강도의 1.15배 이상	2호에 준한 것	10 이상	90°	D25 이하 공칭 지름의 2.5배
			3호에 준한 것			D25 초과 공칭 지름의 3배
SD400 W	400~520	항복강도의 1.15배 이상	2호에 준한 것	16 이상	180°	공칭 지름의 2.5배
			3호에 준한 것	18 이상		
SD500 W	500~650	항복강도의 1.15배 이상	2호에 준한 것	12 이상	180°	D25 이하 공칭 지름의 2.5배
			3호에 준한 것	14 이상		D25 초과 공칭 지름의 3배
SD400 S	400~520	항복강도의 1.25배 이상	2호에 준한 것	16 이상	180°	공칭 지름의 2.5배
			3호에 준한 것	18 이상		
SD500 S	500~620	항복강도의 1.25배 이상	2호에 준한 것	12 이상	180°	D25 이하 공칭 지름의 2.5배
			3호에 준한 것	14 이상		D25 초과 공칭 지름의 3배
SD600 S	600~720	항복강도의 1.25배 이상	2호에 준한 것	10 이상	90°	D25 이하 공칭 지름의 2.5배
			3호에 준한 것			D25 초과 공칭 지름의 3배

a) 인징강도는 실측한 항복강도의 비율로서 규정된 비율 이상이어야 한다.
b) 이형 봉강에서 치수가 호칭명 D32를 초과하는 것에 대해서는 호칭명 3이 증가할 때마다 표에서 규정하는 연신율 값에서 각각 2를 감한다. 다만, 감하는 한도는 4로 한다.

[KDS 41] 10. 강구조의 고려사항

10. 강구조의 고려사항

10.3 재료요구사항

① 지진력저항시스템에 속한 강구조는 KDS 41 30 10 건축물 강구조 설계기준 3. 재료의 요구조건을 만족해야 한다.

② 강구조의 지진력저항시스템 중 반응수정계수가 상대적으로 큰 특수 및 중간모멘트골조, 특수중심가새골조,편심가새골조, 좌굴방지가새골조 및 특수강판벽에서는 취성파단 방지 및 안정적 지진에너지 소산을 위해 '내진강재'를 사용하여야 한다. '내진구조용 강재'는 1) '항복비'가 0.85 이하이고(작을수록 바람직), 2) 항복강도의 상한과 하한이 규정되어 있으며, 3) 항복후 분명한 항복점을 형성한 후 충분히 변형경화하는 물성, 그리고 4) 양호한 용접성을 지녀야 한다. 내진강종에 대한 구체적 정보는 KDS 14 31 60 강구조 내진 설계기준의 3.1 재료규격을 참조한다.

③ 두께 40mm 이상의 플랜지를 지닌 압연형강 그리고 KDS 14 31 60 강구조 내진 설계기준(3.3 후판 단면의 샤르피V노치(CVN)인성 요건)에 명시된 조건의 두께 40mm 이상의 후판재는 섭씨영도에서 최소 27J 이상의 샤르피노치인성을 지녀야 한다.

[해설]

특수모멘트골조, 중간모멘트골조, 특수중심가새골조, 편심가새골조, 좌굴방지가새골조 및 특수강판벽시스템은 반응수정계수가 크게 설정되어 있어 강진 발생시 큰 비탄성거동이 예상된다. 따라서 이러한 구조시스템의 내진안전성을 보장하기 위해 강재의 성능과 용접성을 향상시켜 양질의 접합부를 구축해야 한다. 1990년대 중반의 노스리지 및 고베 지진 당시의 치명적 용접부 파단의 교훈을 고려한다면 이러한 시스템에 대해서는 용접성이 좋고 항복비(=항복강도/인장강도 < 1)에 대한 규격이 있는 내진용 강재를 사용하는 것이 바람직하다.

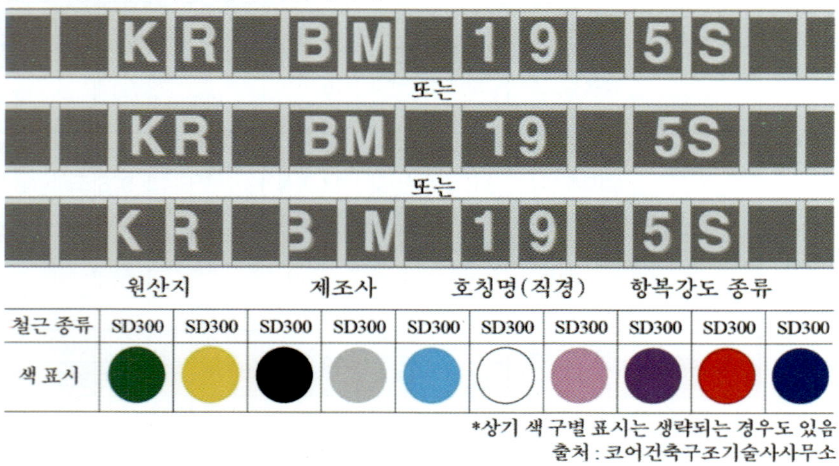

그림 5.2.1 내진용 철근을 확인하는 방법(출처: 코어건축구조기술사사무소)

(KR = 한국, DK = 동국제강, 19 = 직경 19 mm, 5 = 항복강도 500 MPa, S = Seismic)

5.2.2 구조물 형태

내진성능이 불리한 구조물의 형태는 큰 피해를 입기 쉬우므로 건물을 계획하고 설계할 때에 이러한 구조물 형태를 충분히 고려하여 설계해야 한다.

구조물에 대한 내진설계를 할 때 최상의 결과를 얻으려면 설계자는 기능성과 경제성을 고려하여 지진 시 구조물이 의도한 내진성능에 부합하는 파괴모드를 가질 수 있도록 구조 재료와 구조물 형태 등을 결정해야 된다. 지진에 절대적으로 유리한 이상적인 구조물의 형태는 없지만 보편적으로 건축물의 외형은 다음과 같은 형태를 갖는 것이 지진 시 유리하다.

1) 단순성(simplicity): 단순한 형태

2) 대칭성(symmetry): 대칭인 형태

3) 정형성(regularity): 입면이나 평면에서 길이와 폭의 비가 크지 않은 형태

4) 연속성(continuity): 강성과 강도가 균일하고 연속적으로 분포된 형태

5) 강기둥-약보(SC-WB): 부재의 항복이 기둥보다 보에서 먼저 발생하는 형태

부적절한 형태를 갖는 구조물은 응력집중과 비틀림, 불리한 파괴모드 등에 의해서 그렇지 않은 구조물보다 피해를 입을 확률이 높다.

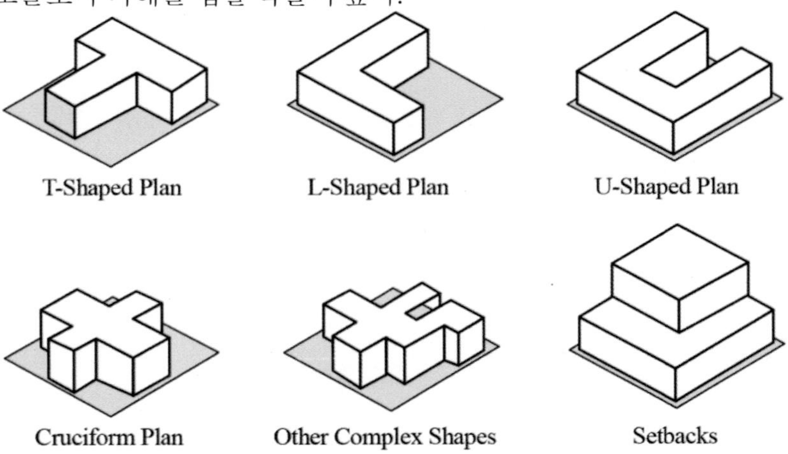

(a) T, L, U 등의 평면은 비대칭성으로 인하여 응력집중과 비틀림에 의하여 각 날개들(wings)이 만나는 부분에서 피해가 예상된다.

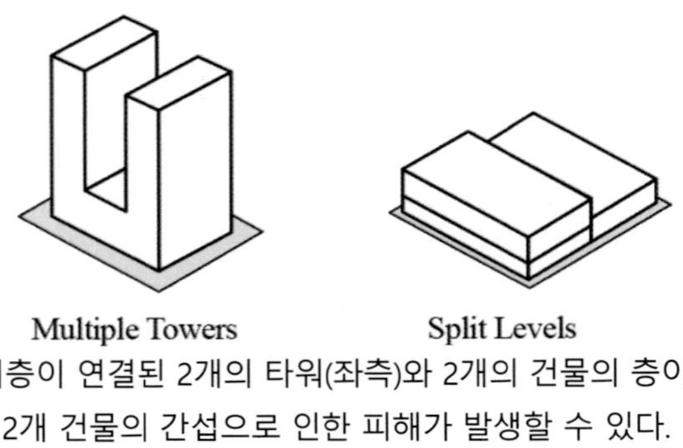

(b) 포디움(podium)으로 저층이 연결된 2개의 타워(좌측)와 2개의 건물의 층이 엇갈리게 계획된 건물은 2개 건물의 간섭으로 인한 피해가 발생할 수 있다.

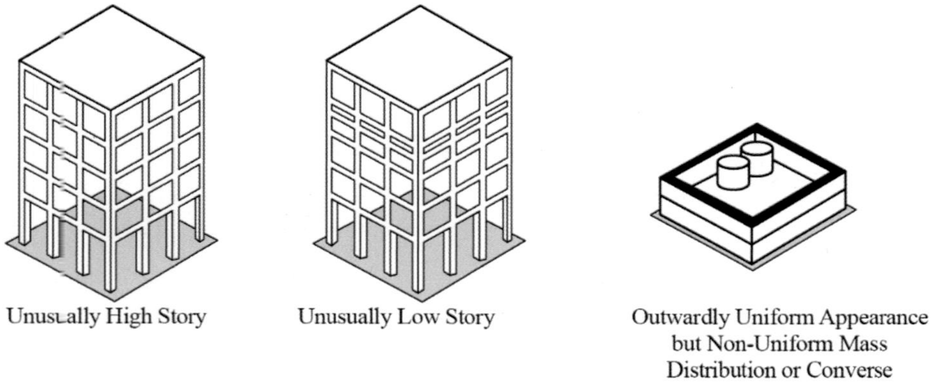

(c) 비정상적으로 층고가 높은 1층을 갖는 건물(좌측), 비정상적으로 층고가 낮은 층을 갖는 건물(가운데), 단순한 외형을 갖고 있으나 편심된 외부 질량의 배치는 지진 시 구조적으로 취약한 부위를 발생시킨다.

그림 5.2.2a 비정형성을 갖는 건물(출처: SEAOC)

일반적으로 내진설계에서 고려해야 할 평면의 형태를 다음과 같이 1) 단순성, 2) 대칭성, 3) 정형성으로 구분하여 설명하였다.

(1) 단순성

단순한 외형을 가지는 구조물이 지진 시 복잡한 외형들 가지는 구조물 보다 더 좋은 거동을 한다. 구조설계에서 복잡한 구조물보다 단순한 구조물이 선호되는 이유를 열거하면 다음과 같다.

1) 단순한 구조물의 거동 예측이 쉽다.
2) 단순한 구조물의 상세설계가 쉽다.
3) 단순한 구조물의 시공이 쉽다.

(2) 대칭성

건물 형태의 대칭은 평면에서 뿐만아니라 입면에서도 매우 중요한 개념이다. 또한 건물의 형태와 함께 구조적으로도 대칭을 이루어야 지진에 대하여 효율적으로 거동을 할 수 있다. 외형적 또는 구조적으로 구조물이 대칭성을 잃으면 지진 시 비틀림이 발생하므로, 설계 시 3차원 해석이 필요하며 상세설계시에도 주의가 필요하다.

(3) 정형성

내진설계기준에서는 건축 구조물을 평면 비정형성 및 수직 비정형성 구조물로 유형을 구분한다. 비정형 구조물은 응력집중, 약층 등 지진에 취약하고 지진 시 거동 예측이 복잡하다.

다음 표에 나열된 특징 중 하나 이상에 해당되는 건물은 '비정형성(irregularity)'을 가진 것으로 정의한다.

표 5.2.2a 평면비정형성

번호	유형	B	내진설계범주	D
H−1	비틀림 비정형 (T)	$\delta_{max} > 1.2\,\delta_{ave}$	C, D	
H−2	요철형 평면 (R)	돌출부분의 치수가 같은 방향 평면치수의 15% 초과	−	
H−3	격막의 불연속 (D)	뚫린 격막 부분이 전체 격막 면적 또는 강성의 50% 초과	−	
H−4	면외 어긋남 (O)	횡력저항 수직부재의 면외 어긋남	B, C, D	특별지진하중 적용
H−5	비평행 시스템 (N)	횡력저항 수직부재의 주축에 평행하지 않거나 비대칭	C, D	

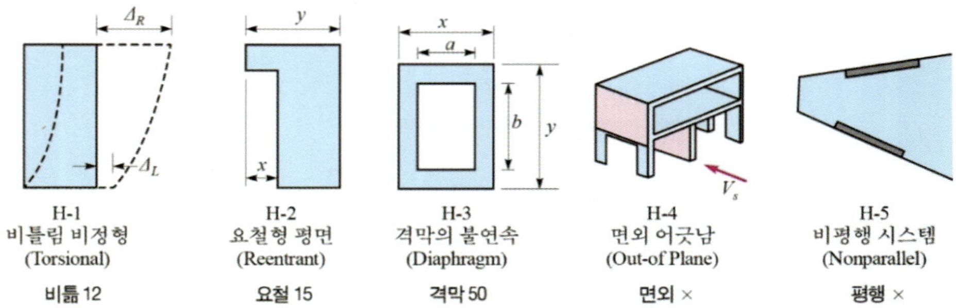

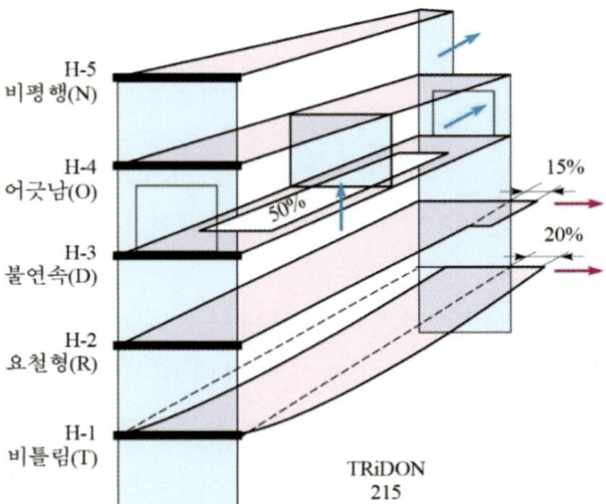

그림 5.2.2b 평면비정형성의 유형과 정의

(비틂 요철는 격막에서 수직부재가 면외로 어긋하지 않도록 비평하는 것이다)

표 5.2.2b 수직비정형성

번호	유형	B	내진설계범주	D
V−1	강성 비정형−연층 (S)	1) 횡강성 70% 미만 인접층 연층 2) 횡강성 80% 미만 평균 연층 3) 변위각 130% 미만 예외 4) 2층 이하 건물 예외	D	
V−2	중량 비정형 (W)	유효중량 150% 초과	D	
V−3	기하 비정형 (G)	수평치수 130% 초과	D	
V−4	횡력저항 수직요소 비정형 (I)	하부층 강성감소 발생	B, C, D	특별지진하중 적용
V−5	강도 불연속−약층 (W)	직상층 횡강도의 80% 미만	B, C, D	강도 65% 미만 약층 → 구조물 높이는 2층 또는 9m 이하이어야 함. 단, 약층이 설계하중× Ω_0를 지지할 수 있다면 높이 제한을 적용하지 않음

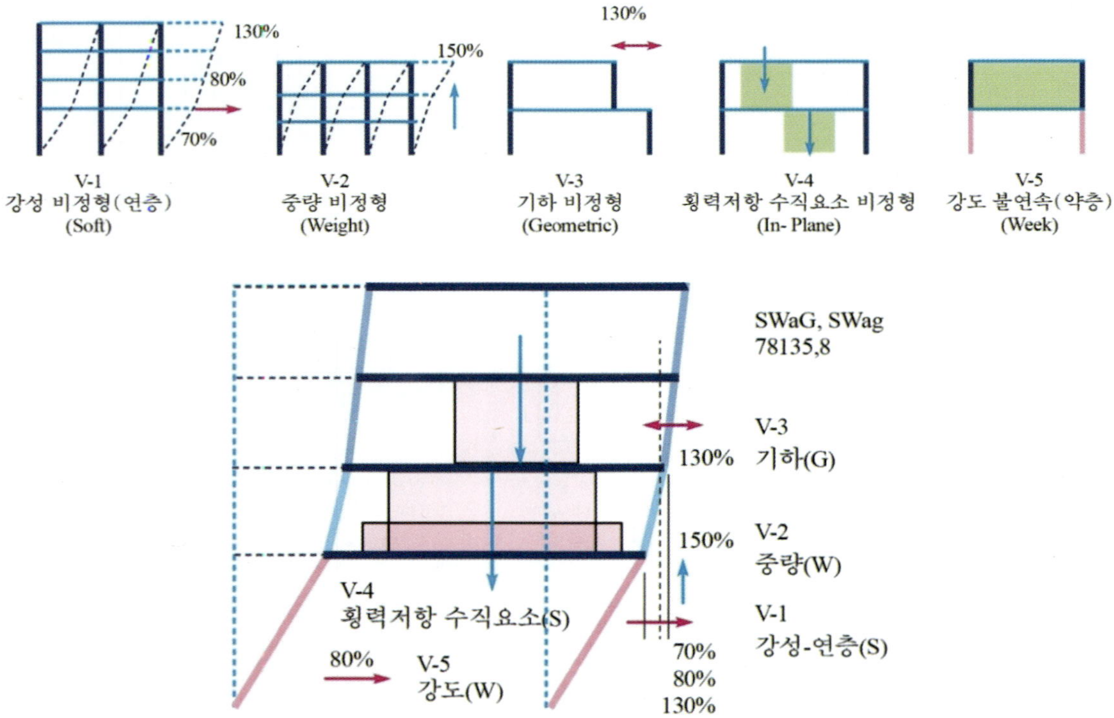

그림 5.2.2c 수직비정형성의 유형과 정의

다음 사진은 2024년 대만 화렌지진의 진앙에서 17km 떨어진 화렌시 중심가 건물의 붕괴 전후 사진이다. 약층 외에도 삼각형 평면을 가진 평면 비정형성을 포함한 구조계획 등 구조적으로 주의를 기울여 볼 것이 있다. 특히, 오래된 건물로 보임에도 붕괴 충격에 외장 마감재(비구조요소) 탈락이 거의 없는 것을 볼 수 있다. (참조: 제4장 [내진설계] 지진하중)

(a) 붕괴 전후 건물(좌측 출처: 구글맵, 우측 출처: VCG via Getty Images, 2024)

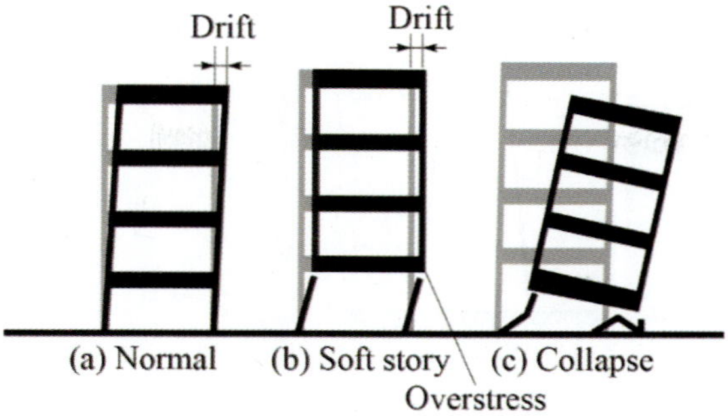

(b) 붕괴 원인 추정 1(출처: https://www.globalarchitect.pro)
연층(soft story)인 1층의 과대변위로 인한 기둥 붕괴

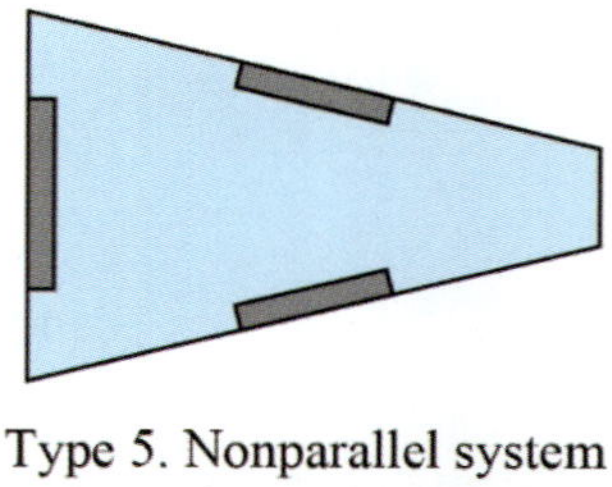

(c) 붕괴 원인 추정 2(출처: ASCE 7−22)
평면비정형(비평행 시스템)으로 모서리 응력집중

그림 5.2.2d 화렌 지진(M_w 7.4, 2024, 대만)으로 붕괴된 건물

5.2.3 구조물 입면

내진설계를 고려한 입면에 대한 구조 계획은 다음과 같은 사항들이 고려될 수 있다.

(1) 세장비

높이 대 폭의 비(즉, 세장비)가 3 또는 4가 넘으면 지진 시 다음과 같은 문제가 발생할 수 있으므로 주의해야 한다.

1) $P - \Delta$ 효과에 의한 큰 횡변위 발생
2) 구조물에서 발생하는 큰 전도모멘트를 안정하게 지지할 큰 기초 필요
3) 상부 구조물의 동적 거동에 미치는 고차 진동모드의 영향 증가

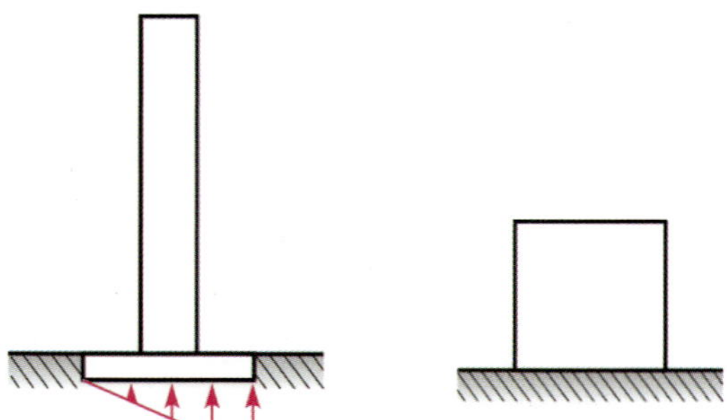

(a) 비추천 (b) 대안

그림 5.2.3(1) 높고 세장한 건물의 지진 안정성

(2) 질량 중심의 위치

질량 중심이 건물의 상부에 위치할 경우, 지진 시 질량 중심에 작용하는 관성력으로 건물의 하층과 기초에 큰 전단력과 전도모멘트를 작용시키므로 주의해야 한다.

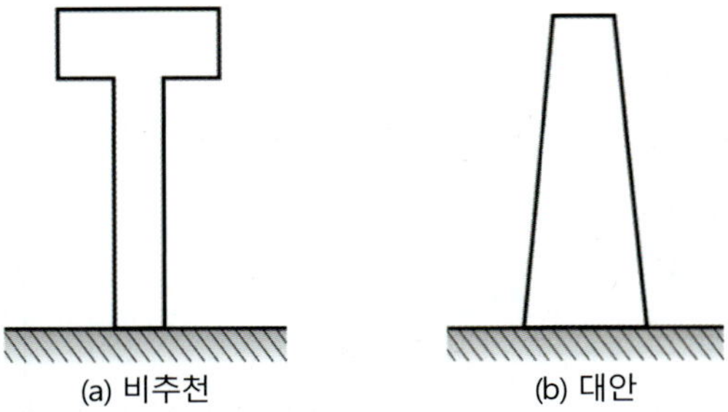

그림 5.2.3(2) 건물 상부에 위치한 질량 중심

(3) 셋백

건물의 수평 방향 강성 분포가 급격히 변하는 것을 피하기 위하여 건물의 입면 형태가 급격히 변하는 것을 피해야 한다. 다음 그림에서와 같이 입면의 형태가 한 층간에서 큰 차이가 일어나는 것을 '셋백(setback, 후퇴)'이라 하는데, 이 경우에는 셋백이 발생한 층에서 동적 응답이 크게 변화하여 응력 집중이 발생한다. 이러한 응답을 분석하기 위해서는 고급 정밀해석이 필요하다.

일반적으로 건물에서 인접한 두 층사이의 평면적의 변화가 25 %이상 차이가 나면 셋백이 있다고 보고, 셋백이 발생한 층에서의 응력집중과 전단력의 전달 경로에 대한 특별한 고려가 필요하다.

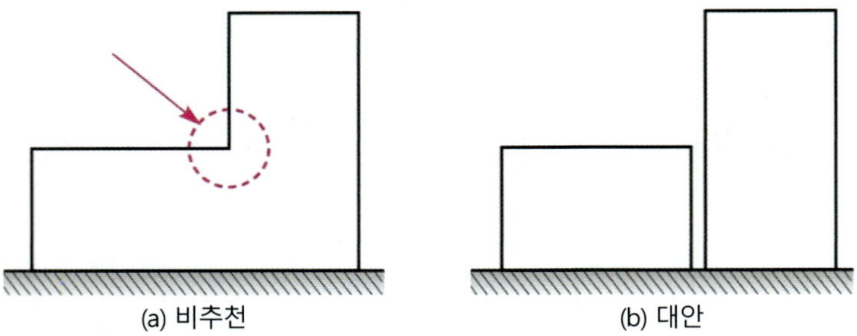

그림 5.2.3(3) 셋백(setback, 후퇴)

(4) 하중 간섭

골조 중앙에 위치한 거더 중앙에서 기둥을 통한 중력하중과 지진하중의 간섭이 발생 한다.

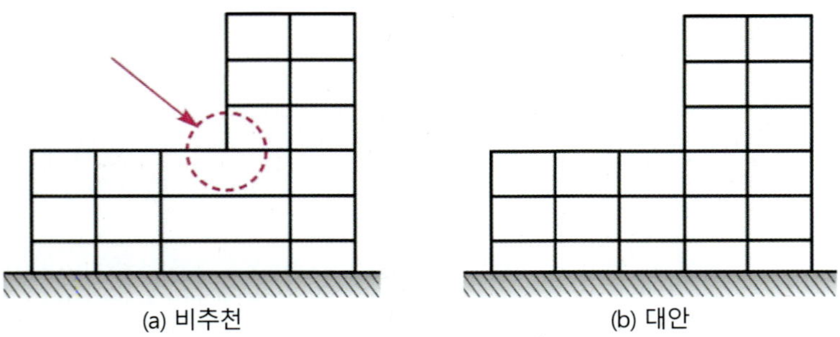

그림 5.2.3(4) 하중 흐름 간섭: 중력하중 vs 지진하중

(5) 인접 건물

인접한 두 건물이 동일하게 보일지라도, 지진 시 같은 위상으로(즉, 동일한 방향으로) 거동한다고 보장할 수 없다. 따라서 인접한 두 건물을 연결하는 통로는 횡방향 이동을 허용하는 경계조건(예: 롤러)이 될 수 있도록 한다.

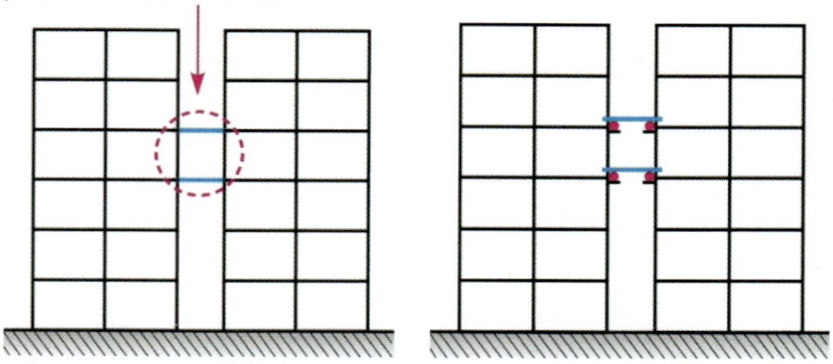

그림 5.2.3(5) 인접 건물의 상호작용

(6) 바닥판

높이가 다른 바닥판 배치는 횡방향 구조부재와 수직방향 구조부재와의 강결 가정을 무효로 만들 수 있다.

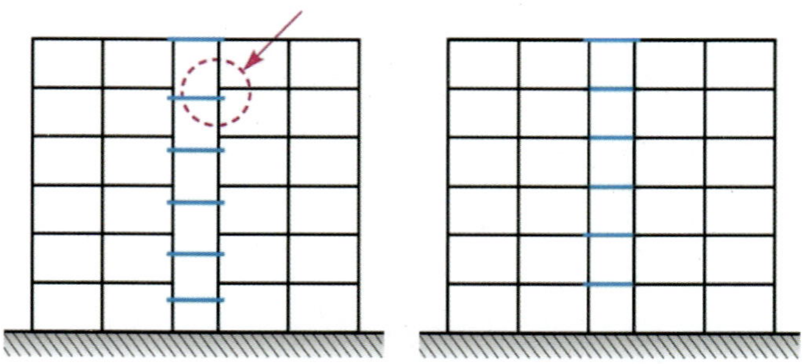

그림 5.2.3(6)a 높이가 다른 바닥판

건물의 동적응답 중에 발생하는 수평 관성력은짧은 내부 기둥에 과도한 부재력을 발생시킬 수 있다. 다음 골조는 이러한 현상을 등가정적해석으로 쉽게 해석할 수 있지만, 실제 지반운동을 사용한 비탄성 동적 응답해석 결과를 다룰 때는 이 현상이 발생을 주의하여야 한다.

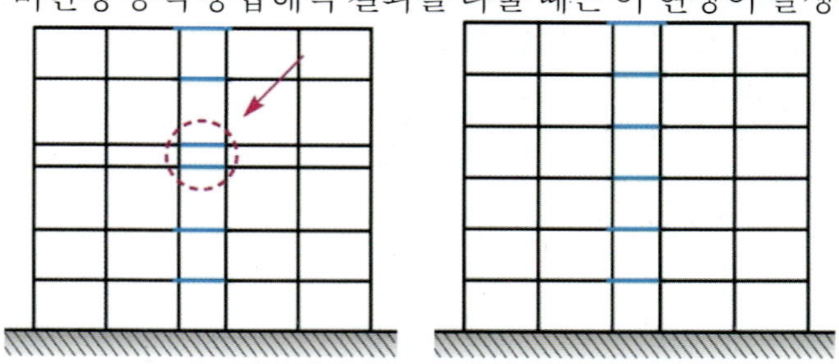

그림 5.2.3(6)b 높이가 다른 층고

(7) 강성 → 연층

강성과 강도가 건물 높이에 따라 불연속적으로 변할 경우, 위험한 구조응답을 유발할 수 있다. 내진설계기준에서는 강성이 작은 경우를 '연층(軟層, soft stroy)'이라고 하고, 강도가 약한 경우를 약층(弱層, weak story)로 구분한다(참조: 수직 비정형성). 다음 그림에 보인 바와 같이 층 강성의 급격한 변화로 인해 해당 구조물의 동적 변위응답은 연층(軟層, soft stroy)에 의해 지배될 수 있다. 감소된 층강성은 강도 감소를 동반할 수 있으므로, 이러한 약층에 매우 큰 비탄성 변형이 집중될 수 있다.

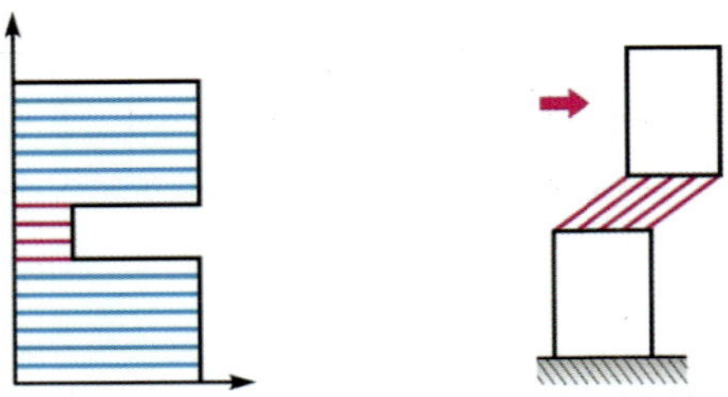

(a) 중간 연층 구조물의 강성과 변형(비추천)

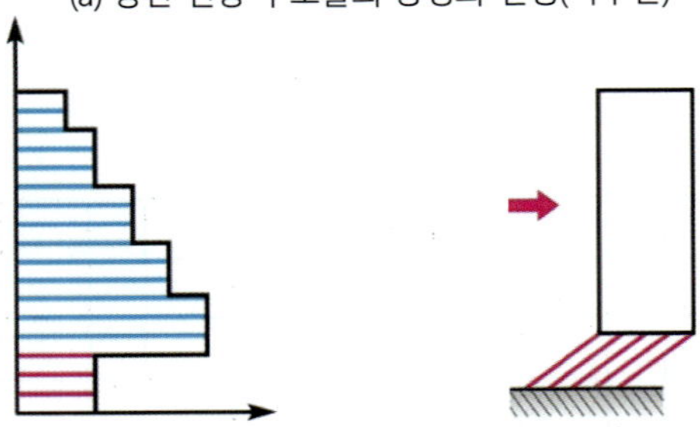

(b) 하부 연층 구조물의 강성과 변형(비추천)

그림 5.2.3(7)a 불연속 강성으로 인한 건물의 변형

지진 시 많은 건물이 약층으로 붕괴된다. 높이에 따라 층의 강성과 강도를 일정하게 또는 점진적으로 감소시키면, 강진 시 약층과 같은 특정 부분에 변형이 집중될 가능성이 줄어든다.

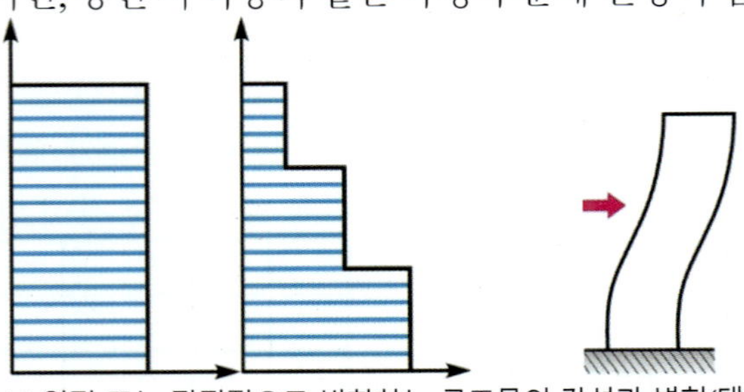

(a) 일정 또는 점진적으로 변화하는 구조물의 강성과 변형(대안)

그림 5.2.3(7)b 연속 강성으로 인한 건물의 변형

(8) 강도 → 약층

1층에 넓은 개방 공간을 제공하고자 할 때 설계자는 종종 건물의 전체 높이에 걸쳐 연장될 수 있는 구조벽체를 2층에서 종료할 수 있다. 이 경우 1층은 벽체들에서 횡강성이 제공되지 않으

므로 약층(弱層, weak story)으로 될 것이다. 이로 인해 1층에 큰 변형이 발생되므로, 1층 기둥에 연성이 크게 요구되어 1층 기둥의 연성능력을 훨씬 초과할 수 있다. 이에 대해 '연결보(connection beam)'로 결합된 벽체를 기초부까지 연장하는 것이 대안이 될 수 있다.

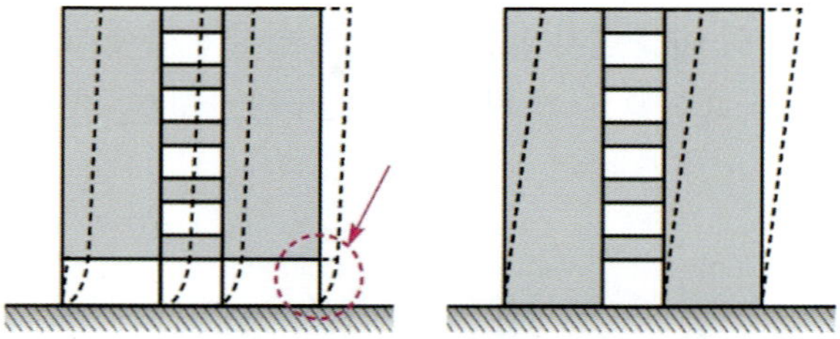

(a) 비추천 (b) 대안

그림 5.2.3(8)a 벽체와 약층

하나 이상의 중간층에서 벽체를 중단하거나 제거한다면 앞서 설명한 바와 같이 해당 층에 집중적인 층간변위가 발생할 것이다. 이러한 강성과 강도의 불연속성에 대한 대안으로 높이에 따른 강성과 강도를 보강하여 예상되는 힘과 변위를 수용할 수 있도록 할 수 있다.

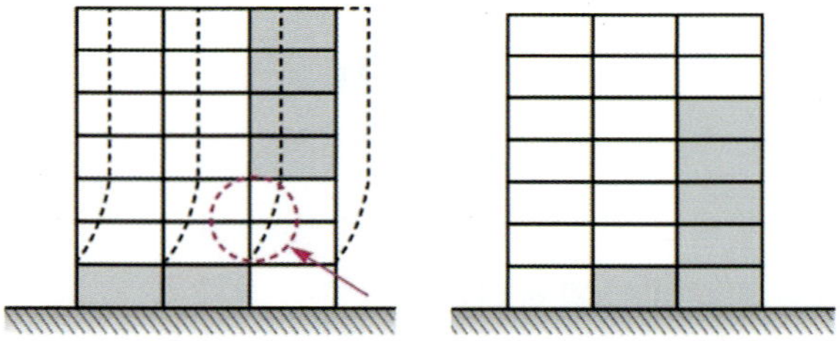

(a) 비추천 (b) 대안

그림 5.2.3(8)b 패널 벽체

(9) 패널 벽체

다음 그림에 보인 것과 같은 엇갈린(staggered) 패널 벽체는 횡지진력에 대한 단단한 하중 경로를 제공할 수 있다. 하지만 이 경우 지진력을 전달하기 위해 벽체 모서리에서 적절한 연성이 필요하며, 이 연성을 확보하기 위한 철근콘크리트 구조상세는 매우 어렵다. 이 경우모든 패널 벽체를 하나의 단일 캔틸레버로 조립하면 골조와 벽체의 상호작용과 관계없이 우수한 횡력 저항시스템을 얻을 수 있다.

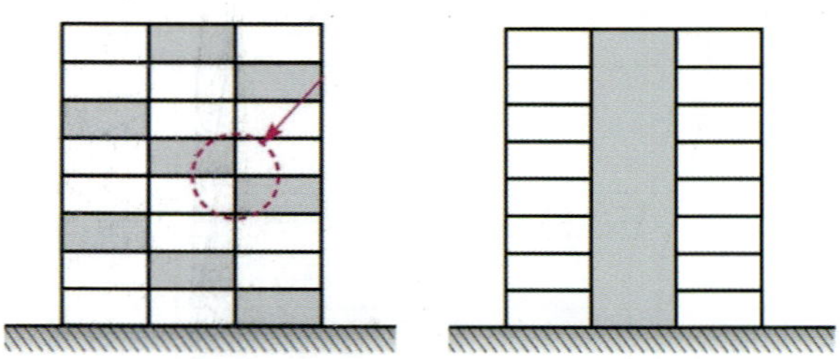

(a) 비추천 (b) 대안

그림 5.2.3(9) 패널 벽체의 분포

(10) 전이층

다음 좌측 그림은 앞서 설명한 1층 약층과 유사한 개념이다. 이것은 2층 이상에서 축적된 지진력(즉 전단력)이 2층 바닥판을 통해 1층 좌측의 짧은 벽체의 상부에 큰 전단력으로 전이(transfer)된다. 이것은 1층의 비틀림과 2층 바닥판의 하중전이에서 과도한 지진 요구(demand)를 필요로 한다. 이에 대한 대안으로 긴 벽을 1층까지 연장하면, 좌측의 짧은 벽으로 밀면전단력을 공유하는 효과까지 가질 수 있다.

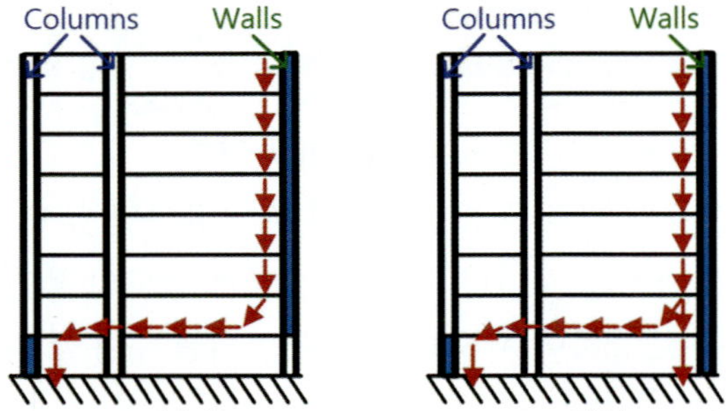

(a) 비추천 (b) 대안

그림 5.2.3(10) 패널 벽체

(11) 채움벽

지진에서 반복적으로 관찰되는 기둥 손상의 원인 중에 하나는 '채움벽(infill wall)'과 같은 단단한 비구조요소와 변형된 부재의 간섭이다.

다음 그림과 같이 조적벽의 우측 상단 모서리는 기둥의 유효길이를 줄이고 횡방향 강성을 증가시킨다. 지진력의 크기는 횡방향 강성에 비례하므로 기둥은 실제 저항할 수 있는 것보다 더 큰 전단력을 견뎌야 한다. 적절하게 소성설계가 되지 않은 기둥의 취약한 중간 부위는 이 증가된 전단력으로 인해 취성 휨파괴가 발생할 수 있다. 이러한 주요 중력하중을 지지하는 1차 부재의 예상치 못한 파괴는 건물 전체의 붕괴로 이어질 수 있다. 따라서 설계자가 해야 할 중요한 작업 중에 하나는 비탄성 지진응답으로 구한 1차 부재의 변형이 간섭 없이 발생할 수 있도록 보장해 주는 것이다.

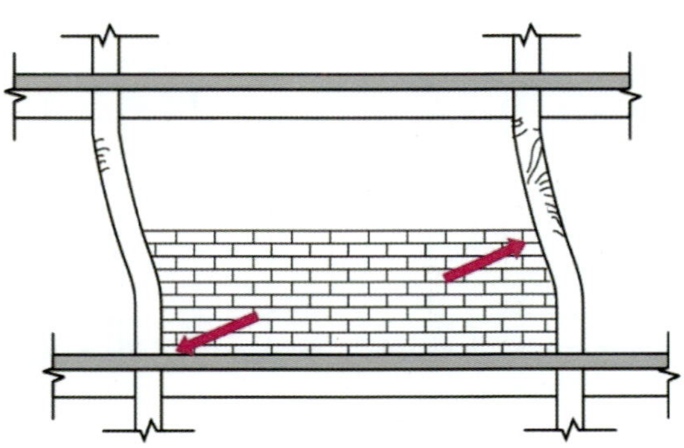

그림 5.2.3(11) 채움벽과 기둥의 취성파괴

(12) 보-기둥 접합부

서로 연결된 기둥과 보의 폭은 동일한 것이 좋으며 이 경우 접합부(joint)의 상세가 용이하다. 그리고 모든 보들 사이의 중심축이 일치하여 '옵셋(offset)'이 없어야 하며 기둥과 보의 연결부에서도 축이 일치하여야 한다.

다음 그림은 연결부에서 보의 폭이 지지하고 있는 기둥의 폭보다 매우 넓으므로 하중경로의 연속성에 문제점이 있다.

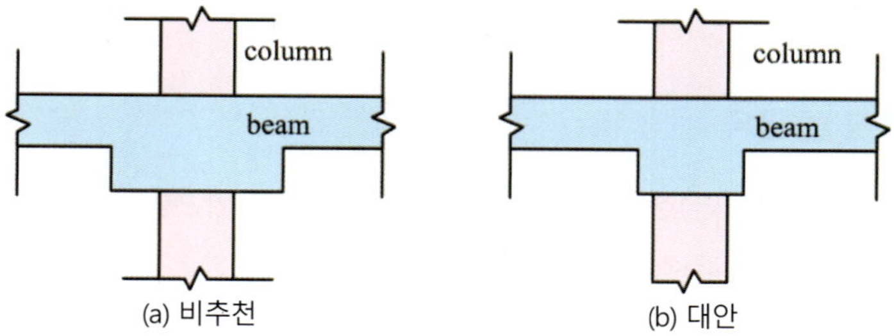

그림 5.2.3(12)a 기둥과 보의 접합부

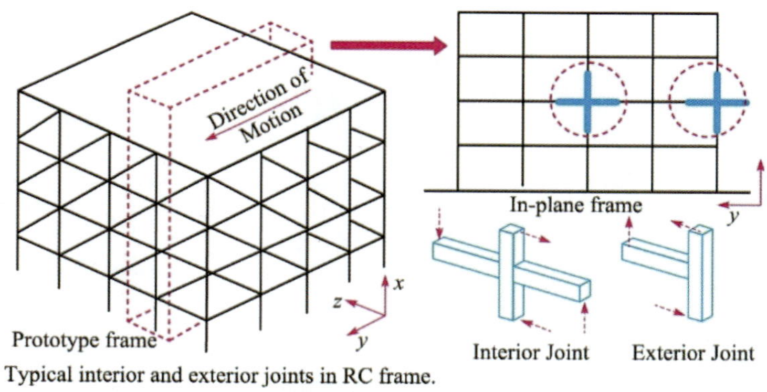

그림 5.2.3(12)b 내부접합부(internal joint) vs 외부접합부(external joint)

(13) 강기둥-약보

좋은 구조설계는 구조물의 다음과 같은 파괴모드의 발생을 최소화하는 것이다.

1) 구조물의 전체적인 붕괴를 유발시킬 수 있는 모드(연직 하중을 지지하는 부재의 파괴)
2) 갑작스런 파괴를 일으킬 수 있는 모드(취성파괴 또는 좌굴파괴)

이러한 파괴는 중간 규모 이상의 지진 시 구조물의 일부 또는 전체에서 소성응답이 발생할 때 특히 중요하다. 따라서 소성응답이 발생하는 과정과 발생 위치 등을 조정하는 것이 중요하다. 건물에서는 일반적으로 기둥이 파괴되면 건물 붕괴의 위험이 있으므로, '강기둥-약보 개념(strong column-weak beam concept; SC-WB concept)'으로 부재의 항복이 기둥보다 보에서 먼저 발생하도록 설계한다.

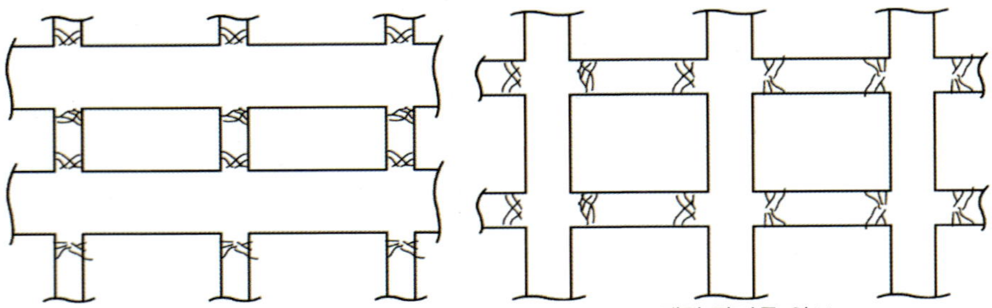

(a) 비추천(약기둥-강보) (b) 대안(강기둥-약보)

그림 5.2.3(13) 강기둥-약보

(14) 평면내 강성 불연속

다음 건물의 평면(또는 입면)은 단순성과 대칭성을 지녔지만, 횡력저항시스템이 비대칭이므로 비틀림에 의한 피해가 우려되는 경우에 해당한다.

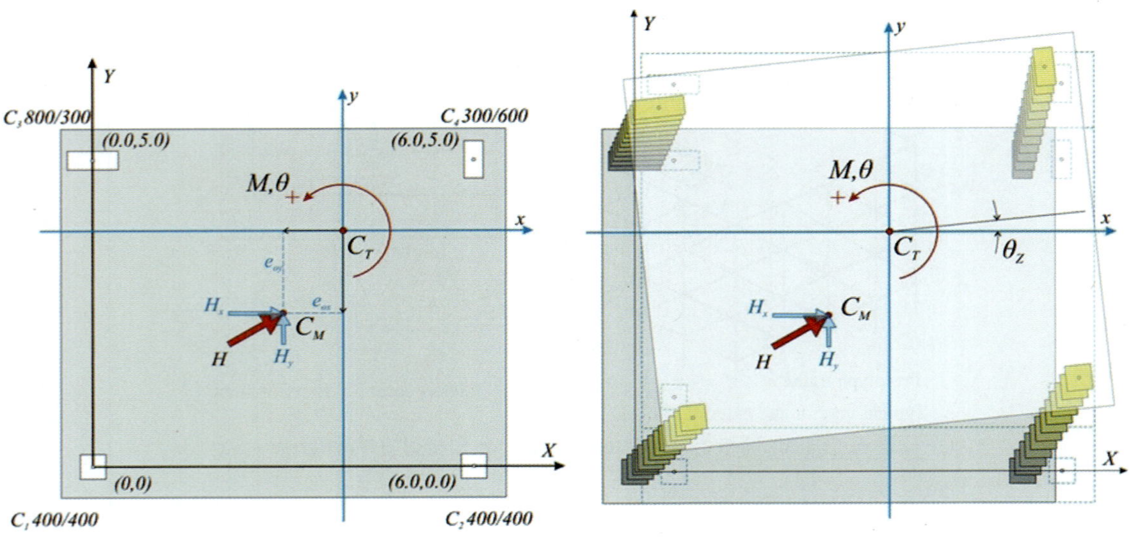

(a) 질량중심(C_M)과 강성중심(C_T) (b) 지진 시 질량중심(C_M)에 작용하는 관성력

그림 5.2.3(14) 정형 구조물의 강성 비정형성(출처: https://debug.pi.gr/)

5.3 지진력저항시스템

구조물은 수직하중(예: 자중 등)과 수평하중(예: 지진하중, 바람하중 등)을 견딜 수 있도록 설계한다. 수평하중인 지진하중에 저항하도록 구성된 구조시스템을 '지진력저항시스템(seismic force resisting system)' 또는 횡력저항시스템(lateral force resisting system)'이라 한다. 일반적으로 건축물의 내진설계에 사용되는 지진력저항시스템은 다음과 같다.

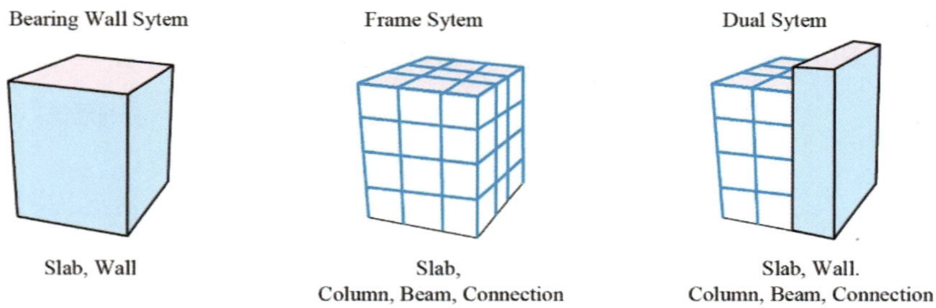

(a) 내력벽 (b) 골조 (c) 이중골조

그림 5.3.0a 지진력저항시스템(횡력저항시스템)

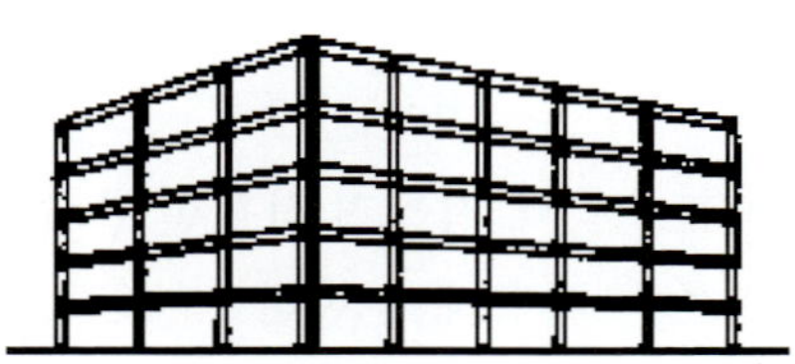

(a) 철골 모멘트골조

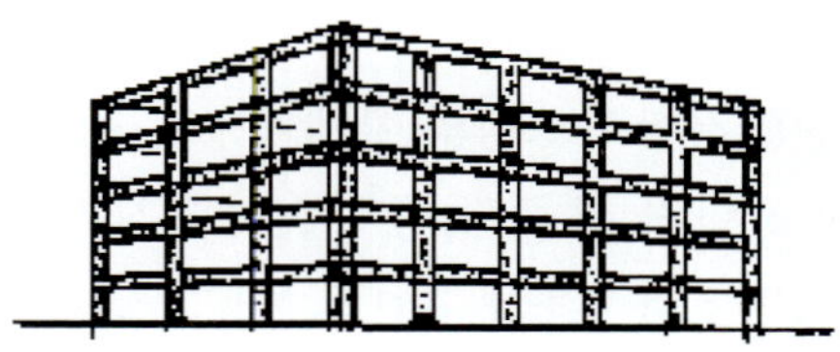

(b) 철근콘크리트 모멘트골조

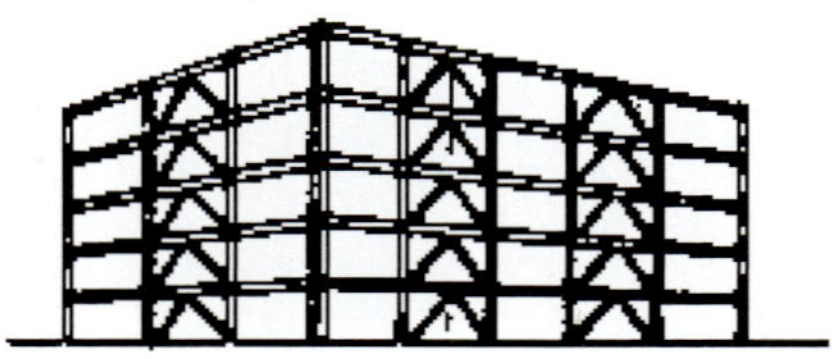

(c) 철골 가새골조

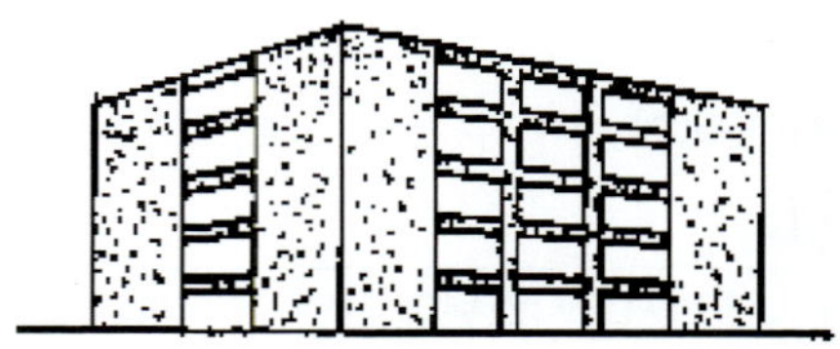

(d) 철근콘크리트 전단벽

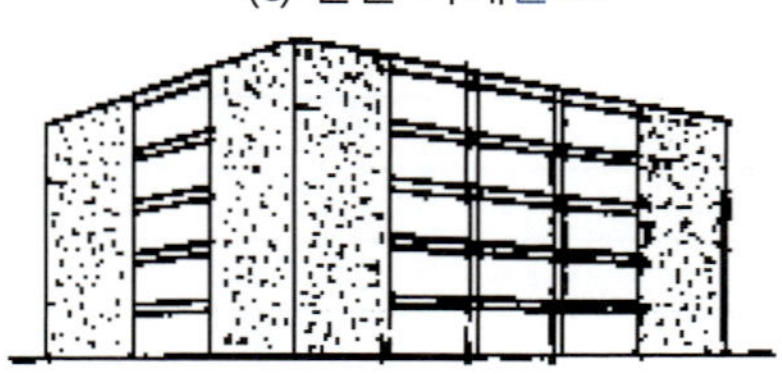

(e) 이중골조
(철골 모멘트골조 + 철근콘크리트 전단벽)

(f) 조적채움벽을 갖는 철골 모멘트골조

그림 5.3.0b 지진력저항시스템(횡력저항시스템) (출처: https://www.northernarchitecture.us)

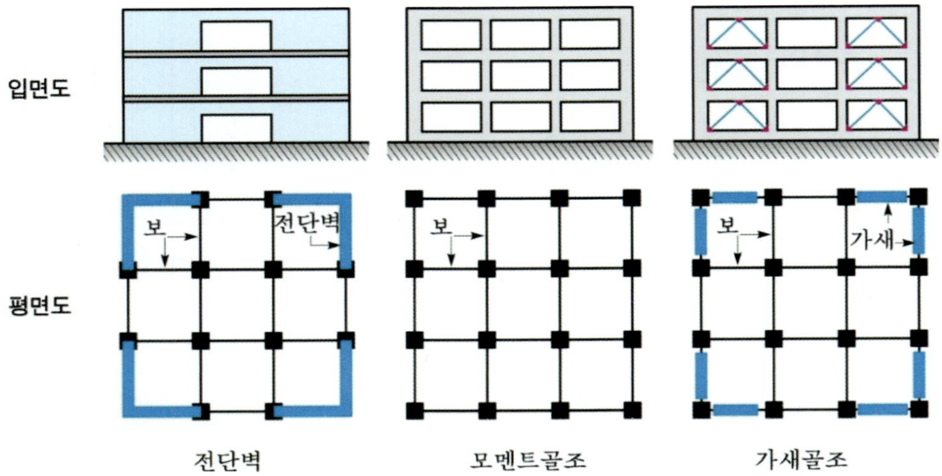

그림 5.3.0c 지진력저항시스템(횡력저항시스템)

내진설계기준에서는 다음과 같이 지진력저항시스템에 따라 설계계수를 다르게 규정하고, 내진설계범주와 건물의 높이(m)를 제한한다.

[KDS 41] 6.1 지진력저항시스템의 설계계수

6. 지진력저항시스템

6.1 지진력저항시스템의 설계계수

(1) 밀면전단력, 부재력, 층간변위를 산정할 때에는 표 6.2-1에 정해진 적절한 반응수정계수 R, 시스템초과강도계수 Ω_d, 그리고 변위증폭계수 C_d를 사용해야 한다. 표 6.2-1에 열거되지 않은 지진력저항시스템을 사용할 경우에도 해석과 실험을 통하여 평가된 횡력저항능력과 에너지소산능력이 표 6.2-1에 열거된 구조시스템 중 하나와 유사하다고 입증된다면 해당 시스템의 반응수정계수 R, 시스템초과강도계수 Ω_d, 그리고 변위증폭계수 C_d를 사용할 수 있다.

표 6.2-1 지진력저항시스템에 대한 설계계수(발췌)

기본 지진력저항시스템	반응수정계수 R	
	최솟값	최댓값
1. 내력벽시스템	1.5	6
2. 건물골조시스템	1.5	8
3. 모멘트-저항골조 시스템	3	8
4. 특수모멘트골조를 가진 이중골조시스템	6	8
5. 중간모멘트골조를 가진 이중골조시스템	3	6.5
6. 역추형 시스템	1.25	2.5
7. 철근콘크리트 보통 전단벽-골조 상호작용 시스템	4.5	4.5
8. 6의 역추형 시스템에 속하지 않으면서 강구조기준의 일반규정만을 만족하는 철골구조시스템	3	
9. 6의 역추형 시스템에 속하지 않으면서 철근콘크리트구조기준의 일반규정만을 만족하는 철근콘크리트구조시스템	3	
10. 지하외벽으로 둘러싸인 지하구조시스템	3	

표 6.2-1 지진력저항시스템에 대한 설계계수

기본 지진력저항시스템[1)]	설계계수			시스템의 제한과 높이(m) 제한		
	반응수정 계수 R	시스템 초과강도 계수 Ω_0	변위증폭 계수 C_d	내진설계 범주 A 또는 B	내진설계 범주 C	내진설계 범주 D
1. 내력벽시스템						
1 - a. 철근콘크리트 특수전단벽	5	2.5	5	-	-	-
1 - b. 철근콘크리트 보통전단벽	4	2.5	4	-	-	60
1 - c. 철근보강 조적 전단벽	2.5	2.5	1.5	-	60	불가
1 - d. 무보강 조적 전단벽	1.5	2.5	1.5	-	불가	불가
1 - e. 구조용 목재패널을 덧댄 경골목구조 전단벽	6	3	4	–	20	20
1 - f. 구조용 목재패널 또는 강판시트를 덧댄 경량철골조 전단벽	6	3	4	–	20	20
2. 건물골조시스템						
2 - a. 철골 편심가새골조 (링크 타단 모멘트 저항 접합)	8	2	4	-	-	-
2 - b. 철골 편심가새골조 (링크 타단 비모멘트 저항접합)	7	2	4	-	-	-
2 - c. 철골 특수중심가새골조	6	2	5	-	-	-
2 - d. 철골 보통중심가새골조	3.25	2	3.25	-	-	-
2 - e. 합성 편심가새골조	8	2	4	-	-	-
2 - f. 합성 특수중심가새골조	5	2	4.5	-	-	-
2 - g. 합성 보통중심가새골조	3	2	3	-	-	-
2 - h. 합성 강판전단벽	6.5	2.5	5.5	-	-	-
2 - i. 합성 특수전단벽	6	2.5	5	-	-	-
2 - j. 합성 보통전단벽	5	2.5	4.5	-	-	60
2 - k. 철골 특수강판전단벽	7	2	6	-	-	-
2 - l. 철골 좌굴방지가새골조 (모멘트 저항 접합)	8	2.5	5	-	-	-
2 - m. 철골 좌굴방지가새골조 (비모멘트 저항 접합)	7	2	5.5	-	-	-
2 - n. 철근콘크리트 특수전단벽	6	2.5	5	-	-	-
2 - o. 철근콘크리트 보통전단벽	5	2.5	4.5	-	-	60
2 - p. 철근보강 조적 전단벽	3	2.5	2	-	60	불가
2 - q. 무보강 조적 전단벽	1.5	2.5	1.5	-	불가	불가
2 - r. 구조용 목조패널을 덧댄 경골목구조	6.5	2.5	4.5	–	20	20

전단벽						
2 - s. 구조용 목재패널 또는 강판시트를 덧댄 경량철골조 전단벽	6.5	2.5	4.5	–	20	20
3. 모멘트 - 저항골조 시스템						
3 - a. 철골 특수모멘트골조	8	3	5.5	-	-	-
3 - b. 철골 중간모멘트골조	4.5	3	4	-	-	-
3 - c. 철골 보통모멘트골조	3.5	3	3	-	-	-
3 - d. 합성 특수모멘트골조	8	3	5.5	-	-	-
3 - e. 합성 중간모멘트골조	5	3	4.5	-	-	-
3 - f. 합성 보통모멘트골조	3	3	2.5	-	-	-
3 - g. 합성 반강접모멘트골조	6	3	5.5	-	-	-
3 - h. 철근콘크리트 특수모멘트골조	8	3	5.5	-	-	-
3 - i. 철근콘크리트 중간모멘트골조	5	3	4.5	-	-	-
3 - j. 철근콘크리트 보통모멘트골조	3	3	2.5	-	-	30
4. 특수모멘트골조를 가진 이중골조시스템						
4 - a. 철골 편심가새골조	8	2.5	4	-	-	-
4 - b. 철골 특수중심가새골조	7	2.5	5.5	-	-	-
4 - c. 합성 편심가새골조	8	2.5	4	-	-	-
4 - d. 합성 특수중심가새골조	6	2.5	5	-	-	-
4 - e. 합성 강판전단벽	7.5	2.5	6	-	-	-
4 - f. 합성 특수전단벽	7	2.5	6	-	-	-
4 - g. 합성 보통전단벽	6	2.5	5	-	-	-
4 - h. 철골 좌굴방지가새골조	8	2.5	5	-	-	-
4 - i. 철골 특수강판전단벽	8	2.5	6.5	-	-	-
4 - j. 철근콘크리트 특수전단벽	7	2.5	5.5	-	-	-
4 - k. 철근콘크리트 보통전단벽	6	2.5	5	-	-	-
5. 중간모멘트골조를 가진 이중골조시스템						
5 - a. 철골 특수중심가새골조	6	2.5	5	-	-	-
5 - b. 철근콘크리트 특수전단벽	6.5	2.5	5	-	-	-
5 - c. 철근콘크리트 보통전단벽	5.5	2.5	4.5	-	-	60
5 - d. 합성 특수중심가새골조	5.5	2.5	4.5	-	-	-
5 - e. 합성 보통중심가새골조	3.5	2.5	3	-	-	-
5 - f. 합성 보통전단벽	5	3	4.5	-	-	60
5 - g 철근보강 조적 전단벽	3	3	2.5	-	60	불가
6. 역추형 시스템						

6 - a. 캔틸레버 기둥 시스템	2.5	2.0	2.5	-	-	10
6 - b. 철골 특수모멘트골조	2.5	2.0	2.5	-	-	-
6 - c. 철골 보통모멘트골조	1.25	2.0	2.5	-	-	불가
6 - d. 철근콘크리트 특수모멘트골조	2.5	2.0	1.25	-	-	-
7. 철근콘크리트 보통 전단벽 - 골조 상호작용 시스템	4.5	2.5	4	-	-	60
8. 6의 역추형 시스템에 속하지 않으면서 강구조기준의 일반규정만을 만족하는 철골구조시스템	3	3	3	-	-	60
9. 6의 역추형시스템에 속하지 않으면서 철근콘크리트구조기준의 일반규정만을 만족하는 철근콘크리트구조 시스템	3	3	3	-	-	30
10. 지하외벽으로 둘러싸인 지하구조시스템	3	3	2.5			

1) 시스템별 상세는 각 재료별 설계기준 및 또는 신뢰성 있는 연구기관에서 실시한 실험, 해석 등의 입증자료를 따른다.

[KDS 41] 6.5 시스템 제한과 높이제한

6. 지진력저항시스템

6.5 시스템 제한과 높이제한

(1) 각 지진력저항시스템에 대하여 내진설계범주에 해당되는 표 6.2-1의 시스템 사용제한과 높이제한 사항을 적용한다.

[KDS 41] 6.6 내진설계범주 'D'에 대한 시스템 제한

6. 지진력저항시스템

6.6 내진설계범주 'D'에 대한 시스템 제한

(1) 내진설계범주 'D'에 해당하는 구조물은 표 6.2-1의 시스템 제한과 다음을 만족하여야 한다.

6.6.1 상호작용 효과

(1) 강성이 큰 비구조요소에 연결되어 있는 모멘트골조는 이러한 요소의 영향으로 인해 수직하중 및 지진력저항능력이 저해되지 않도록 설계하여야 한다. 설계 시 7.2.8.1에서 산정된 설계층간변위 Δ에 해당하는 변형에서 구조시스템에 대한 이 요소의 영향을 고려하고 대비하여야 한다. 또한 어떤 구조물이 5.3에서 정의한 하나 혹은 그 이상의 비정형성을 갖는지 여부를 결정할 때에도 이 요소들의 영향을 반드시 고려하여야 한다.

[해설]

비구조요소에 의하여 하중전달 메커니즘이 의도된 바와 다르게 변경되어서는 안 된다. 따라서 비구조요소가 구조시스템의 강성 및 강도에 영향을 미치는 것으로 판단될 경우, 비구조요소를 구조시스템으로부터 분리하여 구조체에 미치는 영향을 배제하거나 또는 비구조요소를 구조요소로 전환하여 구조해석과 설계에 그 영향을 반영하여야 한다. 특히 5.3의 비정형성을 판단하는 경우에는 비구조요소의 강성효과를 반드시 고려하여야 한다.

6.6.2 변형의 적합성 (1) 고려하는 방향의 지진력저항시스템에 포함되지 않은 모든 구조요소는 7.2.8.1에 따라 결정된 설계층간변위 Δ에 의하여 발생하는 모멘트와 전단력뿐만 아니라 수직하중에 저항할 수 있는 연성능력을 발휘하도록 설계한다. 허용응력설계법을 사용할 경우, Δ는 하중계수 0.7을 곱하지 않은 지진력에 대해 산정한다. 고려하는 방향의 지진력저항시스템에 포함되지 않은 부재에 발생되는 모멘트와 전단력은 인접한 강한 구조 및 비구조요소에 의한 강성 증가효과를 포함하여 산정한다.

[Note]

이 교재의 '6.6.3절 변형의 적합성'을 참조할 것

5.3.1 내력벽시스템

'내력벽시스템(bearing wall system)'은 다음과 같은 지진력저항시스템이다.

1) 수직하중에 대한 저항: 전단벽

2) 지진하중에 대한 저항: 전단벽

'전단벽(shear wall)'은 벽면에 평행한 횡력을 지지하도록 설계된 벽으로, 전단벽은 지진하중에 대하여 충분한 면내 횡강성과 횡강도를 발휘해야 한다. 이 경우 모멘트저항골조시스템에서 발생하는 지나친 횡변위가 나타나지 않고 안전성이 증가되지만, 전단벽의 취성 전단파괴가 발생할 수 있다. 철근콘크리트 전단벽의 경우에는 균일성과 연속성이 양호하면 연성능력과 에너지 소산 능력이 증대될 수도 있다(예: 보통전단벽 vs 특수전단벽). 강재 전단벽의 경우에는 국부 좌굴이 발생하지 않도록 보강하는 것이 중요하다.

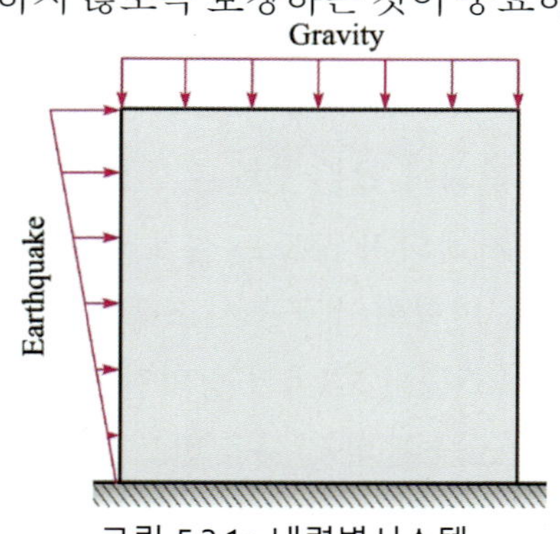

그림 5.3.1a 내력벽시스템

그림 5.3.1b 3층 조적식 내력벽시스템 예(출처: FEMA, 2010)

그림 5.3.1c 벽식 구조와 기둥식 구조 비교(출처: 기둥식 아파트 시공비 5% 더 들지만, 매일경제, 2021.1.28)

[KDS 41] 6.2.1 내력벽시스템

6. 지진력저항시스템

6.2 지진력저항시스템의 정의

6.2.1 내력벽시스템

(1) 내력벽시스템은 수직하중과 함께 횡하중을 벽체가 지지하는 지진력저항시스템으로, 벽체는 지진하중에 대하여 충분한 면내 횡강성과 횡강도를 발휘해야 한다.

[KDS 41] 13.5 채움벽체

13. 조적구조의 고려사항

13.5 채움벽체

(1) 철근콘크리트모멘트골조 또는 철골모멘트골조의 내부에 밀착하여 채움벽이 배치되는 경우에는 채움벽의 강성 및 강도 기여도를 고려해야 한다. 이때 채움벽체의 대각방향의 압축대의 강도는 골조의 강성을 고려한 유효폭을 산정하여 골조의 강도 및 강성 증가 효과를 고려한다.

[해설]

채움벽제의 파괴양상은 기둥 중간 위치의 수평줄눈 전단파괴, 대각 압축대의 압축파괴 또는 인장파괴로 분류한다.

5.3.2 건물골조시스템: 가새골조

'건물골조시스템(building frame system)'은 다음과 같은 지진력저항시스템이다.

1) 수직하중에 대한 저항: 보, 슬래브, 기둥으로 구성된 골조(frame)

2) 지진하중에 대한 저항: 전단벽(shear wall)이나 가새골조(braced frame) 등

연성모멘트골조(특수모멘트골조 혹은 중간모멘트골조)가 전체 설계지진력의 25% 이상을 저항하지 못하여 이중골조시스템의 요건에 부합하지 않은 경우, 건물골조시스템에 해당한다. 건물골조시스템으로 설계 시 연성모멘트골조를 적용할 경우에는 전단벽이나 가새골조가 지진하중이 100%를 저항하도록 설계할 필요는 없으며, 골조가 지진하중의 일부를 부담하도록 설계할 수 있다. 다만, 건물골조시스템에서 보통모멘트골조로 설계하는 경우에는 설계지진력의 100%를 횡력시스템이 저항하도록 설계한다.

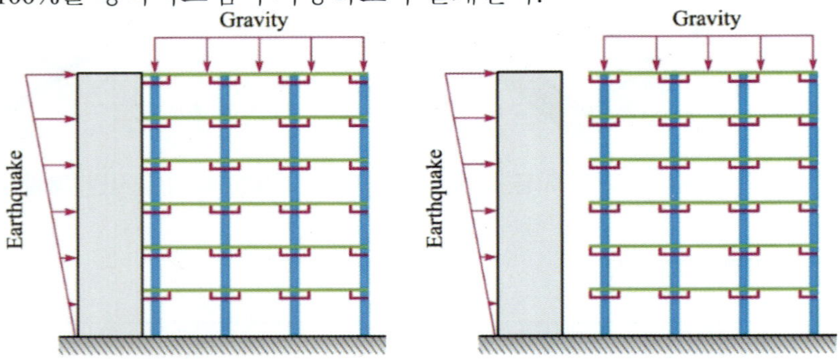

(a) 건물골조시스템 (b) 건물골조시스템의 하중 분담 개념

그림 5.3.2a 건물골조시스템

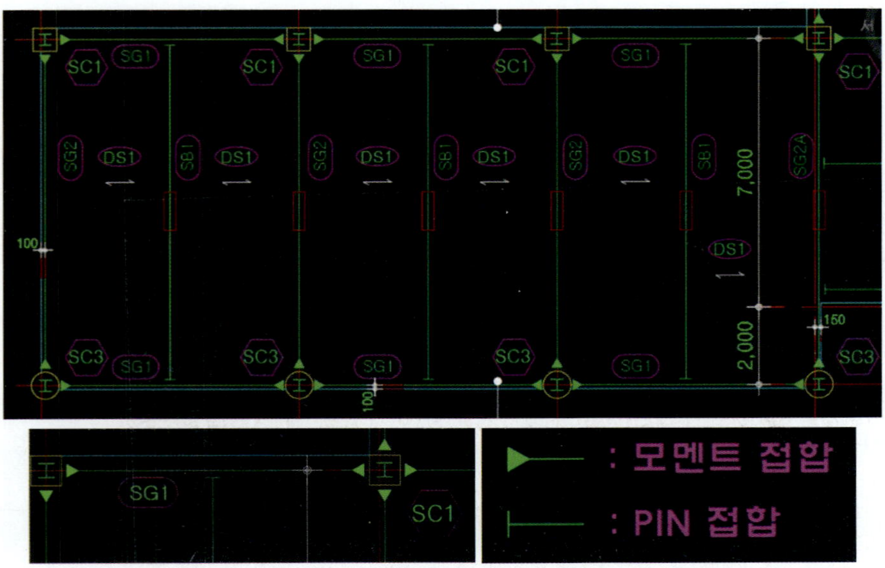

그림 5.3.2b 강구조 도면표기 예

(기둥과 기둥을 연결하는 큰보는 모멘트접합이고, 큰보와 큰보 사이를 연결하는 작은보는 핀(Pin)접합)

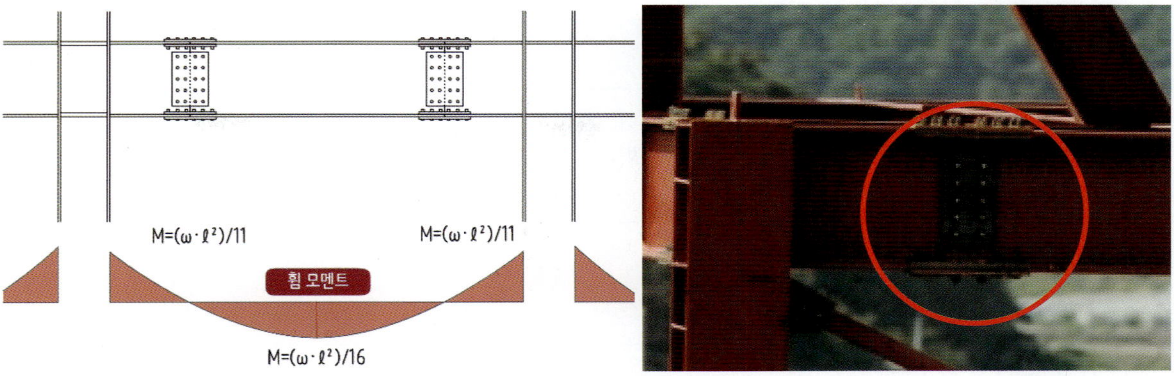

(a) 브라켓(bracket)을 활용한 모멘트접합(강접합)

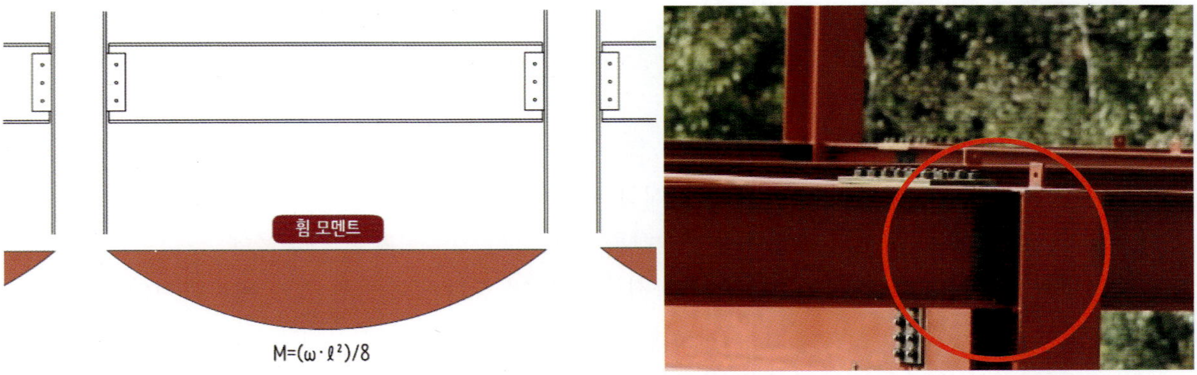

(b) 핀(fin) 플레이트를 이용한 전단접합

그림 5.3.2c 모멘트접합과 전단접합(출처: https://archi-material.tistory.com)

[KDS 41] 6.2.3 건물골조시스템

6. 지진력저항시스템

6.2 지진력저항시스템의 정의

6.2.3 건물골조시스템

(1) 건물골조시스템은 수직하중은 보, 슬래브, 기둥으로 구성된 골조가 저항하고 지진하중은 전단벽이나 가새골조 등이 저항하는 지진력저항시스템이다.

[해설]

연성모멘트골조(특수모멘트골조 혹은 중간모멘트골조)가 전체 설계지진력의 25% 이상을 저항하지 못하여 이중골조시스템의 요건에 부합하지 않은 경우, 건물골조시스템에 해당한다. 건물골조시스템으로 설계 시 연성모멘트골조를 적용할 경우에는 전단벽이나 가새골조가 지진하중의 100%를 저항하도록 설계할 필요는 없으며 골조가 지진하중의 일부를 부담하도록 설계할 수 있다. 다만, 건물골조시스템에서 보통모멘트골조로 설계하는 경우에는 설계지진력의 100%를 횡력시스템이 저항하도록 설계한다.

[KDS 41] 12. 목구조의 고려사항

12. 목구조의 고려사항

(1) 목구조의 내진설계에 따르는 고려사항은 KDS 41 50 20 목구조 부재설계의 4.7 수평하중저항구조의 설계에 따른다.

[KDS 41 50 20] 목구조 부재설계

4.7 수평하중저항구조의 설계

4.7.1 적용범위

4.7.1.2 골조

(1) 구조내력상 주요한 기둥과 보 등의 구조부재는 KDS 41 17 00에 따라 결정되는 지진하중을 지지하도록 설계하여야 한다.

(2) 구조내력상 주요한 구조부재 사이의 접합부는 KDS 41 17 00에 따라 결정되는 지진하중을 지지하도록 KDS 41 50 30에 따라 설계하여야 한다.

(3) 벽, 기둥, 보 등의 주요구조부가 지진하중을 지지하도록 설계된 건축물에서, 벽이나 가새 등의 수평하중저항요소를 각 층에서 길이 및 너비 방향으로 균형 있게 배치하여야 한다.

(4) 모든 격막구조는 인장 및 압축 하중을 전달하도록 가장자리에 경계부재를 설치하여야 한다. 개구부 주변의 경계부재는 전단응력을 분산하도록 설계하여야한다.

(5)격막의 덮개용 목질판상재를 경계부재의 이음에 사용하지 않아야한다.

(6) 전단벽의 이중깔도리(버팀재)나 바닥의 보막이장선(현재) 등 골조부재의 끝부분에 직각방향으로 설치되는 부재는 해당 격막구조가 작용하중을 충분히 지지한다는 사실이 증명되지 않는 한 반드시 설치하여야 한다.

4.7.1.5 전단벽의 접합부

(1) 전단벽과 연결구조 사이에는 설계하중을 지지하도록 접합 또는 고정하여야 한다. 수평격막으로부터 전단벽, 이중깔도리 또는 기타구조로 전달되거나 또는 전단벽으로부터 다른 구조로 전달되는 수평지진하중이 2kN/m를 초과하는 경우 이 하중을 지지하는 접합부에 경사못박기를 할 수 없다.

4.7.1.8 콘크리트구조 및 조적조로부터의 하중(출처: KDS 41 50 20 : 2022 목구조 부재설계)

(1) 전단벽, 바닥격막, 수평트러스 및 기타 목구조가 콘크리트구조 및 조적조에 따라 유발되는 지진하중을 지지하도록 설계하여서는 안 된다.

[KDS 41] 10.2.2 가새골조

10. 강구조의 고려사항
10.2 강구조건물의 지진력저항시스템
10.2.2 가새골조
(1) 지진력저항시스템으로서 가새골조는 철골 특수중심가새골조, 철골 보통중심가새골조, 철골 편심가새골조, 및 철골 좌굴방지가새골조로 구분된다. 이 가운데 철골 특수중심가새골조, 철골 편심가새골조 및 철골 좌굴방지가새골조는 고연성도 시스템이다. 각 시스템의 지진하중 산정을 위한 설계계수는 표 6.2-1을 따른다.
2. 건물골조시스템
2－a. 철골 편심가새골조(링크타단 모멘트저항 접합)
2－b. 철골 편심가새골조(링크타단 비모멘트저항 접합)
2－c. 철골 특수중심가새골조
2－d. 철골 보통중심가새골조
2－l. 철골 좌굴방지가새골조(모멘트저항 접합)
2－m. 철골 좌굴방지가새골조(비모멘트저항 접합)
4. 특수모멘트골조를 가진 이중골조시스템
4－a. 철골 편심가새골조
4－b. 철골 특수중심가새골조
4－h. 철골 좌굴방지가새골조
5. 중간 모멘트골조를 가진 이중골조시스템
5－a. 철골 특수중심가새골조

'가새골조(braced frame)'란 횡력에 저항하기 위하여 건물골조방식 또는 이중골조방식에서 중심형 또는 편심형의 수직트러스 또는 이와 동등한 구성체를 말한다.

그림 5.3.2d San Francisco 가새골조의 예(출처: FEMA, 2010)

가새골조는 가새가 골조에 접합되는 위치에 따라 중심가새골조와 편심가새골조로 분류한다.

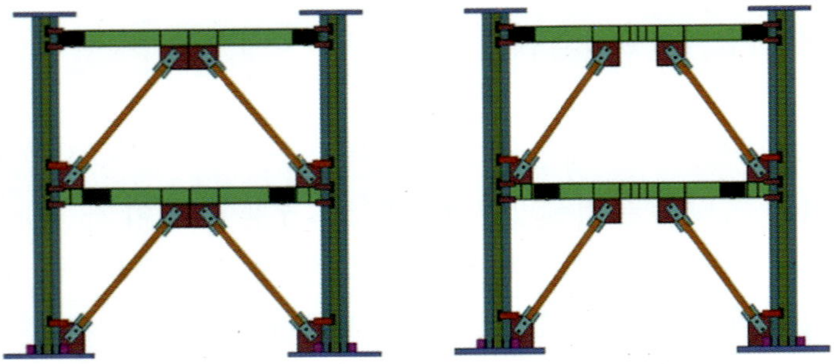
(a) 중심가새골조 (b) 편심가새골조

그림 5.3.2e 가새골조의 구분(출처: Wu Y-P 등, 2021)

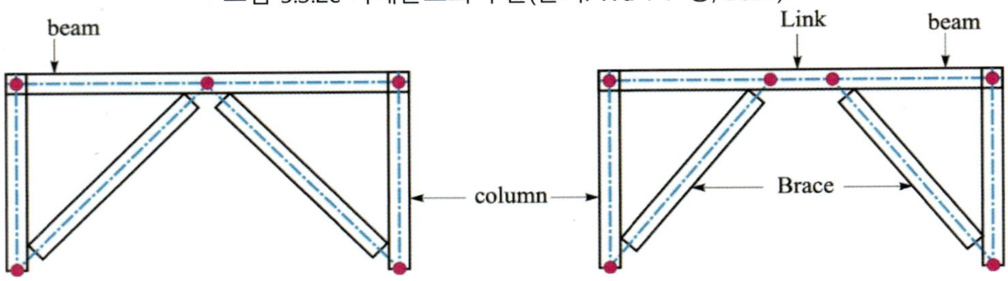

(a) 중심가새골조 (b) 편심가새골조

그림 5.3.2f 중심가새골조 vs 편심가새골조

(1) '중심가새골조(concentrically braced frame; CBF)'

트러스메커니즘에 의하여 부재의 축력에 의하여 횡하중을 저항하는 가새골조이다. 즉, 각 부재의 중심선이 한점에서 만나는 방식이다.

중심가새골조는 횡변위가 적게 발생하여 비구조재의 파괴가 적으나, 가새의 좌굴에 의한 피해가 발생하기 쉽고 구조물의 연성이 좋지 못하다. 만일 가새가 매우 가늘어서 인장력에 대해서만 지탱할 수 있다면 가새가 인장력과 압축력을 모두 지지할 수 있는 경우보다 내진성능은 좋지 않다. 이것은 인장력만을 지탱할 수 있는 가새에서는 한쪽 방향으로 영구 변형이 누적되는 현상이 발생하기 때문이다.

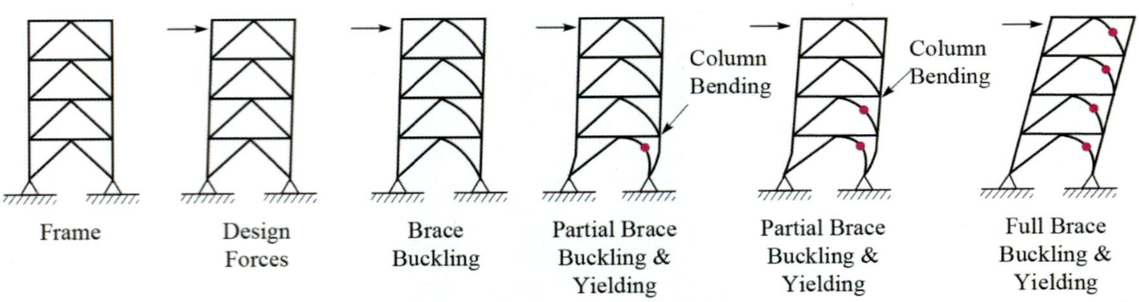

그림 5.3.2g 중심가새골조의 순차적 좌굴과 항복(출처: Gannon, 2019)

(2) '편심가새골조(eccentrically braced frame; EBF)'

경사가새가 설치되어 가새부재 양단부의 한쪽 이상이 보-기둥 접합부로부터 약간의 거리만큼 떨어져 보에 연결되어 있는 가새골조이다. 즉, 각 부재의 중심선이 한점에서 만나지 않는 방식이다. 중심가새골조에 비하여 연성능력을 향상시킬 수 있다.

편심가새골조는 가새의 축력이 보에 휨과 전단으로 전달된 후에 기둥으로 전달된다. 편심가새골조는 중심가새골조보다 연성이 좋으며, 비탄성 거동의 대부분이 보에서 발생하고 갑작스런 파괴모드의 방지가 억제되므로 파괴모드의 조절이 용이한 방식이다.

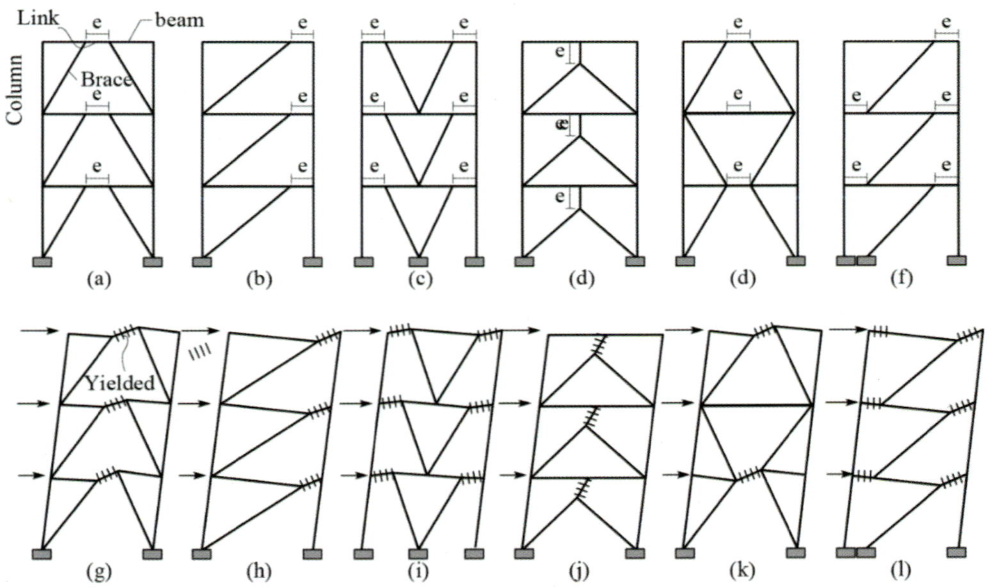

그림 5.3.2h 편심가새골조의 거동(출처: Azad 등, 2017)

5.3.3 모멘트저항골조시스템

'모멘트저항골조시스템(moment resisting frame system)' 또는 '모멘트골조시스템(moment frame system)'은 다음과 같은 보와 기둥으로 구성된 가장 기본적인 지진력저항시스템이다.

1) 수직하중에 대한 저항: 모멘트골조

2) 지진하중에 대한 저항: 모멘트골조

내진설계에서 모멘트골조의 가장 큰 장점은 취성-전단 파괴모드를 피할 수 있는 것이지만 횡변위가 크게 발생하는 약점이 있다. 그러므로 가새나 전단벽 등으로 보강되지 않는 골조는 전단 변형이 크므로 충분한 연성을 갖도록 접합부를 설계하여야 한다.

건축물 내진설계기준에서는 횡력에 대한 저항능력을 증가시키기 위하여 부재와 접합부의 연성을 증가시킨 모멘트골조를 '연성모멘트골조(ductile moment frame)'라고 하며, 중연성도와 고연성도의 연성능력을 발휘할 수 있도록 각 재료기준에 따라 연성요구조건을 만족해야 한다. 건축물 내진설계기준에서는 연성능력에 따라 모멘트골조를 다음과 같이 분류한다.

1) 보통모멘트골조(ordinary moment frames; OMF)
   연성거동을 확보하기 위한 특별한 상세를 사용하지 않은 모멘트골조
2) 중간모멘트골조(intermediate moment frames; IMF)
   연성모멘트골조의 일종으로서 중연성도의 연성능력을 가지도록 설계된 모멘트골조
3) 특수모멘트골조(special moment frames; SMF)
   연성모멘트골조의 일종으로서 고연성도의 연성능력을 가지도록 설계된 모멘트골조

모멘트골조의 횡력에 대한 저항은 주로 골조작용에 의해(즉, 골조부재 및 접합부에서의 휨모멘트 및 전단력의 전달에 의해) 제공된다. 지진하중과 같은 반복 하중이 작용하는 경우에 연성파괴를 일으키려면 부재를 접합부에 강결(剛結; rigid connection; 강하게 결합)하는 것이 바람직하다. 모멘트골조의 횡변위는 강결된 보와 기둥의 휨을 발생시키므로, 모멘트골조의 횡강성과 횡강도는 보와 기둥의 휨강성과 휨강도에 영향을 받는다.

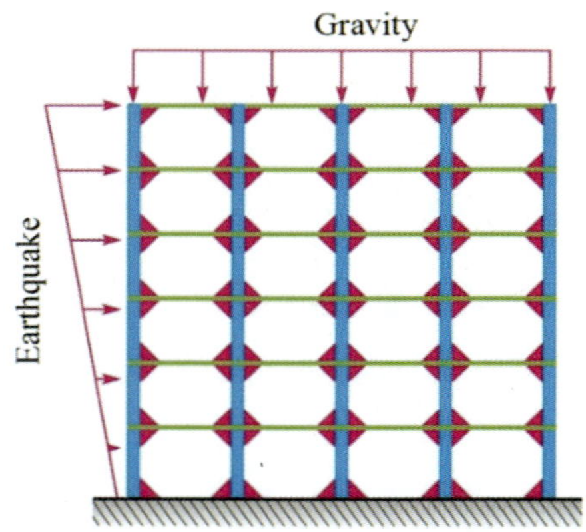

그림 5.3.3a 모멘트저항골조시스템

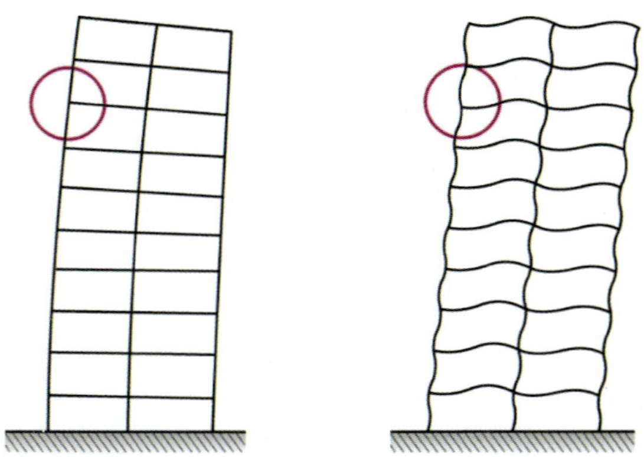

(a) 기둥만의 휨에 의한 구조물 변형 (b) 기둥과 보의 휨에 의한 구조물 변형

그림 5.3.3b 모멘트골조의 변형

그림 5.3.3c 모멘트저항골조 예(출처: FEMA, 2010)

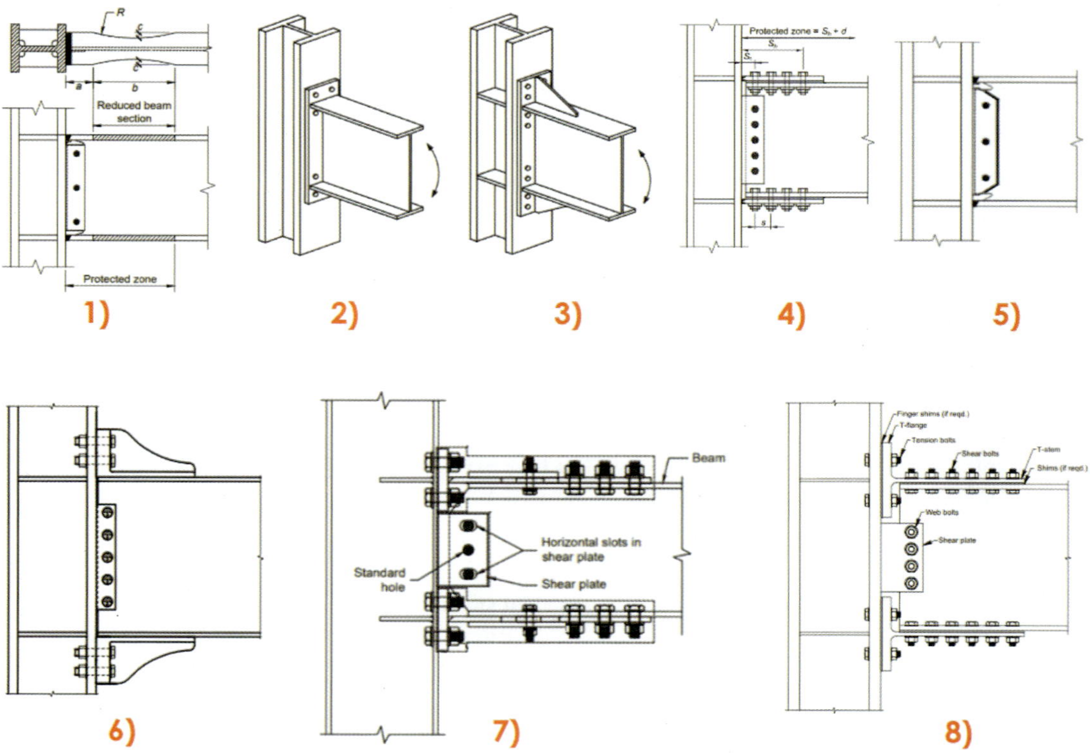

그림 5.3.3d AISC 모멘트저항골조(MRF)에 적합한 지진 접합부 예(출처: ANSI/AISC 358-16)

1. Reduced beam section (RBS),
2. Bolted unstiffened extended end plate (BUEEP)
3. Bolted stiffened extended end plate (BSEEP),
4. Bolted flange plate (BFP)
5. Welded unreinforced flange - welded web (WUF-W),
6. Kaiser bolted bracket (KBB)
7. Simpson Strong-Tie (Strong Frame) moment connection,
8. Double-tee moment connection

[KDS 41] 6.2.2 모멘트저항골조시스템

> 6. 지진력저항시스템
> 6.2 지진력저항시스템의 정의
> 6.2.2 모멘트저항골조시스템
> 모멘트저항골조시스템은 수직하중과 횡하중을 보와 기둥으로 구성된 모멘트골조가 저항하는 지진력저항시스템이다.

[KDS 41] 9.8.3 조적채움벽과 허리벽의 고려사항

> 9. 콘크리트구조의 고려사항
> 9.8 기타 요구사항
> 9.8.3 조적채움벽과 허리벽의 고려사항
> (1) 조적채움벽이 모멘트골조로부터 이격되지 않아서 구조요소로 역할을 할 경우에는 채움벽의 영향을 구조해석에서 고려하여야 한다. 조적채움벽은 조적구조기준에 따라서 설계하여야 하며, 콘크리트 기둥과 보에는 조적채움벽으로부터 전달되는 추가하중에 대하여 설계하여야 한다.
> (2) 조적허리벽 또는 콘크리트허리벽이 모멘트골조로부터 이격되지 않은 경우에는 허리벽에 의한 기둥길이의 감소효과를 구조해석과 설계에 반영해야 한다.

5.3.4-5.3.5 특수모멘트골조 혹은 중간모멘트골조를 가진 이중골조시스템

'이중골조방식(dual system)'이란 다음과 같은 지진력저항시스템이다.

1) 수직하중에 대한 저항: 보, 슬래브, 기둥으로 구성된 골조(frame)
2) 지진하중에 대한 저항: 모멘트저항골조와 전단벽(또는 가새골조)의 조합
   여기서 모멘트저항골조는 지진력의 25% 이상을 부담하는 연성모멘트골조이다.

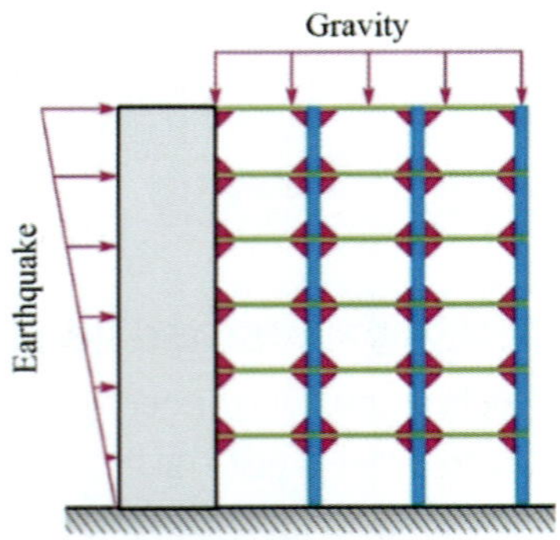

(a) 이중골조시스템

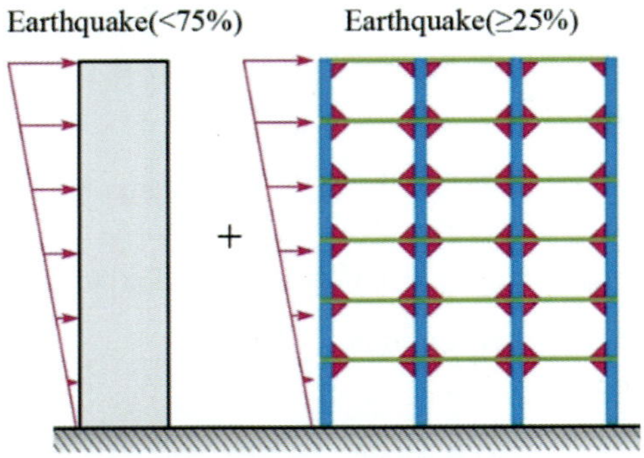

(b) 이중골조시스템의 하중 분담 개념

그림 5.3.4a 건물골조시스템

[KDS 41] 6.2.4 특수모멘트골조 혹은 중간모멘트골조를 가진 이중골조시스템

> 6. 지진력저항시스템
> 6.2 지진력저항시스템의 정의
> 6.2.4 특수모멘트골조 혹은 중간모멘트골조를 가진 이중골조시스템
> 이중골조시스템에서 모멘트골조는 적어도 설계지진력(밑면전단력)의 25%를 저항할 수 있어야 한다. 이중골조 전체의 횡력저항능력은 모멘트골조와 전단벽 또는 모멘트골조와 가새골조 각각의 횡력저항능력의 합으로 각각의 횡력저항능력은 그들의 횡강성에 비례하여 발휘된다.

[해설]

이중골조시스템으로 설계하기 위해서는 모멘트저항골조가 설계지진력의 25%를 부담하여야 하며, 또한 연성상세 적용을 통해 일정 이상의 변형능력을 갖도록 설계되어야 한다.

(방법 1)

설계지진력의 25% 이상을 부담할 수 있는가에 대한 판단은 이중골조시스템에 대하여 산정된 지진하중 크기 및 분포의 25%에 대하여 전단벽이나 가새골조의 도움 없이 독립된 모멘트저항골조가 저항할 수 있는가에 의하여 결정된다. 이러한 요건을 만족하면, 이중골조시스템으로써 전체 지진력에 대하여 설계할 수 있다.

(방법 2)

수직적으로 구조시스템의 변화가 크지 않으며, 3차원 구조해석 프로그램을 사용하여 전체 구조시스템을 동시에 모델링하여 해석할 때에는 밑면전단력을 근거로 이중골조시스템의 해당 여부를 판별할 수 있다. 즉, 모멘트골조가 부담하는 밑면전단력이 전체 밑면전단력의 25% 이상일 경우에는 이중골조시스템으로 볼 수 있다.

5.3.6 역추형시스템

'역추형시스템(逆錘形; inverted pendulum type structures; 매달린 추를 뒤집어 놓은 모양)'이란 바닥에 고정된 캔틸레버 기둥처럼 거동하며 횡력을 지지하는 지진력저항시스템이다.

그림 5.3.6a 독일 Waldenburg에 위치한 물탱크 타워(사진 출처: Wikimedia)

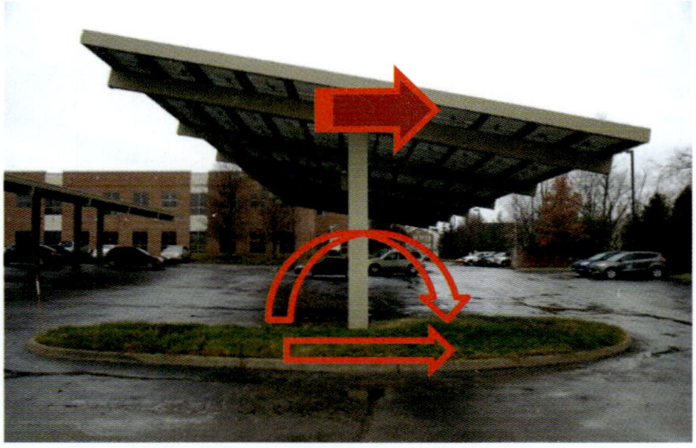

그림 5.3.6b Orion Solar Racking(출처: www.orionsolarracking.com)

[KDS 41] 6.2.5 역추형시스템

6. 지진력저항시스템
6.2 지진력저항시스템의 정의
6.2.5 역추형시스템

역추형시스템이란 바닥에 고정된 캔틸레버 기둥처럼 거동하며 횡력을 지지하는 지진력저항시스템을 말한다.

[해설]

상부에 중량물을 지지하는 기둥 및 골조, 세장한 벽체 등과 같이 횡력에 대하여 캔틸레버처럼 거동하는 구조물의 경우 역추형시스템으로 분류할 수 있다. 역추형시스템은 여유도와 시스템초과강도가 작고, 대부분의 비탄성 변형이 기둥 등 수직부재 하부에 집중된다. 따라서 다른 지진력저항시스템과 비교하여 역추형시스템은 상대적으로 작은 설계계수(반응수정계수, 초과강도계수, 변위증폭계수 등)를 사용한다.

5.3.7 철근콘크리트 보통 전단벽-골조 상호작용 시스템

'전단벽-골조 상호작용 시스템(shear wall-frame interactive system)'은 전단벽과 골조의 상호작용을 고려하여 강성에 비례하여 지진력을 저항하도록 설계되는 전단벽과 골조의 조합구조시스템이다.

철근콘크리트 보통 전단벽-골조 상호작용 시스템은 횡력에 저항하도록 설계된 철근콘크리트 보통전단벽과 철근콘크리트 보통모멘트골조의 조합을 이용한 구조시스템이다. 전단벽은 어느 정도까지 횡력에 저항할 수 있지만, 일정 수준 이상의 횡력저항능력을 갖기 위해서 골조를 추가한다.

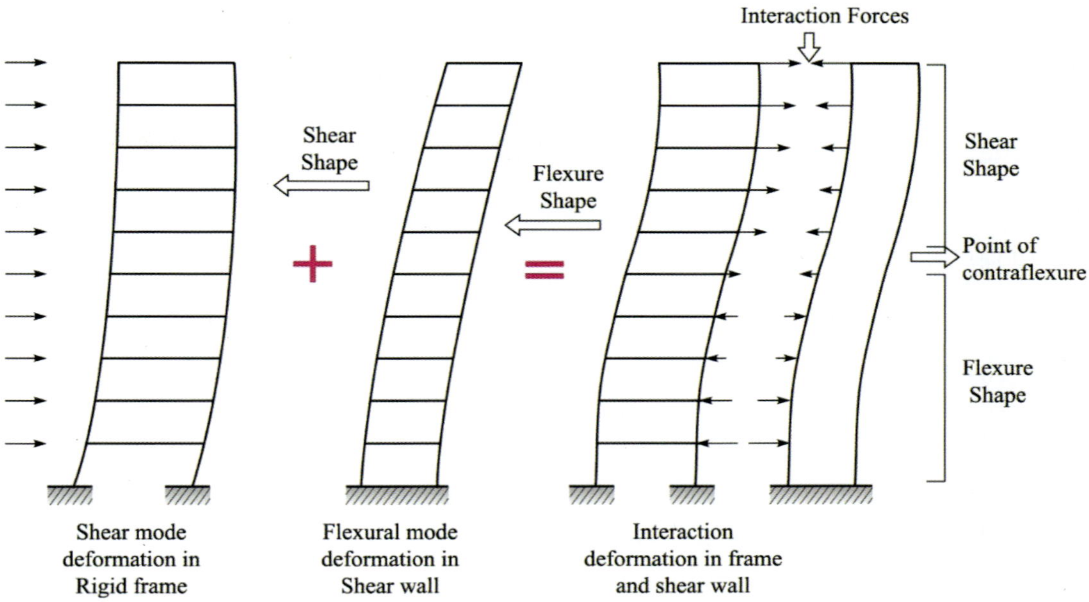

(a) 골조의 전단변형 (b) 전단벽의 휨변형 (c) 전단벽-골조의 상호작용 변형

그림 5.3.7 전단벽-골조 상호작용 시스템

(출처: https://www.structuralguide.com/lateral-load-resisting-systems/)

[KDS 41] 6.2.6 철근콘크리트 보통 전단벽-골조 상호작용 시스템

6. 지진력저항시스템

6.2 지진력저항시스템의 정의

6.2.6 철근콘크리트 보통 전단벽-골조 상호작용 시스템

철근콘크리트 보통 전단벽-골조 상호작용 시스템은 보통전단벽과 보통모멘트골조가 같이 사용용되는 구조이다. 철근콘크리트 보통 전단벽-골조 상호작용 시스템에서 전단벽의 전단강도는 각 층에서 최소한 설계층전단력의 75% 이상이어야 하고, 골조는 각 층에서 최소한 설계층전단력의 25%를 저항할 수 있어야 한다.

[해설]

수치적으로 구조시스템의 변화가 크지 않으며, 3차원 구조해석 프로그램을 사용하여 전체 구조시스템을 동시에 모델링하여 해석할 때에는 각 층에서 전단벽-골조 상호작용 시스템의 해당여부를 판별할 수 있다. 즉, 모멘트골조가 부담하는 층전단력이 전체 층전단력의 25% 이상일 경우에는 전단벽-골조 상호작용 시스템으로 볼 수 있다.

[KDS 41] 9.2 시스템의 분류

9. 콘크리트구조의 고려사항
9.2 시스템의 분류
9.2.1 모멘트골조
…
9.2.2 내력벽구조
…
9.2.3 무량판슬래브구조
…
9.2.4 모멘트골조와 전단벽 또는 가새골조의 혼합구조
…
9.2.5 일반규정만을 만족하는 철근콘크리트구조시스템
…

[해설]

…

6장 지진력저항시스템에서 저연성도와 중연성도, 고연성도 시스템은 다음과 분류할 수 있다(표 6.2-1).

1) 저연성도 시스템: 철근콘크리트 보통전단벽, 철근콘크리트 보통모멘트골조
2) 중연성도 시스템: 철근콘크리트 중간모멘트골조
3) 고연성도 시스템: 철근콘크리트 특수전단벽, 철근콘크리트 특수모멘트골조

5.3.8 일반규정만을 만족하는 철골구조시스템

[KDS 41] 6.2.7 강구조기준의 일반규정만을 만족하는 철골구조시스템

6. 지진력저항시스템
6.2 지진력저항시스템의 정의
6.2.7 강구조기준의 일반규정만을 만족하는 철골구조시스템
KDS 41 31 00 건축물 강구조 설계기준에서 4.10 강구조의 내진설계와 4.11 합성구조의 내진설계를 제외한 나머지 규정을 준수한 철골구조시스템을 말한다.

5.3.9 일반규정만을 만족하는 철근콘크리트구조시스템

[KDS 41] 6.2.8 콘크리트구조기준의 일반규정만을 만족하는 철근콘크리트구조 시스템

6. 지진력저항시스템

6.2 지진력저항시스템의 정의

6.2.8 콘크리트구조기준의 일반규정만을 만족하는 철근콘크리트구조 시스템

KDS 41 30 00 건축물 콘크리트구조 설계기준에서 4.18 내진설계 시 특별 고려사항을 제외한 나머지 규정을 준수한 콘크리트구조시스템을 말한다.

[해설]

일반규정이란 KDS 41 30 00 건축물 콘크리트구조 설계기준에서 4.18을 제외한 나머지 규정을 의미한다. 이러한 구조물은 초과강도를 고려하면 $R = 3$으로 설계했을 때 충분히 탄성에 가깝게 거동할 것으로 판단된다. 특히, 국내의 설계방식은 모든 구조시스템이 횡력에 저항하도록 설계하기 때문에 충분한 여유도를 갖고 있어 $R = 3$으로 설계했을 때는 높이 제한 30m(내진설계범주 D)를 제외한 모든 시스템 제한조건을 적용하지 않았다. 이 규정을 적용할 경우, 내진상세와 지진하중의 골조분담률 제한조건을 고려하지 않고 보통모멘트골조와 전단벽을 이용한 대부분의 구조시스템에 적용이 가능하다.

5.3.10 지하외벽으로 둘러싸인 지하구조시스템

[KDS 41] 14.3.2 지하구조물의 지진력저항시스템

14. 지하구조물의 내진설계

14.3 지진력저항시스템

14.3.1 지상구조물의 지진력저항시스템

(1) 지하구조와 지상구조로 구성된 건축물에서 지상구조물의 지진력저항시스템은 지상구조물의 구조형식에 따라 표 6.2-1을 적용한다. 단, 표 6.2-1의 높이제한규정 적용시 지하구조물의 높이는 산입하지 않는다.

14.3.2 지하구조물의 지진력저항시스템

(1) 지하구조물은 콘크리트외벽으로 둘러싸여 있어서 큰 횡강성과 작은 연성능력을 가지고 있으므로 지하구조물 자체의 관성력에 의하여 발생하는 지진하중 산정 시 설계계수는 지상구조물의 설계계수와 별도로 표 6.2-1의 10에 따라 반응수정계수($R = 3$), 시스템초과강도계수($\Omega_0 = 3$), 변위증폭계수($C_d = 2.5$)를 적용한다.

14.3.3 지하구조물의 연성상세

(1) 지상구조와 연결되어 지상구조로부터 지진하중이 전달되는 지하구조물의 영역은 지상구조로부터 전달되는 지진하중을 전달할 수 있도록 안전하게 설계되어야 하며, 지상구조와 연결되는 부위는 지상구조와 동일한 연성등급의 상세를 사용하여 설계한다. 다만, 부재의

강도가 초과강도계수를 고려한 특별지진하중보다 큰 경우에는 연성상세를 사용할 필요는 없다.

[해설]

지상층과 지하층 구조로 구성된 건축물에서 각 지진력저항시스템의 적용 위치는 해그림 4.3-1과 같다.

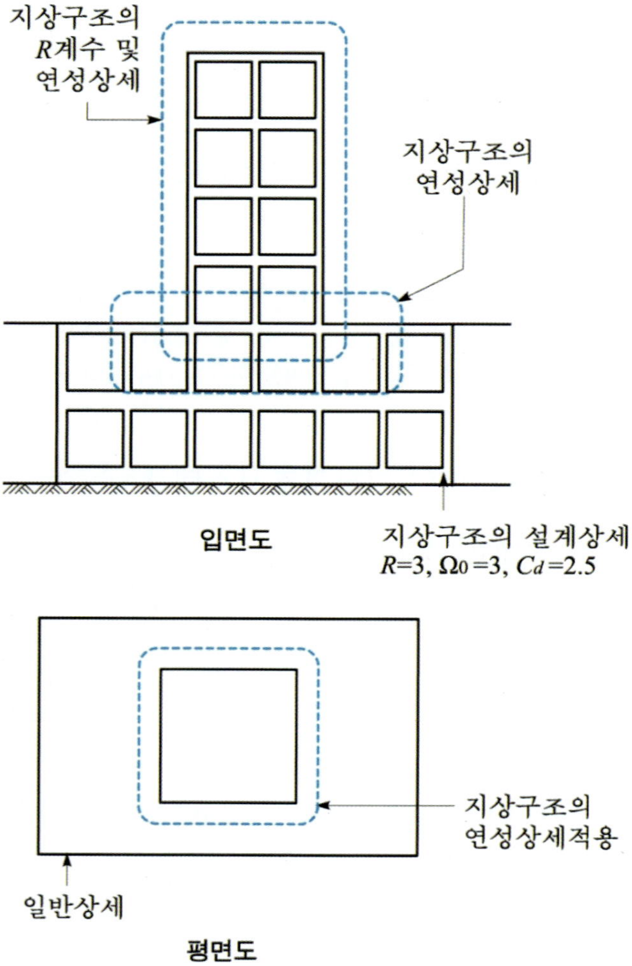

해그림 14.3-1 지진력저항시스템 및 연성상세의 적용
(출처: KDS 41 17 00 건축물 내진설계기준 및 해설, 2019)

지하구조물의 내진설계는 지상층과 지하층이 함께 모델링되고 지상층의 보정계수가 적용된 상태에서 지상층반응수정계수/3(지하층반응수정계수)배만큼 증가시켜 부재를 설계할 수 있다.

제6장

[내진설계] 연성

6.1 내진설계와 연성

6.1.1 연성이란?

구조물의 내진설계에서 가장 중요한 것은 각 부재가 연성능력을 발휘할 수 있도록 취성파괴를 억제하도록 설계해야 한다. 여기서 '연성(延性, ductility)'이란 물질이 탄성한계를 넘는 힘을 받아도 파괴되지 않고 늘어나는 성질이며(즉, 비탄성 변형능력이며), '취성(脆性, brittleness)'의 상대되는 개념이다.

연성(延性, ductility) ↔ 취성(脆性, brittleness)

재료의 연성은 연신율(또는 신장율)과 감소율로 나타낸다.

연신율(신장율) ↔ 감소율

1) '연신율((延伸率; pecent elongation; 신장률; 伸張率)'
시편을 파손될 때까지 인장한 후, 파단된 시편의 최대로 늘어난 길이를 원래 시편의 길이로 나누어 백분율로 나타낸다.

$$\%EL = \frac{\Delta l}{l_o} \times 100$$

2) '감소율(延伸率, pecent reduction)'
시편을 파손될 때까지 인장한 후, 파단된 시편의 최대로 줄어든 단면적을 원래 시편의 단면적으로 나누어 백분율로 나타낸다.

$$\%RA = \frac{\Delta A}{A_o} \times 100$$

다음 표는 건축물의 내진설계기준의 해설편에서 제시된 철근의 산업규격으로, 철근의 연신율은 10% 이상이다.

[KDS 41] 9. 콘크리트구조의 고려사항

9. 콘크리트구조의 고려사항

9.3 재료요구사항

9.3.1 철근

(1) 모멘트골조부재, 벽체의 경계요소, 연결보에 사용되는 주철근에 대해서는 다음과 같은 성능을 가지는 한국산업규격의 '내진용 철근(SD400S, SD500S, SD600S)'을 사용한다.

① 철근의 인장강도는 항복강도를 일정이상 초과하는 충분한 강도를 가져야 한다.

② 철근의 실제 항복강도는 설계기준 항복강도대비 과도한 강도를 나타내서는 안 된다.

③ 철근은 충분한 신장율을 나타내야 한다.

[해설]

① 부재의 소성힌지에서 충분한 변형능력을 발휘하기 위해서는 철근이 항복강도 대비 충분한 인장강도와 신장률을 가져야 한다. 즉, 강도비(=인장강도/항복강도 > 1)와 연성능력이 커야 한다.

② 철근의 실제항복강도가 설계기준항복강도보다 과도하게 크면, 설계자가 원하지 않는 취성파괴가 발생할수 있다.

〈해표 9.2-1) 철근 산업규격

종류 기호	항복점 또는 항복강도 (N/mm^2)	인장강도a) (N/mm^2)	인장 시험편	연신율b) (%)	굽힘성	
					굽힘 각도	안쪽 반지름
SD300	300~420	항복강도의 1.15배 이상	2호에 준한 것	16 이상	180°	D16 이하 공칭 지름의 1.5배
			3호에 준한 것	18 이상		D16 초과 공칭 지름의 2배
SD400	400~520	항복강도의 1.15배 이상	2호에 준한 것	16 이상	180°	공칭 지름의 2.5배
			3호에 준한 것	18 이상		
SD500	500~650	항복강도의 1.08배 이상	2호에 준한 것	12 이상	90°	D25 이하 공칭 지름의 2.5배
			3호에 준한 것	14 이상		D25 초과 공칭 지름의 3배
SD600	600~780	항복강도의 1.08배 이상	2호에 준한 것	10 이상	90°	D25 이하 공칭 지름의 2.5배
			3호에 준한 것			D25 초과 공칭 지름의 3배
SD700	300~420	항복강도의 1.15배 이상	2호에 준한 것	10 이상	90°	D25 이하 공칭 지름의 2.5배
			3호에 준한 것			D25 초과 공칭 지름의 3배
SD400 W	400~520	항복강도의 1.15배 이상	2호에 준한 것	16 이상	180°	공칭 지름의 2.5배
			3호에 준한 것	18 이상		
SD500 W	500~650	항복강도의 1.15배 이상	2호에 준한 것	12 이상	180°	D25 이하 공칭 지름의 2.5배
			3호에 준한 것	14 이상		D25 초과 공칭 지름의 3배
SD400 S	400~520	항복강도의 1.25배 이상	2호에 준한 것	16 이상	180°	공칭 지름의 2.5배
			3호에 준한 것	18 이상		
SD500 S	500~620	항복강도의 1.25배 이상	2호에 준한 것	12 이상	180°	D25 이하 공칭 지름의 2.5배
			3호에 준한 것	14 이상		D25 초과 공칭 지름의 3배
SD600 S	600~720	항복강도의 1.25배 이상	2호에 준한 것	10 이상	90°	D25 이하 공칭 지름의 2.5배
			3호에 준한 것			D25 초과 공칭 지름의 3배

a) 인징강도는 실측한 항복강도의 비율로서 규정된 비율 이상이어야 한다.

b) 이형 봉강에서 치수가 호칭명 D32를 초과하는 것에 대해서는 호칭명 3이 증가할 때마다 표에서 규정하는 연신율 값에서 각각 2를 감한다. 다만, 감하는 한도는 4로 한다.

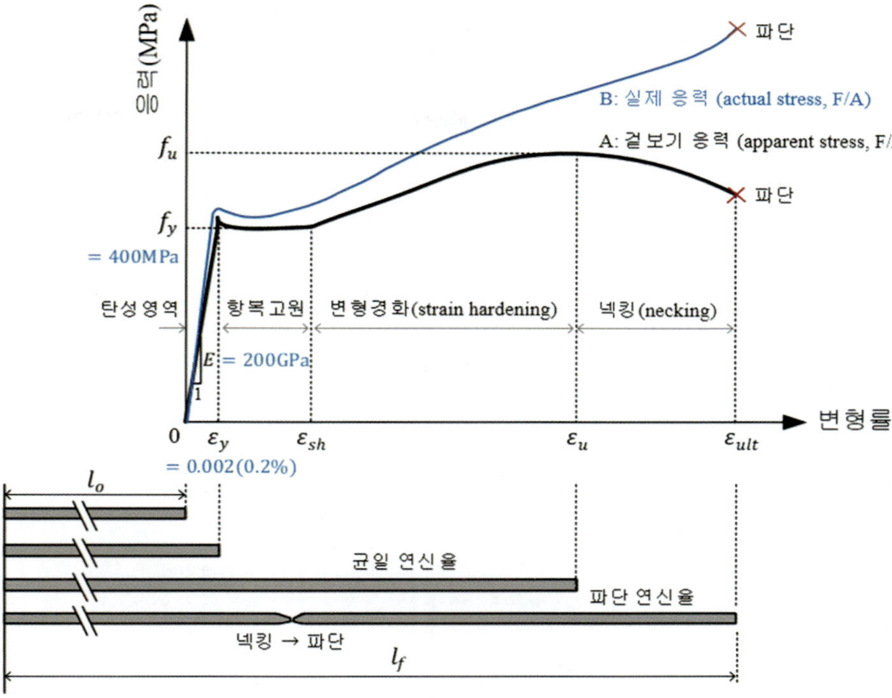

그림 6.1.1a 강재의 응력-변형률 곡선

'탄소강(炭素鋼, carbon steel)'인 철근은 탄소 함유량을 증가시키면 강도는 증가하지만 연성은 감소한다.

연성(延性, ductility) ↔ 강도(强度, strength)

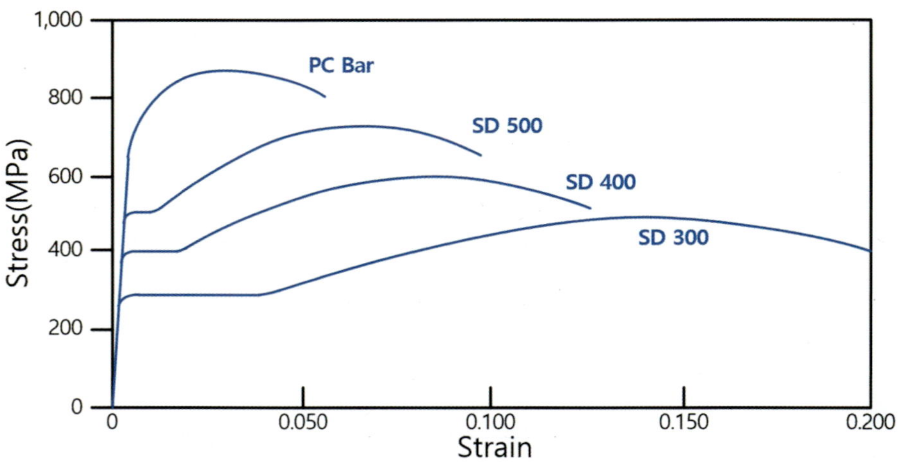

그림 6.1.1b 이형철근의 응력-변형률 곡선

6.1.2 철근콘크리트의 연성파괴

철근콘크리트(reinforced concrete; reinforced cement concrete; RC; RCC)는 철근과 콘크리트의 복합재료이다. 철근콘크리트 부재의 단면에서 철근의 배치는 콘크리트의 압축 변형률이 극한 변형률에 도달하기 전에 인장 철근이 먼저 항복하도록 하며, 이것을 단면의 '연성파괴'라고 한다.

'균형철근비(balanced reinforcement ratio, ρ_b)'란 인장철근이 설계기준항복강도에 도달함과 동시에 압축연단 콘크리트의 변형률이 극한 변형률에 도달하는 철근콘크리트 단면의 인장철근비를 말한다. 내진설계에서는 철근콘크리트 부재의 연성파괴를 의도적으로 유도하기 위해, 균형철근비보다 적게 철근을 배치한다. 즉, '과소철근(under reinforced)'으로 철근을 배치한다.

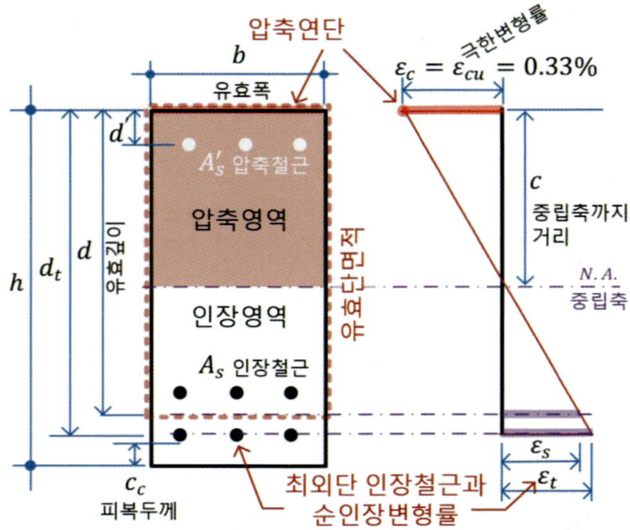

(a) 단면 (b) 변형률

그림 6.1.2a 철근비($\rho = A_s/bd$)의 정의

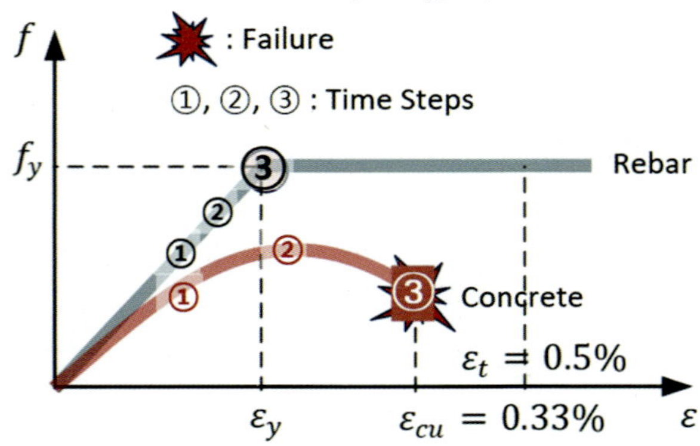

그림 6.1.2b 균형변형률 상태와 균형철근비 ρ_b

(콘크리트가 극한변형률 ③에 도달함과 동시에 철근이 항복강도 ③에 도달)

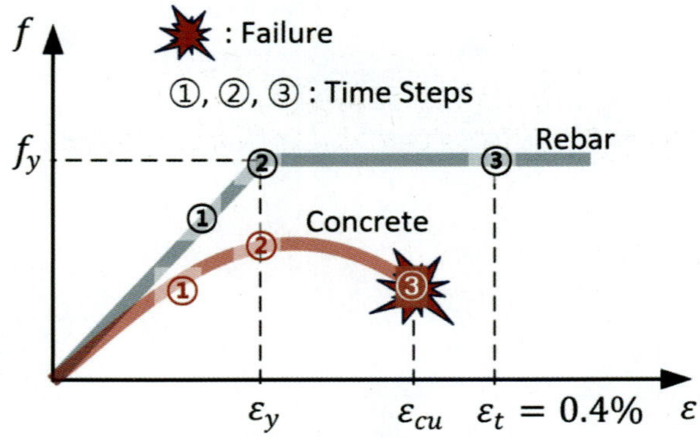

그림 6.1.2c 저보강 보 → 연성파괴
(콘크리트가 극한변형률 ③에 도달하기 전에 철근이 먼저 항복 ②)

6.1.3 역량설계

부재가 파괴될 때의 부재의 역량과 파괴모드는 다음과 같이 정의한다.

1) 역량(capacity, 능력)
부재의 하중-변위곡선에서 곡선의 면적이며, 이 면적은 부재가 파괴될 때까지 수용할 수 있는 변형에너지를 나타낸다.
2) 파괴모드(failure mode)
부재가 파괴되는 형상과 특성이다.

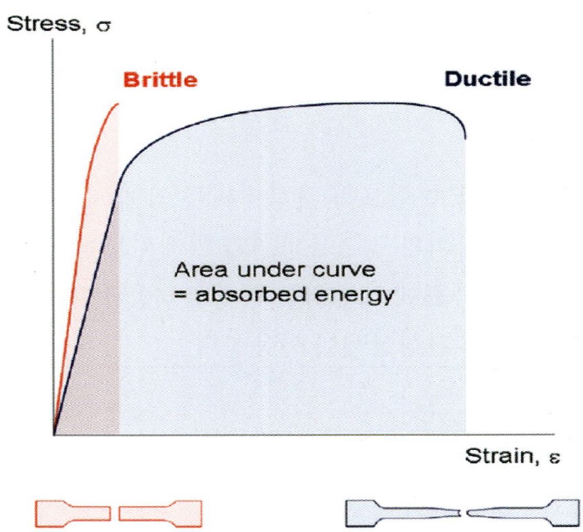

그림 6.1.3a 취성 재료와 연성 재료의 역량

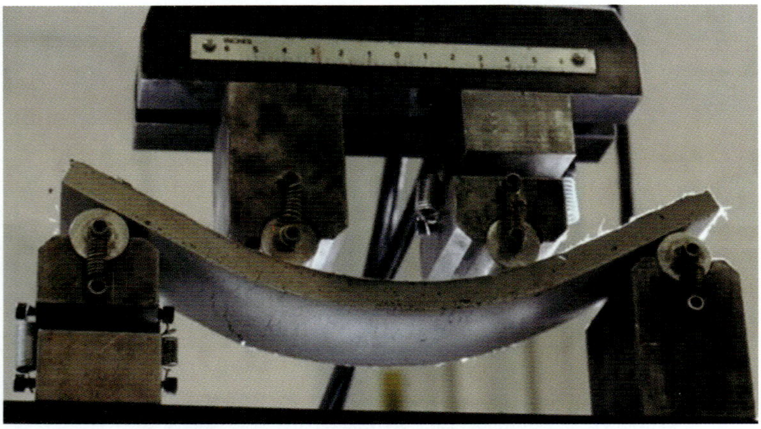

그림 6.1.3b 연성재료를 혼합한 콘크리트 (출처: https://theconstructor.org/)

예를 들어 동일한 길이와 단면적을 가진 두 개의 막대를 고려하자. 두 개의 막대 중 하나는 연성(ductile) 재료이고(예: 강재), 다른 하나는 취성(brittle) 재료이다(예: 콘크리트). 이 두 개의 막대를 파괴가 될 때까지 당기면, 파괴 시 변형량은 연성재료는 크고, 취성재료는 작을 것이다.

표 6.1.3 부재의 파괴모드와 역량

구분	연성 막대기	취성 막대기
파괴모드	연성 파괴	취성 파괴
(연성)역량	큼	작음

$$\text{연성(延性, ductility)} \propto \text{역량(능력)}$$

[KDS 41] 1.7 내진구조설계

1. 일반사항

1.7 내진구조설계

(1) 각 부재가 연성능력을 발휘할 수 있도록 취성파괴를 억제하도록 설계해야 한다. 즉, 휨항복을 유도하기 위하여 전단파괴와 연결부파괴가 억제되도록 안전하게 설계한다.

(4) 기둥과 큰 보의 단부는 성능목표에 해당하는 연성능력을 유지할 수 있도록 콘크리트기준과 강구조기준에서 요구하는 연성상세를 사용한다.

구조물의 역량을 고려하여 구조물을 설계하는 것을 '역량설계법(capacity design method)'이라 한다. 이 설계법은 구조물의 여러 개의 파괴모드 중에서 특정한 파괴모드가 발생할 수 있도록 하는 설계법이다. 즉, 원하는 않는 파괴모드에 대한 구조물의 역량을 키워서 원하는 특정 파괴모드를 유도한다.

다양한 파괴모드를 갖는 구조물에 역량설계를 적용하기 위해 '연성체인설계(ductile chain design)' 개념을 사용한다. 다음 그림과 같은 체인이 있고 체인 가운데를 강성이 작은 연결고리로 연결하자. 체인을 잡아 당기면 강성이 작은 연결고리에서 파괴가 발생할 것이다. 이 고리의 재료 특성이 취성이 체인은 취성파괴(brittle failure)가 발생하고, 이 고리의 특성이 연성이면 체인은 연성파괴(ductile failure)가 발생할 것이다.

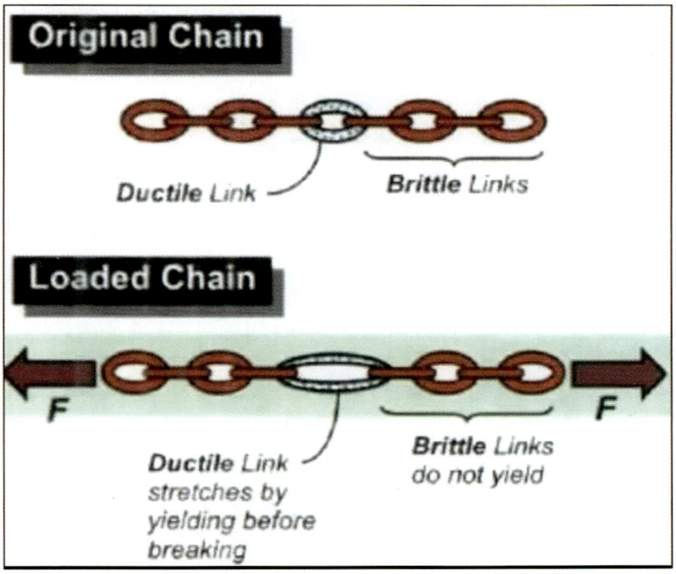

그림 6.1.3c 역량설계법에서 연성체인(출처: https://theconstructor.org/)

건물에서도 연성체인의 형태로 이와 같은 개념을 구현한다. 지진 시 발생한 지진력(관성력)은 바닥에서 보로, 보에서 기둥으로, 그리고 기둥에서 기초로 전달된다. 기둥의 파괴는 보의 파괴보다 건물의 붕괴에 더 큰 영향을 미칠 것이다. 따라서 보를 기둥보다 약한 연성 고리로 만드는 것이 좋다. 이러한 설계방법을 '강기둥-약보 개념(SC-WB concept; strong column-weak beam concept)'이라고 한다.

6.2 연성 상세

6.2.1 설계 요소

어떤 지역에서 예상되는 최대 지진에 대해 구조물이 탄성상태를 유지할 수 없다면, 이 구조물은 연성 보강이 필요하다. 지진 요구에 따라 강성을 증가시키는 것은 안전성과 경제성 측면에서 적절하지 않으므로, 연성을 보강한다.

구조물의 연성은 다음 특성에 의해 결정된다.

1) 재료의 연성
2) 구조물을 이루고 있는 부재의 연성: 철근 상세
3) 구조물의 형식: 반응수정계수

재료의 연성이 부재의 연성에 기여하는 것이외에도 구조물이 더 큰 연성을 얻을 수 있기 위해서는 내진설계 기준에서 권장하는 구조물의 연성 상세를 따라야 한다.

내진설계에서 권장하는 구조물의 거동은 다음과 같다.

1) 큰 지진 시 큰 변형을 겪더라도 수직 하중을 견디도록 부재의 강도를 유지한다.
2) 손상을 입더라도 부재의 소성파괴 등의 연성손상을 순차적으로 입는다.

이러한 거동을 기둥의 연성을 고려한 내진설계를 예로 들어 설명하면 다음과 같다.

1) 기둥의 종방향 철근의 좌굴을 피해야 한다. 즉, 기둥이 균열, 콘크리트 파쇄 또는 철근의 항복을 받더라도 수직 하중을 계속 지지할 수 있어야 한다.
2) 횡방향 철근으로 심부콘크리트를 구속해야 한다. 이러한 기둥의 횡방향 배근은 재료가 연성을 갖도록 하므로 구조물 및 관련 부재의 강성을 줄일 수 있다. 즉, 강진 시 구조물이 탄성을 유지했다면 큰 부재력이 발생했을 것이고, 재료의 연성을 고려한다는 의미는 구조물의 손상을 허용하여 부재력을 줄인다는 것이다. 이 개념은 내진설계에서 사용하는 '연성계수(ductility factor)'인 반응수정계수(R)의 적용 근거가 된다. 연성계수는 횡력저항시스템에 따라 다르다. 손상이 발생해도 붕괴하지 않고 더 큰 변형을 지지할 수 있는 횡력저항시스템의 경우 더 높은 연성계수를 갖는다. 반면에 붕괴되기 전까지 작은 변형만을 지지할 수 있는 횡력저항시스템은 작은 연성계수를 갖는다.

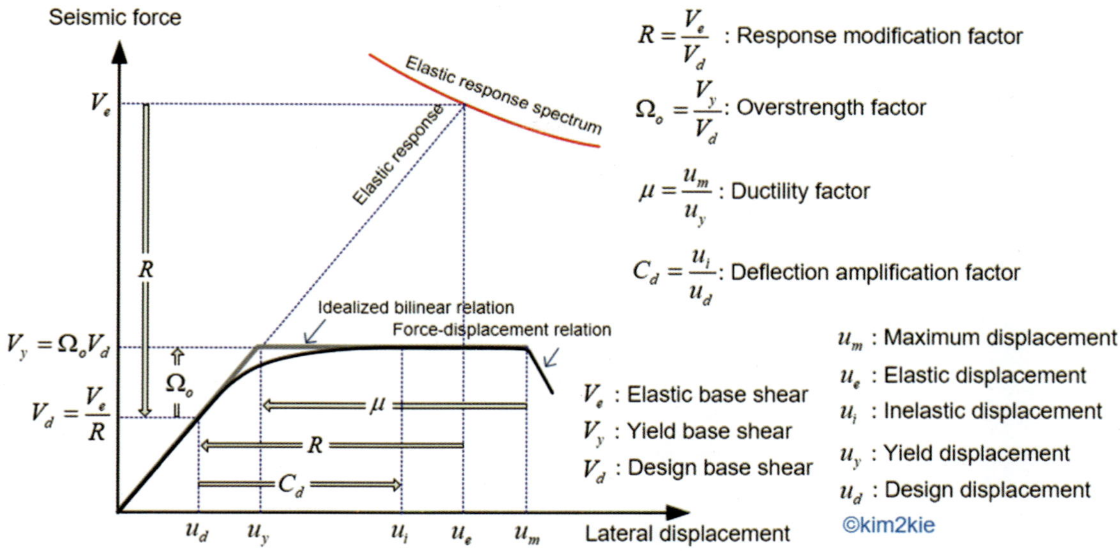

그림 6.2.1 반응수정계수, 초과강도계수 및 변위증폭계수(출처: 김두기, 2021)

구조물의 내진설계는 강진 시 부재의 각 부분은 항복하나 구조물이 붕괴되어서는 안되고, 약진 시 각 부재와 구조물은 허용응력 이내의 탄성거동을 하도록 설계한다. 즉, 강진에 의해 구조물의 부재에 부재력이 설계강도를 초과하여 소성힌지가 형성될 수 있지만, 구조물이 붕괴되어서는 안된다. 지진 시 소성힌지가 더 많이 형성될수록 구조물에 더 많은 손상이 가해진다고 볼 수 있다. 구조물에서 소성힌지가 형성되기 위해서는 부재와 재료가 충분한 연성을 갖고 있어야 한다. 따라서 부재와 재료의 연성이 클수록 에너지 흡수능력이 커지고 반응수정계수도 커져서 더욱 안전하고 경제적인 내진구조가 된다.

6.2.2 구조물의 형식: 반응수정계수

일반적인 내진설계에서는 실제 발생가능한 지진하중을 반응수정계수(R)로 나누어 설계지진하중을 산정한다. 이 설계지진하중을 사용하여 구조물의 응답을 탄성해석으로 구하며, 구조물의 응답으로 부재의 설계단면력을 산정하는 과정을 거친다. 이렇게 실제하중의 $\frac{1}{R}\left(\approx \frac{1}{3\sim8}\right)$에 해당하는 하중에 대해서만 설계할 수 있는 것은 주로 부재와 구조물의 연성능력 때문이다.

$$\text{연성(延性, ductility)} \propto \text{반응수정계수}(R)$$

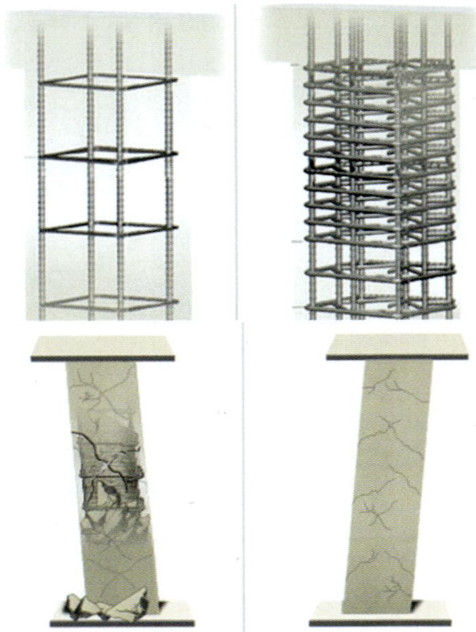

그림 6.2.1a 강성은 같지만, 연성이 다른 기둥[animation]

(출처: How concrete buildings fail in earthquakes, Los Angeles Times, 2013)

지진력저항시스템에 따라(즉, 구조물의 형식에 따라) 규정된 반응수정계수(R)는 구조물의 비탄성변형능력과 초과강도를 고려하여 지진하중을 감소시키는 역할을 한다. 여기서 연성도의 크기에 따라 보통(저연성도), 중간(중연성도), 특수(고연성도)라고 한다.

표 6.2-1 지진력저항시스템에 대한 설계계수(발췌)

기본 지진력저항시스템	반응수정계수 R
1. 내력벽시스템	
1 - a. 철근콘크리트 특수전단벽	5
1 - b. 철근콘크리트 보통전단벽	4
2. 건물골조시스템	
2 - n. 철근콘크리트 특수전단벽	6
2 - o. 철근콘크리트 보통전단벽	5
3. 모멘트-저항골조 시스템	
3 - h. 철근콘크리트 특수모멘트골조	8
3 - i. 철근콘크리트 중간모멘트골조	5
3 - j. 철근콘크리트 보통모멘트골조	3
4. 특수모멘트골조를 가진 이중골조시스템	
4 - j. 철근콘크리트 특수전단벽	7
4 - k. 철근콘크리트 보통전단벽	6
5. 중간모멘트골조를 가진 이중골조시스템	
5 - b. 철근콘크리트 특수전단벽	6.5
5 - c. 철근콘크리트 보통전단벽	5.5
6. 역추형 시스템	
6 - a. 캔틸레버 기둥 시스템	2.5
7. 철근콘크리트 보통 전단벽-골조 상호작용 시스템	4.5
8. 6의 역추형 시스템에 속하지 않으면서 강구조기준의 일반규정만을 만족하는 철골구조시스템	3
9. 6의 역추형 시스템에 속하지 않으면서 철근콘크리트구조기준의 일반규정만을 만족하는 철근콘크리트구조시스템	3
10. 지하외벽으로 둘러싸인 지하구조시스템	3

해그림 6.4-1과 같이 두 개 이상의 고층건물이 저층부에서 익스팬션조인트(expansion joint)가 없는 상태로 연결될 경우 각각의 고층건물은 저층부 구조시스템의 반응수정계수와 비교하여 작은 값을 사용하고 저층부의 반응수정계수도 고층건물의 반응수정계수와 비교하여 작은값을 사용한다.

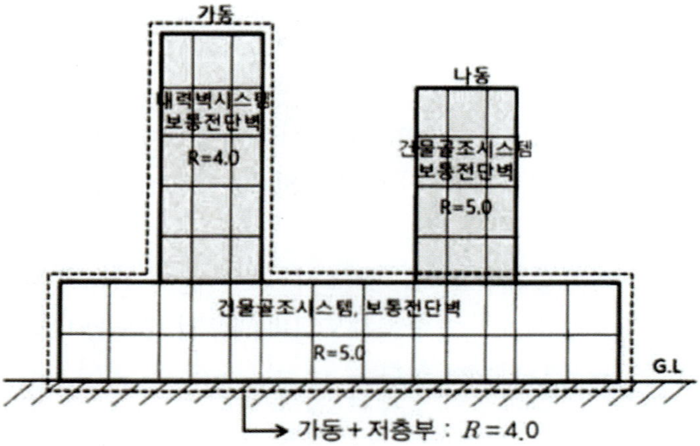

해그림 6.4-1 조합골조의 계수(출처: KDS 41 17 00 건축물 내진설계기준 및 해설)

지하구조물의 내진설계는 지상층과 지하층이 함께 모델링되고 지상층의 보정계수가 적용된 상태에서 지상층반응수정계수/3(지하층반응수정계수)배만큼 증가시켜 부재를 설계할 수 있다.

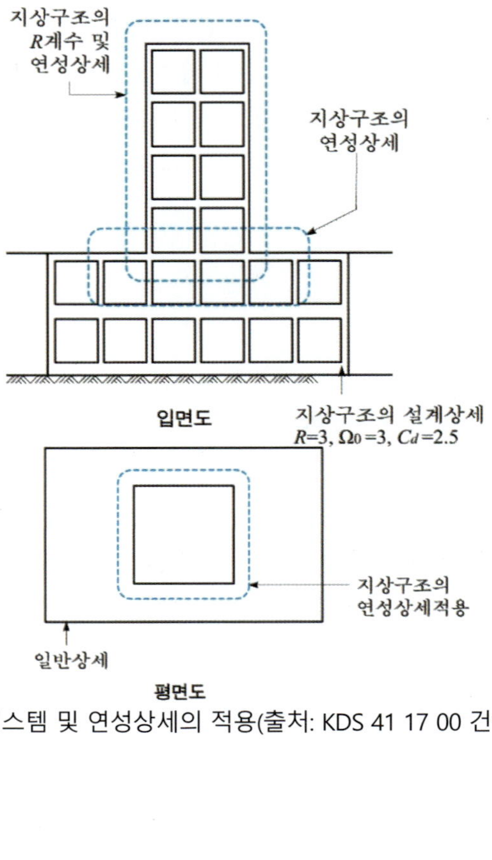

해그림 14.3-1 지진력저항시스템 및 연성상세의 적용(출처: KDS 41 17 00 건축물 내진설계기준 및 해설)

6.2.3 재료의 연성: 내진용 철근

[KDS 41] 9. 콘크리트구조의 고려사항

9. 콘크리트구조의 고려사항

9.3 재료요구사항

9.3.1 철근

(1) 모멘트골조부재, 벽체의 경계요소, 연결보에 사용되는 주철근에 대해서는 다음과 같은 성능을 가지는 한국산업규격의 '내진용 철근(SD400S, SD500S, SD600S)'을 사용해야 한다.

① 철근의 인장강도는 항복강도를 일정이상 초과하는 충분한 강도를 가져야 한다.

② 철근의 실제 항복강도는 설계기준 항복강도대비 과도한 강도를 나타내서는 안 된다.

③ 철근은 충분한 신장율을 나타내야 한다.

[해설]

① 부재의 소성힌지에서 충분한 변형능력을 발휘하기 위해서는 철근이 항복강도 대비 충분한 인장강도와 신장률을 가져야 한다. 즉, 강도비(=인장강도/항복강도 > 1)와 연성능력이 커야 한다.

② 철근의 실제항복강도가 설계기준항복강도보다 과도하게 크면, 설계자가 원하지 않는 취성파괴가 발생할수 있다.

Q) 철근의 실제 항복강도가 공칭항복강도를 120MPa 이상 초과하지 않아야 하는 이유?

Q) 실제 항복강도에 대한 실제 인장강도의 비가 1.25 이상이어야 하는 이유?

Q) 중간모멘트골조의 소성영역의 주철근을 내진용 S등급 철근을 사용하는 이유?

[KDS 14] 1.7 내진구조설계

4. 설계

4.1 특기 사항

4.1.5 중간 및 특수 콘크리트 구조 시스템의 철근

(1) 지진력에 의한 휨모멘트 및 축력을 받는 중간모멘트골조와 특수모멘트골조, 그리고 특수 철근콘크리트 구조벽체 소성영역과 연결보에 사용하는 철근(KS D 3504, 3552, 7017)은 설계기준항복강도 f_y가 600MPa 이하이어야 한다. 또한, 주철근은 다음 (2) 또는 (3)을 만족해야 하며, 전단철근의 f_y는 선부재의 경우 500MPa 이하, 벽체의 경우 600MPa 이하이어야 한다.

(2) 골조나 구조벽체의 소성영역 및 연결보에 사용하는 주철근은 KS D 3504의 특수내진용 S 등급 철근을 사용하여야 한다.

(3) 단, KS D 3504의 일반구조용 철근이 아래 두 가지 성능조건을 만족할 경우, 골조, 구조벽체의 소성영역 및 연결보의 주철근으로 사용할 수 있다.
① 실제 항복강도가 공칭항복강도를 120 MPa 이상 초과하지 않아야 한다.
② 실제 항복강도에 대한 실제 인장강도의 비가 1.25 이상이어야 한다.

[해설]

Q) 철근의 실제 항복강도가 공칭항복강도를 120MPa 이상 초과하지 않아야 하는 이유?

A) 설계에서 산정한 강도보다 현저하게 큰 강도의 철근을 사용한 휨부재의 항복휨모멘트는 예상보다 큰 값의 전단력과 부착응력을 동반하게 된다. 설계에서 예상한 하중보다 더 큰 하중에서 전단 및 부착 파괴가 일어난다고 하더라도 전단과 부착은 취성파괴의 특성을 가지고 있으므로 반드시 피해야 한다. 따라서 철근의 실제 항복강도에 일정한 상한선을 두어야 한다.

Q) 실제 항복강도에 대한 실제 인장강도의 비가 1.25 이상이어야 하는 이유?

A) 철근의 항복강도에 대한 인장강도의 비를 크게 한 규정은 구조 부재의 비탄성 회전 능력은 부재의 축을 따라 발생하는 소성힌지영역 길이의 함수라는 가정에 근거를 둔다. 실험 결과를 분석해 보면 소성힌지영역 길이는 항복휨모멘트에 대한 극한휨모멘트의 비가 크면 클수록 소성힌지영역의 길이가 길어지게 된다. 이 규정은 실제 항복강도에 대한 실제 인장강도의 비가 1.25 이상을 요구한다. 이 규정을 만족하지 않는 철근을 사용한 부재도 비탄성 회전을 달성할 수는 있지만, 그 거동이 너무 달라서 변형경화의 철근으로 보강된 부재에 의해 유도된 일반 법칙을 직접 적용할 수 없을 정도이다.

Q) 중간모멘트골조의 소성영역의 주철근을 내진용 S등급 철근을 사용하여야 하는 이유?

A) 이전의 구조기준에서는 특수모멘트골조와 특수철근콘크리트 구조벽체에서 지진력에 의한 휨모멘트 및 축력을 받는 골조나 구조벽에 사용하는 보강철근의 요구조건으로 "실제 항복강도에 대한 실제 인장강도의 비가 1.25 이상이 되어야 한다"고 규정하였다. 이것은 한국산업표준 KS에 이러한 성능조건을 규정한 철근표준이 존재하지 않았기 때문이었다. 그 후 2011년에 KS D 3688에 이러한 성능조건을 규정 한 특수내진용 철근이 표준으로 제정되었으나, 일반구조용 철근의 경우에도 실제 항복강도에 대한 실제 인장강도의 비가 1.25 이상으로 생산되었으므로, 구조기준에서 특별히 특수내진용 철근의 적용을 의무화하지 않았다. 그러나 2016년에 KS D 3688이 KS D 3504와 통합되면서 "실제 항복강도에 대한 실제 인장강도의 비가 1.25 이상이어야 한다"는 특수내진용 철근의 성능조건은 유지되었으나, 일반구조용 철근과 용접용 철근의 실제 항복강도에 대한 실제 인장강도의 비가 1.08 이상 또는 1.15로 개정됨으로써 일반 구조용 철근이나 용접용 철근을 성능 검증 없이 내진구조물에 적용해서는 안 되는 상황이 되었다. 따라서 "지진력에 의한 휨모멘트 및 축력을 받는 중간모멘트골조, 특수모멘트골조, 특수철근콘크리트 구조벽체의 소성영역과 연결보에 사용하는 보강철근은 KS D 3504의 특수내진용 S등급 철근을 사용하거나 성능 검증을 통하여 이와 동등한 성능을 가졌다"는 것이 확인된 철근을 사용하도록 하였다.

이전의 구조기준과 달리, 중간모멘트골조의 소성영역을 이 규정의 대상으로 포함하였다.

그림 6.2.3a 내진용 철근을 확인하는 방법(출처: 한국건설신문, 2016.12.19)
(K = 한국, HK = 한국철강, 10 = 직경 10 mm, 5 = 항복강도 500 MPa, S = Seismic)

6.2.4(1) 부재의 연성: 정착 및 이음

철근콘크리트 부재에서 철근의 정착길이 또는 겹침이음길이가 부족할 경우 기둥에서 정착파괴가 발생할 수 있다. 따라서 내진설계기준에서는 부재의 정착과 이음에 관해 규정하고 있다.

그림 6.2.4(1)a1 철근 정착파괴 및 주철근 겹침이음부 파괴로 인한 교각의 휨파괴

그림 6.2.4(1)a2 고베 지진(M_w 6.9, 1995) 시 600m 가량 붕괴된 한신고속도로 고가교(좌측)와 재건설된 고가교(우측)
(좌측 출처: 神戸新聞, 2019. 1. 15, 우측 출처: 지진본부, 미래를 잇는 방재교육, 2010. 3. 9)

다음 그림은 철근콘크리트 기둥의 소성힌지 구역에서 주철근의 겹침이음의 여부에 따른 기둥의 연성거동을 나타낸다. 겹침이음으로 인해 기둥의 연성능력이 감소한다.

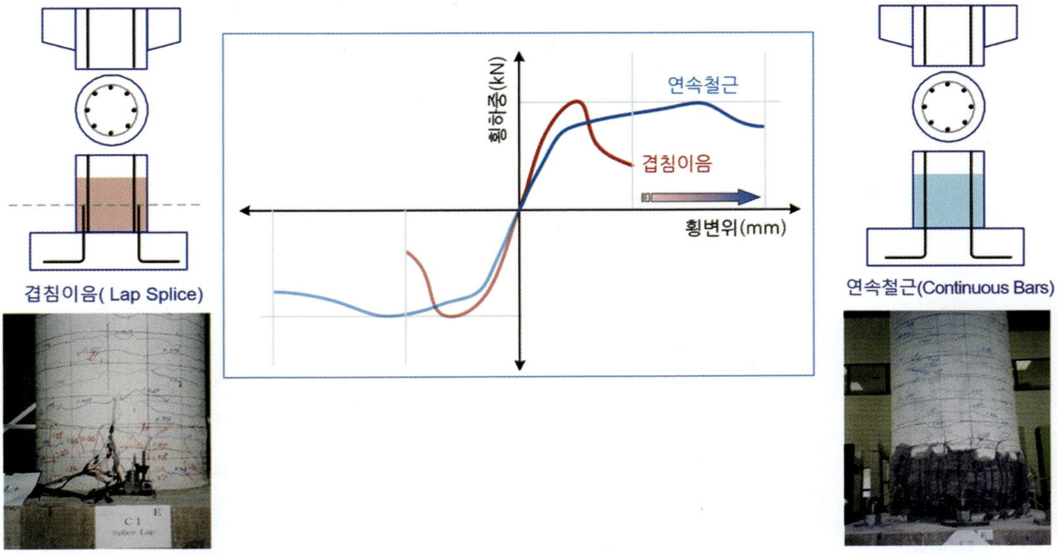

그림 6.2.4(1)b 기둥파괴에 미치는 소성힌지영역 축방향철근의 겹침이음 영향

다음 그림은 철근콘크리트 기둥의 소성힌지 구역에서 주철근의 겹침이음의 정도에 따른 기둥의 연성거동을 나타낸다. 겹침이음량이 많을수록 기둥의 연성능력이 감소한다.

한국도로공사 연구 (중앙대와 영남대 공동 실험연구, 지름 1.2 m)

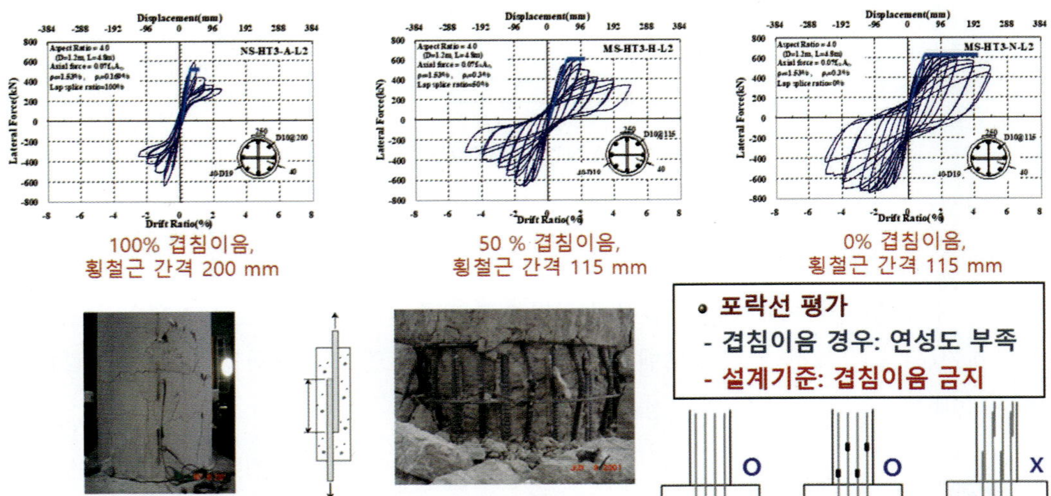

정영수, 이재훈 외 2인, "고속도로 기존 교량의 유형별 내진성능 평가를 위한 실험적 연구", 한국도로공사, 2001년 12월, 397 p.

그림 6.2.4(1)c 축방향 철근의 겹침이음량에 따른 기둥의 연성 거동

내진설계 시 부재의 연성을 고려한 보와 기둥에서 소성힌지 구간이 발생한다. 이 소성힌지 구간에서는 철근의 겹침이음과 용접이음이 허용되지 않으므로, 기계적이음을 해야 한다.

소성힌지 구간에서의 이음은 압축과 인장이 교번(交番, cycling)하여 발생한다. 만약 엔지니어가 이러한 교번하중을 단순 인장보다 심각하다고 판단하여, 소성힌지 구간에서의 기계적이음에 인장연결재에 준하는 철근이음 규정을 적용하고자 한다면, 'KDS 14 20 52 : 콘크리트구조 정착 및 이음 설계기준' 인장연결재의 철근이음 규정에 따라 750 mm이상 떨어져서 서로 엇갈리게 하여야 한다.

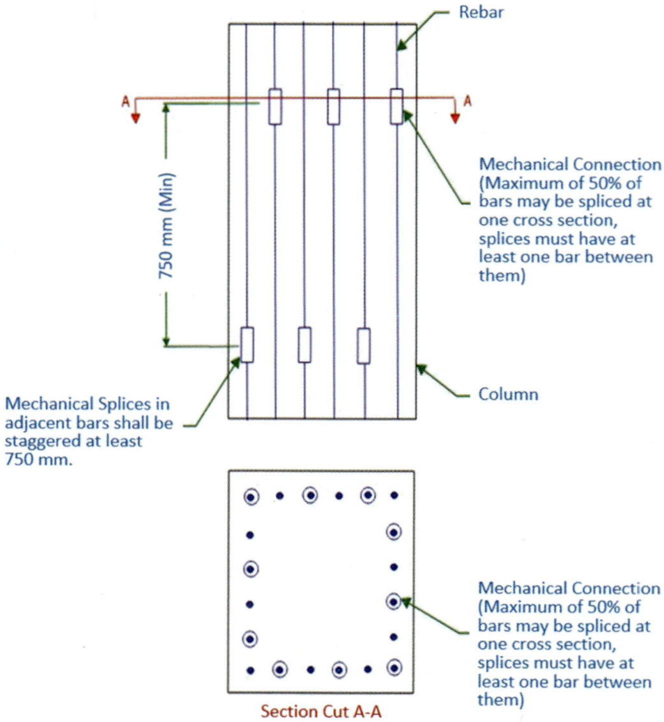

그림 6.2.4(1)e 소성힌지 구간에서의 겹침이음

Q) 소성힌지 구간?

기준에서 소성힌지 구간을 산정하는 명확한 규정이 없다. 그러나 연성모멘트골조의 횡철근이 조밀하게 배치되는 구간을 소성힌지 구간으로 간주할 수 있다. "KDS 14 20 80 콘크리트 내진설계기준"을 참조하면, 중간모멘트골조와 특수모멘트골조의 횡철근(즉, 후프철근)이 조밀하게 배치되는 구간에 대한 규정을 확인할 수 있다.

[예제] 소성힌지 구간 산정

참조: KDS 14 20 80 : 콘크리트 내진설계기준, 4.3 중간모멘트골조

소성힌지 구간은 기둥의 순경간(아래쪽 슬래브 윗면에서 위쪽 보 밑면까지의 거리)을 기준으로 다음 값 중 가장 큰 값이라고 할 수 있다.

1) 순경간의 1/6
2) 부재단면의 최대 치수
3) 450mm

예) 기둥의 크기가 800 × 1,000 mm이고 순경간이 4,200 mm일 경우
1) 순경간의 1/6 = 4,200 / 6 = 700 mm
2) 부재단면의 최대 치수 = max(800, 1,000) = 1,000 mm
3) 450mm

이며, 세 값 중에서 가장 큰 값은 1,000 mm이므로 소성힌지 구간은 1,000 mm이 된다. 즉, 이 구간이 기둥에서 후프철근을 조밀하게 배치해야 하는 단부보강구간에 해당된다.

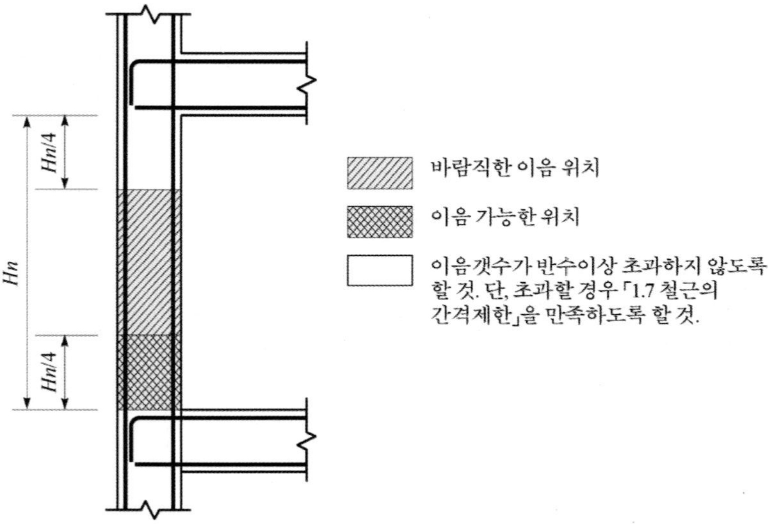

(a) 일반 기둥 (중간모멘트골조 및 특수모멘트골조 제외)

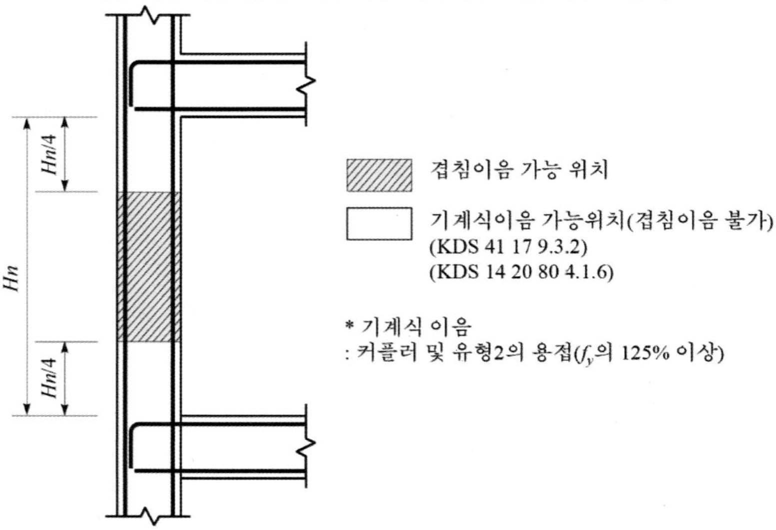

(b) 중간 및 특별지진하중 적용하는 보

그림 6.2.4(1)f 소성힌지 구간

[KDS 41] 9. 콘크리트구조의 고려사항

9. 콘크리트구조의 고려사항

9.3 재료요구사항

9.3.2 철근의 이음 및 정착

(1) 보와 기둥의 소성힌지 구간에서는 겹침이음과 용접이음이 허용되지 않는다.

(2) 기계적이음의 강도는 철근의 강도보다 커야하며, 이음에서 취성파괴가 발생하지 않아야 한다.

(3) 철근의 이음과 정착은 콘크리트의 손상이 적을 것으로 예상되고 해당 철근의 인장력이 작은 구간에 설치한다.

[해설]

(2) 기계적 이음의 요구성능은 실험으로 검증되어야 한다.

[KDS 14 20 52] 콘크리트구조 정착 및 이음 설계기준

4. 설계

4.5 철근의 이음

4.5.1 이음 일반

(1) 철근은 설계도 또는 시방서에서 요구하거나 허용한 경우 또는 책임구조기술자가 승인하는 경우에만 이음을 할 수 있으며, 이음은 가능한 한 최대 인장응력점부터 떨어진 곳에 두어야 한다.

(2) 겹침이음은 다음 규정에 따라야 한다.

① D35를 초과하는 철근은 겹침이음을 할 수 없다. 다만, 4.5.3(2)와 KDS 14 20 70 (4.2.3.2(4))는 이 규정을 적용하지 않는다.

[해설]

① D35를 초과하는 철근의 겹침이음에 대한 실험자료가 불충분하므로, 이러한 철근의 겹침이음은 금지되어 있다. 다만 , D35 이하의 철근과 압축 겹침이음을 하는 경우에는 45.3(2)와 KDS 14 20 70(4.2.3.2(4))에 따라 D35를 초과하는 철근의 겹침이음을 허용한다.

② 다발철근의 겹침이음은 다발 내의 개개 철근에 대한 겹침이음길이를 기본으로 하여 결정하여야 하며, 각 철근은 4.1.4에 따라 겹침이음길이를 증가시켜야 한다. 그러나 한 다발 내에서 각 철근의 이음은 한 군데에서 중복하지 않아야 한다. 또한 두 다발철근을 개개 철근처럼 겹침이음을 할 수 없다.

③ 휨부재에서 서로 직접 접촉되지 않게 겹침이음된 철근은 횡방향으로 소요 겹침이음길이의 1/5 또는 150mm 중 작은 값 이상 떨어지지 않아야 한다.

[해설]

③ 철근이 겹침이음에서 서로 접촉되지 않고 그 간격이 너무 크게 되면 보강되지 않은 무근콘크리트 단면이 생겨나게 된다. 이러한 경우 갈지자형(1/5경사)의 균열을 일으킬 가능성이 있으므로 이에 대한 주의가 필요하다. 최대 간격을 150 mm로 규정한 것은 이형철근의 겹침이음에 대한 대부분의 연구가 이러한 간격 이내에서 이루어졌기 때문이다.

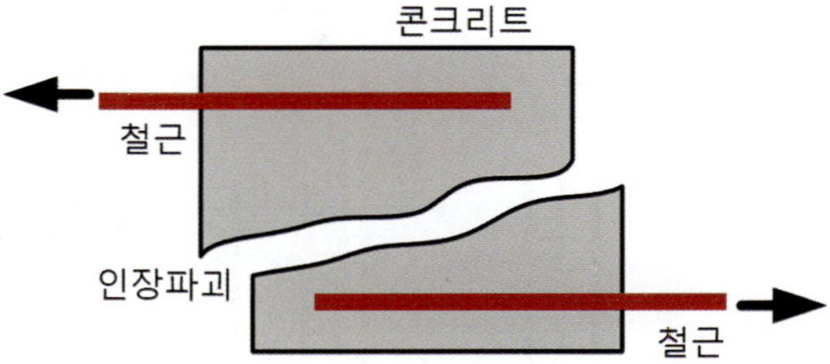

그림 6.2.4(1) 갈지자형(1/5경사)의 균열

(3) 용접이음과 기계적이음은 다음 강도 규정에 따라야 한다.

① 용접이음은 용접용 철근을 사용해야 하며, 철근의 설계기준항복강도 f_y의 125% 이상을 발휘할 수 있는 용접이어야 한다.

② 기계적이음은 철근의 설계기준항복강도 f_y의 125% 이상을 발휘할 수 있는 기계적이음이어야 한다.

③ 상기 ① 또는 ②의 요구 조건을 만족하지 않는 용접이음이나 기계적이음은 4.5.2(5)를 만족하여야 하며, D16 이하의 철근에만 허용된다.

(4) 철근이 굽혀진 부위에서는 용접이음할 수 없으며, 굽힘이 시작되는 부위에서 철근지름의 2배 이상 떨어진 곳에서부터 용접이음을 시작할 수 있다.

(5) 겹침 용접이음은 한 면에만 철근 바깥까지 용접되어야 하고, 이 경우 설계 용접목두께는 $0.3d_b$로 한다. 용접길이는 강구조 연결 설계기준(하중저항계수설계법) (KDS 14 31 25) 또는 시설물별 기준에 따라 산정한다. 단, 용접봉의 강도가 철근의 인장강도에 적합한 경우 KS B ISO 17660-1 용접길이를 사용할 수 있다.

(6) 지름이 22mm 이상인 철근을 겹침 용접이음할 때는 사용하중 상태에서 철근 이음부 주변 콘크리트에 유해한 균열이 발생되지 않도록 횡보강철근을 배치하여야 하며, 횡보강철근의 적절성이 입증되는 경우에만 책임구조기술자의 승인을 얻은 후에 사용할 수 있다.

(7) 기존 콘크리트에 묻혀 있는 철근에 새로운 철근을 잇고자 할 때, 기존 콘크리트에 묻혀 있는 철근이 용접용 철근이 아니더라도 설계기준항복강도가 500MPa 이하인 철근은 다음에 따라 용접용 철근과 겹침 용접이음할 수 있다. 단, 피로하중을 받는 교량의 최대 모멘트 위치에는 적용할 수 없다.

① … ② … ③ … ④ …

[해설]

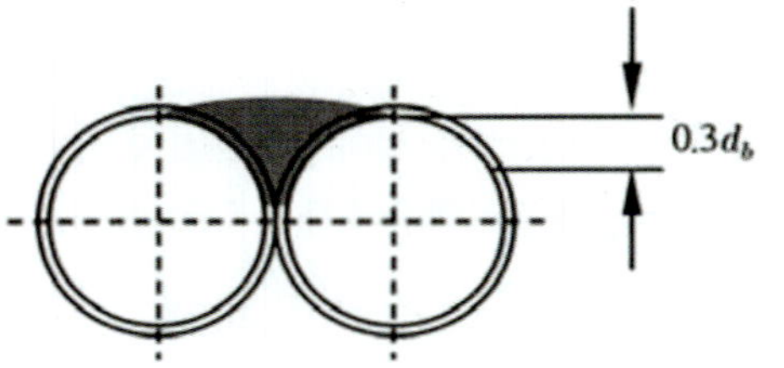

해설 그림 4.5.1-1 용접 겹침이음의 용접 목두께

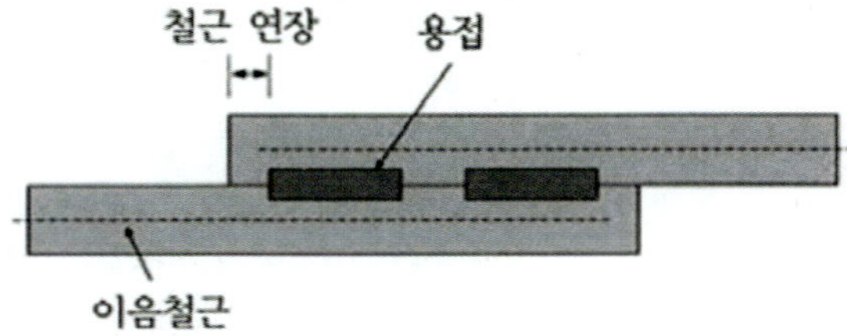

해설 그림 4.5.1-2 용접구간 밖으로의 철근 연장

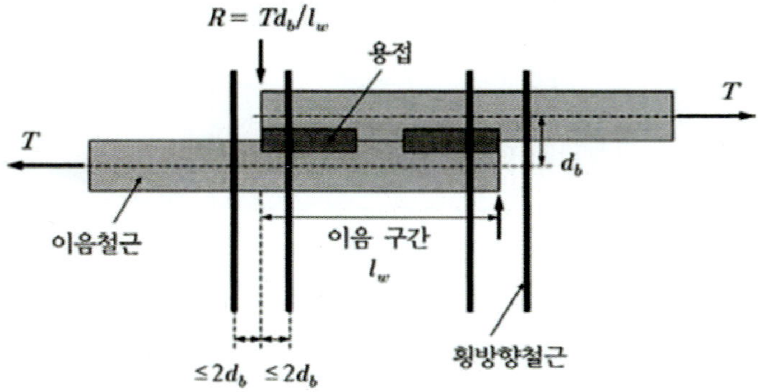

해설 그림 4.5.1-3 용접 겹침이음의 횡보강철근 배치

4.5.2 인장 이형철근 및 이형철선의 이음

(1) 인장력을 받는 이형철근 및 이형철선의 겹침이음길이는 A급과 B급으로 분류하며 다음 값 이상 또한 300mm 이상이어야 한다.

① A급 이음: $1.0l_d$

② B급 이음: $1.3l_d$

여기서, 인장 이형철근의 정착길이 l_d는 4.1.2에 따라 계산하며, 이때 4.1.2(1)에서 규정한 300mm 최솟값은 적용하지 않으며, 또한 4.1.2(4)의 보정계수도 적용하지 않는다.

[해설]

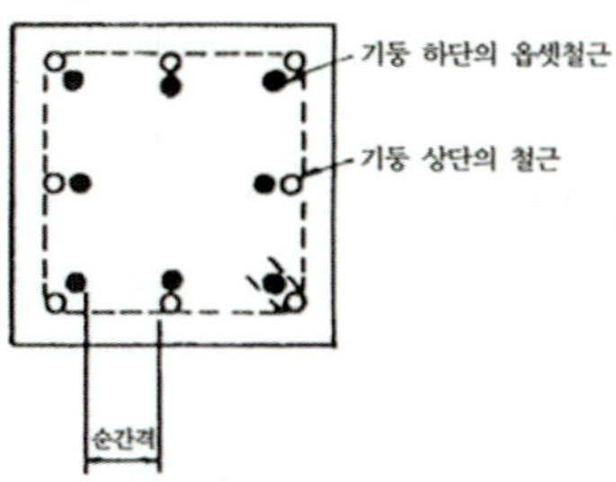

(a) 기둥에서 옵셋굽힘철근

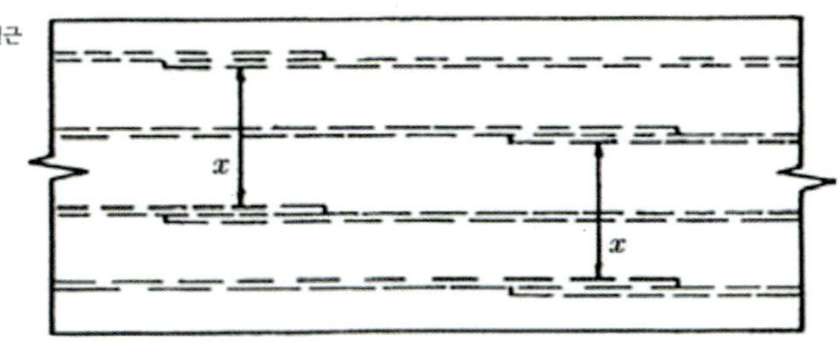

(b) 서로 엇갈리게 겹침이음한 경우 철건의 순간격

해설 그림 4.5.2-1 겹침이음 철근의 순간격

(2) 겹침이음에서 A급 이음과 B급 이음은 다음과 같이 분류한다.

① A급 이음: 배치된 철근량이 이음부 전체 구간에서 해석 결과 요구되는 소요철근량의 2배 이상이고 소요겹침이음길이 내 겹침이음된 철근량이 전체 철근량의 1/2 이하인 경우

② B급 이음: ①에 해당되지 않는 경우

[해설]

해설 표 4.5.2-1 인장 겹침이음

$\frac{\text{배근 } A_s}{\text{소요 } A_s}$	소요겹침이음길이 내의 이음된 철근 A_s의 최대(%)	
	50 이하	50 초과
2 이상	A급	B급
2 미만	B급	B급

(3) 서로 다른 크기의 철근을 인장 겹침이음하는 경우 이음길이는 크기가 큰 철근의 정착길이와 크기가 작은 철근의 겹침이음길이 중 큰 값 이상이어야 한다.

(4) 이음부에 배치된 철근량이 해석결과 요구되는 소요철근량의 2배 미만인 경우에 용접이음 또는 기계적이음은 4.5.1(3)① 또는 4.5.1(3)②의 요구 조건을 만족시켜야 한다. 단, 기계적 이음은 가능한 경우 이음 위치를 축방향으로 서로 어긋나게 하여 동일 단면에 집중되지 않도록 하여야 하며, 공사감독자 또는 책임기술자는 시공성을 고려하여 엇갈림 길이를 정할 수 있다.

(5) 4.5.1(3)① 또는 4.5.1(3)②를 만족하지 않더라도 이음부에 배치된 철근량이 해석결과 요구되는 소요철근량의 2배 이상이고, 다음의 ①과 ②의 요구조건을 따르는 경우 D16 이하의 철근에 대해서 용접이음 또는 기계적이음을 할 수 있다.

① 각 철근의 이음부는 서로 600mm 이상 엇갈려야 하고, 이음부에서 계산된 인장응력의 2배 이상을 발휘할 수 있도록 이어야 한다. 또한 배치된 전체 철근이 140MPa 이상의 응력을 발휘할 수 있어야 한다.

② 각 단면에서 발휘하는 인장력을 계산할 때 이어진 철근은 규정된 이음강도를 발휘하는 것으로 보아야 하나 보다 크지 않아야 한다. 이어지지 않은 연속철근의 인장응력은 설계기준 항복강도를 발휘할 수 있도록 계산된 정착길이 에 대한 짧게 배치된 정착길이의 비에를 곱하여 사용하여야 하나 보다 크지 않아야 한다.

(6) 인장연결재의 철근이음은 4.5.1(3)① 또는 4.5.1(3)②에 따라 완전용접이나 기계적이음으로 이루어져야 한다. 이때 인접철근의 이음은 750mm 이상 떨어져서 서로 엇갈리게 하여야 한다.

[해설]

(6) 인장연결재는 다음과 같은 특징을 갖는 부재, 즉 단면전체에 인장력이 유발되는 큰 축인장력을 받고 모든 철근에 인장응력이 작용되며, 모든 면에서 규정된 콘크리트 피복두께를 갖는 부재이다. 인장연결재로 분류되는 부재로는 아치, 타이, 위에 있는 지지구조물에 하중을 전달하는 행거, 트러스의 주인장부재 등이다. 부재가 인장연결재인지의 여부를 결정할 때에는 부재의 중요성, 기능, 크기 및 위의 특성과 연관된 응력상태 등을 고려하여야 한다. 예로서 철근량이 많으며, 그 이음부가 잘 엇갈려 있으므로 이음부가 넓은 간격으로 배치된 큰 원형탱크는 인장연결재로 분류되지 않아 철근을 겹침이음할 때 B급 이음을 적용할 수 있다.

[Commentary]

R25.5.7.4 A tension tie member has the following characteristics: member having an axial tensile force sufficient to create tension over the cross section; a level of stress in the reinforcement such that every bar should be fully effective; and limited concrete cover on all sides. Examples of members that may be classified as tension ties are arch ties, hangers carrying load to an overhead supporting structure, and main tension elements in a truss. In determining if a member should be classified as a tension tie, consideration should be given to the importance, function, proportions, and stress conditions of the member related to the above characteristics. For example, a usual large circular tank, with many bars and with splices well staggered and widely spaced, should not be classified as a tension tie member, and Class B splices may be used.

4.5.3 압축 이형철근의 이음

(1) 압축철근의 겹침이음길이는 다음과 같이 구할 수 있다.

$$l_s = \left(\frac{1.4 f_y}{\lambda \sqrt{f_{ck}}} - 52\right) d_b \qquad (4.5\text{-}1)$$

여기서, 식 (4.5-1)로 산정된 이음길이가 식 (4.5-2)보다 긴 경우 압축철근의 겹침이음길이는 식 (4.5-2)로 구할 수 있다.

$$\begin{aligned} l_s &= 0.072 f_y d_b \quad (f_y \le 400\text{ MPa}) \\ &= (0.13 f_y - 24) d_b \quad (f_y > 400\text{ MPa}) \end{aligned} \qquad (4.5\text{-}2)$$

이때 겹침이음길이는 300mm 이상이어야 하며, 콘크리트의 설계기준압축강도가 21MPa 미만인 경우는 겹침이음길이를 1/3 증가시켜야 한다. 압축철근의 겹침이음길이는 4.5.2에서 구한 인장철근의 겹침이음길이보다 길 필요는 없다.

(2) 서로 다른 크기의 철근을 압축부에서 겹침이음하는 경우 이음길이는 크기가 큰 철근의 정착길이와 크기가 작은 철근의 겹침이음길이 중 큰 값 이상이어야 한다. 이때 D41과 D51 철근은 D35 이하 철근과의 겹침이음을 할 수 있다.

(3) 압축부에서 사용하는 용접이음 또는 기계적이음은 4.5.1(3)① 또는 4.5.1(3)②의 요구 조건을 만족하여야 한다.

(4)철근이 압축력만을 받을 경우는 철근과 직각으로 절단된 철근의 양끝을 적절한 장치에 의해 중심이 잘 맞도록 접촉시킴으로써 압축응력을 직접 지압에 의해 전달할 수 있다. 이때 철근의 양 단부는 철근 축의 직각면에 1.5° 내의 오차를 갖는 평탄한 면이 되어야 하고, 조립 후 지압면의 오차는 3° 이내이어야 한다.

(5) 단부 지압이음은 폐쇄띠철근, 폐쇄스터럽 또는 나선철근을 배치한 압축부재에서만 사용하여야 한다.

[KDS 14] 4.3 중간모멘트골조 요구 사항

4. 설계

4.3 중간모멘트골조 요구 사항

4.3.4 보

(1) 접합면에서 정 휨강도는 부 휨강도의 1/3 이상이 되어야 한다. 또한 부재의 어느 위치에서나 정 또는 부 휨강도는 양측 접합부의 접합면의 최대 휨강도의 1/5 이상이 되어야 한다.

(2) 보부재의 양단에서 지지부재의 내측 면부터 경간 중앙으로 향하여 보 깊이의 2배 길이 구간에는 후프철근을 배치하여야 한다. 첫 번째 후프철근은 지지 부재 면부터 50mm 이내의 구간에 배치하여야 한다. 후프철근의 최대 간격은 $d/4$, 감싸고 있는 종방향 철근의 최소 지름의 8배, 후프철근 지름의 24배, 300mm 중 가장 작은 값 이하이어야 한다.

(3) 스터럽의 간격은 부재 전 길이에 걸쳐서 $d/2$ 이하이어야 한다.

[해설]

기존에 지적한 바와 마찬가지로, 보 양단에서 지지면부터 보 전체깊이의 2배 길이 구간에는 스터럽 대신 후프를 배근하여야 한다. 골조의 일부 부분에서 외부 콘크리트가 떨어져 나갈 가능성은 크다. 실제 지진에서 관찰되었던 건물의 거동과 실험을 통한 연구는 횡방향 철근이 주철근을 둘러싸지 않고, 또한 횡철근의 끝이 부재의 중심으로 향해져 있지 않으면, 횡방향 철근의 끝이 열리면서 콘크리트를 구속하는 능력을 잃어버리는 것으로 조사되었다. 기둥에 대해 요구조건은 4.3.5에서 나타나 있다.

4.3.5 기둥

(1) 기둥은 KDS 14 20 50(4.4.2)에 따라 나선철근을 배치하거나, 다음 (2), (3) 및 (4)의 규정을 따라야 한다. (5)는 모든 기둥에 적용하여야 한다.

(2) 부재의 양단부에는 후프철근을 접합면부터 길이 l_o 구간에 걸쳐서 s_o 이내의 간격으로 배치하여야 한다. 간격 s_o는 후프철근이 감싸게 될 종방향 철근의 최소 지름의 8배, 띠철근 지름의 24배, 골조 부재 단면의 최소 치수의 1/2, 300mm 중에서 가장 작은 값 이하이어야 한다. 그리고 길이 l_o는 부재의 순경간의 1/6, 부재 단면의 최대 치수, 450mm 중 가장 큰 값 이상이어야 한다.

(3) 첫 번째 후프철근은 접합면부터 거리 $s_o/2$ 이내에 있어야 한다.

(4) 길이 l_o 이외의 구간에서 횡보강철근의 간격은 KDS 14 20 50(4.4.2)와 KDS 14 20 22(4.3.2(1))을 따라야 한다.

(5) 접합부 횡보강철근은 KDS 14 20 22(4.10(2))에 따라야 한다.

6.2.4(2) 부재의 연성: 횡보강 철근

철근콘크리트 부재는 연성재료인 철근과 취성재료인 콘크리트로 이루어져 있으며, 철근을 증가시킴으로 연성을 증가시키고 부재의 연성거동을 유도한다.

적절히 배근된 철근콘크리트 보와 기둥의 실험을 통해 알 수 있듯이, 부재의 회전각이 항복회전각의 20배 이상에서도 구조물은 초기강도를 유지할 수 있다. 이것은 철근콘크리트 부재를 적절하게 연성으로 설계되면 강구조와 유사한 연성을 가질 수 있음을 알 수 있다. 건축물 내진설계기준(KDS 41 17 00)에서는 모멘트골조구조에서 강구조와 철근콘크리트구조의 반응수정계수는 모두 최댓값 8을 갖는다.

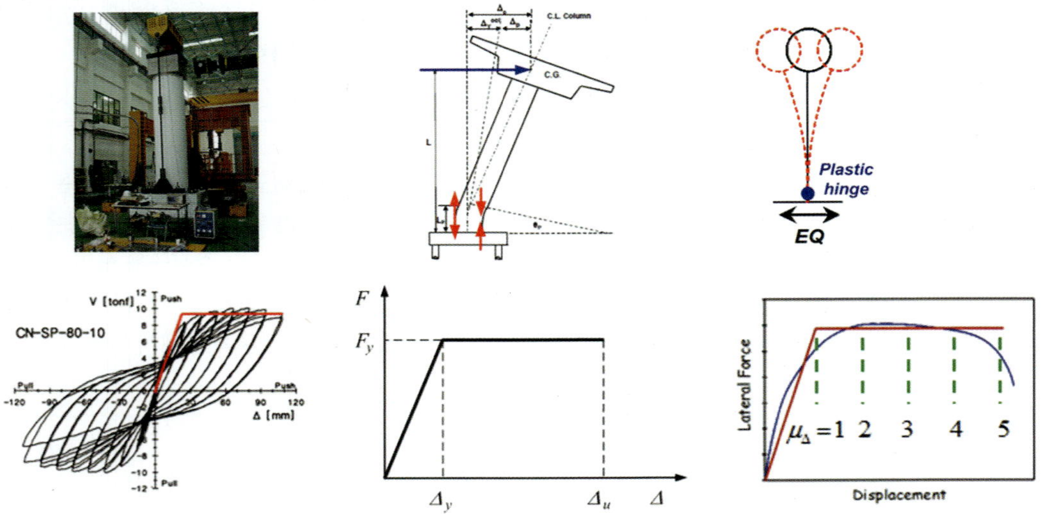

(a) 횡하중 vs 횡변위 (b) 이상화된 하중-변위 (c) 변위연성도 $\mu_\Delta = \frac{\Delta_u}{\Delta_y}$

그림 6.2.4(2)a 기둥의 변위연성도(displacement ductility)

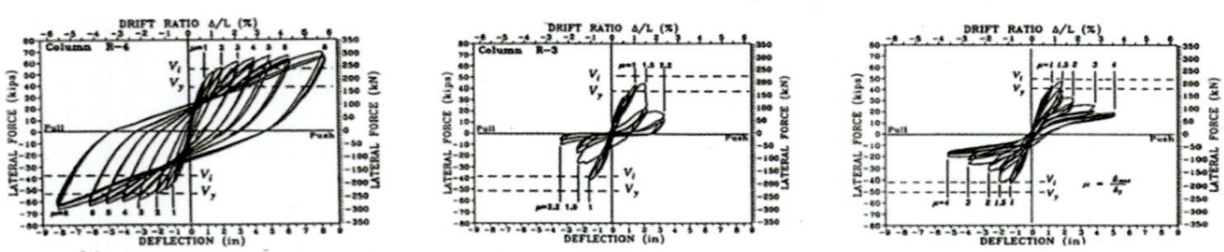

Priestley, M. J. N., Seible, F., and Calvi, G. M., *Seismic Design and Retrofit of Bridges*. John Wiley & Sons, New York, USA, 1996

휨파괴 전단파괴 정착 및 이음파괴

그림 6.2.4(2)b 교각의 파괴 형태에 따른 하중-변위 관계

철근-콘크리트 구조물의 연성을 평가하기 위한 방법은 구조물의 재료비선형 정적해석과 재료비선형 동적해석 있다. 또한, 각각은 재료의 응력-변형률 곡선으로부터 단면의 $M-\phi$ 곡선을 결정하여 해석하는 방법과 단면을 Fiber요소로 나누어 각 요소 재료의 응력-변형률 곡선을 적용하는 방법으로 구분한다. 비선형 정적해석으로 푸쉬오버(pushover) 해석이 있다.

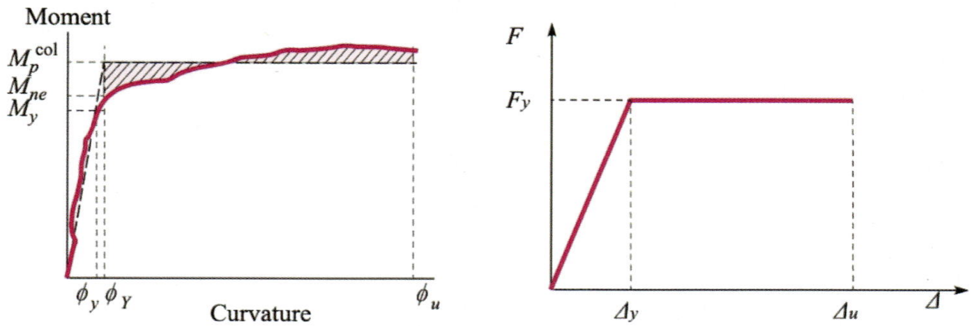

그림 6.2.4(2)c '모멘트-곡률 곡선'과 '하중-변위 곡선(휨성능 곡선)'의 변환

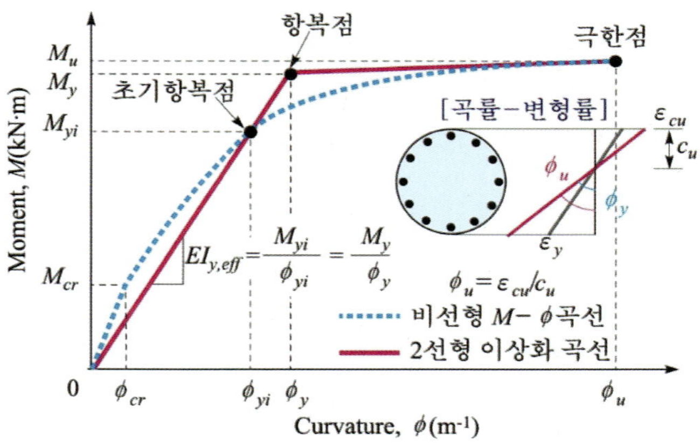

그림 6.2.4(2)d 교각의 단면해석으로 구한 모멘트-곡률 관계곡선(출처: 한국시설안전공단, 2019)

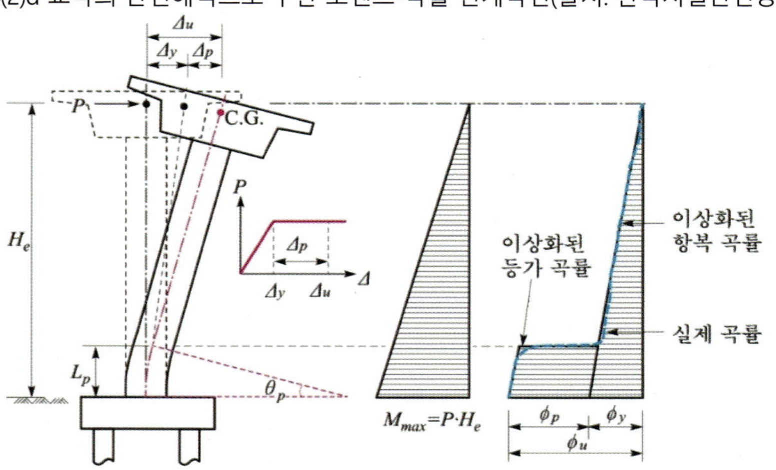

(a) 캔틸레버 거동

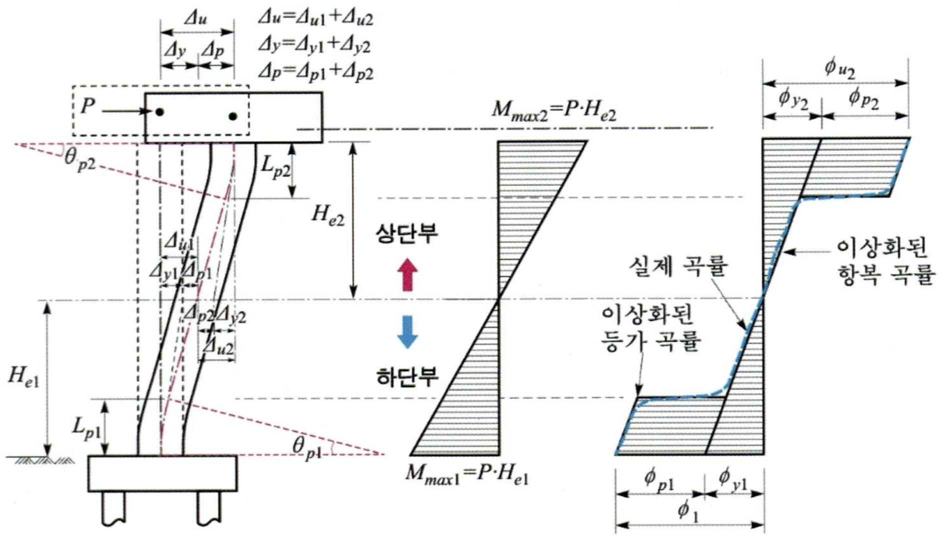

(b) 라멘(골조) 거동

그림 6.2.4(2)e 교각의 변형 및 곡률분포(출처: 한국시설안전공단, 2019)

[KDS 14] 4.3 중간모멘트골조 요구 사항

> 4. 설계
>
> 4.3 중간모멘트골조 요구 사항
>
> 4.3.4 보
>
> (1) …
>
> (2) 보부재의 양단에서 지지부재의 내측 면부터 경간 중앙으로 향하여 보 깊이의 2배 길이 구간에는 후프철근을 배치하여야 한다. …
>
> (3) …

[해설]

기존에 지적한 바와 마찬가지로, 보 양단에서 지지면부터 보 전체깊이의 2배 길이 구간에는 스터럽 대신 후프를 배근하여야 한다. 골조의 일부 부분에서 외부 콘크리트가 떨어져 나갈 가능성은 크다. 실제 지진에서 관찰되었던 건물의 거동과 실험을 통한 연구는 횡방향 철근이 주철근을 둘러싸지 않고, 또한 횡철근의 끝이 부재의 중심으로 향해져 있지 않으면, 횡방향 철근의 끝이 열리면서 콘크리트를 구속하는 능력을 잃어버리는 것으로 조사되었다. 기둥에 대해 요구조건은 4.3.5에서 나타나 있다.

> 4.3.5 기둥
>
> (1) …
>
> (2) 부재의 양단부에는 후프철근을 접합면부터 길이 l_o 구간에 걸쳐서 s_o 이내의 간격으로 배치하여야 한다. …

(3) 첫 번째 후프철근은 접합면부터 거리 $s_o/2$ 이내에 있어야 한다.

(4) …

(5) …

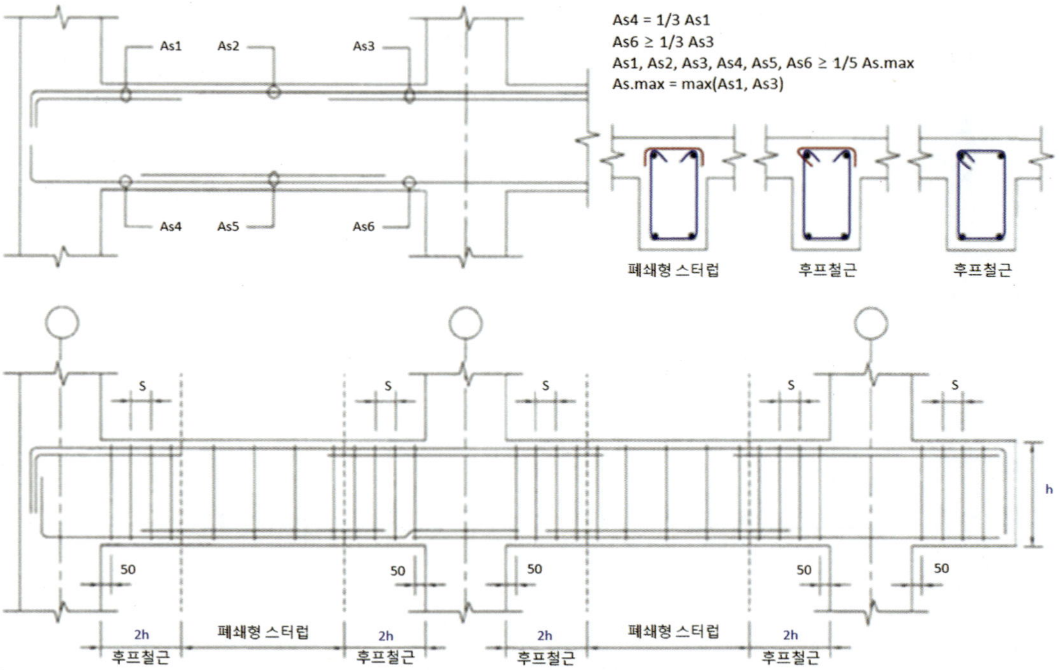

그림 6.2.4(2)f 중간모멘트골조의 스터럽과 후프철근
(출처: 한국건축구조기술사회, 철근콘크리트 배근상세, 2020)

6.2.4(3) 부재의 연성: 압축

철근콘크리트 보에서 철근비가 낮을수록 연성이 증가하며, 철근비가 커지면서 연성은 급격히 감소한다. 일반적으로 압축철근을 인장철근의 1/2 정도 배근함으로써 연성을 확보할 수 있다. 즉, 철근콘크리트 보의 연성은 횡보강 철근의 양뿐만 아니라 압축철근의 양에 의해서도 영향을 받는다.

철근콘크리트 기둥의 거동을 보면, 압축력 P가 작을수록 부재의 연성은 증가한다. 또한 횡구속이 잘 되어 있을수록 지진 시 피복 단면손실로 인한 압축강도 감소율이 작다. 압축력이 어느 수준 이하로 작아지면 모멘트강도가 오히려 증가하며, 연성도 증가한다. 강진지역의 내진설계에서는 기둥의 압축력이 가능한 최대압축력 P_0의 20%이하가 되도록 권장한다.

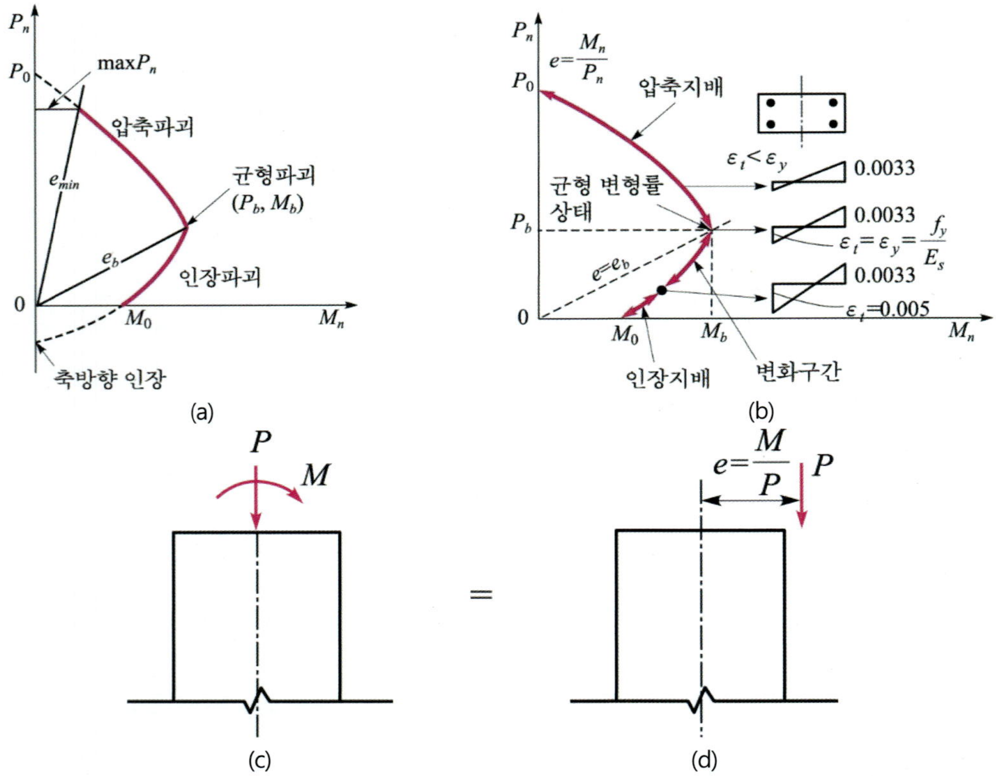

그림 6.2.4(3)a 기둥 vs 보 (P-M 상관도)

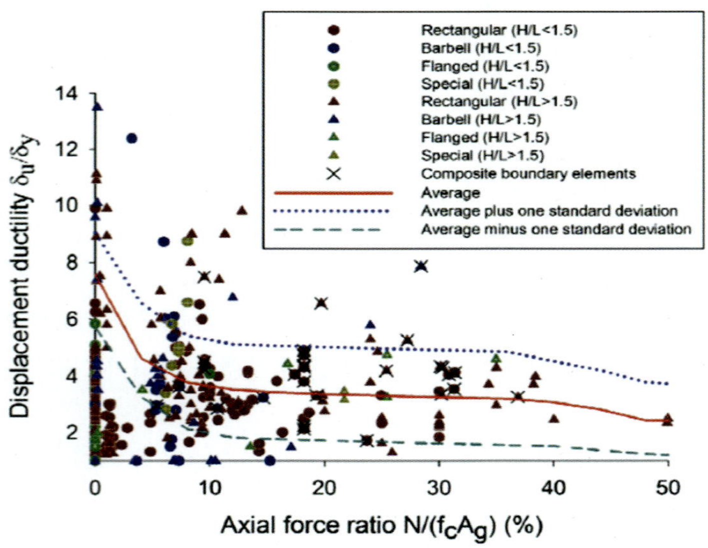

Figure 4. Relationship between displacement ductility and axial compression ratio(ACR)

그림 6.2.4(3)b 축력 vs 연성

(출처: Y.P. Yuen and J.S. Kuang, Axial compression effect on ductility design of reinforced concrete structure walls, 2nd European conference on earthquake engineering and seismology, Istanbul, Aug. 25-29, 2015)

[KDS 14] 4.3 중간모멘트골조 요구 사항

4. 설계

4.3 중간모멘트골조 요구 사항

4.3.2 설계규정 적용을 위한 부재 분류

(1) 골조부재의 철근 배치 상세는 부재의 계수축력 P_u가 $A_g f_{ck}/10$ 이하이면 4.3.4에 따른다.

(2) 계수축력이 $A_g f_{ck}/10$보다 큰 경우, KDS 14 20 20(식 (4.3-1))에 따른 나선철근이 부재에 배근되어 있지 않으면 철근 배치상세는 4.3.5에 따라야 한다.

(3) 보가 없는 2방향 슬래브가 지진하중(E)에 저항하는 골조의 일부로 취급될 경우에는, 지진하중에 의하여 유발된 휨모멘트에 저항하는 철근 배치상세는 어느 경간 위치에서나 4.3.6을 따라야 한다.

[해설]

4.3.4 보

4.3.5 기둥

4.3.6 보가 없는 2방향 슬래브

6.3 관련 내진 규정

6.3.1 연성 규정

[KDS 41] 1. 일반사항

1.2 용어의 정의

• 보통모멘트골조

연성거동을 확보하기 위한 특별한 상세를 사용하지 않은 모멘트골조

• 연성모멘트골조

횡력에 대한 저항능력을 증가시키기 위하여 부재와 접합부의 연성을 증가시킨 모멘트골조. 중연성도와 고연성도의 연성능력을 발휘할 수 있도록 각 재료기준에 따라서 연성요구조건을 만족해야 함.

• 이중골조방식

지진력의 25% 이상을 부담하는 연성모멘트골조가 전단벽이나 가새골조와 조합되어 있는 구조방식

• 중간모멘트골조

연성모멘트골조의 일종으로서 중연성도의 연성능력을 가지도록 설계된 모멘트골조

• 편심가새골조

경사가새가 설치되어 가새부재 양단부의 한쪽 이상이 보-기둥 접합부로부터 약간의 거리만큼 떨어져 보에 연결되어 있는 가새골조. 중심가새골조에 비하여 연성능력을 향상시킬 수 있음.

• 특수모멘트골조

연성모멘트골조의 일종으로서 고연성도의 연성능력을 가지도록 설계된 모멘트골조.

[KDS 41] 8. 하중조합 및 설계 요구사항

8. 하중조합 및 설계 요구사항

8.2 설계 요구사항

8.2.2 연성 조건

(1) 전체 구조물과 구조부재는 표 6.2-1의 지진력저항시스템별 연성 능력을 확보해야 한다. 연성능력 확보를 위한 재료별 요구사항 및 내진상세 규정은 9장~13장을 따른다.

[KDS 41] 6. 지진력저항시스템

6.6 내진설계범주 'D'에 대한 시스템 제한

(1) 내진설계범주 'D'에 해당하는 구조물은 표 6.2-1의 시스템 제한과 다음을 만족하여야 한다.

6.6.2 변형의 적합성

(1) 고려하는 방향의 지진력저항시스템에 포함되지 않은 모든 구조요소는 7.2.8.1에 따라 결정된 설계층간변위 Δ에 의하여 발생하는 모멘트와 전단력뿐만 아니라 수직하중에 저항할 수 있는 연성능력을 발휘하도록 설계한다. 허용응력설계법을 사용할 경우, Δ는 하중계수 0.7을 곱하지 않은 지진력에 대해 산정한다. 고려하는 방향의 지진력저항시스템에 포함되지 않은 부재에 발생되는 모멘트와 전단력은 인접한 강한 구조 및 비구조요소에 의한 강성 증가효과를 포함하여 산정한다.

[KDS 41] 9. 콘크리트구조의 고려사항

9.2 시스템의 분류

9.2.1 모멘트골조

(1) 저연성도, 중연성도, 고연성도가 요구되는 모멘트골조는 각각 보통모멘트골조, 중간모멘트골조, 특수모멘트골조로 분류하며, 이러한 모멘트골조로 구성된 구조시스템의 지진하중 계산을 위한 설계계수는 6장을 따른다.

9.2.2 내력벽구조

(1) 저연성도, 고연성도가 요구되는 내력벽은 각각 보통전단벽, 특수전단벽으로 분류하며, 이러한 내력벽으로 구성된 구조시스템의 지진하중 계산을 위한 설계계수는 6장을 따른다.

9.2.3 무량판슬래브구조

(1) 기둥과 무량판슬래브로 구성되는 모멘트골조는 9.2.1을 따른다. 다만, 기둥을 연결하는 보가 없고 횡보강철근상세를 사용하지 않는 플랫플레이트 구조와 플랫슬래브 구조는 고연성도 구조로 사용할 수 없다.

9.2.4 모멘트골조와 전단벽 또는 가새골조의 혼합구조

(1) 모멘트골조와 전단벽 또는 가새골조로 구성되는 혼합구조는 모멘트골조의 기여도와 부재의 연성상세에 따라서 분류되며, 건물골조방식, 이중골조방식, 전단벽-골조 상호작용방식이 있다. 상세한 구조형식의 분류와 설계계수는 6장을 따른다.

9.2.5 일반규정만을 만족하는 철근콘크리트구조시스템

(1) 내진상세가 아닌 일반상세를 사용하여 설계하고자 하는 경우에는 이 규정을 따를 수 있다. 관련 설계계수는 6장을 따른다. 제한적인 연성능력을 고려하여 반응수정계수가 상대

적으로 작고, 건물높이 등이 제한된다. 대신에 구조형식의 제한없이 사용이 가능하며, 혼합구조에도 사용할 수 있다.

9.3 재료요구사항

(1) 중연성도와 고연성도가 요구되는 구조형식의 구조물에 사용하는 재료는 다음을 따른다.

9.4 보와 기둥에 대한 요구사항

(1) 중연성도와 고연성도가 요구되는 구조형식은 다음을 따른다.

9.4.1 전단강도

(1) 보와 기둥 단부의 소성힌지에서 충분한 비탄성변형이 발생할 수 있어야 한다. 이를 위하여 단부에서 휨모멘트강도와 비탄성변형이 발휘될 때까지 전단파괴가 발생하지 않도록 충분한 전단강도를 가져야 한다.

(2) 고연성도 구조에서는 비탄성변형의 증가에 따른 콘크리트의 전단강도저하를 고려해야 한다.

9.5 보-기둥 접합부에 대한 요구사항

(1) 중연성도와 고연성도가 요구되는 구조형식은 다음을 따른다.

9.6 전단벽에 대한 요구사항

(1) 고연성도가 요구되는 독립된 전단벽과 연결보로 연결된 병렬전단벽은 다음을 따른다.

9.6.1 단부횡보강

(1) 전단벽이 충분한 연성능력을 나타낼 수 있도록, 단부 압축대를 적절히 횡보강하여야 한다.

9.7 시스템별 상세설계

9.7.1 보통모멘트골조

(1) 저연성도가 요구되는 보통모멘트골조가 독립적으로 또는 지진력저항시스템과 함께 사용되는 경우, KDS 41 30 00 건축물 콘크리트구조 설계기준의 4.1에서 4.17까지의 규정을 적용한다.

9.7.2 중간모멘트골조

(1) 중연성도가 요구되는 중간모멘트골조가 독립적으로 또는 지진력저항시스템과 함께 사용되는 경우, KDS 41 20 00 건축물 콘크리트구조 설계기준의 4.1에서 4.17까지의 규정에 추가하여 4.18의 해당규정을 적용한다.

9.7.3 특수모멘트골조

(1) 고연성도가 요구되는 특수모멘트골조가 독립적으로 또는 지진력저항시스템과 함께 사용되는 경우, KDS 41 20 00 건축물 콘크리트구조 설계기준의 4.1에서 4.17까지의 규정에

추가하여 4.18의 해당규정을 적용한다.

9.7.4 보통전단벽

(1) 저연성도가 요구되는 보통전단벽이 독립적으로 또는 모멘트골조와 함께 사용되는 경우, KDS 41 20 00 건축물 콘크리트구조 설계기준의 4.1에서 4.17까지의 규정을 적용한다.

9.7.5 특수전단벽

(1) 고연성도가 요구되는 특수전단벽이 독립적으로 또는 모멘트골조와 함께 사용하는 경우, KDS 41 20 00 건축물 콘크리트구조 설계기준의 4.1에서 4.17까지의 규정에 추가하여 4.18의 해당규정을 적용한다.

[KDS 41] 10. 강구조의 고려사항

10.2 강구조건물의 지진력저항시스템

(1) 강구조건물의 기본 지진력저항시스템은 모멘트골조, 가새골조, 및 전단벽으로 대별된다. 이들은 비탄성 연성거동을 통한 지진에너지 흡수능력에 따라 고연성도, 중연성도 및 저연성도 시스템으로 세분된다. 특수시스템은 고연성도, 중간시스템은 중연성도, 그리고 보통시스템은 저연성도 시스템에 대응된다.

10.2.1 모멘트골조

(1) 지진력저항시스템으로서 모멘트골조는 보유한 연성능력에 따라 철골 특수모멘트골조, 철골 중간모멘트골조, 및 철골 보통모멘트골조로 구분된다. 이들의 지진하중 산정을 위한 설계계수는 표 6.2-1을 따른다.

10.2.2 가새골조

(1) 지진력저항시스템으로서 가새골조는 철골 특수중심가새골조, 철골 보통중심가새골조, 철골 편심가새골조, 및 철골 좌굴방지가새골조로 구분된다. 이 가운데 철골 특수중심가새골조, 철골 편심가새골조 및 철골 좌굴방지가새골조는 고연성도 시스템이다. 각 시스템의 지진하중 산정을 위한 설계계수는 표 6.2-1을 따른다.

10.2.3 강판전단벽구조

(1) 고연성 시스템인 철골 특수강판전단벽이 이에 해당되며, 강판의 인장항복 및 좌굴에 의해 안정적으로 지진에너지를 소산한다. 이 시스템의 지진하중 산정을 위한 설계계수는 표 6.2-1에 따른다.

10.4 접합부, 조인트 및 파스너에 대한 요구사항

(1) 지진력저항시스템을 구성하는 부재의 접합부는 조기취성파괴가 발생하지 않도록 접합부나 부재의 연성한계상태가 지배한계상태가 되도록 설계하여야 한다. 지진력저항시스템의 부재 및 접합부에 사용되는 모든 용접재는 지진 시에 의도한 성능을 나타내기에 충분한 CVN(Charpy V-notch)인성을 가져야 한다. 소성힌지부 등 보호영역으로 규정된 곳에

서는 용접 등과 같은 작업에 의해 노치나 결함이 발생치 않도록 한다.
10.5 보와 기둥에 대한 요구사항
(1) 중연성도와 고연성도가 요구되는 구조형식은 다음을 따른다.
10.6 보-기둥 접합부에 대한 요구사항
(1) 중연성도와 고연성도 시스템의 경우 다음을 따른다.
10.7 가새골조에 대한 요구사항
(1) 중연성도와 고연성도 시스템의 경우 다음을 따른다.
10.9 시스템별 상세설계
(1) 이 절의 모든 지진력저항시스템은 아래의 시스템별 연성설계 요구사항을 만족해야 한다.

[KDS 41] 11. 합성구조의 고려사항

11.3 재료, 접합부, 부재에 대한 요구사항
(1) 합성구조에서 콘크리트 및 강재에 대한 재료, 접합부, 부재에 대한 요구사항은 각각 KDS 41 20 00 건축물 콘크리트구조 설계기준과 KDS 41 30 10 건축물 강구조 설계기준, KDS 41 30 20 건축물 강합성구조 설계기준에 따른다. 구조시스템의 거동이 부재의 연성거동에 의하여 지배되도록 강-콘크리트 연결부, 부재의 접합부에서 조기파괴가 발생하지 않도록 충분한 강도를 가져야 한다.

[KDS 41] 14. 지하구조물의 내진설계

14.3 지진력저항시스템
14.3.2 지하구조물의 지진력저항시스템
(1) 지하구조물은 콘크리트외벽으로 둘러싸여 있어서 큰 횡강성과 작은 연성능력을 가지고 있으므로 지하구조물 자체의 관성력에 의하여 발생하는 지진하중 산정 시 설계계수는 지상구조물의 설계계수와 별도로 표 6.2-1의 10에 따라 반응수정계수($R = 3$), 시스템초과강도계수($\Omega_0 = 3$), 변위증폭계수($C_d = 2.5$)를 적용한다.
14.3.3 지하구조물의 연성상세
(1) 지상구조와 연결되어 지상구조로부터 지진하중이 전달되는 지하구조물의 영역은 지상구조로부터 전달되는 지진하중을 전달할 수 있도록 안전하게 설계되어야 하며, 지상구조와 연결되는 부위는 지상구조와 동일한 연성등급의 상세를 사용하여 설계한다. 다만, 부재의 강도가 초과강도계수를 고려한 특별지진하중보다 큰 경우에는 연성상세를 사용할 필요는 없다.

[KDS 41] 15. 성능기반설계

15.2 설계응답스펙트럼

(1) 설계에 사용되는 탄성설계응답스펙트럼은 4.2에 따라서 정의되어야 한다. 동적해석을 위한 설계지진파의 결정은 7.3.4.1을 따른다. 비선형정적해석을 사용하는 경우에는 구조물의 비탄성변형능력 (또는 연성도) 또는 에너지소산능력에 따라서 탄성응답스펙트럼가속도를 저감시켜서 비탄성응답스펙트럼을 정의할 수 있다.

15.4 구조물과 부재의 허용변위

(1) 표 15.3-1의 성능목표를 만족할 수 있도록, 구조시스템의 변형특성과 연성상세를 고려하여 구조물의 층간변위와 각 부재의 변형은 허용값 이내로 제어되어야 한다. 단, 기능수행 검토시에는 부재별 강도와 변형 능력에 대한 검토는 생략할 수 있다.

[KDS 41] 16. 면진구조

16.2 설계 요구사항

16.2.2 면진시스템 요구사항

(5) 면진구조물이 아래의 조건을 모두 만족하도록 설계된 경우가 아니라면, 면진시스템의 지진하중에 의한 횡변위는 최대고려지진 시의 변위 이하로 제한되어서는 안 된다.

③ 면진 상부구조가 최대고려지진 시의 안정성과 연성 요구사항에 대해 충분히 검토된다.

16.2.3 구조시스템 요구사항

(1) 수평격막이나 다른 구조요소들이 면진층 상부에 연속성을 부여하고, 지반운동에 의한 힘을 구조물의 한 부분으로부터 다른 부분으로 전달할 수 있는 적절한 강도와 연성을 지녀야 한다.

6.3.2 층간변위 규정

[KDS 41] 1.2 용어의 정의

1. 일반사항

1.2 용어의 정의

· 유연한 격막(flexible diaphragm): 격막의 횡변위가 그 층에서 평균 층간변위의 두 배를 초과하는 격막, 충전단력과 비틀림의 분포를 위하여 유연한 격막으로 분류.

· 층간변위(story drift): 인접층 사이의 상대수평변위

· 층간변위각(story drift ratio): 층간변위를 층 높이로 나눈 값

다음 그림에 층간변위 관련 용어를 그림으로 나타냈다.

· 전체변위(overall drift) $= \Delta_{top}$

· 전체변위각(overall drift ratio) $= \frac{\Delta_{top}}{H}$

· 층간변위(inter-story drift) $= \Delta_i - \Delta_{i-1}$

· 층간변위각(inter-story drift ratio) $= \frac{\Delta_i - \Delta_{i-1}}{h_i}$

[tips] 작은 각 근사: $\sin\theta \approx \theta$, $\cos\theta \approx 1$, $\tan\theta = \frac{\sin\theta}{\cos\theta} \approx \theta$

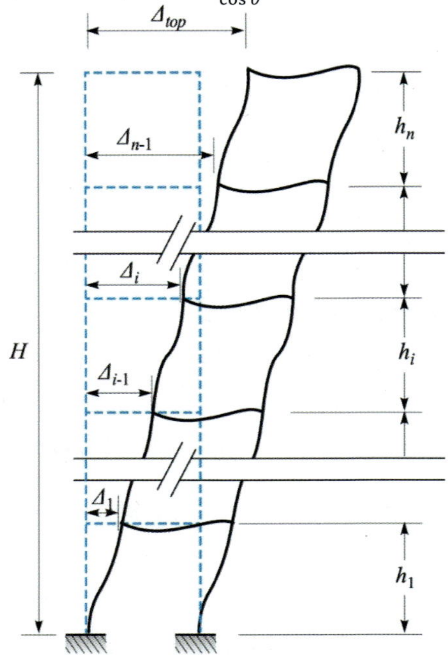

그림 6.3.2a 층간변위의 정의

[KDS 41] 7.2.8.1 층간변위의 결정

7. 지진하중의 계산 및 구조해석

7.2 등가정적해석법

7.2.8 층간변위 결정과 $P - \Delta$ 효과

7.2.8.1 층간변위의 결정

(1) 층간변위 Δ는 주어진 층의 상·하단 질량 중심의 횡변위 차이로서 산정한다. 허용응력설계의 경우에도 Δ는 지진하중에 하중계수 0.7을 곱하지 않고 산정하여야 한다. 건물이 표 5.3-1에 의한 평면비정형성의 유형 H−1과 내진설계범주 'C'와 'D'로 분류된 경우에 Δ는 주어진 층의 상·하단 모서리 변위 간 차이 중 최댓값으로 한다.

(2) x층의 층변위 δ_x는 다음 식에 의해서 결정한다.

$$\delta_x = \frac{C_d \delta_{xe}}{I_E} \qquad (7.2\text{-}13)$$

여기서, C_d : 표 6.2-1에 의한 변위증폭계수

δ_{xe} : 지진력저항시스템의 탄성해석에 의한 층변위

I_E : 표 2.2-1에 따른 건축물의 중요도계수

표 8.2-1에 있는 허용층간변위에 대한 판정에 있어서 x층에서의 변위 δ_x는 이 조항의 규정에 따라 산정하여야 한다.

(3) 변위해석만을 목적으로 할 경우에는 건축물의 고유주기 T의 산정에 7.2-3에 제시된 주기의 상한값을 적용할 필요는 없다.

또한, 설계층간변위 Δ는 $P-\Delta$효과에 의한 증폭계수 $a_d = 10/(1-\theta)$ 를 곱하여 산정한다. 여기서, θ는 7.2.8.2에 정의된 안정계수이다.

[해설]

δ_{xe}는 반응수정계수에 의하여 저감된 일반지진하중에 대한 탄성해석 결과로 예측된 변위로서 지진 발생시 실제의 비탄성변형이 아닌 근사적인 항복변위에 해당하는 값이다. 이 항복변위를 비탄성변위 δ_x로 환산하기 위하여 변위증폭계수 C_d를 곱하여 증폭시킨다.

x층의 층간변위비는 $(\delta_{x+1} - \delta_x)/h_{sx}$로 산정한다.

7.2.8.2 $P-\Delta$ 효과

(1) 다음 식에 따라 산정한 안정계수 θ가 0.1 이하인 경우에는 층전단력과 모멘트로 인한 부재력 및 층간변위의 산정에 $P-\Delta$효과를 고려하지 않아도 좋다.

$$\theta = \frac{P_x \Delta}{V_x h_{sx} C_d} \qquad (7.2\text{-}14)$$

여기서, P_x : x층 및 그 상부층의 수직하중 합. 단, P_x 산정 시 각 하중의 하중계수는 1.0을 넘을 필요가 없다.

Δ : V_x에 의한 설계층간변위

V_x : x층과 $x-1$층 사이의 지진하중 전단력

h_{sx}: x층 아래의 층높이

C_d: 표 6.2-1에 의한 변위증폭계수

(2) 식 (7.2-14)에 따라 산정한 안정계수 θ는 다음 식에 의한 θ_{max}를 초과할 수 없다. θ가 θ_{max}를 초과할 경우에는 구조물이 불안정할 가능성이 크기 때문에 재설계하여야 한다.

$$\theta_{max} = \frac{0.5}{\beta C_d} \leq 0.25 \qquad (7.2\text{-}15)$$

여기서, β : x층과 $x-1$층 사이의 설계전단강도에 대한 소요전단강도의 비이며, 별도의 산정 없이 안전측으로 $\beta = 1$을 사용할 수 있다.

(3) 안정계수 θ가 0.1보다 크고, θ_{max}이하일 경우에는 합리적인 방법으로 $P-\Delta$해석을 수행하여 층간변위와 부재력을 구하여야 한다. $P-\Delta$해석 대신에 증폭계수 $a_d = 1.0/(1-\theta)$를 곱하여 층간변위와 부재력을 증대하여 사용하여도 좋다.

(4) $P-\Delta$ 효과가 자동적으로 고려되는 해석을 하더라도 식 (7.2-15)의 제한값을 만족하여야 한다. 이 경우에는 $P-\Delta$해석에 의한 결과값으로 식 (7.2-14)의 θ를 산정하고, 이 값을 $(1+\theta)$로 나눈 값을 안정계수 θ로 하여 식 (7.2-15)의 제한값을 검토하여도 좋다.

[해설]

θ는 지진하중에 의한 1차 휨모멘트 $V_x h_{sx}$에 대한 2차효과 휨모멘트 $\frac{P_x\Delta}{C_d}$의 상대적인 값으로서 θ가 증가할수록 변위증폭계수 $a_d = 1.0/(1-\theta)$가 크게 증가한다.

식 (7.2-14)는 2차효과에 의한 휨모멘트가 과도하게 크지 않은 경우에만 사용할 수 있는 식으로서 식 (7.2-15)로 그 사용을 제한하고 있다.

2차효과를 고려할 수 있는 해석방법을 사용할 경우에는 별도로 증폭계수 $a_d = 1.0/(1-\theta)$를 적용하지 않는다.

[KDS 41] 8.2.3 변형과 횡변위 제한

8. 하중조합 및 설계 요구사항

8.2 설계 요구사항

8.2.3 변형과 횡변위 제한

(1) 설계층간변위 Δ는 어느 층에서도 표 8.2-1에 규정한 허용층간변위 Δ_a를 초과할 수 없다.

표 8.2-1 허용층간변위 Δ_a (출처: KDS 41)

	내진등급		
	특	I	II
허용층간변위Δ_a	$0.010h_{sx}$ (1.0%)	$0.015h_{sx}$ (1.5%)	$0.020h_{sx}$ (2.0%)

h_{sx} : x층 층고

[KDS 41] 15.4 구조물과 부재의 허용변위

15. 성능기반설계

15.4 구조물과 부재의 허용변위

(1) 표 15.3-1의 성능목표를 만족할 수 있도록, 구조시스템의 변형특성과 연성상세를 고려하여 구조물의 층간변위와 각 부재의 변형은 허용값 이내로 제어되어야 한다. 단, 기능수행 검토시에는 부재별 강도와 변형 능력에 대한 검토는 생략할 수 있다.

(2) 내진특등급의 기능수행검토시 구조물의 허용층간변위는 1.0%로 한다. 또한 내진 1등급과 내진 2등급의 기능수행검토시 허용층간변위는 0.5%로 한다.

(3) 최대고려지진에서의 붕괴방지를 위한 층간변위는 내진2등급을 기준으로 3%를 초과할 수 없다. 다른 내진등급에 대해서는 중요도계수로 나눈 값을 적용한다.

표 6.3.2 허용층간변위 Δ_a

내진등급		허용층간변위 Δ_a 특	I	II
성능기반설계	기능수행수준	$0.010h_{sx}$ (1.0%)	$0.005h_{sx}$ (0.5%)	$0.005h_{sx}$ (0.5%)
	붕괴방지수준	$0.020h_{sx}$ (2.0%)	$0.025h_{sx}$ (2.5%)	$0.030h_{sx}$ (3.0%)
일반내진설계	붕괴방지수준	$0.010h_{sx}$ (1.0%)	$0.015h_{sx}$ (1.5%)	$0.020h_{sx}$ (2.0%)

h_{sx} : x층 층고

[해설]

인명안전에 대한 성능목표를 만족시키기 위해서는 인명피해를 유발할 수 있는 구조물 및 비구조재의 과도한 손상 및 붕괴를 방지할 수 있도록 구조물의 층간변위와 부재의 비탄성변형이 허용 이내로 억제되어야 한다.

기능수행(또는 즉시거주) 수준은 해당 구조물의 요구사항을 고려하여 시용자 또는 설계자가 정한다. 예를 들어 수술실이 있는 대형병원의 경우에는 지진발생 후에도 수술 등의 의료행위를 할 수 있을 정도로 구조물 손상이 억제되고, 의료관련 설비(비구조요소)가 그 기능을 유지할 수 있어야 한다. 이를 위해서는 구조물의 전체 또는 국부변형이 작은 값으로 억제되어야 한다. 이때 구조물의 손상을 일으킬 정도의 비탄성변형은 허용되지 않는다. 관련된 비구조요소에 대한 내진설계도 수행되어야 한다. 내진특등급의 허용층간변위는 현 구조기준의 허용층간변위와 동일하다. 내진 1등급과 2등급의 경우 현재 위험도계수 1.0인 기본설계지진에 대한 허용변위가 각각 1.5%, 2.0%이므로 위험도계수 0.43인 100년 재현주기 지진에 대해서는 1.5%×0.43 = 0.645%, 위험도계수 0.30인 50년 재현주기에 대하여 2.0%×0.30 = 0.6%가 됨올 고려하여 약간 보수적인 0.5%로 결정하였다.

6.3.3 변형의 적합성

[KDS 41] 6.6.2 변형의 적합성

6. 지진력저항시스템

6.6 내진설계범주 'D'에 대한 시스템 제한

(1) 내진설계범주 'D'에 해당하는 구조물은 표 6.2-1의 시스템 제한과 다음을 만족하여야 한다.

6.6.2 변형의 적합성

(1) 고려하는 방향의 지진력저항시스템에 포함되지 않은 모든 구조요소는 7.2.8.1에 따라 결정된 설계층간변위 Δ에 의하여 발생하는 모멘트와 전단력뿐만 아니라 수직하중에 저항할 수 있는 연성능력을 발휘하도록 설계한다. 허용응력설계법을 사용할 경우, Δ는 하중계수 0.7을 곱하지 않은 지진력에 대해 산정한다. 고려하는 방향의 지진력저항시스템에 포함되지 않은 부재에 발생되는 모멘트와 전단력은 인접한 강한 구조 및 비구조요소에 의한 강성 증가효과를 포함하여 산정한다.

[해설]

각 부재의 비탄성변형 적합성에 한 검증은 설계층간변위에 대한 각 보와 기둥의 소성힌지 변형능력이 요구변형보다 크다는 것을 입증하연 된다. 강기둥-약보의 경우에는 보의 양단에 소성힌지가 발생하는 것으로 가정하여 요구변형을 근사적으로 구할 수 있으며, 약기둥-강보의 경우에는 기둥 양단의 소성힌지를 검토한다. 변형능력은 실험결과에 의존하거나 ASCE 41, 공동주택 성능기반 진설계 지침(2016) 등과 같은 지침을 이용하여 연성상세에 따라 결정한다. 만약 소성힌지의 변형능력이 요구변형보다 작다면 전체구조시스템의 강성과 강도를 증가시켜서 소성힌지에 큰 변형이 요구되지 않도록 조절한다.

이때 부재의 설계전단력은 설계지진하중에 대한 구조해석으로 산출한 값이 아닌 부재의 소성휨모멘트에 근거하여 산출한 값이어야 한다(KDS 41 30 00 건축물 콘크리트구조 설계기준 참조). 또한 수직하중에 의한 부가적 2차효과를 고려하도록 설계하여야 한다(7.2.8.2 참조).

위의 요건을 고려할 때 내진설계범주 D에 해당되는 구조물은 중간모멘트골조 이상의 연성상세를 갖도록 설계하는 것이 바람직하다.

[ASCE 7] 12.12.4 변형의 적합성

12.12.4 내진설계범주 D에서 F에 대한 '변형의 적합성(deformation compatibility)'

내진설계범주 D, E 또는 F에 할당된 구조물의 경우, 고려 중인 방향의 지진력저항시스템에 포함되지 않은 모든 구조 구성요소는 12.8.6절에 따라 결정한 중력하중효과와 설계지진변위(δ_{DE}) 및 관련 설계층간변위에 적합하도록 설계되어야 한다.

예외(Exception):

지진력저항시스템의 일부로 설계되지 않은 철근콘크리트 골조 부재는 ACI 318의 18.14절을 준수해야 한다. 고려 중인 방향으로 지진력저항시스템에 포함되지 않은 구성요소에 유도되는 모멘트와 전단력을 결정할 경우 인접한 강성 구조요소와 비구조 요소의 보강효과가 고려되어야 하며, 부재와 구속 강성의 합리적인 값이 사용되어야 한다.

[해설]

높은 지진 위험도를 가진 지역에서는 많은 설계자들이 지진력에 저항하도록 요구된 요소에 대해서 연성 상세 요구사항을 적용한다. 하지만 비구조요소나 중력하중만 저항하도록 설계되었지만 지진력저항시스템과 동일한 수평변형을 겪어야 하는 구조 요소에는 그러한 관행(즉, 연성상세 요구사항)을 무시하는 경향이 있다. 구조물 요소가 지진력에 저항하도록 의도되지 않고 그러한 저항을 위해 상세화되지 않은 경우에도, 그 요소들은 구조물의 응답에 참여할 수 있고 결과적으로 심각한 손상을 입을 수 있다. 이 조항은 설계자로 하여금 설계지진변위 δ_{DE} 및 이와 관련된 설계설계층간변위 Δ에서 계산된 변형 요구(deformation demands)에 적합한 수준의 연성 상세 또는 단면 비율(proportioning)을 구조물의 모든 요소에 제공할 것을 요구한다. 이 조항은 지진력저항시스템의 부재에 사용된 것과 유사한 상세를 중력부재에 적용하거나, 해당 부재에 충분한 강도를 제공하거나, 해당 부재의 연성 요구를 배제하기 위해 전체 구조물에 충분한 강성을 제공함으로써 달성될 수 있다.

1994년 캘리포니아주 노스리지 지진에서 이러한 참여는 여러 파괴의 원인이었다. 그 지진에 대한 예비 조사 보고서(EERI 1994, pp. 56-77)에는 다음과 같이 명시되어 있다:

(현대식 프리캐스트 콘크리트 주차 구조물의 붕괴에서) 매우 중요한 점은 7개의 부분 붕괴 중 6개가 중력하중시스템의 손상으로 인해 촉발된 것으로 보인다는 것이다. 아마도 큰 수평변형과 수직하중의 조합으로 인해 횡하중저항시스템의 일부가 되도록 상세화되지 않은 구속이 불량한(poorly confined) 기둥에서 압괴가 발생했을 가능성이 있다. Sherman Oaks의 Four Seasons 건물과 같이 일부 구조물에서는 슬래브-기둥 연결부에서 뚫림전단파괴가 관찰되었다. 주요 횡하중저항시스템은 상당히 잘 거동한 외곽부 연성골조(perimeter ductile frame)였다. 그러나 내부 슬래브-기둥 시스템은 동일한 수평처짐을 견딜 수 없었고 뚫림파괴가 발생했다.

이 절은 이러한 우려 사항을 다룬다. 설계자가 적절한 수준의 강성을 가정하는 것에 의존하는 대신, 인접한 강성이 큰 구조 및 비구조 요소의 강성 효과를 고려하고, 지진력저항시스템의 일부가 아닌 구조부재의 설계를 위해 합리적인 부재 강성 및 구속 강성 값을 사용할 것을 명시적으로 요구한다.

또한 이 절에는 과거 지진에서 갑작스러운 전단파괴가 재앙적이었기 때문에 (지진력저항시스템의 일부가 아닌) 구조부재에 발생될 수 있는 전단력을 다루기 위한 요구사항도 포함되어 있다.

예외 조항(Exception)은 지진력저항시스템의 일부가 아닌 보와 기둥에서 중간 또는 특수 상세의 사용을 장려하기 위한 것이다. 더 나은 상세 설계의 대가로, 그러한 보와 기둥은 증폭되지 않은 처짐에 의한 모멘트와 전단력에 저항하도록 설계될 수 있다. 이 설계 접근법은 상세가 잘 된 구조부재가 수직하중지지능력을 크게 상실하지 않고 비탄성적으로 거동함으로써 큰 처짐을 수용할 수 있다는 관찰과 실험 결과를 반영한다.

{Q} 노스리지 지진 vs 프리캐스트 콘크리트 주차 구조물

그림 6.3.3 노스리지 지진(M_w 6.7, 1994) 시 발생한
프리캐스트 콘크리트 주차 구조물의 붕괴(California State University, Northridge; 출처: EERI)

프리캐스트 콘크리트 주차 구조물의 붕괴는 1994년 노스리지 지진의 가장 상징적인 붕괴 중 하나이다. 이 붕괴는 지진으로 인해 큰 피해를 입은 많은 프리캐스트 주차 구조물 중 하나에 불과했지만, 외곽부 기둥(perimeter columns)이 보여준 매우 큰 연성과 전체 구조물의 붕괴를 동시에 보여준다. 또한 이 붕괴는 내진설계에서 강조하는 가장 중요한 내진성능 문제 중에 하나를 나타낸다. 지진 시 발생한 수많은 (프리캐스트와 현장타설) 콘크리트 주차 구조물의 붕괴는 기존의 설계법을 다시 검토하게 했고, 궁극적으로 이러한 유형의 구조물의 성능 개선을 위하여 관련 내진설계기준을 변경하였다.

노스리지 지진으로 붕괴된 주차 구조물의의 붕괴로 인해 UBC-97 내진설계 기준에서 다음 규정이 추가되었다(Gould et al., 2019).

1. 1997 UBC Section 1633.2.4, Deformation Compatibility (변형의 적합성)
   Northridge 지진 시 변형으로 인한 손상으로 횡력저항시스템의 일부가 아닌 주차장 요소에 변형의 적합성이 추가되었다. 추가된 규정은 횡력저항시스템의 일부가 아닌 요소가 (재료 종류와는 상관없이) 지진에 의해 발생한 예상 변형을 받을 때 고정하중과 활하중을 지지하도록 상세설계되도록 요구했으며, 추가 고려 사항도 규정하였다.
2. 1997 UBC Section 1633.2.6, Collector Elements (수집재)
   노스리지 지진 동안 주차장에서 수집재 파괴가 되었고, 이로 인해 횡하중이 설계 의도대로 전단벽에 전달되지 않았기 때문에 수집재에 관한 규정이 추가되었다. 새로운 조항은 1997년 UBC에 도입된 새로운 초과강도계수에 의해 증가된 힘에 저항하도록 수집재, 겹침이음 및 저항 요소에 대한 이들의 연결부을 설계할 것을 요구했다. 초과강도계수는 횡력저항시스템에서 발생한 힘이 설계지진력의 2배에서 3배가 될 수 있다는 인식에서 도입되었다. 노스리지 지진에서 수집재의 파괴로 인해 횡력저항시스템으로부터 건물이 분리되었고, 경우에 따라 수직하중 전달시스템의 일부가 손실되어 이러한 더 큰 설계력의 타당성이 입증되었다.
3. 1997 UBC Section 1921.6.12, Diaphragms (격막)
   프리캐스트 콘크리트 부재 위에 얹는 덧침 슬래브(topping slab)는 횡력을 전달하는 격막으로 설계되었지만, 노스리지 지진 시 격막으로 역할을 제대로 수행되지 않았기 때문에 규정에 추가되었다. 격막과 횡력저항시스템 사이에 힘을 전달하기 위해 사용되는 기계적 이음에 대한 요구 사항뿐만 아니라 최소 두께 요구 사항도 추가되었다.

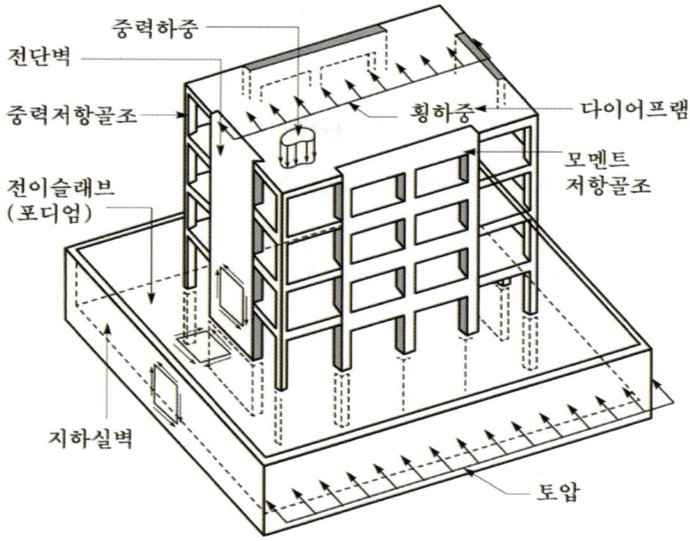

해그림 8.4-1 격막의 역할(출처: KDS 41 17 00 해설)

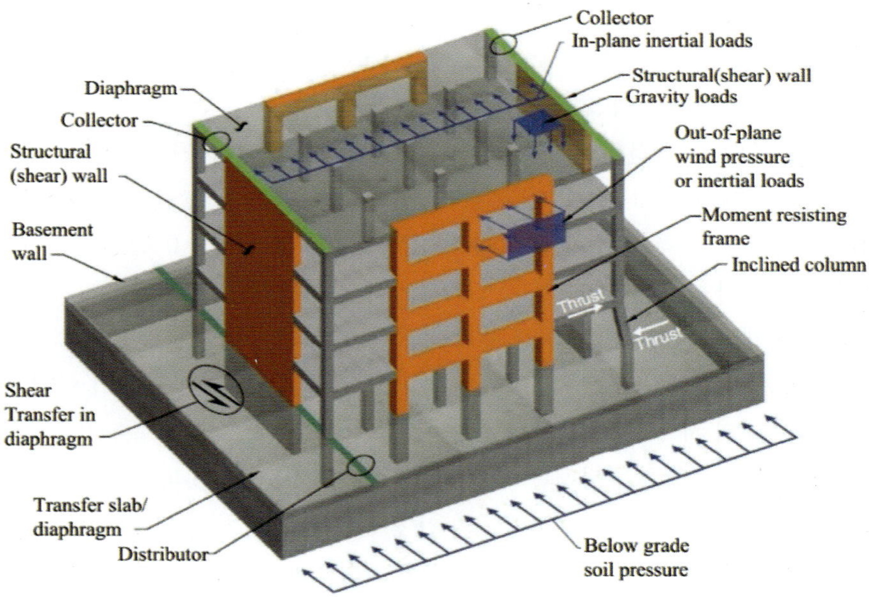

그림 6.3.3 격막(diaphragm)(출처: Introduction to Diaphragm design, 2020, https://core-en.com/)

{Q} 변형의 적합성 검토를 생략할 수 있는 예외 조항은?

[해설] A SCE 7-22 C12.12.5 내진설계범주 D에서 F에 대한 변형의 적합성

예외 조항(Exception)은 지진력저항시스템의 일부가 아닌 보와 기둥에서 중간 또는 특수 상세의 사용을 장려하기 위한 것이다. 더 나은 상세 설계의 대가로, 그러한 보와 기둥은 증폭되지 않은 처짐에 의한 모멘트와 전단력에 저항하도록 설계될 수 있다. 이 설계 접근법은 상세가 잘 된 구조부재가 수직하중지지능력을 크게 상실하지 않고 비탄성적으로 거동함으로써 큰 처짐을 수용할 수 있다는 관찰과 실험 결과를 반영한다.

KDS 41 또는 ASCE 7에서 언급한 변형의 적합성 예외 조항(Exception)으로 다음을 들 수 있다.

- KDS 14 20 80 : 콘크리트 내진설계기준, 4.2 지진력에 저항하지 않는 골조 부재
- ACI 318 18.14.2.1 설계변위 때의 단면력이 설계 부재력 이내인 경우

(1) 설계변위 때의 단면력이 설계 부재력 이내인 경우

KDS 14 20 80 (4.2.2)

ACI 318 18.14.2.1 설계변위 때의 단면력이 설계 부재력 이내인 경우

[KDS 14] 4.2 지진력에 저항하지 않는 골조 부재

4.2 지진력에 저항하지 않는 골조 부재

4.2.1 적용 범위

(1)수평력을 받지 않는 것으로 가정한 골조 부재는 설계변위가 발생할 때 부재에서 계산한 휨모멘트를 4.2.2 또는 4.2.3에 따라 설계하여야 한다. 만약 설계변위에 대하여 명확한 검토를 수행하지 않을 경우에는 4.2.3의 요구 사항을 따라야 한다.

4.2.2 설계변위 때의 단면력이 설계 부재력 이내인 경우

(1) 계수중력 휨모멘트 및 전단력과 4.2.1의 설계변위에 따라 계산된 휨모멘트와 전단력의 조합력이 골조부재의 설계휨강도와 설계전단강도를 초과하지 않을 경우에는 다음 (2), (3) 및 (4)의 조건을 만족하여야 한다. 이때 $1.2D+1.0L+0.2S$ 또는 $0.9D$의 연직조합하중 중 위험한 경우를 사용하여야 하며, 창고를 제외하고는 L이 5.0kN/m^{2}을 초과하면 활하중 L에 대한 하중계수는 0.5로 낮출 수 있다.

(2) 계수축력이 $A_g f_{ck}/10$을 초과하지 않는 부재들은 4.4.2(1)을 만족하여야 한다. 이때 스터럽의 간격은 부재의 전 길이에 걸쳐서 $d/2$이하이어야 한다.

(3) 계수축력이 $A_g f_{ck}/10$을 초과하는 부재들은 4.5.3, 4.5.4(1)③, 4.5.4(3) 및 4.5.5를 만족하여야 한다. 이때 띠철근의 최대 간격은 기둥의 전 높이에 걸쳐서 s_o가 되도록 하고, 간격 s_o는 띠철근으로 둘러싸인 종방향 철근 중 가장 작은 지름의 6배 이하, 또한 150mm 이하이어야 한다.

(4) 계수축력이 $0.35P_o$를 초과하는 부재는 (3)의 규정을 만족하여야 하며, 횡방향 철근량은 4.5.4(1)에 규정된 값의 1/2 이어야 하고, 기둥의 전체 높이에 걸쳐 간격은 s_o를 초과하지 않아야 한다.

4.2.3 설계변위 때의 단면력이 설계 부재력을 초과하는 경우

(1) 4.2.1의 수평변위에 따라 계산된 휨모멘트 및 전단력이 골조 부재의 설계휨강도 및 설계전단강도를 초과하거나 발생되는 휨모멘트를 계산하지 않는다면 다음 (2), (3), (4)의 조건을 만족하여야 한다.

(2) 재료는 4.1.4 및 4.1.5를 만족하여야 하고, 철근의 기계적이음은 4.1.6을 만족하여야 하며, 용접이음은 4.1.7(1)을 만족하여야 한다.
(3) 계수축력이 $A_g f_{ck}/10$을 초과하지 않는 부재는 4.4.2(1)과 4.4.4를 만족하여야 한다. 이때 스터럽의 간격은 부재의 전 길이에 걸쳐서 $d/2$이하이어야 한다.
(4) 계수축력이 $A_g f_{ck}/10$을 초과하는 부재들은 4.5.3(1), 4.5.4, 4.5.5 및 4.6.2(1)을 만족하여야 한다.

4.2.4 프리캐스트콘크리트 골조
(1) 수평력을 받지 않는다고 가정된 접합부를 포함한 프리캐스트콘크리트 골조 부재는 4.2.1, 4.2.2, 4.2.3 외에도 다음 (2), (3) 및 (4)를 만족하여야 한다.
(2) 4.2.2(3)에서 규정된 띠철근은 보의 깊이를 포함한 전체 기둥 높이에 걸쳐서 배치하여야 한다.
(3) KDS 14 20 62(4.2)의 규정과 같이 구조 일체성 철근이 확보되어야 한다.
(4) 보의 받침부에서 지압 길이는 KDS 14 20 20(4.7)의 지압강도를 이용한 계산에 의하여 결정된 값보다 최소 50mm 더 길게 하여야 한다.

[ACI 318] 18.14 지진력저항시스템의 일부로 지정되지 않은 부재

18.14 지진력저항시스템의 일부로 지정되지 않은 부재
18.14.1 범위
18.14.2 설계 조치
18.14.2.1 지진력저항시스템의 일부로 지정되지 않은 부재는 설계변위 δ_u와 동시에 작용하는 수직방향 지면운동의 영향을 포함하여 5.3절의 중력하중조합에 대해 평가해야 한다.
18.14.3 현장타설 보, 기둥 및 접합부
18.14.4 프리캐스트 보 및 기둥
18.14.5 슬래브-기둥 연결
18.14.6 벽식 기둥

6.3.4 특별지진하중

[KDS 41] 8.1.2.3 특별지진하중

8. 하중조합 및 설계 요구사항
8.1 지진하중의 조합

8.1.2 하중조합

8.1.2.3 특별지진하중

(1) 필로티 등과 같이 전체 구조물의 불안정성으로 붕괴를 일으키거나 지진하중의 흐름을 급격히 변화시키는 주요부재와 이를 지지하는 해당 위치의 수직부재 설계에는 지진하중을 포함한 하중조합에 일반 지진하중(E) 대신 특별지진하중(E_m)을 사용하여야 한다.

$$E_m = \Omega_0 E \pm 0.2 S_{DS} D \qquad (8.1\text{-}1)$$

여기서, Ω_0는 표 6.2-1에서 정한 시스템초과강도계수, S_{DS}는 4.2에서 정의한 단주기설계스펙트럼가속도, D는 고정하중이다.

단, $\Omega_0 E$는 지진력저항 시스템에서 다른 부재의 내력에 의해 전달될 수 있는 최대하중을 초과할 필요는 없다.

[해설]

이 내진설계기준에서는 구조물의 비탄성변형능력과 초과보유강도(설계강도보다 큰 실제 보유강도)를 고려하여 구조물의 탄성거동 시 발생할 수 있는 관성력보다 작은 지진하중에 대하여 설계할 수 있도록 허용하고 있다. 이러한 탄성변형능력을 고려한 하중을 적용하기 위해서는 구조물에 소성변형이 수평적·수직적으로 고르게 분포하여 큰 비탄성변형에서도 국부적인 취성파괴 없이 연성능력을 발휘하여야 한다. 그러나 구조시스템 강성이나 강도 분포가 수평적·수직적으로 크게 변화하는 경우에는 지진 발생 시 취약한 구조부재에 비탄성변형이 집중적으로 일어날 수 있다. 이로 인하여 취성파괴가 발생할 수 있으며, 요구되는 비탄성변형능력을 기대할 수 없다. 이러한 취성파괴를 방지하기 위해서는 강도나 강성이 급격히 변화하는 부분에 위치한 부재를 다른 부재보다 상대적으로 큰 지진하중으로 설계함으로써 해당 부재가 탄성상태(또는 심각한 손상이 없는 상태)에서 지진하중을 전달하도록 하는 것이 바람직하다. 이 지진하중을 특별지진하중이라고 정의한다.

취성파괴의 가능성이 있는 부재가 탄성상태에서 하중을 지지하기 위해서는 연결된 다른 부재 또는 접합부의 최대하중재하능력에 의하여 전달되는 하중을 해당 부재가 지지할 수 있어야 한다. 이때 구조시스템의 초과강도에 의하여 일반지진하중 보다 큰 하중이 구조시스템에 발생할 수 있으므로 취약부재의 특별지진하중은 일반지진하중에 초과강도계수 Ω_0를 반영한 $\Omega_0 E$로 산정하여야 한다.

구조물의 초과강도를 구체적으로 고려하여야 하는 경우로는 수직비정형성을 유발하는 불연속적인 가새골조나 전단벽 하부를 지지하는 보, 기둥 등이 있다. 가새골조와 전단벽의 초과강도는 이러한 기둥에 취성적인 좌굴파괴를 유발할 수 있고, 이는 구조물 붕괴로 이어질 수 있다. 이 절에서 특별히 언급하지는 않았지만 연속되지 않은 횡력저항요소의 하부 전이구조(transfer structure) 설계, 그리고 전단벽과 가새골조 등의 어긋남을 구조적으로 보완할 수집재(collector element) 설계는 반드시 주변부재의 초과강도를 고려한 특별지진하중을 사용하여 설계하여야 한다.

특별지진하중 산정식에서 두 번째 항인 $0.2S_{DS}D$는 수직방향 지진의 영향을 고려하기 위함이다. 즉, $\Omega_0 E$는 수평방향 지진하중이고, $0.2S_{DS}D$는 수직방향 지진하중이므로, 하중의 작용방향이 다름을 주의해야 한다.

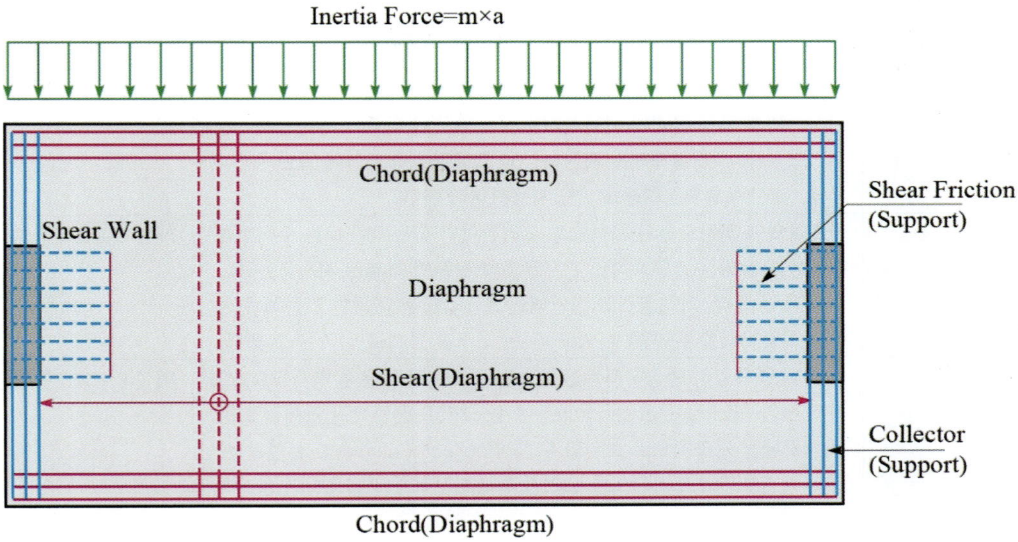

그림 6.3.4a 격벽(diaphragm)의 구성요소(출처: Core Engineering, 링크)
(Collector = 수집재; Chord = 현재(弦材);
Upper Chord = 상현재; Lower Chord = 하현재; Tension Chord = 인장현재; Compression Chord = 압축현재)

{Q} 특별지진하중을 적용하는 부재는?

건축물 내진설계기준에서 정의한 특별지진하중을 고려하는 부재는 다음과 같다.

표 6.3.4 특별지진하중을 적용하는 부재

유형	부재	관련 규정
1	필로티 등과 같이 전체 구조물의 불안정성으로 붕괴를 일으키거나 지진하중의 흐름을 급격히 변화시키는 주요부재와 이를 지지하는 해당 위치의 수직부재 설계에는 지진하중을 포함한 하중조합에 일반 지진하중(E) 대신 특별지진하중(E_m)을 사용하여야 한다.	8.1.2.3 특별지진하중
2	구조물의 초과강도를 구체적으로 고려하여야 하는 경우로는 수직비정형성을 유발하는 불연속적인 가새골조나 전단벽 하부를 지지하는 보, 기둥 등이 있다. 가새골조와 전단벽의 초과강도는 이러한 기둥에 취성적인 좌굴파괴를 유발할 수 있고, 이는 구조물 붕괴로 이어질 수 있다.	해설 8.1.2.3 특별지진하중
3	이 절에서 특별히 언급하지는 않았지만 연속되지 않은 횡력저항요소의 하부 전이구조(transfer structure) 설계, 그리고 전단벽과 가새골조 등의 어긋남을 구조적으로 보완할 수집재(collector element) 설계는 반드시 주변부재의 초과강도를 고려한 특별지진하중을 사용하여 설계하여야 한다.	해설 8.1.2.3 특별지진하중
4	필로티기둥, 전이구조 및 그 연결부는 8장*에 따라서 특별지진하중을 적용하여 증폭된 지진하중에 대하여 설계하여야 한다. 상부내력벽과 직접 연결되지 않는 독립된 필로티층의 전단벽의 설계에도 특별지진하중을 적용해야 한다. *8.1.2.3 특별지진하중	9.8.4 필로티 기둥에 대한 고려사항(5)

기초까지 내려가지 않는 (수직불연속) 구조기둥 또는 구조벽, 그리고 이들의 하중이 전달되는 하부 보와 슬래브는 전이부재이다.

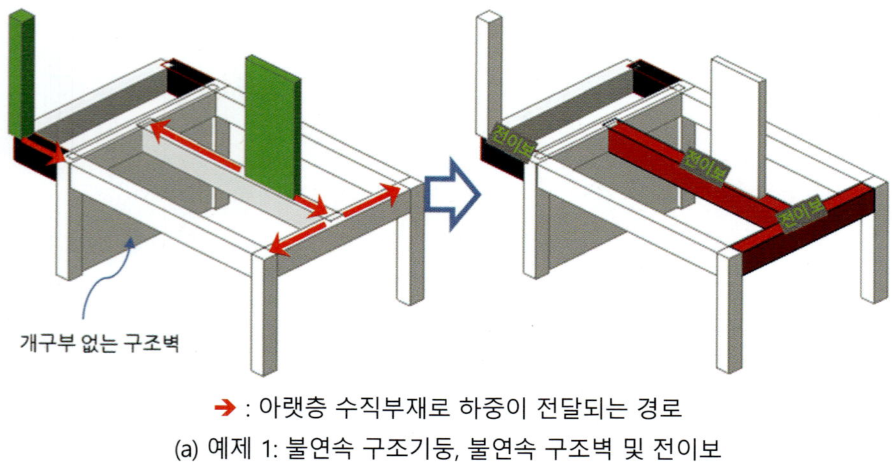

(a) 예제 1: 불연속 구조기둥, 불연속 구조벽 및 전이보

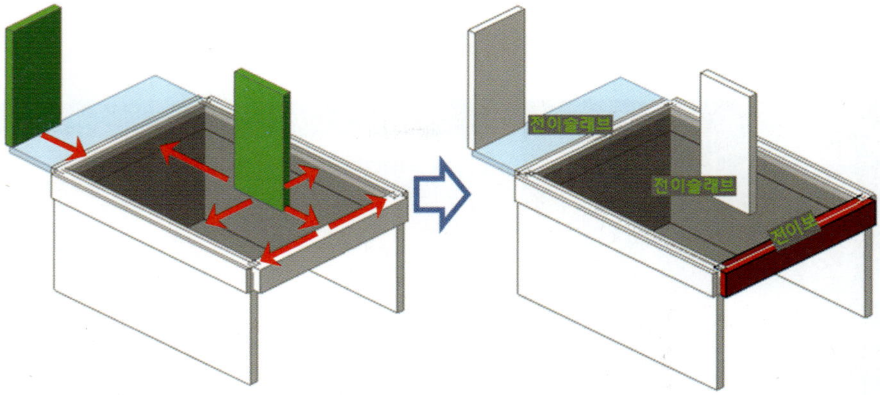

➔ : 아랫층 수직부재로 하중이 전달되는 경로

(b) 예제 2: 불연속 구조벽과 전이슬래브

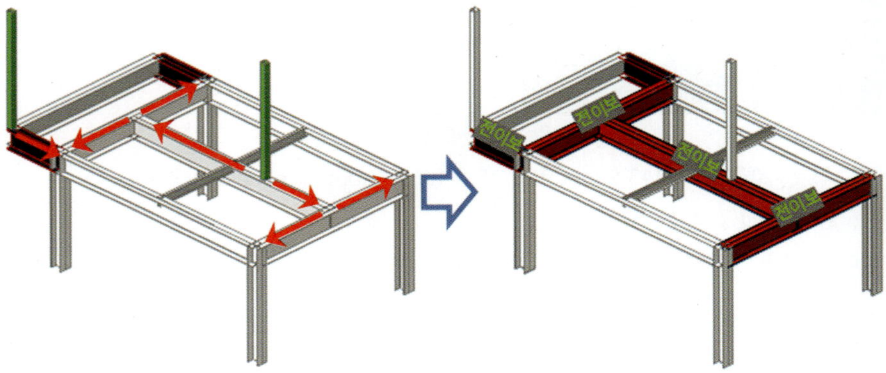

➔ : 아랫층 수직부재로 하중이 전달되는 경로

(c) 예제 3: 불연속 구조기둥과 전이보

그림 6.3.4b 어떤 부재를 전이부재로 지정해야 하는지요?

(출처: MIDAS Support의 Q&A, https://support.midasuser.com/)

전이보나 전이슬래브가 하나라도 있는 층은 전이층이다. 구조해석 SW인 MIDAS 에서는 특별(하중)조합 메뉴에서 보나 슬래브를 전이부재로 지정하면 해당 부재의 설계에는 특별지진하중이 반영된 특별(하중)조합이 적용된다. 관련 메뉴의 기능은 다음과 같다.

1. 특성지정은 두 가지 이상 동시에 적용할 수 있다. 예: 전이부재 지정 + 캔틸레버보 지정.
2. 데크슬래브는 전이부재로 계획하지 않는다. 따라서 데크슬래브는 전이부재로 지정할 수 없으므로, 철골건물에서 기둥하부는 철골 전이보를 배치하는 것이 적절하다.
3. 전이보, 전이슬래브와 연결되는 아랫층 수직부재는 설계 시 특별(하중)조합이 자동 적용된다.
4. 정보 트리에서 전이부재를 더블클릭하면 작업창에 전이부재의 지정 확인과 해제가 표시된다. 또는 [보기/감추기 > 부재탭 > 부재타입]에서 전이부재를 체크하면 화면에 표시가 된다.
5. 전이부재 지정을 해제하려면, 모델링 메뉴 > 특성지정 > 전이부재 지정 클릭 > 메시지창

옵션 중 [해제(R)] 클릭 > 해제할 부재 선택 후 엔터를 한다.

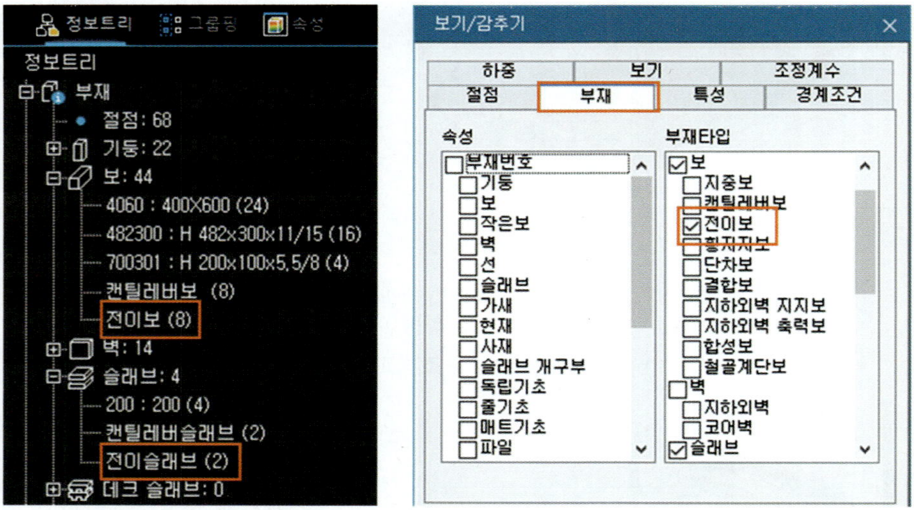

그림 6.3.4c 특별(하중)조합

(출처: MIDAS Support의 Q&A, https://support.midasuser.com/)

{Q} 구조안전 및 내진설계 확인서 vs 특별지진하중

건축법 시행령

제32조(구조 안전의 확인) [LINK]

① 법 제48조제2항에 따라 법 제11조제1항에 따른 건축물을 건축하거나 대수선하는 경우 해당 건축물의 설계자는 국토교통부령으로 정하는 구조기준 등에 따라 그 구조의 안전을 확인하여야 한다.

건축물의 구조기준 등에 관한 규칙

제58조(구조안전확인서 제출) [LINK]

영 제32조제2항 각 호의 어느 하나에 해당하는 건축물로서 같은 조 제1항에 따라 구조안전의 확인(지진에 대한 구조안전을 포함한다)을 한 건축물에 대해서는 법 제21조에 따른 착공신고를 하는 경우에 다음 각 호의 구분에 따른 구조안전 및 내진설계 확인서를 작성하여 제출하여야 한다.

1. 6층 이상 건축물: 별지 제1호서식에 따른 구조안전 및 내진설계 확인서
2. 소규모건축물: 별지 제2호서식에 따른 구조안전 및 내진설계 확인서 또는 별지 제3호서식에 따른 구조안전 및 내진설계 확인서
3. 제1호 및 제2호 외의 건축물: 별지 제2호서식에 따른 구조안전 및 내진설계 확인서

[별지 제1호서식] 구조안전 및 내진설계 확인서(6층 이상의 건축물)(건축물의 구조기준 등에 관한 규칙).hwp [LINK]

[별지 제2호서식] 구조안전 및 내진설계 확인서(5층 이하의 건축물 등)(건축물의 구조기준 등에 관한 규칙).hwp [LINK]

[별지 제3호서식] 구조안전 및 내진설계 확인서(소규모건축물-콘크리트구조;콘크리트 벽식구조;강구조;조적식구조;목구조;전통목구조)(건축물의 구조기준 등에 관한 규칙).hwp [LINK]

■ 건축물의 구조기준 등에 관한 규칙 [별지 제1호서식] <개정 2018. 11. 9.>

구조안전 및 내진설계 확인서(6층 이상의 건축물)				
15) 구조요소 내진설계 검토사항	(a) 특별지진하중 적용 여부	(a1) 필로티	유, 무	
		(a2) 면외어긋남	유, 무	
		(a3) 횡력저항 수직요소의 불연속	유, 무	
	(b) 수직시스템 불연속		유, 무	

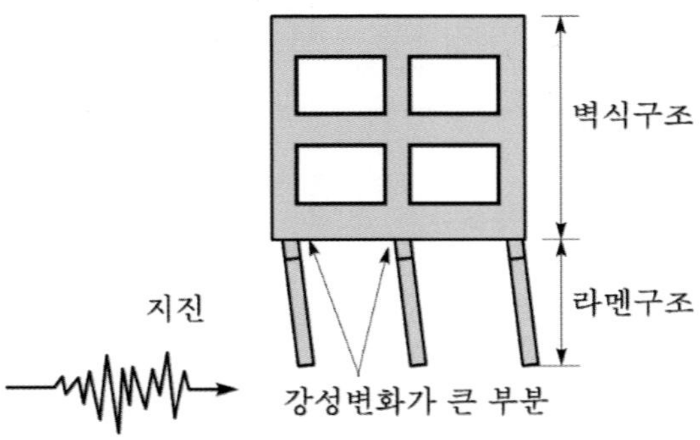

(예시 1) 상부층이 벽식구조이고 하부층 전체가 라멘구조로 이어진 경우

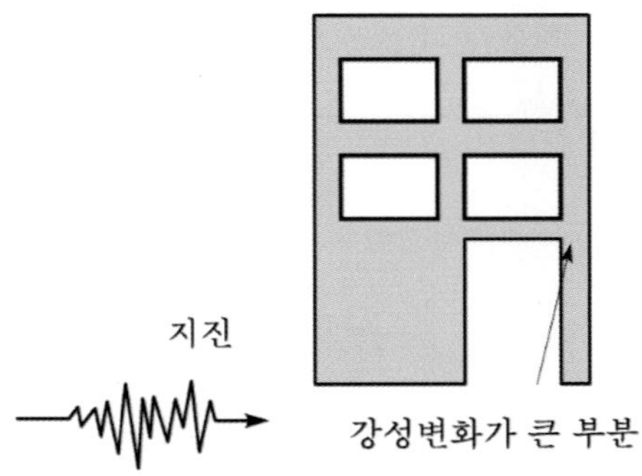

(예시 2) 하부층 일부가 라멘구조로 이루어진 경우

(a1) 필로티

(상부 벽에서 하부 기둥으로서의 강성 변화가 큰 부분에서 취성파괴가 발생할 수 있으므로 강성변화가 큰 부분에 전이보를 설치해야 한다)

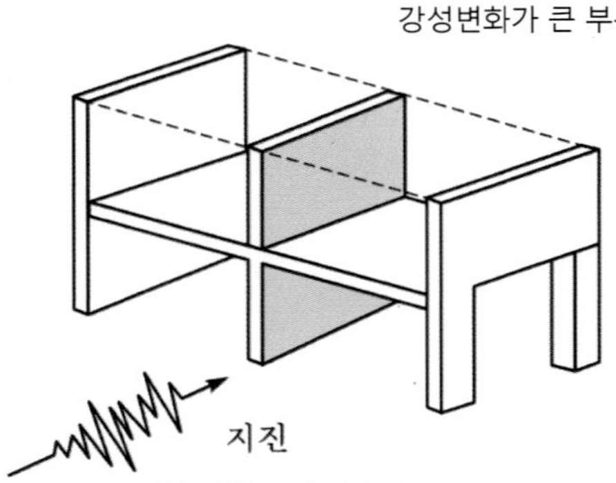

벽체 상하부가 연속된 구조

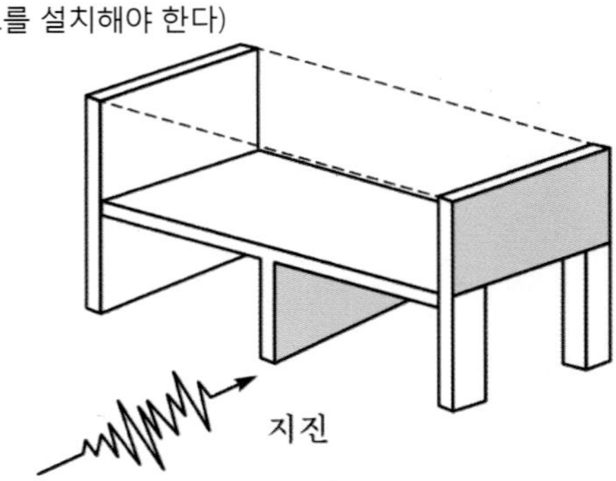

면외어긋난 구조

(a2) 면외어긋남

(벽체가 상/하부에서 연속되지 않고 지진하중 방향으로 직각 방향으로 어긋나서 지진하중의 전달 경로가 연속되지 않은 구조 형태이다)

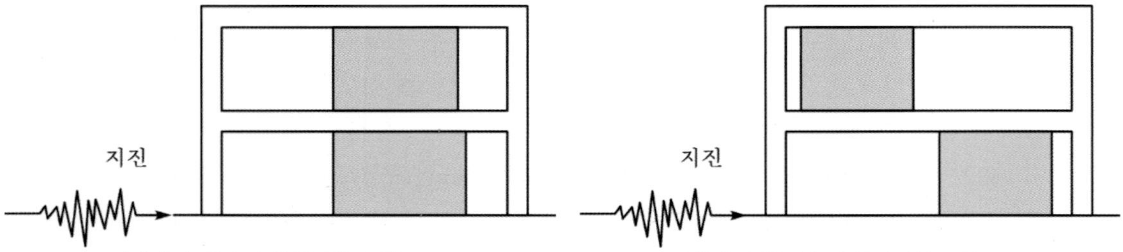

(예시 1) 연속된 횡력저항 수직요소 **(예시** 2) 불연속된 횡력저항 수직요소

(a3) 횡력저항 수직요소의 불연속
(벽체가 상/하부층에서 연속되지 않고 지진하중 방향과 같은 방향으로 어긋나서
지진하중의 전달 경로가 연속되지 않는 구조 형태이다)

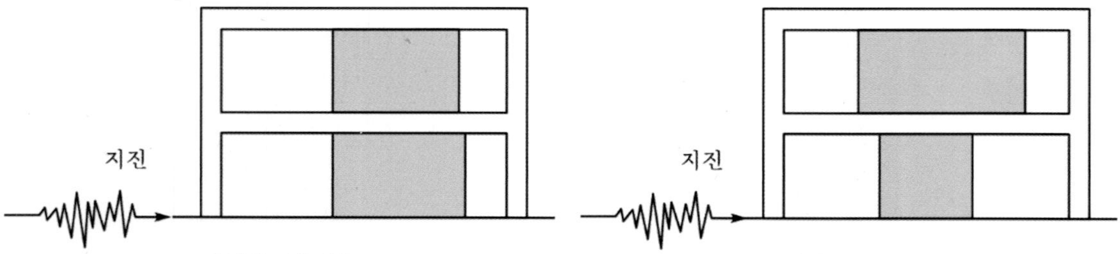

수직시스템 연속
(하부층 강도 ≥ 상부층 강도)

수직시스템 불연속
(하부층 강도 < 상부층 강도 × 65%)

(b) 수직시스템 불연속
(하부층의 강도가 상부층 강도의 65% 미만인 조건으로서 하부층에 힘이 집중되어
건물의 손상 또는 붕괴가 발생할 수 있는 구조 형태이다)

그림 6.3.4d - 구조안전 및 내진설계 확인서: 구조요소 내진설계 검토사항
(출처: MIDAS Support의 Q&A: [eGEN] 안전확인서, https://support.midasuser.com/)

제 7 장

[내진설계] 면진과 제진

7.1 면진

7.1.1 지진을 어떻게 피해갈까?

그림 7.1.1a 내진설계방법 비교 (출처: TheStory 더스토리) [YouTube]
(2019년 이후 2층 이상 건물(목조건물은 3층 이상)로 건축법이 개정됨)

(1) 광의의 내진설계 개념은 내진, 면진 및 제진을 모두 포함한다.

(2) 협의의 개념으로 서로 구분하여 사용할 수 있다.

1) '내진(耐震, seismic resistance)'은 구조물이 지진력에 견딜 수 있도록 튼튼하게 하는 설계

2) '면진(免震, seismic isolation, 지진격리)'은 지진력을 흡수하지 않고, 오히려 구조물의 동적 특성을 통해 구조물이 지진력을 반사할 수 있도록 하는 설계

3) '제진(制震, vibration control)'은 입사하는 지진에 대항하여 반대방향의 하중을 가하거나, 감쇠장치를 사용하여 지진에너지를 소산하는 능동적 개념의 구조물 설계

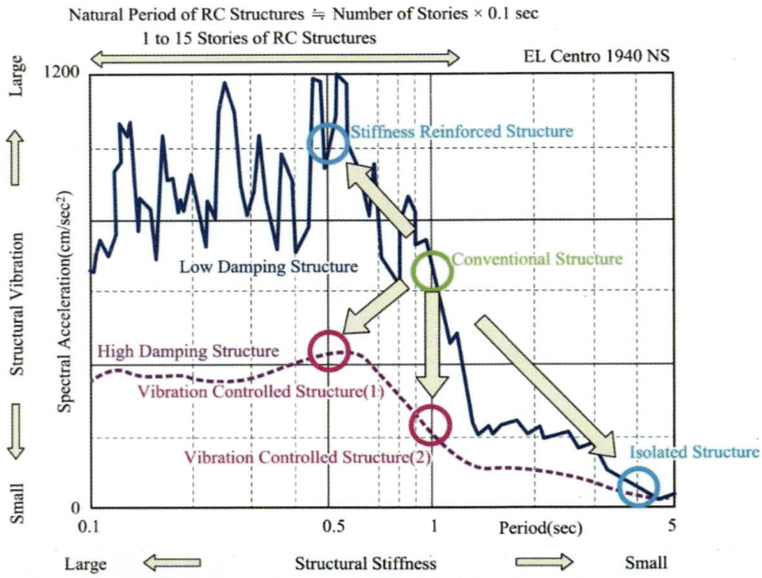

그림 7.1.1b 내진-제진-면진의 원리

(1) 내진이란 한자로는 耐震, 영어로는 earthquake resistance 혹은 내진설계의 개념에서 seismic design이라 하며, 구조물을 공학적으로 지진력에 견딜 수 있도록 설계하는 것이다. 즉, 부재의 강성 및 강도의 증가, 그리고 연성도의 증가를 통해 구조물에 작용하는 지진력에 대한 내성을 높이는 개념이다.

(2) 면진이란 면할 免, 말 그대로 지진의 강한 지진력 대역을 피해가겠다는 개념으로, 영어로는 seismic isolation이라 한다. 즉, 구조물로 입사하는 지진에너지를 대부분 반사하여, 구조물에 입사하는 에너지를 줄임으로써 구조물에 작용하는 지진력을 줄이는 개념이다.

지진은 단주기 성분이 장주기의 성분에 비해 크며, 구조물의 고유주기가 지진의 단주기 성분과 비슷한 경우에 공진현상(共振, resonance)에 의해 구조물의 응답이 증폭할 수 있다.

면진구조물이란 이러한 입력 지진의 특성을 이용하여 구조물의 고유주기를 지진의 '탁월주기(卓越週期, predominant period)' 대역과 어긋나게 하여, 지진과 구조물과의 공진을 피하고, 입력 지진에너지가 구조물에 상대적으로 적게 전달되도록 설계하는 것이다. 일반적으로 면진장치를 사용하여 구조물의 고유주기를 인위적으로 길게 하여 지진의 탁월주기 대역을 벗어나도록 설계한 구조물을 일컫는다. 예를 들어 초고층건물이나 교각이 아주 높은 교량의 경우에, 구조물 자체의 고유주기가 충분히 길기 때문에 자동으로 면진구조물의 역할을 하게 되지만, 저층건물이나 교각의 강성이 큰 교량의 경우 지반과의 연결부에 적층고무 등과 같은 면진장치를 삽입하여 구조물의 고유주기를 강제적으로 늘리기도 한다.

주기 증가에 따른 면진구조물의 응답을 각각 나타내면 다음과 같다. 즉, 면진구조물의 주기 증가로 인해 관성력은 급격히 감소하나, 구조물의 절대 변위가 증가하는 것을 알 수 있다.

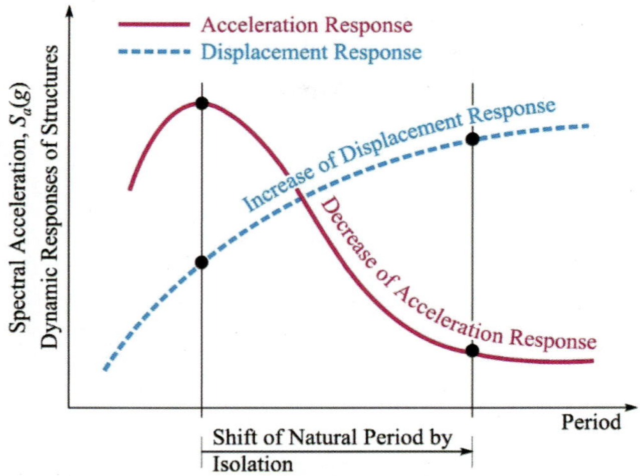

그림 7.1.1c 면진구조물의 동적 응답

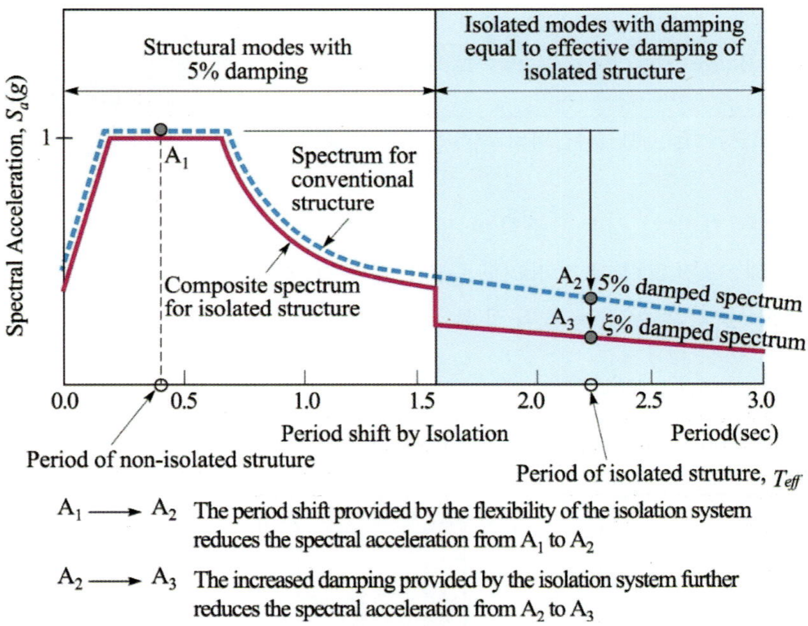

그림 7.1.1d 면진구조물의 동적 응답(참조: ISO 22762)

미국, 뉴질랜드 등 서구의 지진다발국가에서는 base isolation이란 용어를 주로 사용하는데, 지진격리, 지반분리, 기초분리, 기초면진 등으로 해석할 수 있다. 강한 지진일지라도 구조물이 지반과 떨어져 있다면 지진의 피해를 받지 않는다는 개념으로 설명할 수 있다. 즉, 지진의 피해를 면할 수 있는 가장 좋은 방법은 구조물을 지반과 분리시키는 것이다. 그러나 구조물을 지반에서 분리시키는 것은 물리적으로 불가능하므로, 수직하중은 충분히 지지하면서 수평방향으로는 강성이 아주 작거나 미끄러운 받침을 이용하여 구조물을 지반과 격리한다.

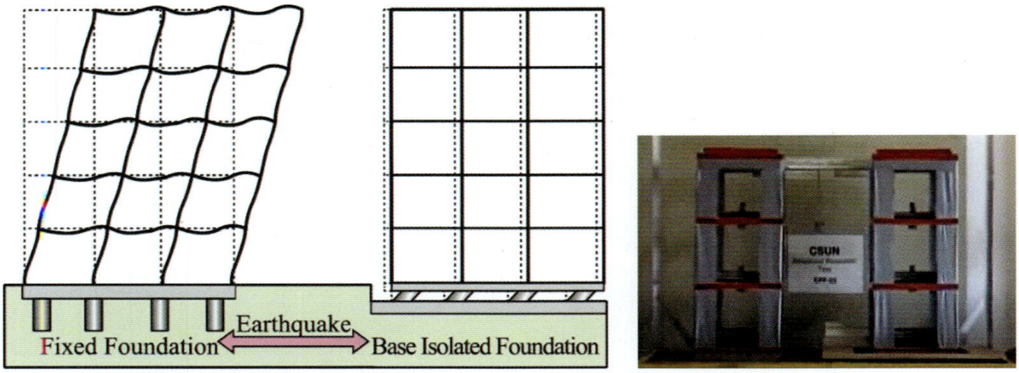

그림 7.1.1e 일반건물과 면진건물의 거동 비교 (우측 유튜브 출처: Valentin Shustov) [YouTube]

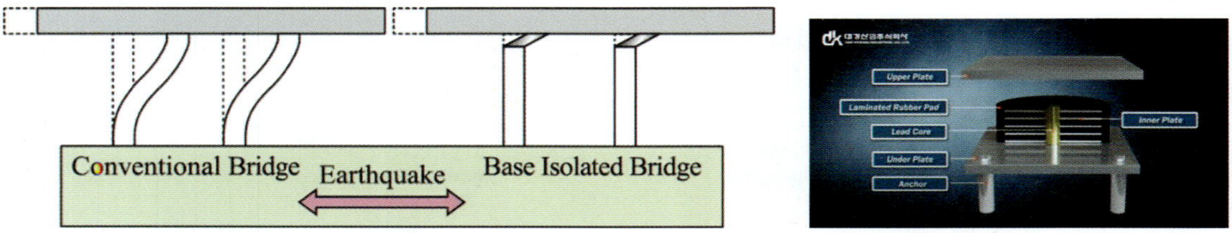

그림 7.1.1f 일반교량과 면진교량(지진격리교량)의 거동 비교 (우측 유튜브 출처: DK 대경산업) [YouTube]

일반교량은 지진 시 상부구조물의 관성력을 고정받침이 설치된 교각이 모두 지지해야 한다. 이에 반해 '면진교량(지진격리교량)'은 관성력을 면진받침이 설치된 교각들이 분담하여 교각 및 관련 교각의 기초를 효율적으로 설계할 수 있다.

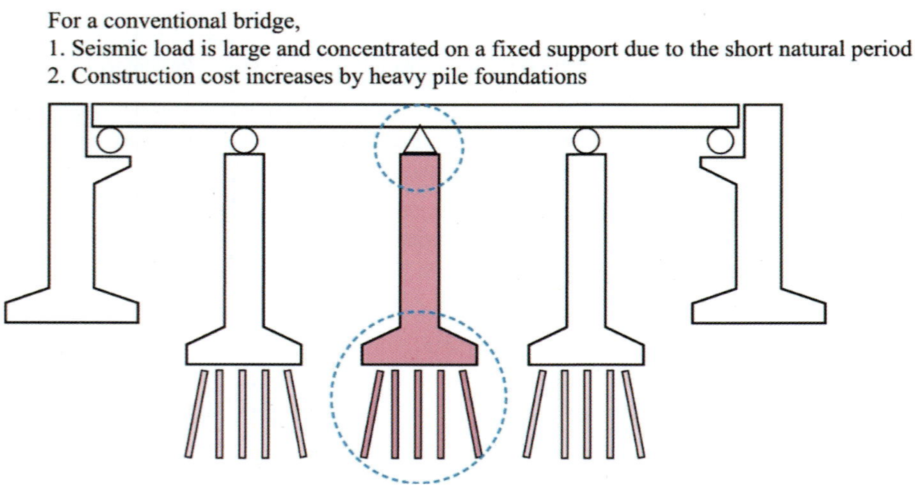

그림 7.1.1g 일반교량의 내진설계 개념

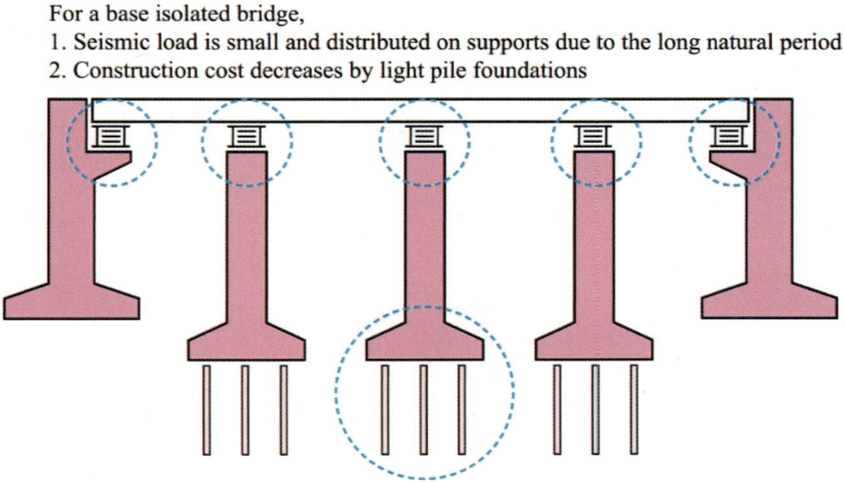

그림 7.1.1h 면진교량의 내진설계 개념

면진장치의 위치를 기준으로 두 가지 면진유형으로 구분할 수 있다. 하나는 구조물 밑면에 면진장치를 설치하는 '밑면 면진(base isolation, 기초 면진)'라고 하고, 다른 하나는 상부 구조물의 중간층에 면진장치를 설치하는 '중간층 면진(mid-story isolation)'라고 한다.

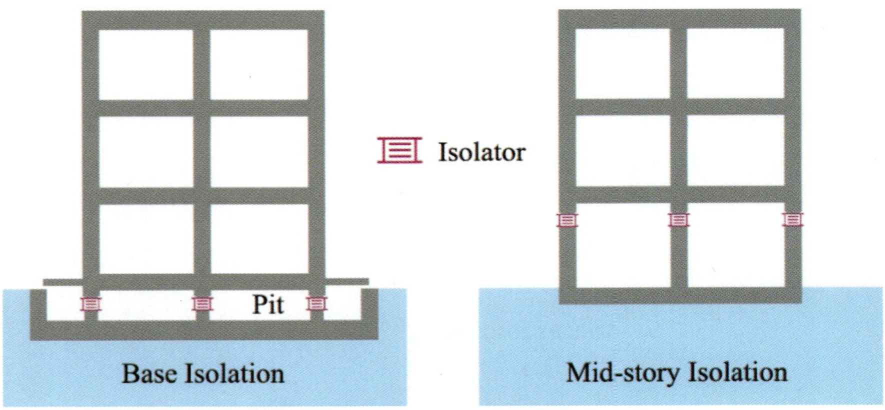

그림 7.1.1i 밑면 면진(기초 면진)과 중간층 면진

일반적으로 면진장치에 작용하는 전단력과 변위응답의 관계를 복원강성과 감쇠력의 조합인 이선형(bi-linear) 거동으로 모델링하여 해석한다.

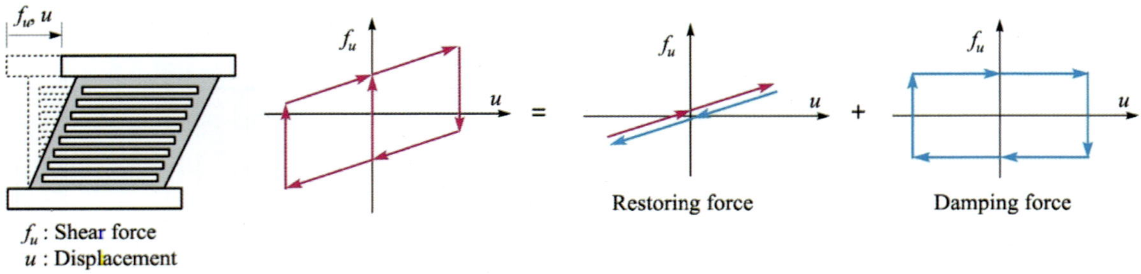

그림 7.1.1j 면진장치의 거동

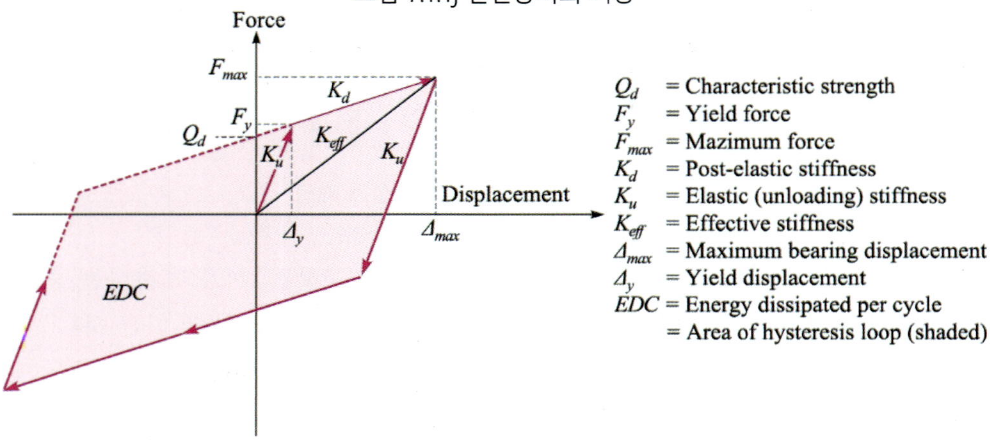

그림 7.1.1k 면진받침의 이선형 거동 모델

일반적으로 면진장치의 이력곡선은 실험실에서 동적 실험을 수행하여 구하며, 구조물의 감쇠가 선형점성감쇠가 아닌 경우 이력곡선은 타원형이 아니다. 조화하중에 의한 진동실험으로 얻은 일반 이력곡선의 면적인 한 주기당 소산에너지(E_D)가 등가점성감쇠에 의한 소산에너지를 나타내는 타원의 면적과 같다고 하여 등가점성감쇠를 구할 수 있다.

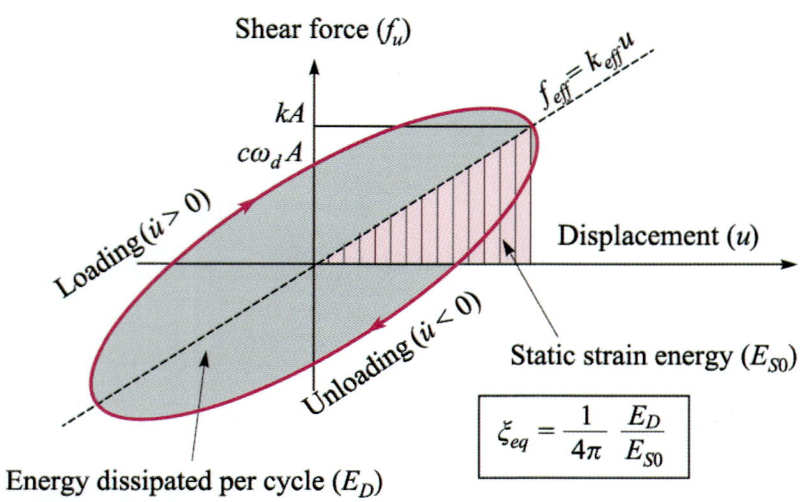

그림 7.1.1l 면진장치의 등가감쇠 거동 모델 (지반공학에서는 $D = \frac{1}{4\pi}\frac{A_L}{A_T}$로 등가감쇠를 나타냄)

(a) Apple Park, Cupertino, California (2017)

(b) Adana Integrated Health Campus, Adana, Turkey (2017)

(c) Tokyo Skytree East Tower, Tokyo (2012)

(d) Isparta City Hospital, Isparta, Turkey (2016)

(e) Logistics Park Hino, Tokyo (2015)

(f) Logiport Sagamihara, Sagamihara, Japan (2013)

(g) Shinagawa Season Terrace, Tokyo (2015)

(h) Sabiha Gokcen Airport International Terminal, Istanbul (2009)

(i) Erzurum Regional Training & Research Hospital, Turkey (2007)

(j) Tan Tzu Medical Center, Taiwan (2006)

그림 7.1.1m 면진장치가 설치된 세계 10대 건축구조물

(출처: Scott Lewis, The 10 Largest Base-Isolated Buildings in the World, Engineering News-Record (ENR), July 2017)

7.1.2 관련 내진 규정

[KDS 41] 1.2 용어의 정의

1. 일반사항

1.2 용어의 정의

- 설계지진(design earthquake; DE; DBE)

  2,400년 재현주기 지진 크기의 2/3

- 최대고려지진(maxium considered earthquake; MCE)

  2,400년 재현주기 지진

표 7.1.2 내진성능목표와 설계지반운동 수준(출처: KDS 17 10 00 내진설계 일반, 2024)

내진성능수준[1]				설계지반운동 수준[2]		위험도 계수(I)[3]	지진구역 계수(Z) I(II)구역[4]
기능수행	즉시복구	장기복구/인명보호	붕괴방지	재현주기(년)	초과발생확률/기간		
II 등급				50	10% / 5년	0.40	
I 등급	II 등급			100	10% / 10년	0.57	
특등급	**I 등급**	II 등급		200	10% / 20년	0.73	
	특등급	**I 등급**	II 등급	**500**	**10% / 50년**	**1**	**0.11(0.07)**
		특등급	**I 등급**	1,000	10% / 100년	1.4	0.154(0.098)
			특등급	2,400	10% / 250년	2.0	0.22(0.14)
			특등급	4,800	10% / 500년	2.6	

(1) 표 4.1-1 최소 내진성능목표
(2) 4.1.3 설계지반운동 수준
(3) 표 4.2-3 위험도계수
(4) 표 4.2-2 지진구역계수(평균재현주기 500년에 해당)

- 면진시스템(isolation system)

  모든 개별 면진장치 사이에 힘을 전달하는 구조요소 및 모든 연결부의 집합체

- 면진장치(isolation unit)

  설계지진 시 큰 횡변위가 발생되도록 수평적으로 유연하고 수직적으로 강한 면진시스템의 구조요소

- 면진층(isolation interface)

  면진시스템과 상부·하부구조의 경계에 위치한 연결요소를 포함하는 부분

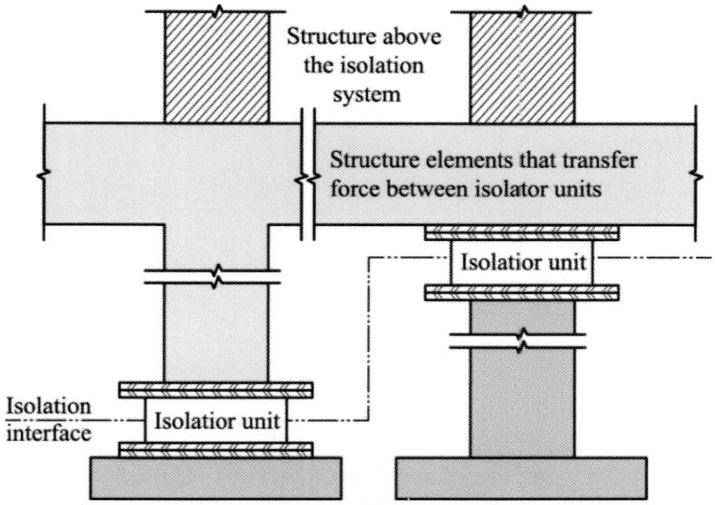

Figure C17.5-2 Isolation system terminology(출처: ASCE 7-22, 2022) (면진시스템; 면진층; 면진장치)

• 총 설계변위(total design displacement, D_{TD})
  비틀림에 의한 추가변위를 포함한 면진시스템의 설계지진 시 횡변위
• 총 최대변위(total maximum displacement, D_{TM})
  비틀림에 의한 추가변위를 포함한 면진시스템의 최대고려지진 시 횡변위

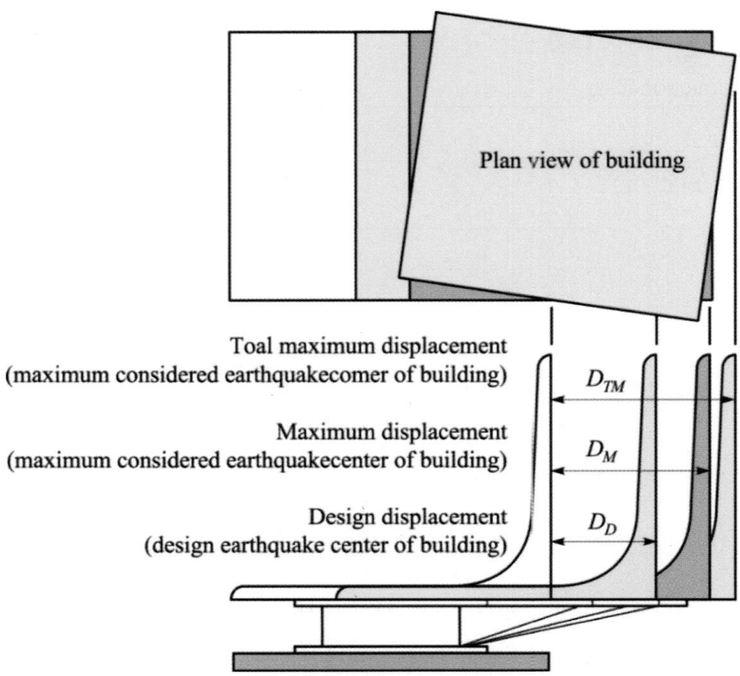

Figure C17.5-1 Displacement terminology(출처: ASCE 7-22, 2022)
(D_{TM} = 총 최대변위; D_M = 최대변위; D_D = 설계변위)

- 유효감쇠(effective damping)
  면진시스템의 이력거동에 의해 소산되는 에너지로부터 산정되는 등가점성감쇠
- 유효강성(effective stiffness)
  면진시스템의 수평력을 그에 상응하는 수평변위로 나눈 값

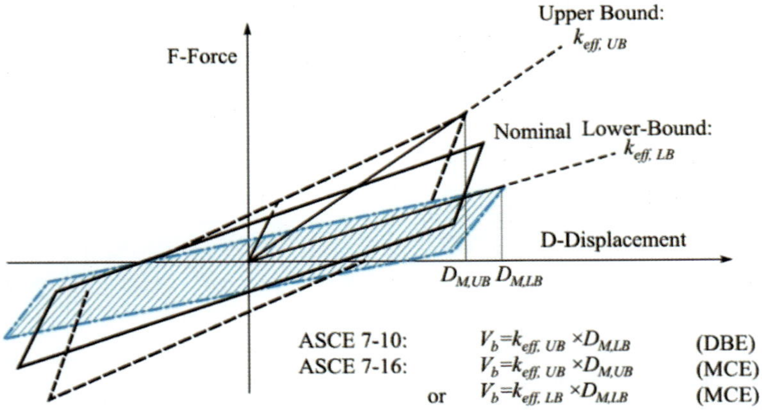

Figure C17.5-3. Nominal, upper bound, and lower bound bilinear hysteretic properties of typical isolator bearing (출처: ASCE 7-22, 2022)
(일반 면진장치의 공칭, 상한계, 하한계 이선형 이력특성)

- 장치원형시험(prototype test)
- 제품시험(production test)

[KDS 41] 16.1 일반사항

16. 면진구조

16.1 일반사항

(1) 모든 면진구조물과 그 구성요소는 이 조항에 따라 설계하고 시공하여야 한다. 면진구조물의 해석은 그 구조물의 생애주기에 걸쳐 발생될 면진장치의 재료특성 변화를 고려해야 한다.

(2) 16장에서 규정하는 면진구조의 설계는 15장에서 규정하는 성능기반설계의 일부로 본다.

(3) 16장에서 별도로 규정하지 않은 사항에 대해서는 15장의 성능기반설계에 따른다.

[해설]

이 조항은 면진구조물과 그 구성요소들의 설계와 시공을 위한 요구조건들을 제시한다. 이 요구조건들은 면진구조물의 비선형 모델링과 해석절차, 면진장치의 설계특성에 대한 시험과 검증 등의 내용을 포함한다. 면진장치의 주요재료인 적층고무의 특성은 노화, 오염, 환경노출, 하중재하 속도, 온도에 따라 변화함으로써 해석 시 이를 고려한다. 생애주기에 따른 면진장치의 재료특성 변화는 16.5에서 기술한 면진장치 시험을 통해 검증한다.

[KDS 41] 16.2 설계 요구사항

16.2 설계 요구사항

16.2.1 기본 요구사항

(1) 면진구조물은 중요도계수(I_E)를 1.0으로 한다.

(2) 면진구조물의 설계지진과 최대고려지진 가속도스펙트럼은 각각의 단주기와 1초주기의 스펙트럼가속도를 사용하여 4.2에 따라 작성한다. 최대고려지진의 단주기와 1초주기 스펙트럼가속도 S_{MS}와 S_{M1}는 다음 식에 따라 결정한다.

$$S_{MS} = \frac{3}{2}S_{DS} \tag{16.2-1}$$

$$S_{M1} = \frac{3}{2}S_{D1} \tag{16.2-2}$$

여기서, S_{DS}, S_{D1} : 단주기와 1초주기의 설계스펙트럼가속도 (4.2에 따른다)

[해설]

(1) 면진구조물의 중요도계수를 1.0으로 한 이유는 이 기준에 따라 적절히 설계된 면진구조물이 비면진구조물에 비하여 높은 성능수준을 달성할 수 있기 때문이다. 면진구조물과 비면진구조물의 내진성능을 비교 정리하면 해표 16.2-1 과 같다.

해표 16.2-1 구조물의 내진성능 비교

성능수준	지진 강도		
	약진	중진	강진
인명손상 방지	비면진/면진구조물	비면진/면진구조물	비면진/면진구조물
구조물 손상 방지	비면진/면진구조물	비면진/면진구조물	면진구조물
비구조물 손상 방지	비면진/면진구조물	면진구조물	면진구조물

(2) 면진구조물과 감쇠시스템 적용 구조물은 설계지진에 대하여 구조요소의 강도요구조건을 만족하도록 검토하는 것 이외에 최대고려지진(2400년 재현주기 지진)에 대한 안전성 요구조건을 추가로 검토한다. 한편, 이 기준에서는 최대고려지진에 대한 단주기와 1초주기 스펙트럼가속도 S_{MS}, S_{M1}이 정의되지 않고 있으므로 이 조항에서는 이를 식 (16.2-1)과 식 (16.2-2)와 같이 정의한다. 최대고려지진은 해당 지역에서 발생할 수 있는 최대 크기의 지진을 의미하며, 일반적으로 2400년 재현주기를 가진 지진으로 정의될 수 있다.

16.2.2 면진시스템 요구사항

(1) 면진시스템은 생애주기 동안의 성능저하, 크리프, 피로, 온도, 습기 등의 환경조건에 대한 요구조건을 만족하여야 한다.

(2) 면진층에서 풍하중에 의한 횡변위는 면진 상부구조의 "8.2.3 변형과 횡변위 제한"에 따른 허용층간변위 이하로 구속하여야 한다.

(3) 면진시스템은 건축법의 용도구분에 따른 내화구조 요구사항을 만족하여야 한다.

(4) 면진시스템은 총 설계변위에서의 수평력이 총 설계변위의 50%에서의 수평력보다 최소 0.025 이상의 복원력 특성을 가져야 한다.

(5) 면진구조물이 아래의 조건을 모두 만족하도록 설계된 경우가 아니라면, 면진시스템의 지진하중에 의한 횡변위는 최대고려지진 시의 변위 이하로 제한되어서는 안 된다.

① 최대고려지진 시의 응답이 면진시스템과 면진 상부구조의 비선형특성을 명확히 고려한 동적해석에 따라 산정된다.

② 면진시스템과 면진 하부구조의 극한성능이 최대고려지진 시의 강도와 변위 요구조건을 초과한다.

③ 면진 상부구조가 최대고려지진 시의 안정성과 연성 요구사항에 대해 충분히 검토된다.

④ 면진시스템의 지진하중에 대한 횡변위 제한 기능이 총 설계변위의 0.75배 이하에서는 작동하지 않는다.

(6) 면진시스템의 각 요소는 총 최대변위와 설계수직하중에 대하여 안정하도록 설계하여야 한다. 이를 위하여 설계 수직하중과 관련된 하중조합에서 지진하중효과를 1.5배로 하여 검토한다.

(7) 면진층에서 전체 구조물의 전도에 대한 안전계수는 요구하중조합에 대해 1.0 이상이어야 한다. 전도계산에 사용되는 지진력은 최대고려지진에 근거해야 하고, 수직방향 복원력의 산정에는 $W_{D+0.5L}$를 사용하여야 한다. 개별 요소의 국부적인 들림은 발생하지 않아야 한다. 단, 국부적인 들림이 면진장치나 다른 구조요소에 과응력이나 불안정을 일으키지 않을 경우에는 예외로 한다.

(8) 면진 상부구조의 변형이 작은 경우, 면진구조물의 감쇠는 면진시스템에 의한 에너지소산능력만을 고려해서 산정해야 한다. 면진시스템의 이력거동이 비선형해석 모델에서 고려되고, 변형이 면진층에 집중되어 상부구조의 변형이 작은 경우 구조물의 감쇠비는 0%를 사용해야 한다. 단, 상부구조에 감쇠장치가 설치되는 등 비고전적 감쇠 모델을 적용하는 경우에 상부구조의 감쇠를 포함할 수 있다.

[해설]

(1) 면진시스템의 재료특성에 영향을 미치는 환경조건과 성능저하를 고려하여 해당 요구조건을 만족시켜야 한다.

(2) 풍하중으로 인한 면진시스템에서의 횡변위를 면진시스템 상부구조물의 허용층간변위 수준으로 제한할 수 있는 풍하중 구속장치를 면진층에 설치하여야 한다.

(3) 화재발생 시 면진시스템의 성능저하를 방지하기 위하여 면진시스템에 대한 내화는 건축법에 의한 내화구조 요구사항을 만족시켜야 한다.

(4) 면진시스템은 지진에 의한 잔류변형을 제한하기 위하여 수평복원력에 대한 제한조건을 제시하고 있으며, 이는 여진 또는 향후 발생할 수 있는 지진에 대해서도 면진시스템이 충분한 저항력을 보유하기 위해 총 설계변위에서의 50%에 해당하는 수평력과 2.5%의 내진중량의 합보다 큰 수평 복원력이 발휘될 수 있도록 설계한다.

(6) 이 기준에서 제시하고 있는 지진하중을 포함하는 모든 하중조합에 대하여 수직하중의 안정성을 검토하며, 설계수직하중 산정 시 S_{DS} 대신에 S_{MS}를 사용하여 중력하중에 대한 면진시스템이 충분한 안

정성을 보유하도록 설계하여야 한다. 이는 수평지진력 적용으로부터 발생되는 수직하중은 최대고려지진에 의한 최대응답에 근거해야 함을 의미한다.

(8) 면진구조물의 경우 대부분의 변형이 면진장치와 면진층에 집중되고 상부구조물에는 변형이 거의 발생하지 않아 일반적인 구조물의 내진설계 시 가정하는 5%의 감쇠비를 기대할 수 없다. 면진구조물에 있어 상부구조물은 질량으로 거동하고, 면진장치의 강성이 면진구조물의 강성으로 그리고 면진장치에 의한 이력거동이 전체 면진구조물의 강쇠비를 결정한다. 면진장치의 이력거동은 비선형시간이력해석을 수행하는 경우 수치모델에서 자동적으로 고려되기 때문에 구조물이 별도의 모드 감쇠비를 가지는 것으로 모델링하면 실제거동과 다르게 된다. 따라서 본 기준에서는 면진시스템의 이력거동이 비선형해석 모델에서 고려되고, 변형이 면진층에 집중되어 상부구조의 변형이 작은 경우 구조물의 감쇠비는 0%를 사용해야 한다는 규정을 신설하였다.

16.2.3 구조시스템 요구사항

(1) 수평격막이나 다른 구조요소들이 면진층 상부에 연속성을 부여하고, 지반운동에 의한 힘을 구조물의 한 부분으로부터 다른 부분으로 전달할 수 있는 적절한 강도와 연성을 지녀야 한다.

(2) 주변 옹벽 또는 다른 고정 장애물과 면진구조물 사이의 최소 이격거리는 총 최대변위 이상이어야 한다.

(3) 건물외구조물은 16.3에 따라 산정된 설계변위와 힘을 사용하여 19장의 요구조건을 만족하여야 한다.

16.2.4 구조·비구조 요소 요구사항

(1) 면진구조물의 구조요소와 가스, 전기, 엘리베이터와 같은 안전관련 비구조요소는 18장과 다음 사항을 만족하도록 설계하여야 한다.

① 면진층과 면진 상부구조의 구조·비구조 요소는 최대동적응답에 상응하는 전체 수평지진력을 저항할 수 있도록 설계하여야 한다.

② 면진층을 관통하는 면진구조물의 구조·비구조 요소는 총 최대변위에 견딜 수 있도록 설계하여야 한다.

③ 면진층 하부에 있는 면진구조물의 구조·비구조 요소는 5장, 6장, 7장, 8장, 18장의 요건에 따라 설계하고 시공하여야 한다.

[해설]

이 조항의 비구조요소는 구조물에 영구히 설치되는 건축, 기계, 전기설비 등을 말한다.

(2) 면진층을 관통하는 면진구조물의 구조·비구조요소를 총칭할 경우 국내의 지진발생 여건에 비추어 과도한 규제가 예상됨으로써 여기서의 규제대상은 면진구조물의 안전과 직접적인 관련이 있는 구조부재와 가스, 전기, 엘리베이터와 같은 비구조요소로 제한한다.

[KDS 41] 16.3 해석절차

> 16.3 해석절차
>
> 16.3.1 일반사항
>
> (1) 면진구조물은 이 조항의 요구사항에 따라 직접적분법에 의한 3차원 시간이력해석을 수행하여야 한다.

[해설]

면진구조물은 미국의 ASCE/SEI 7-10(2010) 등에 제시된 것 같이 등가정적법, 응답스펙트럼법 같은 탄성해석을 기반으로 설계방법론을 통한 설계가 가능하다. 미국의 경우 미국 지진환경과 건설환경을 바탕으로 면진구조물의 설계 해석과 적용 사례가 비교적 풍부하여 탄성해석을 기반으로 한 설계방법론에 대한 신뢰성과 충분한 안전율이 확보된 것으로 판단할 수 있다. 하지만 미국에 비해 면진구조물에 대한 설계경험과 적용 사례가 비교적 적은 국내의 상황을 고려할 때 탄성기반 설계방법론을 국내 면진구조물에 적용하기에는 무리가 따를 것으로 판단된다. 이에 탄성기반 해석올 이용한 면진구조물 설계에 비하여 보다 정확한 해석결과를 도출할 수 있는 직접적분법에 의한 3차원 시간이력해석을 통한 면진구조물 설계만을 허용하도록 하였다. 단, ASCE/SEI 7-10(2010)의 등가정적법, 응답스펙트럼법 같은 탄성해석 기반 설계법에서 사용하는 기본개념을 이용하여 구할 수 있는 식 (16.3-2) - (16.3-5) 사용하여 설계된 면진구조물이 최소 설계요구조건에 부합하는지 검토한다.

> 16.3.2 모델링
>
> (1) 면진시스템은 하중－변위 관계의 비선형성을 고려하여 시험에 의해 검증된 변형특성에 따라 모델링하여야 한다.

[해설]

면진시스템의 대표적인 하중-변위 곡선은 해그림 16.3-1과 같이 4가지(선형, 변형경화, 변형열화, 슬라이딩)로 구분할 수 있다. 면진시스템의 해석모델은 개별 면진장치의 배치에 따른 영향, 편심으로 인한 상부구조물의 비틀림과 수평변위의 영향, 개별 면진장치의 들림 또는 전도의 영향, 수직하중과 2방향 하중에 대한 영향, 가력속도 동에 의한 영향을 반영할 수 있어야 한다.

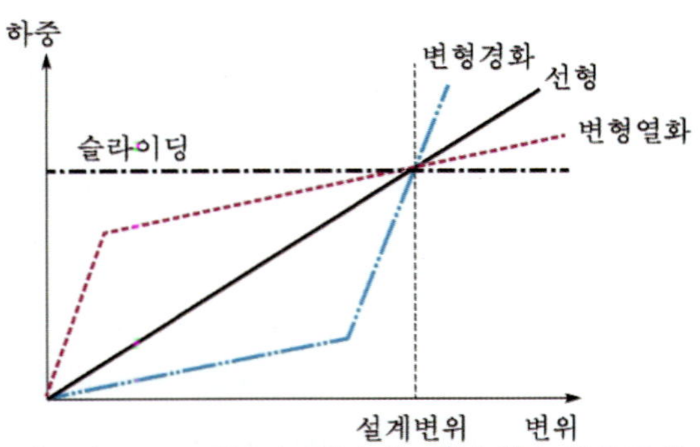

해그림 16.3－1 면진시스템의 대표적인 하중－변위 관계
(출처: KDS 41 17 00 건축물 내진설계기준 및 해설, 2019)

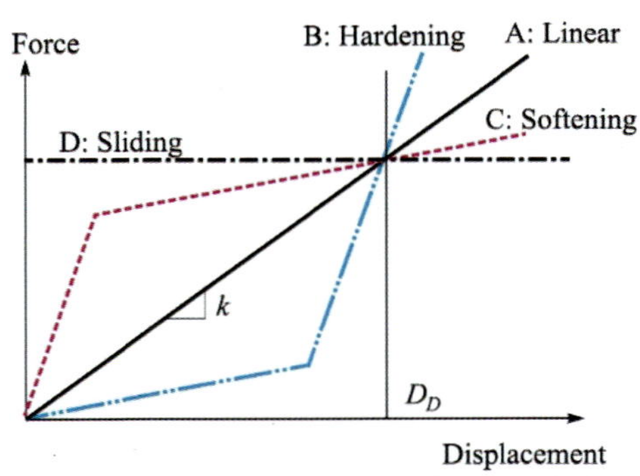

Figure C17.1－1. Idealized force－deflection relationships for isolation systems

16.3.3 지반운동

(1) 시간이력해석을 위한 설계지진파는 7.3.4.1에 따른다. 다만, 지진파의 크기를 조정하기 위한 주기의 범위는 $0.5T_D$부터 $1.25T_M$으로 한다.

[해설]

기본진동주기의 0.2배부터 1.5배 사이에 해당되는 주기에 대해 지반운동기록의 스펙트럼을 보정하는 지진력저항시스템과 달리 면진구조물 설계에서는 설계변위 시 진동주기의 0.5배부터 최대변위 시 진동주기의 1.25배 사이에 해당되는 주기에 대해 지반운동기록의 스펙트럼을 보정한다. 보정구간에 최대변위 시의 진동주기를 포함시키는 이유는 면진시스템이 최대고려지진에서도 설계 시 가정한 성능을 충분히 발휘할 수 있어야 하기 때문이며, 0.2 대신 0.5를, 1.5 대신 1.25라는 계수를 사용하는 이유는 일반적으로 면진구조물의 지진거동은 면진시스템에 의해 결정되며, 면진시스템의 기본진동주기 변동폭이 지진력저항시스템의 기본진동주기 변동폭에 비하여 작기 때문이다.

16.3.4 설곗값의 산정

(1) 각 쌍의 지진파에 대한 최대응답의 평균을 사용하여 설계한다. 시간이력해석을 통하여 얻은 밑면전단력 V_d가 16.3.7(1)에서 제시하고 있는 최소지진력보다 작은 경우에는 해석을 통하여 얻은 부재력에 다음의 보정계수를 곱하여 사용한다.

$$C_m = \frac{V_b}{V_d} \geq 1.0 \tag{16.3-1}$$

여기서,

V_b: 식 (16.3-6)로 구한 면진시스템 또는 면진 하부구조물의 최소지진력, kN

V_d : 시간이력해석을 통하여 얻은 밑면 전단력, kN

[해설]

면진구조물의 최소 내진강도를 확보하기 위하여 이 조항에서 제시한 보정계수를 사용하여 부재력을 산정한다. 여기서 ASCE 7-10(2010) 등에 제시된 시간이력해석은 등가정적법, 응답스펙트럼법과 같은 탄성해석을 기반으로 한 설계에 비하여 설계 신뢰도가 높기 때문에 지진력과 횡변위에 대한 최소 제한값을 해표 16.3-1과 같이 완화하고 있다.

해표 16.3-1 시간력해석에서 최소 제한값의 완화

등가정적법		응답스펙트럼법	시간이력해석법
$D_{TD} \geq 1.1D_D$		$\geq 0.9D_{TD}$	$\geq 0.9D_{TD}$
$D_{TM} \geq 1.1D_M$		$\geq 0.8D_{TM}$	$\geq 0.8D_{TM}$
$V_b = k_{D_{max}} D_D$		$\geq 0.9V_b$	$\geq 0.9V_b$
$V_s = \frac{k_{D_{max}} D_D}{R_I}$	정형	$\geq 0.8V_s$	$\geq 0.6V_s$
	비정형	$\geq 1.0V_s$	$\geq 0.8V_s$

16.3.5 횡변위 제한

(1) 면진구조물의 횡변위는 표 8.2-1의 횡변위 제한을 만족하여야 한다.

표 8.2-1 허용층간변위 Δ_a

	내진등급		
	특	I	II
허용층간변위Δ_a	$0.010h_{sx}$ (1.0%)	$0.015h_{sx}$ (1.5%)	$0.020h_{sx}$ (2.0%)

h_{sx} : $_x$층 층고

[해설]

면진구조물은 중요도계수 1.0을 적용하여 설계해도 비면진구조물과 비교하여 높은 내진성능을 기대할 수 있기 때문에 표 8.2-1의 특등급구조물의 횡변위 제한조건을 만족해야 한다. 최소 해그림 16.3-2의 제한치에 사용된 기호들의 설계변위와 유효감쇠에 의한 수치계수 등의 관계를 해그림 16.3-2에 나타냈다.

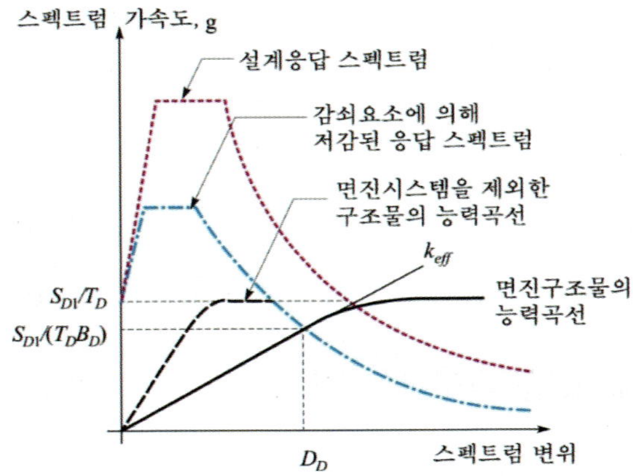

해그림 16.3-2 설계변위와 유효감쇠의 수치계수 관계

(출처: KDS 41 17 00 건축물 내진설계기준 및 해설, 2019)

16.3.6 최소 횡변위

(1) 면진시스템의 설계변위 D_D와 최대변위 D_M는 각각 다음 식에 의한 값보다 작아서는 안 된다.

$$D_D = 0.9\frac{gS_{D1}T_D}{4\pi^2 B_D} \quad (16.3\text{-}2)$$

$$D_M = 0.8\frac{gS_{M1}T_M}{4\pi^2 B_M} \quad (16.3\text{-}3)$$

여기서, S_{D1} : 1초주기 설계스펙트럼가속도(4.2에 따른다.)

S_{M1} : 최대고려지진의 1초주기 스펙트럼가속도

B_D, B_M : 유효감쇠(β_D, β_M)에 대한 감쇠계수 (표 16.3-1에 따른다.)

T_D : 설계변위에서 면진구조물의 유효주기

$$T_D = 2\pi\sqrt{\frac{W}{K_{D_{min}}g}}$$

T_M : 최대변위에서 면진구조물의 유효주기

$$T_M = 2\pi\sqrt{\frac{W}{K_{M_{min}}g}}$$

표 16.3-1 유효감쇠에 따른 감쇠계수, B_D 또는 B_M

유효 감쇠, β_D 또는 β_M (임계퍼센트)a,b	B_D 또는 B_M
≤2	0.8
5	1.0
10	1.2
20	1.5
30	1.7
40	1.9
≥50	2.0

a 감쇠계수는 16.5.3(2)에 따라 결정된 면진시스템의 유효감쇠에 근거해야 한다.

b 주어진 유효감쇠 이외의 유효감쇠에 해당하는 감쇠계수는 선형보간으로 구한다.

(2) 면진시스템 요소들의 총 설계변위 D_{TD}와 총 최대변위 D_{TM}는 다음 식보다 작아서는 안 된다.

$$D_{TD} = D_D\left[1 + y\frac{12e}{b^2+d^2}\right] \tag{16.3-4}$$

$$D_{TM} = D_M\left[1 + y\frac{12e}{b^2+d^2}\right] \tag{16.3-5}$$

여기서, D_D : 설계변위, m

D_M : 최대변위, m

b : 구조물의 가장 짧은 평면치수. d 에 대하여 직각으로 측정된 값, m

d : 구조물의 가장 긴 평면치수, m

y : 지진방향과 직각인 대상요소와 면진시스템의 강성중심과의 거리, m

e : 면진 상부구조의 질량 중심과 면진시스템의 강성중심 사이의 실제 편심거리와 힘의 방향에 직각인 건물 치수 중 최댓값의 5%로 정의되는 우발편심거리를 합한 값, m

16.3.7 최소 지진력

(1) 면진시스템과 면진 하부구조의 밑면 전단력 V_b는 다음 식으로 구한 값보다 작아서는 안 된다.

$$V_b = 0.9k_{Dmax}D_D \tag{16.3-6}$$

여기서,

k_{Dmax}: 식 (16.5-3)로 구한 설계변위에서의 면진시스템 최대유효강성, kN/m

[해설]

(1) 식 (16.3-6)에서는 면진장치를 제외한 면진시스템과 면진 하부구조의 탄성거동을 유도하기 위하여 설계변위 시 면진장치의 최대강성을 사용하여 밑면 전단력을 구한다 여기서, 계수 0.9는 해표 16.3-1에 상응하는 값이다

(2) 면진 상부구조의 최소전단력 V_s은 다음 식으로 구한 값보다 작아서는 안 된다.

$$V_s = 0.6 \frac{k_{Dmax} D_D}{R_I} \qquad (16.3\text{-}7)$$

여기서, R_I는 표 6.2-1의 반응수정계수에 3/8을 곱한 값으로 2 이하이다. 다만, 면진 상부구조가 5.3에 정의된 비정형구조물인 경우에는 식 (16.3-7)에 1.33을 곱하여야 한다.

[해설]

(2) 면진 상부구조물은 계수풍하중에 대해 일반 지진력저항시스템에 상응하는 강도를 확보한다. 또한 면진 상부구조물은 수평방향으로 유연한 면진시스템에 비하여 충분한 수평방향 강성과 강도를 보유한다. 면진시스템을 통하여 상부구조에 전달되는 지진파동의 지배주기는 면진시스템의 설계기본주기 T_D와 유사하기 때문에 이로 인하여 발생하는 응답스펙트럼 기속도에 대하여 충분한 강도를 확보하여야 한다.

(3) V_s는 계수풍하중에 상응하는 밑면전단력보다 커야 하며, 다음 값 중 최댓값의 60%보다 작아서는 안 된다. 단, 면진 상부구조가 5.3에 정의된 비정형구조물인 경우에는 다음 값의 80%보다 작아서는 안 된다.

① 동일 내진 중량 $W_{D+0.5L}$와 면진주기 T_D를 갖는 밑면이 고정된 구조물에 대하여 7.2의 등가정적해석법에 의한 밑면전단력

② 면진시스템의 탄성한계에 상응하는 수평지진력의 1.5배

[해설]

(3) 해그림 16.3-3에서 보는 바와 같이 면진 상부구조물의 설계 밑면전단력은 정형 및 비정형 구조물에 대하여 각각 면진시스템 항복강도의 90%와 120%보다 작지 않아야 한다.

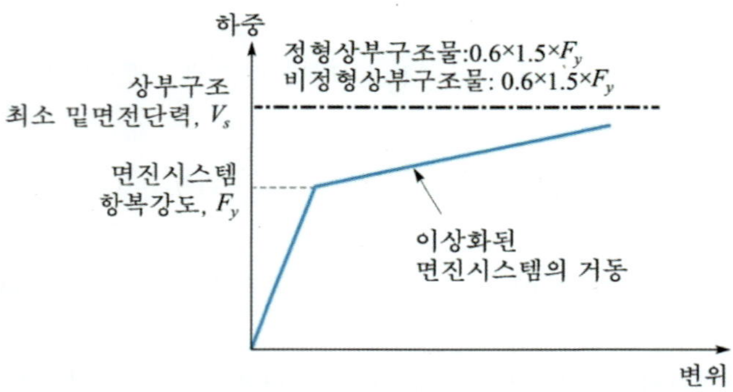

해그림 16.3-3 면진시스템 거동의 이상화

(출처: KDS 41 17 00 건축물 내진설계기준 및 해설, 2019)

[KDS 41] 16.4 설계검토

16.4 설계검토

(1) 면진구조물의 해석, 설계와 장치시험결과에 대한 설계검토는 지진해석법과 면진시스템의 이론과 실무에 경험이 있는 등록된 전문가로 구성된 독립된 집단에 의해 수행하여야 한다. 설계검토는 다음 사항을 포함하여야 한다.

① 총 설계변위, 총 최대변위와 최소전단력의 결정을 포함한 기본설계의 검토
② 장치원형시험의 참관 및 검토
③ 전체 구조시스템의 최종설계와 해석결과의 검토
④ 면진장치 제품시험의 참관 및 검토

[해설]

적절한 면진구조물 설계를 위해서는 정밀해석결과와 실험적 검증결과를 비교하여 해석모델의 적절성을 검증하고, 적용성을 평가해야 하므로 면진장치의 거동과 실험에 대한 전문지식이 풍부한 면진설계의 실무경험을 겸비한 독립된 설계팀에서 설계검토가 이루어져야 한다. 면진구조물 설계검토를 원활하게 수행하기 위해 설계검토에 참여하는 자는 장치원형 시험과 제품시험에 참관하여 시험조건과 시공조건이 유사함을 확인할 필요가 있으며, 면진시스템의 해석모델과 실제적 거동의 유사성을 확인할 필요가 있다.

[KDS 41] 16.5 면진장치 시험

16.5 면진장치 시험

16.5.1 일반사항

(1) 면진구조물의 설계와 해석에 사용된 장치는 이 조항에서 규정된 바에 따라 시공 전에 시험을 통하여 성능을 확인하여야 한다.

[해설]

면진시스템에 풍하중 구속장치가 적용되었다면 장치 시험에 그 효과를 포함하여야 한다.

16.5.2 장치원형시험

(1) 장치원형 시험은 면진시스템 내에서 면진장치의 종류별로 형상과 크기를 대표하는 2개 이상의 실물 시험체에 대하여 수행한다.

① 시험순서와 방법

면진장치의 압축－전단특성 결정을 위한 시험의 하중가력 순서와 방법은 다음의 사항에 따르며, 수직하중은 활하중의 50%와 고정하중의 조합$(0.5L + D)$으로 한다.

가. 설계 풍하중 값으로 20회 반복가력

나. 다음의 변위증분에 대하여 각각 3회 반복가력 : $0.25D_D, 0.5D_D, 1.0D_D, 1.0D_M$
다. 총 최대변위에 대하여 3회 반복가력 $1.0D_{TM}$

[해설]

장치원형시험은 면진시스템의 설계에 적용된 장치의 특성값(변형, 감쇠)이 적절한지를 시험적으로 확인·검증하기 위한 목적으로 실시한다.

① 면진시스템은 종류와 특성이 상이한 다양한 면진장치에 의해 선택적으로 구성될 수 있으므로, 장치원형 시험은 면진장치의 종류별로 각각 실시하되, 같은 종류의 면진장치 내에서는 형상과 크기를 대표하는 것을 선정하는 것으로 규정하였다. 장치원형 시험은 면진장치의 탄성구간을 벗어나는 영역까지 시험하는 경우가 다수 있으므로 시험에 사용된 시험체는 현장시공에 사용하지 않은 것을 원칙으로 한다.

② 시험의 생략

다음의 두 조건을 모두 만족하는 경우에는 면진장치의 장치원형 시험을 수행할 필요가 없다.

가. 내진설계책임구조기술자가 유사한 장치와 관련 시험에 관한 모든 데이터를 열람할 수 있는 상태에서 시험의 생략을 허가
나. 내진설계책임구조기술자가 해당 면진장치와 사전에 시험이 수행된 장치 사이의 유사성을 인정

② 면진장치가 규정된 시험절차에 따라 이전에 시험된 면진장치와 크기가 유사하고 같은 형상과 재료이면 장치원형 시험은 필요하지 않다.

③ 하중－변위특성의 결정

개개 면진장치의 유효강성 k_{eff}와 유효감쇠 β_{eff}는 장치원형 시험 결과에 기초하여 다음의 각 가력 사이클에 대하여 산정한다.

$$k_{eff} = \frac{|F^+|+|F^-|}{|\Delta^+|+|\Delta^-|} \quad (16.5\text{-}1)$$

$$\beta_{eff} = \frac{2}{\pi}\frac{E_{loop}}{k_{eff}(|\Delta^+|+|\Delta^-|)^2} \quad (16.5\text{-}2)$$

여기서, F^+: Δ^+에서 정방향 하중, kN
F^- : Δ^-에서 부방향 하중, kN
E_{loop}: 사이클당 소산되는 에너지, kNm

④ 면진장치 종속성 시험

가. 속도의존성 : 면진장치의 하중－변형특성이 하중속도에 의존성이 있는 경우에는 16.5.2(1)①에서 규정된 각각의 시험은 유효진동수($1/T_D$)에서 동적으로 수행하여야 한다.
나. 압축하중 종속성 : 수직하중을 지지하는 면진장치는 총 최대변위에서 최소·최대 수직하

중에 대하여 정적으로 시험하여야 한다. 지진하중 E 산정은 S_{DS}를 S_{MS}로 대체하여 산정하며, 지진에 의해 발생되는 수직하중 Q_E는 최대고려지진에 의한 최대응답으로 한다.

④ 면진장치의 종속성 시험

가. T_D 역수의 1.0에서 2.0배 사이의 임의 진동수로 시험된 설계변위에서의 측정된 특성치(유효강성, 유효감쇠)가 T_D의 역수와 같은 진동수에서 시험된 특성치와 15% 정도 차이가 있는 경우에 면진장치의 하중-변형특성은 하중속도에 의존성이 있는 것으로 간주한다.

⑤ 면진장치의 적합성 판정

다음의 조건을 만족하는 경우에 장치원형 시험의 성능은 적절한 것으로 판정한다.

가. 모든 시험시의 하중 – 변형 관계에서 변형 증가에 따른 하중저하가 없다.

나. 16.5.2(1)①나.에서 규정한 모든 변위 증분과 수직하중에 대응하는 시험에 대하여 다음을 만족한다.

㈎ 각 시험체에 있어서 3회 반복 시험시의 각 유효강성 값과 3회 평균 유효강성 값의 차이가 15% 이하

㈏ 각 시험 사이클에서 면진장치 시험체 2개의 유효강성과 평균 유효강성의 평균값 차이가 15% 이하

다. 각 시험체에 있어서 16.5.2(1)①다.에 규정된 반복가력시험에서 사이클별 강성변화가 초기 값의 20% 이내

라. 각 시험체에 있어서 16.5.2(1)①다.에 규정된 반복가력시험에서 사이클별 유효감쇠 저하가 초기 값의 20% 이내

마. 면진시스템의 수직하중저항요소에 대한 모든 시험체는 16.5.2(1)④나.의 시험에서 안정적인 거동을 보여야 한다.

⑤ 면진장치의 적합성 판정

면진시스템 설계에 가정한 특성값(유효강성, 유효감쇠)이 적합한지 여부를 판정하기 위한 시험에 있어서 그 시험결과의 적합성을 판단하기 위해 다음의 조건을 만족시켜야 한다.

가. 16.5.2(1)에서 규정한 모든 시험절차에 있어서 변위 증가에 따라 하중저하가 발생되지 않은 시험체의 성능은 적절한 것으로 판정한다.

16.5.3 면진시스템의 설계 특성값

(1) 최대·최소 유효강성

설계변위에서 면진시스템의 최대유효강성 k_{Dmax}와 최소유효강성 k_{Dmin}은 16.5.2(1)①나.의 $1.0D_D$ 변위에 대한 반복시험결과에 기초하여 다음 식에 따라 산정한다.

$$k_{Dmax} = \frac{\Sigma|F_D^+|_{max} + \Sigma|F_D^-|_{max}}{2D_D} \qquad (16.5\text{-}3)$$

$$k_{Dmin} = \frac{\Sigma|F_D^+|_{min} + \Sigma|F_D^-|_{min}}{2D_D} \qquad (16.5\text{-}4)$$

여기서, $|F_D^+|_{max}$: 정방향 설계변위에서 면진장치의 최대하중 절대값, kN

$|F_D^+|_{min}$: 정방향 설계변위에서 면진장치 최소하중 절대값, kN

$|F_D^-|_{max}$: 부방향 설계변위에서 면진장치의 최대하중 절대값, kN

$|F_D^-|_{min}$: 부방향 설계변위에서 면진장치의 최소하중 절대값, kN

최대변위에서 면진시스템의 최대유효강성 k_{Mmax}와 최소유효강성 k_{Mmin}은 16.5.2(1)①나.의 $1.0D_M$ 변위에 대한 반복시험결과에 기초하여 다음 식에 따라 산정한다.

$$k_{Mmax} = \frac{\sum|F_M^+|_{max} + \sum|F_M^-|_{max}}{2D_D} \qquad (16.5\text{-}5)$$

$$k_{Mmin} = \frac{\sum|F_M^+|_{min} + \sum|F_M^-|_{min}}{2D_D} \qquad (16.5\text{-}6)$$

여기서, $|F_M^+|_{max}$: 정방향 최대변위에서 면진장치의 최대하중 절대값, kN

$|F_M^+|_{min}$: 정방향 최대변위에서 면진장치의 최소하중 절대값, kN

$|F_M^-|_{max}$: 부방향 최대변위에서 면진장치의 최대하중 절대값, kN

$|F_M^-|_{min}$: 부방향 최대변위에서 면진장치의 최소하중 절대값, kN

[해설]

식 (16.5-3)과 식 (16.5-5)에 있어서 면진시스템의 최대유효강성 k_{Dmax}(또는 k_{Mmax})는 16.5.2(1)①나.에서 규정한 3회 반복시험시 각각 D_D(또는 D_M)의 시험변위에서 최대유효강성 값을 나타내는 장치원형 시험결과의 반복하중-변위곡선에 기초하여 산정한다.

또한 식 (16.5-4)와 식 (16.5-6)에 있어서 면진시스템의 최소유효강성 k_{Dmin}(또는 k_{Mmin})는 16.5.2(1)①나.에서 규정한 3회 반복시험시 각각 D_D(또는 D_M)의 시험변위에서 최소유효강성 값을 나타내는 장치원형 시험결과의 반복하중-변위곡선에 기초하여 산정한다.

(2) 유효감쇠

설계변위와 최대변위에서 면진시스템의 유효감쇠 β_D, β_M는 16.5.2(1)①나.의 $1.0D_D$와 $1.0D_M$ 변위에 대한 반복시험결과에 기초하여 다음 식에 따라 각각 산정한다.

$$\beta_D = \frac{\sum E_D}{2\pi\, k_{Dmax} D_D^2} \qquad (16.5\text{-}7)$$

$$\beta_M = \frac{\sum E_M}{2\pi\, k_{Mmax} D_M^2} \qquad (16.5\text{-}8)$$

여기서, $\sum E_D$: 설계변위에서 사이클당 전체 소산에너지

$\sum E_M$: 최대변위에서 사이클당 전체 소산에너지

[해설]

식 (16. 5-7)에 있어서 설계변위에서의 사이클당 전제 소산에너지 $\sum E_D$는 설계변위 D_D에서 가장 작은 유효감쇠값을 보이는 장치원형 시험결과의 반복하중-변위곡선에 기초하여 모든 면진장치에서 소산된 에너지의 합으로 산정한다. 또한, 식 (16.5-8)에서 최대변위에서의 사이클당 전체 소산에너지 $\sum E_M$는 최대변위 D_M에서 가장 작은 유효감쇠값을 보이는 장치원형 시험결과의 반복하중-변위곡선에 기초하여 모든 면진장치에서 소산된 에너지의 합으로 산정한다.

16.5.4 제품시험(production test)

(1) 설치에 앞서 면진장치의 하중 – 속도 – 변위특성이 내진설계책임구조기술자가 정한 설계조건을 만족하는지 검증하기 위한 제품시험을 수행한다. 각각의 제품시험 결과는 16.5.2의 장치원형 시험내용을 포함하여 시험성적서로 제출하여야 한다.

① 시험순서와 방법
제품시험은 설계변위에 대하여 각각 3회 반복가력하며, 수직하중은 활하중에 의한 효과의 1/2과 고정하중의 합으로 한다.

② 면진장치의 적합성 판정
다음의 조건을 만족하는 경우에 제품시험에 따른 성능은 적절한 것으로 판정하며, 제품시험을 만족하지 못하는 면진장치는 현장에 설치되어서는 안 된다.

가. 개개 면진장치에 있어서 설계변위에 대한 3회 반복시험시의 각 유효강성값과 3회 평균 유효강성값의 차이가 15% 이하

나. 설계변위에 대한 면진시스템의 평균 유효강성값과 설계값의 차이가 10% 이하

③ 제품시험결과의 설계반영
제품시험에 대한 적합성이 확인된 제품에 대하여 각 유효강성의 편차를 고려한 강성중심이 질량중심과 일치하도록 재배치한다.

[해설]

제품시험은 현장에 설치될 면진장치가 설계조건을 만족하는지 여부와 제작상의 결함 여부를 확인하기 위한 목적으로 실시한다. 따라서 제품시험은 제품에 손상이 발생되지 않은 설계변위 이내에서 실시한다.

7.1.3 적용 사례

다음은 한국면진제진협회(http://sivic.or.kr)에서 발간한 '한국의 면진건축(구미서관, 2023)'에서 설명한 사례의 일부를 발췌하여 정리하였다.

(1) 유니슨 HKR 연구동

1) 건축 개요

충남 천안시 수신면 장산리에 위치한 유니슨산업㈜ 기술연구소 연구동으로 국내에서 최초로 납면진받침(LRB)을 이용한 건물의 내진설계가 적용되었다. 지상 3층의 철골조 건물로, 1998년 12월에 준공되었고, 연면적 1,094m^{2}이다. 상부구조물은 국내의 설계지진인 0.12g까지 탄성거동하며, 납면진받침은 최대지진가속도가 0.3g까지 견디도록 설계되었다.

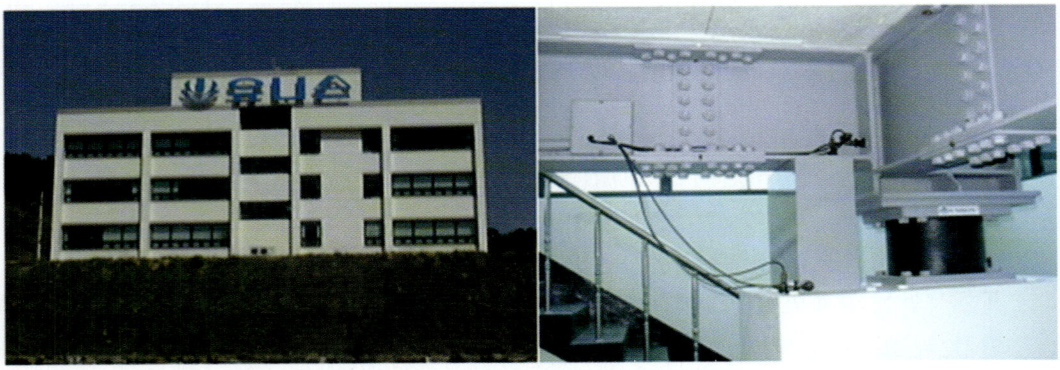

그림 7.1.3(1)a 설치 현황(출처: 한국의 면진건축, 2023)

표 7.1.3(1)a 개요(출처: 한국의 면진건축, 2023)

건축용도	연구동
규모	지상 3층
건축면적	연면적 1,094m^2
상부구조종별	철근콘크리트구조 + 기초면진
위치	천안시 수신면
준공년도	1998
면진장치 종류	LRB
발주처	유니슨HKR㈜
면진장치 제조	유니슨HKR㈜
구조설계	동양구조안전기술
면진설계	동양구조안전기술, 유니슨HKR(주)

2) 구조 설계

국내의 설계지진인 0.12g까지 탄성거동하며, 납면진받침은 최대지진가속도가 0.3g까지 견디도록 설계되었다. 면진장치는 한 종류를 선정하여 최적배치를 하였다.

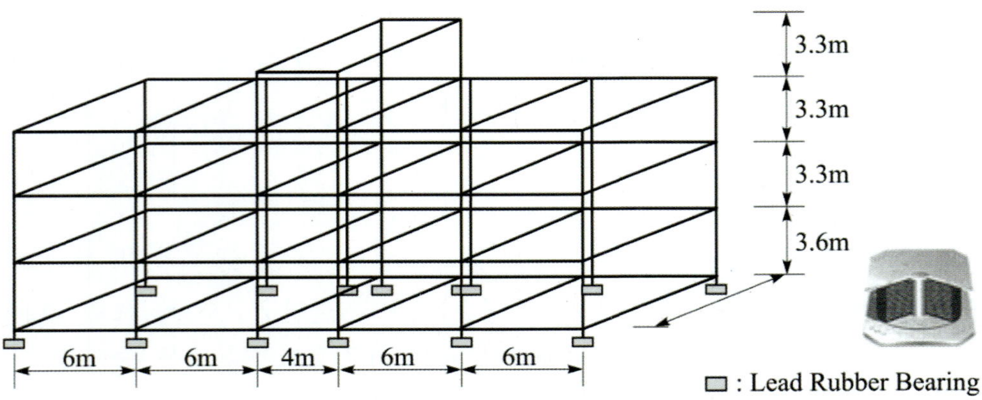

그림 7.1.3(1)b 면진설계 계획(출처: 한국의 면진건축, 2023)

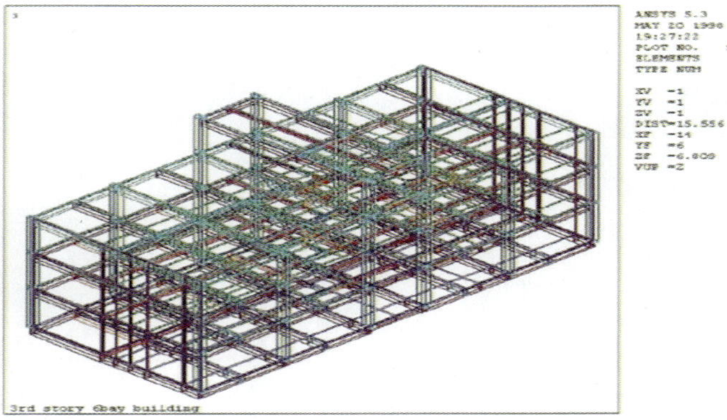

그림 7.1.3(1)c 시간이력해석 모델링(출처: 한국의 면진건축, 2023)

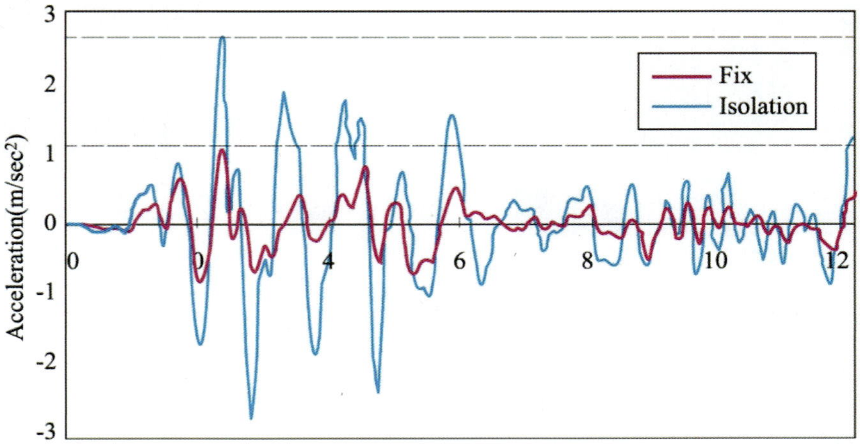

그림 7.1.3(1)d 면진장치 설치전후 가속도응답(연구동 4층)(출처: 한국의 면진건축, 2023)

표 7.1.3(1)b 설계조건(출처: 한국의 면진건축, 2023)

하중종류	수직하중			수평하중	
	DL	LL	1.2DL + LL	풍하중	지진하중
설계하중(톤)	109.3	29.5	160.7	1.9	10.9

표 7.1.3(1)c 장치성능(출처: 한국의 면진건축, 2023)

구분	지진가속도 수준			
	0.12g	0.15g	0.20g	0.25g
유효주기(sec)	1.67	1.86	2.10	2.26
지진 시 변위(mm)	49.3	47.9	98.1	127.1
최대 지진력(Force/Weight, %)	7.1	7.8	8.9	9.9
지진력 저감비율(=면진모델/고정모델, %)	47.4	41.7	35.6	31.7

3) 시공

(a) 이동

(b) 정착

(c) 설치 후 전경 1

(d) 설치 후 전경 2

그림 7.1.3(1)e LRB 시공(출처: 한국의 면진건축, 2023)

(2) 삼성동 라테라스

1) 건축 개요

주거용 건축물에 적용된 면진구조물로 지상 1층 하부의 라멘구조와 지상 2층 벽식구조 사이에 중간층 면진으로 구성되어 있다.

그림 7.1.3(2)a 전경(출처: 한국의 면진건축, 2023)

표 7.1.3(2)a 개요(출처: 한국의 면진건축, 2023)

건축용도	공동주택 및 부대시설
규모	지상 17층, 지하 3층
건축면적	연면적 3,477m^2
상부구조종별	철근콘크리트구조 + 중간층 면진
위치	서울시 강남구
준공년도	2011
면진장치 종류	LRB + NRB 122set
발주처	동양메이저건설
면진장치 제조	동일고무벨트(주)
구조설계	제일구조
면진설계	동일고무벨트(주)

2) 구조 설계

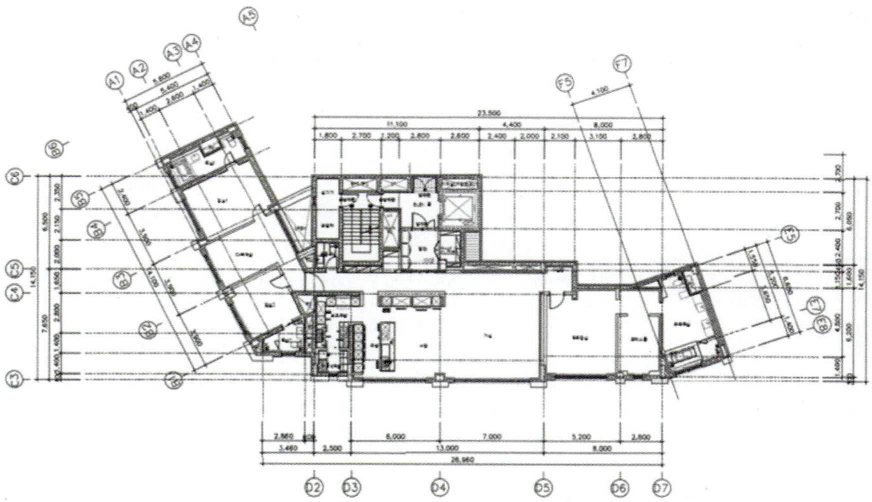

(a) 평면도

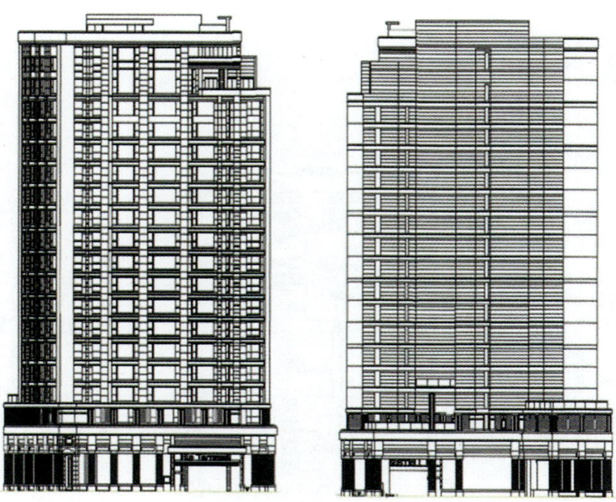

(b) 입면도

그림 7.1.3(2)b 도면(출처: 한국의 면진건축, 2023)

표 7.1.3(2)b 성능목표(출처: 한국의 면진건축, 2023)

항목	목표	
설계지진력	Level 1	Level 2
	2400년 재현주기 지진의 2/3 수준 (DBE Level)	2400년 재현주기 지진 수준 (MCE Level)
강성중심/질량중심 편심율	비틀림에 의한 영향을 최소화하기 위해 편심거리는 1,000mm 이하, 편심율은 3.0% 이하를 만족	
면진층 허용변위	면진층의 최대변위는 53.7mm로 면진장치의 허용변위 200mm를 만족	
면진상부층 층간변위	면진상부층의 층간변위는 6.70~10.68mm로 허용층간변위(1.5%)인 45~57 mm를 만족	
면진상부층 허용가속도	면진상부층의 최대가속도는 208.0~222.6cm/s²로 허용가속도인 250cm/s²을 만족	
전도에 대한 안정성	전도모멘트는 저항모멘트의 16~48%로 안정성을 만족	

면진장치는 고무의 탄성거동에 의한 복원효과를 나타내는 NRB(Natural Rubber Bearing)와 납봉의 이력거동에 의한 감쇠효과를 나타내는 LRB(Lead Rubber Bearing)로 구성된다.

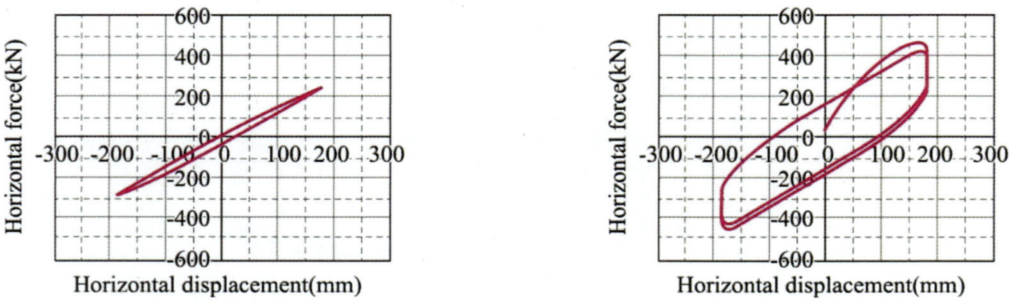

(a) NRB (b) LRB

그림 7.1.3(2)c 면진장치의 성능(출처: 한국의 면진건축, 2023)

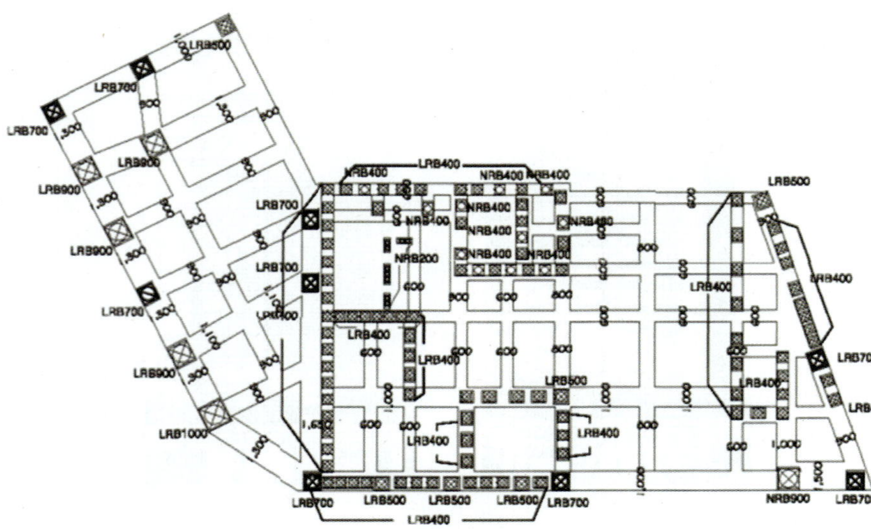

(a) 면진장치 배치도

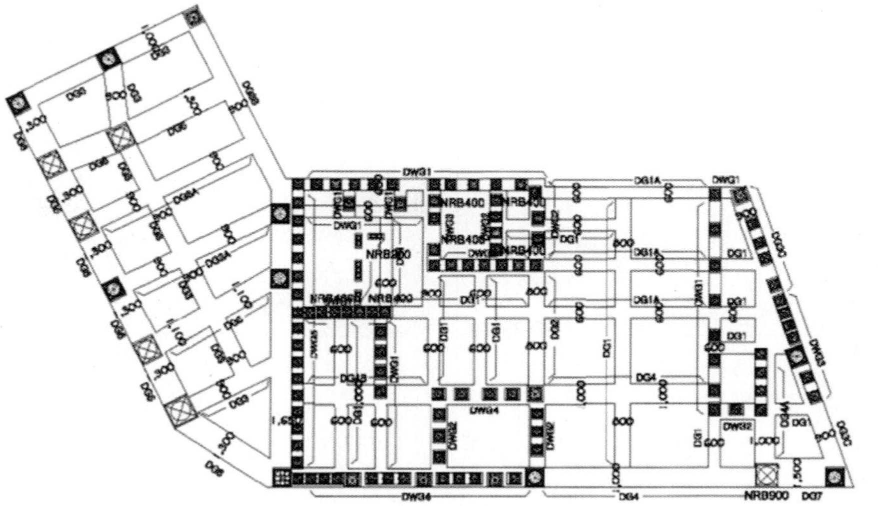

(b) Wide Beam 평면도

그림 7.1.3(2)d 면진장치 배치 및 Wide Beam 평면도(출처: 한국의 면진건축, 2023)

다양한 지진파에 대한 면진구조물의 응답을 확인하고자 3쌍의 관측지진파 (El-Centro, Taft, Hachinohe) 및 4쌍의 인공지진파를 사용하여 총 7쌍(14가지)의 지진파를 지진하중 크기 별로 스케일링하여 시간이력해석을 수행하였다.

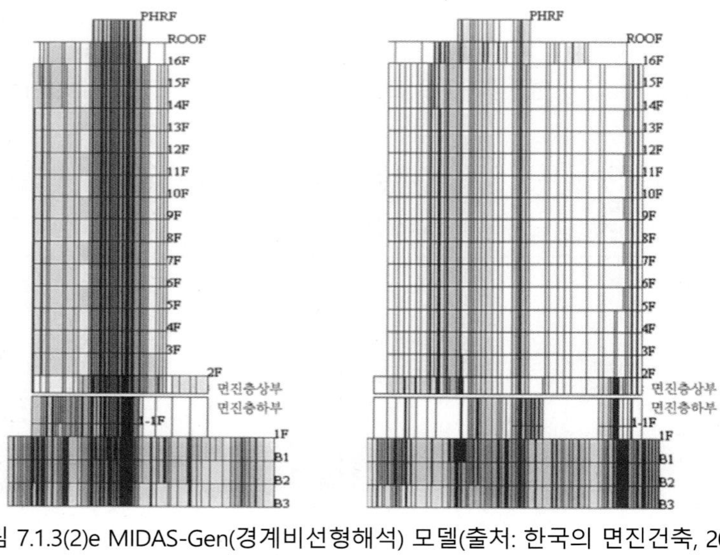

그림 7.1.3(2)e MIDAS-Gen(경계비선형해석) 모델(출처: 한국의 면진건축, 2023)

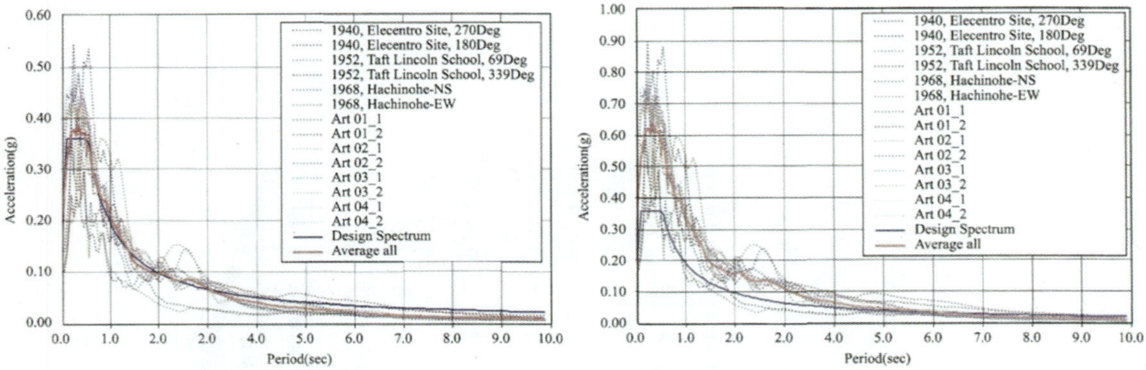

(a) DBE Level (b) MCE Level

그림 7.1.3(2)f 입력 지진동(출처: 한국의 면진건축, 2023)

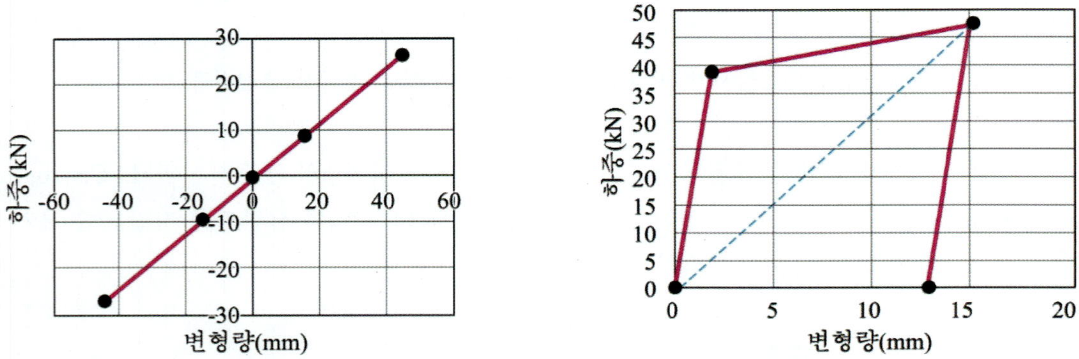

(a) NRB (b) LRB

그림 7.1.3(2)g 면진장치 이력모델 예(출처: 한국의 면진건축, 2023)

지진하중의 크기별 상부구조물의 질량중심과 면진층의 강성중심이 1,000mm / 3% 이내가 되어 편심이 발생하지 않도록 면진장치를 배치하였다.

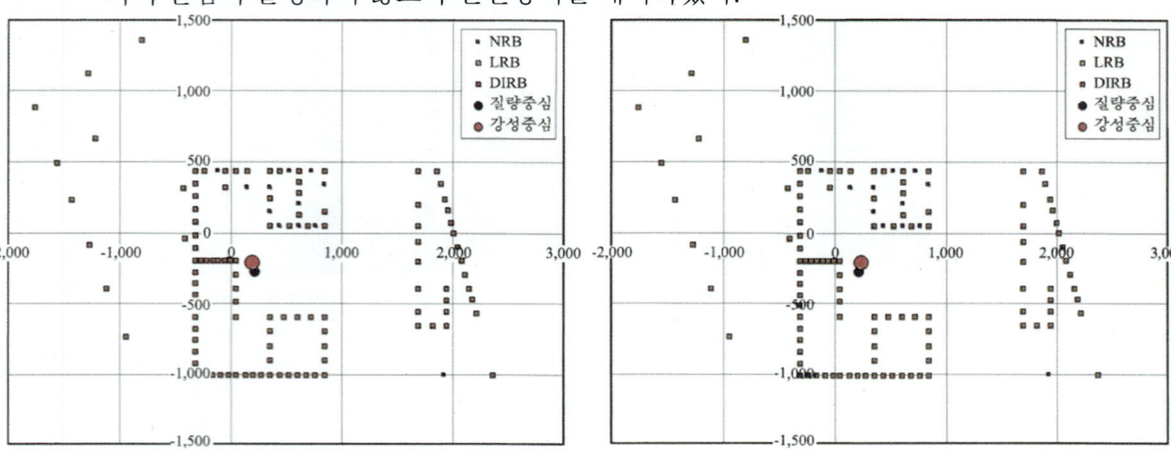

(a) DBE Level (b) MCE Level

그림 7.1.3(2)h 지진수준별 편심(출처: 한국의 면진건축, 2023)

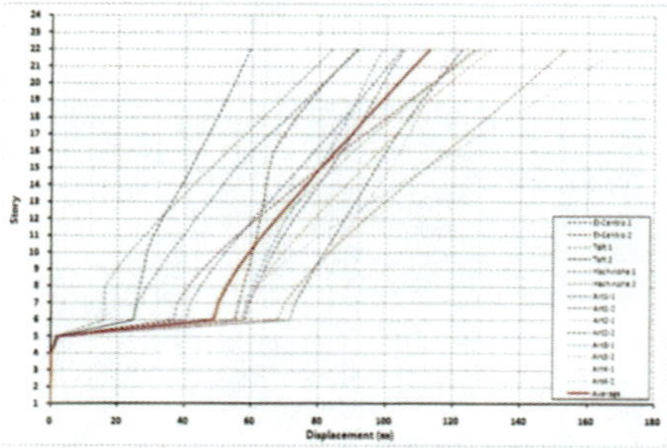

(a) X방향 변위응답

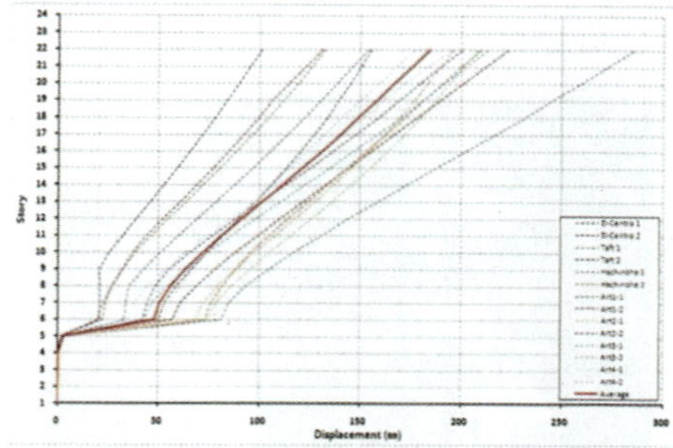

(b) Y방향 변위응답

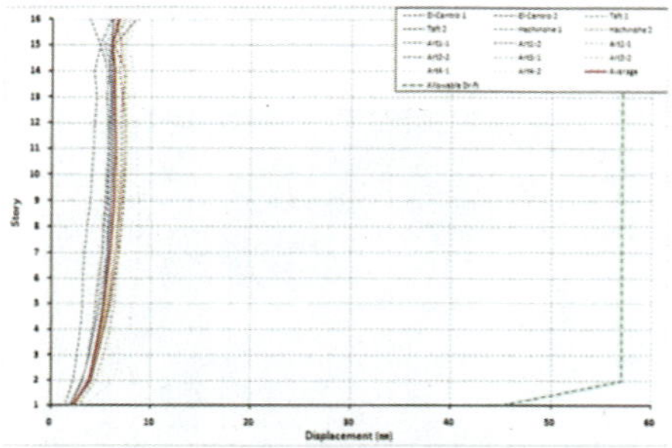

(c) X방향 층간변위

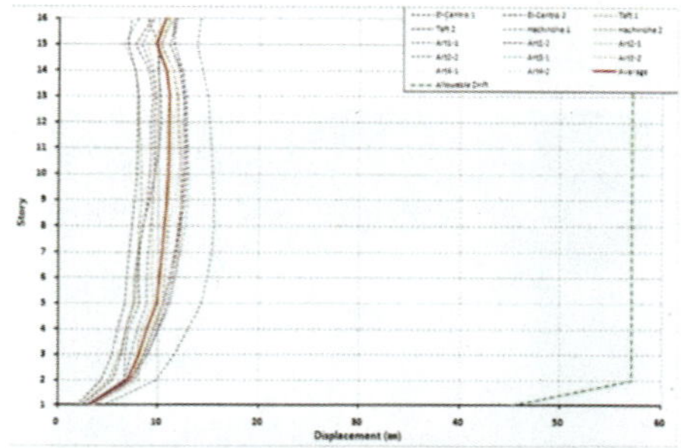

(d) Y방향 층간변위

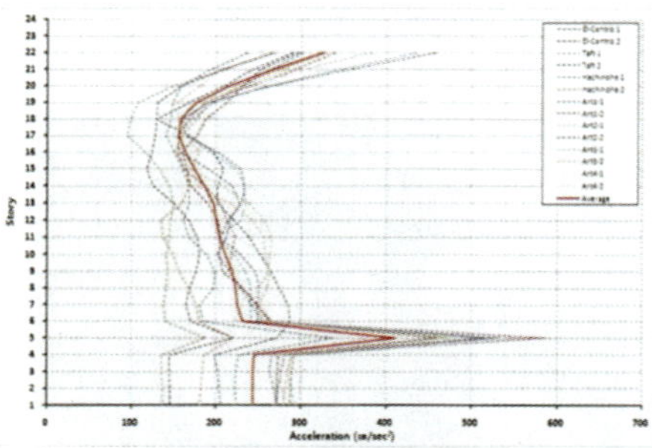

(e) X방향 가속동응답

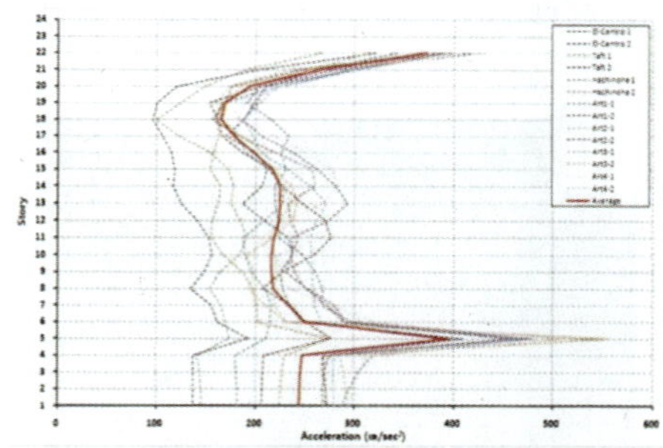

(f) Y방향 가속도응답

그림 7.1.3(2)i 시간이력 지진응답해석 결과(출처: 한국의 면진건축, 2023)

3) 시공

(a) Wide Beam 배근

(b) 하부 받침대(pedestal) 철근 배근

(c) 하부 베이스플레이트 및 거푸집 설치

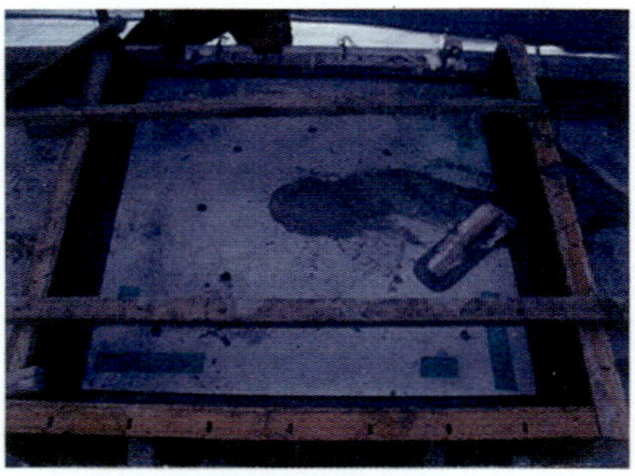

(d) 받침대 무수축모르터 타설

(e) 거푸집 탈형 후 면처리

(f) 면진장치 설치 후 볼트 토크치검사

그림 7.1.3(2)j 면진장치 시공(출처: 한국의 면진건축, 2023)

7.2 제진

7.2.1 제어 분류

(1) 수동제어

구조물은 외부 환경에 따른 지진, 바람, 교통하중 등의 여러 종류의 하중을 받고 있으며, 이를 고려하여 신뢰성 있고 안전한 설계가 수행되고 있다. 현대 구조물은 새로운 재료와 시공기술의 발달로 고층화되고 장대화되었으나, 쉽게 진동하여 사용성에 관한 문제가 대두될 수 있으며, 과다한 진동으로 구조적 안전성 문제를 발생시킬 수 있다. 이러한 문제들을 해결하기 위해 대두된 개념이 '제진(vibration control; 진동제어)'이다.

제진은 제진 대상에 따라 다음과 같이 구분할 수 있다.

1) 기계 진동 등과 같은 일반 진동을 제어하는 제진
2) 지진, 바람, 교통하중 등에 의한 구조물의 진동을 제어하는 제진

제진은 제어력의 유무에 따라 다음과 같이 구분할 수 있다.

1) 수동제어 방법(passive control method)
   구조물의 내부나 외부에서 강제적인 제어력을 가하지는 않으나, 구조물의 강성 등을 입력 진동의 특성에 대응하도록 하여 구조물을 제어하는 방법
2) 능동제어 방법(active control method)
   외부에서 오는 진동과 이에 따른 구조물의 진동을 계측하여 구조물의 내부와 외부에서 구조물의 진동에 대응한 제어력을 가하여 구조물의 진동을 저감시키는 방법이다. 예를 들어 '동적위치제어(dynamic positioning; DP)'는 선박, (부유식) 해양구조물 등의 위치와 운동방향을 유지하기 위해 자체의 추진장치를 사용하여 제어하는 능동제어방법 중 하나이다.

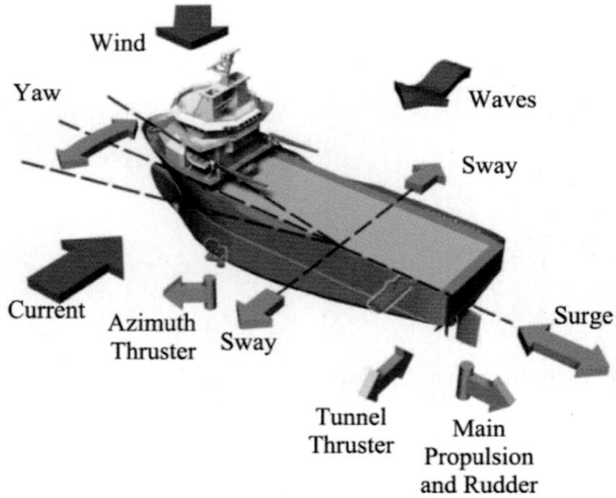

그림 7.2.1a 선박의 DP시스템 개념(출처: Kongsberg)

▪ TMD(동조질량감쇠기)

수동 진동제어 장치의 하나인 '동조질량감쇠기(tuned mass damper, 이하 TMD)'는 구조물에 질량, 스프링 및 감쇠기로 구성된 보조시스템을 부착함으로써, 구조물의 주된 진동을 TMD로 흡수하는 일종의 '진동흡수장치(dynamic vibration absorber; 동흡진기; 진동흡진기)'이다. 가진 진동의 진동수 대역이 좁은 대역에 있는 바람하중, 보도하중, 교통하중 등에 의해 발생된 진동의 제어에 효과적이고 경제적인 제어 시스템이다. 대체로 최적의 TMD는 구조물 질량의 1% 내외이고, 구조물의 고유진동수에 거의 근접한 최적의 진동수로 동조하도록 설계한다.

실제 구조물은 많은 고유진동수를 갖고 있지만, TMD의 기본 개념을 설명하기 위해 다음과 같이 2자유도계를 사용하여 구조물과 TMD를 모델링 하였다. TMD는 구조물의 응답에 큰 영향을 주는 특정한 모드를 골라 감소시키는 방법으로, TMD를 설계함에 있어, 실제 구조물의 질량이 아닌 제어하고자 하는 특정한 진동모드에 분배되는 유효모드질량을 적용해야 한다.

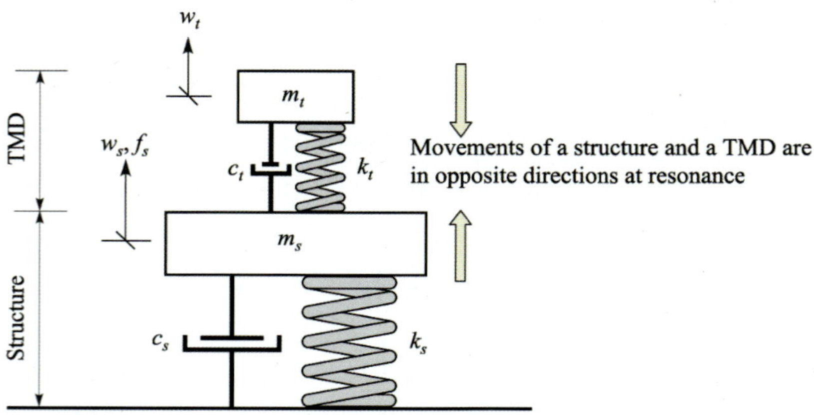

where m_s, c_s, k_s, w_s = mass, damping, stiffness and displacement of a structure

m_t, c_t, k_t, w_t = mass, damping, stiffness and displacement of a TMD

$f_s = A_f \sin \omega_e t$ = external force acting on a structure

ω_e = exciting frequency

그림 7.2.1b TMD 모델

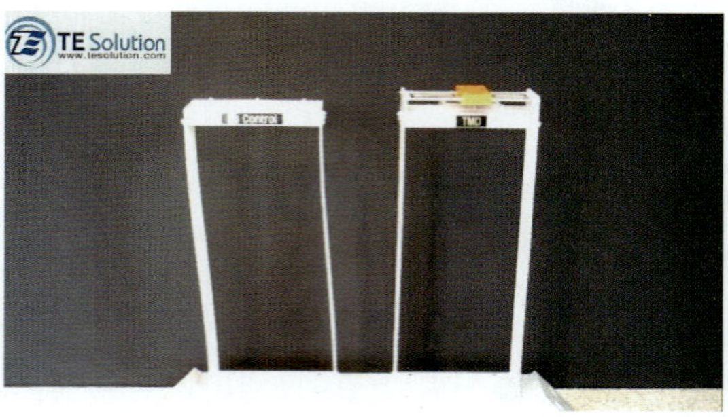

(a) Sliding Type [YouTube]

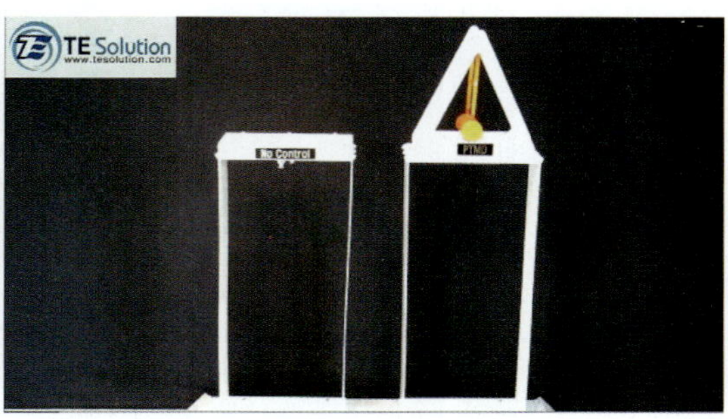

(b) Pendulum Type [YouTube]

그림 7.2.1c TMD 원리 (출처: TE Solution)

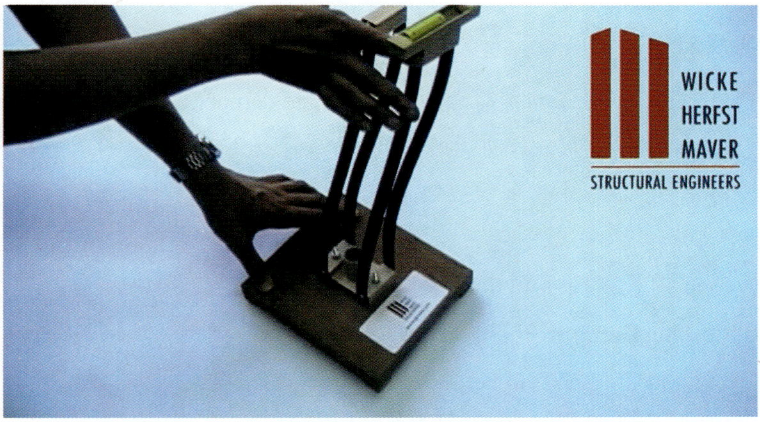

그림 7.2.1d TMD 감쇠 (출처: WHM Structural Engineers) [YouTube]

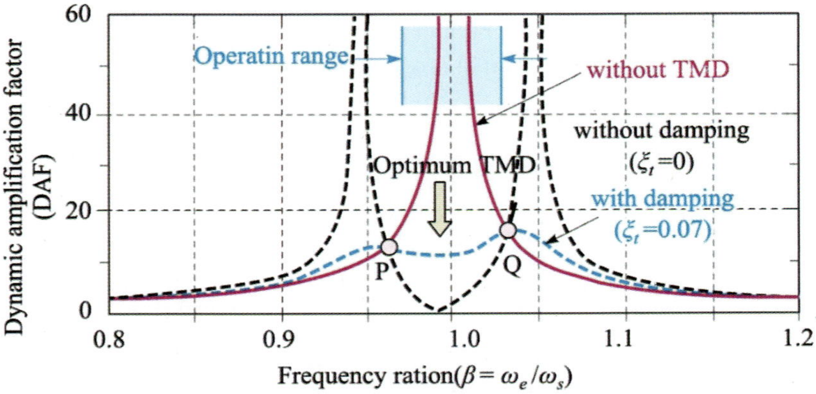

그림 7.2.1e 동조질량감쇠기 동적증폭계수 ($\mu = 0.01, \lambda = 0.990, \xi_s = 0.00$)

그림 7.2.1f 보행자 유발진동 억제를 위해 육교난간에 설치된 동조질량감쇠기(수원, 2003)

- TLD(동조액체감쇠기)

선박에서 널리 사용되는 '동조액체감쇠기(tuned liquid damper, 이하 TLD)'는 근래에 주로 고층 건물이나 탑 구조물 등의 진동을 제어하는데 도입되었으며, 기본 원리는 TMD와 동일하다. TLD는 건축물의 옥상에 설치된 물탱크에 간단한 부가 조치를 취함으로써 지진, 바람 등에 의한 진동을 30% 이상 줄일 수 있는 것으로 보고되고 있다.

TLD는 액체의 진동형태에 따라 다음과 같이 분류하기도 한다.

1) TSD(Tuned Sloshing Damper; 단순동조액체감쇠기)
2) TLCD(Tuned Liquid Column Damper; 동조액주감쇠기)

TLD는 TMD에 비해 다음과 같은 장점을 갖고 있다.

1) 마찰력이 작으므로, 작은 진동에 대해서도 효과적으로 적용할 수 있다.
2) 작동원리가 간단하므로, 유지관리와 설치가 경제적이다.
3) 한 개의 TLD를 사용하여 수평 두 방향에 대해 적용할 수 있다.
4) 여러 개의 TLD를 사용하여야 할 경우, 분할 등 다루기가 용이하다.

한편 TLD는 통상 강철 질량을 사용하는 TMD에 비해 상대적으로 작은 질량을 갖고 있으므로, TMD와 동일한 효과를 나타내기 위해서는 상대적으로 넓은 공간이 필요하다.

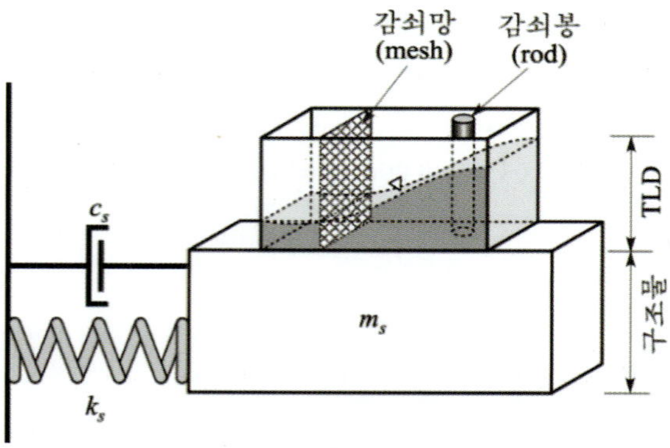

그림 7.2.1f TSD(단순동조액체감쇠기)

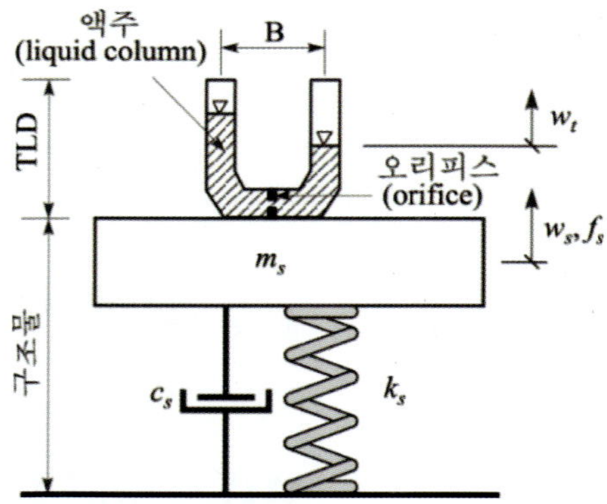

그림 7.2.1g TLCD(동조액주감쇠기)

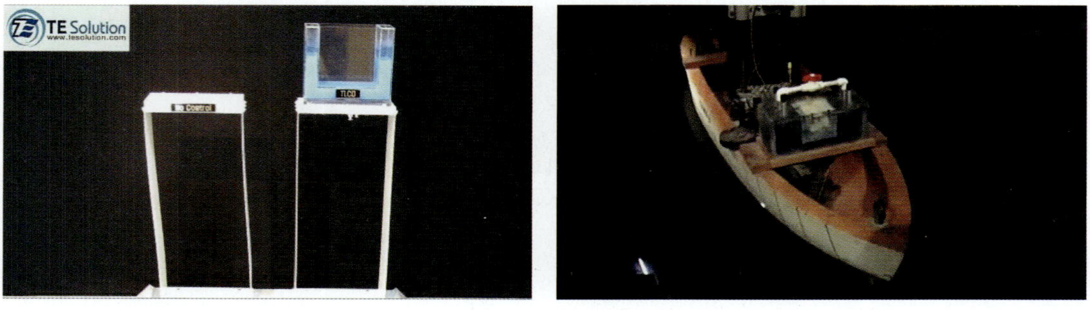

(a) TLCD(출처: TE Solution) [YouTube]　(b) 선박의 U-Tube 탱크(출처: froudedude) [YouTube]

그림 7.2.1h TMD 원리

▪ 점탄성감쇠기(viscoelastic damper)

재료의 감쇠특성을 사용하여 에너지를 소산하는 장치이다. 통상 점탄성감쇠기에 사용하는 재료는 균질의 등방성 중합체(homogeneous isotropic polymer)를 사용하며, 이 재료의 감쇠는 온도, 진동수, 속도에 의존성을 갖고 있다.

점탄성감쇠기는 다음 그림과 같이 구분한다.

1) 점탄성고체감쇠기(solid viscoelastic damper)

   1960년대 풍하중에 의한 진동을 저감하기 위해 사용되었으며, 근래에는 지진에 의한 진동의 제어에도 적용되고 있다.

2) 점탄성액체감쇠기(fluid viscoelastic damper)

   1980년대 일본에서 개발되었으며, 벽체 구조물로 사용되기도 하였다.

3) 점성액체감쇠기(fluid viscous damper)

   기계장비에 주로 사용되어 왔으며, 현재 교량, 빌딩 등 주요 구조물의 내진과 내풍을 위한 제진장치로서 널리 사용되고 있다. 이 장치의 경우 피스톤의 운동에 의해 감쇠기 내부의 액체가 오리피스(orifice)를 통과하며, 이 때 운동에너지가 열에너지로 변환된다. 점성 액체 감쇠기의 기본 이론은 다음과 같다.

$$F = \left(8\pi\nu L + \frac{AV}{2C_d}\right)\frac{A^2}{a^2}\rho V$$

   여기서 F는 감쇠력, V는 피스톤 속도, A는 피스톤의 단면적$(= \frac{\pi D^2}{4})$, a는 오리피스의 단면적$(= \frac{\pi d^2}{4})$, ν는 액체 점성계수, ρ는 액체 밀도, C_d는 액체 유량계수, L은 오리피스 길이이다.

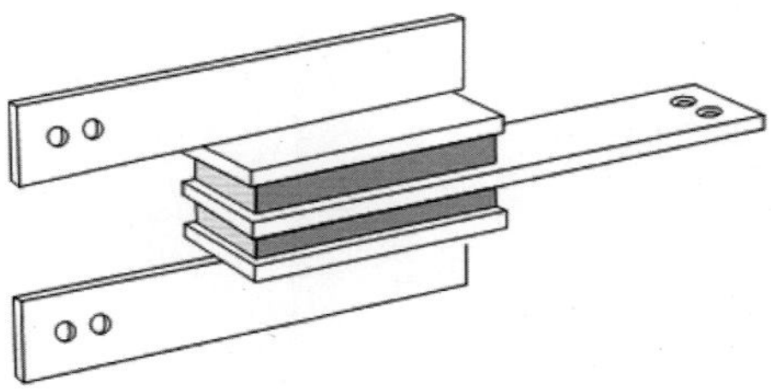

(a) 점탄성 고체 감쇠기(Solid viscoelastic damper)

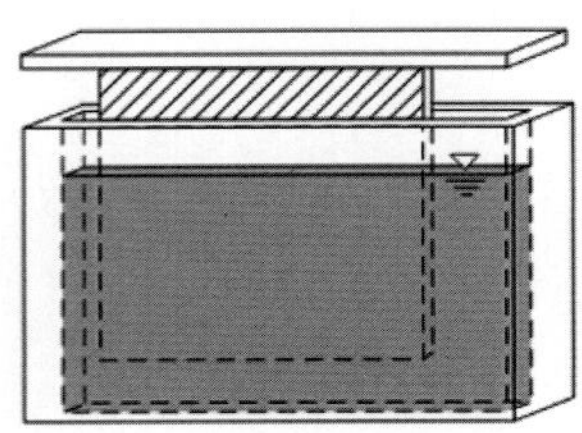

(b) 점탄성 액체 감쇠기(Fluid viscoelastic damper)

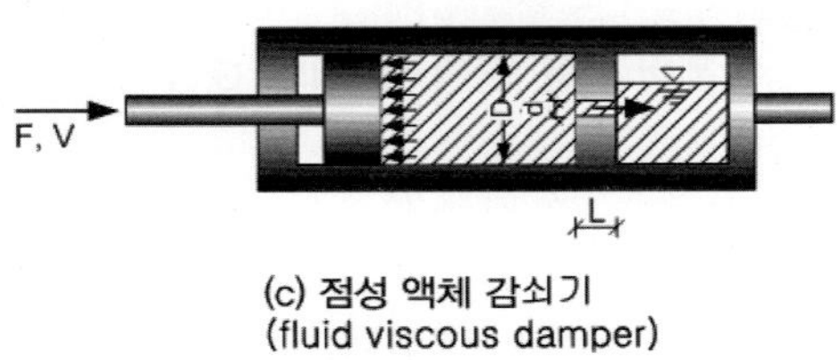

(c) 점성 액체 감쇠기(Fluid viscous damper)

그림 7.2.1i 점탄성감쇠기

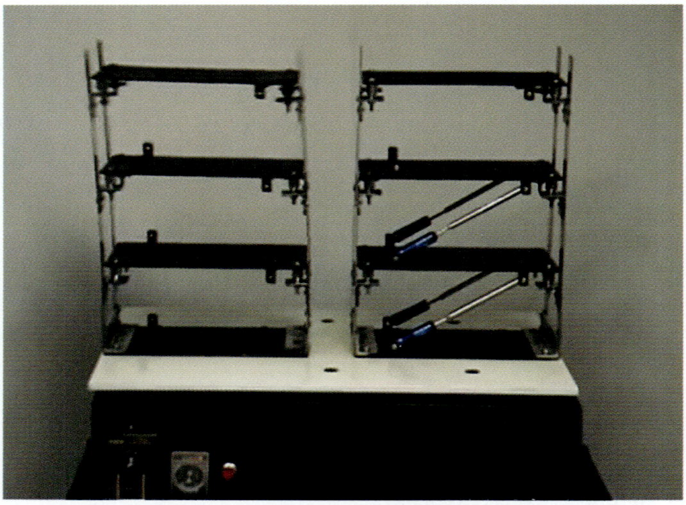

그림 7.2.1j 점탄성감쇠기 (출처: Taylor Devices) [YouTube]

(2) 능동제어

구조물의 '능동제어(active control)'는 외력을 받는 구조물의 거동을 제어하여 구조물을 보호하는 것으로 Yao(1972)가 구조물의 능동제어의 근간이 되는 제어론을 제시하면서 시작되었다. 능동제어기법으로 최적제어, 극점 배치, 적응제어, 퍼지 제어, 신경회로망에 의한 제어 등이 개발 연구되고 있으며, 이러한 능동제어기법들은 컴퓨터, 계측기, 제어기기, 가진기 등의 기술적인 발달과 함께 급속하게 발전하고 있으며, 실험을 통해 그 효과를 입증할 수 있게 되었다.

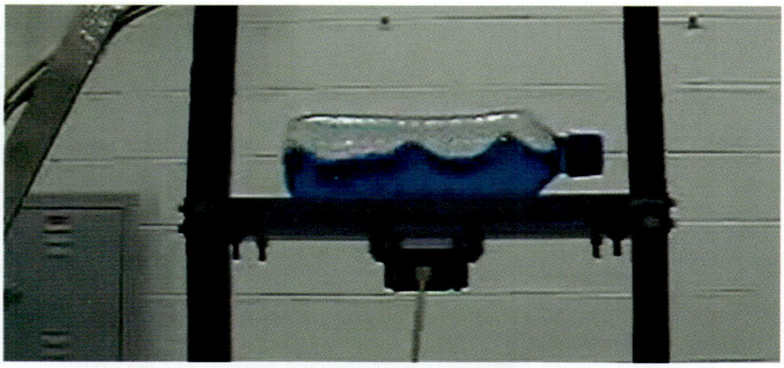

그림 7.2.2a 능동제어 시험 (출처: GMSINT Group) [YouTube]

능동제어 시스템의 일반 개념도는 다음과 같다. 여기서 센서는 구조물에 작용하는 외력(external excitation)과 구조물의 응답(structural response)을 계측하는데 사용되며, 구조물의 제어에 필요한 제어력(control force)은 가진기(actuator) 등을 통해 구조물에 가해진다. 참고로 가진기를 구동하여 원하는 출력을 내기 위해서는 외부 에너지원이 필요하다.

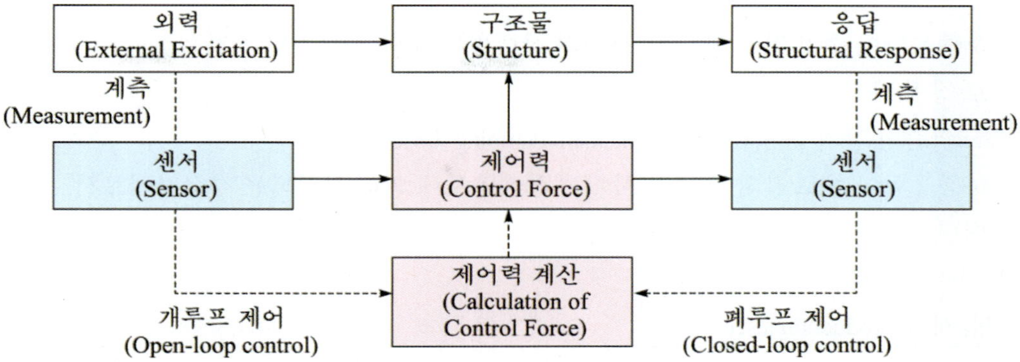

그림 7.2.2b 능동제어 개념도

1) 폐루프 제어(closed-loop control, 폐로 제어)
   구조물의 응답만을 지속적으로 계측하여, 제어력을 수정하면서 제어한다.
2) 개루프 제어(open-loop control, 개로 제어)
   구조물에 작용하는 외력만을 계측해 제어력을 조절한다.
3) 폐-개루프 제어(closed-open-loop control, 폐-개로 제어)
   외력과 응답에 대한 두 정보를 모두를 계측하여 사용한다.

7.2.2 관련 내진 규정

[KDS 41] 1.2 용어의 정의

1. 일반사항

1.2 용어의 정의

• 감쇠(damping)
  점성, 소성 또는 마찰에 의해 구조물에 입력된 동적 에너지가 소산되어 구조물의 진동이 감소하는 현상

• 감쇠시스템(damping system)
  개별 감쇠장치 및 그로부터 구조물의 기초와 지진력저항시스템에 하중을 전달하는 구조요소 또는 가새 등을 모두 포함하는 구조체

• 감쇠장치(damping device; damper; 댐퍼)
  감쇠시스템의 일부로서 장치 양 단부의 상대적 움직임에 따라 에너지를 소산시키는 유연한 구조요소. 감쇠장치를 다른 구조요소에 연결하기 위해 필요한 핀, 볼트, 거싯플레이트, 가새연장재 등의 구성요소들을 모두 포함. 감쇠장치는 변위의존형이나 속도의존형 또는 이들의 조합형으로 분류할 수 있으며, 선형 또는 비선형으로 거동

• 변위의존형 감쇠장치(displacement-dependent damping device)

하중응답이 주로 장치 양 단부 사이의 상대변위에 의해 결정되는 감쇠장치로서, 근본적으로 장치 양단부의 상대속도와 진동수에는 독립적임

- 속도의존형 감쇠장치(velocity-dependent damping device)
  하중응답이 주로 장치 양 단부 사이의 상대속도에 의해 결정되는 감쇠장치로서, 추가로 상대변위의 함수에 종속될 수도 있음
- 장치원형시험(prototype test)
- 제품시험(production test)

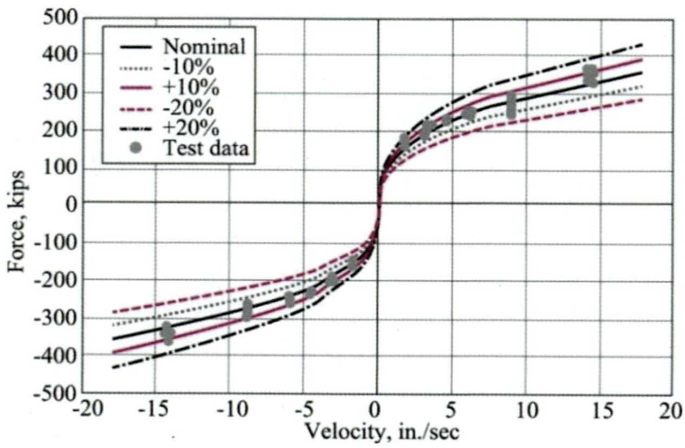

Figure C18.2-1. Force-velocity relationship for a nonlinear viscous damper
(출처: ASCE 7-22, 2022) (비선형 점성 감쇠장치의하중-속도 관계)

[KDS 41] 17.1 일반사항

17. 감쇠시스템을 적용한 구조물

17.1 일반사항

(1) 지진하중 저감을 목적으로 감쇠시스템이 적용된 모든 구조물(이하 '감쇠시스템 적용 구조물')과 감쇠시스템의 모든 구성요소는 이 조항의 요구사항에 따라 설계 및 시공하여야 한다.

(2) 17장에서 규정하는 감쇠시스템 적용 구조물의 설계는 15장에서 규정하는 성능기반설계의 일부로 본다.

(3) 17장에서 별도로 규정하지 않은 사항에 대해서는 15장의 성능기반설계에 따른다.

[해설]

사용성 개선을 위한 목적으로 사용되는 경우 탄성상태 구조물을 전제로 하나, 지진응답의 저감을 목적으로 하는 경우에는 정도의 차이는 있으나 구조물의 비탄성거동을 수반하게 되는 차이점이 있다.

(4) 감쇠장치가 면진구조물의 면진경계면에 설치되는 경우에 변위, 속도, 가속도는 16장에 따라 산정하여야 한다.

[KDS 41] 17.2 설계 요구사항

> 17.2 설계 요구사항
>
> 17.2.1 내진설계범주 'A'에 대한 설계
>
> 감쇠시스템 적용 구조물은 '내진설계범주 A'에 속하더라도 내진설계범주 B에 해당되는 해석방법과 설계요구사항을 반영하여 설계하여야 한다.
>
> 17.2.2 시스템 요구사항
>
> (1) 감쇠시스템 적용 구조물은 지진력저항시스템 단독으로 다음 ①항에 정의된 하중을 지지할 수 있는 내력을 보유해야 한다.

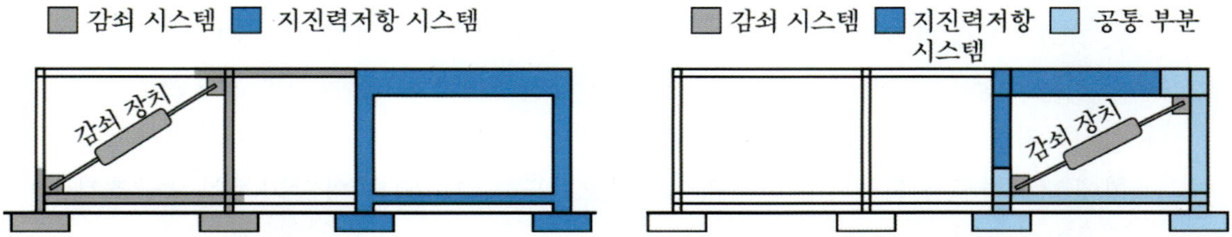

(a) 공통부분이 없는 경우 (b) 공통부분이 있는 경우

해그림 17.2-1 지진력저항시스템과 감쇠시스템
(출처: KDS 41 17 00 건축물 내진설계기준 및 해설, 2019)

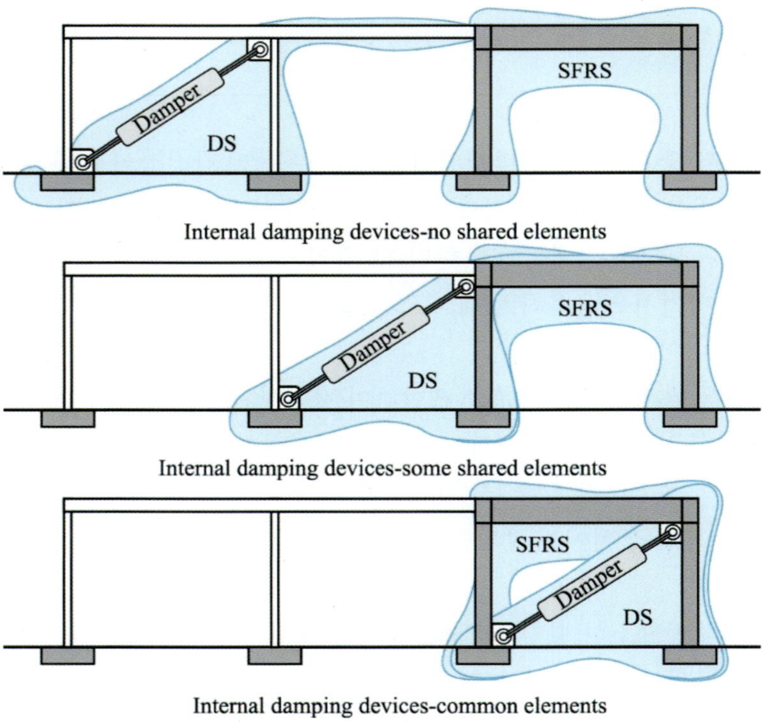

Figure C18.1-1. Damping system (DS) and seismic force-resisting system (SFRS) configurations
(출처: ASCE 7-22, 2022) (감쇠시스템(DS)과 지진력저항시스템(SFRS)의 배치)

① 지진력저항시스템

감쇠시스템 적용 구조물은 각각의 횡방향으로 표 6.2-1에 제시된 지진력저항시스템 중 하나를 보유해야 한다. 각 방향의 지진력저항시스템의 설계는 17.4의 요구사항과 다음을 만족하여야 한다.

가. 지진력저항시스템의 설계에 사용된 지진하중에 의한 밑면전단력은 V_{min}보다 작아서는 안되며, V_{min}은 식 (17.2-1)과 식 (17.2-2)에 따라 산정한다.

$$V_{min} = \eta V \tag{17.2-1}$$

$$\eta \geq 0.75 \tag{17.2-2}$$

여기서, V: 7.2.1에 따라 결정되는 해당 방향의 설계지진하중에 의한 밑면 전단력, kN

η : 감쇠장치의 감쇠성능에 따라 구조물에 작용하는 하중이 저감되는 정도를 고려한 예상 감쇠보정계수로서, 17.4.3의 절차에 따라 확인하여야 한다.

나. 지진력저항시스템의 구조요소 중에서 감쇠시스템에 속하거나 감쇠장치에 따라 발생하는 힘에 저항하도록 요구되는 구조요소의 최소강도는 17.2.2(1)②의 추가적인 요구조건을 만족하여야 한다.

[해설]

지진력저항시스템은 구조물에 최소한도 이상의 지진력 저항성능을 제공해야 하며, 이 지진력저항성능은 감쇠시스템의 하중저감성능에 따라 저감될 수 있으나 최소한 등가정적 지진하중의 75% 이상이어야 한다.

② 감쇠시스템

가. 감쇠장치에서 에너지소산을 발생시키지 않는 부분 및 감쇠장치를 다른 구조요소에 연결하기 위해 사용되는 요소들은 접합부를 포함하여 성능목표를 규정하는 지진에 대하여 탄성상태를 유지하도록 설계하여야 한다. 그 밖의 구조요소들은 감쇠시스템의 기능에 부정적인 영향을 미치지 않음을 구조해석 또는 실험을 통해 입증한다면 비탄성 변형을 허용할 수 있다.

나. 에너지소산을 발생시키는 부분을 포함하여 감쇠장치와 그 접합부는 최대고려지진에 따라 발생하는 힘, 변위, 속도에 대하여 파단 또는 심각한 강도저하 없이 저항할 수 있어야 한다.

다. 가.와 나.에서 감쇠장치에 유발되는 힘은 강도저감계수를 곱하거나 반응수정계수로 나누지 않아야 한다.

라. 감쇠시스템 구성요소의 힘지배작용은 성능목표를 규정하는 지진에 대하여 17.3.4에서 규정한 평균응답의 1.2배를 적용하여 설계한다.

[해설]

감쇠시스템은 지진력저항시스템을 보조하여 층간변위를 허용기준 이하로 저감시키며 지진력저항시스템에 작용하는 하중을 설계하중 이하로 제한할 수 있어야 한다.

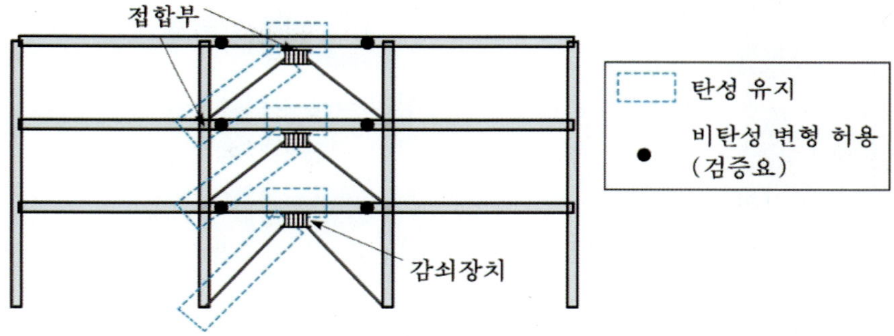

해그림 17.2-2 탄성유지가 요구되는 요소의 예
(출처: KDS 41 17 00 건축물 내진설계기준 및 해설, 2019)

17.2.3 감쇠시스템 요구사항

(1) 장치 설계

감쇠장치는 최대고려지진에 대한 응답과 다음의 조건들을 고려하여 설계, 시공, 설치하여야 한다.

① 지진하중에 의한 저진동·대변위 거동 시의 성능저하
② 풍하중·온도하중에 의한 고진동·소변위 거동 시의 성능저하
③ 중력하중에 의한 하중 또는 변위
④ 부식, 마모, 생물분해, 화학물 등에 의한 장치 일부분의 고착
⑤ 온·습도, 수분, 자외선 등과 그 밖의 환경조건에의 노출

(2) 다축 이동

감쇠장치의 접합부는 감쇠시스템에 동시에 발생하는 종방향, 횡방향, 수직방향 변위를 흡수할 수 있는 충분한 마디구조를 갖추어야 한다.

(3) 검사와 주기적 시험

모든 감쇠장치는 검사와 교체를 위한 접근방법을 확보해야 한다. 설계수명 동안 감쇠장치의 신뢰성을 보증하기 위하여 내진설계책임구조기술자는 모든 유형의 감쇠장치에 대한 적절한 검사와 시험계획을 수립하여야 한다. 검사와 시험방법의 수준은 감쇠장치의 사용기간과 설계수명 동안의 특성변화 가능성을 반영하여야 한다.

(4) 품질관리

KDS 41 10 10의 품질보증계획의 일환으로 내진설계책임구조기술자는 감쇠장치의 제작에 대한 품질관리계획을 수립하여야 한다. 품질관리계획은 최소한 17.6.2와 17.6.3의 시험 요구조건을 포함하여야 한다.

(5) 설계특성치

설계특성치의 변동성을 고려하기 위해 다음과 같이 상한계설계특성치 및 하한계설계특성치를 산정한다.

$$\text{상한계설계특성치} = \text{공칭설계특성치} \times \lambda_{max} \qquad (17.2\text{-}3)$$

$$\text{하한계설계특성치} = \text{공칭설계특성치} \times \lambda_{min} \qquad (17.2\text{-}4)$$

여기서,

λ_{max} = 장치원형시험 결과에 품질관리 및 유지관리상의 추가적인 변동성을 고려한 특성치 증가 시 변동계수로서 1.2 이상의 값

λ_{min} = 장치원형시험 결과에 품질관리 및 유지관리상의 추가적인 변동성을 고려한 특성치 감소 시 변동계수로서 0.85 이하의 값

(6) 설계특성치의 적용

상한계설계특성치와 하한계설계특성치를 적용하여 상한계해석 및 하한계해석을 수행한다. 상한계해석은 속도계수, 강성, 강도, 에너지소산 등의 최대치가 함께 고려된 해석이다. 하한계해석은 속도계수, 강성, 강도, 에너지소산 등의 최소치가 함께 고려된 해석이다.

[KDS 41] 17.3 해석절차

17.3 해석절차

17.3.1 일반사항

(1) 감쇠시스템 적용 구조물은 17.3.2에 따라 수학적 모델을 작성하여 7.3.4.3에 따라 3차원 비선형 시간이력해석을 수행하여야 한다.

(2) 감쇠장치로 인해 구조물이 비고전적 감쇠의 특성을 갖게 되는 경우 시간이력해석법은 이를 반영할 수 있어야 한다.

(3) 연직하중의 효과가 시간이력해석에 반영되어야 한다.

[해설]

초기설계는 등가정적해석법과 응답스펙트럼법과 같은 설계방법으로 수행하는 것도 가능하나 어떠한 경우에도 최종적으로는 이 기준에 제시된 3차원 시간이력해석법을 통해 설계결과를 검증해야 한다.

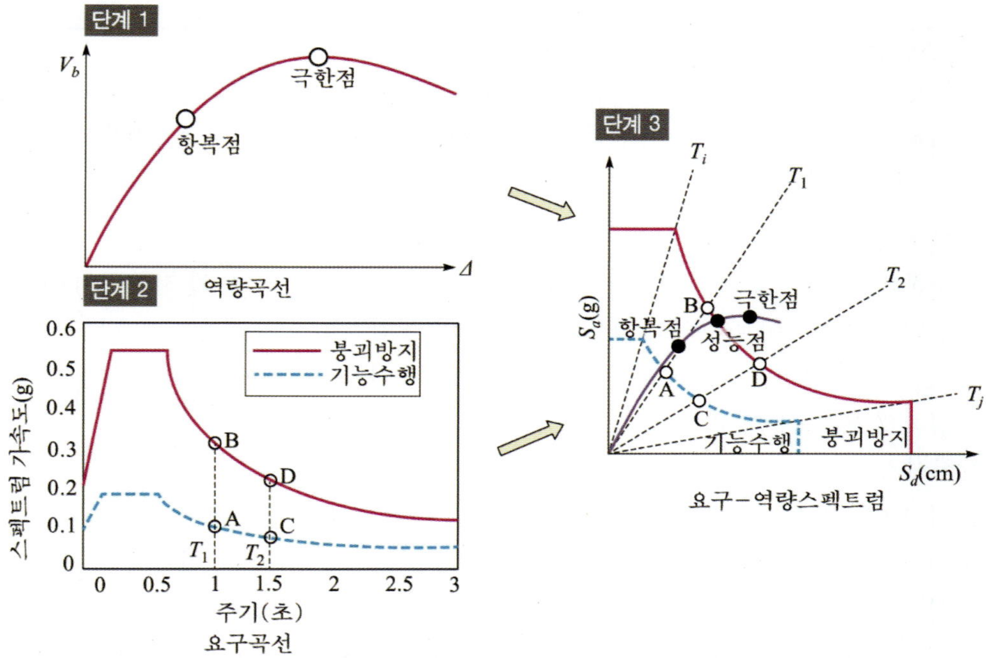

그림 7.2.2a 역량스펙트럼법(또는 능력스펙트럼법)

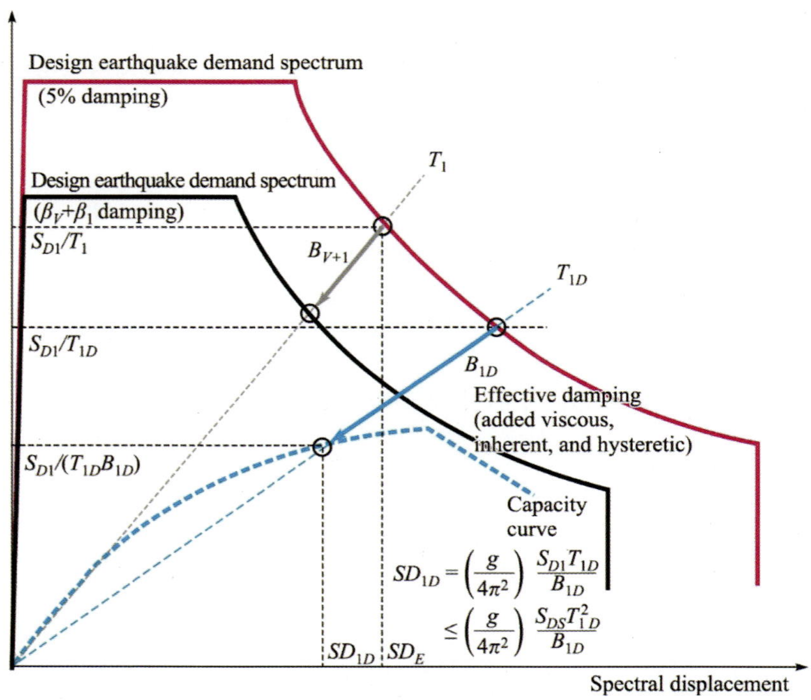

Figure C18.7-1. Effective damping reduction of design demand

(출처: ASCE 7-22, 2022) (설계 요구의 유효감쇠 감소)

설계변위에서의 유효주기(T_{1D})에서 감쇠장치에 의해 추가된 유효감쇠(B_{1D})로 인한 지진응답의 감소

17.3.2 모델링

(1) 구조물의 수학적 모델은 7.3.2의 규정을 따르는 3차원 모델로서 구조물과 감쇠장치의 비선형이력거동을 직접적으로 고려하되 구조요소의 강도는 강도저감계수를 곱하지 않은 값을 적용해야 한다.

① 지진력저항시스템

구조물의 거동 특성을 고려하여 원감쇠비를 적용한다. 실험을 통해 지진력저항시스템이 유효항복변위나 이보다 약간 작은 변위에서 더 큰 감쇠비를 가진다는 것을 입증하지 못하는 경우에 감쇠시스템이 적용된 구조물의 지진력저항시스템에 적용하는 원감쇠비는 임계감쇠의 3%보다 큰 값을 취할 수 없다.

② 감쇠시스템

감쇠장치의 강성과 감쇠특성은 17.6에 규정된 시험에 따라 검증하거나 이를 근거로 결정하여야 하며, 비선형하중–변위특성은 지진하중의 진동수, 진폭, 지속시간 등에 대한 의존성을 명확하게 반영할 수 있도록 모델링하여야 한다. 변위의존형 감쇠장치의 수학적 모델은 강도, 강성, 이력곡선형상의 중요한 변화가 시험자료에 부합하는 이력거동을 모사할 수 있어야 한다. 속도의존형 감쇠장치의 수학적 모델은 시험자료에 부합하는 속도계수를 포함하여야 하며, 속도계수가 시간과 온도에 종속성이 있는 경우에는 그 영향을 명확히 반영하여야 한다. 감쇠장치를 구조물에 연결하는 구조요소는 반드시 구조해석 모델에 포함하여야 하며, 감쇠장치를 제외한 모든 구조요소는 탄성으로 모델링한다.

17.3.3 지반운동

(1) 시간이력해석은 지반조건에 상응하는 지반운동기록을 7쌍 이상 이용하여 수행한다. 지반운동기록은 7.3.4.1의 절차에 따라 선정 및 조정한다. 단, 응답스펙트럼 조정 대상 주기 범위는 다음과 같이 산정한다.

① 주기 범위의 하한치를 결정하기 위한 구조해석 모델에서 감쇠장치의 강성은 초기강성을 적용한다.

② 주기 범위의 상한치를 결정하기 위한 구조해석 모델에서 감쇠장치의 강성은 최대고려지진에 대한 최대변위에서 결정되는 유효강성을 적용한다.

17.3.4 설곗값 산정

(1) 시간이력해석에 사용된 각각의 지반운동에 대한 응답변수로서 최대층간변위, 감쇠시스템 구조요소의 최대하중, 개별 감쇠장치의 최대하중, 최대변위와 최대속도(속도의존형 감쇠장치의 경우)를 결정하여야 한다. 7개 이상의 지반운동에 대한 평균응답을 사용하여 설계한다.

[해설]

17.2.2(2) ④에서 감쇠시스템 구성요소의 힘지배작용은 평균응답의 1.2배에 대해서 설계하도록 하였다. 7.3.4.1에서 3개 지반운동의 최대응답으로 설계할 수 있다고 규정하고 있으나, 3개 지반운동만 사용 시 평균응답은 신뢰도가 크게 낮아지므로 7개 이상의 지반운동을 사용하여 설계한다.

[KDS 41] 17.4 감쇠시스템 적용 구조물의 허용기준

17.4 감쇠시스템 적용 구조물의 허용기준

(1) 17.3의 시간이력해석법을 적용함에 있어서 지진력저항시스템과 감쇠시스템에 대한 하중조건과 설계값의 허용기준은 이 조항에 따라야 한다.

17.4.1 지진력저항시스템

(1) 지진력저항시스템은 감쇠시스템 없이 단독으로 17.2.2(1)①에 주어진 밑면전단력 V_{min}에 저항할 수 있어야 한다. 내진설계범주와 비정형성에 따라 7.1에서 허용한 해석법을 적용하여 확인할 수 있다.

(2) 지진력저항시스템은 성능목표에 부합하는 강도와 변형능력을 갖고 있음을 감쇠장치를 포함한 비선형시간이력해석을 통해 확인하여야 한다.

(3) 층간변위의 요구조건은 15.4의 규정에 따르며 감쇠장치를 포함한 비선형시간이력해석에 의해 확인한다.

17.4.2 감쇠시스템

(1) 감쇠장치의 접합부를 포함한 감쇠시스템의 모든 구조요소는 17.2.2(1)②의 요구조건을 만족하여야 한다.

17.4.3 감쇠성능 확인

(1) 감쇠보정계수

17.2.2(1)①의 지진력저항시스템 설계를 위한 최소밑면전단력 V_{min} 결정에 적용된 감쇠보정계수 η는 다음 식에 따라 결정된 η_h보다 작지 않아야 한다.

$$\eta_h = \frac{V_h}{V_{he}} \qquad (17.4\text{-}1)$$

여기서, V_h: 인명보호 성능목표에 해당되는 지진에 대하여 17.3에서 규정한 해석절차에 따라 결정된 감쇠시스템 적용 구조물의 밑면전단력, kN

V_{he}: V_h와 동일한 절차를 따르되, 감쇠장치의 하중 – 변위 관계에서 속도의존적 성분은 제거하고, 변위의존적 성분은 유효강성으로 치환하여 얻어진 밑면전단력, kN

단, V_h와 V_{he}를 산정할 때 지진력저항시스템에 속하는 부분의 밑면전단력만 산입한다.

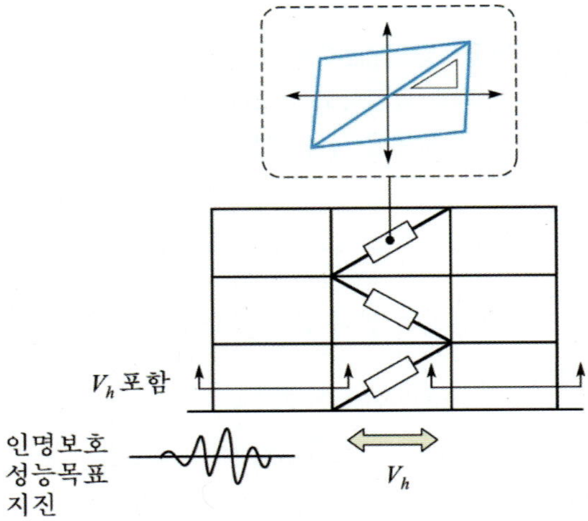

(a) V_h 산정 모델

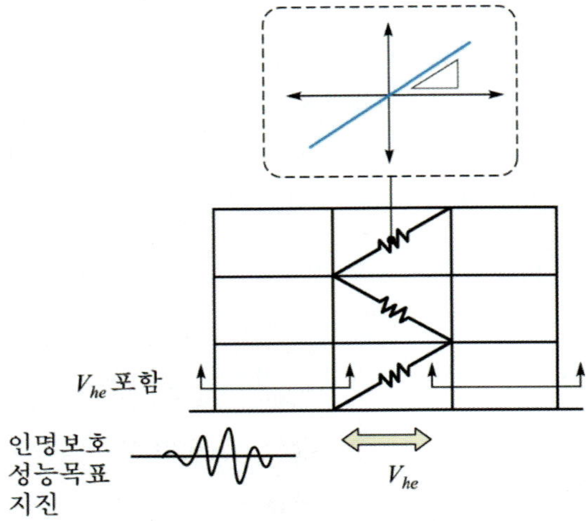

(b) V_{he} 산정 모델

해그림 17.4-1 감쇠보정계수의 확인을 위한 수치해석 모델
(출처: KDS 41 17 00 건축물 내진설계기준 및 해설, 2019)

(2) 감쇠장치의 변위의존적 성분의 유효강성

개별 감쇠장치의 하중－변위 관계에서 변위의존적 성분의 유효강성은 V_h의 산정과정에서 얻어진 감쇠장치의 변위와 하중에 기초하여 다음 식에 따라 산정한다.

$$k_{eff} = \frac{|F^+|+|F^-|}{|\Delta^+|+|\Delta^-|} \quad (17.4\text{-}2)$$

여기서, Δ^+, Δ^-: 각각 감쇠장치의 정, 부방향으로 발생하는 최대변위, m

F^+, F^-: 각각 Δ^+, Δ^-에서 발생하는 감쇠장치의 하중, kN

[KDS 41] 17.5 설계 검토

17.5 설계 검토

(1) 감쇠시스템의 해석, 설계와 장치시험결과에 대한 설계검토는 지진해석법과 에너지소산시스템의 이론과 실무에 경험이 있는 등록된 전문가로 구성된 독립된 집단에 따라 수행하여야 한다.

(2) 설계 검토는 최소한 다음 사항을 포함하여야 한다.

① 감쇠장치의 설계변수를 포함한 지진력저항시스템과 감쇠시스템 예비설계의 검토

② 지진력저항시스템과 감쇠시스템의 최종설계와 모든 관련 해석의 검토

③ 감쇠장치 시험 요구조건, 장치의 품질관리와 성능보증, 유지관리 일정과 점검사항의 검토

[KDS 41] 17.6 감쇠장치의 시험

17.6 감쇠장치의 시험

17.6.1 일반사항

(1) 감쇠시스템 설계에 적용된 감쇠장치의 힘 – 속도 또는 힘 – 변위관계와 감쇠특성은 이 조항에 규정한 장치원형 시험에 따라야 한다. 품질관리시험에 적용되는 감쇠장치의 제작과 품질관리 절차는 장치원형시험과 똑같아야 한다.

17.6.2 장치원형시험

(1) 설계에 사용된 감쇠장치의 종류와 크기별로 각각 2개의 실규모 감쇠장치에 대하여 이 조항에서 규정한 시험들을 실시하여야 한다. 구조물에 사용되는 장치의 종류와 크기별로 제조와 품질관리 절차가 동일하고, 동시에 내진설계책임구조기술자가 대표 크기에 대한 장치원형 시험을 허용한 경우에 한하여 각 종류별로 대표 크기의 감쇠장치만 장치원형 시험을 할 수 있다. 내진설계책임구조기술자가 허용하는 동시에 장치원형 시험과 제품시험에 관한 요구조건에 부합되지 않는다면 시험에 사용된 시험체는 구조물의 시공에 사용할 수 없다.

① 시험순서와 방법

시험은 다음과 같은 일련의 순서에 따라 수행하며, 각 감쇠장치를 실제 설치하였을 때의 고정하중과 활하중의 효과를 고려하고, 온도환경을 반영하여야 한다. 지진하중시험에서는 최대고려지진에 대한 장치의 변위를 사용하여야 한다.

가. 풍하중시험 : 설계풍하중에 상응하는 진폭과 기본진동주기의 역수에 해당하는 진동수 ($f_1 = 1/T_1$)로 2,000회 반복재하

나. 지진하중시험 : 다음과 같은 변위진폭 및 반복회수를 $1/(1.5T_1)$의 진동수를 갖는 정현파 형태로 재하

(가) 최대고려지진 시 예상되는 장치변위의 0.33배를 10회씩 반복재하.

(나) 최대고려지진 시 예상되는 장치변위의 0.67배를 5회씩 반복재하.

(다) 최대고려지진 시 예상되는 장치변위의 1.0배를 3회씩 반복재하.

여기서, 감쇠장치 특성이 작동온도에 따라 변하는 경우에는 적어도 하나의 시험체는 온도범위를 포괄하는 최소한 3가지의 조건(최소온도, 상시온도, 그리고 최대온도)에서 지진하중시험을 수행

다. 진동수의존성 시험 : 감쇠장치가 진동수의존성이 있는 경우 풍하중시험과 지진하중시험을 진동수 $1/T_1$과 $2.5/T_1$에서 수행

② 시험의 생략

다음 조건들을 모두 만족하는 과거의 시험결과가 있는 경우에 장치원형 시험을 생략할 수 있다.

가. 치수, 내부 구조 및 압력 등이 유사한 장치
나. 유형과 재료가 동일하게 만들어진 장치
다. 문서화된 동일한 제작 및 품질관리 절차에 의해 제작
라. 유사한 최대변위 및 하중으로 시험

③ 하중 – 속도 – 변위특성 결정

가. 감쇠장치의 하중 – 속도 – 변위특성은 앞서 규정된 장치원형 시험용 반복가력시험에 근거해야 한다.
나. 감쇠장치의 유효강성은 식 (17.4-2)를 사용하여 각 진폭레벨에 대해 산정하여야 한다.
다. 감쇠장치의 공칭설계특성치는 주어진 변위 진폭레벨에 대해서 처음의 3회 반복재하에서 얻어진 평균값으로 산정한다.

④ 변위의존형 감쇠장치의 적합성

변위의존형 감쇠장치의 성능은 17.6.2(1)에 규정된 시험에 근거하여 다음 조건이 모두 만족된다면 적절하다고 간주한다.

가. 풍하중시험 : 누출, 항복, 파손을 포함하는 손상 징후가 없음
나. 지진하중시험과 진동수의존성 시험 :
(가) 특정 변위진폭, 진동수 및 온도에서 수행된 시험에서, 임의 회차의 반복재하 시 변위 원점에서의 최대·최소하중이 모든 반복재하로부터 산정된 각각 평균치의 15% 이내
(나) 특정 변위진폭, 진동수 및 온도에서 수행된 시험에서, 임의 회차의 반복재하 시 방향별 최대 장치변위에서의 하중이 모든 반복재하로부터 산정된 각각 평균치의 15% 이내
(다) 특정 변위진폭, 진동수 및 온도에서 수행된 시험에서, 임의 회차의 반복재하 시 감쇠장치의 이력곡선 면적이 모든 반복재하로부터 산정된 평균치의 15% 이내
(라) 특정 변위진폭, 진동수 및 온도에서 수행된 시험에서, 모든 반복재하로부터 산정된 변위 원점에서의 최대·최소하중의 각각 평균치, 방향별 최대 장치변위에서의 하중의 각각 평균치 및 이력곡선 면적의 평균치가 내진설계책임구조기술자에 따라 제시된 목표 값의 15% 이내

⑤ 속도의존형 감쇠장치의 적합성

속도의존형 감쇠장치의 성능은 17.6.2(1)에 규정된 시험에 근거하여 다음 조건이 모두 만족된다면 적절하다고 간주한다.

가. 풍하중시험 : 누출, 항복, 파손을 포함하는 손상징후가 없음
나. 지진하중시험과 진동수의존성 시험 :
(가) 강성을 가진 속도의존형 감쇠장치의 경우, 특정 변위진폭, 진동수 및 온도에서 수행된 시험에서, 임의 회차의 반복재하 시 감쇠장치의 유효강성이 모든 반복재하로부터 산정된 평균치의 15% 이내

(나) 특정 변위진폭, 진동수 및 온도에서 수행된 시험에서, 임의 회차의 반복재하 시 변위 원점에서의 최대·최소하중이 모든 반복재하로부터 산정된 각각 평균치의 15% 이내

(다) 특정 변위진폭, 진동수 및 온도에서 수행된 시험에서, 임의 회차의 반복재하 시 감쇠장치의 이력곡선 면적이 모든 반복재하로부터 산정된 평균치의 15% 이내

(라) 특정 변위진폭, 진동수 및 온도에서 수행된 시험에서, 모든 반복재하로부터 산정된 변위 원점에서의 최대·최소하중의 각각 평균치, 유효강성(강성을 가진 감쇠장치에 한함)의 평균치와 이력곡선 면적의 평균치가 내진설계책임구조기술자에 따라 제시된 목표 값의 15% 이내

17.6.3 품질관리시험

(1) 건축구조물에 설치하기에 앞서 설치될 모든 감쇠장치의 하중 – 속도 – 변위특성이 내진설계책임구조기술자가 정한 한계 내에 있는지를 보장하기 위한 시험을 수행한다. 제품시험의 범위와 빈도는 내진설계책임구조기술자에 따라 결정한다.

① 최대고려지진 장치변위의 0.67배의 진폭과 $1/(1.5T_1)$의 진동수로 3회 재하

② 시험에서 얻어진 설계특성치는 17.2.3(5)의 설계특성치 범위 설정에서 고려한 품질관리 변동폭 범위 이내에 들어야 한다.

③ 비탄성 변형이 발생한 시험체는 구조물의 시공에 사용할 수 없다.

7.2.3 적용 사례

(1) Fubon Xinyi A25 (富邦信義 A25)

다음은 한국건축구조기술사회지 특집기사(주석준 등, 2024)"의 TMD 사례와 영국 SECED(지진 및 구조동역학 학회) 뉴스레터(Algaard 등, 2017)를 참조하여 정리하였다.

1) 건축 개요

이 빌딩은 타이베이에서 세 번째로 높고, 대만에서는 다섯 번째로 높은 건물이다. 렌조 피아노(Renzo Piano)가 설계하였으며, 건물의 높이는 266.3m, 지상 56층, 지하 4층으로 이루어져 있으며, 푸본금융지주의 본사로 2022년에 완공되었다.

타이베이는 강진지역이기도 하지만 정기적인 태풍으로 세계에서 가장 큰 풍하중을 받는 곳이다. 풍하중 관련 건물의 전단과 전도 요구를 제한하기 위해 건물의 형상과 강성 설계도 중요하고, 지진하중 관련 지진 요구와 연성 상세도 매우 높은 수준을 요구한다.

(a) Fubon A25 빌딩(출처: Photoed by By Yu tptw)

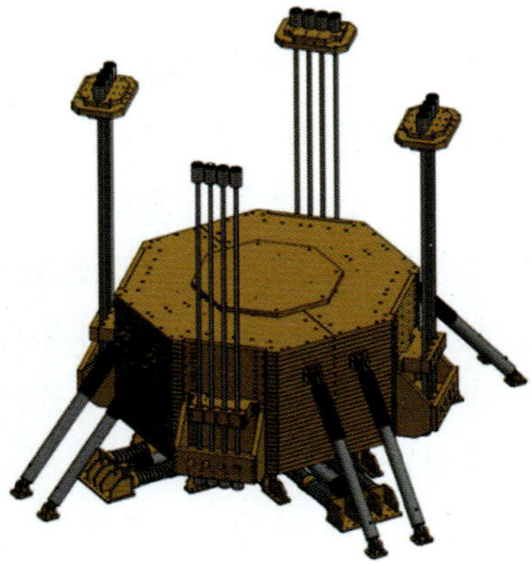

(b) 500톤 TMD(출처: 주석준 등, 2024)

그림 7.2.3(1)a TMD가 설치된 Fubon A25 빌딩

2) TMD 개요

감쇠가 작은 강구조 빌딩으로, 풍동실험 결과, 건물 상부의 진동가속도가 거주 사용성 기준을 초과하는 것으로 확인되어 제진대책으로 약 500톤의 중량을 갖는 진자형 TMD를 적용하였다.

다음 표에 TMD의 설계를 위한 건물의 동특성을 나타냈다. 여기서 각 방향별 1차 모드 고유주기는 2차 모드 고유주기의 2배이상이므로, 각 방향별 1차 모드와 2차모드는 독립적인 모드라고 가정할 수 있다. 따라서 TMD 설계에서는 각 방향별로 지배적인 1차 모드만 고려하여 건물을 단자유도(Single Degree of Freedom, SDOF)로 모델링하였다.

TMD가 설치층 바닥기준으로 회전각 θ를 갖는 진자운동을 한다고 가정하여 운동방정식을 도출하면 다음과 같다. 여기서 하중으로 지진하중과 풍하중을 고려하였다.

$$m_1\ddot{x}_1 + c_1\dot{x}_1 + kx_1 - f_d(\theta,\dot{\theta}) - f_s(\theta) - f_b(\theta,\dot{\theta}) = -m_2\ddot{x}_g + f_1 \quad (7.2.3b1)$$

$$m_2(\ddot{x}_1 + \ddot{x}_2) + f_d(\theta,\dot{\theta}) + f_s(\theta) + f_b(\theta,\dot{\theta}) = -m_2\ddot{x}_g \quad (7.2.3b2)$$

여기서

$f_d(\theta,\dot{\theta})$ = 오일댐퍼의 감쇠력

$f_s(\theta) = m_2 g \cos\theta \sin\theta$ = 진자의 복원력

$f_b(\theta,\dot{\theta})$ = 버퍼력(buffer force). TMD가 최대 허용변위를 초과할 때 작동하는 시스템 작용력

$\ddot{x}_g$ = 지반가속도

$f_1 = \Phi^T f$ = 건물에 작용하는 일반화된 풍하중(generalized wind force)

Φ = 모드형상

f = 건물에 작용하는 층 풍하중(story wind force)

표 7.2.3(1)a 건물의 모드해석 결과

모드 번호	방향	고유진동수 (Hz)	고유주기 (sec)	모드질량 (톤)	고유감쇠 (%)
1	X–이동	0.2209	4.5269	24,086	For strong wind: 1% for RP = 0.5/1/10 year 2% for RP = 50 years. For earthquake: 5% for RP = 475 year 10% for RP = 2500 years.
2	Y–이동	0.2210	4.5249	24,074	
3	Z–회전	0.5099	1.9612	10,621	
4	X–이동	0.6523	1.5330	967,626	
5	Y–이동	0.6545	1.5279	105,763	
6	Z–회전	1.1534	0.8670	22,833	

표 7.2.3(1)b TMD 사양

항목	사양	비고
Type	Pendulum type TMD	Suspended at 4 locations
Moving mass	500 ton	Mass ratio = m_2/m_1 = 2% for X & Y–Dir
Natural frequency	0.218 Hz for X & Y direction	Pendulum arm length, R = 5.249 m
Damping ratio	about 7.76~31.4% for stroke 0.1~0.7m	c = 400kN·(s/m) in 8 inclined oil–dampers Oil–dampers can cover TMD total stroke 0.9m.
Stroke	TMD: X–dir: ±0.7m, Y–dir: ±0.7m	Limit to the horizontal motion of TMD Buffer: 0.2m for both X & Y–dir
TMD location	53F	Structurally reinforced

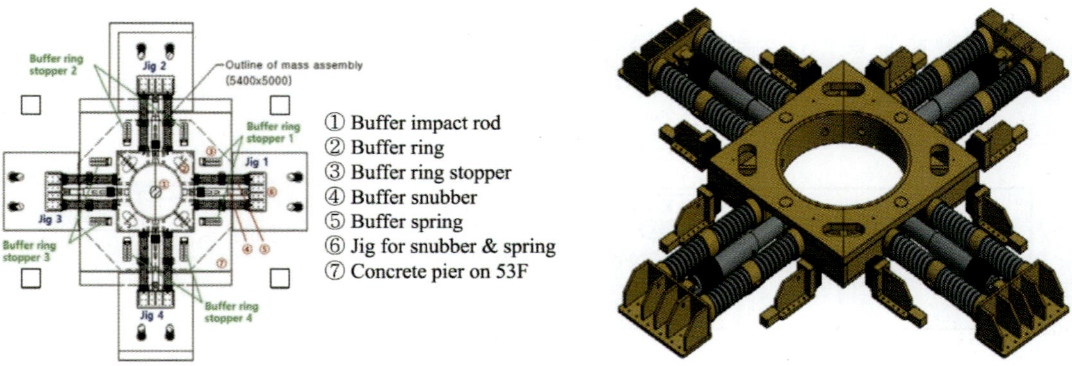

(a) 평면도 (b) 조립 형상

그림 7.2.3(1)b TMD의 버퍼링 시스템(출처: 주석준 등, 2024)

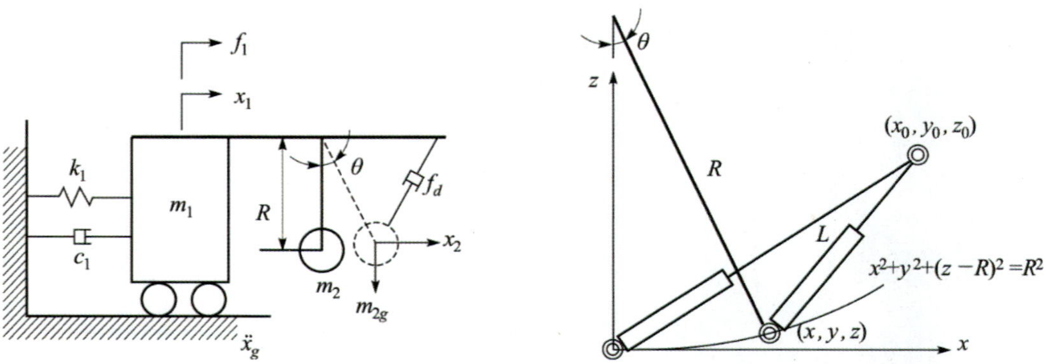

(a) TMD가 설치된 단자유도계 (b) 댐퍼의 운동

그림 7.2.3(1)c TMD로 구성된 2자유도계(출처: 주석준 등, 2024)

TMD는 약 52%의 진동제어효과를 보였으며, 최대 가속도는 0.5 년과 1년 재현주기에 대한 사용성 기준을 만족하는 것으로 나타났다.

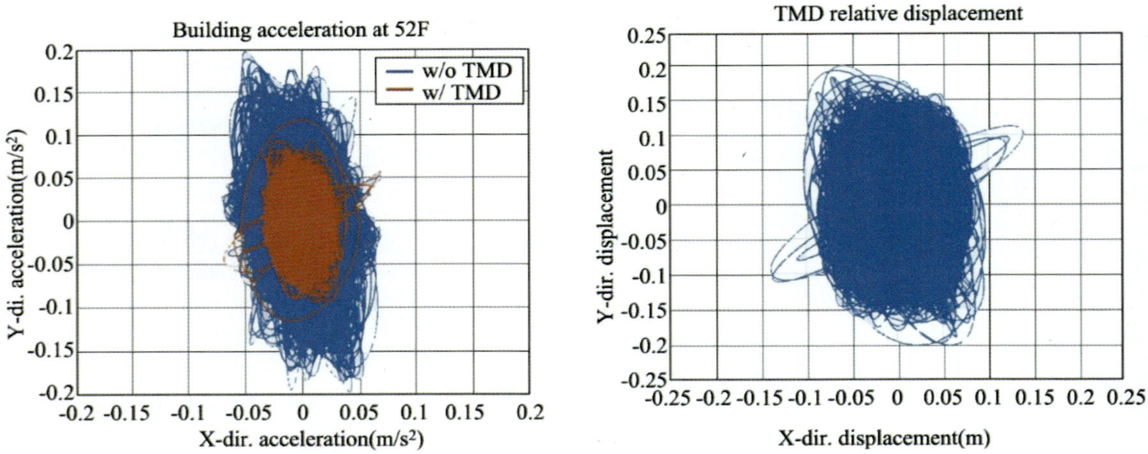

(a) 건물 상단의 가속도　　　(b) 댐퍼의 상대변위

그림 7.2.3(1)d TMD 설치에 따른 풍응답(재현주기 1년, 풍향 70°) (출처: 주석준 등, 2024)

지진하중 발생시 건물은 저차모드는 물론 고차모드로도 흔들리게 된다. TMD는 각 방향별 1차 모드에 튜닝되어 있어 고차모드에 대한 제어력이 부족하기 때문에 지진하중에 대한 진동제어 성능은 제한적이다.

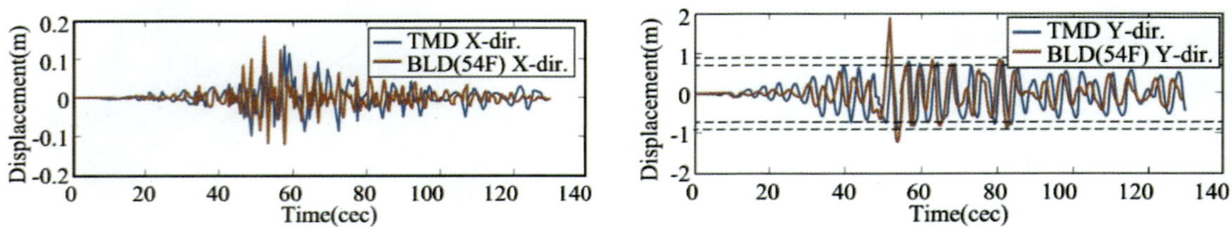

(a) X 방향 응답　　　(b) Y 방향 응답

그림 7.2.3(1)e TMD 설치에 따른 지진응답 (출처: 주석준 등, 2024)

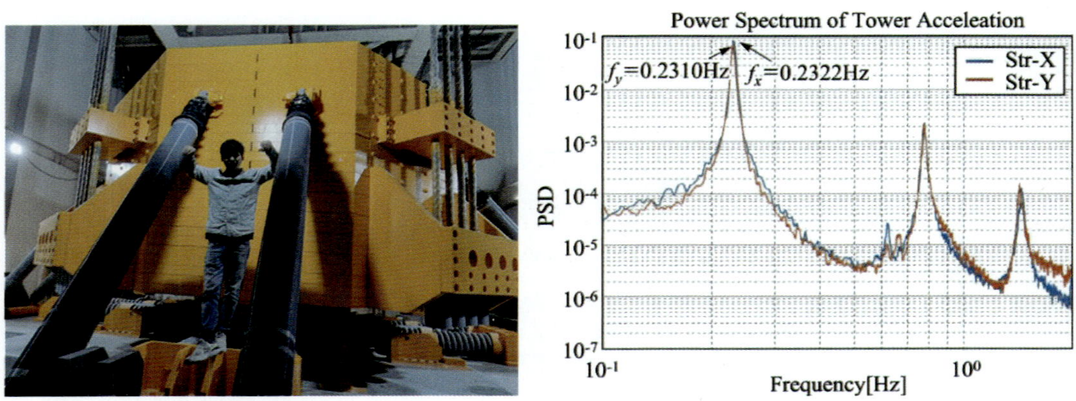

(a) 설치된 TMD　　　(b) TMD 튜닝

그림 7.2.3(1)f 빌딩 TMD(출처: 주석준 등, 2024)

(2) 댐퍼를 사용한 학교 건물의 내진보강

다음은 한국구조물진단유지관리공학회지 특집기사(이종권 등, 2012)"의 댐퍼를 이용한 학교 건물의 내진보강 사례를 참조하여 정리하였다.

1) 건축 개요

- 건물 : 경기도 용인시 죽전초등학교 ▪ 시공년도: 1999년
- 건물 규모: 지상 5 층, 1층의 스팬길이: 4.5m × 8.4m(기본)
- 구조시스템: RC 모멘트저항골조시스템
- 지상 높이: 16.5m, 기준층 높이: 3.3m ▪ 부지의 지형: S_D (단단한 토사 지반)
- 콘크리트: $f_{ck} = 21\text{MPa}$ ▪ 철 근: $f_y = 400\text{MPa}$

(a) 대상 학교 전경 (b) 댐퍼 설치 후 전경

그림 7.2.3(2)a 댐퍼 설치 전과 후의 학교 전경 (출처: 이종권 등, 2012)

2) 기존 구조물의 내진성능평가

Pushover 해석을 수행하여 횡력저항시스템의 내진 성능을 평가하였다. X 방향으로의 평가를 통해 성능점의 밑면전단력은 5,201kN으로 기준에서 산정된 밑면전단력 7,046kN의 73.8% 수준으로, 기존 구조물이 보유하고 있는 최대 능력(capacity)이 설계지진력보다 작은 것으로 평가되었으며, 급격한 능력저하로 인한 붕괴가 예상되므로, 이에 대한 적절한 내진성능향상 방안이 요구되었다.

Y방향으로의 성능점의 밑면 전단력은 기준에서 산정된 밑면전단력의 약 121% 수준으로 기존 구조물이 보유하고 있는 최대 능력이 설계지진력 보다 크며 연성능력도 확보되는 것으로 판단되어, X방향 횡력저항시스템과 달리 Y방향 횡력저항시스템은 내진 보강이 불필요 할 것으로 판단하였다.

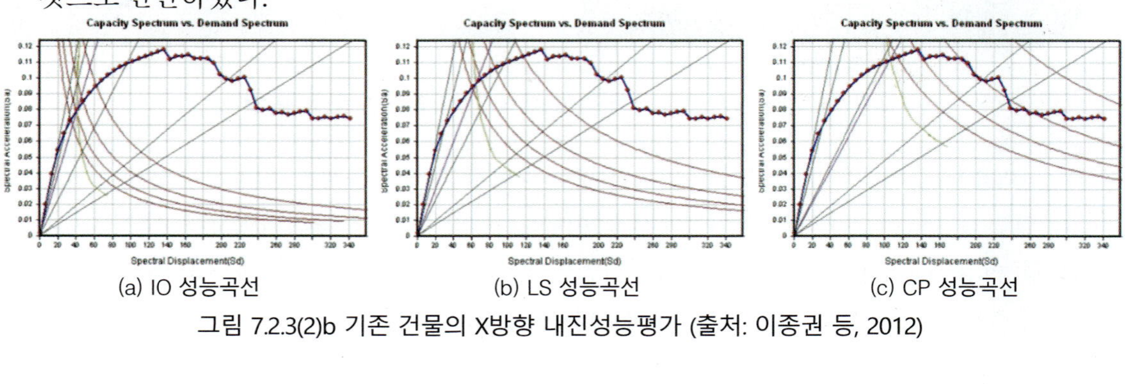

(a) IO 성능곡선 (b) LS 성능곡선 (c) CP 성능곡선

그림 7.2.3(2)b 기존 건물의 X방향 내진성능평가 (출처: 이종권 등, 2012)

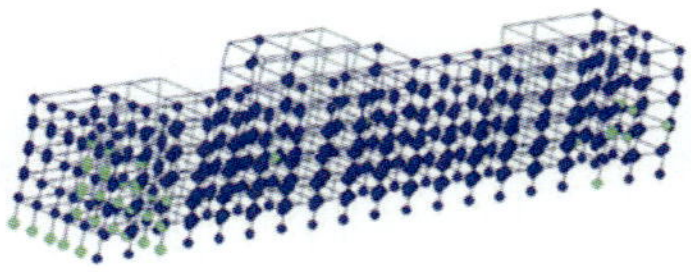

(a) D_{roof} = 100mm(0.5%)

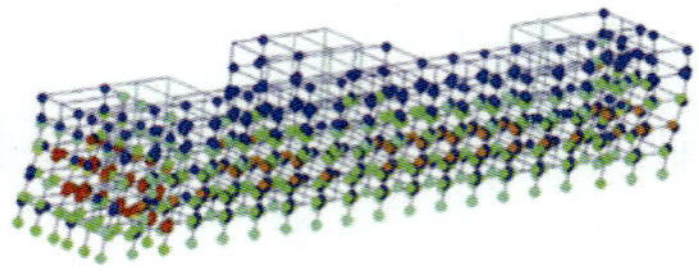

(b) D_{roof} = 300mm(1.5%)

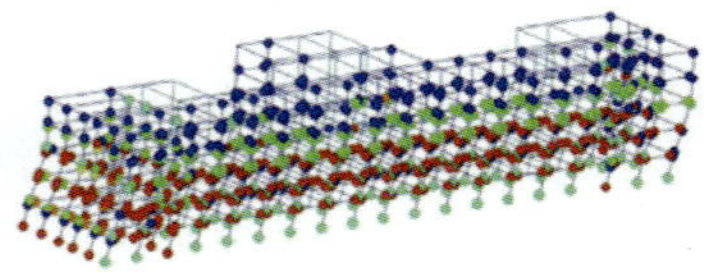

(c) D_{roof} = 300mm(2.5%)

그림 7.2.3(2)c 기존 건물의 X방향 소성힌지 발생 상황 (출처: 이종권 등, 2012)

3) 댐퍼를 사용한 내진성능향상

이 학교 건물의 경우, 강재 댐퍼에 토글(toggle)의 작동원리를 적용하여 변위증폭을 통해 댐퍼의 효율 극대화하였고, 시각적 효과 및 시야 확보에도 효과적으로 대응하였다.

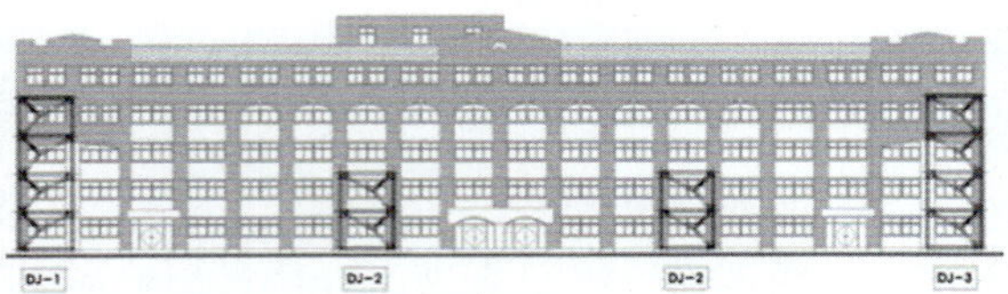

a)정면

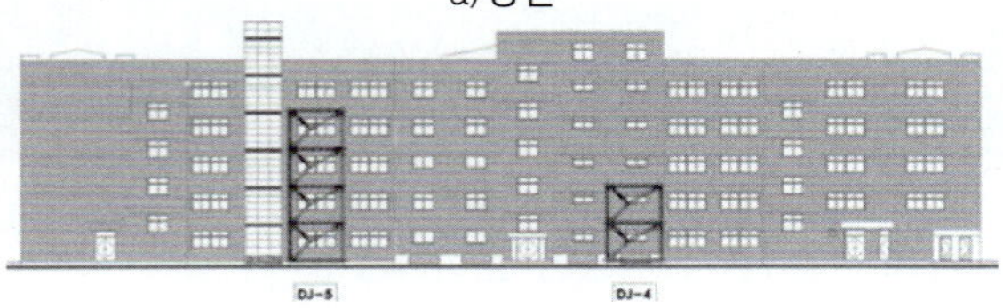

b) 배면

(a) 댐퍼 설치도

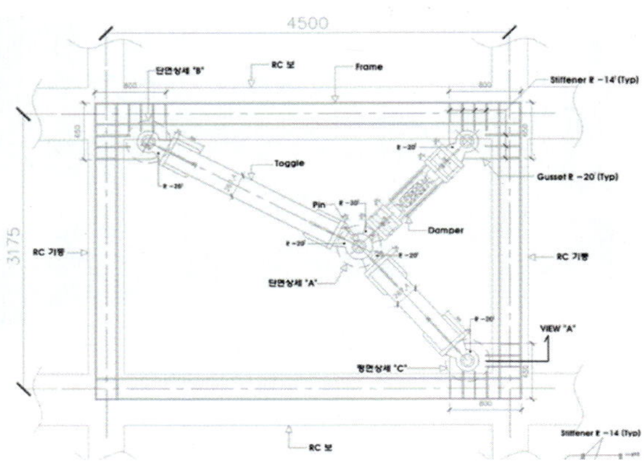

(b) 토글형 댐퍼 기본도

그림 7.2.3(2)d 토글형 댐퍼와 배치도 (출처: 이종권 등, 2012)

(a) 토글 4기형 댐퍼

(b) 토글형 댐퍼

그림 7.2.3(2)e 설치된 토글형 댐퍼 설치 전경 (출처: 이종권 등, 2012)

Pushover 해석을 수행하여 댐퍼를 사용한 X방향 횡력저항시스템의 성능점을 얻었다. 최대 밑면전단력이 기존 약 5,201kN에서 8,201kN으로 약 157%로 증대되어 건물이 가지는 보유수평능력(capacity)은 보강전보다 개선되었다. 이 값은 이 건물이 위치한 지역에 대하여 규준에서 정하고 있는 설계 지진력 7,046kN보다 큰 성능값이다.

건물이 가지는 변형능력, 즉 인성 능력이 향상되어 기존 건물에서 관찰되었던 급격한 능력 저하가 댐퍼 보강 후 상부층까지도 소성힌지가 골고루 분포되었다. 즉, 기존 건물에서는 저층 부분에서 발생한 소성힌지가 위층까지 전달되지 않았다. 그러나 기존건물에 제진장치를 보강함으로 인하여, 소성힌지가 건물 전체적으로 균등하게 발생하게 되어, 건물 전체 구조가 횡력에 대하여 저항하고 있음을 알 수 있다.

제진 장치의 추가로 건물의 유효주기가 감소하였다. 성능평가에서 계산된 유효 감쇠비에는 제진 장치의 에너지 소산 능력이 포함되지 않음을 고려할 때 유효 감쇠비의 감소는 기둥과 보의 소성 변형이 상당부분 줄어들었음을 의미한다. 제진 장치를 도입한 구조물의 X 방향 횡력 지지시스템의 힌지 발생과 진행 과정을 조사한 결과, 주요 횡력저항시스템인 기둥과 제진시스템 부분에서 힌지가 주로 발생하였다.

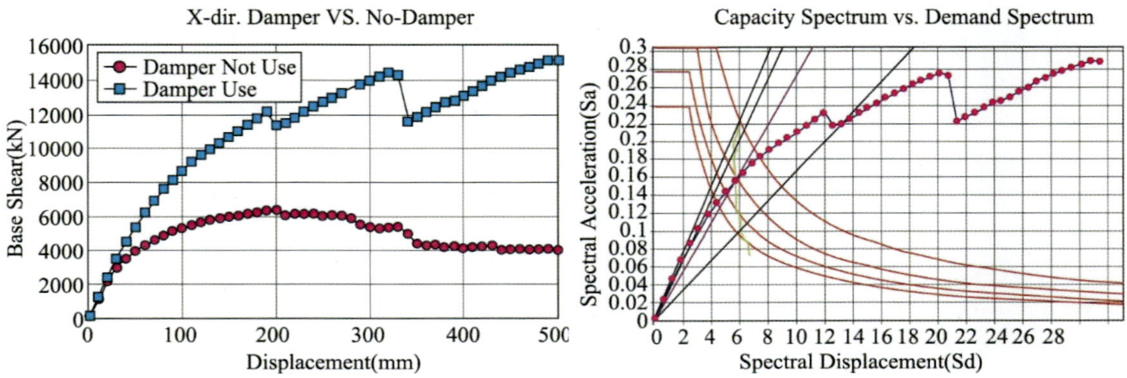

(a) 댐퍼 설치에 따른 성능곡선 변화　　(b) LS 성능곡선

그림 7.2.3(2)f 보강 건물의 X방향 내진성능평가 (출처: 이종권 등, 2012)

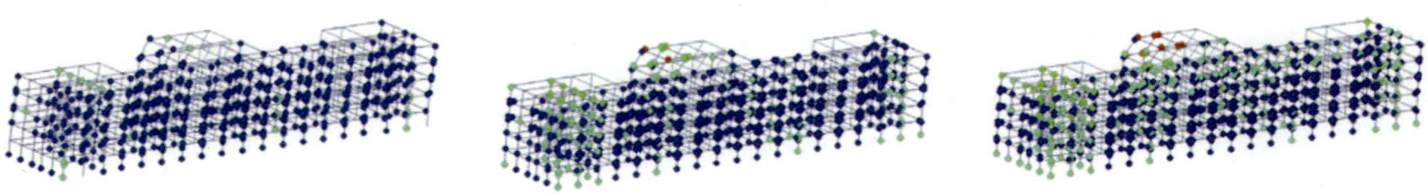

(a) D_{roof} = 100mm(0.5%)　　(b) D_{roof} = 300mm(1.5%)　　(c) D_{roof} = 300mm(2.5%)

그림 7.2.3(2)g 보강 건물의 X방향 소성힌지 발생 상황 (출처: 이종권 등, 2012)

제8장

[내진설계] 비구조요소와 건물외구조물

8.1 비구조요소

8.1.1 개요

(1) 정의

우리나라와 같은 중약진 지역에서는 지진으로 인한 보, 기둥, 벽체 등 구조시스템의 손상이 경미하더라도, 비구조요소의 손상은 건물 내·외부의 인명에 피해를 줄 수 있고, 지진발생 후 화재 등의 2차 효과를 일으킬 수 있다.

'비구조요소(nonstructural components)'의 기준 별 정의는 다음과 같다.

1) FEMA E-74
넓은 의미로 건축물을 구성하는 구조재 이외의 모든 요소를 비구조재로 정의

2) ASCE 7, KDS 41 17 00
좁은 의미로 구조물에 영구히 고정된 건축, 기계 및 전기 비구조요소와 그 지지부 및 연결부 (비구조요소의 중량이 구조물 중량의 25%이상인 경우, 건물외구조물로 구분함)

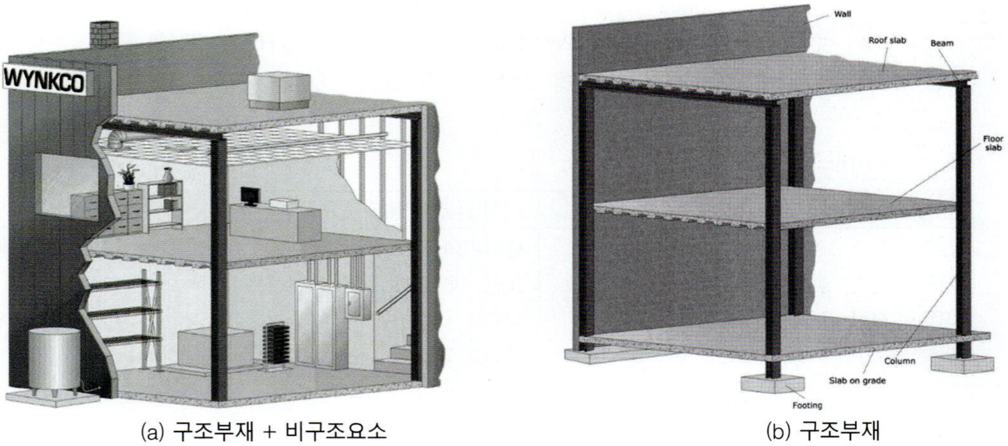

(a) 구조부재 + 비구조요소 (b) 구조부재

그림 8.1.1a 3차원 건축물(출처: FEMA, 2012)

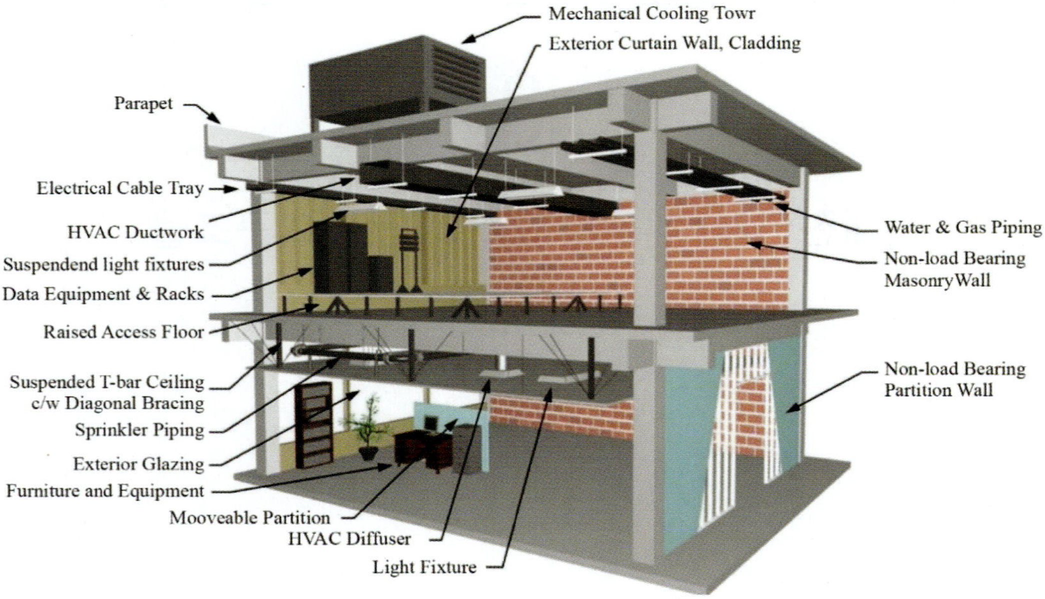

그림 8.1.1b 비구조요소(출처: CSA-S832)

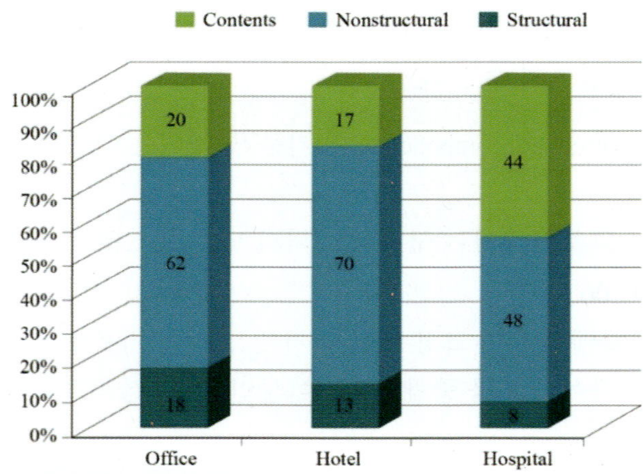

그림 8.1.1c 건물공사 비용 예(출처: Whittaker and Soong, 2003; FEMA, 2012)
(구조요소가 20%, 비구조요소를 포함한 그 외 요소가 80%를 차지)

표 8.1.1a 비구조요소의 분류

건축비구조요소	기계 및 전기 비구조요소
칸막이벽	승강기와 에스컬레이터
커튼월, 상점 앞면, 칸막이벽 유리	도관, 케이블 트레이 및 전선로
매달린 천장	덕트
이중바닥	파이프 및 배관 시스템
피난경로상의 계단 및 램프	보일러와 압력저장시설
외부 비구조벽체와 그 접합부	수도 및 가스
치장벽돌벽체와 그 접합부	컨베이어 시스템

표 8.1.1b 건물외구조물의 분류

건물과 유사한 건물외구조물	건물과 유사하지 않은 건물외구조물
파이프 선반 적재 선반 발전시설 탱크 및 저장용기 지지구조	흙막이 구조물 굴뚝 놀이시설 구조물 하수처리시설 조명탑 및 통신용 탑 육상 풍력발전기의 지지구조물 지표면에 지지되는 담장 또는 울타리

표 8.1.1c 비구조요소와 건물외구조물의 비교

구분	비구조요소 (nonstructural component)	건물외구조물 (nonbuilding structure)
기능 관점	주로 건물 내의 기능성, 안전성 및 심미성을 위한 것	고유한 기능의 서비스를 제공하고, 종종 자립하거나 다른 구조물을 지지함
설계 관점	정착, 가새 및 건물과의 상호작용에 중점	구조물의 안정성, 구조건전성, 지진력에 대한 동적 응답에 중점
규정	건물의 내부요소와 외부요소를 중심으로 건물기준에서 규정됨	고유한 기능과 환경을 다루는 특정 산업기준이 적용될 수도 있음

(2) 내진설계 변천

비구조요소에 관한 국내 내진설계의 변천은 다음과 같다.

1) KBC 2009 이후

비구조요소 내진설계 기준이 추가됨

건축구조기준(KBC), 국토해양부, 2009.

0306 지진하중
  0306.9 건축, 기계 및 전기 비구조요소
    0306.9.1 일반사항
    0306.9.2 건축 비구조요소
    0306.9.3 기계 및 전기 비구조요소

2) 경주지진(2016)과 포항지진(2017) 이후

KDS 41 17 00 : 2019에 비구조요소 내진설계 관련 기준이 보다 구체적으로 규정됨

KDS 41 17 00 : 2019 건축물 내진설계기준

18. 비구조요소
  18.1 일반사항
  18.2 설계지진력 및 변위
  18.3 건축비구조요소

18.4 기계 및 전기 비구조요소
18.5 비구조요소의 정착부

3) 2018년 이후

'건축물의 구조기준 등에 관한 규칙'에 '비구조요소'에 대한 내진설계 규정이 추가됨

건축물의 구조기준 등에 관한 규칙(약칭: 건축물구조기준규칙), 국토교통부령 [LINK]

제1장 총칙
제1조(목적) 이 규칙은 「건축법」 제48조, 제48조의2, 제48조의3 및 같은 법 시행령 제32조에 따라 건축물의 구조내력(構造耐力)의 기준 및 구조계산의 방법과 그에 사용되는 하중(荷重) 등 구조안전에 관하여 필요한 사항을 규정함을 목적으로 한다.
제2조(정의) 이 규칙에서 사용하는 용어의 정의는 다음과 같다.
1. "구조부재(構造部材)"란 건축물의 기초・벽・기둥・바닥판・지붕틀・토대(土臺)・사재(斜材: 가새・버팀대・귀잡이 그 밖에 이와 유사한 것을 말한다)・가로재(보・도리 그 밖에 이와 유사한 것을 말한다) 등으로 건축물에 작용하는 제9조에 따른 설계하중에 대하여 그 건축물을 안전하게 지지하는 기능을 가지는 건축물의 구조내력상 주요한 부분을 말한다.
2. "부재력(部材力)"이란 하중 및 외력에 의하여 구조부재에 생기는 축방향력(軸方向力)・휨모멘트・전단력(剪斷力)・비틀림 등을 말한다.
3.
4. "구조내력"이란 구조부재 및 이와 접하는 부분 등이 견딜 수 있는 부재력을 말한다.
5. "벽"이라 함은 두께에 직각으로 측정한 수평치수가 그 두께의 3배를 넘는 수직부재를 말한다.
6. "기둥"이라 함은 높이가 최소단면치수의 3배 혹은 그 이상이고 주로 축방향의 압축하중을 지지하는 데에 쓰이는 부재를 말한다.
7. "비구조요소"란 다음 각 목의 것으로서 국토교통부장관이 정하여 고시하는 것을 말한다.
가. 건축비구조요소: 구조내력을 부담하지 아니하는 건축물의 구성요소로서 배기구, 부착물 및 비구조벽체 등의 부재
나. 기계・전기비구조요소: 건축물에 설치하는 기계 및 전기 시스템과 이를 지지하는 부착물 및 장비
8. ... 12.
13. "구조계획서"란 건축물의 사용목적과 하중조건 및 지반특성 등을 고려하여 구조부재의 재료와 형상, 개략적인 크기 등을 결정하고, 구조적으로 안전한 공간을 만드는 구조설계 초기과정의 도서를 말한다.
14. "구조설계도"란 구조설계의 최종결과물로서 구조부재의 구성, 형상, 접합상세 등을 표현하는 도면을 말한다.
15. "구조설계도서"란 구조계획서, 구조설계도, 구조계산서, 구조분야의 공사시방서를 말한다.

(3) 지진 피해의 원인

1) 관성력

바닥 위에 놓인 장치나 가구 등은 미끄러짐 또는 전도모멘트에 의해 붕괴된다. 이러한 피해를 막기 위해서는 슬래브나 옥상 위에 설치되는 비구조재를 구조재에 적절한 방법으로 정착(anchoring)하여야 한다.

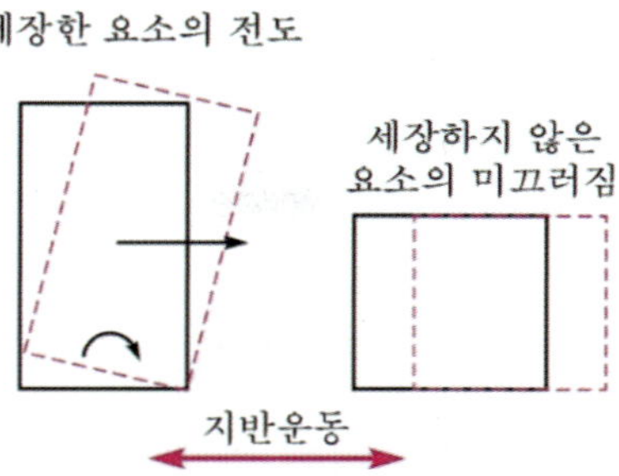

그림 8.1.1d 관성력에 의해 비구조요소의 미끄러짐 또는 전도

2) 건축물 변형

건축물 외벽이나 내벽 등은 구조물에 변형이 발생하면 동일한 변형이 비구조재에 발생한다. 이때 충분히 변형을 흡수하지 못하면 비구조재는탈락이나 붕괴가 발생한다. 외벽의 커튼월이나 석재 등이 탈락하여 보행자 등의 인명피해의 원인이 되기도 한다.

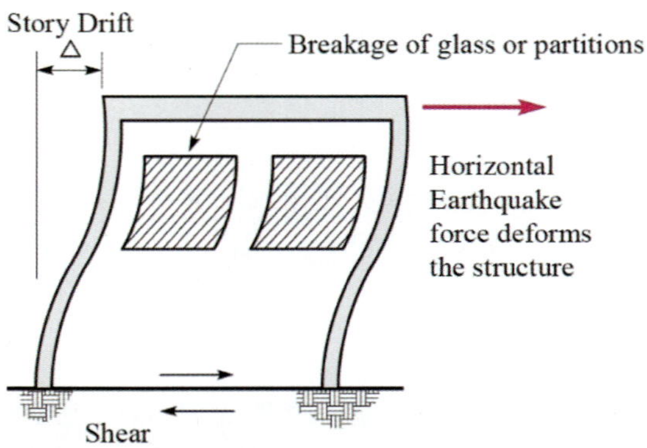

그림 8.1.1e 건축물 변형에 의한 비구조요소의 피해(출처: FEMA, 2012)

그림 8.1.1f 노토반도 지진(M_w 7.5, 2024) 시 건축물 변형에 의한 비구조요소(치장벽의 탈락)의 피해
(출처: AAR Japan, https://aarjapan.gr.jp/en/blog/405/; Photo taken in Nanao City, Ishikawa Prefecture on 3rd January 2024)

3) 구조물 분리

구조재의 접합부 등이 갈라지면 이 부분을 지나가는 설비배관 등은 피해가 발생한다. 특히 가스배관 등에서 손상이 발생하면 화재 등으로 이어질 수 있다.

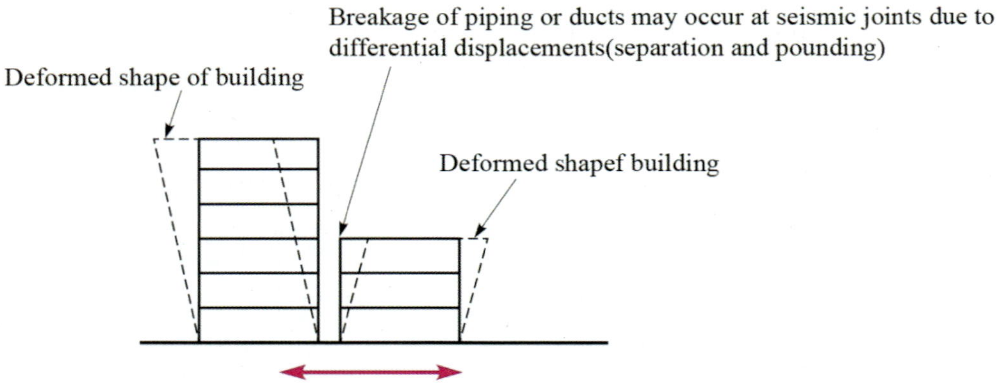

그림 8.1.1g 구조재의 분리와 충돌로 인한 비구조요소의 피해(출처: FEMA, 2012)

4) 비구조요소 상호작용

천장에 매달린 구조나 바닥판 위에 놓여진 비구조재의 변형이 크게 예상되는 경우 상호작용에 의한 피해가 발생할 수 있다. 선반의 연속 붕괴, 비내력 벽체의 전도에 의한 천장 붕괴 등이 이에 해당된다.

그림 8.1.1h 비구조요소 상호작용에 의한 피해(출처: Dhakal, 2010 and McGuigan)

8.1.2 관련 내진 규정

[KDS 41] 1.2 용어의 정의

1. 일반사항

1.2 용어의 정의

- 건축비구조요소 : "표 18.3-1 건축비구조요소의 설계계수" 참조

  건축구조물을 구성하는 부재 중에서 구조내력을 부담하지 않는 구성요소. 배기구, 부가물·장식물, 부착물, 비구조벽체, 엑세스플로어(이중바닥), 유리·외주벽, 천장, 칸막이, 캐비닛, 파라펫, 표면마감재, 표지판·광고판 등을 포함한다.
- 기계 및 전기 비구조요소: 표 18.4-1 기계 및 전기비구조요소의 설계계수" 참조

  건축구조물에 부착된 기계 및 전기 시스템 비구조요소와 이를 지지하는 부착물 및 장비."
- 책임구조기술자

  건축구조 분야에 대한 전문적인 지식, 풍부한 경험과 식견을 가진 전문가로서 이 기준에 따라 건축구조물의 구조에 대한 구조설계 및 구조검토, 구조검사 및 실험, 시공, 구조감리, 안전진단 등 관련 업무를 책임지고 수행하는 기술자
- 내진설계책임구조기술자

  책임구조기술자의 자격을 갖춘 자로서 내진설계에 관련된 설계경험과 공학적 지식이 있는 자로 한정한다. 건축법시행령 제91조익 3에 의하여 건축구조기술사의 협력을 받아야 하는 대상은

  1) 6층 이상인 건축물, 2) 특수구조 건축물, 3) 다중이용 건축물,

  4) 준다중이용 건축물, 5) 3층 이상의 필로티형식 건축물,

  6) 지진구역I의 지역에 건축하는 건축물로서 중요도가 '특'에 해당하는 건축물이다.
- 비구조부재

  차양·장식탑·비내력벽, 기타 이와 유사한 것으로서 구조해석에서 제외되는 건축물의 구성부재
- 비구조요소(designated nonstructural components)

  건축비구조요소와 기계·전기비구조요소를 총칭
- 부착물(attachments)

  구성요소나 그 지지물을 구조물의 내진시스템에 연결하거나 견고하게 하는 장치(앵커볼트나 용접연결부, 기계적 고정장치를 포함)
- HVACR

  heating(난방), ventilation(환기), air conditioning(공기조화) and refrigeration(냉장) 기기
- 내진슬릿

  내진설계상 조적조 혹은 비구조 콘크리트벽이 기둥과 접한 부분에 부재의 취성파괴를 방

지하기 위해 설치하는 줄눈

[KDS 41] 2.4 성능목표

2. 내진등급 및 성능목표

2.4 성능목표

(1) 건축물의 성능수준은 기능수행, 즉시복구, 인명보호, 붕괴방지 수준으로 구분할 수 있으며, 이를 만족하기 위하여 건축물을 구성하는 구조요소와 비구조요소가 각각 갖추어야할 성능수준은 표 2.4-1과 같다.

표 2.4-1 건축물의 성능수준과 구조요소 및 비구조요소의 성능수준 사이의 관계

건축물의 성능수준	구조요소의 성능수준	비구조요소의 성능수준
기능수행	거주가능	기능수행
즉시복구	거주가능	위치유지
인명보호	인명안전	인명안전
붕괴방지	붕괴방지	–

[해설]

(1) 내진설계기준 공통적용사항(행정안전부, 2017)에서는 모든 종류의 시설물에 대하여 기본적으로 두 가지 이상의 성능수준을 적용하여 설계하도록 요구하고 있다. 따라서 건축물에 대해서도 다단계의 성능옥표를 제시하였다. 특히 특등급의 경우에는 상당한 수준의 지진발생 시에도 건축물의 용도에 따라 기능수행 또는 즉시거주 성능이 필요하므로 이를 성능목표에 포함하였다.

구조요소 및 비구조요소의 성능수준 정의는 각각 해표 2.4-1 및 해표 2.4-2와 같다.

해표 2.4-1 구조요소의 성능수준별 손상 정도

성능수준	손상정도
거주가능	구조물의 피해는 경미하며 수직하중저항시스템과 지진력저항시스템은 대체로 지진전의 강성과 강도를 보유하고 있다. 구조부재의 손상으로 인명에 피해를 입을 가능성은 매우 낮으며 손상부재에 대한 보수가 필요하지만 시급하지는 않다.
인명안전	구조부재에 상당한 손상이 발생하여 횡강성과 강도의 손실이 있으나 붕괴에 대해서는 여전히 여력을 보유하고 있다. 구조부재에 영구변형이 있으며 지진력저항시스템의 일부 요소에서 균열, 파단, 항복 혹은 좌굴이 발생할 수 있으나 구조부재 손상으로 인한 인명손실의 위험은 낮다. 구조부재의 보수는 가능하지만 경제적이지 않을 수도 있다. 당장 무너지지는 않으나 거주를 위해서는 보수와 보강이 요구된다.
붕괴방지	구조물이 심각한 피해를 입은 싱태로 국부적 혹은 전체적인 붕괴가 임박한 상태이다. 지진력저항시스템에 상당한 강도 및 강성의 저하가 있으며 횡방향 영구변형이 있다. 그러나 중력하중저항시스템은 여전히 하중을 지지할 수 있다. 구조부재의 박락 등으로 인명피해가 생길 수 있으며 일반적인 보수보강 후에도 거주에 안전하지 않을 수 있다. 여진으로 인해 붕괴가 발생할 수 있다.

해표 2.4-2 비구조요소 성능수준의 정의 및 일반적 피해수준

성능수준	정의 및 일반적 피해 수준
기능수행	지진 이후에도 정상적으로 기능을 수행할 수 있다.
위치유지	지진 이후 정상적인 기능을 수행하지 못하나 위치가 고정되어 있어 탈락과 전복 등의 위험은 피할 수 있다.
인명안전	지진 이후 심각한 피해가 발생할 수 있지만, 인명피해를 유발하지 않는다.
미고려	지진에 대한 비구조요소의 성능을 고려하지 않는다.

(4) 비구조요소는 18장에 따라 설계한 경우 성능목표를 만족하는 것으로 간주한다. 기계/전기 비구조요소의 경우 20장에 따라 장치의 작동여부를 추가로 검토하여야 한다.

표 2.4-2 건축물의 내진등급별 최소성능목표

내진등급	성능목표		설계지진
	재현주기	성능수준	
특	2400년	인명보호	기본설계지진 × 중요도계수(I_E)
	1000년	기능수행	–
I	2400년	붕괴방지	–
	1400년	인명보호	기본설계지진 × 중요도계수(I_E)
II	2400년	붕괴방지	–
	1000년	인명보호	기본설계지진 × 중요도계수(I_E)

[해설]

(3), (4) 표 2.4-2의 설계지진은 구조요소의 설계지진이며, 비구조요소는 18장에서 요구되는 별도의 중요도계수 I_p를 적용한 지진력에 대하여 설계한다.

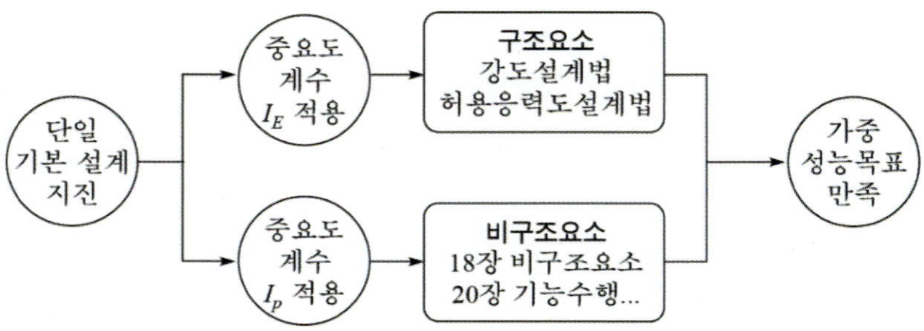

해그림 2.4-2 단일 기본설계지진과 중요도계수를 이용한 구조 및 비구조요소 설계

[KDS 41] 9.8.3 조적채움벽과 허리벽의 고려사항

9. 콘크리트구조의 고려사항

9.8 기타요구사항

9.8.3 조적채움벽과 허리벽의 고려사항

(1) 조적채움벽이 모멘트골조로부터 이격되지 않아서 구조요소로 역할을 할 경우에는 채움

벽의 영향을 구조해석에서 고려하여야 한다. 조적채움벽은 조적구조기준에 따라서 설계하여야 하며, 콘크리트 기둥과 보에는 조적채움벽으로부터 전달되는 추가하중에 대하여 설계하여야 한다.

(2) 조적허리벽 또는 콘크리트허리벽이 모멘트골조로부터 이격되지 않은 경우에는 허리벽에 의한 기둥길이의 감소효과를 구조해석과 설계에 반영해야 한다.

[KDS 41] 18.1 일반

18. 비구조요소

18.1 일반

(1) 건축구조물에 영구히 설치되는 건축, 기계 및 전기설비 등의 비구조요소와 그 지지부 및 연결부는 이 절의 규정에 따라 설계되어야 한다. 단, 구조물 유효중량의 25%를 초과하는 비구조요소는 건물외구조로 분류하여 19장의 규정을 따른다.

(2) 또한 기계 혹은 전기 비구조요소를 내장하고 있는 높이 1.8m 이상의 모듈형 공장제작품으로서 18장에 해당 설계규정이 없는 경우 19장의 건물과 유사한 건물외구조물의 규정에 따른다. 하지만 모듈형 시스템에 내장되거나 모듈형 시스템에 의해 지지되는 비구조요소는 18장의 규정에 따라 설계되어야 한다.

(3) 창고용 선반과 탱크, 소화수조는 19장의 규정에 따라 설계한다.

[해설]

지진발생 시 전도 및 탈락, 추락으로 인하여 건물 내·외부의 인명에 피해를 줄 수 있는 비구조요소는 반드시 내진설계에 의하여 안전성을 보장하여야 한다. 뿐만 아니라 지진발생 후 화재 등의 2차 효과를 일으킬 수 있는 설비 등의 비구조요소도 내진설계를 수행하여야 한다. 또한 비구조요소의 손상으로 인한 재산상의 피해를 방지하기 위한 조치로서 이 조항을 사용할 수 있다.

기능수행 또는 즉시거주가 요구되는 내진특등급 구조물에 대해서는 더욱 엄격한 조항을 적용한다.

18.1.1 적용범위

(1) 다음의 비구조요소는 18장의 규정에 따라 내진설계가 수행되어야 한다.

① 중요도계수 I_p가 1.5인 비구조요소

② 파라펫, 건물외부의 치장 벽돌 및 외부치장마감석재

(2) 상기 (1)에 속하지 않으면서, 다음에 해당하는 전기 및 기계비구조요소는 18장의 규정에 따른 설계가 요구되지 않는다.

① 중요도계수 I_p가 1.0이면서 바닥으로부터 설치높이 1.2m 이하, 중량 1,800N 이하이고 덕트나 파이프와의 연결부가 유연한 재료로 구성되어 있는 경우

② 중량 100N 이하, 단위길이당 중량이 70 N/m 이하인 경우

(3) 상기 (1)과 (2)에 속하지 않는 비구조요소의 내진설계 여부는 건축주와의 협의에 따른다.

[해설] 18.1.1 적용범위

KBC 2016에서는 내진설계대상이 되는 비구조요소가 구조물의 내진설계범주에 따라 규정되어 있었으나 이 기준에서는 내진설계 범주와 상관없이 필수설계 대상을 규정하였다. 필수 설계대상이 되는 비구조요소는 지진 이후에도 기능수행이 요구되는 비구조요소(위험률과 관련된 비구조요소 및 내진특등급 건물내의 비구조요소)와 지진시 인명안전에 관련된 비구조요소(낙하시 인명피해가 우려되는 중량물)로 한정하였으며 나머지 일반 비구조요소는 건축주와의 협의에 따르도록 하였다.

18.1.2 중요도계수

(1) 비구조요소의 중요도계수 I_p는 1.0으로 한다. 단, 다음에 해당할 경우 I_p를 1.5로 한다.

① 소화배관과 스프링클러 시스템, 소화수조 등 인명안전을 위해 지진 후에도 반드시 기능하여야 하는 비구조요소. 또한 피난경로상의 계단, 캐노피, 비상유도등, 칸막이벽 등 손상시 피난경로확보에 지장을 주는 비구조요소와 대형 창고형 매장 등에 설치되어 일반대중에게 개방된 적재장치

② 규정된 저장용량 이상의 독성, 맹독성, 폭발위험 물질을 저장하거나 지지하는 비구조요소

③ 표 2.2-1의 내진특등급에 해당하는 구조물에서 시설물의 지속적인 기능수행을 위해 필요하거나 손상시 시설물의 지속적인 가동에 지장을 줄 수 있는 비구조요소

[해설] 18.1.2 중요도계수

중요도계수가 1.5인 비구조요소는 화재 혹은 위험물질의 노출 방지, 내진특등급 건물 내의 비구조요소 등 지진 후 기능유지가 요구되는 것들이다.

②에서 독성, 맹독성, 폭발위험물질은 소방법, 유해화학물질관리법, 산업안전보건법, 위험물안전관리법 등에 의해 건강장해물질, 환경유해성 물질 또는 물리적 위험물로 분류되는 물질을 의미한다.

③ 내진특등급의 구조물은 설계지진 후에도 기능을 유지할 수 있어야 한다. 따라서 내진특등급 구조물 내 대부분의 비구조요소는 중요도계수 I_p를 1.5로 하여 설계되어야 한다. 기능유지와 상관없는 비구조요소의 경우 비구조요소 자체가 정상작동하지 않더라도 위치유지(탈락방지)를 위해 정착부는 중요도계수 I_p를 1.5로 하여 설계되어야 한다.

비구조요소에 요구되는 성능은 표 2.4-1과 표 2.4-2에 따라 설정되었다. 즉 중요도계수가 1.5인 비구조요소는 재현주기 2400년 지진에 대해 인명안전, 재현주기 1000년 지진에 대해 기능수행을 모두 만족시켜야 하는 반면에, 중요도계수가 1.0인 비구조요소는 재현주기 1000년 지진에 대해 인명안전을 만족하여야 하나 기능수행에 대한 요구조건은 설정되어 있지 않다.

비구조요소의 내진설계도 구조부재의 내진설계와 같이 지진에 의한 요구량(하중과 상대변위)과 비구조요소와 정착부가 가진 능력(capacity)의 비교를 통해 수행된다. 인명안전의 성능수준은 지진 이후 심각한 피해가 발생하여 정상적인 기능수행을 하지 못할 수 있지만, 탈락과 전복에 의해 인명피해를 유발하지 않음을 의미한다. 따라서 비구조요소에 작용하는 관성력에 의한 지진하중과 구조체의 변형에 의한 상대변위에 견디도록 설계되어야 하며 인명안전에 대한 설계는 주로 정착부가 대상이 된다. 기능수행의 경우 지진 이후에도 정상적으로 작동되거나 내용물의 유출이 없음을 의미하므로 정착부뿐만 아니라 비구조요소 자체의 기능유지도 설계 대상이 된다.

18.1.3 설계 고려사항

18.1.3.1 설계절차

(1) 비구조요소의 설계는 다음 중 하나의 절차에 의해 수행될 수 있다.

① 내진설계책임구조기술자가 18장의 규정에 따라 해당건물내 비구조요소의 내진설계를 수행하는 경우

② 해당 비구조요소의 제조자가 정밀해석 혹은 18.1.3.2의 규정에 의한 실험을 통해 내진성능을 보유하고 있음을 입증하는 문서를 제출하는 경우

③ 18.1.3.3의 절차에 따라 검토되고 승인된 경우

[해설] 18.1.3.1 설계절차

FEMA E-74에서는 비구조요소의 내진설계 혹은 내진보장 방법으로 비구조요소의 유형에 따라 ER, PR, NE의 3종류의 절차를 제시하고 있다

(1) ER(Engineering Required, 내진설계기준 적용)

비구소요소별로 내진설계기준에 의한 내진설계가 수행되는 경우

(2) PR(Prescriptive, 표준내진상세 적용)

미리 표준 등에 의해 결정된 규정을 적용하는 방법

(3) NE(Non-Engineered)

일반적인 시공자나 건축주가 별도의 구조엔지니어링 없이 적용할 수 있는 방법

설계절차에서 ①항은 ER에 따른 절차, ②항은 주로 PR에 의한 내진설계절차를 의미한다.
비구조요소의 내진설계는 구조체의 내진설계와 동시에 진행이 불가능한 경우가 있으므로 각 비구조요소의 특성에 맞는 설계절차가 규정될 필요가 있다.

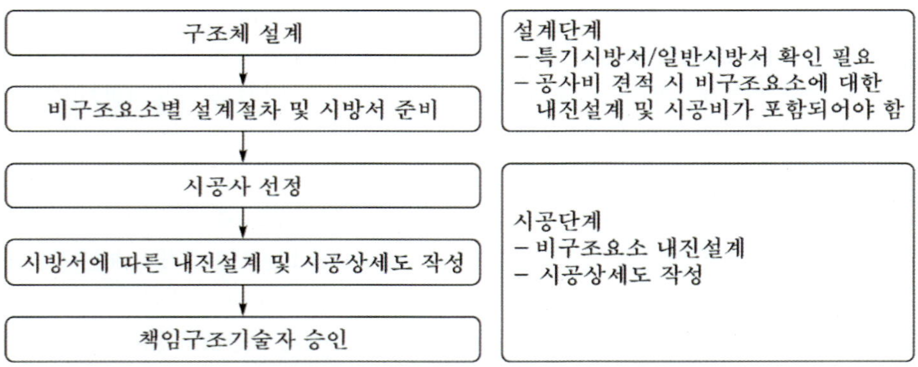

해그림 18.1-1 비구조요소 설계절차 제안

①항의 규정은 이러한 설계가 비구조요소 개별적으로 이루어지는 경우이며, 주로 구조가 단순하고 관련 설계기준이 있는 비구조재에 적합한 방법이다.

②항의 규정은 비구조요소 제품별로 검증된 표준상세를 적용하는 경우이다. 주로 구조가 복잡하거나 전기계통 등과 관련하여 계산을 통해 성능의 검증이 어려운 비구조재에 적용한다. 특정 비구조요소의 경우 두 절차가 혼용되어 시용될 수도 있다. 표준상세를 적용하기 위해서는

책임구조기술자가 공인시험기관에서 (2)의 절차에 따라 실험을 수행하고 작성한 시험성적서 혹은 관계전문기술자가 작성한 표준설계계산서 상의 허용치(허용기속도 혹은 허용변위)가 해당 건물의 설치 장소에 발생하는 값을 만족 시킴을 확인한다.

③의 규정은 관련 전문기준이 있는 경우에 적용한다. 소방시설 및 가스시설의 경우 내진설계기준(소방시설의 내진설계기준(소방청), 가스시설 및 지상가스배관 내진설계기준(산업통상자원부))이 규정되어 있다. 이들 설비는 해당 내진설계기준에 따라 설계될 수 있으나 그 설계결과물의 허용가속도 혹은 허용변위가 해당 건물의 설치 장소에 발생하는 값을 만족시킴을 확인한다. 이러한 비구조요소의 내진설계는 해당 기술사에 의해 수행되는 경우가 있으므로 관련 기술사와의 협력이 요구된다. 이때 비구조요소와 구조체 사이의 연결부, 즉 정착부는 건축물 구조기준에 요구하는 하중을 지지할 수 있도록 설계되었는지 내진설계책임구조기술자가 반드시 확인한다.

18.1.3.2 실험적 절차

(1) 18장에 규정된 해석적인 설계절차를 대신하여 실험을 통해 비구조요소 및 그 지지부의 내진성능을 확인할 수 있다. 실험적 절차에는 내진설계책임구조기술자가 인정한 공인된 실험규약이 사용되어야 하며 실험을 통해 이 기준이 요구하고 있는 내진요구사항과 동등하거나 이를 초과하는 내진성능을 보유하고 있음이 증명되어야 한다. 실험적 절차를 적용할 경우 식 (18.2-1)에 의해 산정되는 최대지진력은 $3.2I_pW_p$를 초과할 필요는 없다.

[해설] 18.1.3.2 실험적 절차

실험적 검중에 사용되는 시험방법은 다음을 참고할 수 있다.

(가) 전기통신설비의 내진시험방법, 전파연구소 공고 2009-3호

(나) ACl56, Acceptance Criteria for Seismic Certification by Shake-Table Testing of Non structural Components, 2010

(다) FEMA 461. Interim Protocols for Detemining Seismic Performance Characteristics of Structural and Nonstructural Components Through Laboratory Testing, 2007.

18.1.3.3 설계의 검토와 승인

(1) 개별 비구조요소의 공인된 설계기준에 따라 내진설계를 수행하고 내진설계책임구조기술자가 이를 승인하는 경우 비구조요소의 내진설계는 구조체의 내진설계와 분리하여 수행될 수 있다. 이때 설계계산서 혹은 시험성적서를 근거로 시공상세도가 작성되어야 하며 내진설계책임구조기술자에 의해 검토 및 승인되어야 한다.

18.1.3.4 내진성능의 증명이 요구되는 비구조요소

(1) 지진 이후에도 반드시 기능이 유지되어야 하는 비구조요소의 경우 다음의 규정을 통해 내진성능을 증명하여야 한다. 기능수행 목표의 설계지진은 2장 및 15장을 따른다.

① 기능유지가 요구되는 기계 및 전기 비구조요소의 구동부분 혹은 동력부 부분은 18.1.3.2의 규정에 의한 진동대 실험을 통해 해당 설계지진 후에도 정상작동함을 증명하여야 한다.

② 중요도계수가 1.5인 위험물질과 관련된 비구조요소의 경우 제조자는 정밀해석과 진동대 실험 등을 통해 해당 설계지진 시에도 위험물질이 유출되지 않음을 증명하여야 한다.
③ 해석을 통한 증명은 움직이지 않는 비구조요소에만 허용하고 $R_p/I_p = 1.0$을 적용한 지진력에 대하여 수행한다.

[해설] 18.1.3.4 내진성능의 증명이 요구되는 비구조요소

내진특등급 건축물의 경우 기능유지 목표의 설계지진은 표 2.4-2 및 표 15.3-1에서 나타난 바와 같이 기본설계지진과 동등한 수준이다.

지진 후 기능 손실이 심각한 영향을 초래하는 비구조요소(예를 들어 소방펌프 장비 및 병원용 비상전원, 무정전 전원공급 장치 등)는 설계지진 후에도 반드시 기능을 유지할 것이 요구된다.

하지만 해당 비구조요소가 너무 클 경우 요소 전체의 진동대 실험을 통해 내진성능을 입증하기 불가능한 경우가 있다. 이 경우 구동 부분 혹은 동력부는 반드시 진동대 실험을 통해 개별적으로 인증하고 비구조요소 전체의 내진성능은 구조해석을 통해 평가할 수 있다.

18.1.3.5 타 비구조요소에 대한 영향

(1) 특정 비구조요소의 파괴가 다른 비구조요소의 손상을 유발하지 않도록 비구조요소들 간의 기능과 물리적인 간섭을 확인하여야 한다. 해석이나 실험을 통해 증명되지 않는 한 스프링클러 헤드 및 헤드연결관은 다음 항목으로부터 최소한 75mm의 유격을 확보하여야 한다.
① 영구히 설치되는 설비 및 그 지지부와 가새
② 다른 배관시스템 및 그 지지부와 가새
(2) 단, 유연한 배관을 가진 스프링클러는 이 규정에서 제외된다.

[해설] 18.1.3.5 타 비구조요소의 영향

비구조요소 상호 간의 영향을 고려하여 일부 비구조요소의 손상이 다른 필수적인 건축, 기계 및 전기 비구조요소의 손상으로 이어지지 않도록 설계한다.

18.1.3.6 유연성

(1) 비구조요소와 그 지지부 혹은 연결부는 유연성과 강도를 고려하여 설계되고 평가되어야 한다.

[해설] 18.1.3.6 유연성

파이프와 덕트의 경우 강도보다는 유연성 확보가 더 효과적이다. 외장재의 경우 면내강성이 크므로 층간변위를 흡수할 수 있는 정착부가 효과적이다. 비구조요소 검토시 지지점을 고정단으로 가정할 경우 변위에 의해 유발되는 하중은 비현실적으로 커질 수 있다. 이 경우 지지점의 강성을 고려할 필요가 있다.

[KDS 41] 18.2 설계지진력 및 변위

18.2 설계지진력 및 변위

18.2.1 등가정적하중

18.2.1.1 수평설계지진력

(1) 지진에 의한 수평방향 등가정적하중 F_p는 식 (18.2-1)에 의하여 산정한다. 지진하중이 아닌 다른 하중이 F_p를 초과하여 그에 따라 설계될 경우에도 이 절의 상세나 제한규정은 적용되어야 한다.

$$F_p = \frac{0.4a_p S_{DS} W_p}{R_p/I_p}\left(1 + 2\frac{z}{h}\right) \qquad (18.2\text{-}1)$$

F_p는 다음의 값을 초과할 필요는 없다.

$$F_p = 1.6S_{DS}I_pW_p \qquad (18.2\text{-}2)$$

그러나 F_p는 다음의 값 이상이 되어야 한다.

$$F_p = 0.3S_{DS}I_pW_p \qquad (18.2\text{-}3)$$

여기서,

F_p : 비구조요소 질량 중심에 작용하는 설계지진력

a_p : 비구조요소의 증폭계수(표 18.3-1 또는 표 18.4-1)

I_p : 비구조요소의 중요도계수

h : 구조물의 밑면으로부터 지붕층의 평균높이

R_p : 표 18.3-1 또는 표 18.4-1에 규정된 비구조요소의 반응수정계수

S_{DS} : 4.2에 따라 결정한 단주기에서의 설계스펙트럼가속도

W_p : 비구조요소의 작동상태를 고려한 중량

z : 구조물의 밑면으로부터 비구조요소가 부착된 높이

$z = 0$: 구조물의 밑면 이하에 비구조요소가 부착된 경우

$z = h$: 구조물의 지붕층 이상에 비구조요소가 부착된 경우

표 18.3-1과 표 18.4-1의 초과강도계수는 콘크리트나 조적조에 정착되는 앵커 설계 시 18.5에서 요구하는 경우에만 적용한다.

F_p는 최소한 두 직교축에 대해 독립적으로 산정되어야 하며 필요할 경우 그 요소의 사용하중 혹은 작동시 하중과 적절히 조합되어야 한다. 하지만 수직방향으로 캔틸레버 형식인 비구조요소의 경우 모든 수평방향으로 F_p가 작용하는 것으로 고려되어야 한다.

18.2.1.2 수직설계지진력

(1) 수직방향 설계지진력은 $\pm 0.2S_{DS}W_p$으로 산정하며 작용하는 수직하중과 동시에 고려한다. 다만, 비부착식 바닥패널이나 비부착식 천장패널에는 적용하지 않는다.

[해설] 18.2.1 등가정적하중

비구조요소의 설계지진력은 식 (18.2-1)에 나타난 바와 같이 비구조요소의 무게, 중요도, 반응수정계수, 증폭계수 및 구조물과의 연결지점에서 발생하는 가속도에 따라 달라진다.

식 (18.2-1)에서 $(1+2z/h)$는 지면에서부터 지붕까지 선형적으로 변화하는 층가속도의 분포를 나타낸다. $0.4S_{DS}$는 지반조건을 고려한 유효지반가속도의 크기와 동일하다. 지붕층 가속도($z=h$)는 유효지반가속도의 3배로 설정되었는데, 이는 캘리포니아의 사례에서 볼 때 지진 시 주기가 짧거나 중간 정도인 건물에서 계측된 지붕층 가속도가 지반가속도의 3배 정도였음을 근거로 한 것이다.

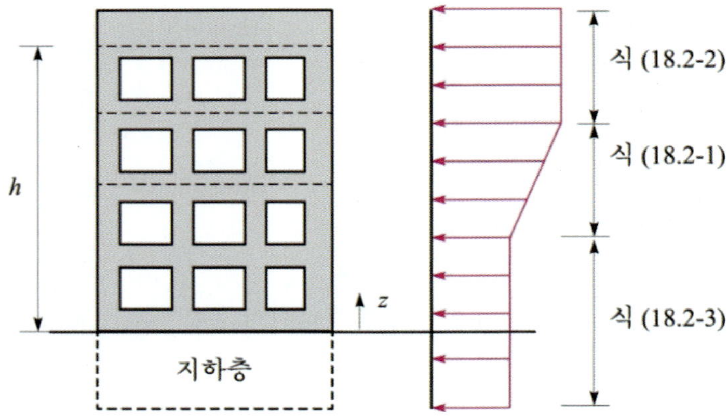

해그림 18.2-1 구조물의 수평설계지진력

식 (18.2-1)에 의한 설계지진력은 비구조요소가 설치된 구조물의 동적특성과 상관없이 결정되는 단점이 있다. 즉, 비구조요소에 작용하는 지진하중은 건물의 지반에 작용하는 지진진동이 아닌 설치층의 응답가속도에 영향을 받는다. 고층구조물의 경우 고차모드의 영향으로 증폭효과는 높이에 따라 크게 달라질 수 있다. 18.2.2의 동적해석법과 식 (18.2-4)는 구조물의 동적 특성을 고려하여 비구조요소의 설계지진력을 결정할 수 있는 방법이다.

표 18.3-1과 표 18.4-1 의 초과강도계수는 콘크리트 혹은 조적조의 묻히는 정착부가 취성강재요소인 경우 정착부의 설계를 위한 하중조합에 적용된다(18.5 참조)

18.2.2 동적해석법

(1) 식 (18.2-1)을 대신하여 다음과 같은 동적해석을 통해 구해진 구조물의 응답을 근거로 비구조요소의 수평설계지진력을 산정할 수 있다. 이때 구조물의 응답가속도는 $R=1.0$을 적용하여 산정한다.

① 응답스펙트럼해석법(7.3.3)

② 선형시간이력해석법(7.3.4.2)

③ 비선형 시간이력해석(7.3.4.3)

④ 층응답스펙트럼(18.2.2.1)

⑤ 간략층응답스펙트럼 (18.2.2.2)

(2) 동적해석법에 의한 비구조요소의 설계지진하중은 식 (18.2-4)을 통해 산정한다. 이 경우에도 식 (18.2-2)와 식 (18.2-3)의 F_p의 상한치 및 하한치 규정은 적용되어야 한다.

$$F_p = \frac{a_i a_p W_p}{R_p/I_p} A_x \qquad (18.2\text{-}4)$$

여기서, F_p : 비구조요소 질량 중심에 작용하는 설계지진력

a_i : 건물 i층의 층응답가속도. 응답스펙트럼해석 결과를 사용할 경우 a_i는 해석결과에 의한 i층의 최대응답가속도이다. 시간이력해석 결과를 사용할 경우 a_i는 해석결과에 의한 i층의 층응답가속도이다. 이때, 7개 이상의 지진파가 사용된 경우 지진파별 최대응답가속도의 평균값을 사용할 수 있으며 7개 미만의 지진파가 사용된 경우 지진파별 최대응답가속도중 최대치를 사용하여야 한다. 시간이력해석을 위한 설계지진파는 7.3.4.1에 따라 선정하고 조정한다.

a_p : 비구조요소의 증폭계수(표 18.3-1 또는 표 18.4-1)

R_p : 비구조요소의 반응수정계수(표 18.3-1 또는 표 18.4-1)

I_p : 비구조요소의 중요도계수

A_x : 7.2.6.5에 규정된 비틀림 증폭계수

[해설] 18.2.2 동적해석법

비틀림 효과를 반영한 3차원 구조모델로부터 층응답가속도를 산정한 경우와 A_x가 응답산정에 이미 적용된 경우에는 A_x를 추가로 적용할 필요는 없다.

18.2.2.1 층응답스펙트럼

(1) 층응답스펙트럼은 7.3.4.1에 따른 해당부지의 설계지진파를 사용한 7.3.4.2의 선형시간이력해석 혹은 7.3.4.3의 비선형시간이력해석을 통해 구해진 각 층의 층가속도로부터 산정한다. 감쇠시스템을 가진 구조물은 17장의 규정에 따른 비선형 시간이력해석 결과로부터 산정한다.

(2) 층응답스펙트럼은 사용된 각 지진파에 의한 층가속도마다 산정되어야 한다. 이때 비구조요소의 감쇠비는 실험결과에 근거하지 않는 한 5%를 초과할 수 없다.

(3) 식 (18.2-4)를 통한 설계지진하중 산정 시 a_i는 비구조요소의 주기에 해당하는 지진파별 층응답스펙트럼 값들 중 최대치를 사용하며, a_p는 1.0을 사용한다.

[해설] 18.2.2.1 층응답스펙트럼

지진에 의한 비구조요소의 응답은 구조물과의 상호작용에 의해 영향을 받는다. 비구조요소의 주기가 구조물의 주기 중 하나와 일치하는 경우 동적증폭에 의해 큰 응답이 발생할 수 있다.

동적해석을 통한 설계지진력의 산정절차 중 층응답스펙트럼은 시간이력해석을 통해 구한

층가속도를 입력진동으로 하여 비구조요소의 가속도응답스펙트럼을 산정하므로 구조물의 동특성과 비구조요소의 동특성이 모두 고려된다.

비구조요소의 동적특성은 18.2.4에 따라 산정하거나 실험을 통해 구할 수 있다. 기계 및 전기장비를 비롯한 많은 유형의 비구조요소는 하나의 진동모드에 지배되지 않고 고차모드의 영향이 클 수 있는데, 이 경우 층응답스펙트럼법 적용이 어려울 수 있다.

18.2.2.2 간략층응답스펙트럼

(1) 간략층응답스펙트럼은 7.3.3에 의한 응답스펙트럼해석결과로부터 결정한다. 이때 구조물의 고유주기와 모드형상은 각 직교방향별로 최소한 3차모드까지 고려되어야 한다. 포함되는 모드의 가장 짧은 주기는 설계대상 비구조요소 고유주기의 80%보다 작거나 같아야 한다.

(2) 각 방향별 모드별 층가속도스펙트럼은 식 (18.2-5)을 사용하여 비구조요소의 주기 T_p의 함수로 표현된다.

$$A_{ix} = p_{ix} S_{ax} D_{AF} \tag{18.2-5}$$

여기서,

A_{ix} : i층에서 x모드의 층가속도,

p_{ix} : i층에서 x모드의 모드참여계수,

S_{ax} : x모드의 스펙트럼가속도,

D_{AF} : 비구조요소의 동적증폭계수. 비구조요소의 고유주기 T_p와 건물의x모드의 고유주기 T_x의 비율의 함수로서 그림 18.2-1로부터 구한다.

(3) 간략층응답스펙트럼은 각 모드의 층가속도스펙트럼중 최댓값으로 결정하나 건물저면의 스펙트럼가속도보다는 커야 한다.

(4) 수평방향의 설계지진력은 식 (18.2-4)에서 $a_i a_p$를 간략층응답스펙트럼에서 해당비구조요소의 주기에 해당하는 값으로 대치하여 산정한다.

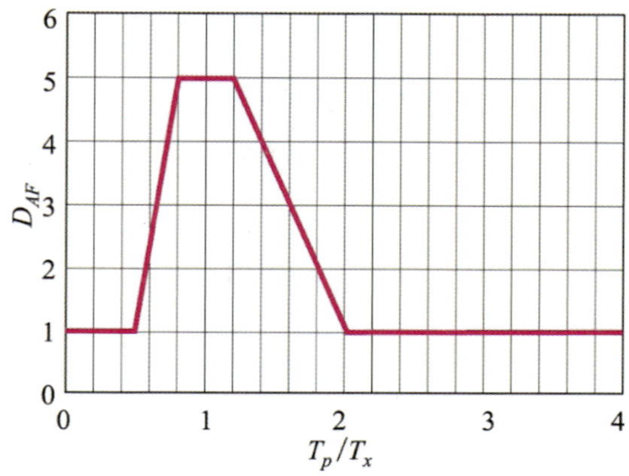

그림 18.2-1 비구조요소의 동적증폭계수 D_{AF}

[해설] 18.2.2.2 간략층응답스펙트럼

층응답스펙트럼 계산은 시간이력해석이 필요하기 때문에 복잡할 수 있다. 간략층응답스펙트럼은 응답스펙트럼해석결과로부터 층응답스펙트럼을 산정하는 절차이다. 이 절치를 사용하려면 건물 및 비구조요소의 동적 특성 모두를 알고 있어야 한다. 이 절차에서 비구조요소의 동적증폭효과는 구조물의 응답스펙트럼해석을 통해 산정된 층모드가속도에 동적증폭계수가 곱하여 반영되는데, 최소한 구조물의 3차모드까지 고려되어야 한다.

동적증폭계수는 그림 18.2-1 과 같이 비구조요소의 주기와 건물의 진동모드의 진동주기의 비(T_p/T_x)에 의한 함수로 구해지는데 그림과 같이 T_p/T_x가 0.8~1.2일 경우 5배로 증폭되며 T_p/T_x가 0.5보다 작거나 2.0보다 클 경우에는 증폭이 없는 것으로 근사화되어 있다.

해그림 18.2-2는 18.2.2.2의 절차에 따라 구한 간략 층응답스펙트럼의 예시이다.

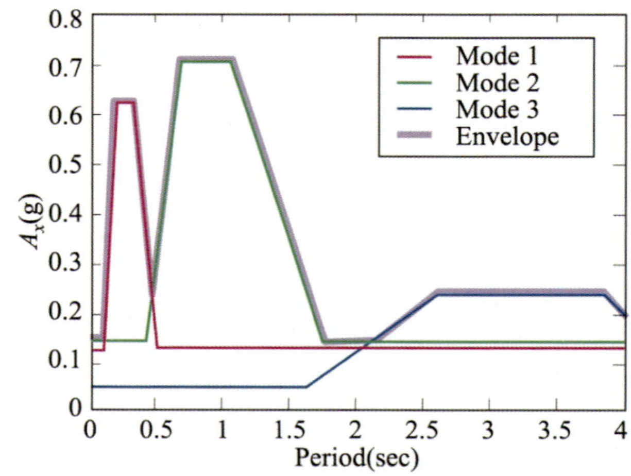

해그림 18.2-2 간략층응답스펙트럼의 예시

18.2.3 상대변위

(1) 비구조요소가 수용해야 할 지진에 의한 상대변위 D_{pI}는 다음과 같이 계산한다.

$$D_{pI} = D_p I_E \qquad (18.2\text{-}6)$$

여기서,

I_E : 2.2의 중요도계수

D_p : 아래 ①과 ②의 규정에 의해 산정되는 상대변위

① 동일한 구조물 또는 구조시스템상의 수직 위치가 x와 y인 두 연결점에 대하여 D_p는 다음과 같이 계산한다.

$$D_p = \delta_{xA} - \delta_{yA} \qquad (18.2\text{-}7)$$

혹은 D_p는 7.3.3의 응답스펙트럼해석법 혹은 7.3.4.2의 선형시간이력해석에 의해 구해진 값을 사용할 수 있다.

D_p는 다음 값을 초과할 필요는 없다.

$$D_p = (X - Y)\frac{\Delta_{aA}}{h_{sx}} \qquad (18.2\text{-}8)$$

② 독립된 2개의 구조물 또는 구조시스템상의 수직 위치가 각각 x와 y인 두 연결점에 대하여 D_p는 다음과 같이 계산한다.

$$D_p = |\delta_{xA}| + |\delta_{yB}| \qquad (18.2\text{-}9)$$

D_p는 다음 값을 초과할 필요는 없다.

$$D_p = \frac{X\Delta_{aA}}{h_{sx}} + \frac{Y\Delta_{aB}}{h_{sx}} \qquad (18.2\text{-}10)$$

여기서, D_p : 비구조요소가 수용해야 할 지진에 의한 상대변위

h_{sx} : 허용층간변위를 정의하기 위하여 사용된 층고

$\delta_{xA}, \delta_{yA}, \delta_{yB}$: 식 (7.2-13)에 의해 산정된 구조물 A 또는 B상의 수직위치 x또는 y에서 변위

X : 구조물 밑면으로부터 상부부착지점 x까지의 높이

Y : 구조물 밑면으로부터 하부부착지점 y까지의 높이

Δ_{aA}, Δ_{aB} : 8.2.3에 규정된 구조물 A 또는 B의 허용층간변위

[해설] 18.2.3 상대변위

상대변위는 외장재, 계단, 창문, 배관시스템, 스프링클러의 내진설계 시 사용된다.

상대변위는 식 (18.2-6)과 식 (18.2-7)에 의해 산정되며, 여기서 사용되는 구조물변위는 식 (7.2-

13)에 제시된 바와 같이 탄성해석결과에 변위증폭계수를 적용하고 구조물의 중요도계수를 나눈 값이다.

최종적으로 구조설계가 이루어지기 전까지는 이 값들을 알 수 없다. 따라서 이때는 식 (18.2-8)과 식 (18.2-10)에 의한 상한치를 적용할 수 있다. 이들 상한치는 구조물의 중요도에 따른 허용층간변위에 근거한 값이다. 하지만 최종적인 상대변위 요구량은 식 (18.2-6)에 나타낸 바와 같이 건물의 중요도가 곱해진 값임에 주의한다.

상대변위 산정시 연결점의 위치는 비구조요소의 지지방식 및 거동특성을 고려하여 선택한다.

18.2.4 비구조요소의 주기

(1) 비구조요소의 기본주기(비구조요소의 지지점과 건물구조체와의 연결장치 포함) T_p는 요소와 지지점, 그리고 연결장치가 간단한 스프링과 질량으로 이루어진 단자유도시스템으로써 해석적으로 나타낼 수 있는 경우 다음 식으로 계산할 수 있다.

$$T_p = 2\pi\sqrt{\frac{W_p}{K_p g}} \tag{18.2-11}$$

여기서, T_p : 비구조요소의 기본주기

W_p : 비구조요소의 운전하중

g : 중력가속도

K_p : 지지점과 연결장치의 강성이 고려된 비구조요소의 무게중심에서 강성.

(2) 또 다른 방법으로, 기본주기 T_p는 실험데이터 또는 적절히 입증된 해석에 의하여 결정할 수 있다.

(3) 주기가 0.06초 미만일 경우 강체로 간주한다.

[KDS 41] 18.3 건축비구조요소

18.3 건축비구조요소

18.3.1 일반

(1) 표 18.3-1에 열거된 건축비구조요소 및 그 지지부와 연결부는 이 절의 규정에 따라 설계하여야 한다.

(2) 단, 체인이나 다른 형태로 구조물에 매달린 비구조요소의 경우 다음의 모든 조건을 만족하는 경우 이 절의 지진하중과 상대변위에 대한 검토를 수행하지 않아도 된다.

① 자중의 1.4배에 해당하는 연직하중과 자중의 1.4배에 해당하는 횡하중의 조합을 견딜 수 있도록 설계된 경우. 단, 이때 횡하중의 방향은 가장 불리한 방향이어야 한다.

② 18.1.3.5에 따라 타 비구조요소에 미치는 영향을 고려하는 경우

③ 비구조요소가 수평면내에서 360°의 모든 방향으로 움직일 수 있도록 구조체와 연결된 경우

18.3.2 설계절차

(1) 모든 건축비구조요소 및 그 지지부와 부착부는 18.2의 규정에 따른 설계지진력을 견딜 수 있도록 설계되어야 한다. 또한 건축비구조요소는 인명안전에 위협이 되지 않도록 18.2.3의 규정에 따른 상대변위를 수용할 수 있도록 설계되어야 한다.

(2) 건축비구조요소는 캔틸레버 형식의 구조요소에서 발생하는 지점회전에 의한 수직방향 변위를 고려하여 설계되어야 한다.

(3) 설계하중에 의한 비구조요소의 횡방향 혹은 면외방향의 휨이나 변형이 비구조요소의 변형한계를 초과하지 않아야 한다.

18.3.3 칸막이벽

(1) 높이가 1.8m 이상인 칸막이벽 또는 천장재와 연결된 칸막이벽은 건물구조체에 횡지지되어야 한다. 칸막이벽의 횡지지부재는 천장재의 횡지지부재와 별도로 설치되어야 한다. 횡지지는 칸막이벽 상부의 변위를 제한함으로써, 18.3.5의 규정에 의한 매달린 천장의 변위제한 및 이 기준에 의한 다른 시스템의 변위제한에 상응하도록 한다.

(2) 매달린 천장의 경우 변위요구량은 18.3.5의 규정에 의해 구하며 다른 시스템의 경우 이 기준의 해당 규정으로부터 구한다.

(3) 단, 칸막이벽 높이가 2.7m 이하, 칸막이벽의 단위면적당 무게가 0.48 kN/m^2 이하, 칸막이벽의 수평지진 하중이 0.25 kN/m^2 미만인 조건 모두를 충족할 경우 이 규정은 적용하지 않는다. 칸막이벽에 끼워진 유리는 18.3.4에 따라서 설계되고 설치되어야 한다.

(4) 칸막이벽이 조적조 혹은 비구조 콘크리트벽으로 구성된 경우 다음을 만족하여야 한다.

① 구조설계 시 구조요소로 고려되지 않은 경우 내진슬릿과 같은 적절한 구조상세를 통해 인접한 기둥에 영향을 미치지 않도록 하여야 한다.

② 내진슬릿 없이 기둥과 밀실하게 접촉하도록 시공되는 경우 9.8.2 및 9.8.3의 규정에 따라 반드시 구조요소와의 상호작용을 고려하여 설계되어야 한다.

[해설] 18.3.3 칸막이벽

칸막이벽은 강재스터드 혹은 목재 프레임으로 구성된 비구조재이며, 바닥, 천장 또는 벽과 볼트 접합을 한다. 하지만 볼트 접합으로만 이루어진 프레임은 지진력과 같은 횡력이 작용하였을 경우 매우 취약하며, 이로 인해 마감 패널이 탈락되거나 칸막이벽이 전도되어 대피로를 차단하거나 내실자에게 큰 피해를 입힐 수 있다. 또한 천장틀의 탈락을 유발하여 피해를 가중시킬 수 있어 시공 시 가새 등의 횡력저항 시스템을 설치하거나 수평 부재를 추가하여 횡력에 대한 성능을 향상시켜야 한다.

상하좌우가 모두 구조요소와 접촉하는 칸막이벽의 경우, 지진 발생 시 면내변형에 의해 전단균열, 뒤틀림 및 칸막이벽 마감재의 탈락 등이 발생할 수 있으며, 면외방향으로는 휨에 의한 균열, 구조재와의 연결 분리, 붕괴 등이 발생할 수 있다. 따라서 칸막이벽 파괴나 붕괴에 의한 인명손상을 막기 위해 면내방향으로는 구조요소의 변형이 칸막이벽으로 전달되지 않도록 이격시켜야 하며,

면외방향으로는 전도를 방지할 수 있는 상세를 가지도록 한다.

조적 혹은 콘크리트로 이루어진 중량칸막이벽은 축력에 대해서는 상당한 저항능력을 가지고 있으나, 지진력과 같은 횡력에 취약하여 칸막이벽 파손 시 그 무게로 인해 내실자의 인명피해 혹은 인접한 집기의 파손을 초래할 수 있다. 국내 시공 관행에 따르면 대부분의 조적 칸막이벽이 내진보강되어 있지 않으며 정확한 시공 순서에 따르지 않아 지진으로 인한 피해가 우려되고 있다.

조적채움벽이나 비구조 콘크리트조 채움벽의 구조적 역할을 무시하고 구조설계가 수행된 경우 실제로도 채움벽이 인접기둥에 영향을 주지 않도록 내진슬릿을 통해 채움벽과 인접골조를 분리하여야 한다. 내진슬릿은 골조의 최대 예상 변위(벽높이의 1/100 정도) 이상의 폭을 가져야 한다.

조적채움벽이나 비구조 콘크리트조 채움벽이 골조의 연내에서 접촉하는 경우 채움벽의 면내방향으로 하중이 전달되어 채움벽에 수평방향 혹은 대각방향으로 균열이 발생할 수 있다. 인접골조에는 채움벽과의 합성작용에 의해 기둥의 인장 혹은 압축파괴, 혹은 채움벽에 발생하는 부재력의 수평방향성분에 의해 기둥의 전단파괴가 발생할 수 있다. 따라서 채움벽의 영향을 고려한 구조해석을 통해 구조부재와 채움벽에서 파괴가 발생하지 않도록 설계되어야 한다.

조적채움벽의 경우 면외방향 관성력에 의해 전도가 발생할 수 있으므로 이에 대한 검토가 필요하다. 채움벽의 상부가 보하단면과 밀실하게 접촉하는 경우 아치작용을 기대할 수 있으므로 면외 전도방지에 유리하다. 면외 전도방지를 위해 정착철근이나 보조철물을 사용하여 조적채움벽 상단부를 구속하는 내진상세를 사용할 수도 있다.

18.3.4 커튼월, 상점 앞면, 칸막이벽에 끼워진 유리

(1) 커튼월, 상점 앞면, 칸막이벽에 끼워진 유리는 식 (18.3-1)의 상대변위 요구조건을 만족하여야 한다.

$$\Delta_{fallout} \geq 1.25 D_{pI} \qquad (18.3\text{-}1)$$

여기서,

$\Delta_{fallout}$: 커튼월, 상점 앞면, 칸막이벽에서 유리의 탈락이 발생하는 상대변위로 해석 혹은 실험을 통해 산정하되 13mm 보다 커야 한다.

D_{pI} : 18.2.3에 의해 산정되는 구조물의 상대변위

단, 다음 조건을 만족하는 경우 예외로 한다.

① 유리와 틀사이에 유격이 충분하여 요구되는 상대변위에서 유리와 틀사이에 접촉이 발생하지 않는 경우, 즉, 식 (18.3-2)를 만족하는 경우

$$D_{clear} \geq 1.25 D_{pI} \qquad (18.3\text{-}2)$$

여기서,

D_{clear} : 유리와 틀사이에 접촉이 발생하게되는 틀의 상대변위로서 유리높이에 대해 정의됨. 직사각형 유리틀일 경우 식 (18.3-3)으로 산정한다.

$$D_{clear} = 2c_1\left(1 + \frac{h_p c_2}{b_p c_1}\right) \qquad (18.3\text{-}3)$$

여기서,

h_p : 직사각형 유리패널의 높이

b_p : 직사각형 유리패널의 폭

c_1 : 유리와 틀 사이 좌우측 수직방향 유격의 평균값

c_2 : 유리와 틀 사이 상하부 수평방향 유격의 평균값

② 내진 1등급 혹은 2등급 건축물에서 강화유리 재질의 통유리패널이 건물에 인접한 보도면으로부터 3m 이하의 높이에 설치된 경우

③ 열처리유리 혹은 중간층의 두께가 0.8 mm이하인 열강화이중유리가 노출창문틀 형식으로 사용되고 가장자리는 최소 13 mm폭의 탄성중합체 실런트, 습식보양재 등으로 보호된 경우

[해설] 18.3.4 커튼월, 상점 앞면, 칸막이벽에 끼워진 유리

식 (18.3-1)의 $\Delta_{fallout}$은 유리패널과 틀 시스템의 변형능력을, Δ_{pl}은 변위요구량을 나타낸다 예외 조항 (1)의 의미는 직사각형 유리틀이 충간변위에 의해 평행사변형으로 변형할 때 평행사변형의 짧은 쪽 대각선의 길이가 직사각형 유리패널의 대각선길이와 같아지거나 작아지면 유리가 탈락하거나 깨진다는 뜻이다. 1.25의 계수는 비탄성변형 등의 구조체 층간변위산정의 불확실성을 고려한 것이다.

예외 조항 (2)는 높지 않은 곳에 설치된 강화유리의 경우 부서지더라도 조각들이 전체적으로 탈락되지 않으므로 인접한 통로의 보행자 머리위로 유리조각이 떨어지는 경우는 발생하지 않는다는 점을 고려한 것이다.

18.3.5 매달린 천장

(1) 매달린 천장은 아래 조항을 따라야 한다. 단, 다음은 예외로 한다.

① 면적이 $13m^2$ 이하이고 벽이나 처마 등으로 횡지지된 매달린 천장

② 석고보드 재질의 마감재가 나사나 못으로 부착된 매달린 천장으로, 전체 천장이 동일한 높이에 설치되며 벽이나 처마 등으로 횡지지된 경우

18.3.5.1 지진하중

(1) 천장의 무게 W_p는 천장 격자, 천장 타일 또는 패널, 천장격자에 부착되거나 횡지지되는 모든 비구조요소(조명기구 포함)의 무게를 포함하여야 하며 지진하중 산정을 위한 무게는 최소한 $200N/m^2$ 이상을 적용한다. 발생되는 지진력 F_p는 슬래브와의 연결부 혹은 구조체와의 접촉을 통해 구조부재로 전달되어야 한다.

18.3.5.2 흡음타일과 비부착식 천장패널

(1) 흡음타일 혹은 비부착식 천장패널은 18.1.3.2의 실험을 통한 검증 절차를 통해 인증되거나 18.3.5.3의 조항에 의해 설계되지 않는 한 아래의 규정을 만족하여야 한다.

① 내진설계범주 C와 D인 구조물에 설치될 때 흡음타일 혹은 비부착식 천장패널의 해당 산업규격이 있을 경우 그 규격을 만족하여야 한다.

② 내진설계범주 D인 구조물에 설치될 때 흡음타일 혹은 비부착식 천장패널은 아래 규정을 만족하여야 한다.

가. 인증된 주변지지클립이 사용되지 않는 한 가장자리에 사용되는 앵글이나 채널단면의 폭은 50mm 이상이어야 한다. 가장자리 앵글이나 채널단면은 벽에 매립된 스터드에 나사로 접합되거나 다른 구조부재에 단단히 접합되어야 한다. 주변지지 클립은 18.1.3.2에 따라 승인된 시험 기준에 따라 인증되어야 한다. 주변지지 클립은 클립당 최소 2개의 나사로 가장자리 앵글 또는 채널에 부착되어야 하며, 천장의 모든 가장자리를 따라 설치되어야 한다. 천장그리드의 한쪽 단부는 가장자리 앵글, 채널 또는 주변지지 클립에 부착되어야 하며 다른쪽 단부는 벽으로부터 20mm의 유격을 가지고 가장자리 앵글, 채널 또는 주변지지 클립 위에서 자유롭게 미끄러질 수 있도록 설치되어야 한다.

나. 천장면적이 250m^{2}를 초과하는 경우, 구조해석을 통해 천장가새시스템이 설계지진력에 의해 예상되는 변위를 충분히 수용할 수 있을 정도로 천장관통물, 가장자리 앵글 혹은 채널단면에 유격이 있음을 증명하지 않는 한, 천장은 지진분리 조인트 또는 전 층 높이의 파티션을 통해 250m^{2}를 넘지 않는 구역으로 분리되어야 하며 이 때 각 구역의 장변과 단변의 비율은 4 이하이어야 한다.

[해설] 18.3.5.2 흡음타일과 비부착식 천장패널

흡음타일과 비부착식 전장패널의 산업규격은 미국의 ASTM C635, ASTM C636과 이에 해당하는 국내 산업규격을 의미한다.

18.3.5.3 스프링클러 시스템과의 일체화된 경우

(1) 천장과 스프링클러 시스템을 일체화 하는 경우 천장재, 스프링클러, 조명, 기계공조설비 등 관련된 요소의 질량과 유연성을 고려하여 설계되어야 한다. 이러한 설계는 내진설계책임구조기술자에 의해 승인되어야 한다.

18.3.6 이중바닥

18.3.6.1 일반사항

(1) 이중바닥의 무게 W_p는 바닥시스템의 무게와 바닥에 고정된 모든 장비무게의 100%, 그리고 바닥에 지지되지만 고정되지 않은 장비 전체무게의 25%를 포함하여야 한다. 지진하중 F_p는 이중바닥의 상부면에 작용하며 지지구조체로 전달되어야 한다.

(2) 이중바닥 패널에 고정된 장비의 전도효과도 고려하여야 한다. 인장력을 받지 않도록 설계되는 슬립온 헤드를 사용할 경우 장비에 의해 발생하는 전도모멘트를 지지할 수 있는지 검토되어야 한다.

(3) 전도효과에 대해 각 지주를 검토할 때 고려되는 축력의 크기는 전체 W_p중 그 지주가 담당하는 분담면적에 의한 크기를 초과할 수 없다.

18.3.6.2 특수 이중바닥

(1) 다음의 조건들을 만족할 경우 특수 이중바닥으로 간주하여 표 18.3-1의 특수 이중바닥의 설계계수를 사용할 수 있다.

① 이중바닥의 접합부가 기계적 접합, 18.5(1)② 및 ④에 따라 설계된 앵커, 용접 또는 지압을 통해 지진하중을 지지할 경우 그 설계하중은 공인된 설계기준에 부합하거나 실험에 의해 인증되어야 한다.

② 지진하중은 마찰력이나 동력고정앵커, 접착제로 지지되어서는 안된다.

③ 가새의 해석과 설계시 개별부재의 압축좌굴을 고려하여야 한다.

④ 가새와 지주부재의 재료는 관련산업규격을 만족하여야 한다. 단, 전기배관은 가새와 지주부재로 사용될 수 없다.

⑤ 수평격자구조는 지진하중에 의한 축력에 견딜 수 있어야 하며 지주와 기계적 접합으로 연결되어야 한다.

18.3.7 피난경로상의 계단 및 램프

(1) 지진력저항시스템의 일부가 아니고 단지 그에 부착된 피난경로상의 계단 및 램프는 다이어프램 변형을 포함하여 18.2.3에 정의된 지진 상대변위 D_{pI}를 수용할 수 있어야 한다. 순상대변위는 임의의 수평방향으로 발생한다고 가정해야 한다. 이러한 요소는 다음의 요구사항에 따라 직접적으로 구조에 지지되거나 기계적 연결 및 고정장치를 통해 지지되어야 한다.

① 슬롯 형 또는 대형 구멍이 있는 슬라이딩 연결부, 키퍼 어셈블리 또는 엔드 스톱이 있는 슬라이딩 베어링 지지부, 금속 부착물의 변형에 의한 이동을 허용하는 연결부는 수직방향 지지능력의 손실 혹은 변위에 의한 압축력의 유발없이 D_{pI} 혹은 13mm 중 큰 값에 해당하는 변위를 수용할 수 있어야 한다.

② 키퍼 어셈블리 또는 엔드 스톱이 없는 슬라이딩 베어링 지지대는 수직 지지력의 손실없이 $1.5D_{pI}$ 혹은 25mm 중 큰 값에 해당하는 변위를 수용할 수 있어야 한다. 이탈방지 장치는 파손시 연직지지력의 상실을 초래해지 않는다면 허용된다.

③ 금속 지지대는 ②에 정의된 상대변위를 수용할 수 있는 회전능력을 가져야 한다. 이 금속 지지대의 강도는 볼트 전단, 용접 파괴 또는 다른 취성 파괴모드에 의해 지배되어서는 안된다.

④ 볼트, 인서트, 용접, 다우얼 및 앵커와 같은 모든 고정 장치 및 부착물은 18.2에 따라 결정된 설계하중에 대해 표 18.3-1에 주어진 R_p, a_p 및 Ω_0을 사용하여 설계되어야 한다.

예외: 상대변위를 수용할 수 있는 슬라이딩 또는 연성 연결이 사용되지 않는 경우, 계단 또는

램프 구조의 강성 및 강도는 구조체 모델에 반영되어야 하며 계단은 지진력저항시스템의 Ω_0를 사용하여 설계하되 Ω_0는 2.5이상이어야 한다.

18.3.8 외부 비구조벽체와 그 접합부

(1) 치장벽돌을 제외하고 구조물에 부착되거나 구조물을 둘러싸는 외부의 비구조벽 패널 또는 그 요소는 18.2.3에 정의된 상대변위와 온도 변화로 인한 움직임을 수용하도록 설계되어야 한다. 이러한 요소는 다음의 요구 사항을 만족시키도록 구조물에 직접 부착되거나 기계적 정착 및 고정 장치를 통해 지지되어야 한다.

① 연결부 및 패널 조인트는 18.2.3에서 결정된 상대 지진 변위 (D_{pI}) 또는 13mm 중 큰 값에 해당하는 층변형을 수용할 수 있어야 한다.

② 미끄러짐 혹은 나사산이 있는 강봉의 휨을 통해 층변형을 수용하도록 설계된 연결부는 다음의 요구조건 모두를 만족해야 한다.

가. 나사산이 있는 강봉 또는 볼트는 충분한 내부식성능과 기계적 성능을 확보하도록 관련 산업규격의 요구사항을 충족하여야 한다.

나. 패널의 지지부에 슬롯 혹은 대형구멍이 사용된 경우 강봉의 길이 대 직경 비는 4 이하여야 한다. 이때 강봉의 길이는 너트 혹은 나사가 있는 강판 사이의 순길이이다. 슬롯 또는 대형구멍은 각 방향으로 설계층간변위를 수용할 수 있어야 하며, 너트는 풀림을 방지하는 상세를 가져야 한다.

다. 나사강봉의 휨에 의해 층변형을 수용하는 경우 연결부는 식 (18.3-4)를 만족하여야 한다.

$$(L/d)D_{pI} \geq 0.24 \qquad (18.3\text{-}4)$$

여기서,

L = 강봉의 순길이 (mm)

d = 강봉의 직경 (mm)

D_{pI} = 상대변위 요구량 (mm)

③ 연결 부재 자체는 용접부 또는 용접부 부근의 콘크리트 파손 또는 취성 파괴를 방지하기에 충분한 연성 및 회전능력을 가져야 한다.

④ 볼트, 인서트, 용접 및 다우얼과 같은 연결 시스템의 모든 접합재와 커넥터의 몸체는 18.2에 따라 결정된 설계하중 F_p에 대해 표 18.3-1에 주어진 F_p, a_p 및 Ω_0을 사용하여 설계되어야 한다. 여기서 연결 시스템은 구조체와 벽 패널 또는 요소사이의 연결, 또한 벽 패널 또는 요소 사이의 상호연결 모두를 포함한다.

[해설] 18.3.8 외부 비구조벽체와 그 접합부

18.3.8의 규정은 치장벽돌을 제외한 외부 비구조벽체와 그 접합부에 적용한다. 치장벽돌의 요구사항은 18.3.9에 제시되어 있다.

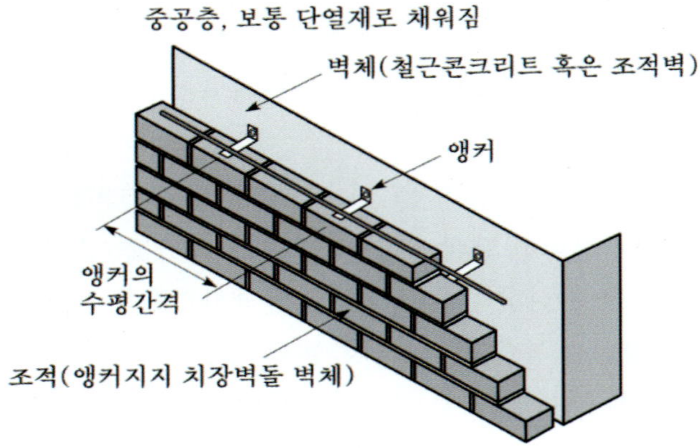

해그림 18.3-1 앵커지지 치장벽돌 벽체

18.3.9 치장벽돌벽체와 그 접합부

(1) 앵커지지 치장벽돌벽체는 18.3.9.1의 요구조건을 만족시켜야 하며, 접착식 치장벽돌벽체는 18.3.9.2의 요구조건을 만족시켜야 한다. 치장벽돌벽체는 온도변형을 고려한 상세를 적용하여야 한다.

18.3.9.1 앵커지지 치장벽돌벽체

(1) 앵커지지 치장벽돌벽체는 18.3.9.1.1의 조건을 만족시키도록 합리적인 구조계산 또는 실험결과에 근거하여 설계하거나 18.3.9.1.2에 규정된 방식을 따라 설계할 수 있다.

18.3.9.1.1 앵커지지 치장벽돌벽체의 일반 설계

(1) 주어진 지진하중에 대하여 치장벽돌벽체, 지지구조체, 그리고 이들을 연결하는 앵커에 작용하는 하중은 합리적인 역학원리에 따라 계산되어야 한다.

(2) 앵커는 지진에 의해 치장벽돌벽체로부터 지지구조체로 전달되는 하중을 지지할 수 있는 강도를 가져야 한다. 앵커에 전달되는 하중은 각 앵커가 부담하는 면적에 작용하는 치장벽돌벽체의 지진하중을 통해 산정할 수 있다.

(3) 콘크리트 또는 벽돌에 매립된 평평한 띠를 사용하여 앵커링되는 경우, 매립된 띠는 보강용 철근에 연결되거나, 그 주위로 갈고리정착되거나, 혹은 다른 적절한 방법 등을 통해 앵커의 뽑힘파괴를 억제하는 상세를 적용하여야 한다.

[해설] 18.3.9.1.1 앵커지지 치장벽돌벽체의 일반 설계

(3) 콘크리트 또는 벽돌에 매립되는 앵커의 뽑힘파괴를 억제하는 상세는 18.3.1.2 앵커지지 치장벽돌벽체의 사양설계에서 설명된 관련 부분을 활용할 수 있다.

18.3.9.1.2 앵커지지 치장벽돌벽체의 사양설계

(1) 조적개체의 기준치수 두께는 67mm 이상 100mm 이하이어야 하며, 지지구조체는 치장벽돌벽체 두께 이상의 두께를 가진 철근콘크리트벽체 또는 보강조적벽체여야 한다. 사양설계에 따른 앵커는 주름이 잡힌 철판형 앵커, 주름이 없는 철판형 앵커, 철선 앵커, 줄눈보강근과 일체화된 앵커, 조정식 앵커로 구분된다. 치장벽돌벽체 내부면에서 지지구조체면까지의 거리는 120 mm이하여야 하며, 줄눈보강근과 일체화된 앵커나 조정식 앵커를 사용하는 경우 각각 (10)과 (11)의 120mm 초과에 대한 요구사항 만족 시 170 mm 이하를 적용할 수 있다. 앵커의 지지구조체 정착부는 실험에 의해 검증된 뽑힘강도 1 kN 이상의 정착상세를 적용하여야 한다.

(2) 기본적으로 치장벽돌벽체 0.25㎡ 당 1개 이상의 앵커를 설치하여야 한다. 단, 주름이 없는 철판형 앵커, 직경 4.8mm 이상의 철선을 사용한 철선 앵커, 직경 4.8mm 이상의 보강근을 사용한 줄눈보강근과 일체화된 앵커는 $0.34m^2$ 당 1개 이상의 앵커를 설치할 수 있다. 내진설계범주 D에 해당하는 경우 이 면적제한은 0.75배를 적용하여야 한다.

(3) 앵커의 수평 간격은 800mm 이하, 수직 간격은 600mm 이하를 만족시켜야 한다.

(4) 치장벽돌벽체에 어느 한 방향으로라도 400mm를 초과하는 크기를 가진 개구부가 있는 경우 개구부로부터 300mm 이내의 구간에 900mm 이내의 간격으로 추가 앵커를 설치하여야 한다.

(5) 가로줄눈의 두께는 가로줄눈에 설치되는 앵커 또는 줄눈 보강근 두께의 두배 이상이어야 한다.

(6) 치장벽돌벽체를 쌓을 때 조적개체 수평방향 길이의 4분의 1 미만으로 포개지는 조적개체 쌓기가 적용된 경우에는 가로줄눈 방향으로 직경 3.7mm 이상의 철선이 수직 간격 450mm 이내로 설치되어야 한다.

(7) 주름이 잡힌 철판형 앵커는 폭 20mm 이상, 두께 0.8mm 이상, 주름 부분의 고점간 또는 저점간의 거리는 7.5mm 이상 13mm 이내, 주름 부분의 고점과 저점의 높이 차는 1.5mm 이상 2.5mm 이내여야 한다. 앵커는 모르타르 줄눈 또는 그라우트 구간에 40mm 이상 묻혀야 하며, 15mm 이상 외부 방향으로 모르타르 줄눈 또는 그라우트 구간이 확보되어야 한다.

(8) 주름이 없는 철판형 앵커는 폭 20mm 이상, 두께 1.5mm 이상이어야 한다. 앵커는 모르타르 줄눈 또는 그라우트 구간에 40mm 이상 묻혀야 하며, 15mm 이상 외부 방향으로 모르타르 줄눈 또는 그라우트 구간이 확보되어야 한다. 모르타르 줄눈에서의 정착 파괴를 억제하기 위해 모르타르 줄눈에 묻힌 구간에서는 직경 3.7mm 이상의 철선이 부착되어야 하며, 철선은 앵커 좌우로 각각 50mm 이상씩 돌출되어야 한다.

(9) 철선 앵커는 직경이 3.7mm 이상이어야 하며, 모르타르 줄눈 또는 그라우트 구간에 위치하는 구부러진 부분이 50mm 이상이어야 한다. 치장벽돌벽체와 지지구조체 사이에서 철선 앵커의 접힘은 허용되지 않는다. 철선 앵커는 모르타르 줄눈 또는 그라우트 구간에 40mm

이상 묻혀야 하며, 15mm 이상 외부 방향으로 모르타르 줄눈 또는 그라우트 구간이 확보되어야 한다.

(10) 줄눈보강근과 일체화된 앵커는 사다리형을 사용하여야 하며, 보강근의 직경은 3.7mm 이상이어야 한다. 치장벽돌벽체의 내부면과 이에 인접한 지지구조체면과의 거리가 120mm를 초과하는 경우에는 4.8mm 이상의 직경을 가진 보강근을 적용하여야 한다. 줄눈보강근의 교차근은 중심 간격이 400mm 이하여야 하며, 주근에 용접되어야 한다. 교차근에서의 접힘은 허용되지 않으며, 주근은 외부방향으로 15mm 이상의 모르타르 줄눈이 확보되어야 한다.

(11) 조정식 앵커는 그 형태에 따라 철판형 부분, 철선 부분, 그리고 줄눈 보강근 부분을 가질 수 있다. 조정식 앵커의 각 부분은 (7), (8), (9) 및 (10)에 기술된 해당 부분의 요구사항을 만족하여야 하며, 연결부 틈새간격은 1.6mm 이하여야 한다. 다리걸침형 앵커의 경우 걸치는 철선 부분은 4.8mm 이상의 직경을 가져야 하며, 연결부에서의 이격거리는 30mm 이하, 그리고 치장벽돌벽체 내부면으로부터 연결부까지의 거리는 50mm 이하여야 한다. 조정식 앵커에서 치장벽돌벽체의 내부면과 이에 인접한 지지 구조체면과의 거리가 120mm를 초과하는 경우에는 철선 부분이 4.8mm 이상의 직경을 가진 철선 2개 이상 또는 동등 수준 이상의 강도와 강성을 가진 상세로 이루어져야 한다.

[해설] 18.3.9.1.2 앵커지지 치장벽돌벽체의 사양설계

앵커지지 치장벽돌벽체의 사양설계는 주로 앵커 자체에 대한 요구사항과 앵커와 치장벽돌벽체의 접합상세에 대한 요구사항으로 이루어져 있다. 앵커와 지지구조체와의 접합 부분은 (1)에서 실험에 의해 검증된 뽑힘강도 1kN 이상의 강도 요구사항이 제시 되어 있다.

(1) 단열 요구사항에 의해 치장벽돌벽체 내부면에서 지지구조체면까지의 거리가 점점 커지고 있는 추세이다. 치장벽돌과 지지구조체 사이 거리가 이 기준에서 규정된 거리를 초과할 정우 지진하중의 증폭이 발생하여 사양기준에 의한 설계는 불안전측일 가능성이 있다. 이 경우 실험이나 해석 등에 의해 사양설계규정 부분이 유효한 것으로 확인된다연, 이를 근거로 치장벽돌벽체 상세에 적용할 수 있다.

(4) 개구부가 있을 경우 앵커의 배치는 해그림 18.3-2와 같다.

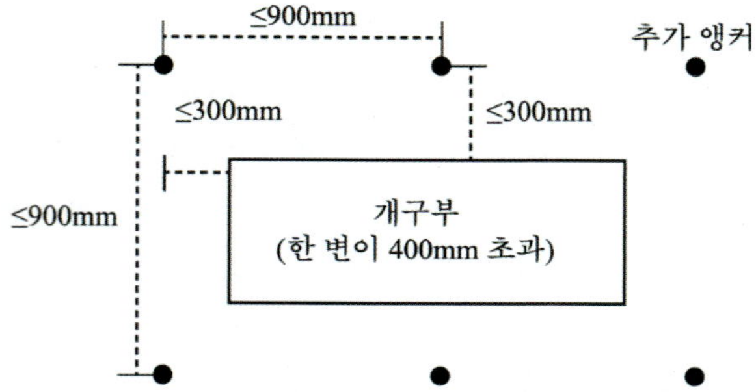

해그림 18.3-2 큰 개구부가 있을 경우의 추가 앵커 배치

(6) 조적개체 수평방향 길이의 4분의 1 미만으로 포개지는 조적개체 쌓기는 일반적으로 막힌줄눈 쌓기가 아닌 경우 또는 통줄눈 쌓기로 불리운다.

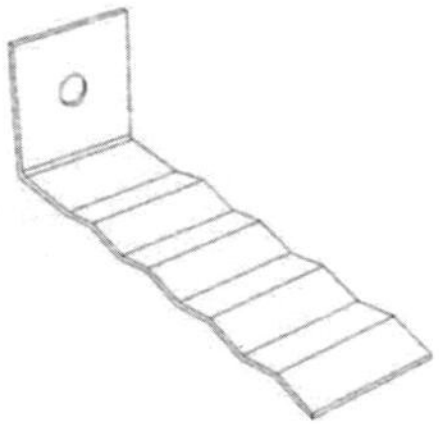

(a) 주름잡힌 철판형 앵커

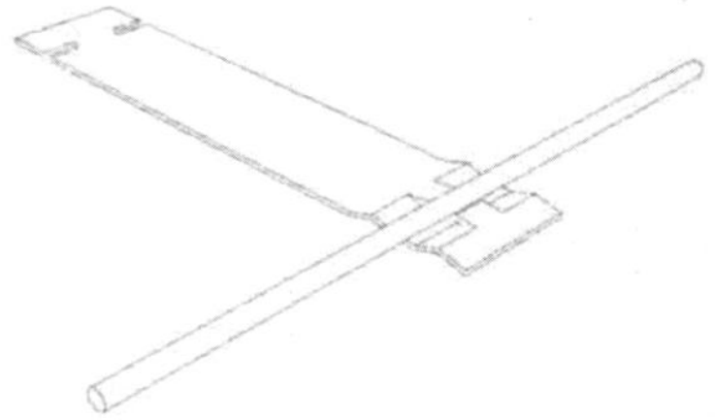

(b) 주름이 없는 철판형 앵커

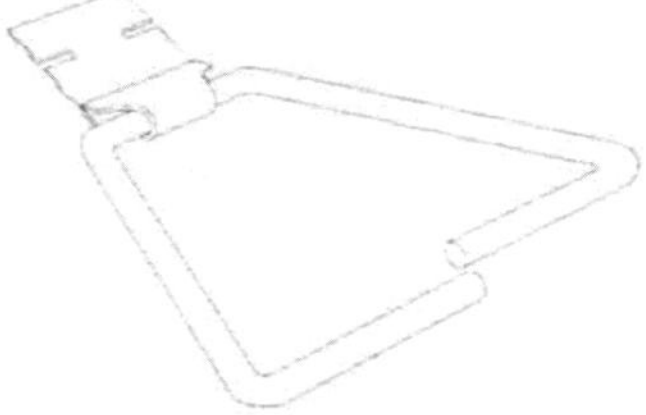

(c) 모르타르 줄눈에 위치하는 구부러진 부분이
50mm 이상인 철선 앵커

(d) 줄눈 보강근과 일체화된 사다리형 앵커,
지지구조체가 조적조인 경우 주로 사용

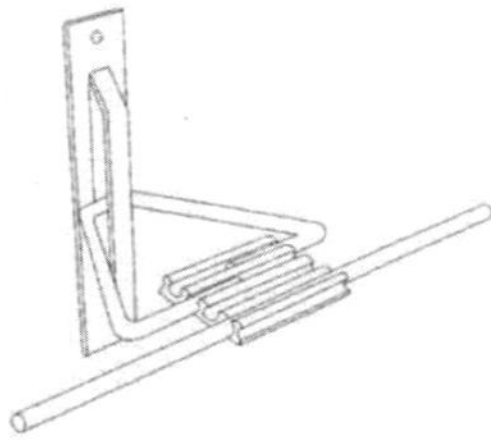

(e) 조정식 앵커

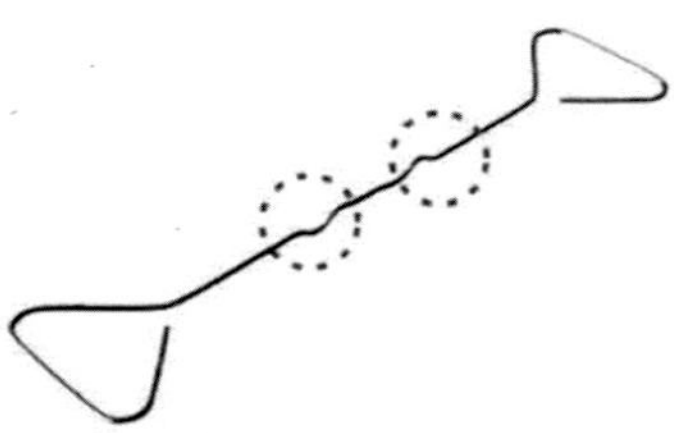

(f) 다리걸침형 앵커

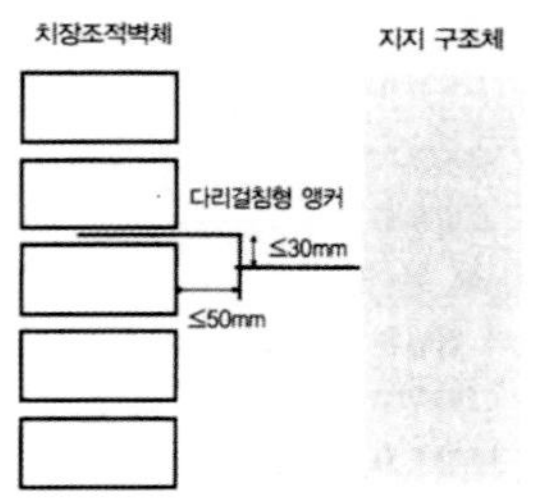

(g) 사용이 금지되는 비구조억체
내부면과 지지 구조체면 사이에 접힘(점선으로 표시)이 있는 철선 앵커

해그림 18.3-3 조적 앵커

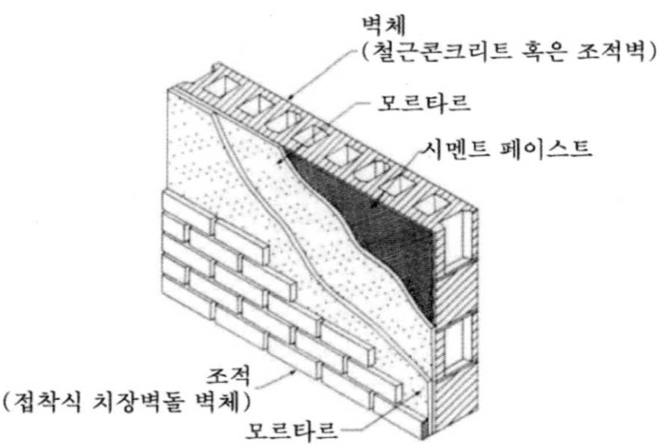

해그림 18.3-4 접착식 치장벽돌벽체

18.3.9.2 접착식 치장벽돌벽체

(1) 접착식 치장벽돌벽체는 18.3.9.2.1의 조건을 만족시키도록 합리적인 구조계산 또는 실험결과에 근거하여 설계하거나 18.3.9.2.2에 규정된 방식을 따라 설계할 수 있다.

18.3.9.2.1 접착식 치장벽돌벽체의 일반 설계

(1) 주어진 지진하중에 대하여 치장벽돌벽체, 지지구조체, 그리고 이들을 연결하는 접착제에 작용하는 하중은 합리적인 역학원리에 따라 계산되어야 한다.

(2) 접착제는 지진에 의해 치장벽돌벽체로부터 지지구조체로 전달되는 하중을 지지할 수 있는 강도를 가져야 한다. 접착제의 소요강도는 단위면적당 작용하는 치장벽돌벽체의 지진하중을 통해 산정할 수 있다.

18.3.9.2.2 접착식 치장벽돌벽체의 사양설계

(1) 조적개체의 기준치수 두께는 67mm 이하, 중량은 0.73kN/m^2 이하, 지지구조체는 치장벽돌벽체 두께 이상의 두께를 가진 철근콘크리트벽체 또는 보강조적벽체이어야 한다.

(2) 치장벽돌벽체는 지지구조체에 전단강도 345kPa 이상인 접착제를 적용하여 접착하거나, 압축강도 12.5MPa 이상, 두께 9.5mm 이상 32mm 이하인 모르타르로 접착하여야 한다. 접착제나 모르타르는 치장벽돌벽체와 지지구조체 사이에 밀실하게 채워져야 한다. 모르타르를 적용할 경우 조적개체 설치 시 마지막에는 두드려서 약간의 압력을 가하여야 하며, 줄눈은 오목줄눈을 사용하여 모르타르가 압력을 받게 눌러져야 한다.

표 18.3-1 건축비구조요소의 설계계수

건축비구조요소	증폭계수 a_p	반응수정계수 R_p	초과강도계수 Ω_{0p}
내부 비구조벽체 및 칸막이벽			
비보강조적벽	1	1.5	1.5
그밖의 벽과 칸막이	1	2.5	2
캔틸레버 부재(횡지지되어 있지 않거나 질량중심 아래에서 구조체에 횡지지된 경우)			
파라펫 및 내부 캔틸레버 비구조벽체	2.5	2.5	2
굴뚝 및 골조구조에 지지된 수직 배기구	2.5	2.5	2
기타 캔틸레버형 수직구조물	2.5	2.5	2
캔틸레버 부재(질량중심 위에서 구조체에 횡지지된 경우)			
파라펫	1	2.5	2
굴뚝	1	2.5	2
외측 비구조벽체	1	2.5	2
외측 비구조벽체 부재 및 접합부			
벽체 부재	1	2.5	NA
벽체패널 접합부의 몸체	1	2.5	NA
연결시스템의 조임구	1.25	1	1
표면 마감재			
변형이 제한된 부재 및 부착물	1	2.5	2
변형성능이 낮은 부재 및 부착물	1	1.5	2

옥탑(건물골조가 연장된 골조의 경우 제외)	2.5	3.5	2
천장			
전체	1	2.5	2
캐비넷			
바닥판에 영구적으로 지지된 높이가 1,800 mm 이상인 캐비닛	1	2.5	2
바닥판에 영구적으로 지지된 높이가 1,800 mm 이상인 책장	1	2.5	2
실험실 장비	1	2.5	2
이중바닥			
특수 이중바닥 (18.3.6.2를 만족하는 경우)	1	2.5	2
그 밖의 모든 것	1	1.5	1.5
부속 장치 및 장식물	2.5	2.5	2
간판	2.5	3	2
기타 강체요소			
대변형이 가능한 부재 및 부착물	1	3.5	2
변형이 제한된 부재 및 부착물	1	2.5	2
변형성능이 낮은 재료 및 부착물	1	1.5	1.5
그밖의 유연한 비구조요소			
대변형이 가능한 부재 및 부착물	2.5	3.5	2.5
변형이 제한된 부재 및 부착물	2.5	2.5	2.5
변형성능이 낮은 재료 및 부착물	2.5	1.5	1.5
건물의 지진력저항시스템에 포함되지 않은 출구 계단	1	2.5	2
출구 계단 및 램프 체결 장치 및 부착 장치	2.5	2.5	2.5

a. 강체요소와 단단히 부착된 요소의 경우 $a_p = 1$이며, 유연한 요소와 유연하게 부착된 요소의 경우 $a_p = 2.5$이다. 상세한 동적해석에 의해 증명되는 경우 표에 규정된 값보다 더 낮은 a_p를 사용할 수 있다. a_p의 값은 1보다 작아서는 안 된다.

b. 초과강도계수는 콘크리트 및 조적조에 비연성앵커가 사용되었을 경우 적용한다.

[KDS 41] 18.4 기계 및 전기 비구조요소

18.4 기계 및 전기 비구조요소

18.4.1 일반사항

(1) 기계 및 전기 비구조요소와 그 지지부는 18.4의 규정에 따라 설계하여야 한다. 설계계수는 표 18.4-1중 적절한 값을 선택한다. 기계 및 전기 비구조요소의 지지부와 정착부는 18.5의 규정을 따른다.

(2) 단, 체인이나 다른 형태로 구조물에 매달려 있으면서 덕트나 파이프에 연결되지 않은 조명기구, 사인보드, 천장 선풍기는 다음의 모든 조건을 만족하는 경우 이 절의 지진하중과 상대변위에 대한 검토를 수행하지 않아도 된다.

① 자중의 1.4배에 해당하는 연직하중과 자중의 1.4배에 해당하는 횡하중의 조합을 견딜수 있도록 설계된 경우, 이때 횡하중의 방향은 가장 불리한 방향으로 한다.

② 18.1.3.5에 따라 타 비구조요소에 미치는 영향을 고려하는 경우

③ 비구조요소가 수평면내에서 360도의 모든 방향으로 움직일 수 있도록 구조체와 연결된 경우

(3) 기계나 전기비구조요소의 내진설계가 필요한 경우 구성요소, 내용물, 지지부와 연결부의 동적효과를 고려하여야 한다. 이때 각 구성요소와 지지구조 및 다른 구성요소들 사이의 동적상호작용도 고려되어야 한다.

18.4.2 설계절차

18.4.2.1 기계 비구조요소

(1) 연성적이지 않은 재료로 이루어졌거나 사용시 연성도가 감소하는 환경에 놓이게 되어 (예를 들어 저온환경) 비구조요소가 충격에 취약해지는 경우 충격을 제거할 수 있도록 설계되어야 한다.

(2) 구조체사이 지점의 상대변위에 의해 서로 연결된 설비배관으로부터 비구조요소에 하중이 전달될 가능성도 검토되어야 한다.

(3) HVACR(난방, 환기, 공기조화, 냉장기기)의 파이프 혹은 배관이 구조물에 연결되어 있고 서로 상대변위가 발생하는 경우 또한 면진구조물에서 면진층을 통과하는 파이프와 배관의 경우 18.2.3에 의한 상대변위 요구량을 수용할 수 있도록 설계되어야 한다.

(4) HVACR(난방, 환기, 공기조화, 냉장기)설비는 아래의 고려사항을 포함하는 인증절차를 만족하는 경우 내진성능을 만족하는 것으로 인정한다.

① 구동부 및 동력부의 내진성능은 진동대 실험을 통해 검증한다.

② 구동부가 아닌 부분의 요구량은 $R_p/I_p = 1.0$에 근거한 해석에 의해 산정한다.

③ 해석을 통해 구동부가 아닌 부분의 내진능력을 평가할 경우 이 기준을 적용한다.

18.4.2.2 전기 비구조요소

(1) 지진 시 비구조요소사이의 부딛힘으로 인해 충격이 발생하지 않도록 설계되어야 한다

(2) 서로 다른 구조물사이에 연결된 설비 및 관로에서 발생하는 하중을 평가하여야 한다.

(3) 선반위의 축전지는 낙하하지 않도록 둘러싸는 고정장치로 고정되어야 하며 고정장치와 축전지사이에 스페이서를 두어 용기의 충돌로 인한 손상을 방지하여야 한다. 선반은 충분한 횡하중저항능력을 가져야 한다.

(4) 건식 변압기의 내부코일은 용기내 하부지지구조에 적절히 고정되어야 한다.

(5) 돌출 미닫이선반을 가진 전기설비제어장치, 컴퓨터장비, 혹은 그 밖의 장비들은 각 부분을 제자리에 고정시키기 위한 걸쇠장치가 있어야 한다.

(6) 전기 캐비넷은 관련 산업규격에 따라 충분한 강도를 가지도록 설계되어야 한다.

(7) 450N을 초과하는 장비의 정착부는 제조사가 인증하지 않은 경우 개별적으로 안전성을 검토하여야 한다.

(8) 면진구조물에서 면진층을 통과하는 도관, 케이블 트레이 혹은 이와 유사한 배선 장치들은

18.2.3에 의한 상대변위 요구량을 수용할 수 있도록 설계되어야 한다.

18.4.2.3 지지부

(1) 지지부의 종류로는 구조부재, 가새, 골조, 스커트형 하부덮개, 지주, 안장, 케이블, 버팀줄 등과 주물 혹은 단조로 제작된 설비의 일부분 등이 있다.

① 기계 및 전기비구조요소의 지지부가 표준규격을 따를 경우, 지지부는 실험을 통해 결정된 정격하중 혹은 기준에 의한 지진하중 중의 하나를 사용하여 설계할 수 있다. 또한 설계시 가정과 같이 하중이 전달되게 하기 위해 필요할 경우 지지부의 강성도 설계되어야 한다.

① 지지부는 18.2.3에 의해 산정되는 각 지점사이의 상대변위를 수용할 수 있게 설계되어야 한다.

② 중요도계수가 1.5인 비구조요소에서 지지부가 일체형(즉, 주물이나 단조 등으로 제작된 경우)이 아닌 부착형일 경우 부착된 지지부와 본체사이의 하중전달에 문제가 없는지 검토되어야 한다. 지지부의 재료는 비구조요소의 작동환경(예를 들어 저온환경)에 맞는 적절한 재료로 구성되어야 한다.

③ 얇은 판에 볼트 접합부가 사용될 경우 하중전달에 문제가 없도록 스티프너 혹은 스프링와셔로 보강하여야 한다. 18.1.3.2 혹은 18.1.3.3에 따라 인증을 받은 비구조요소일 경우 인증시 적용된 앵커볼트와 그 밖에 고정에 필요한 부품을 제조자가 고지한 절차에 따라 설치하여야 한다. 인증을 받지 않았거나 설치절차가 고지되지 않은 경우 내진설계책임기술자가 보강상세를 제시하여야 한다.

④ 지지부에서 지진하중이 냉간성형된 강재 부재의 약축방향 휨을 통해 지지될 경우 지지부의 안전성을 개별적으로 검토하여야 한다.

⑤ 진동격리장치를 가진 비구조요소는 수평방향으로 변위제한장치(범퍼)를 가져야 하며, 전도방지를 위해 필요할 경우 수직방향으로도 구속되어야 한다. 진동격리장치의 덮개와 변위제한장치는 연성이 있는 재료를 사용하여야 한다. 범퍼와 비구조요소사이에는 충격하중을 감소시키기 위해 적절한 두께를 가진 점탄성 혹은 이와 유사한 재질의 패드가 사용되어야 한다.

[해설] 18.4.2.3 지지부

지지부의 표준규격에는 ASME B31, NFPA 13, MSS SP-58 등이 있다.

18.4.3 승강기와 에스컬레이터

(1) 에스컬레이터, 승강기, 그리고 승강기 수직통로의 구조시스템은 18.2의 하중 및 변위 요구조건을 충족하도록 설계되어야 한다.

(2) 승강기설비와 제어장치의 지지부, 그리고 연결부는 18.2의 하중 및 변위 요구조건을 충족하도록 설계되어야 한다.

18.4.4 도관, 케이블 트레이 및 전선로

(1) 케이블 트레이와 전선로는 18.2의 설계지진력과 상대변위에 대해 설계되어야 한다.

(2) 60mm 이상의 규격을 가진 도관으로 패널, 케비넷, 혹은 지진에 의해 상대변위가 발생하는

요소에 연결된 경우 18.2의 설계지진력과 상대변위를 만족하도록 설계되거나 유연한 연결부를 가져야 한다.

단, 다음의 경우는 예외로 한다.

① I_p가 1.0인 전선로로써 상대변위를 수용할 수 있도록 유연한 연결부 혹은 그 밖의 장치가 적용되고 케이블트레이나 전선로가 구조물에 튼튼히 고정된 경우 설계지진력과 상대변위를 고려하지 않을 수 있다.

② 중요도계수와 상관없이 도관의 크기가 60 mm 미만의 규격을 가지는 경우 설계지진력과 상대변위를 고려하지 않을 수 있다.

③ 내진조인트를 지나가는 도관, 케이블 트레이 및 전선로로서 I_p가 1.5인 경우 규격과 상관없이 상대변위에 대해 설계되어야 한다.

18.4.5 덕트

(1) HVACR 및 그 밖의 덕트는 18.2의 설계지진력과 상대변위에 대해 설계되어야 한다. 단, 독성, 맹독성, 가연성 가스를 수송하거나, 배연설비로 사용되지 않는 덕트로서 다음의 조건을 만족하는 경우 예외로 한다.

① I_p가 1.0인 덕트로서 상대변위를 수용하는 유연한 연결부 혹은 그 밖의 장치가 적용되고 덕트가 구조물에 튼튼히 고정된 경우 설계지진력과 상대변위를 고려하지 않을 수 있다.

② 18.2의 지진력 및 상대변위에 대한 설계는 다른 덕트 또는 기계 구성 요소와의 충돌을 방지하거나 그러한 충격이 가해질 경우 덕트를 보호하기 위한 조항이 있는 경우, 혹은 단면적이 0.6m² 미만이고 무게가 300N/m 이하인 덕트가 구조물에 튼튼히 부착된 경우 요구되지 않는다.

(2) 팬(fan), 터미널 장치, 열교환기 및 가습기와 같이 덕트와 함께 설치되는 비구조요소로서 무게가 330N 이상인 요소는 덕트와 별도로 횡지지되어야 하며 그 횡지지력은 18.2의 설계지진력보다 커야 한다. 덕트와 나란히 설치되고 소형 터미널 장치, 댐퍼, 루버, 디퓨저와 같이 무게가 330N 이하이며 독립적으로 횡지지되지 않는 구성요소는 기계적 정착장치를 통해 덕트의 양쪽에 확실히 고정되어야 한다. 파이프 및 도관은 18.2.3의 상대변위를 수용할 수 있도록 적절한 유연성을 가지고 있어야 한다.

18.4.6 파이프 및 배관 시스템

(1) 파이프 및 배관 시스템은 18.2의 설계지진력 및 상대변위를 만족할 수 있도록 설계되어야 한다.

(2) 적용할 재료설계기준이 없을 경우 배관설계 시 각 부분별로 다음과 같이 제시된 허용응력을 기초로 설계한다.

① 연성재료(예: 강철, 알루미늄 또는 구리)로 이루어진 배관의 경우 공칭항복강도의 90%,

② 연성재료로 이루어진 배관의 나사부분의 경우 공칭항복강도의 70%

③ 비연성재료(예: 주철 또는 세라믹)로 이루어진 배관의 경우, 공칭 인장강도의 10%

④ 비연성재료로 이루어진 배관의 나사부분의 경우 공칭인장강도의 8%

(3) 다른 요소와의 연결부에 상대변위를 수용하기 위한 상세가 사용되지 않은 경우 유연한 연결부가 사용되어야 한다.

(4) 배관시스템의 수평보강의 필요성과 보강부재크기를 결정할 때 밸브, 스트레이너, 트랩, 펌

프, 공기분리기 및 탱크와 같이 배관에 단단히 연결되고 지지되는 요소는 배관 시스템의 일부로 고려한다. 만약 이들 요소가 중량으로 인해 독립적으로 보강되지만 배관이 보강되지 않은 경우 상대변위를 수용할 수 있도록 설계되어야 한다.

[해설] 18.4.6 파이프 및 배관 시스템

2016년 1월 시행된 소방시설의 설치, 유지 및 안전관리에 관한 법률로 인하여 소방과 관련 설비배관은 내진설계 의무대상이 되었다(국민안전처 고시 제 2015-000호, 소방시설의 내진설계 기준). 표 18.4-1 기계 및 전기비구조요소의 설계계수 중 배관시스템의 관련전문기준으로는 ASME B31을 들 수 있다

18.4.7 보일러와 압력저장시설

(1) 보일러와 압력저장시설은 18.2의 하중과 변위를 적용하며 설계하여야 한다. 공인된 전문기준에 따라 설계될 경우 이 기준에 부합하는 것으로 간주한다. 중요도계수가 1.5이지만 공인된 전문기준의 규정에 따라 설계되지 않은 보일러와 압력저장시설은 18.4.9의 규정을 만족하여야 한다.

[해설] 18.4.7 보일러와 압력지장시설

보일러 및 압력용기의 공인된 전문기준으로는 ASME Boiler and Pressure Vessel Code(ASME BPVC)가 있다

18.4.8 수도 및 가스

(1) 인접구조물과의 경계 혹은 동일구조물내에서 서로 독립적인 변위가 발생하는 부분을 가로지르는 설비배관의 경우 예상되는 상대변위를 수용할 수 있도록 적절한 유연성을 가져야 한다. 상대변위는 18.2.3에 따라 산정한다.

(2) S_{DS}가 0.33 이상인 지반에 설치되는 지하수도관과 설비배관의 경우 지진 시 파손가능성에 대해 특별한 주의가 필요하다.

18.4.9 기타 기계 및 전기 비구조요소

(1) 18장에서 설계법이 규정되지 않은 컨베이어 시스템을 포함한 기계, 전기비구조요소는 다음의 조건을 만족하여야 한다.

① 구성요소와 그 지지물 및 부착물은 18.5, 18.4.2.1, 18.4.2.2 및 18.4.2.3의 요구 사항을 만족해야 한다.

② 위험물질과 관련되어 중요도가 1.5인 기계비구조요소 그리고 공인된 전문기준에 따라 설계되지 않은 보일러와 압력용기의 사용하중 및 그 밖의 환경적 영향과 조합된 지진하중에 대한 설계강도는 다음의 허용응력에 근거해야 한다.

가. 연성재료(강재, 알루미늄, 구리 등)로 이루어진 기계부품의 경우 공칭강도의 90%

나. 연성재료로 이루어진 나사 접합부의 경우 공칭강도의 70%

다. 비연성재료(플라스틱, 주철, 세라믹)로 이루어진 기계부품의 경우 공칭인장강도의 10%

라. 비연성재료로 이루어진 나사부분의 경우 공칭인장강도의 8%

표 18.4-1 기계 및 전기비구조요소의 설계계수

기계 및 전기비구조요소	증폭계수 a_p	반응수정계수 R_p	초과강도계수 Ω_{0p}
기계 및 전기 비구조요소			
건기측 HVACR, 팬, 공조기, 냉난방장치, 캐비닛히터, 공기분배기 및 금속판금으로 이루어진 기타 기계요소	2.5	6	2
습기측 HVACR, 보일러, 용광로, 공기탱크, 칠러, 온열기, 열교환기, 증발기, 공기분리기, 제조장비, 고변형성 재료로 구성된 기계요소	1	2.5	2
에어 쿨러 (핀 팬), 공냉식 열교환기, 응축기, 건식쿨러, 원격 라디에이터 및 일체형 구조강 또는 판금지지부를 가진 기계요소	2.5	3	1.5
스커트지지로 지지되지 않고 19장에 포함되지 않은 엔진, 터빈, 펌프, 압축기 및 압력 용기	1	2.5	2
19장에 포함되지 않으면서 스커트지지로 지지되는 압력용기	2.5	2.5	2
엘리베이터 및 에스컬레이터 구성품	1	2.5	2
발전기, 배터리, 인버터, 모터, 변압기 및 고변형재료로 구성된 전기요소	1	2.5	2
모터 컨트롤 센터, 패널 보드, 스위치 기어, 계기 캐비닛 및 그 밖의 금속판금으로 이루어진 유사한 비구조요소	2.5	6	2
통신 장비, 컴퓨터, 계측기 및 제어 장치	1	2.5	2
질량중심 아래에서 횡지지된 냉각 및 전기타워, 지붕에 설치된 굴뚝	2.5	3	2
질량중심 위에서 횡지지된 냉각 및 전기타워, 지붕에 설치된 굴뚝	1	2.5	2
조명기구	1	1.5	2
기타 기계 또는 전기 비구조요소	1	1.5	2
진동격리된 부품 및 시스템			
탄성중합체 완충장치 또는 탄성주변정지장치를 가진 네오프렌 요소 및 네오프렌 격리층으로 격리된 요소 및 시스템	2.5	2.5	2
탄성중합체 완충장치 또는 탄성주변정지장치를 가진 스프링 격리 장치 및 진동격리 바닥으로 격리된 요소 및 시스템	2.5	2	2
내부적으로 격리된 요소 및 시스템	2.5	2	2
매달림 형태의 진동방지장치를 가진 덕트 및 요소	2.5	2.5	2
배관시스템			
관련전문기준에 따른 파이프로 용접 또는 납땜을 사용한 접합부를 가진 경우	2.5	12	2
관련전문기준에 따른 파이프로 대변형이 가능한 재료 혹은 변형이 제한된 재료로 이루어져 있으면서 나사, 본드, 압축커플링, 그루브 커플링의 접합부를 가진 경우	2.5	6	2
관련전문기준을 따르지 않는 파이프 및 튜브로 대변형이 가능한 재료로 이루어져 있으면서 용접 또는 납땜을 사용한 접합부를 가진 경우	2.5	9	2
관련전문기준을 따르지 않는 파이프 및 튜브로 대변형이 가능한 재료 혹은 변형이 제한된 재료로 이루어져 있으면서 나사, 본드, 압축커플링, 그루브 커플링의 접합부를 가진 경우	2.5	4.5	2
주철, 유리 및 비연성 플라스틱과 같이 변형이 적은 재료로 제작 된 파이프 및 튜브	2.5	3	2
대변형이 가능한 재료로 이루어져 있으면서 용접 또는 납땜 접합부를 가진 덕트	2.5	9	2

대변형이 가능한 재료 혹은 변형이 제한된 재료로 이루어져 있으면서 용접 또는 납땜이 아닌 형식의 접합부를 가진 덕트	2.5	6	2
주철, 유리 및 비연성 플라스틱 등의 변형이 적은 재료로 제작 된 덕트	2.5	3	2
전기 전선 및 케이블 트레이	2.5	6	2
버스 덕트	1	2.5	2
급배수 배관	1	2.5	2
공압 튜브 수송 시스템	2.5	6	2

a. 강체요소와 단단히 부착된 요소의 경우 $a_p = 1$이며, 유연한 요소와 유연하게 부착된 요소의 경우 $a_p = 2.5$이다. 상세한 동적해석에 의해 증명되는 경우 표에 규정된 값보다 더 낮은a_p를 사용할 수 있다. a_p의 값은 1보다 작아서는 안 된다.

b. 방진 장치에 장착된 부품은 각 수평 방향으로 범퍼구속 또는 완충장치가 있어야 한다. 설계하중은 공칭유격이 6 mm보다 큰 경우 $2F_p$ 로 하고 시공도면에 명시된 공칭유격이 6 mm이하일 경우F_p로 할 수 있다.

c. 초과강도계수는 콘크리트 및 조적조에 비연성앵커가 사용되었을 경우 적용한다

[KDS 41] 18.5 비구조요소의 정착부

18.5 비구조요소의 정착부

(1) 비구조요소의 정착은 다음에 따라야 한다.

① 비구조요소 정착부에 작용하는 하중은 18.2에 의해 산정된 지진하중과 상대변위로부터 구한다. 단, R_p는 6을 초과하지 않아야 한다.

② 콘크리트에 묻히는 정착부의 내력은 KDS 14 20 54 콘크리트용 앵커 설계기준에 따르며, KDS 14 20 54에서 규정하지 않은 사항은 공인된 설계기준에 따를 수 있다.

③ 조적조에 묻히는 정착부의 내력은 공인된 설계기준에 따라 구한다.

④ 콘크리트에 설치되는 후설치 앵커의 뽑힘 인장강도, 부착강도, 전단강도는 KDS 14 20 54의 규정에 따라 모의지진실험에 근거하여 평가되어야 하며, 공인기관의 인증서에 의해 공개된 것이어야 한다. 또한 조적조에 설치되는 후설치 앵커는 공인된 설계기준의 규정에 따라 내진인증된 것이어야 한다

⑤ 정착부의 내력은 편심과 프라잉효과의 영향을 고려하여 정한다.

⑥ 앵커 그룹의 경우 그룹내 개별 앵커간의 하중분배를 고려하여야 한다. 앵커그룹의 설계는 KDS 14 20 54에 따르며, KDS 14 20 54에서 규정하지 않은 사항은 공인된 설계기준에 따를 수 있다.

⑦ 동력 고정앵커

내진설계범주 D의 구조물에서 콘크리트 혹은 강재의 정착부를 동력을 이용하여 고정하는 앵커는 지진하중에 대해 인증되지 않는 한 계속적으로 인장을 받는 부위나 가새부재에 사용할 수 없다. 조적조에 묻히는 정착부에 동력을 이용하여 고정하는 앵커는 지진하중에 대해 인증되지 않는 한 사용할 수 없다. 단, 다음의 경우는 예외로 한다.

가. 콘크리트에 묻히는 정착부에 동력을 이용하여 고정하는 앵커는 각 앵커당 사용하중이 400N을 초과하지 않는 경우 흡음타일 혹은 비부착식 매달린 천장과 배관시스템에 적용할

수 있다.

나. 강재의 정착부를 동력을 이용하여 고정하는 앵커는 각 앵커당 사용하중이 1100N을 초과하지 않는 경우 적용할 수 있다.

⑧ 마찰클립

내진설계범주 D의 구조물에서 마찰클립은 지진하중을 지지하기 위해 사용될 수 있으나 추가로 연직하중지지를 위해 사용할 수 없다.

[해설] 18.5 비구조요소의 정착부

(2) KDS 14 20 54 콘크리트용 앵커 설계기준에는 아직 후설치 앵커 중 부착식 앵커의 설계기준이 도입되지 않은 상태이다. 부착식 앵커는 콘크리트구조 학회기준(한국콘크리트학회, 2018) 또는 ACI 318-14를 참조하여 설계할 수 있다.

표 18.3-1과 표 18.4-1의 초과강도계수는 정착부에 취성강재요소가 사용되거나 콘크리트파괴에 의해 지배되어 연성거동을 하지 않을 경우 적용된다. 취성강재요소는 콘크리트구조 학회기춘(한국콘크리트학회, 2018)에 따라 인장시험 결과 연신율이 14% 미만이거나 단면적 감소가 30% 미만인 경우 또는 두 가지에 모두 해당되는 요소로 본다.

(3) 조적조에 설치하는 앵커의 설계규정은 미국 조적조협회(The Masonry Society)에서 발간하는 TMS 402/602-16 "Building Code Requirements and Specification for Masonry Structures"를 참고할 수 있다.

(4) 콘크리트용 후설치 앵커의 모의 지진실험 방법에 대한 규정으로는 아래와 같은 기준이 있다.

- ACI 355.2 Qualification of Post-Installed Mechanical Anchors in Concrete and comnentary
- ACI 355.4 Qualification of Post-Installed Adhesive Anchors in Concrete and Commentary
- ETAG 001 Guideline for European Technical Approval of Metal Anchors for use in Concrete

조적조용 후설치 앵커의 내진인증 절차로는 다음과 같은 규정이 있다.

- ICC-ES AC01, Acceptance Criteria for Expansion Anchors in Masonry Elements (2012)
- AC58, Acceptance Criteria for Adhesive Anchors in Masonry Eemenrs(2012)
- AC106, Acceptance Criteria for Predrilled Fasteners (Screw Anchors) in Masonry(2012)

[KDS 41] 20. 기능수행 고려사항

20.1 일반사항

(1) 기능수행 성능수준은 지진 이후에도 건축물이 그 용도에 따른 고유한 기능을 그대로 유지하여 지진 이전과 다름없이 사용될 수 있음을 의미한다. 이를 위하여 구조적 안전성 외에도 건축물의 용도와 관련된 각종 설비 및 내용물이 고유의 기능을 유지하면서 작동할 수 있어야 한다.

(2) 기능수행 성능수준에서 기능수행이 요구되는 비구조요소의 최소범위는 18.1.2에서 $I_p = 1.5$를 적용하도록 요구되는 비구조요소이다.

(3) 발주자가 요구하는 경우 15장에 따라서 성능목표, 지진위험도를 결정하고 해당 지진위험도에 대하여 비구조재의 기능수행 수준을 만족하도록 설계한다.

(4) 기능수행 성능수준이 요구되는 건축물은 이 기준에서 정한 수준의 지진 발생 직후 처짐, 횡변형 또는 다른 변형이 해당 시설물의 기능 장애를 유발하지 않도록 구조시스템과 부재 및 연결부가 충분한 강도와 강성을 갖도록 설계하여야 한다.

(5) 기능수행 성능수준이 요구되는 비구조요소의 시스템 및 그 정착부는 이 기준에서 정한 수준의 지진 발생 직후 해당 시설물의 기능에 장애가 발생하지 않도록 충분한 강도와 강성을 갖도록 설계되어야 한다.

(6) 기능수행 성능수준이 요구되는 기계 및 전기 비구조요소의 시스템 및 그 구성요소는 이 기준에서 정한 수준의 지진 발생 직후 중요한 기능을 수행할 수 있도록 설계되거나, 인증되거나 또는 보호되어야 한다.

[예제] 20.1 일반사항

내진특등급 건축물은 표 2.4-2 및 표 15.3-1 에 따라 기본설계지진과 동등한 수준의 지진에 대하여 기능수행 성능수준이 요구된다. 위험물 저장 및 처리시설에서 위험물을 저장하는 용기나 사용하는 설비는 위험물이 유출되지 않아야 하고, 지진 이후에도 정상적으로 위험물을 처리할 수 있도록 설계되고 이를 입증하여야 한다. 병원은 지진 후에도 환자의 진료 및 치료를 정상적으로 수행할 수 있도록 지진 후에도 의료장비가 정상 작동하고 비상전원이 안정적으로 공급될 수 있도록 설계되고 이를 입증하여야 한다.

20.2 구조체의 강도 및 강성 요구조건

(1) 기능수행이 요구되는 건축물에서 구조체의 강도는 이 기준에서 규정하는 내진특등급의 중요도계수를 적용하여 설계함으로써 충족되는 것으로 본다.

(2) 기능수행이 요구되는 건축물에서 구조체의 강성은 층간변위비를 표 8.2-1에 규정된 내진특등급의 허용층간변위비로 제한함으로써 충족되는 것으로 본다. 다만, 비구조요소의 기능수행을 위하여 요구되는 경우 구조체의 변위를 요구조건에 맞도록 제한할 수 있다.

[예제] 20.2 구조체의 강도 및 강성 요구조건

(1) 표 2.4-2 및 표 15.3-1에서 내진특등급 건축물에 대해 기능수행이 요구되는 지진위험도는 기본설계지진과 동등한 수준이며, 부재설계를 위한 지진하중은 기본설계지진에 중요도계수 1.5를 곱한 수준이다. 지진력저항시스템의 반응수정계수가 거의 대부분 3.0을 초과함을 고려하면 비탄성 변형이 발생할 수 있다. 그러나 기능수행의 상당부분은 기계/전기 비구조요소와 관련이 있는 것이므로 일부 부재의 비탄성 변형을 허용한다. 또한 연성능력이 크고 그에 따라 반응수정계수도 큰 시스템이라 하더라도 층간변위에 의해서 비탄성변형이 제한된다.

(2) EC 8-1(Eurocode 8: Design of structures for earthququke resistance, Part 1)에서는 건축물에 대하여 붕괴방지와 손상방지의 두 가지 성능목표를 요구하고 있다. 이 가운데 손상방지의 성능목표를 충족하기 위하여 취성적인 재료로 구성된 비구조요소와 연성적인 재료로 구성된 비구조요소가 부착된 건물의 층간연위비를 각각 0.5% 및 0.75%로 제한하고 있으나 비구조요소에 대한 설계를 수행하는 경우 특등급 건물의 기본적인 층간변위 요구조건인 1%를 적용하도록 하고 있다. 따라서 20.3 및 20.4에서 구체적으로 기능수행이 필요한 비구조요소의 내진설계를 규정하였으며, 이를 전제로 1%의 층간변위비를 적용한다.

20.3 건축 비구조요소의 기능수행

(1) 기능수행이 요구되는 건축 비구조요소는 해당 성능목표에 대하여 18장에 따라서 내진안전성이 확보되어야 한다.

(2) 인명안전에 관련된 건축비구조요소는 18장에 따라서 내진안전성이 확보되어야 한다.

20.4 기계 및 전기 비구조요소의 기능수행

(1) 20.1(2)에 따라 기능수행이 요구되는 비구조요소 중 기계 및 전기 비구조요소는 18.1.3.2 및 18.1.3.4에 따라 기능수행에 해당되는 내진성능을 입증하여야 한다.

(2) 기능수행이 요구되지 않는 내진설계대상 기계 및 전기 비구조요소는 18장에 따라서 내진안전성이 확보되어야 한다.

[ASCE 7-22] 13.4 Nonstructrural Component Anchorage and Attachment

... Except where permitted in Section 13.6.12, component attachments shall be bolted, welded, or otherwise positively fastened without consideration of frictional resistance produced by the effects of gravity...

[해설]

비구조요소의 정착부와 관련하여 "[KDS 41] 18.5 비구조요소의 정착부"에는 명시되지 않으나. "[ASCE 7-22] 13.4 Nonstructrural Component Anchorage And Attachment"에는 원칙적으로 마찰력으로 인한 정착부의 저항은 고려하지 않도록 언급되어 있다.

8.1.3 설계 예제

다음은 "건축물 내진설계기준에 따른 비구조요소 내진설계 예제집(대한건축학회 및 한국건축구조기술사회, 2019)"과 "2020 NEHRP Recommended Seismic Provisions: Design Examples(FEMA P-2192-V1/V2, 2021)"의 (1) 건축비구조요소와 (2) 기계 및 전기 비구조요소에 관한 예제를 참조하여 정리하였다.

(1) 건축비구조요소: 내부 비구조벽체 및 칸막이벽 - 조적벽

목차

1) 개요

2) 설계조건

가. 대상 구조물

나. 비구조요소(조적 칸막이벽)

3) 설계하중

　가. 비구조요소(조적 칸막이벽) 설계지진하중
　나. 비구조요소(조적 칸막이벽) 하중조합
4) 조적벽 휨강도 검토
5) 상부 지지부 검토
6) 이격 조인트를 사용하는 경우 검토
7) 아치작용을 고려한 면외전도 안전성 검토

1) 개요

비구조요소로 고려하는 내부 조적 칸막이벽의 내진설계는 기본적으로 "면외전도"에 대해 검토를 수행하여야 한다. 검토 절차는 다음과 같다.

가. "18.2.1 등가정적하중"을 바탕으로 설계지진력을 산정

나. 설계지진력에 대한 조적 칸막이벽 및 상부 지지부의 강도와 상대변위에 대한 검토

다. "학교시설 내진성능평가 및 보강매뉴얼(2021)"에 따른 아치작용에 대한 검토

조적 칸막이벽 시공 시 내진설계가 고려되지 않은 기존 건물은 골조와 조적조 틈을 모두 모르타르로 채울 경우 "[학교시설 내진성능평가 및 보강 매뉴얼(2021)] 6.1.5(5) 면외 강도"에 제시된 아치작용을 고려하여 면외전도에 대한 강도를 산정할 수 있다.

최신 건축구조기술을 따르는 신축건물에는 골조와 비구조 조적벽 사이에 이격을 둘 수 있으며, 이 때는 아치작용의 유효성에 대한 책임구조기술자의 판단이 필요하다. 또한, 국내기준이 명확하게 제시되지 않은 부분에 대해서는 국내 연구결과, 미국 기준인 TMS402* 및 유럽 기준인 EN-1996†을 참조할 수 있다.

2) 설계조건

가. 대상 구조물

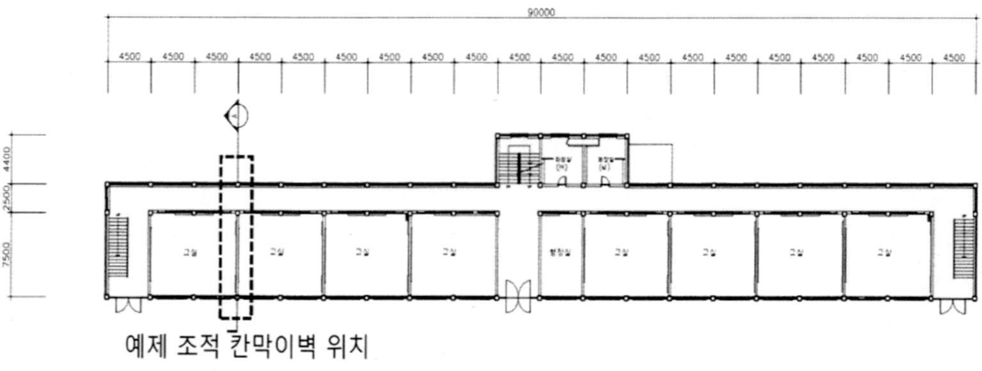

그림 8.1.3(1)a 예제 건물 평면도(출처: AIK & KSEA, 2019)

* The Masonsry Society, TMS 402-16 Building Code Requirements and Specification for Masonry Structures. 2016

† 2005 CEN. EN 1996-1-1: General rules for reinforced and unreinforced masonry structures. 2005

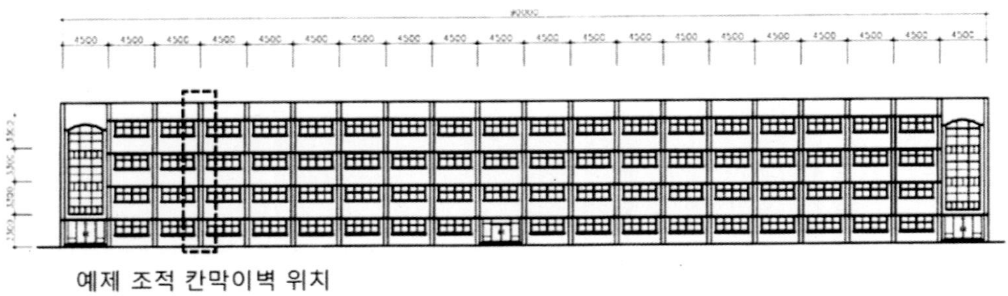

그림 8.1.3(1)b 예제 건물 입면도(출처: AIK & KSEA, 2019)

지붕층 평균 높이	$h = 13.2\text{m}$ (층고 3.3 m × 4층)
유효 건물 중량	$W = 36{,}000\text{kN}$
내진등급과 건축물 중요도	I등급, 중요도(1) → 중요도계수 $I_E = 1.2$
지역계수	$S = 0.22$
지반종류	S_3
단주기 지반증폭계수	$F_a = \text{function}(S, S_3) = 1.460$
1초주기 지반증폭계수	$F_v = \text{function}(S, S_3) = 1.580$
단주기 설계스펙트럼가속도	$S_{DS} = S \times 2.5 \times F_a \times 2/3 = 0.535$
1초주기 설계스펙트럼가속도	$S_{D1} = S \times F_v \times 2/3 = 0.232$
단주기 내진설계범주	D
주기 1초 내진설계범주	D
건축물 최종 내진설계범주	D

나. 비구조요소(조적 칸막이벽)

조적개체 기준치수	190 × 90 × 57 mm

* 조적개체는 중공이 없는 개체 사용
* 중공이 있는 경우 단면이차모멘트 I 또는 탄성단면계수 S 계산 시 반영

조적 칸막이벽 두께	190 mm ($1B$)

* 양면 각각 20 mm 미장 시공으로 인해 전체 칸막이벽 두께는 190 mm + 40 mm에 해당하나 추가되는 미장 부분은 보수적으로 무게에만 반영

조적 칸막이벽 순높이	2,700 mm
조적 칸막이벽 순길이	7,100 mm

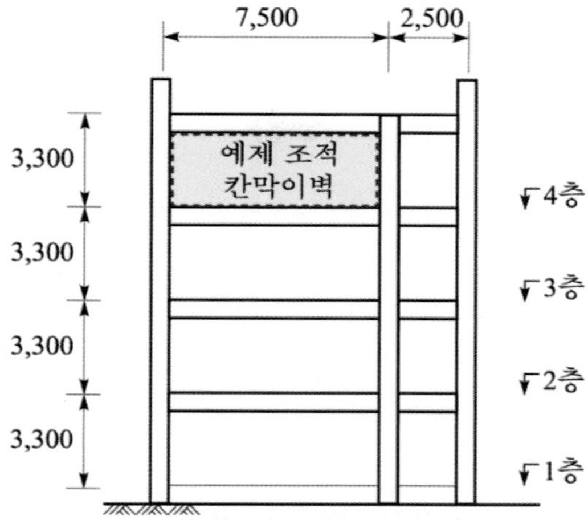

그림 8.1.3(1)c 예제 조적 칸막이벽 위치 단면도

3) 설계하중

가. 비구조요소(조적 칸막이벽) 설계지진하중

최대 설치 높이 $z = 9.9\ \mathrm{m}$ (4층 바닥에 설치)

중요도계수 $I_p = 1.5$

* 피난경로 확보에 지장을 줄 수 있는 중량칸막이벽으로 고려하여 1.5를 적용

* 건물에 대한 중요도계수 I_E와는 별개의 계수임

단위 면적당 중량 $W_p = 20\ \mathrm{kN/m^3} \times 0.23\ \mathrm{mm} = 4.60\ \mathrm{kPa}$

* 단위 중량 $\gamma = 20\ \mathrm{kN/m^3}$ 적용

* 두께 t는 $1.0B$인 190 mm + 2 × 20 mm 미장 적용

· 벽체에 부착물이 있는 경우에는 부착물의 하중도 고려할 것

표 18.3-1 건축비구조요소의 설계계수

건축비구조요소	증폭계수 a_p	반응수정계수 R_p	초과강도계수 Ω_{0p}
내부 비구조벽체 및 칸막이벽			
비보강조적벽	1	1.5	1.5
그밖의 벽과 칸막이	1	2.5	2

수평설계지진력

$$0.3S_{DS}I_pW_p \le F_p = \frac{0.4a_pS_{DS}W_p}{\frac{R_p}{I_p}}\left(1 + 2\frac{z}{h}\right) \le 1.6S_{DS}I_pW_p$$

$$0.3 \times 0.535 \times 1.5 \times 4.60 \le F_p = \frac{0.4\times1\times0.535\times4.60}{\frac{1.5}{1.5}}\left(1 + 2 \times \frac{9.9}{13.2}\right) \le 1.6 \times 0.535 \times 1.5 \times 4.60$$

$$1.10 \le F_p = 2.46 \le 5.90$$

$E_v = \pm 0.2 S_{DS} W_p = \pm 0.2 \times 0.535 \times 4.60 = \pm 0.49 \text{ kPa}$

$E_h = F_p = \pm 2.46 \text{ kPa}$

· 수직지진하중의 영향인 E_v에는 비구조요소의 중요도계수 I_p가 포함되지 않음

나. 비구조요소(조적 칸막이벽) 하중조합

"[KDS 41 12 00 건축물 설계하중] 1.7.1 강도설계법 또는 한계상태설계법의 하중조합" 에서 지진하중과 관련된 하중조합은 다음과 같다.

$$1.2D + 1.0E + 1.0L + 0.2S \quad (1.7\text{-}5)$$

$$0.9D + 1.0E \quad (1.7\text{-}7)$$

여기서, $E = E_h + E_v = F_p \pm 0.2 S_{DS} W_p$이다. 참고로 E_h는 수평방향 지진하중이고, E_v는 수직방향 지진하중이므로 지진하중의 작용방향이 다르다.

주의할 점은 "KDS 41 12 00 건축물 설계하중: 3.7 유사활하중"에 따른 L이 존재한다는 점이다. 따라서 면외하중에 대해 E와 L 하중을 고려한 최종 소요강도는 아래와 같다.

$w_u = E_h + L = 2.46 + 0.25 = 2.71 \text{kN/m}^2$

[KDS 41 12 00 건축물 설계하중] 3.7.2 내벽 횡하중

3. 활하중 3.7 유사활하중 3.7.2 내벽 횡하중 (1) 건축물 내부에 설치되는 높이 1.8m 이상의 각종 내벽은 벽면에 직각방향으로 작용하는 0.25kN/m^2 이상의 등분포하중에 대하여 안전하도록 설계한다. 다만, 이동성 경량칸막이벽 및 이와 유사한 것은 제외한다.

[해설]

손스침의 상하부 주요구조체 사이 공간에 설치되는 부재는 단위면적당 0.25 kN/m^2의 횡하중이 작용하는 것으로 한다.

4) 조적벽 휨강도 검토

횡하중에 대한 조적 칸막이벽의 자유물체도와 전단력 V 및 휨모멘트 M의 분포 형상은 아래와 같다. 횡하중에 대한 조적 칸막이벽의 거동은 휨모멘트에 의해 지배되며, 비보강 조적 칸막이벽이므로 휨강도에 대한 검토를 수행한다. 상부는 형강 등에 의해 횡지지 되는 것으로 가정하였다.

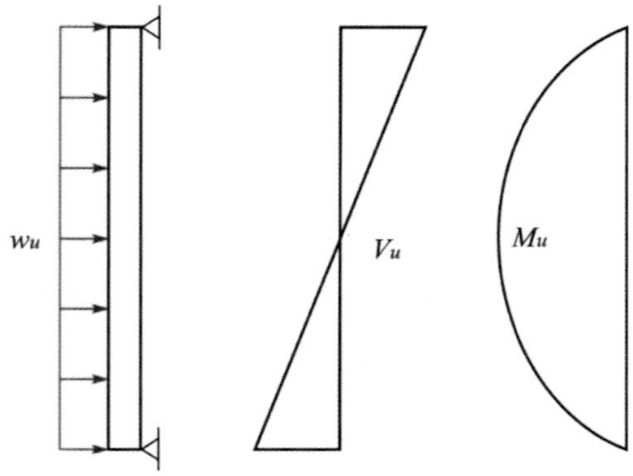

그림 8.1.3(1)d 조적 칸막이벽 전단력 및 휨모멘트 분포

단위 폭 m 당 소요휨모멘트 $M_u = \frac{w_u l^2}{8} = \frac{2.71 \times 2.7^2}{8} = 2.47 \text{ kN} \cdot \text{m}$

단위 폭 m 당 탄성단면계수 $S = \frac{bh^2}{6} = \frac{1 \times 0.190^2}{6} = 0.00602 \text{ m}^3$

단위 폭 m 당 설계휨강도(탄성이론) $\phi M_n = \phi \times S \times f_r$

$= 0.6 \times 0.00602 \times 690$

$= 2.49 \text{ kN} \cdot \text{m} \ (\geq M_u = 2.47 \text{ kN} \cdot \text{m})$

∴ f_r = 690 kPa를 확보할 경우, 해당 조적 칸막이벽은 면외전도에 대해 안전하다.

여기서

강도감소계수(비보강 조적조, 휨) $\phi = 0.80$

"[KDS 41 60 30 조적식구조 강도설계법] 4.1.3 설계강도"에 따르면 $\phi = 0.80$(휨)으로 규정되어 있으나. 이는 보강 조적조(reinforced masonry)의 휨에 대한 계수인 것으로 판단된다. 따라서, 미국의 관련 기준인 TMS 402-16의 9.1.4.3절의 비보강 조적조(unreinforced masonry, URM)에 대한 강도감소계수 $\phi = 0.60$(휨)을 참조하여 적용하였다.

공칭 휨인장강도 $f_r = 690 \text{ kPa}$

f_r은 실험에 의해 산정하거나. 조적프리즘의 배합(조적개체 및 모르타르 배합) 조건에 따라 산정할 수 있다. 하지만, 국내 조적프리즘 강도에 대한 자료가 아직 부족한 상황이므로 진행 중이거나 앞으로 진행될 국내 연구결과를 참조하여야 할 것으로 판단된다. 간단히 참조 가능한 지표로는 "[학교시설 내진성능평가 및 보강매뉴얼(2021)] 표 6-1"의 설계기준 인장강도가 있으나, 구조적인 역할이 전혀 고려 되지 않던 기존 건물의 조적에 대한 자료이므로 140 kPa 이하로 상당히 낮은 값이다. 이 예제에서는 미국 기준 "[TMS 402-16] Table 9.1.9.2 - Modulus of rupture, f_r"에서 모르타르 타입 mortar cement N 이상을 가정하여 f_r = 690 kPa 을 적용하였다.

[KDS 41 60 30 조적식구조 강도설계법] 4.1.3 설계강도

4. 설계

4.1 일반사항

4.1.3 설계강도

4.1.3.2 면외하중에 대한 벽체설계

(1) 계수축하중이 $0.04f'_mA_e$이하인 경우의 벽체의휨: $\phi=0.80$

(2) 계수축하중이 $0.04f'_mA_e$이상인 경우의 벽체의 단순한 축하중이나 휨을 포함하는 축하중: $\phi=0.80$

(3) 전단: $\phi=0.60$

4.1.3.3 면내하중에 대한 벽체설계

(1) 단순한 축하중이나 휨을 포함하는 축하중: $\phi=0.65$

f_y가 413MPa를 초과하지 않고 대칭 보강되어 있는 벽체에 대해서는 ϕP_n이 $0.10f'_mA_e$ 또는 $0.25P_b$에서 0까지 변할 때, ϕ값이 0.85까지 선형적으로 변한다. 속찬 충전벽에 대해서 P_b 값은 식(4.1-10)에 의해 구할 수 있다.

$$P_b = 0.85f'_mba_b \quad (4.1\text{-}10)$$

(2) 전단: $\phi=0.60$

공칭전단강도가 계수하중 조합에 있어 공칭휨강도에 의해 발생하는 전단을 초과하는 전단벽에 대해서는 ϕ값을 0.80으로 사용할 수 있다.

5) 상부 지지부 검토

조적 칸막이벽의 하부는 콘크리트나 모르타르 바닥 위에 모르타르 줄눈으로 직접 부착되어 면외하중에 대해 지지부의 전단강도는 충분한 것으로 가정하였다.

단위 폭 m 당 상부 지지부 소요전단력 $V_u = \frac{w_u l}{2} = \frac{(\Omega_{0p}\times E_p + L)\times l}{2}$

$= \frac{(1.5\times 2.46 + 0.25)\times 2.7}{2} = 5.32\text{ kN}$

여기서

초과강도계수 $\Omega_{0p} = 1.5$

단, 접합부 앵커강도가 콘크리트 정착이 아닌 앵커 강재의 연성에 의해 지배될 때에는 Ω_{0p}를 고려할 필요가 없다.

상부 지지부는 다음 그림에 보인 바와 같이 0.6 m 간격으로 $\text{C} - 200 \times 50 \times 50 \times 4.5$와 2개의 앵커를 가정하였다.

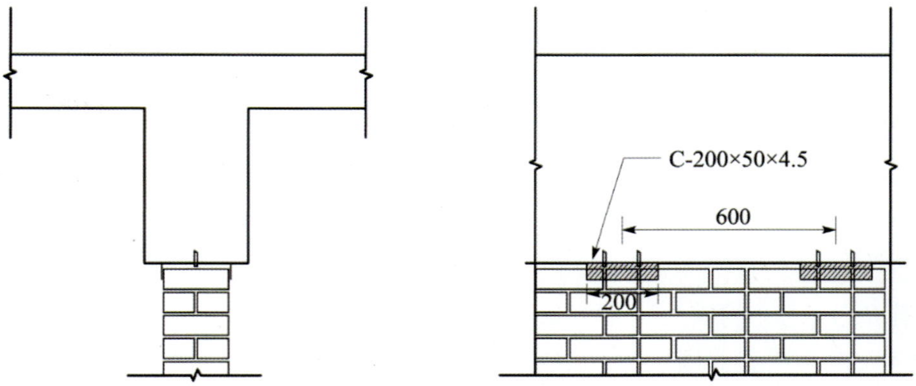

그림 8.3.1(1)e 조적 칸막이벽 상부 지지부 상세

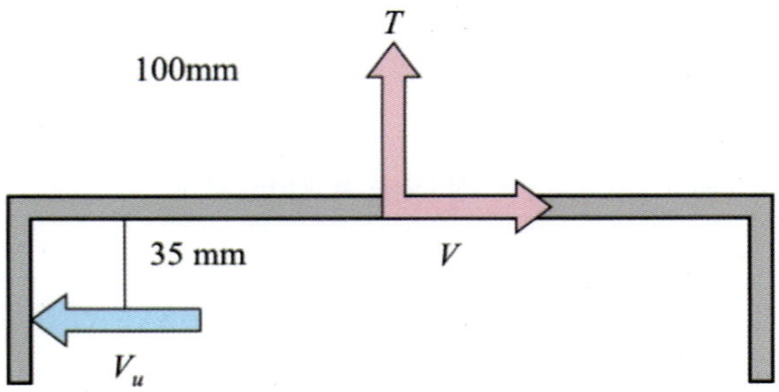

그림 8.3.1(1)f 상부지지 접합부 반력 개념도

2개의 앵커에 가해지는 전체 하중은 다음의 전단력과 인장력이 조합력으로 작용한다.

0.6 m 당 상부 지지부 소요전단력 $V_u = 5.32\ \text{kN/m} \times 0.6\ \text{m} = 3.19\ \text{kN}$

0.6 m 당 상부 지지부 소요인장력 $T_u = 3.19\ \text{kN} \times \frac{35\ \text{mm}}{100\ \text{mm}} = 1.12\ \text{kN}$

상부 RC보 하단에서 V_u 작용점까지의 수직 거리

= 이격거리 20 mm (가정) + 0.5 × (접촉 형강길이 50 mm – 20mm) = 35 mm

따라서 2개의 앵커에 의한 전체 강도가 조합강도 기준으로 설계전단강도 3.19 kN, 설계 인장강도 1.12 kN 이상이면 상부 지지부는 적정하다.

형강도 이러한 하중에 대해 적정하도록 재료강도 및 치수를 결정하여야 한다.

상부 지지부 소요 휨모멘트 $M_u = 3.19\ \text{kN} \times 35\ \text{mm} = 0.112\ \text{kN} \cdot \text{m}$

상부 지지부 설계 휨모멘트

$$\phi M_n = 0.9 \times S \times F_y$$
$$= 0.9 \times \frac{200 \times 4.5^2}{6} \times 235(\text{가정})$$
$$= 0.143\ \text{kN} \cdot \text{m} (\geq M_u = 0.112\ \text{kN} \cdot \text{m})$$

∴ 예제의 경우 형강 플랜지가 휨에 대해 지배될 것이므로 이에 대해 다음과 같이 검토한 결과, 적정한 것으로 나타났다. 보수적으로 형강 플랜지는 탄성상태를 바탕으로 공칭강

도를 계산하였다.

만약, 하부 지지부가 콘크리트나 모르타르 바닥 위에 모르타르 줄눈으로 직접 부착되지 않아 전단강도가 충분하지 않을 것으로 판단되거나 계산되는 경우에는 상부 지지부와 유사한 방법을 적용할 수 있다.

6) 이격 조인트를 사용하는 경우 검토

조적 칸막이벽을 모멘트골조로부터 이격하는 경우에는 이격 조인트 간격이 구조물의 상대변위 이상이어야 한다. 따라서 여기에서는 이격 조인트를 사용하는 경우에 대한 필요한 이격량(즉, 상대변위)을 검토한다.

비구조요소가 수용해야 할 지진에 의한 상대변위는 다음과 같다.

$$D_{pI} = D_p I_E \qquad (18.2\text{-}6)$$

이 식에서 주의해야 할 사항은 I_E로 상대변위 검토 시에는 비구조요소의 중요도계수 I_p가 아닌 건물의 중요도계수 I_E를 반영한다. 참고로. 건물의 층간변위 계산 시에는 I_E가 배 제되나 비구조요소에서는 I_E가 반영된다. 상대변위 D_p는 건물 구조체의 조적 칸막이벽 하 단부 위치에 대한 조적 칸막이벽 상단부 위치의 상대변위에 해당한다.

건물의 구조설계가 완성된 경우에는 이를 반영하여 D_{pI}를 산정할 수 있다. 예를 들어, 건물의 구조설계에서 산정된 최대 층변형각이 1.0 %일 경우 높이 2,700 mm의 해당 조적 칸막이벽에 대해 식 (18.2-7)을 사용하여 산정하면 다음과 같다.

$$D_{pI} = D_p I_E = 2{,}700 \times 1.0\% \times 1.2 = 32.4 \text{ mm}$$

따라서 모멘트골조로부터 조적 칸막이벽이 이격되어야 하는 경우, 그 이격량은 조적 칸막이벽 좌우 각각 32.4mm 이상이어야 한다.

건물의 구조설계 결과를 알 수 없는 경우, 식 (18.2-8)을 사용하여 산정하면 다음과 같다.

$$D_{pI} = D_p I_E = 2{,}700 \times 1.5\% \times 1.2 = 48.6 \text{ mm}$$

여기서, 1.5%는 중요도 (1)에 해당하는 건물의 허용 층간변형각에 해당한다. 따라서 이 때의 이격량은 조적 칸막이벽의 좌우 각각 48.6 mm 이상이어야 한다. 비구조 조적 칸막이벽을 모멘트골조부터 이격시키는 경우 좌우 양단부의 필요 이격량이 작지 않은 것을 알 수 있다.

7) 아치작용을 고려한 면외전도 안전성 검토

"학교시설 내진성능평가 및 보강 매뉴얼(2021)"의 아치작용에 의한 조적채움벽 면외강도 부분을 인용한 것으로, 이를 이용해 조적 칸막이벽 면외검토를 수행하였다.

[학교시설 내진성능평가 및 보강 매뉴얼(2019)] 1.8 용어

제1장 일반사항

1.8 용어

- 아치작용(arching action)

  면외방향 하중에 익해 중앙부에서 분리된 채움벽 조각 이 각각 양단부를 중심으로 회전할 때, 인접골조 사이에 끼임현상으로 인해 발생하는 탈락에 대한 저항능력

[학교시설 내진성능평가 및 보강 매뉴얼(2019)] 6.1.5(5) 면외 강도

제6장 조적채움벽구조와 조적조

6.1 조적채움벽 골조

6.1.5 면외방향의 검토

(5) 면외 강도

① 면외방향 검토 시 조적벽체의 면외강도는 휨균열에 의해 전도를 발생시키는 등분포 횡하중의 합으로 정의한다.

② 아치 작용(arching action)을 고려할 수 있는 경우

아치 작용을 기대하기 위해서는 채움벽이 주위의 골조와 완전히 접촉하고 있어야 하며 채움벽의 높이/두께비 (h_m/t_m)가 25 이하이어야 한다. 해당 조건 만족 시 채움벽의 면외전도에 대한 공칭강도 Q_{CL}는 식 (6-17)로 산정한다.

$$Q_{CL} = q_{in}A_{in} = \frac{0.7f'_m\lambda_2}{h_m/t_m}A_{in} \qquad (6\text{-}17)$$

여기서,

Q_{CL}: 조적채움벽의 면외전도에 대한 공칭강도(N)

q_{in}: 조적채움벽의 단위면적당 면외전도에 대한 공칭강도(MPa)

A_{in}: 조적채움벽 입면의 면적(mm^2)

f'_m: 조적채움벽의 설계기준 압축강도(MPa)

λ_2: <표 6-8>의 값을 사용한다.

③ 아치 작용을 고려할 수 없는 경우

아치작용을 고려할 수 없는 경우 해당 채움벽의 형상과 경계조건을 고려하여 휨균열을 발생시키는 등분포횡하중을 면외강도로 산정한다. 현장조사를 통해 조적벽체와 골조 경계면 사이에 틈새가 존재하지 않는 것을 확인하는 경우 핀지지로 볼 수 있다. 확인하지 않는 경우 보수적으로 조적채움벽을 수직 캔틸레버로 간주하고 휨균열이 발생하는 수평하중을 면외방향 하중작용 시의 강도로 결정한다.

<표 6-8> 벽체의 높이-두께 비(h_m/t_m)에 대한 계수 λ_2[1)]

h_m/t_m	5	10	15	25
λ_2	0.129	0.060	0.034	0.013

1) 선형 보간하여 적용한다.

조적채움벽의 면외하중은 등분포를 가정하여 단위면적당 면외하중을 고려하므로 $Q_{CL} = q_{in}A_{in} = \frac{0.7f'_m\lambda_2}{h_m/t_m}A_{in}$에서 단위면적당 면외강도인 q_{in}과 비교를 통해 아치작용에 의한 면외강도 적합성 여부를 판별할 수 있다.

$q_{in} = \frac{0.7f'_m\lambda_2}{h_m/t_m}$ 적용에서 주의하여야 할 값은 f'_m의 결정이다. 골조와의 이격으로 인해 양단 단순지지 조건에서의 휨모멘트 저항을 고려할 경우에는 작지 않은 휨인장강도 f_r이 필요하다. 하지만, 아치작용 고려가 가능한 경우에는 면익저항을 위해 상대적으로 큰 프리즘 압축강도 f'_m이 필요하지 않으므로 일반적인 조적상태에 해당하는 "학교시설 내진성능평가 및 보강 매뉴얼(2021)" <표 6-1>의 보통 상태 f'_m인 4.1 MPa를 적용하였다.

<표 6-1> <표 6-1> 조적벽의 설계기준강도 기본값 (MPa)

조적의 상태		양호[1)]	보통[2)]	불량[3)]
설계기준 압축강도		6.2	4.1	2.1
설계기준 휨인장강도		0.14	0.07	0
설계기준 전단강도	수평 및 수직 줄눈이 밀실하게 채워진 경우	0.19	0.14	0.09
	수평 및 수직 줄눈이 밀실하게 채워지지 않은 경우	0.076	0.055	0.035

1) 조적개체와 줄눈에 열화가 나타나지 않고 육안으로 확인되는 균열이 없는 경우
2) 조적개체와 줄눈에 열화가 나타나지 않고 육안으로 확인되는 미세한 균열이 있는 경우
3) 조적개체 또는 줄눈에 열화가 나타나거나 심각한 균열이 있는 경우

특이한 사항은 아치작용을 고려하기 위해 채움벽의 골조사이가 4변에서 모두 채워져 있도록 시공되어야 하는 조건이 있으나, 면외강도 식에서는 채움벽의 순높이인 h_m만 고려할 뿐 채움벽의 길이는 고려대상이 아니라는 점이다. 이는 조적의 전도에 따른 인명피해의 방 지에 초점을 맞추었기 때문인 것으로 생각된다.

조적프리즘 설계기준 압축강도 $f'_m = 4.1$ MPa (가정)
조적 칸막이벽 순높이 $h_m = 2{,}700$ mm
조적 칸막이벽 두께 $t_m = 190$ mm(1.0B)

여기서, 미장 두께는 하중이 되는 무게에는 반영하였으나, 강도 계산 시에는 일정한 미장 두께의 불확실성을 감안해 보수적으로 t_m에서 제외하였다.

칸막이벽 높이/두께비 h_m/t_m = 2700 mm / 190mm = 14.21

→ 25이하이므로 적용 가능

$$q_{in} = \frac{0.7f'_m\lambda_2}{h_m/t_m} = \frac{0.7\times4.1\times(0.060-(0.060-0.034)\times4.21/5)}{h_m/t_m}$$

$$= 0.00770 \text{ N/mm}^2$$

$$= 7.70 \text{ kPa } (\geq w_u = 2.71 \text{ kPa}) \quad \text{(O.K)}$$

따라서. 아치작용 고려가 가능한 조건인 경우 해당 조적 칸막이벽은 면외전도에 대해 안전하다.

참고로 앞에서 언급한 바와 같이. 2019년 이후의 건축구조기준을 따르는 신축건물에서 골조와 비구조 조적조 사이에 이격을 둘 수 있으므로, 이 때에는 아치작용의 유효성에 대한 책임구조기 술자의 고려가 필요하다.

(2) 기계 및 전기 비구조요소: 배관시스템

목차

마. 행거(hangers) 설계
바. 정착부(anchorage) 설계
5) 변위 제한 설계
가. 구조체의 변위 설계
나. 구조물 간 변위검토

1) 개요

중요도계수 $I_p = 1.5$에 해당하는 배관시스템의 내진설계를 다룬다. 이를 통해 배관시스템에 대한 내진요구사항을 파악하고, 시스템의 고정장치 및 가새, 건물 내 구조물간 변위를 검토한다. 예제는 시스템의 서로 다른 구성 요소의 힘 및 변위 요구량에 대해 계산하였으며, 다양한 세부 구성요소(가새, 앵커볼트 등)의 상세설계는 다루지 않았다.

대상 예제는 2층 구조물의 지붕에 매달려 지지되는 냉수 배관시스템으로, 3개의 배관라인으로 구성되어 있다. 인접한 구조물에 연결하기 위해 배관라인 중 하나가 '내진분리이음(Seismic Separation Joint)'를 적용하였다.

그림 8.1.3(2)a 내진분리이음(Seismic Separation Joint) [animation] (출처: https://www.victaulic.com/)
내진 건축물의 내진배관에 적용되는 장치이며, 지진 변위흡수에 적합하도록 설계된다.

기본 배관설비는 다음 그림과 같다.

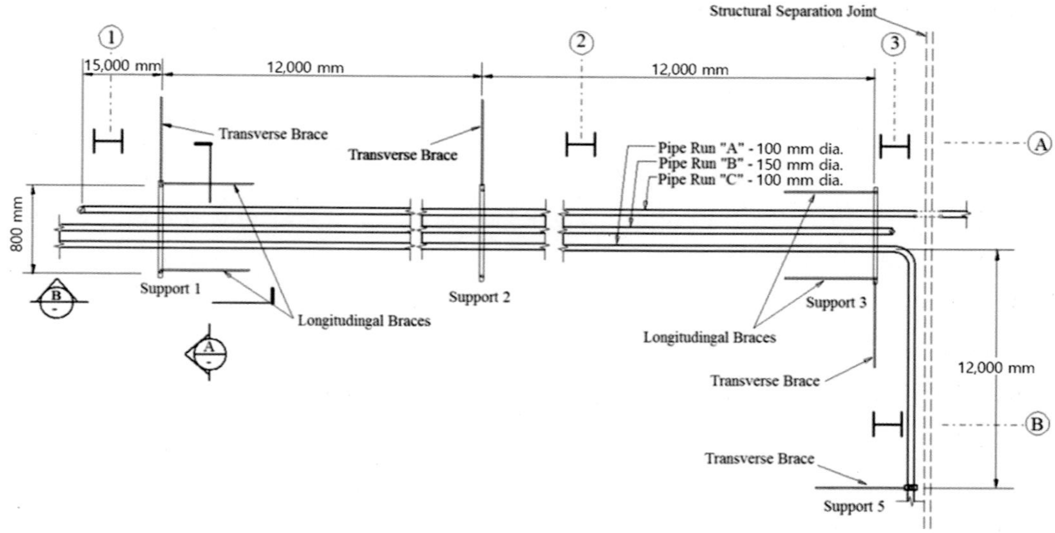

그림 8.1.3(2)b1 배관설비 평면도

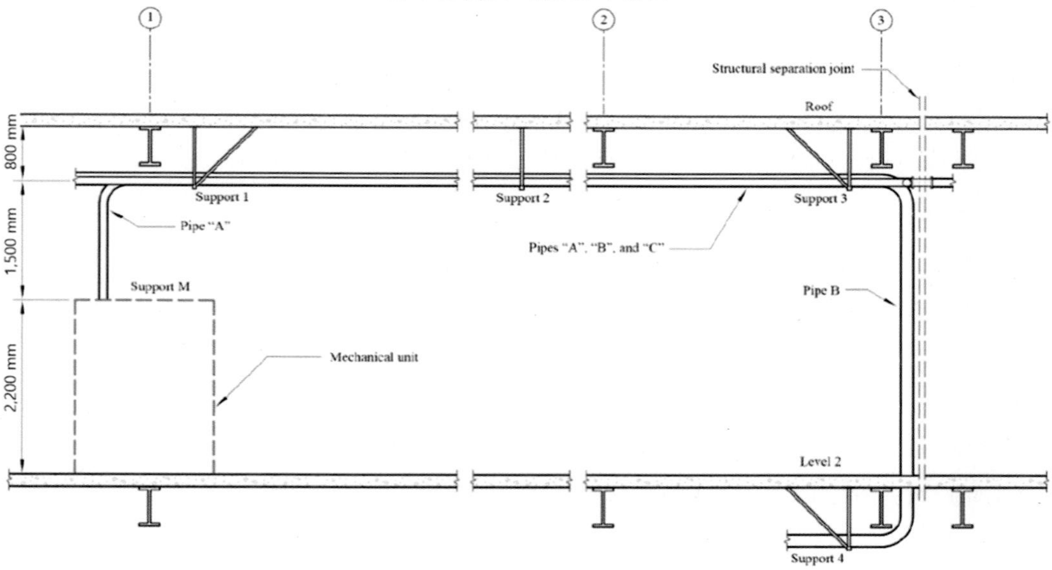

그림 8.1.3(2)b2 배관설비의 단면도

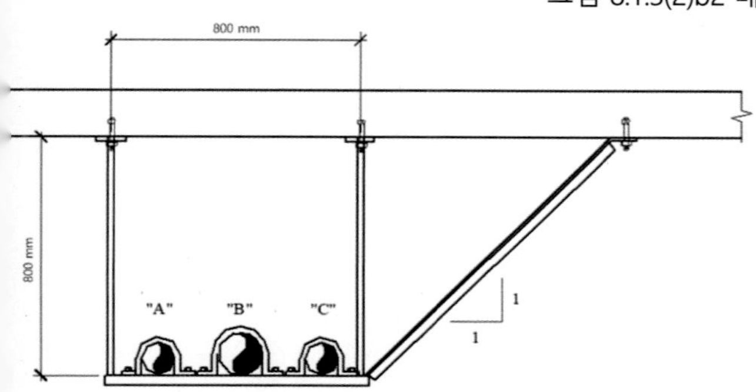

그림 8.1.3(2)c1 기본 배관설비 단면 A, Support 1

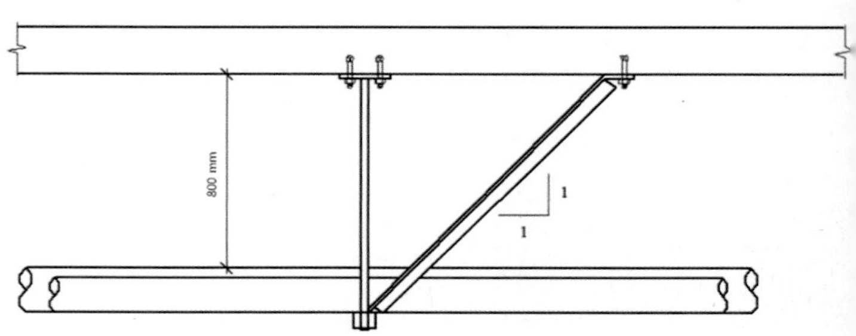

그림 8.1.3(2)c2 기본 배관설비 단면 B, Support 1

가. 설계 요건

중요도계수 $I_p = 1.5$

배관시스템에 대한 내진설계는 시스템 중요도계수 I_p와 배관 직경 및 설치 형태에 따라 달라진다. 중요도계수는 “[KDS 41 17 00] 18.1.2 중요도계수”에 의해서 결정된다. 원칙적으로 비구조요소의 중요도는 건물의 중요도와 다르게 정의되지만, 건물의 중요도가 "특"에 해당하는 시설물의 지속적인 기능수행을 위해 필요하거나 손상 시 시설물의 지속적인 가동에 지장을 줄 수 있는 비구조요소는 $I_p = 1.5$를 적용한다.

“[KDS 41 17 00] 18.1.1 적용범위”의 예외조항 ①, ②에 해당하는 전기 및 기계비구조요소는 내진설계 대상에서 제외된다. 따라서 사용자는 중요도에 대한 내진설계 요건에서 면제에 해당하는지를 확인하여야 한다. 이 면제조항은 $I_p = 1.0$에만 적용되므로 이 예제에는 적용되지 않는다.

“[KDS 41 17 00] 18.4 기계 및 전기 비구조요소”에 의하여 중요도계수가 1.5인 경우 비구조요소 자체(즉, 배관)뿐만 아니라 앵커와 가새와 같이 부착되는 부분과 나머지 부분사이에 하중전달에 문제가 없는지 검토하여야 한다.

배관 설비는 [KDS 41 17 00]의 다음 요건을 충족해야 한다.

- 18.4.2.3 지지부
- 18.4.6 파이프 및 배관시스템
- 18.5 비구조요소의 정착부

나. 시스템 구성

배관설비는 3개의 배관 라인으로 구성된다.

- 배관라인 "A": 호칭경 100 mm 배관. ①열에서 큰 기계장치와 연결되어 있음. 2층에서 지지됨. ③열에서 인접 구조물과 사이에서 내진분리이음을 지남
- 배관라인 "B": 호칭경 150 mm 배관. ③열에 수직배관이 있음
- 배관라인 "C": 호칭경 100 mm 배관. ③-Ⓐ기둥에서 ③열과 평행하게 90°로 꺾어짐

이 시스템은 나사 연결부가 있는 "KS D 3562 압력 배관용 탄소강관"의 ‘스케줄* 40’ 배관으로 구성되어 있다. 이 예제에서는 배관시스템에 작용하는 지진력을 적용하여, 파이프에 작용하는 응력을 검토하고, 가새와 앵커를 설계하며, 상대변위를 검토한다.

배관의 지지 및 횡보강(가새)의 세부사항은 배관업체에 따라 다르므로, 이 예제에서는 규정된 지진하중 및 이에 따른 변위와 배관시스템 자체의 응력 검토를 주로 다루었다. 지진하중과 변위가 결정된 후에 가새 및 앵커의 설계는 KDS 41 17 00를 따른다.

---

* Schedule(SCH)은 운전압력(P)을 배관재질의 최대허용응력(S) 값으로 나눈 값에 1000을 곱한 것으로써 압력과 최대허용응력의 단위는 psi를 사용한다. 스케줄 번호가 클수록 더 두꺼운 두께를 의미한다.

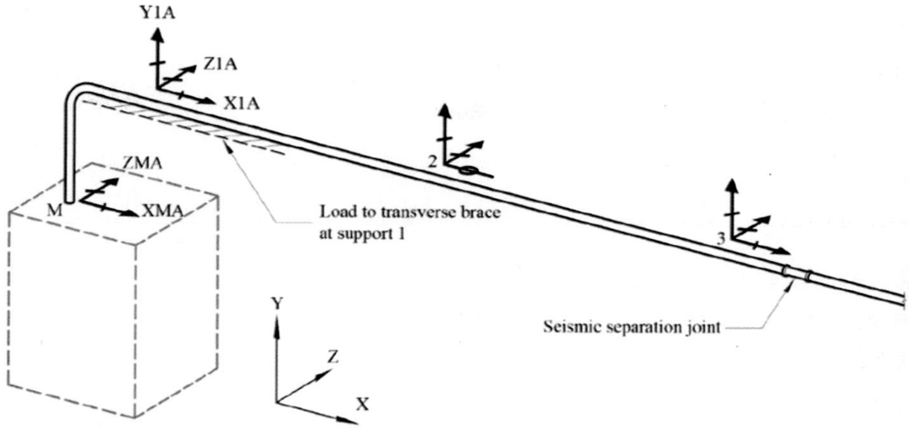

그림 8.1.3(2)d1 배관라인 "A" 호칭경 100 mm

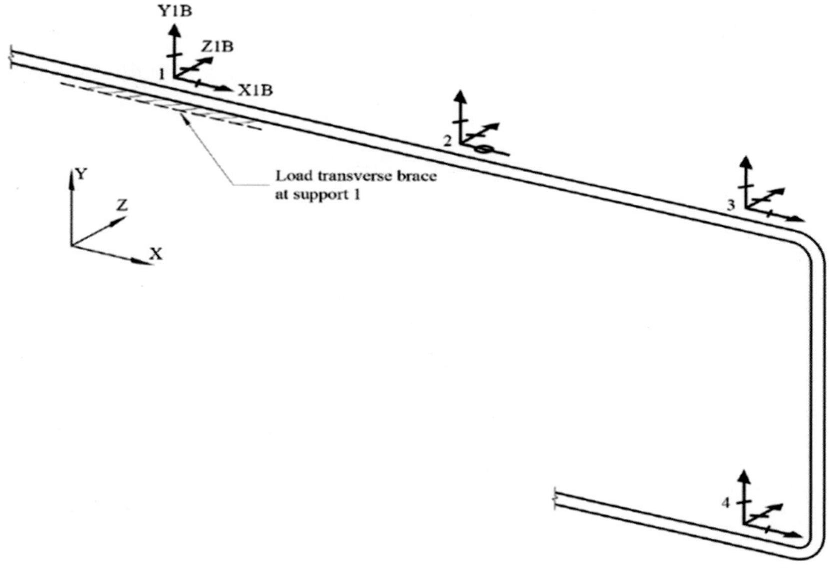

그림 8.1.3(2)d2 배관라인 "B" 호칭경 150 mm

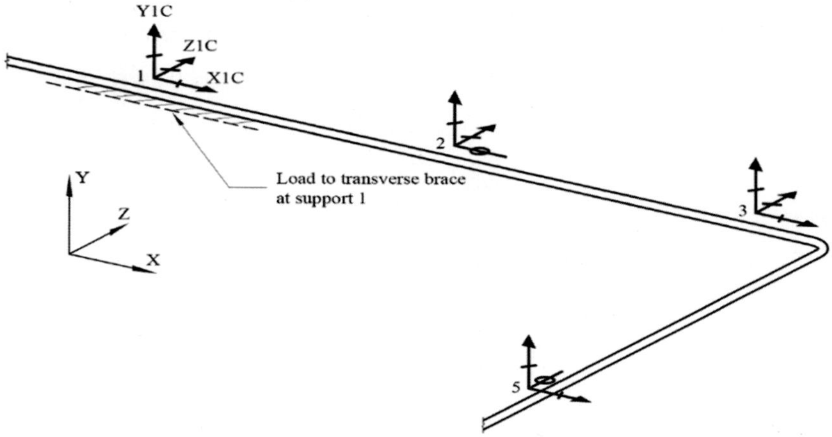

그림 8.1.3(2)d3 배관라인 "C" 호칭경 100 mm

2) 설계조건

가. 내진설계 계수

표 18.4-1 기계 및 전기비구조요소의 설계계수

기계 및 전기비구조요소	증폭계수 a_p	반응수정계수 R_p	초과강도계수 Ω_{0p}
배관시스템			
관련전문기준을 따르지 않는 파이프 및 튜브로 대변형이 가능한 재료 혹은 변형이 제한된 재료로 이루어져 있으면서 나사, 본드, 압축커플링, 그루브 커플링의 접합부를 가진 경우	2.5	4.5	2

지역계수 $S = 0.22$

지반조건 S_3

단주기 지반증폭계수 $F_a = \text{function}(S, S_3) = 1.460$

단주기 설계스펙트럼가속도 $S_{DS} = S \times 2.5 \times F_a \times 2/3 = 0.54$

비구조요소의 중요도계수 $I_p = 1.5$

지붕높이 $h = 9{,}000\text{ mm}$

층고 $h_{sx} = 4{,}500\text{ mm}$

지붕에 고정된 부착물 높이 $z = 9{,}000\text{ mm}$

→ $\frac{z}{h} = \frac{9{,}000\text{ mm}}{9{,}000\text{ mm}} = 1.0$

중력하중에 대한 (비내진) 지지대 간격 $L_{grav\ sup} = 3{,}000\text{ mm}$

횡방향 가새 간격(lateral brace spacing) $L_{lat\ brace} = 12{,}000\text{ mm}$

종방향 가새 간격(longitudinal brace spacing) $L_{long\ brace} = 24{,}000\text{ mm}$

시스템 작동 압력 $P = 1.38\text{ N/mm}^2$ (200 psi)

KSD4307 / SPPS(ERW) 나사형 연결부 $F_y = 235\text{N/mm}^2$

물이 채워진 D114.3mm × 6.0t 배관 고정하중 $D = W_p = 0.24\text{ N/mm}$

물이 채워진 D165.2mm × 7.1t 배관 고정하중 $D = W_p = 0.46\text{ N/mm}$

나. 설계하중

$F_p = \frac{0.4 a_p S_{DS} W_p}{R_p / I_p}\left(1 + 2\frac{z}{h}\right) = \frac{0.4 \times 2.5 \times 0.54 \times W_p}{4.5/1.5}(1 + 2 \times 1) = 0.54 W_p$ (18.2-1)

최대하중 $F_p = 1.6 S_{DS} I_p W_p = 1.6 \times 0.54 \times 1.5 \times W_p = 1.296 W_p$ (18.2-2)

최소하중 $F_p = 0.3 S_{DS} I_p W_p = 0.3 \times 0.54 \times 1.5 \times W_p = 0.243 W_p$ (18.2-3)

수직하중 $F_v = \pm 0.2 S_{DS} W_p = \pm 0.2 \times 0.54 \times W_p = \pm 0.108 W_p$ (18.2.1.2)

→ $F_{p\min} < F_p = 0\ 54\ W_p < F_{p\max}$ 이므로, $F_p = 0.54 W_p$ 적용

다. 정착과 상대변위

비구조요소를 정착하는 방법은 볼트나 용접과 같이 중력에 의한 마찰저항을 활용하지 않는 방법을 사용해야 한다. 또한, KDS 41 17 00 "18.2.3 상대변위"에 따라 지진에 의한 상대변위의 영향을 검토하여야 한다.

3) 배관시스템의 설계

"[KDS 41] 18.1.3 설계 고려사항"에 부합하여야 한다.

가. 배관의 응력 검토

내진 지지점의 간격은 보통 배관의 응력에 의해 결정된다. 따라서 배관에 대한 가새 간격을 가정하고, 파이프의 응력 검토를 먼저 수행한다. 높은 온도나 압력이 작용하지 않는 일반 배관의 경우, 배관의 응력 체크를 위하여 다음과 같이 가정할 수 있다.

- 배관의 종방향으로 작용하는 지진력은 종방향으로 배치되는 가새가 지지하는 것으로 하고, 배관길이의 직각방향으로 작용하는 지진하중에 대해서는 직각방향으로 배치된 가새의 간격을 스팬으로 하는 연속보로 가정한다.
- 배관의 허용응력은 "[KDS 41] 18.4.9 기타 기계 및 전기 비구조요소"의 ②에 의해 정해지며, 나사형 연결부가 있는 배관의 경우 허용응력은 공칭강도의 70%로 제한된다.

[그림 8.1.3(2)b 배관설비 평면도]의 12,000 mm 구간의 배관 계산은 다음과 같다.

- 호칭경 100 mm 파이프:

내부지름	$d_1 = 102.3$ mm
외경지름	$d = 114.3$ mm
배관두께	$t = 6.0$ mm
소성계수	$Z = \frac{d^3}{6} - \frac{d_1^3}{6} = 70{,}445$ mm^3
단면2차모멘트	$I = \frac{\pi}{64}(d^4 - d_1^4) = 3{,}002{,}116$ mm^4

- 호칭경 150 mm 파이프:

내부지름	$d_1 = 151.0$ mm
외경지름	$d = 165.2$ mm
배관두께	$t = 7.1$ mm
소성계수	$Z = \frac{d^3}{6} - \frac{d_1^3}{6} = 177{,}588$ mm^3
단면2차모덴트	$I = \frac{\pi}{64}(d^4 - d_1^4) = 11{,}040{,}502$ mm^4

A. 압력과 수직하중에 의한 하중

압력과 수직하중에 의한 종방향 응력은 아래의 식을 이용하여 계산할 수 있다.

압력에 익한 응력 + 휨에 의한 응력 $S_L = \frac{Pd}{4t} + \frac{M_g}{Z}$

여기서

S_L = 압력과 수직하중에 익한 응력의 합계

P = 내부 설계압력, N/mm²

d = 외경지름, mm

t = 배관 두께, mm

M_g = 무게와 지속적인 하중에 의해 수직단면에 작용하는 모멘트, N · mm

Z = 단면계수, mm³

중력방향의 지점은 3,000 mm 마다 위치한다. 따라서 수직하중에 의한 모멘트(M_g)는 다음과 같이 계산할 수 있다.

$$M_g = \frac{Dl^2}{8} = \frac{D(3,000)^2}{8} = 1,125,000D$$

▪ 단위길이당 하중이 0.24 N/mm인 호칭경 100 mm 파이프

$$M_g = 1,125,000D = 1,125,000 \times 0.24 = 270,000 \text{ N} \cdot \text{mm}$$
$$S_{L-DeadLoad} = \frac{M_g}{Z} = \frac{270,000}{70,445} = 3.83 \text{ N/mm}^2$$
$$S_{L-Pressure} = \frac{Pd}{4t} = \frac{1.38 \times 114.6}{4 \times 6.0} = 6.59 \text{ N/mm}^2$$

▪ 단위길이당 하중이 0.46 N/mm인 호칭경 150 mm 파이프

$$M_g = 1,125,000D = 1,125,000 \times 0.46 = 517,500 \text{ N} \cdot \text{mm}$$
$$S_{L-DeadLoad} = \frac{M_g}{Z} = \frac{517,500}{177,588} = 2.91 \text{ N/mm}^2$$
$$S_{L-Pressure} = \frac{Pd}{4t} = \frac{1.38 \times 165.2}{4 \times 7.1} = 8.03 \text{ N/mm}^2$$

B. 배관라인 "A"와 "C"에 작용하는 지진하중

하중이 작용하는 배관라인을 연속보로 이상화 하여 최대 휨모멘트와 반력을 계산할 수 있다. 배관라인 "A"와 "C"의 호칭경 100mm 배관은 [그림 8.1.3(2)d 배관라인]과 같이 개략적으로 나타낼 수 있으며, 이 배관은 2경간 연속보로 이상화 할 수 있다.

수평지진하중 $F_p = 0.54W_p = 0.54 \times 0.24 = 0.1296 \text{ N/mm} = w$

수평지진하중에 의한 최대모멘트 $M_E = \frac{wl^2}{8} = \frac{0.1296 \times 12,000^2}{8} = 2,332.800 \text{ N} \cdot \text{mm}$

M_E에 의한 휨응력 $f_{bh} = \frac{M_E}{Z} = \frac{2,332.800}{70,445} = 33.12 \text{ N/mm}^2$

수직지진하중 $E_v = 0.108W_p$

수직지진하중에 의한 최대모멘트 $M_v = \frac{E_v l^2}{8} = \frac{0.108 \times 0.24 \times 3,000^2}{8} = 29,160 \text{ N} \cdot \text{mm}$

M_v에 의한 휨응력 $f_{bv} = \frac{M_v}{Z} = \frac{29.160}{70,445} = 0.414 \text{ N/mm}^2$

수직지진하중이 작용하는 경우는 지점거리를 횡방향 가새 간격(lateral brace spacing)이 아니라 중력하중에 대한 (비내진) 지지대 간격(vertical supports)으로 계산한다.

지진하중이 포함된 경우 "[KDS 41 12 00 건축물 설계하중] 1.7 하중조합"에 의해 다음의 하중조합을 적용한다. 예제의 활하중 L과 적설하중 S는 0이고, 고정하중 D는 고정하중에 의한 휨응력을 포함한다.

$$U = (1.2 + 0.2S_{DS})D + 1.0E + 1.0L + 0.2S \qquad (1.7\text{-}5)$$

$$U = 0.9 \times (1.2 + 0.2S_{DS})D + 1.0E \qquad (1.7\text{-}7)$$

내부압력에 대한 계수하중은 고정하중과 같다. 따라서 설계응력은 다음과 같다.

$$U = (1.2 + 0.2 \times 0.54) \times 3.83 + 1.2 \times 6.59 + 1.0 \times 33.12 = 46.04\ \text{N/mm}^2$$

KDS 41 17 00 18.4.9의 ②절에 따른 허용응력은 다음과 같다.

$$0.7F_y = 0.7(235) = 164.5\ \text{N/mm}^2$$

설계응력과 허용응력을 비교하면 다음과 같다.

$$U = 74.24\ \text{N/mm}^2 < 0.7(235) = 164.5\ \text{N/mm}^2\ \text{(O.K)}$$

예제는 단순화를 위해 다수의 가정을 포함했다. 좀 더 정확한 설계를 하려면, 배관의 휨모멘트를 더 정확하게 설정하고, 배관이 두 개의 축에서 힘을 각각 개별적으로 받는 것으로 고려하여야 한다. 여기서, 파이프 벽면의 응력산정에 있어서 고정하중(수직지진하중 포함)과 수평지진하중에 의하여 발생하는 최대 응력은 파이프의 서로 다른 위치에서 발생한다는 것을 고려할 필요가 있다. 수직하중으로 인한 최대응력은 배관의 상단과 하단에서 발생하며, 수평하중으로 인한 피크 응력은 배관의 중간지점에서 발생한다. 따라서 지진하중으로 인한 수직방향과 수평방향 하중에 의한 응력 발생위치가 동일하다고 가정하여 각각의 응력을 합산하는 것은 보수적 계산 방법이다.

C. 배관라인 "B"의 지진하중

[그림 8.1.3(2)d 배관라인]에 개략적으로 표시된 호칭경 150 mm 배관설비는, 2경간 연속보로 볼 수 있다. 2층과 지붕 사이 길이 4,500 mm의 수직방향 부재의 영향은 별도로 고려하기로 한다.

수평지진하중	$F_p = 0.54W_p = 0.54 \times 0.46 = 0.2484\ \text{N/mm} = w$
수평지진하중에 의한 최대모멘트	$M_E = \frac{wl^2}{8} = \frac{0.2484 \times 12{,}000^2}{8} = 4{,}471{,}200\ \text{N} \cdot \text{mm}$
M_E에 의한 휨응력	$f_{bh} = \frac{M_E}{Z} = \frac{4{,}471{,}200}{177{,}588} = 25.177\ \text{N/mm}^2$
수직지진하중	$E_v = 0.108W_p$
수직지진하중에 의한 최대모멘트	$M_v = \frac{E_v l^2}{8} = \frac{0.108 \times 0.46 \times 3{,}000^8}{8} = 55{,}890\ \text{N} \cdot \text{mm}$
M_v에 의한 휨응력	$f_{bv} = \frac{M_v}{Z} = \frac{55{,}890}{177{,}588} = 0.315\ \text{N/mm}^2$

배관의 설계 응력은 다음과 같다.

$$U = (1.2\ +\ 0.2 \times 0.54) \times 2.91 + 1.2 \times 8.03 + 1.0 \times 25.177$$
$$= 38.62\ \text{N/mm}^2 < 164.5\ \text{N/mm}^2$$

4) 배관 지지대 및 가새 설계

배관의 설계와 마찬가지로, 배관시스템의 vertical supports와 lateral brace supports의 설계는 가정을 통해 단순화 할 수 있다. 예제에서 다음 그림의 Support 1 지지 구성요소에 대해 부재 사이즈를 결정한다.

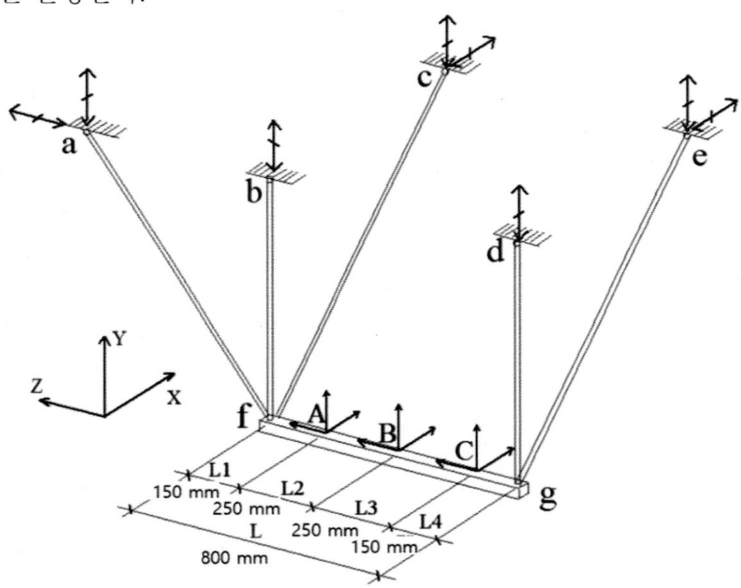

그림 8.1.3(2)e 배관지지 구성요소

가. 수직하중

수직 배관 지지대는 보통 수평가새(lateral brace)와 별도로 고려하며, 수직 지지대 (vertical supports)의 구성 및 간격은 배관 기준 또는 기타 규준 및 지침에 따라 결정한다. 지진하중으로 인한 수직하중(E_v)이 다른 요소로 인한 수직하중에 비해 상대적으로 작기 때문에, 중력과 실제 하중에 비례하는 수직 지지대는 이 예제에서 지진하중으로 인해 발생하는 수직하중에 대하여 견딜 수 있다. 그러나 지지대가 수평가새 방향 또는 종방향의 가새 지지력에 저항하는 경우, 적용된 모든 힘에 저항하도록 정밀하게 설계되어야 한다. 예제에서는 수평가새 시스템과 관련된 수직 지지대에 대하여 설명한다.

배관 중력 지지 시스템의 반복적인 특성으로 인해, 중력 또는 수직 지진하중으로 인한 가새 구성요소의 수직하중은 배관길이에 따라 추정할 수 있다. 3,000 mm 간격의 수직지지대가 주어지면 배관으로 인한 수직하중은 다음과 같다.

- 호칭경 100 mm 배관
  - 고정하중 $P_{v4} = 3{,}000\ \text{mm} \times 0.24\ \text{N/mm} = 720\ \text{N}$
  - 수직지진하중 $P_{Ev4} = 0.108 \times 3{,}000\ \text{mm} \times 0.24\ \text{N/mm} = 77.76\ \text{N}$
- 호칭경 150 mm 배관
  - 고정하중 $P_{v4} = 3{,}000\ \text{mm} \times 0.46\ \text{N/mm} = 1{,}380\ \text{N}$
  - 수직지진하중 $P_{Ev4} = 0.108 \times 3{,}000\ \text{mm} \times 0.46\ \text{N/mm} = 149.04\ \text{N}$

나. 종방향 수평하중

수직 가새의 간격은 시스템 형상, 배관에 대한 열 요구량 또는 규준 및 지침에 의해 결정된다. 예제에서는 횡방향가새(transverse brace) 간격 12,000 mm의 2배인 24,000 mm 마다 종방향가새(longitudinal brace)가 설치되어 있다.

배관라인 "A", "B"와 "C"에 대한 종방향 수평지진하중은 다음과 같다.

배관라인 "A" $P_{X1A} = 15{,}000 \times F_P = 15{,}000\ \text{mm} \times 0.24\ \text{N/mm} = 3{,}600\ \text{N}$

배관라인 "B" $P_{X1B} = 24{,}000 \times F_P = 24{,}000\ \text{mm} \times 0.46\ \text{N/mm} = 11{,}040\ \text{N}$

배관라인 "C" $P_{X1C} = 24{,}000 \times F_P = 24{,}000\ \text{mm} \times 0.24\ \text{N/mm} = 5{,}760\ \text{N}$

여기서 각 배관라인의 지지길이는 다음과 같다.

배관라인 "A"

Support 1에서 지지하는 총 길이는 약 12,000 mm(Support 1과 Support 3의 배관종방향 가새 거리의 절반)와 3.000 mm(Support 1에서 기계 장치인 Support M까지의 배관길이)를 합한 15,000 mm이다.

배관라인 "B"와 "C"

Support 1에 대한 배관의 전체 길이는 약 24.000 mm이다.

다. 횡방향 수평하중

지지점에서의 수평하중을 결정하기 위해. 배관은 수평 방향 보강재 사이의 연속된 보로 생각한다. 최소 2경간 연속으로 가정하면 최대 반력은다음과 같이 나타낼 수 있다.

$$2 \times \frac{5}{8}wl$$

여기서 w는 분포된 수평방향 하중이고 l은 배관과 직각방향 가새사이의 간격이다.

배관라인 "A", "B"와 "C"에 대한 횡방향 수평지진하중은 다음과 같다.

배관라인 "A" $P_{Z1A} = \frac{5}{8}wl = \frac{5}{8} \times 0.24 \times (12{,}000 + 3{,}000) = 2{,}250\ \text{N}$

배관라인 "B" $P_{Z1B} = 2 \times \frac{5}{8}wl = 2 \times \frac{5}{8} \times 0.46 \times 12{,}000 = 6{,}900\ \text{N}$

배관라인 "C" $P_{Z1C} = 2 \times \frac{5}{8}wl = 2 \times \frac{5}{8} \times 0.24 \times 12{,}000 = 3{,}600\ \text{N}$

여기서 각 배관라인의 지지길이는 다음과 같다.

배관라인 "A"

Support 2에서 기계 장치와 수평가새 사이의 배관 총 길이의 5/8가 Support 1으로 지지되어 있다고 가정한다([그림 8.1.3(2)d1 배관라인 "A"] 참조).

배관라인 "B"와 "C"

Support 1의 각 측면에 있는 배관의 총 길이 중 5/8가 Support 1에서 지지된다고 가정한다([그림 8.1.3(2)d2 배관라인 "B"] 및 [그림 8.1.3(2)d3 배관라인 "C"] 참조).

라. 지지대(support) 설계

Support 1 의 보강 시스템을 [그림 8.1.3(2)e 배관지지 구성요소]에 나타냈다. 이 분석에서는 f-g, 행거 f-b 및 g-d, 가로 지주 a-f 및 세로 지주 f-c 및 g-e와 같은 가새 요소의 설계를 고려하며, a, b, c, d 및 e의 연결부도 설계되어야 하며 특별한 요구조건을 따른다.

A. 보(beam) f-g

보 f-g은 수직(Y-방향) 및 수평(X-방향) 힘에 의해 2축 휨을 받는다.

중심에서 발생하는 최대 모멘트는 다음과 같다.

$$M = \frac{P_A L_1}{2} + \frac{P_B L}{4} + \frac{P_C L_4}{2}$$

배관설계 시 작용하는 수직하중은 다음과 같다.

배관라인 “A” $P_A = 1.2 \times (720\ \text{N}) + 1.0 \times (144\ \text{N}) = 1{,}008\ \text{N}$

배관라인 “B” $P_B = 1.2 \times (1{,}380\ \text{N}) + 1.0 \times (276\ \text{N}) = 1{,}932\ \text{N}$

배관라인 “C” $P_C = 1.2 \times (720\ \text{N}) + 1.0 \times (144\ \text{N}) = 1{,}008\ \text{N}$

수직하중으로 인한 보의 x축에 대한 최대모멘트는 다음과 같다.

$$M_x = \frac{1{,}008 \times 150}{2} + \frac{1{,}932 \times 800}{4} + \frac{1{,}008 \times 150}{2} = 537{,}600\ \mathrm{N \cdot mm}$$

f와 g에서 수직반력은 다음과 같다.

$$(1{,}008 + 1{,}932 + 1{,}008)/2 = 1{,}974\ \mathrm{N}$$

앞서 결정된 종방향 수평하중은 다음과 같다.

배관라인 “A”: $P_A = 3{,}600\ \mathrm{N}$

배관라인 “B”: $P_B = 11{,}040\ \mathrm{N}$

배관라인 “C”: $P_C = 5{,}760\ \mathrm{N}$

수평하중에 의한 보의 y축에 대한 최대모멘트는 다음과 같다.

$$M_y = \frac{3{,}600 \times 150}{2} + \frac{11{,}040 \times 800}{4} + \frac{5{,}760 \times 150}{2} = 2{,}910{,}000\ \mathrm{N \cdot mm}$$

f와 g에서 수평반력은 다음과 같다.

$$\begin{aligned} R_f &= \frac{P_A(L_2+L_3+L_4)}{L} + \frac{P_B}{2} + \frac{P_C L_4}{L} \\ &= \frac{3{,}600(250+250+150)}{800} + \frac{11{,}040}{2} + \frac{5{,}760 \times 150}{800} = 9{,}525\ \mathrm{N} \\ R_g &= \frac{P_A L_1}{L} + \frac{P_B}{2} + \frac{P_C(L_1+L_2+L_3)}{L} \\ &= \frac{3{,}600 \times 250}{800} + \frac{11{,}040}{2} + \frac{5{,}760 \times (150+250+250)}{800} = 11{,}325\ \mathrm{N} \end{aligned}$$

보 f-g은 모멘트 M_x와 M_y가 동시에 작용하도록 설계되었다.

B. 가새(brace) 설계

계산결과 가새 g_e는 g(11.325 N)에서의 수평 반력이 f(9.525 N)에서의 수평 반력보다 크므로 종방향 가새(longitudinal brace) 설계시 11.325 N을 적용한다.

횡방향 가새(transverse braces) a-f에 익해 저항하는 수평하중은 앞서 결정된 세 개의 배관에서 나온 하중의 합이다.

$$R_z = 2{,}250\ \mathrm{N} + 6{,}900\ \mathrm{N} + 3{,}600\ \mathrm{N} = 12{,}750\ \mathrm{N}$$

모든 가새에 동일한 부재가 사용된다고 가정하면 가새 a-f에 의해 설계된다. 가새가 1:1 기울기(45도)로 설치되기 때문에 가새의 최대 인장력 또는 압축력은 다음과 같다.

$$T_{\max} = C_{\max} + R_z\sqrt{2} = 12{,}750\sqrt{2} = 18{,}031\ \text{N}$$

선택한 가새는 길이가 $800\sqrt{2} = 1{,}131$ mm 의 $C_{\max}$를 가져야 한다.

가새 설계는 1,131mm의 길이에 18.031 N의 힘이 작용하는 압축재 설계법을 따르면 된다.

마. 행거(hangers) 설계

검토결과 가새 f-a의 인장력(압축력)이 가새 설계를 결정하고 행거 f-b는 수직부재 설계를 결정한다. 가새가 1:1 기울기(45도)로 설치되기 때문에 행거의 저항력으로 인한 최대 인장력 또는 압축력은 가새에 의해 저항되는 수평력과 동일하다(12,750 N).

가새의 수직부재력은 중력 하중과 수직 지진하중이 합해져야 한다.

행거의 최대 인장력은 "[KDS 41 12 00 건축물 설계하중] 1.7 하중조합"을 사용하여 결정한다.

$$U = (1.2 + 0.25S_{DS})D + 1.0E + 1.0L + 0.2S$$

물로 채워진 배관에 의한 f 점의 반력은 1,437 N이다.

$$U = (1.2 + 0.2 \times S_{DS})D + 1.0E$$
$$= (1.2 + 0.2 \times 0.54) \times 1{,}437 + 1.0 \times 12{,}750 = 14{,}630\ \text{N}$$

행거의 최대 압축력은 "[KDS 41 12 00 건축물 설계하중] 1.7 하중조합"을 사용하여 결정한다.

$$U = (0.9 - 0.25S_{DS})D + 1.0E$$
$$= (0.9 - 0.2 \times 0.54) \times 1{,}437 - 1.0 \times 1.0 \times 12{,}750 = -11{,}612\ \text{N}\ (\text{인장력})$$

F_p는 체크하는 항목에 대해서 가장 불리한 값으로 결정해야 한다. 행거는 800 mm 길이로 최대 압축을 견딜 수 있어야 한다. 다시 말하면, 압축을 받는 가새는 재료 설계 규준의 세장비 조건을 만족해야 한다. 보강재의 수직 방향 성분에 대항하기 위해 고정하중에 영향을 주는 배관의 길이는 측면 가새 사이의 간격이 아니라 수직 행거의 간격에 근거한다는 점을 유의해야 한다.

바. 정착부(anchorage) 설계

KDS 41 17 00 18.5는 행거와 가새를 구조물에 부착하는 것을 다룬다.

부재력은 "[KDS 41] 18.2 설계지진력 및 변위"에서 계산된 것으로 여기서는 다루지 않는다. 콘크리트와 석조에 결합된 앵커는 구조 시스템 구성요소에 익해 연결된 부분으로 전달 될 수 있는 최대 힘으로 설계를 하여야 한다.

또한, 앵커가 지진하중을 받지 않거나 연성 강재가 항복하지 않는 한 R_p의 값은 1.5를 초과 할 수 없다. 이러한 조항의 효과를 설명하기 위해 [그림 8.1.3(2)e 배관지지 구성요소]의 "a"지점에서 구조물에 대한 부착 설계를 고려한다.

"a" 지점에서 수평 및 수직 부재의 내진설계력은 12.750 N이다. 가새가 앵커에 대한 힘을 제한하지 않는다고 가정하면 앵커의 최소 설계 강도는 12,750 N이며, 현재 작용하는 전단력과 인장력은 12.750 N에 해당된다.

연성 요소가 앵커내력을 결정하지 않는다고 가정할 때 지진하중은 $R_p = 1.5$를 사용하여 결정된다.

$R_p = 1.5$를 지진하중식에 대입하면 다음이 얻어진다.

$$F_p = \frac{0.4a_pS_{DS}W_p}{R_p/I_p}\left(1 + 2\frac{z}{h}\right) = \frac{0.4(2.5)(0.54)W_p}{\frac{1.5}{1.5}}(1 + 2 \times 1) = 1.62W_p \qquad (18.2\text{-}1)$$

$$\text{최대하중 } F_p = 1.6S_{DS}I_pW_p = 1.6 \times 0.54 \times 1.5 \times W_p = 1.296W_p \qquad (18.2\text{-}2)$$

지진하중은 최대하중 $F_p = 1.296W_p$ 보다 크므로, $F_p = 1.296W_p$를 그냥 사용한다. 앵커의 증폭된 설계강도는 $F_p = 1.296W_p = 1{,}296 \times 12{,}750 = 16{,}524$ N

작용하는 전단력과 인장력은 16,524 N으로 하여 앵커설계를 진행한다.

5) 변위 제한 설계

지진에 대한 설계 외에도, 배관시스템은 지진 상대변위를 수용해야한다. 예제에서는 건물 높이가 4,500 mm이고 최대 허용층간변위를 위해 설계되었다고 가정한다.

$$\Delta_a = 0.015h_{sx} \times I_E = 0.015 \times 4{,}500 \times 1.2 = 81 \text{ mm / floor}$$

가. 구조체의 변위 설계

호칭경 100 mm인 배관라인 "A"는 2층에서 지지되는 Line 1의 대형 기계 장치에 연결된다. 기계 장치는 강체로 볼 수 있고 배관시스템은 지붕 구조에 단단히 고정되어 있기 때문에 4,500 mm 층고에서 발생하는 전체 층간변위를 1,500mm 배관 높이에서 수용하여야 한다([그림 8.1.3(2)b2 배관설비의 단면도] 참조).

변위를 수용하기 위한 몇 가지 방법으로 첫 번째는 연성적인 접합(또는 연결), 두 번째는 배관의 험을 통해 변위를 수용하는 방법이 있다. 파이프에 루프(loop)를 두는 방법은 열에 의한 팽창 및 수축에 대하여 대응하기 위하여 사용되는데, 이 방법은 지진하중으로 인한 변형에도 적용할 수 있다.

직선의 배관이 사용된 것으로 가정하고, 호칭경 100 mm인 스케줄 40 배관의 경우, 단면2차모멘트 I는 3,002,116 mm^4이다.

배관이 양쪽 끝에서 회전에 대해 고정되어 있다고 가정하면. 배관이 67.5 mm의 변형하는데 필요한 전단력과 모멘트는 다음과 같다.

$$V = \frac{12EI\Delta_a}{l^3} = \frac{12\times2.05\times10^5\times3,002,116\times67.5}{1,500^3} = 147,704 \text{ N}$$
$$M = \frac{Vl}{2} = \frac{147,704\times1,500}{2} = 110,778,080 \text{ N}\cdot\text{mm}$$
$$f_b = \frac{M}{Z} = \frac{110,778,080}{70,445} = 1,572.5 \text{ N/mm}^2$$

이러한 요구 사항은 배관의 허용내력을 훨씬 초과하며, 기계 장치의 노즐에도 과도한 힘을 전달할 수 있다. 따라서, 층간변위를 수용하기 위한 연성적인 연결부를 두거나 루프 배관을 검토할 필요가 있다.

호칭경 150 mm의 배관라인 "B"는 Line 3에서 지붕층과 2층을 연결하고 있다. 층간변위 요구량은 67.5 mm로 동일하지만. 전체 층고만큼의 파이프 길이로 변위를 수용하면 된다. 해석을 단순화하기 위해 배관이 지붕과 2층에서 각각 고정되어 있다고 가정한다(이 가정은 단순화를 위한 것으로, 실제로는 지붕과 2층에서 배관의 수평방향 이동은 구속되지만 고정은 아니다) 호칭경 150 mm인 스케줄 40 배관의 경우. 단면모멘트 I는 1,040,502 mm^4인데, 배관이 67.5 mm 변형하는데 필요한 전단력과 모멘트는 다음과 같다.

$$V = \frac{12EI\Delta_a}{l^3} = \frac{12\times2.05\times10^5\times11,040,502\times67.5}{4,500^3} = 20,118 \text{ N}$$
$$M = \frac{Vl}{2} = \frac{20,118\times4,500}{2} = 45,266,058 \text{ N}\cdot\text{mm}$$

Δ_a만큼 변위된 배관의 휨응력은 다음과 같다.

$$f_b = \frac{M}{Z} = \frac{45,266,058}{177,588} = 254.9 \text{ N/mm}^2$$

이것은 배관의 허용 응력을 초과하지만, 과도한 것은 아니다. (ASME B31.3에서 상대변위와 관련된 응력에 대한 허용량이 3배까지를 허용하지만 다른 계산시는 허용되지 않는다.) 이때 나사산 접합부는 더 강한 응력을 받을 것이므로 3배까지 허용하는 것이 보수적인 접근은 아닐 수 있다.

나. 구조물 간 변위검토

지붕층에서 배관라인 "A"는 "③열"에서 인접한 2층 구조물 사이에 내진분리(seismic separation)가 위치한다. 건물 높이를 4,500 mm로 가정하고 두 건물의 최대 허용 층간변위를 설계하면 건물의 변위는 다음과 같다.

$$\delta_{xA} = \delta_{xB} = (2)0.015h_{sx} = 135.0 \text{ mm}$$

변위요구 D_P는 KDS 41 17 00 식 (18.2-9)에서 다음과 같다.

$$D_{Pmax} = |\delta_{xA}| + |\delta_{xB}| = 270.0 \text{ mm}$$

내진분리(seismic separation)를 사용하여 배관의 수직거동 이외에도 배관과 평행한 움직임을 수용해야한다. 내진분리이음이 300.0 mm까지 변형을 흡수할 수 있다고 하면 지진 발생 시 Joint는 30.0 mm(구조물이 서로를 향해 움직이는 경우)에서 570.0 mm(구조물이 서로 반대로 움직이는 경우)까지 상대변위가 발생할 수 있다. 따라서 연결된 유연 접합부는 이러한 범위의 변형을 흡수할 수 있어야 한다.

8.2 건물외구조물

8.2.1 개요

(1) 이 규정이 필요한가?

건축구조기준은 전통적으로 '건물외구조물(nonbuilding structures)' 설계를 위한 최소한의 기준으로 인식되어 왔으며, 많은 경우에 건물외구조물에 관해 건축구조기준의 준수를 요구한다. 그러나 건축구조기준과 '산업참조문서(industry reference document; 산업시설의 설계와 평가에 참조하는 문서)'가 서로 상충되는 경우도 있다. 어떤 경우에는 산업참조문서를 변경할 필요가 있는가 하면, 어떤 경우에는 건축구조기준을 변경할 필요도 있다. 엔지니어는 수많은 산업참조문서의 적합여부를 항상 알 수는 없다.

"[KDS 41] 건축구조기준, 건축물 내진설계기준, 19. 건물외구조물"의 목적 중에 하나는 건축구조기준과 산업참조문서 사이의 불일치를 줄이는 것이다. 이러한 불일치는 건축구조기준과 강재 물탱크타워에 대한 산업참조문서의 차이를 예로 들 수있다(그림 C15.1-1). 이러한 타워는 관행적으로 미국상수도협회(AWWA) 기준으로 설계되어왔다. 이 기준은 인장력 전용부재가 허용되고, 설치 전용부재가 설치 시 선행하중을 받고, 연결력이 증폭되지 않는다는 점에서 건축구조기준과 차이점이 있다.

Figure C15.1-1. 강재 다각 물탱크(Steel multilegged water tower)
(Source: Courtesy of CB&I LLC; reproduced with permission)(출처: ASCE 7-22, C15.1 General)

"[KDS 41] 19. 건물외구조물"은 산업참조문서가 건축구조기준에서 설정된 지진지반운동과 함께 사용될 수 있도록 적절한 링크를 제공한다. '건물과 유사한 건축외구조물'은 기준의 일반 내용을 직접 사용하여 설계할 수 있는 반면, '건물과 유사하지 않은 건물외구조물'은 특정 유형의 건물외구조물에 고유한 해석을 필요로 한다. 건물, 차량 교량, 전기 송전탑, 수(水)구조물(예: 댐), 지중 유틸리티 라인 및 부속물, 원자로는 건축외구조물 요건의 범위에서 제외되는 예외구조물이다. 하지만, 산업용 건물은 건축구조기준의에서 제시한 분류 조건에 따라 "[KDS 41] 19. 건물외구조물"의 조항을 사용할 수 있다. 예외구조물은 기존의 설계기준(예: 전기 송전탑 및 차량 교량)을 적용하거나, 지자체 관할 범위를 벗어나거나(예: 원자로 및 댐), 건축구조기준이 다루는 기술적 범위를 벗어난다(예: 매립 유틸리티 라인 및 그 부속물).

(2) '건물과 유사하지 않은 건물외구조물'의 해석법은?

등가정적해석법은 일반 건물의 동적 거동을 기반으로 하여 구조물의 거동을 가정한다. 하지만 이 가정된 거동은 '건물과 유사하지 않은 건물외구조물'의 거동과 다르다. '건물과 유사하지 않은 건물외구조물'에 관한 적절한 동적해석법 또는 정적해석을 위한 적절한 지진력 분포를 선택하기 위해 다음 사항들을 고려하여야 한다.

1) 구조물 형상

바닥 지지 수직 용기, 스택(stack) 및 굴뚝과 같이 질량 및 강성이 비교적 균일한 분포를 갖는 고정 기초를 갖는 건물외구조물의 동적 응답은 캔틸레버(전단건물) 모델로 적절하게 표현될 수 있다. 이러한 구조물의 경우에 건축구조기준에서 제시된 등가정적해석법이 적합하다. 이 방법은 동적 응답이 1차 모드에 의해 지배되는 것으로 가정하므로, 지진력의 분포를 알기 위해 1차 모드 형상을 식별하여야 한다. 입상 고체(granular solid)를 저장하는 높이에 비해 큰 직경을 갖는 탱크와 같은 일부 구조물에 대해, 보수적으로 균일한 힘의 분포를 가정할 수 있다. 질량 및 강성이 균일하게 분포하지 않거나 1차 모드의 형상을 쉽게 구할 수 없는 구조물의 경우에 동적 해석을 사용하는 것을 추천한다.

2) 횡지지 개수

캔틸레버 모델은 다수의 지지점을 갖는 구조물에는 적합하지 않다. 그림 C15.1-4(a)는 가새-골조 건물외구조물로 균일하지 않는 수평 지지점을 갖는다. 이러한 경우 해석에는 구조물 사이의 상호작용효과(또는 연계효과)가 고려되어야 한다.

지지점의 개수와 위치에 따라 등가정적해석법이 적용될 수 있다. 예를 들어, 대부분의 보와 유사한 구조물은 등가정적해석법을 적용하기에 적합하다.

그림 C15.1-4(b)와 같이 비구조요소로 연결된 인접한 건물외구조물들의 경우 결합 동적 해석(combined dynamic analysis)이 필요할 수도 있다.

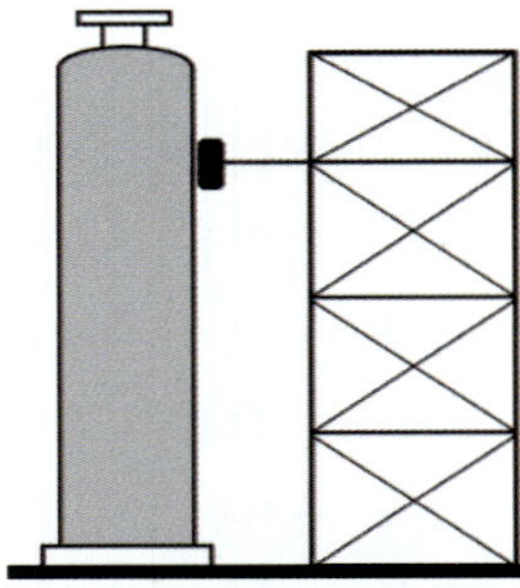

Figure C15.1-4(a). 다중 횡지지점
(Multiple lateral supports)
(출처: ASCE 7-22, C15.1 General)

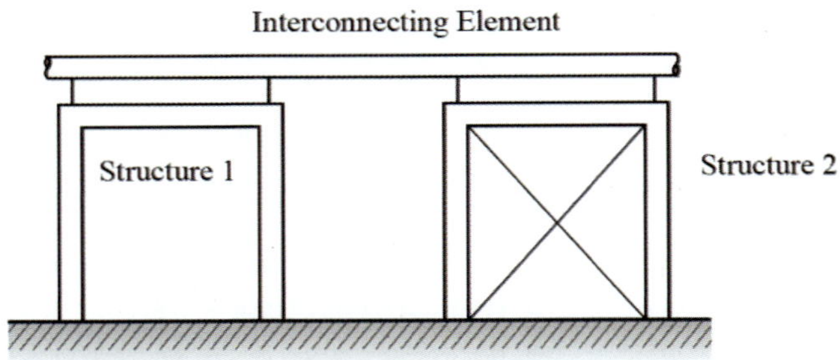

Figure C15.1-4(b). 비구조요소로 연결된 인접 건물외구조물들
Adjacent nonbuilding structures connected by
nonstructural components (출처: ASCE 7-22, C15.1 General)

3) 중량을 지지하는 방법

발전소의 보일러와 같은 건물외구조물은 지지부가 상부에 있다. 이러한 구조물은 균질하게 분포된 질량을 갖는 진자로서 이상화될 수 있다. 이와 대조적으로, 매달린 플랫폼은 집중 질량을 갖는 진자로서 이상화될 수 있다. 어느 경우에나, 이러한 유형의 건물외구조물은 적절한 진동수와 모드형상을 계산하여 등가정적해석법으로 적절하게 해석할 수 있다. 그림 C15.1-5는 $W_P \geq 0.25(W_S + W_P)$인 큰 러그(lug) 지지 장비를 포함하는 건물외구조물을 보여준다. 이러한 경우, 해석은 장비의 질량 및 지지부의 국부적 유연성이 모델에서 고려되는 '연계시스템(coupled system)'을 포함해야 한다. 지지부가 건물외구조물의 질량중심 근처에 위치하는 경우, 동적 해석이 권장된다.

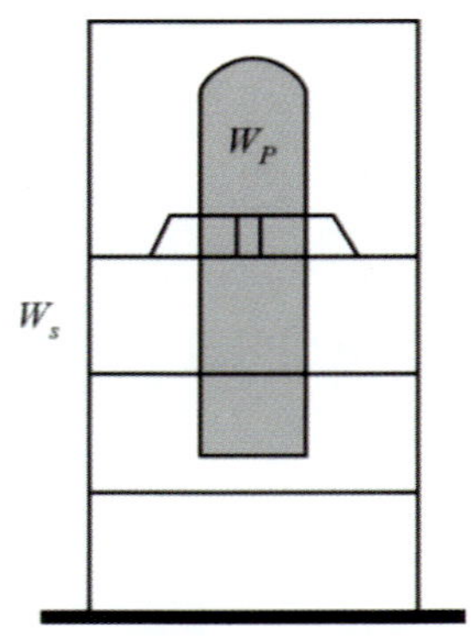

Figure C15.1-5. 중량의 비정상 지지부(Unusual support of dead weight) (출처: ASCE 7-22, C15.1 General)

4) 비틀림 비정형성

기본진동모드가 비틀림이거나 질량 참여도가 큰 모드가 비틀림 거동을 나타내는 구조물은 등가정적해석법으로 구한 예측값과 상당히 다른 지진력 분포를 가질 수 있다. 이러한 경우 동적 해석을 고려하여야 한다. 그림 C15.1-6은 대략 $W_2 \geq 0.25(W_1 + W_2)$인 경우, 2차 용기가 1차 용기에 부착되어 비틀림 비정형성을 나타내는 경우이다.

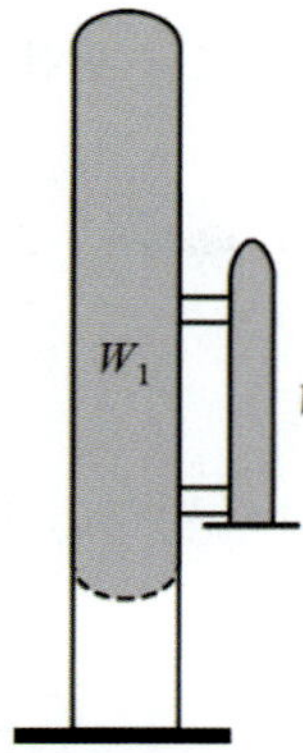

Figure C15.1-6. 비틀림 비정형성(Torsional irregularity) (출처: ASCE 7-22, C15.1 General)

5) 강성 및 강도 비정형성

'건물과 유사하지 않은 건물외구조물'에서도 강성 또는 강도 분포의 급격한 변화는 등가 정적해석법으로 구한 지진력과는 실질적으로 다른 지진력을 초래할 수 있다. 그림 C15.1-7은 그러한 경우 중 하나를 나타낸다. 이러한 구성을 갖는 구조물의 경우 동적 해석을 고려해야 한다. 동적 해석에서 구조물의 동적 응답 특성을 잘 나타낼 수 있도록 적절한 자유도로 모델링하여야 한다.

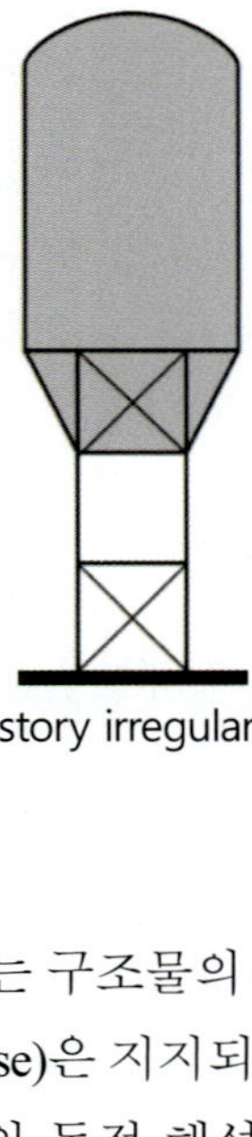

Figure C15.1-7. 연층 비정형성(Soft-story irregularity) (출처: ASCE 7-22, C15.1 General)

6) 연계 응답

지지되는 구조물의 무게가 지지하는 구조물의 무게에 비해 큰 경우(즉, $W_P \geq 0.25(W_S + W_P)$), 결합된 응답(combined response)은 지지되는 건물외구조물의 유연성에 의해 크게 영향을 받을 수 있으며, 연계시스템의 동적 해석이 권장된다. 이러한 구조물의 예를 그림 C15.1-8(a, b)에 나타냈다.

그림 C15.1-8(a)는 $W_P \geq 0.25(W_S + W_P)$인 유연한 건물외구조물을 보여주며, 상대적으로 유연한 구조물로 지지되며, 지지물과 부착물의 유연성이 고려되어야 한다.

그림 C15.1-8(b)는 대구경의 중량 파이프에 의해 연결되고 유연한 구조물에 의해 지지되는 유연한 장비를 보여주며, 구조물은 파이프를 포함한 연계시스템으로 모델링되어야 한다.

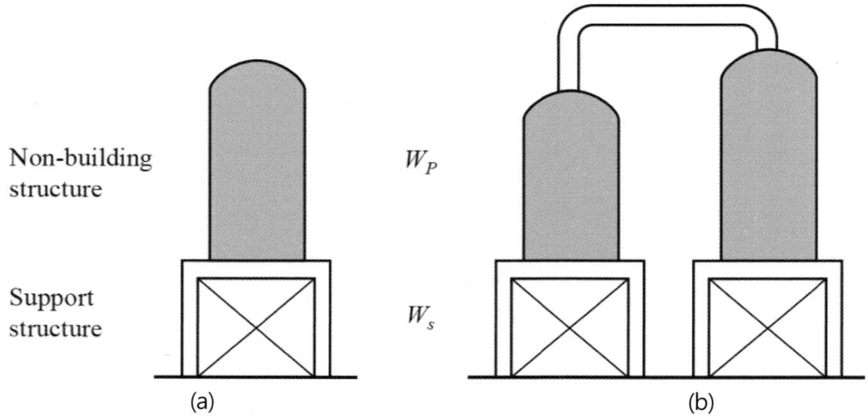

Figure C15.1-8. 연계시스템(Coupled system) (출처: ASCE 7-22, C15.1 General)

8.2.2 관련 내진 규정

[KDS 41] 19.1 일반사항

19.1.1 적용범위

(1) 이 절은 건물외구조물의 내진설계에 적용한다. 건물외구조물은 이 절에서 규정된 최소 설계지진력에 저항할 수 있도록 설계되어야 한다. 이 절에서 제시되지 않은 설계절차는 다른 장의 규정과 부합하여야 한다.

19.1.2 구조해석

(1) 건물외구조물의 구조해석은 7.1에 규정된 해석법 또는 15장에 규정된 해석절차를 따를 수 있다.

19.1.3 건물외구조물의 건축, 기계 및 전기 비구조요소

(1) 건물외구조물에 의해 지지되는 건축, 기계 및 전기 비구조요소의 설계는 18장에 따른다.

[해설]

건물외구조물(Nonbuilding Structures)에 대한 내진설계 규정은 1994년 NEHRP 설계기준에 처음으로 등장하였다. 이 절에서 '건물외구조물'은 '일반건물'과 차별화되지만, 건축법 및 건축법 시행령에 의해 건축물로 정의된 구조물을 포함한다. 건물외구조물의 내진설계는 인명보호와 더불어 기능유지 또는 위험물질에 의한 피해방지를 위한 원칙에 충실해야 한다. 건물외구조물은 바닥판과 수직재로 구성되어 건물과 유사한 형태를 가지는 '건물과 유사한 건물외구조물'과 강도, 강성 혹은 질량의 분포가 건물과 다른 '건물과 유사하지 않은 건물외구조물'로 나뉜다.

[KDS 41] 19.2 다른 구조물에 의해 지지되는 건물외구조물

19.2.1 중량 합계의 25% 미만일 경우
19.2.2 중량 합계의 25% 이상일 경우

[해설]

이 조항은 '건물과 유사하지 않은 건물외구조물'이 다른 구조물에 의해 지지되면서 지진력저항시스템의 일부가 아닌 경우, '19장 건물외구조물' 또는 '18장 비구조요소' 중 하나를 선택하여 설계하는 조건을 제시하고 있다.

[Commentary] ASCE 7-22

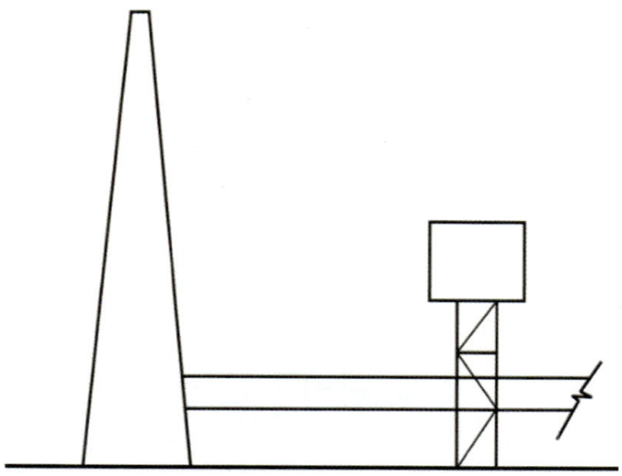

Figure C15.2-1. Stack connected to tower by large duct

[Commentary] ASCE 7-16의 25% 중량비 vs ASCE 7-22의 20% 중량비

2020 NEHRP와 ASCE/SEI 7-22의 15장(건물외구조물)에서 두 가지 변경이 이루어졌다. 첫 번째는 연계해석 조항의 수정을 포함하여 대규모 건물외구조물 또는 비구조요소를 지지하는 구조물을 포함한 조합시스템의 해석 및 설계에 영향을 미친다. 개정은 연계해석을 유발하는 총 중량에 대한 2차 중량의 비율을 25%에서 20%로 변경한다.

두 번째 변경은 이전 버전의 NEHRP 조항에서 특별히 다루지 않았던 주름진(corrugated) 강재 액체저장탱크의 설계를 다룬다. 새 조항은 15장 건물외구조물의 설계 요구사항 및 재료 사양을 다룬다. 변경 사항은 처음에 조항 업데이트 위원회에서 고려한 다음 ASCE/SEI 7-22에 바로 구현하기 위해 ASCE에 전달되었다. 결과적으로 2020년 NEHRP 조항에는 없지만 ASCE/SEI 7-22에 있다.

중량 합계 20%에 관한 내용은 Hadjian and Ellison(1986)의 연구와 판단에 기초한 것으로 보인다. 그림 C15.3-1은 Hadjian과 Ellison(1986)이 처음 제안한 '비연계(decoupling; 디커플링; 탈동조화)' 기준을 보여준다. 진동수비와 질량비의 조합이 곡선의 왼쪽에 위치할 경우, 연계해석에서 면제된다. (현재 ASCE 7-22에서 20%로 수정된) 원래 25% 중량 기준은 SEAOC 지진학 위원회에 의해 1988년 UBC(ICBO 1988)의 조항으로 도입되었다. ASCE 7-22에서는 Hadjian and Ellison(1986)의 원래 연구와 더 잘 일치하도록 중량비를 20%로 하향 수정하였다.

일반적으로 선형-탄성 1차 및 2차 구조물을 기반으로 하는 해석 연구는 더 낮은 중량비를 지지하지만, SEAOC 지진학 위원회는 1차 및 2차 구조물이 비선형 거동을 보이는 경우 20% 중량비가 공진 및 상호작용의 영향을 줄일 수 있기 때문에 적합하다고 판단하였다. 따라서 연계해석이 필요한 시점을 결정하기 위해 그림 C15.3-1에 표시된 곡선 대신 수직선을 사용하였다. 20% 중량비는 또한 진동수에 대한 15% 허용 오차를 반영한다.

- Hadjian, A. H., and B. Ellison. 1986. "Decoupling of secondary systems for seismic analysis." J. Pressure Vessel Technol. 108(1): 78–85. https://doi.org/10.1115/1.3264755.
- ICBO (International Conference of Building Officials). 1988. Uniform building code. Whittier, CA: ICBO.

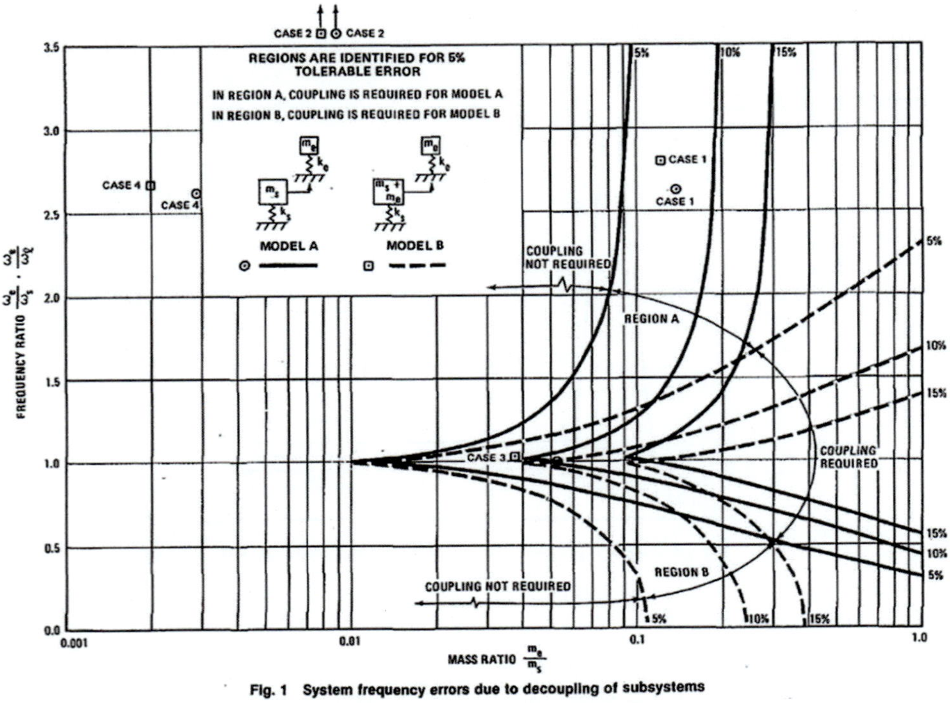

Figure C15.3-1. 비연계 기준(decoupling criteria) (출처: Hadjian and Ellison, 1986)

그림 8.2.2a 주름진 강재 액체저장탱크(corrugated steel water storage tank; 출처: https://rainwaterequipment.com)

[KDS 41] 19.3 내진설계 규정

19.3.1 유효중량

19.3.2 고유주기

$$T = 2\pi\sqrt{\frac{\sum_{i=1}^{n}\omega_i\delta_i^2}{g\sum_{i=1}^{n}f_i\delta_i}} \qquad (19.3\text{-}1)$$

여기서,

f_i : 구조역학의원리에 따라 가정된 횡력 분포

g : 중력가속도

δ_i : f_i를 적용하여 구한 탄성 변형

ω_i : f_i에 대응하는 유효중량

[해설]

19.3.2 고유주기

건물외구조물의 동적거동은 일반적으로 구조물시스템에서 볼 수 있는 거동과 크게 다를 수 있다. 따라서 본 기준에서 제시하고 있는 주기산정 경험식인 식 (7.2-6) 및 식 (7.2-7)은 일반적으로 고려되는 건물외구조물의 거동과는 연관이 없으므로 사용을 추천하지 않는다.

19.3.3 설계지진력

(1) 건물외구조물의 설계지진력은 7.2.1, 7.3 및 다음의 사항을 고려하여 산정한다. 설계지진력의 수직분포는 7.2.5에 따른다.

① '건물과 유사한 건물외구조물'의 경우에는 표 6.2-1 또는 표 19.3-1의 반응수정계수를 사용한다.

② '건물과 유사하지 않은 건물외구조물'의 경우에는 표 19.3-2의 반응수정계수를 사용한다. 이 경우 식 (7.2-5)는 다음과 같이 변경한다.

$$C_s = 0.044S_{DS}I_E \geq 0.03 \qquad (19.3\text{-}2)$$

[해설]

19.3.3 설계지진력

표 19.3-1과 표 19.3-2는 건물외구조물의 설계계수를 나타낸 것이다. ASCE 7에서는 건물과 유사한 건물외구조물 시스템 및 높이 제한을 표 6.2-1에서 건물에 제시하고 있는 동일한 시스템에 비해 엄격하게 적용하고 있다. 그러나 건축구조기준에서는 국내의 중약진 지진환경을 고려하여 건물과 동일하게 적용하였다.

표 19.3-1 '건물과 유사한 건물외구조물'의 설계계수

지진력저항시스템	설계계수			시스템의 제한과 높이(m) 제한		
	반응수정 계수 R	시스템초과 강도계수 Ω_0	변위증폭 계수 C_d	내진설계 범주 A 또는 B	내진설계 범주 C	내진설계 범주 D
1. 골조시스템						
a. 철골 특수중심가새골조	6	2	5	-	-	-
b. 철골 보통중심가새골조	3.25	2	3.25	-	-	-
2. 모멘트저항골조시스템						
a. 철골 특수모멘트골조	8	3	5.5	-	-	-
b. 철근콘크리트 특수모멘트골조	8	3	5.5	-	-	-
c. 철골 중간모멘트골조	4.5	3	4	-	-	-
d. 철근콘크리트 중간모멘트골조	5	3	4.5	-	-	-
e. 철골 보통모멘트골조	3.5	3	3	-	-	-
f. 철근콘크리트 보통모멘트골조	3	3	2.5	-	-	30
3. 철제 적재 선반	4	2	3.5	-	-	-
4. 철제 형강 캔틸레버 적재 선반						
a. 보통모멘트골조	2.5	3	3	-	-	-
b. 보통가새골조	3	3	3	-	-	-
5. 철제 박판 캔틸레버 적재 선반						
a. 보통모멘트골조	3	3	3	-	-	-
b. 보통가새골조	3	3	3	-	-	-

표 19.3-2 '건물과 유사하지 않은 건물외구조물'의 설계계수

지진력저항시스템	설계계수			시스템의 제한과 높이(m) 제한		
	반응수정 계수 R	시스템초과 강도계수 Ω_0	변위증폭 계수 C_d	내진설계 범주 A 또는 B	내진설계 범주 C	내진설계 범주 D
1. 고가탱크, 저장용기, 저장 상자 또는 깔대기형 상자[1)]						
a. 대칭형 가새지주에 지지된 경우	3	2	2.5	-	-	50
b. 비가새지주 또는 비대칭 가새지주에 지지된 경우	3	2	2.5	-	-	30
2. 안장형 받침대에 지지된 용접접합의 철골조 수평저장용기	3	2	2.5	-	-	-
3. 지면에 지지된 하부가 평평한 탱크 및 저장용기						
a. 철골조 또는 섬유보강 플라스틱조						
기계적 앵커로 고정된 경우	3	2	2.5	-	-	-
자체고정식일 경우	2.5	2	2	-	-	-
b. 철근콘크리트조 또는 프리스트레스 콘크리트조						
미끄럼방지 밑면일 경우	2	2	2	-	-	-

고정된 유연한 밑면일 경우	3.25	2	2	-	-	-
고정되지 않은 유연한 밑면일 경우	1.5	1.5	1.5	-	-	-
c. 기타	1.5	1.5	1.5	-	-	-
4. 기초까지 연속된 벽체를 사용한 현장타설 콘크리트 사일로, 연도, 굴뚝	3	1.75	3	-	-	-
5. 보강조적조 구조물	2	2.5	1.75	-	50	불가
6. 비보강조적조 구조물	1.25	2	1.5	-	불가	불가
7. 굴뚝 및 연도						
a. 콘크리트조	2	1.5	2	-	-	-
b. 철골조	2	2	2	-	-	-
8. 표에서 언급되지 않은, 분포된 질량을 갖는 철골조 및 철근콘크리트조 단일 기둥 또는 스커트 지지 캔틸레버 구조물 (연도, 굴뚝, 사일로, 스커트 지지 수직 저장용기를 포함)						
a. 용접 철골	2	2	2	-	-	-
b. 특수상세를 가진 용접 철골	3	2	2	-	-	-
c. 프리스트레스 또는 철근 콘크리트	2	2	2	-	-	-
d. 특수상세를 가진 프리스트레스 또는 철근 콘크리트	3	2	2	-	-	-
9. 트러스형 탑(자립형 또는 버팀줄형), 버팀줄지지 연도 및 굴뚝	3	2	2.5	-	-	-
10. 냉각탑						
a. 콘크리트조 또는 철골조	3.5	1.75	3	-	-	-
b. 목구조 골조	3.5	3	3	-	-	-
11. 통신용 탑						
a. 트러스 : 철골	3	1.5	3	-	-	-
b. 장대 : 철골	1.5	1.5	1.5	-	-	-
목구조	1.5	1.5	1.5	-	-	-
콘크리트	1.5	1.5	1.5	-	-	-
c. 골조 : 철골	3	1.5	1.5	-	-	-
목구조	1.5	1.5	1.5	-	-	-
콘크리트	2	1.5	1.5	-	-	-
12. 육상풍력발전기의 철골 지지구조물	1.5	1.5	1.5	-	-	-
13. 놀이시설 구조물과 기념물	2	2	2	-	-	-
14. 역추형 구조물 (고가탱크 및 저장용기는 제외)[2]	2	2	2	-	-	-
15. 지면지지 캔틸레버 벽체 또는 울타리	1.25	2	2.5	-	-	-
16. 간판, 표지판, 광고판	3.0	1.75	3	-	-	-
17. 위에 포함되지 않은 자립형 구조물, 탱크 또는 저장용기	1.25	2	2.5	-	-	15

1) 5.3에서 정의한 비정형성을 갖는 타워

2) 조명탑과 집중조명기 등을 포함

19.3.4 건물외구조물의 중요도 계수

(1) 건물외구조물의 중요도계수는 표 19.3-3에 주어진 값으로 한다. 구조물의 내진등급, 위험성, 기능성을 고려하여 가장 큰 중요도계수를 적용한다.

표 19.3-3 건물외구조물의 중요도계수(I_E)와 내진등급의 분류

중요도계수	I_E = 1.0	I_E = 1.2	I_E = 1.5
2.2에 따른 내진등급	Ⅱ	Ⅰ	특
위험성	H - 1	H - 1	H - 2
기능성	F - 1	F - 1	F - 2

H - 1 = 저장된 물품이 생물학적 또는 환경적으로 양호한 경우; 화재 또는 물리적 위험이 적은 경우

H - 2 = 저장된 물품이 소방법, 유해화학물질관리법 또는 산업안전보건법에 의해 건강장해물질, 환경유해성 물질 또는 물리적 위험물로 분류되는 경우

F - 1 = F - 2로 분류되지 않은 건물외구조물

F - 2 = 내진특등급에 해당하는 건물외구조물 또는 내진특등급으로 분류되는 지정된 부속물로서 내진특등급에 해당하는 구조물의 운용에 필요한 건물외구조물(통신탑, 연료저장탱크, 냉각탑 또는 전력변전 구조물과 같은 구조물 등)

[해설]

19.3.4 건물외구조물의 중요도 계수

건물외구조물은 건물과 달리 사람이 거주하지 않는 경우도 있지만, 공공의 안전과 관련한 위험요소를 내재하고 있거나 사회기반시설로서의 기능을 제공하는 구조물로서 다루어져야 하는 경우가 많다. 예를 들면, 탱크와 저장용기는 지진 발생 시 진화 또는 식음을 위한 물을 저장하고 있거나 자연환경 또는 대중의 건강에 유해한 물질, 생물학적 위험물, 독극물 또는 폭발이나 가연성 있는 물질들을 포함하는 경우가 이에 해당한다. 따라서 건물외구조물의 중요도계수는 내진등급, 기능성, 위험성을 모두 고려하여 안전측의 중요도계수를 선택해야 한다.

19.3.5 강체 건물외구조물

19.3.6 수직지반운동에 민감한 건물외구조물

[해설]

19.3.6 수직지반운동에 민감한 건물외구조물

19.3.6.1 수직지진하중

KDS 17 10 00 00 내진설계 일반에서는 수직설계응답가속도스펙트럼을 암반지반에서는 수평설계응답가속도스펙트럼의 0.77배를 사용하고 토사지반에서는 이 비율을 공학적 판단으로 결정할 수 있다고 규정하고 있다. ASCE 7의 C12.4.2에서는 수직지진력의 영향을 기술하면서 이 비율을 2/3 수준으로 언급하고 있다.

만약 보다 상세한 수직설계응답가속도스펙트럼 산정을 원할 경우 ASCE 7의 11.9를 참조할 수 있다. 여기서는 수직설계응답가속도스펙트럼을 수직방향 주기, 단주기스펙트럼가속도, 지반조건, 및 수평설계응답가속도스펙트럼의 식으로 제시하고 있다.

19.3.7 우발 비틀림

19.3.8 변위제한

19.3.9 기타 설계요구사항

19.3.10 콘크리트 또는 조적조 앵커

[해설]

19.3.10 콘크리트 또는 조적조 앵커

(1) KDS 14 20 54 콘크리트용 앵커 설계기준에서는 후설치 앵커 중 부착식 앵커의 설계기준이 도입되지 않은 상태이다. 부착식 앵커는 콘크리트구조 학회기준(한국콘크리트학회, 2018) 또는 ACI 318-14를 참조하여 설계할 수 있다.

(2) 조적조에 설치하는 앵커의 설계규정은 미국 조적조협회(The Masonry Society)에서 발간하는 TMS 402/602-16을 참고할 수 있다.

(3) 콘크리트용 후설치 앵커의 모의지진실험방법에 대한 규정으로는 ACI 355.2, ACI 355.4, ETAG 001 등이 있다. 조적조용 후설치 앵커의 내진인증 절차로는 ICC-ES AC01, AC58 및 AC106 등이 있다

[KDS 41] 19.4 '건물과 유사한 건물외구조물'에 대한 요구사항

19.4.1 일반사항

19.4.2 파이프 선반

19.4.2.1 설계고려사항

(1) 기초를 가진 파이프 선반은 19.4.1의 규정과 함께 7.2(등가정적해석법) 또는 7.3.3(응답스펙트럼해석법)의 하중 요구사항을 만족하도록 설계하여야 한다. 또한, 식 (19.4-1)에 의한 변위를 사용하여 파이프 선반의 변위와 상호 작용(배관 시스템의 부딪힘)의 발생가능성을 검토하여야 한다.

$$\delta_x = \frac{C_d \delta_{xe}}{I_E} \qquad (19.4\text{-}1)$$

여기서, C_d : 표 19.3-1의 변위증폭계수

δ_{xe} : 설계지진력을 사용하여 산정된 변위

I_E : 표 19.3-3에서 정의한 중요도계수

(2) 파이프 시스템과 정착부의 설계는 18장을 참조한다. 중력하중으로 인한 마찰력은 지진력에 대한 저항력으로 고려해서는 안 된다.

19.4.3 적재 선반

19.4.4 발전시설

19.4.5 탱크 및 저장용기 지지구조

[해설]

이 절은 건물외구조물 중 건물과 유사한 구조적 형태를 가지나 강도, 강성 혹은 질량의 분포가 건물과 다른 구조물에 대한 요구사항을 제시하고 있다. 자체적으로 구조물의 형태를 가지는 건물외구조물의 설계요구사항은 19.4.2에서 19.4.4까지 제시되어 있고, 다른 건물외구조물을 지지하는 건물외구조물의 설계요구사항은 19.4.5에 제시되어 있다.

[Commentary] ASCE 7-22

Figure C15.5-1. Merchandise restrained by netting (Source: FEMA 460, 2005)

Figure C15.5-2. Examples of structural towers that are not integral with the supported tank (Source: Left, Courtesy of Chevron, reproduced with permission; right, Courtesy of CB&I LLC, reproduced with permission)

Figure C15.5-3. Examples of structural towers that are integral with the supported tank (Source: Courtesy of CB&I LLC; reproduced with permission)

[KDS 41] 19.5 '건물과 유사하지 않은 건물외구조물'에 대한 요구 사항

19.5.1 흙막이 구조물

19.5.2 굴뚝

19.5.3 놀이시설 구조물

19.5.4 하수처리시설

19.5.5 조명탑 및 통신용 탑

19.5.6 육상 풍력발전기의 지지구조물

19.5.7 지표면에 지지되는 담장 또는 울타리

[해설]

'건물과 유사하지 않은 건물외구조물'은 이 절을 포함한 이 기준의 요구 사항을 만족해야 한다. 하지만 '건물과 유사하지 않은 건물외구조물'은 대상에 따라 다양한 형태를 지니고 있어 이 기준에서 모든 사항을 다루는 것은 불가능하다. 따라서 해설에서 관련 전문기준을 일부 제시하고 있으며, 해설에서 제시하지 않더라도 대상 구조물과 관련한 전문기관에서 발행한 공인된 기준을 적용할 수 있다. 단, 하중 및 하중 분포는 이 기준에 따라 결정된 것보다 작지 않아야 한다.

[Commentary] ASCE 7-22

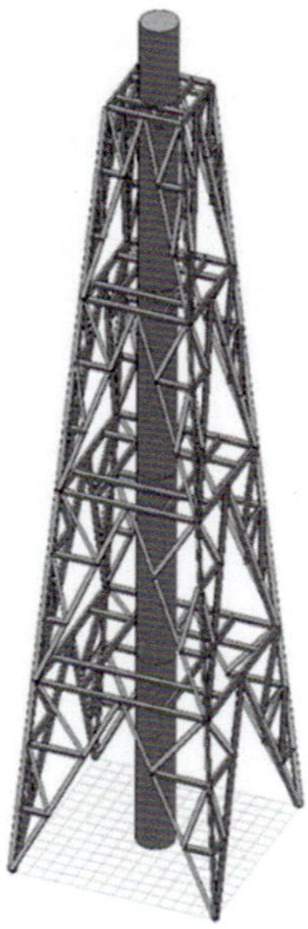

Figure C15.6-1. Typical trussed tower supporting a stack (Source: Courtesy of Thomas Heausler)

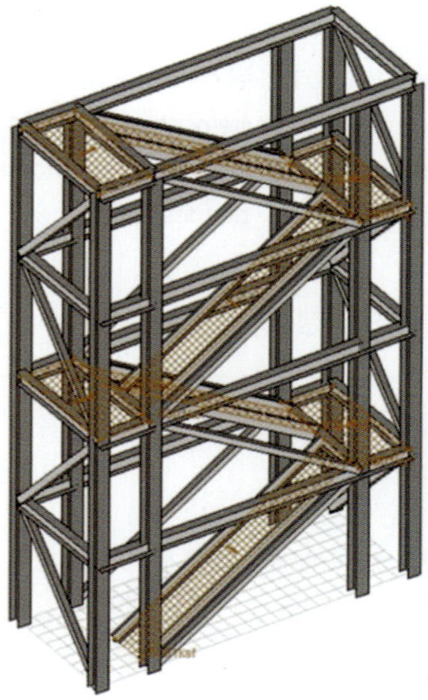

Figure C15.6-2. Typical exterior access stair tower with a structural system similar to a building (Source: Courtesy of Thomas Heausler)

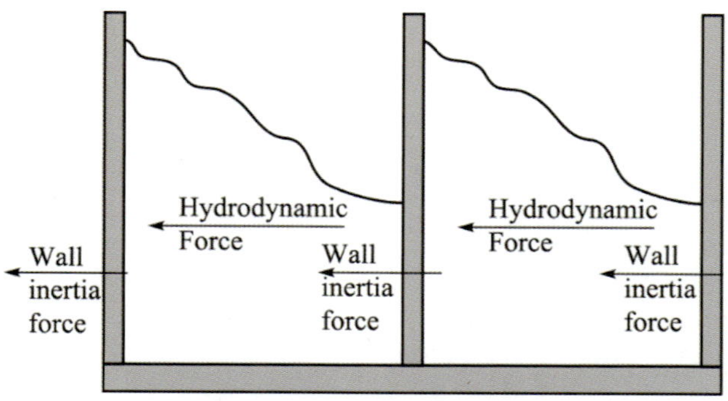

Figure C15.6-3. Wall forces

Figure C15.6-4. Typical steel tubular support structure for onshore wind turbine generator systems (Source: Courtesy of GE Power, reproduced with permission)

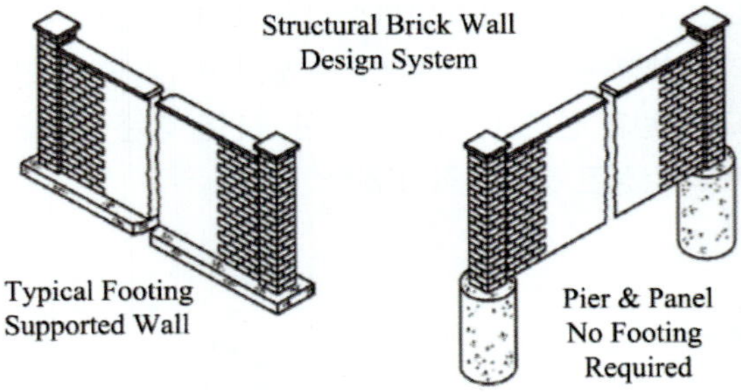

Figure C15.6-5. Typical cantilever wall systems falling under the requirements of Section 15.6.8 (Source: Courtesy of J. G. Soules; reproduced with permission)

Figure C15.6-6. Typical masonry ground-supported cantilever wall

[KDS 41] 19.6 탱크 및 저장용기

19.6.1 일반사항
19.6.2 설계 고려사항
19.6.3 강도 및 연성
19.6.4 배관 연결부의 유연성
19.6.5 정착 및 고정
19.6.6 지표면에 지지되는 액체저장탱크
19.6.7 저수 및 수처리를 위한 탱크와 저장용기
19.6.8 액체 저장 석유화학・산업용 탱크 및 저장용기
19.6.9 지표면에 지지되는 입상물질 저장탱크
19.6.10 액체 및 입상물질 저장용 고가 탱크 및 용기
19.6.11 보일러 및 압력용기
19.6.12 액체 및 가스 저장용 구형 용기
19.6.13 냉각액체가스 저장용 탱크 및 저장용기

표 19.6-1 배관 연결부의 최소 설계 변위

조건	변위 (mm)
기계적 앵커로 고정된 탱크 및 저장용기	
지지부 또는 기초와의 상대 수직 변위 (위 방향)	25
지지부 또는 기초와의 상대 수직 변위 (아래 방향)	12.5
지지부 또는 기초와의 상대 수평 변위의 범위 (직경 및 접선 방향)	12.5
자체고정식 탱크 또는 저장용기 (지면에 위치)	
지지부 또는 기초와의 상대 수직 변위 (위 방향):	
참고문헌(이 기준에서 일부 변경된 사항 포함)에 따라 설계한 경우:	
$J \le 0.785$ (인발이 없음을 의미)	25
$J > 0.785$ (인발을 의미)	100
참고문헌이 아닌 이 기준에 따른 지진력에 대해 설계한 경우:	
직경이 12.2m 미만인 탱크 및 저장용기	200
직경이 12.2m 이상인 탱크 및 저장용기	300
지지부 또는 기초와의 상대 수직 변위 (아래 방향):	
벽/매트 기초를 가진 탱크	12.5
둑턱(berm) 기초를 가진 탱크	25
지지부 또는 기초와의 상대 수평 변위의 범위 (직경 및 접선 방향)	50

표 19.6-2 고정비에 따른 자체고정식 탱크의 판정

고정비 J	기준
$J < 0.785$	자체고정식 탱크: 설계지진전도모멘트 작용 시 인발력이 발생하지 않음
$0.785 < J < 1.54$	자체고정식 탱크: 인발력이 발생할 수 있으나 탱크 가 압축력을 견딜 수 있을 경우 설계하중에 대하여 안정적임.
$J > 1.54$	탱크는 인발력에 대하여 불안정하며, 기계적 정착이 요구됨.

표 19.6-3 탱크의 최소 여유고

S_{DS}	내진 등급		
	특	I	II
$S_{DS} < 0.33$g	δ_s	-	-
$S_{DS} \ge 0.33$g	δ_s	$0.7\delta_s$	-

[해설]

액체, 기체, 입상 고체를 저장하는 탱크 및 저장용기는 이 기준에 따라 설계하여야 하며, 적용 가능한 참고기준들의 요구사항을 충족시키도록 설계하여야 한다. 지진에 대한 안전성은 공인된 관련 전문기준을 바탕으로 입증된 방법에 의하여 검증하여야 한다.

[Commentary] ASCE 7-22

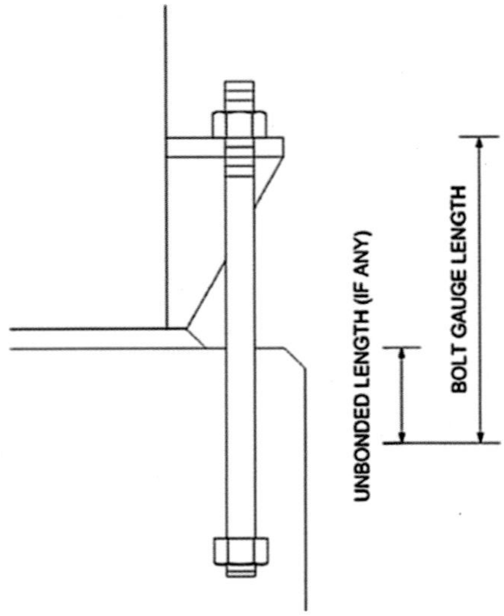

Figure C15.7-1. Bolt gauge length

Figure C15.1-1. Steel multilegged water tower (Source: Courtesy of CB&I LLC; reproduced with permission)

Figure C15.7-2. Small-diameter, single-pedestal steel tank (Source: Courtesy of CB&I LLC; reproduced with permission)

(a) Steel (b) Concrete

Figure C15.7-3. Large-diameter, single-pedestal tank (Source: Courtesy of CB&I LLC; reproduced with permission)

그림 8.2.2b 액체 및 입상물질 저장용 고가 탱크 및 용기

8.2.3 설계 예제

다음은 "2015 NEHRP Recommended Seismic Provisions: Design Examples(FEMA P-1051, 2016)"의 17장 건물외구조물 설계에서 언급된 예제들을 참조하였다.

(1) 가스터빈건물

목차

1) 건물외구조물
가. 유효중량 산정
나. 판정
2) 비구조요소
가. 유효중량 산정
나. 판정

많은 산업구조물을 '건물외구조물' 또는 '비구조요소'로 분류할 수 있다. 이러한 분류는 실무 엔지니어가 구조물을 어떻게 설계하는지를 결정하기 위해 필요하다. 설계의 핵심은 건물외구조물이 적절한지 아니면 비구조요소가 적절한지를 결정하는 것이다.

다음에 4베이(bay)로 구성된 '가스터빈(combustion turbine)' 전력생산설비를 나타냈다. 각 베이에는 가스터빈이 있으며 지붕에는 '유입구 필터(inlet filter)'가 있다. 필터를 지지하는 지붕의 무게는 균등분포 고정하중은 1.5 kPa이고, 각 필터의 무게는 150 kN이다.

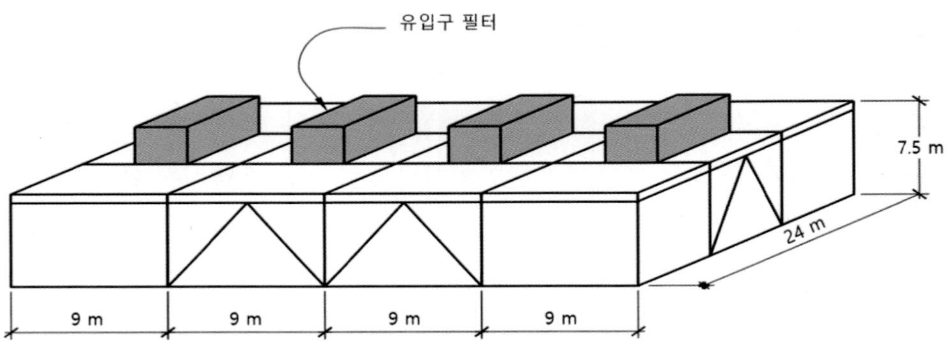

그림 8.2.3(1) 가스터빈건물

다음의 두 가지 예제는 건물외구조물과 비구조요소의 차이를 나타낸다.

가. 많은 경우 지지되는 구조물의 중량은 지지하는 구조물의 중량에 비해 상대적으로 작으므로(즉, 결합된 중량의 25% 미만인 경우), 설계수준 지반운동 중에 지지되는 구조물이 지지하는 주구조물(primary structure)의 비선형 지진응답에 상대적으로 작은 영향을 미친다. 이러한 경우에 지지되는 구조물은 비구조요소로 설계할 수 있다.

나. 지지되는 구조물의 중량이 지지하는 구조물의 중량에 비해 상대적으로 큰 경우(즉, 결합된 중량의 25% 이상인 경우), 주구조물의 응답에 상당한 영향을 미칠 수 있다. 이러한 경우에 지지되는 구조물은 건물외구조물로 설계하여야 한다.

1) 건물외구조물

4개의 필터 유닛은 강체 격막(diaphragm)을 통해 동적응답이 일체로 연결된다고 가정한다. 따라서 횡방향 및 종방향 응답 모두에 대해 4개 필터 유닛의 합한 질량을 사용한다.

가. 유효중량 산정

4개 유입구 필터의 중량 $W_{IF} = 4 \times 150\ \text{kN} = 600\ \text{kN}$

지지하는 격막의 중량 $W_{SS} = 4 \times 9\ \text{m} \times 24\ \text{m} \times 1.5\ \text{kPa} = 1{,}296\ \text{kN}$

건물외구조물(즉, 유입구 필터)와 지지하는 구조물의 결합된 총중량

$$W_{comb} = 600\ \text{kN} + 1{,}296\ \text{kN} = 1{,}896\ \text{kN}$$

나. 판정

총중량에 대한 지지되는 중량의 비는 다음과 같다.

$$\frac{W_{IF}}{W_{comb}} = \frac{600}{1{,}896} = 0.316 = 31.6\% \geq 25\%$$

유입구 필터의 무게가 건물외구조물과 지지하는 구조물의 결합 무게의 25% 이상이므로, 유입구 필터를 "건물외구조물"로 분류하여, 결합된 지진력저항시스템의 해석으로 설계지진력을 결정해야 한다. 이를 위해 필터를 독립된 집중질량으로 모델링하는 대신에, 구조부재에 대한 지진력을 정확하게 결정하기 위해 필터, 필터의 구조요소 및 가스터빈 지지구조물의 구조 부재를 함께 모델링해야 한다.

2) 비구조요소

유입구 필터들은 실제로 강체 격막으로 지지되고 있지만, 이 예시를 위해 유입구 필터들이 서로 독립된 거동을 나타낸다고 가정한다. 필터 유닛들이 강체 격막을 통해 서로 연결되었던 이전 예시와 달리, 4개 필터 유닛들은 그들의 동적 응답을 연계(coupling)하는 방식으로 연결되지 않는다. 즉, 4개의 독립된 구조물들은 지지하는 구조물의 응답에 크게 영향을 미치지 않는다. 이 경우에, 각각의 필터는 건물외구조물이며, 필터가 결합된 시스템의 응답을 크게 변화시킬 수 있을 정도로 충분히 무거운지 여부간 관건이다.

가. 유효중량 산정

1개 유입구 필터의 중량 $W_{IF} = 150\ \text{kN}$

지지하는 격막의 중량 $W_{SS} = 4 \times 9\ \text{m} \times 24\ \text{m} \times 1.5\ \text{kPa} = 1{,}296\ \text{kN}$

4개 건물외구조물(즉, 유입구 필터)와 지지하는 구조물의 결합된 총중량

$$W_{comb} = 3 \times 150\text{ kN} + 1{,}296\text{ kN} = 1{,}896\text{ kN}$$

나. 판정

총중량에 대한 지지되는 중량의 비는 다음과 같다.

$$\frac{W_{IF}}{W_{comb}} = \frac{150}{1{,}896} = 0.079 = 7.9\% < 25\%$$

유입구 필터의 무게가 건물외구조물과 지지하는 구조물의 결합 무게의 25% 미만이므로, 유입구 필터를 “비구조요소"로 분류하며 설계지진력을 결정해야 한다. 이 예시의 필터를 집중질량으로 모델링할 수 있으며, 필터와 필터 지지부는 비구조요소로 설계할 수 있다.

(2) 파이프 선반

목차

이 예제는 등가정적해석법을 사용하여 '파이프 선반(pipe rack; 파이프 랙)'에 대한 설계 밑면전단력 및 최대 비탄성 변위를 계산한다. 예제의 파이프 선반은 지표 위에서 지지되며 건물외구조물로 간주된다.

1) 개요

석유화학시설(petrochemical facility)인 2단 12베이 파이프 선반은 종방향으로 중심가새골조이며, 횡방향으로 보통모멘트골조이다. 이 파이프 선반은 나프타(naphtha)를 운반하는 직경 300 mm인 파이프라인 4개가 상단에 위치하고, 화재 진압용 물을 운반하는 직경 200 mm인 파이프라인 4개가 하단에 위치한다. 배관(piping)의 최소 고정하중은 미래의 배관 하중을 고려한 각 단에서 1.5 kPa이다. 지지하는 강재구조물의 중량은 각 단에서 0.5 kPa이다.

파이프 지지부는 파이프를 구조용 철골조에 연결하고 중력 하중을 지지하고 파이프에 수직인 지진하중 및 풍하중에 저항하도록 설계된다. 통상적인 파이프 지지부는 파이프의 열팽창 변위를 허용하기 위해 파이프가 종방향으로 이동할 수 있도록 한다. 파이프라인의 중심 부근에 있는 파이프 지지부는 종방향 및 횡방향 파이프 이동에 저항할 뿐만 아니라 중력에 대해 지지하는 고정 지지부(fixed supports)로 설계된다.

파이프 자체는 지지부에서 지지부에 이르는 중력, 풍하중, 지진하중 및 열하중에 저항하도록 설계되어야 한다.

파이프라인이 몇 백 m 동안 연속인 경우, 열팽창 변위의 누적을 피하기 위해 팽창루프(expansion loop)를 설치한다. 이 예시에서 파이프라인의 종방향은 팽창루프를 제공함으로써 다음 그림과 같이 이격된 간격으로 구간(section)으로 분할한다. 즉, 파이프라인의 각 단부에 팽창루프가 설치된다고 가정한다.

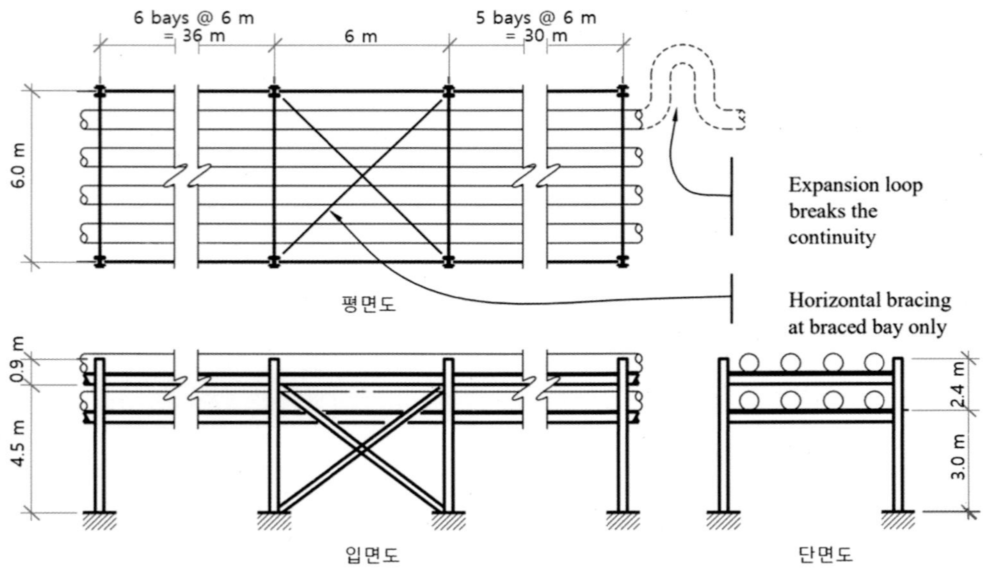

그림 8.2.3(2) 파이프 선반

2) 설계계수

가. 지반운동

이 예시의 지반운동 관련 설계계수는 다음과 같다:

단주기 설계스펙트럼가속도 $S_{DS} = 0.40$

1초 주기 설계스펙트럼가속도 $S_{D1} = 0.18$

나. 중요도계수와 내진등급

상단 배관은 나프타를 운반한다. 나프타에 대한 일반적인 물질안전데이터시트(MSDS; Material Safety Data Sheet)를 검토한 결과, 나프타는 리터당 5.2mg의 중간 치사농도(lethal concentration)[LC(50)]를 갖는 독성 물질이다. 따라서 "[KDS 41] 19.3.4 건물외구조물의 중요도 계수"에 근거하여 중요도계수(I_E)는 1.5를, 내진등급은 "특"이다.

다. 내진설계범주

$S_{DS} = 0.40$ 및 $S_{D1} = 0.18$인 경우, "[KDS 41] 5.2 내진설계범주의 결정"에 근거한 내진설계범주는 다음과 같다.

단주기 내진설계범주	D
주기 1초 내진설계범주	D
건축물 최종 내진설계범주	D

3) 횡방향 설계

가. 설계계수

"[KDS 41] 19.4 건물과 유사한 건물외구조물에 대한 요구사항, 19.4.2 파이프 선반"에 따라 이 예제의 파이프 선반은 건물과 유사한 건물외구조물에 해당한다.

"[KDS 41] 19.3.3 설계지진력"에 의하면, "① 건물과 유사한 건물외구조물의 경우에는 표 6.2-1 또는 표 19.3-1의 반응수정계수를 사용한다." 여기서 "표 6.2-1 지진력저항시스템에 대한 설계계수"는 "표 19.3-1 건물과 유사한 건물외구조물의 설계계수"에 비해, 큰 반응수정계수(R)와 덜 엄격한 높이제한 규정을 제공한다.

이 예제에서는 다음과 같이 표 6.2-1 또는 표 19.3-1에서 구한 설계계수는 동일하다.

1. 표 6.2-1

   철골 보통모멘트골조, $R = 3.5$, $\Omega_o = 3$, $C_d = 3$

2. 표 19.3-1

   철골 보통모멘트골조, $R = 3.5$, $\Omega_o = 3$, $C_d = 3$

나. 지진응답계수

"[KDS 41] 7.2.2 지진응답계수"에 따라 구한 지진응답계수는 다음과 같다.

$$C_s = \frac{S_{DS}}{\left[\frac{R}{I_E}\right]} = \frac{0.4}{\left[\frac{3.5}{1.5}\right]} = 0.171$$

해석으로 구한 고유주기 $T = 0.42$초이다.

C_s는 다음 값을 초과할 필요가 없다.

$$T \leq T_L\text{: } C_s = \frac{S_{D1}}{\left[\frac{R}{I_E}\right]T} = \frac{0.18}{\left[\frac{3.5}{1.5}\right]\times 0.42} = 0.184$$

그러나 "[KDS 41] 19.3.3 설계지진력"에 따르면 지진응답계수 C_s는 다음 값 이상이어야 한다.

$$C_s = 0.044 S_{DS} I_E = 0.044 \times 0.4 \times 1.5 = 0.0264 \geq 0.03$$

따라서 최종 지진응답계수 $C_s = 0.171$이다.

다. 유효중량

모멘트골조가 횡방향으로 저항하는 중량은 다음과 같다.

배관	2단(상단 및 하단)
벤트(bent) 간격	6 m
벤트(bent) 폭	6 m
배관 고정하중	1.5 kPa
구조물 중량	0.5 kPa

$$W = 2 \times 6\text{ m} \times 6\text{ m} \times (1.5\text{ kPa} + 0.5\text{ kPa}) = 144\text{ kN}$$

라. 밑면전단력

"[KDS 41] 7.2.1 밑면전단력"에 따라 구하면 다음과 같다.

$$V = C_s W = 0.171 \times 144\text{ kN} = 24.6\text{ kN}$$

마. 횡변위

앞서 구한 설계지진력을 사용하여 탄성해석을 통해 구한 횡방향 변위(drift)는 $\delta_{xe} =$ 8 mm로 가정하였다. "[KDS 41] 19.4.2 파이프 선반"에 따라 횡변위는 다음과 같다.

$$\delta_x = \frac{C_d \delta_{xe}}{I_E} = \frac{3\times 8}{1.5} = 16\text{ mm}$$

횡변위는 허용가능한계를 검토하여야 한다. 건축외구조물에 대한 허용가능한계는 건축구조기준에서 규정하지 않으므로 배관이 수용가능한지 에 대해 별도로 검토를 해야 한다. 일반적으로 배관은 이 예시에서 계산된 횡변위를 안전하게 수용할 수 있다. 또한, 변위를 사용하여 파이프 선반의 변위와 상호 작용(배관 시스템의 부딪힘)의 발생가능성을 검토하여야 한다.

바. 여용력계수

'여용력(redundancy; 餘冗力)'이란?

구조물이 지진 하중을 받을 때, 일부 부재가 손상되거나 파괴되더라도, (다른 부재가 분담할 여유가 있기에) 전체 구조가 붕괴되지 않고 계속해서 기능을 유지할 수 있는 능력을 의미한다. 따라서 여용력이 큰 구조물은 여러 부재가 지진 하중을 분담하기 때문에, 특정 부재가 손상되더라도 다른 부재들이 이를 보완하여 전체적인 안정성을 유지할 수 있다.

'여용력계수(redundancy factor; 餘冗力계수)'란?

설계기준에서 제시하는 여용력을 나타내는 값으로 1.0 이상의 값을 가진다. 이 계수는 구조물의 설계 시 고려해야 할 지진하중을 조정하는 데 사용된다. 예를 들어, 여용력이 작은 구조물은 큰 여용력계수를 사용하여 더 큰 지진하중을 고려해야 하는 반면, 여용력이 큰 구조물은 상대적으로 작은 여용력계수를 사용할 수 있다.

[ASCE 7-22] 12. 내진설계

12.3.4 Redundancy

여용력이 작은 경우(예: 접합부 손상이 구조물 저항을 35% 이상 손실시킬 경우), 여용력계수를 $\rho = 1.3$을 사용하도록 하였다.

예제 구조물의 경우 횡방향 거동을 고려할 때, 지진력저항시스템은 단일 프레임에 단지 두 개의 기둥만 있는 보통모멘트저항골조이다. 이 골조는 동일한 패턴으로 반복된다. 양 단부에서 보-기둥 접합부에서의 모멘트 저항 손실은 35% 이상의 층 강도 손실을 초래한다. 따라서 횡방향 여용력계수는 $\rho = 1.3$이다.

$$E_h = \rho Q_E \qquad \text{(ASCE 7-22: 12.4-3)}$$

여기서

Q_E : 수평지진력(즉, V 또는 F_p)

ρ : 여용력계수

[KDS 41] 건축구조기준: 내진설계

"[KDS 41] 건축구조기준"에서는 여용력계수를 정의하지 않았다. 즉, $\rho = 1$로 가정한다.

따라서 "[KDS 41] 건축구조기준"에 따라 이 예제에서 $\rho = 1$을 사용한다.

사. 지진력 산정

지진하중(E)은 수평지진하중(E_h)과 수직지진하중(E_v)을 모두 포함하는 것으로 다음과 같이 구할 수 있다.

$$\begin{aligned} E &= E_h \pm E_v \\ &= \rho Q_E \pm 0.2S_{DS}D \\ &= \rho V \pm 0.2S_{DS}W \end{aligned}$$

또한 필로티 등과 같이 전체 구조물의 불안정성으로 붕괴를 일으키거나 지진하중의 흐름을 급격히 변화시키는 주요부재와 이를 지지하는 해당 위치의 수직부재 설계에는 지진하중을 포함한 하중조합에 일반 지진하중(E) 대신 특별지진하중(E_m)을 사용하여야 한다.

$$E_m = \Omega_0 Q_E \pm 0.2S_{DS}D \qquad \text{(ASCE 7-22: 12.4-7)}$$
$$E_m = \Omega_0 E \pm 0.2S_{DS}D \qquad \text{(8.1-1)}$$

파이프 선반의 횡방향 모멘트골조는 특별지진하중을 고려해야할 부분을 갖지 않는다.

4) 종방향 설계

가. 설계계수

앞서 횡방향 설계에서 설명한 내용과 동일하다.

이 예제에서는 다음과 같이 표 6.2-1 또는 표 19.3-1에서 구한 설계계수는 동일하다.

1. 표 6.2-1

   철골 보통중심가새골조, $R = 3.25$, $\Omega_o = 2$, $C_d = 3.25$

2. 표 19.3-1

   철골 보통중심가새골조, $R = 3.25$, $\Omega_o = 2$, $C_d = 3.25$

나. 지진응답계수

"[KDS 41] 7.2.2 지진응답계수"에 따라 구한 지진응답계수는 다음과 같다.

$$C_s = \frac{S_{DS}}{\left[\frac{R}{I_E}\right]} = \frac{0.4}{\left[\frac{3.25}{1.5}\right]} = 0.185$$

해석으로 구한 고유주기 $T = 0.24$초이다.

C_s는 다음 값을 초과할 필요가 없다.

$$T \leq T_L:\ C_s = \frac{S_{D1}}{\left[\frac{R}{I_E}\right]T} = \frac{0.18}{\left[\frac{3.25}{1.5}\right]\times 0.24} = 0.346$$

그러나 "[KDS 41] 19.3.3 설계지진력"에 따르면 지진응답계수 C_s는 다음 값 이상이어야 한다.

$$C_s = 0.044 S_{DS} I_E = 0.044 \times 0.4 \times 1.5 = 0.0264 \geq 0.03$$

따라서 최종 지진응답계수 $C_s = 0.185$이다.

다. 유효중량

모멘트골조가 종방향으로 저항하는 중량은 다음과 같다.

배관	2단(상단 및 하단)
구조물 길이	72 m
구조물 폭	6 m
배관 고정하중	1.5 kPa
구조물 중량	0.5 kPa

$$W = 2 \times 72\ \text{m} \times 6\ \text{m} \times (1.5\ \text{kPa} + 0.5\ \text{kPa}) = 1{,}728\ \text{kN}$$

라. 밑면전단력

Using Standard Equation 12.8-1:

V = CsW = 0.185(432 kips) = 79.9 kips

"[KDS 41] 7.2.1 밑면전단력"에 따라 구하면 다음과 같다.

$$V = C_s W = 0.185 \times 1{,}728\ \text{kN} = 319.68\ \text{kN}$$

마. 여용력계수

베이(bay)의 한 면에 하나의 새로방향 가새가 제공된 경우 여용력계수 $\rho = 1.3$이다.

베이(bay)의 한 면에 두 개의 새로방향 가새가 제공된 경우 여용력계수 $\rho = 1.0$이다.

바. 지진력 산정

지진하중(E)은 수평지진하중(E_h)과 수직지진하중(E_v)을 모두 포함하는 것으로 다음과 같이 구할 수 있다.

$$\begin{aligned} E &= E_h \pm E_v \\ &= \rho Q_E \pm 0.2 S_{DS} D \\ &= \rho V \pm 0.2 S_{DS} W \end{aligned}$$

또한 필로티 등과 같이 전체 구조물의 불안정성으로 붕괴를 일으키거나 지진하중의 흐름을 급격히 변화시키는 주요부재와 이를 지지하는 해당 위치의 수직부재 설계에는 지진하중을 포함한 하중조합에 일반 지진하중(E) 대신 특별지진하중(E_m)을 사용하여야 한다.

$$E_m = \Omega_0 Q_E \pm 0.2 S_{DS} D \qquad \text{(ASCE 7-22: 12.4-7)}$$

$$E_m = \Omega_0 E \pm 0.2 S_{DS} D \qquad \text{(8.1-1)}$$

파이프 선반의 종방향 보통중심가새골조는 특별지진하중을 고려해야할 부분을 갖고 있다. 종방향으로 각 모멘트골조에 연결되는 보는 수집재(collector) 역할을 하므로, "[KDS 41] 8.1.2.3 특별지진하중"에 따라 시스템초과강도계수(Ω_0)를 포함한 특별지진하중으로 설계되어야 한다.

사. 직교 하중

이 예제의 파이프 선반은 내진설계범주 D에 할당되기 때문에 "[KDS 41] 8.1 지진하중의 조합"의 다음과 같은 규정을 따라 가새의 부재력을 평가하여야 한다.

1) 수평방향 직교하중조합법(100-30 방법 또는 SRSS 방법)을 통해 설계부재력을 산정한다.
2) 수직방향 지진력 $0.2 S_{DS} D$

이 파이프 선반 예제에서는 가새의 형상으로 인해 직교하중조합에 의해 영향을 받는 구성 요소는 기초 및 기둥 정착부에 한정된다.

부록 A

용어

제4장 [내진설계] 지진하중

4.2.6 고유진동수(f_n) vs 고유주기(T_n)

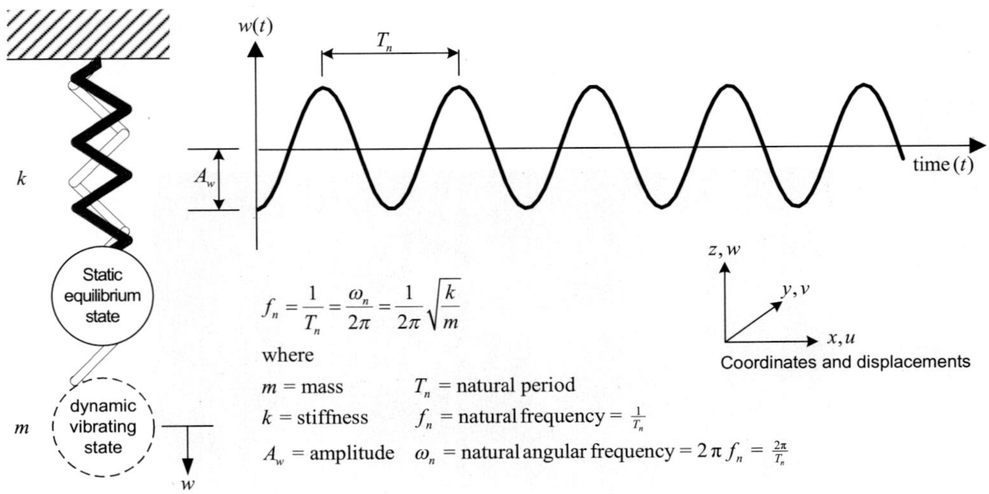

$$f_n = \frac{1}{T_n} = \frac{\omega_n}{2\pi} = \frac{1}{2\pi}\sqrt{\frac{k}{m}}$$

where

m = mass $\quad T_n$ = natural period

k = stiffness $\quad f_n$ = natural frequency = $\frac{1}{T_n}$

A_w = amplitude $\quad \omega_n$ = natural angular frequency = $2\pi f_n$ = $\frac{2\pi}{T_n}$

그림 A4.2.6a 구조물의 자유진동과 고유진동수

질량(m)과 강성(k)을 갖는 구조물은 진동한다. 사람에 비유하면 삶의 무게를 지탱하려고 저항하는 사람은 살아있다는 것을 심장박동수(heart rate)로 증명한다. 휴식 중인 성인의 심장박동수는 분당 60 ~ 100회이므로, 고유진동수(즉, 초당 진동수)로 나타내면 1 ~ 1.7 Hz이다. 이러한 사람의 고유진동수는 사람의 심적 상태에 따라 변한다. 구조물도 마찬가지로 구조물의 진동모드(즉, 구조물의 찡그린 형상)에 따라 고유진동수가 다르다.

고유진동수(f_n; natural frequency)의 역수를 고유주기(= 1/고유진동수; T_n; natural period)라고 한다. 기계 분야의 구조물은 질량에 비해 강성이 크므로 고유진동수가 1 Hz이상이고 고유주기는 1 sec이하이다. 이에 반하여 고층건물과 장대교량과 같이 유연한(즉, 질량에 비해 강성이 작은) 건설 분야의 대형 구조물은 고유주기가 1 sec이상이고 고유진동수는 1 Hz이하이다.

사람은 1이상의 양의 정수를 나타내는 자연수(natural number)에 익숙하다. 따라서 기계 분야 구조물의 동적 특성은 1 Hz 이상인 고유진동수로 나타내며, 건설 분야 대형 구조물의 동적 특성은 1 sec 이상인 고유주기로 나타낸다.

참고로 우리가 일상에서 사용하는 365일/년과 24시간/일은 지구의 공전주기와 자전주기를 나타낸다. 지구의 공전주기(revolution period)는 365.25일이지만, 우리는 지구의 공전하는 방향으로의 고유주기를 자연수인 365일로 기억한다. 또한 지구의 자전주기(rotation period)는 23시간 56분이지만, 우리는 지구의 자전하는 방향으로의 고유주기를 자연수인 24시간으로 기억한다. 이처럼 고유주기는 한 사이클을 완성하는데 걸리는 시간을 나타내며, 365일과 24시간과 같이 우리 일상에도 늘 사용하는 용어이다.

질량과 강성을 갖는 구조물의 동적 특성을 나타내는 고유진동수 또는 고유주기는 일상에서 구조물의 시간에 따른 궤적(trace)를 나타내는데 널리 사용되고 있다. 여기서 궤적(軌跡)이란 수레바퀴가 지나간 자국이라는 뜻으로, 물체가 움직이면서 남긴 움직임을 알 수 있는 자국이나 자취를 이르는 말이다. 따라서 구조물 운동의 '시간 궤적(time trace)'은 구조물의 과거 움직임의 자국이며, 이를 통해 현재 시점에서 미래 시점의 거동을 예측할 수 있으므로 미래를 준비하는데 매우 중요하다.

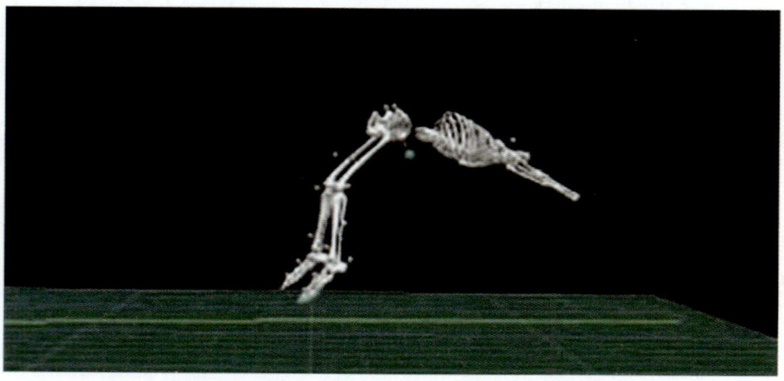

그림 A4.2.6b 질량 중심의 운동 궤적 예

(출처: [YouTube] Cincinati Children's Hospital - Human Performance Lab)

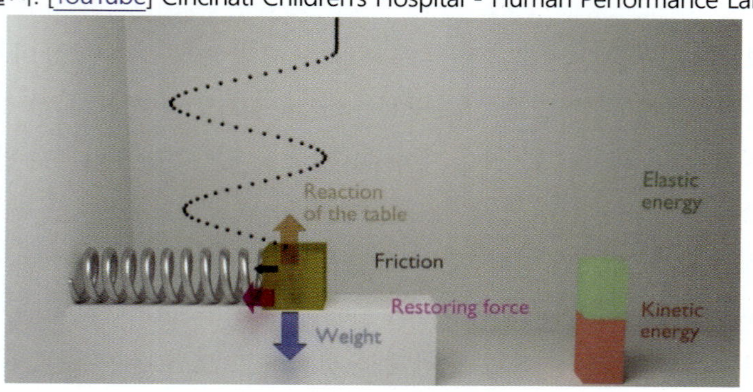

그림 A4.2.6c 감쇠 조화진동

(출처: [YouTube] Animation of a damped harmonic oscillator, Ya physics animations)

4.3.1(1) 설계지진(DBE) vs 최대고려지진(MCE)

[KDS 41] 1.2 용어의 정의

> 1. 일반사항
>
> 1.2 용어의 정의
>
> • '설계지진(design earthquake; DE; design basis earthquake; DBE)'
>
> 건축물 혹은 비구조요소의 중요도 및 성능목표별 지진의 재현주기에 따라 2장(내진등급 및 성능목표)에서 정의한 '기본설계지진'(최대고려지진에 의한 값의 2/3 수준에 해당하는 지진)에 중요도계수 및 위험도계수를 곱한 지진
>
> • '최대고려지진(maximum considered earthquake; MCE)'
>
> 내진설계에서 고려하는 가장 큰 지진으로서 국가지진위험지도의 2,400년 재현주기에 해당하며, 그 유효지반가속도의 크기는 3장(지진구역 및 지진구역계수)의 규정에 따라 정한다.

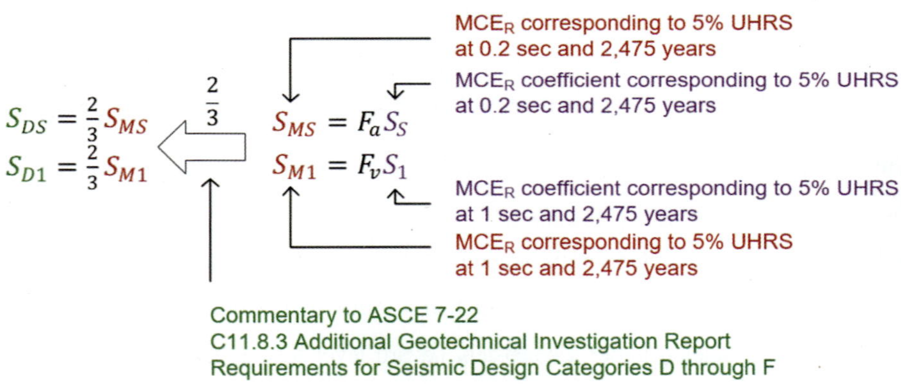

그림 A4.3.1(1)a ASCE 7-22의 설계지진(DBE)과 최대고려지진(MCE)

S_{DS} DBE의 단주기 설계스펙트럼가속도

S_{D1} DBE의 1초주기 설계스펙트럼가속도

S_{MS} MCE의 단주기 스펙트럼가속도

S_{M1} MCE의 1초주기 스펙트럼가속도

F_a 단주기 지반증폭계수(short-period site coefficient at 0.2 s-period)

F_v 1초주기 지반증폭계수(long-period site coefficient at 1.0 s-period)

S 유효지반가속도. 2,400년 재현주기 지진위험지도 또는 행정구역에 따라 결정

S_S MCE의 단주기 스펙트럼가속도 계수

S_1 MCE의 1초주기 스펙트럼가속도 계수

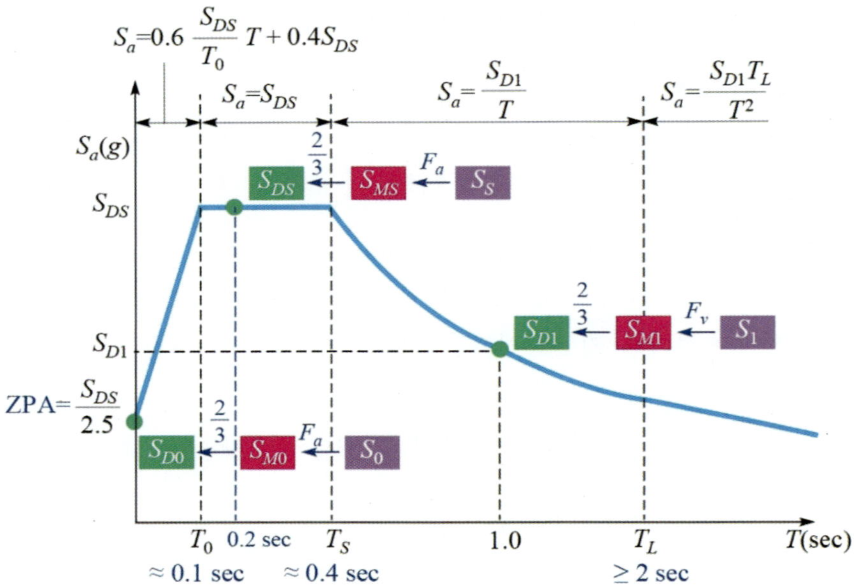

그림 A4.3.1(1)b 설계응답스펙트럼(ASCE 7-22; 김두기, 2021)

[ASCE 7-22] C11.8.2 Geotechnical Investigation Report Requirements for Seismic Design Categories C throug

... The explicit requirement in ASCE 7-10 and ASCE 7-16 to evaluate liquefaction for MCE ground motion, rather than to design earthquake ground motion, ensures that the full potential for liquefaction is addressed during the evaluation of structure stability, rather than a lesser level when the design earthquake is used. This change also ensures that, for the MCE ground motion, the performance of the structure is considered under a consistent hazard level for the effects of liquefaction, such as Collapse Prevention or Life Safety, depending on the risk category for the structure (Figure C11.5-1). By evaluating liquefaction for the MCE rather than the design earthquake peak ground acceleration, the ground motion for the liquefaction assessment increases by a factor of 1.5. This increase in peak ground acceleration to the MCE level means that sites that previously were nonliquefiable could now be liquefiable, and sites where liquefaction occurred to a limited extent under the design earthquake could undergo more liquefaction, in terms of depth and lateral extent. Some mechanisms that are directly related to the development of liquefaction, such as lateral spreading and flow or ground settlement, could also increase in severity.

This change in peak ground acceleration level for the liquefaction evaluation addressed an issue that has existed and has periodically been discussed since the design earthquake concept was first suggested in the 1990s. The design earthquake ground motion was obtained by multiplying the MCE ground motion by a factor of 2⁄3 to account for a margin in capacity in most buildings. Various calibration studies at the time of code development concluded that for the design earthquake, most buildings had a reserve capacity of more than 1.5 relative to collapse. This reserve capacity allowed the spectral accelerations for the MCE to be reduced using a factor of 2/3, while still achieving safety from collapse. However, liquefaction potential is evaluated at the selected MCEG peak ground acceleration and is typically determined to be acceptable if the factor of safety is greater than 1.0, meaning that there is no implicit safety margin on liquefaction potential. By multiplying peak ground acceleration by a factor of 2/3, liquefaction would be assessed at an effective return period or probability of exceedance different than that for the MCE. However, ASCE 7-10 requires that liquefaction be evaluated for the MCE.

...

[ASCE 7-22] C11.8.2 내진설계범주 C ~ F에 대한 지반조사보고서 요건

ASCE 7-10 및 ASCE 7-16에서는 액상화 평가를 위해 DBE 지반운동을 사용하지 않고 MCE 지반운동을 사용할 것을 명시적으로 요구한다. 이것은 DBE 지진을 사용하여 구한 낮은 액상화 가능성을 사용하기 않고, 구조물의 안정성을 평가하는 동안 액상화의 가능성을 최대한 고려하기 위함이다. 또한 이 변경사항은 MCE 지반운동의 경우 구조물의 위험도 범주에 따라 붕괴방지 또는 생명안전과 같은 액상화 효과에 대해 일관된 위험수준으로 구조물의 성능을 고려하도록 보장한다(그림 C11.5-1). DBE 최대지반가속도가 아닌 MCE에 대해 액상화를 평가하기 위해, DBE 지반운동을 1.5배 증가시킨다. 이러한 MCE 수준 최대지반가속도는 이전에 액상화가 발생할 수 없었던 현장이 액상화가 발생할 수 있음을 의미하며, DBE에서 제한된 범위 내에서 액상화가 발생한 현장은 더 넓고 깊은 영역에서 보다 많은 액상화가 가능할 수 있다. 측방유동 및 흐름 또는 지반 침하와 같이 액상화 발생과 직접적으로 관련된 일부 메커니즘의 심각성도 증가할 수 있다.

액상화 평가를 위한 최대지반가속도 수준의 이러한 증가는 1990년대에 DBE개념이 처음 제안된 이후 주기적으로 논의되어 온 문제를 해결했다. 대부분의 건물에 대한 '능력여유(capapcity margin)'를 설명하기 위해, DBE 지반운동은 MCE 지반운동에 2/3 배를 곱하여 얻었다. 관련 기준을 개발할 당시, 다양한 검증과 보완 연구를 통해 DBE는 대부분 건물의 붕괴까지 1.5배의 능력여유가 있다고 결론지었다. 이 능력여유는 붕괴로부터 안전을 달성하면서 MCE에 대한 스펙트럼가속도를 2/3 배 감소할 수 있도록 했다. 그러나 액상화 가능성은 선택된 MCE_G 최대지반가속도에서 평가되며, 일반적으로 안전계수가 1.0보다 크면 액상화에 대해 허용 가능한 것으로 결정되며, 이것은 액상화 가능성에 대한 암묵적인 안전계수가 없음을 의미한다. 최대지반지반가속도에 2/3 배를 곱하여, 액상화는 (MCE와는 다른) 유효 재현기간 또는 초과 확률에서 평가된다. 그러나 ASCE 7-10은 MCE에 대해 액상화를 평가할 것을 요구한다. ...

[Note]

ASCE 7에서는 능력여유를 고려하여 MCE를 (2/3을 곱하여) 감소시켜 DBE를 구하였다고 명시적으로 규정하였다. 이와 함께 필자의 생각을 첨부하면 다음과 같다.

ASCE 7-05에서 ASCE 7-10으로 변경될 당시, 설계지진은 1,000년 재현주기에서 2,475년 재현주기로 변경되었다. 재현주기가 크다는 것은 지진의 크기가 크다는 것이고, 기준 개발자들은 이로 인해 발생할 수 있는 문제점을 공학적 관점에서 경제성을 검토하였다. 대략 2,475년 재현주기 지진의 2/3를 사용할 경우(즉, ASCE 7-10의 DBE), 1,000년 재현주기 지진과 유사한 경제성을 갖고 사회적 혼란을 초래하지 않음을 알 수 있었으며, 2/3을 기준에 수용하였다.

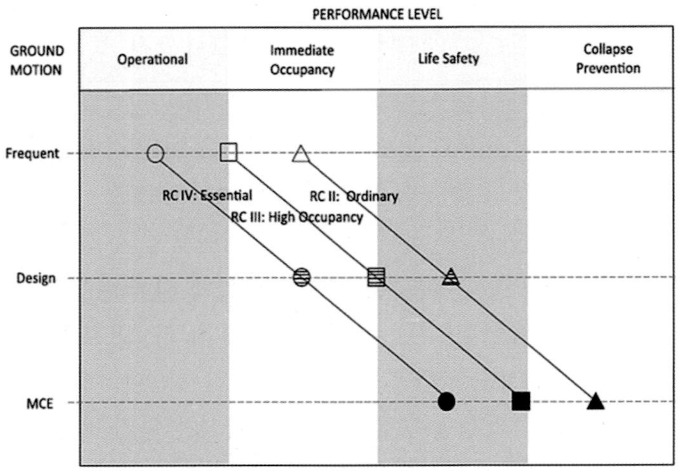

Figure C11.5-1. Expected performance as related to risk category and level of ground motion

4.3.1(2) 최대지반가속도(PGA) vs 유효지반가속도(EPA)

[KDS 41] 1.2 용어의 정의

> 1. 일반사항
> 1.2 용어의 정의
> • '최대지반가속도(peak ground acceleration; PGA)'
> 지진에 의한 진동으로 특정위치에서의 지반이 수평 2방향 또는 수직방향으로 움직인 가속도의 절댓값의 최댓값
> • '유효지반가속도(effective peak acceleration; EPA)'
> 지진하중을 산정하기 위한 기반암의 지반운동 수준으로 유효수평지반가속도와 유효수직지반가속도로 구분

지진공학에서 '최대지반가속도(PGA)'와 '유효지반가속도(EPA)'라는 용어는 모두 지진에 의한 지반의 운동가속도를 나타내지만, 이들은 개념과 사용 목적이 서로 다르다.

표 A4.3.1(2) 최대지반가속도(PGA) vs 유효지반가속도(EPA)

구분	최대지반가속도(PGA)	유효지반가속도(EPA)
정의 (KDS 설계기준)	지진에 의한 진동으로 특정위치에서의 지반이 수평 2방향 또는 수직방향으로 움직인 가속도의 절댓값의 최댓값이다.	지진하중을 산정하기 위한 기반암의 지반운동 수준으로 유효수평지반가속도와 유효수직지반가속도로 구분한다.
정의 (물리적)	지진 시 지반의 특정 위치에서의 최대가속도로서, 특정한 위치에서 지반이 흔들리는 강도(즉, 진도)를 직접 측정한 값(Intensity Measure; IM)이다.	지반운동의 다양한 주기에 대한 구조물의 응답을 고려한 PGA의 변형 버전이다. 지진 시 지반운동의 주기 범위에서 구조물의 응답을 고려할 때, 구조물이 실제 겪을 것으로 예상되는 지반가속도이다.
계산	계측된 가속도시간이력에서 직접 구한 가속도의 절댓값의 최댓값이다.	PGA가 지반운동기록에서 직접 측정한 값인데 비해, EPA는 지반운동의 가속도응답스펙트럼에서 계산하여 도출한다. EPA는 일반적으로 가속도일정구간(일반적으로 건물의 경우 0.1 ~ 0.5 sec 주기구간)에서 스펙트럼 가속도의 가중 평균으로 계산한다. 예를 들어, 가속도스펙트럼에서 가속도일정 주기구간의 일정한 스펙트럼 가속도 값이 $S_{DS}(g)$이고, 가속도일정 주기구간이 0.1 ~ 0.5 sec라고 할 경우에, EPA는 다음과 같이 계산할 수 있다. $EPA = S_{DS} \times \frac{(0.5-0.1)\ \text{sec}}{1\ \text{sec}} = \frac{1}{2.5} S_{DS}$

단위	중력가속도(g)로 측정된다. 여기서 $1\text{g} = 9.81\text{m/s}^2$	
응용 1	다양한 지진의 크기(즉, 진도)를 비교하는 데 사용한다. 지진의 지속시간이나 주기성분을 나타내지는 못하지만, 구조적 손상 가능성을 평가하는 핵심 '진도측정값(Intensity Measure; IM)'이다. 내진설계기준에서 지진의 크기를 나타내는데 사용한다.	PGA 보다 구조물의 손상 가능성을 포괄적으로 나타내므로 내진설계 및 평가에 사용된다. PGA가 지반운동의 절대 최댓값에만 초점을 맞춘데 비해, EPA는 구조물마다 고유주기가 다르므로 동일한 지반운동에 다르게 응답한다는 점을 고려하여 가속도일정 주기구간에서의 구조물의 응답에 초점을 맞춘다.
응용 2	지진재해도 초기 평가를 위한 지진의 강도(즉, 진도)를 나타내는 기본 지표로 사용된다.	내진설계와 구조해석에서 지진 시 지반운동이 구조물의 응답에 미치는 영향을 파악하기 위한 입력하중으로 사용된다.
요약	PGA가 지반 흔들림의 강도(즉, 진도)를 측정하는 간단한 방법을 제공하는 반면 EPA는 다양한 구조물이 지반운동에 어떻게 응답할 것인지를 고려하는 보다 내진공학적 지표이므로, 내진설계에서는 일반적으로 PGA 대신에 EPA를 채택한다.	

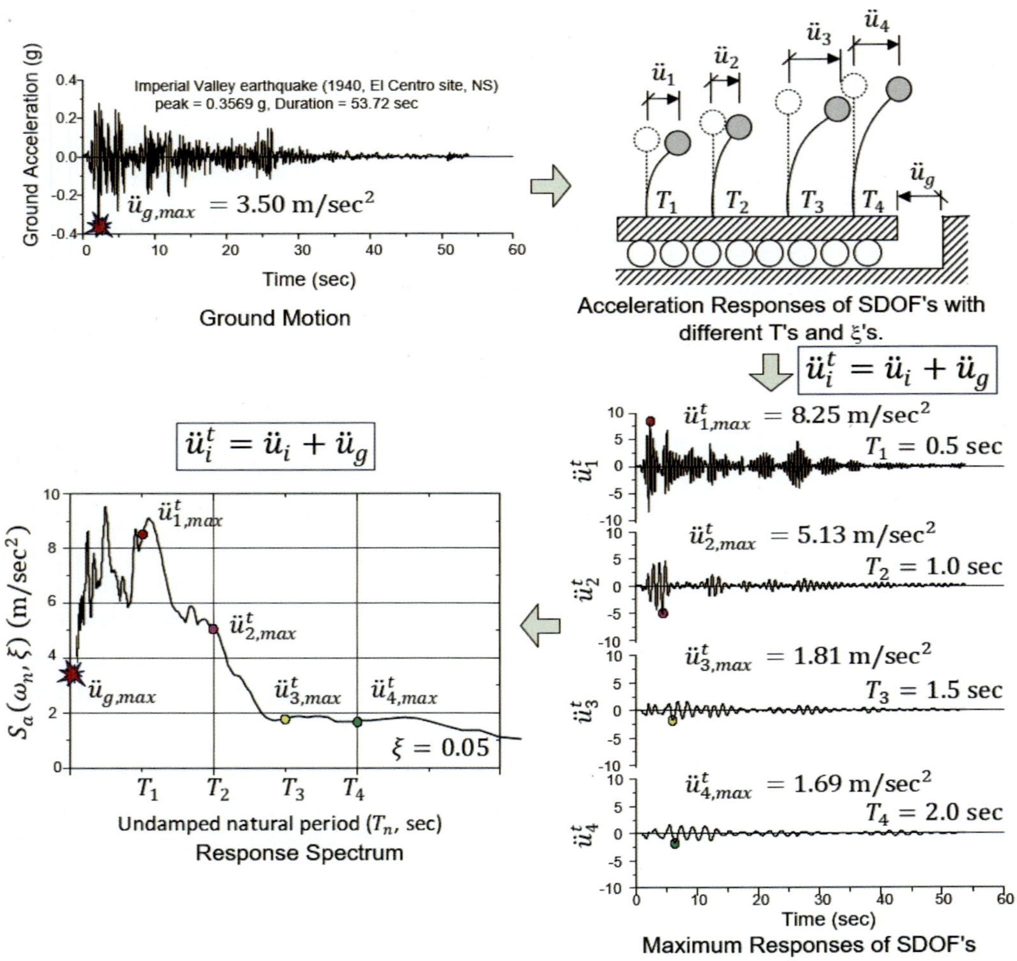

그림 4.3.1(2) 응답스펙트럼 작성절차의 개념도

부록 B

목록(기준, 지진)

1. 기준

명칭	주관	연도	발행인
KDS 17 10 00 내진설계 일반	국토교통부	2024	국가건설기준센터
KDS 41 10 05 건축구조기준 총칙	국토교통부	2022	국가건설기준센터
KDS 41 12 00 건축물 설계하중	국토교통부	2022	국가건설기준센터
KDS 41 17 00 건축물 내진설계기준	국토교통부	2022	국가건설기준센터
KDS 41 17 00 건축물 내진설계기준 및 해설	대한건축학회	2019	한국건축기준센터
KDS 41 60 30 조적식구조 강도설계법	국토교통부	2022	국가건설기준센터
기존 시설물(건축물) 내진성능 평가요령	국토교통부	2021	국토안전관리원
기존 시설물(교량) 내진성능 평가요령	국토교통부	2019	한국시설안전공단
학교시설 내진성능평가 및 보강 매뉴얼	교육부	2021	한국교육시설안전원
KDS 14 20 52 콘크리트구조 정착 및 이음 설계기준	국토교통부	2021	국가건설기준센터
KDS 14 20 80 콘크리트 내진설계기준	국토교통부	2021	국가건설기준센터
ACI 318-19, Building Code Requirements for Structural Concrete and Commentary		2019	ACI
ASCE/SEI 7-22, Minimum Design Loads and Associated Criteria for Buildings and Other Structures		2022	ASCE/SEI

2. 지진

연도	명칭	규모	참조
1906	샌프란시스코(San Francisco) 지진	M_w 7.9	1.2.1
1940	엘센트로(El Centro) 지진	M_L 6.9	
1948	후쿠이(福井; Fukui) 지진	M_w 6.8	3.1.7
1952	태프트(Taft) 지진	M_w 7.5	
1964	니카타(Niigata; にいがた; 新潟) 지진	M_w 7.6	1.2.1
1964	알래스카(Alaska) 지진	M_w 9.2	1.2.1
1968	도카치 해역(十勝沖) 지진	M_j 7.9	3.1.6
1968	하치노헤(Hachinohe, 十勝沖, Tokachi-oki) 지진	M_L 7.9	
1971	산페르난도(San Fernando) 지진	M_w 6.6, M_S 6.5	3.1.2
1978	미야기현(Miyagi; 宮城県) 지진	M_S 7.7	3.1.3
1978	오후나토(Ofunato, 大船渡, Miyagi-oki) 지진	M_w 7.4	
1983	동해 중부(Sea of Japan, 日本海中部) 지진	M_w 7.8	3.2.3
1985	멕시코시티(Mexico City) 지진	M_w 8.0	3.1.8
1988	아르메니아(Armenian) 지진	M_w 6.8	3.2.7
1990	루손(Luzon, 필리핀) 지진	M_w 7.7	3.2.2
1994	노스리지(Northridge, LA) 지진	M_w 6.7	3.2.7
1995	고베(Great Hanshin; 효고현 남부; 兵庫県南部) 지진	M_w 6.9	3.1.1
1997	카이엔(Qayen, 이란) 지진	M_w 7.3	3.2.1
1999	이즈미트(İzmit, Kocaeli, 튀르기예) 지진	M_w 7.6	1.2.1
1999	치치(921, 九二一, 지지, Jiji, Chichi) 지진	M_L 7.3	
2009	라퀼라(L'Aquila, 이탈리아) 지진	M_w 6.3	3.2.1
2010	아이티(Haiti) 지진	M_w 7.0	1.2.1
2011	동일본(Tōhoku; 東北) 대지진	M_w 9.1	1.2.1
2016	경주(慶州, 912, Gyeongju) 지진	M_w 5.4	
2017	포항(浦港, Pohang) 지진	M_w 5.4	1.2.1
2021	후쿠시마현 해역(福島県沖; Fukushima) 지진	M_j 7.3	1.2.4
2023	튀르기예(Turkey–Syria) 지진	M_w 7.8	1.1.2;3.1.9
2024	노토반도(Noto; のとはんとう; 能登半島) 지진	M_w 7.5, M_j 7.6	3.2.8
2024	화롄(花蓮; Hualien, 대만) 지진	M_w 7.4	3.1.2

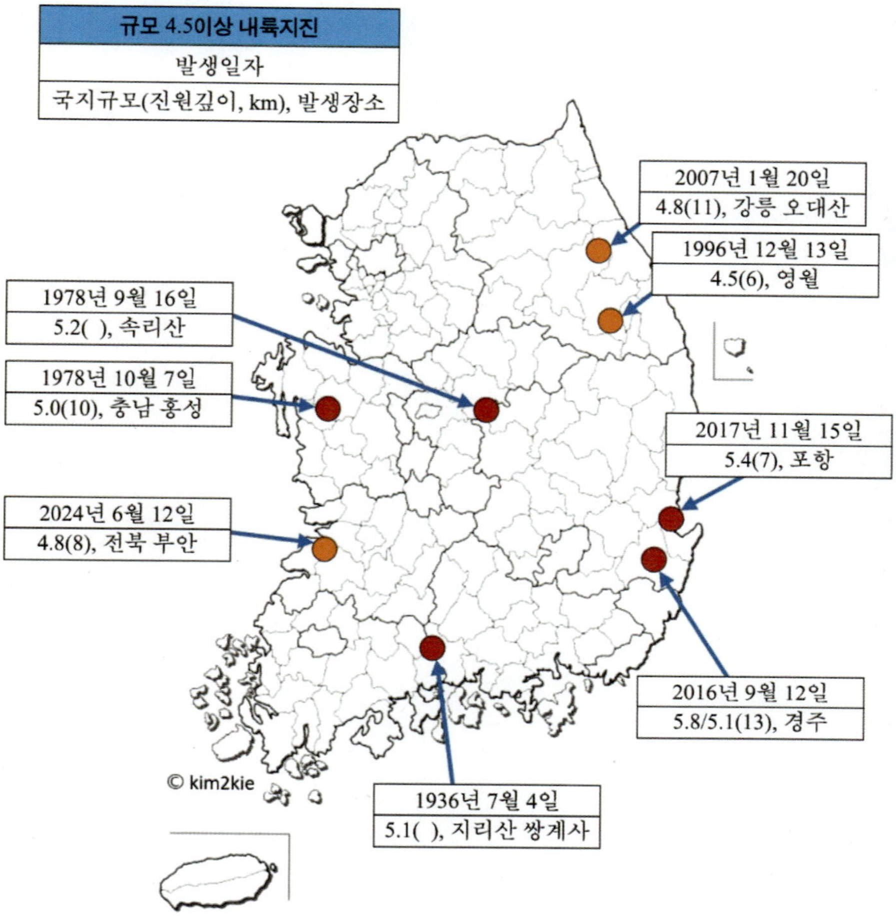
규모 4.5이상 내륙지진
발생일자
국지규모(진원깊이, km), 발생장소
2007년 1월 20일
4.8(11), 강릉 오대산
1996년 12월 13일
4.5(6), 영월
1978년 9월 16일
5.2( ), 속리산
1978년 10월 7일
5.0(10), 충남 홍성
2017년 11월 15일
5.4(7), 포항
2024년 6월 12일
4.8(8), 전북 부안
2016년 9월 12일
5.8/5.1(13), 경주
1936년 7월 4일
5.1( ), 지리산 쌍계사
© kim2kie

연습문제

제1장 지진

■ 규모(21년/16년 건축기사)

지진계에 기록된 진폭을 진원의 깊이와 진앙까지의 거리 등을 고려하여 지수로 나타낸 것으로 장소에 관계없는 절대적 개념의 지진크기를 말하는 것은?
❶ 규모 ② 진도 ③ 진원시 ④ 지진동

[풀이]
❶ 규모(절대적 지표) vs 진도(상대적 지표)

■ 지진 현상(20년 건축기사)

다음 중 지진에 의하여 발생되는 현상이 아닌 것은?
❶ 동상현상 ② 해일
③ 지반의 액상화 ④ 단층의 이동

[풀이]
❶ 동상현상은 지반의 동해에 의해 발생하는 현상이다.

■ 진도와 규모(16년 건축기사)

지진의 진도(Intensity)와 규모(Magnitude)에 대한 설명으로 옳지 않은 것은?
① 진도는 상대적 개념의 지진크기이다.
② 규모는 장소에 관계없는 절대적 개념의 크기이다.
③ 진도는 사람이 느끼는 감각, 물체이동 등을 계급별로 구분한다.
❹ 규모는 지반의 운동정도를 평가하나 정밀하지는 않다.

[풀이]
❹ 규모 → 진도

제2장 구조설계 vs 내진설계

■ 내진능력 공개(22년 건축기사)

사용승인을 받는 즉시 건축물의 내진능력을 공개하여야 하는 대상 건축물의 층수 기준은? (단, 목구조 건축물의 경우이며 기타의 경우는 고려하지 않는다.)
① 2층 이상 ❷ 3층 이상
③ 6층 이상 ④ 16층 이상

[풀이]
❷ 2층 이상 건물 (목조건물은 3층 이상)

제3장 구조물 피해

제4장 [내진설계] 지진하중

■ 내진보강(19년 건축기사)

구조물의 내진보강 대책으로 적합하지 않은 것은?
① 구조물의 강도를 증가시킨다.
② 구조물의 연성을 증가시킨다.
❸ 구조물의 중량을 증가시킨다.
④ 구조물의 감쇠를 증가시킨다.

[풀이]
❸ 지진력의 크기는 구조물의 중량에 비례한다.

■ 등가정적해석법(20년 건축기사)

등가정적해석법에 의한 건축물의 내진설계 시 고려해야 할 사항이 아닌 것은?
① 지역계수 ❷ 노풍도계수
③ 지반종류 ④ 반응수정계수

[풀이]
❷ 노풍도계수는 내풍설계 시 고려해야 한다.

■ 밑면전단력(19년/16년 건축기사)

지진하중 설계 시 밑면전단력과 관계없는 것은?
① 유효건물중량 ② 중요도계수
③ 지반증폭계수 ❹ 가스트계수

[풀이]
❹ 가스트계수는 내풍설계 시 고려해야 한다.

■ 내진설계(19년 건축기사)

내진설계에 있어서 밑면전단력 산정인자가 아닌 것은?
① 건물의 중요도 계수 ② 반응수정계수
❸ 진도계수 ④ 유효건물중량

[풀이]
❸ 진도는 정성적이고 상대적인 개념으로 사람에 따라 느끼는 정도가 다르다.

■ 내진설계(17년 건축기사)

건축구조기준에 따른 우리나라 지진구역 및 이에 따른 지진구역계수 값이 옳게 연결된 것은?
❶ 지진구역 I: 0.22g, 지진구역 II: 0.14g
② 지진구역 I: 0.17g, 지진구역 II: 0.11g
③ 지진구역 I: 0.11g, 지진구역 II: 0.17g
④ 지진구역 I: 0.14g, 지진구역 II: 0.22g

■ 내진설계(16년 건축기사)

우리나라에서 건축물의 지진구역계수 Z를 결정하는 지진위험도 기준은?
① 100년 재현주기 지진 ② 500년 재현주기 지진
③ 1,000년 재현주기 지진 ❹ 2,400년 재현주기 지진

■ 내진용 철근(16년 건축기사)

건축구조용압연강이라 하며, 건축물의 내진성능을 확보하기 위하여 항복점의 상한치 제한 등에 의한 품질의 편차를 줄이고, 용접성 및 냉간 가공성을 향상시킨 강재는?
① SM강재 ② TMCP강재
③ SS강재 ❹ SN강재

[풀이]
❹ N은 기존 SS강재와 SM강재보다 새롭다하여 New를 붙임. SN강재(Steel New, 내진 건축구조용 압연강재). SHN강재(Steel H-Beam New, 내진 건축구조용압연 H-Beam 강재)

■ 내진등급(23년 공무원 9급 건축구조)

건축물 내진설계에 대한 내용으로 옳지 않은 것은?
① 건물의 중요도를 고려하여 내진등급과 내진설계 중요도계수를 결정한다.
❷ 내진등급은 내진특등급, 내진 I 등급, 내진 II 등급, 내진III등급으로 구분된다.
③ 평면비정형성의 유형에는 비틀림비정형, 요철형평면, 격막의 불연속, 면외 어긋남, 비평행시스템이 있다.
④ 수직비정형성의 유형에는 강성비정형 – 연층, 중량비정형, 기하학적 비정형, 횡력저항 수직저항 요소의 비정형, 강도의 불연속 – 약층이 있다.

[풀이]
❷ 내진등급은 내진특등급, 내진 I 등급, 내진 II 등급으로 구분된다.

제5장 [내진설계] 구조계획

■ 코어구조(21년 건축기사)

사무소 건축의 코어 형식 중 편심형 코어에 관한 설명으로 옳지 않은 것은?
① 고층인 경우 구조상 불리할 수 있다.
② 각 층 바닥면적이 소규모인 경우에 사용된다.
③ 바닥면적이 커지면 코어 이외에 피난시설 등이 필요해 진다.
❹ 내진구조상 유리하며 구조코어로서 가장 바람직한 형식이다.

[풀이]
❹ 편심형 코어는 지진 시 우발편심을 유발하므로 내진구조상 불리하다.

■ 구조시스템(23년 공무원 9급 건축구조)

건축물 내진설계에 대한 용어 설명으로 옳지 않은 것은?
① 감쇠는 점성, 소성 또는 마찰에 의해 구조물에 입력된 동적 에너지가 소산되어 구조물의 진동이 감소하는 현상이다.
❷ 중간모멘트골조는 지진력의 25% 이상을 부담하는 연성모멘트골조가 전단벽이나 가새골조와 조합되어 있는 구조방식이다.
③ 최대지반가속도는 지진에 의한 진동으로 특정위치에서의 지반이 수평 2방향 또는 수직방향으로 움직인 가속도의 절대값의 최댓값이다.
④ 내진성능수준은 설계지진에 대해 시설물에 요구되는 성능수준으로 기능수행수준, 즉시복구수준, 장기복구/인명보호수준과 붕괴방지수준으로 구분된다.

[풀이]
❷ 중간모멘트골조 → 이중골조

■ 구조시스템(21년 건축기사)

다음 각 구조시스템에 관한 정의로 옳지 않은 것은?
① 모멘트골조방식: 수직하중과 횡력을 보와 기둥으로 구성된 라멘골조가 저항하는 구조방식
② 연성모멘트골조방식: 횡력에 대한 저항능력을 증가시키기 위하여 부재와 접합부의 연성을 증가시킨 모멘트골조방식
❸ 이중골조방식: 횡력의 25% 이상을 부담하는 전단벽이 연성모멘트와골조와 조합되어 있는 구조방식
④ 건물골조방식: 수직하중은 입체골조가 저항하고 지진하중은 전단벽이나 가새골조가 저항하는 구조방식

[풀이]
❸ 이중골조방식: 횡력의 25% 이상을 연성모멘트골조가 부담하는 구조방식

■ 구조시스템(16년 건축기사)

지진력저항시스템 중 다음 각 구조시스템에 관한 설명으로 옳지 않은 것은?
① 모멘트골조방식: 수직하중과 횡력을 보와 기둥으로 구성된 라멘골조가 저항하는 구조방식
② 연성모멘트골조방식: 횡력에 대한 저항능력을 증가시키기 위하여 부재와 접합부의 연성을 증가시킨모멘트골조
❸ 이중골조방식: 횡력의 25% 이상을 부담하는 전단벽이 연성모멘트골조와 조화되어 있는 구조방식
④ 건물골조방식: 수직하중은 입체골조가 저항하고, 지진하중은 전단벽이나 가새골조가 저항하는 구조방식

[풀이]
❸ 이중골조방식: 횡력의 25% 이상을 연성모멘트골조가 부담하는 구조방식

■ 철골조 가새(20년 건축기사)

철골조의 가새에 관한 설명으로 옳지 않은 것은?
① 트러스의 절점 또는 기둥의 절점을 각각 대각선 방향으로 연결하여 구조체의 변형을 방지하는 부재이다.
❷ 풍하중, 지진력 등의 수평하중에 저항하는 것으로 부재에는 인장응력만이 발생한다.
③ 보통 단일형강재 또는 조립재를 쓰지만 응력이 작은 지붕가새에는 봉강을 사용한다.
④ 수평가새는 지붕트러스의 지붕면(경사면)에 설치한다.

[풀이]
❷ 인장응력만 → 인장응력과 압축응력

■ 이중골조시스템(18년 건축기사)

지진력저항시스템의 분류 중 이중골조시스템에 관한 설명으로 옳지 않은 것은?
❶ 모멘트골조가 최소한 설계지진력의 75%를 부담한다.
② 모멘트골조와 전단벽 또는 가새골조로 이루어져 있다.
③ 전체 지진력은 각 골조의 횡강성비에 비례하여 분배한다.
④ 일정 이상의 변형능력을 갖도록 연성상세설계가 되어야 한다

[풀이]
❶ 75% → 25%

■ 콘크리트구조(23년 공무원 9급 건축구조)

조적구조의 내진설계에 대한 설명으로 옳지 않은 것은?
❶ 조적허리벽이 모멘트골조로부터 이격된 경우에는 허리벽에 의한 기둥길이의 감소효과를 구조해석과 설계에 반영해야 한다.
② 조적채움벽이 모멘트골조로부터 이격되지 않아서 구조요소로 역할을 할 경우에는 채움벽의 영향을 구조해석에서 고려해야 한다.
③ 철근콘크리트모멘트골조 또는 철골모멘트골조의 내부에 밀착하여 채움벽이 배치되는 경우에는 채움벽의 강성 및 강도 기여도를 고려해야 한다.
④ 철근콘크리트모멘트골조 또는 철골모멘트골조의 내부에 밀착된 채움벽체의 대각방향 압축대의 강도는 골조의 강성을 고려한 유효폭을 산정하여 골조의 강도 및 강성 증가 효과를 고려한다.

[풀이]
❶ 이격된 → 이격되지 않은

■ 목구조(23년 공무원 9급 건축구조)

목구조 부재설계기준에서 수평하중저항구조의 설계에 대한 설명으로 옳지 않은 것은?
❶ 바닥격막구조는 콘크리트구조 및 조적조에 따라 유발되는 지진하중을 지지하도록 설계하여야 한다.
② 모든 격막구조는 인장 및 압축 하중을 전달하도록 가장자리에 경계부재를 설치하여야 한다.
③ 개구부 주변의 경계부재는 전단응력을 분산하도록 설계하여야 한다.
④ 격막의 덮개용 목질판상재를 경계부재의 이음에 사용하지 않아야 한다.

[풀이]
❶ 설계하여야 한다 → 설계하여서는 안된다

제6장 [내진설계] 연성

■ 허용층간변위(21년/17년 건축기사)

다음 중 내진 I등급 구조물의 허용층간변위[h_{sx}]로 옳은 것은? (단, KDS기준, h_{sx}는 x층 층고)
① 0.005 ② 0.010 ❸ 0.015 ④ 0.020

[풀이]
❶ 표 8.2-1 허용층간변위 Δ_a (출처: KDS 41)

	내진등급		
	특	I	II
Δ_a	$0.010h_{sx}$	$0.015h_{sx}$	$0.020h_{sx}$

h_{sx} : x층 층고

제7장 [내진설계] 면진과 제진

■ 제진(22년 건축기사)

지진에 대응하는 기술 중 하나인 제진(製震)에 관한 설명으로 옳지 않은 것은?
① 기존 건물의 구조형식에 좌우되지 않는다.
② 지반종류에 의한 제약을 받지 않는다.
❸ 소형 건물에 일반적으로 많이 적용된다.
④ 댐퍼 등을 사용하여 흔들림을 효과적으로 제어한다.

[풀이]
❸ 구조물의 변형이 크게 발생하는 중형 건물에 적용한다.

■ 일반사항(21년 공무원9급 건축구조)

우리나라 건축물 내진설계기준의 일반사항에 대한 설명으로옳지 않은 것은?

① 내진성능수준 – 설계지진에 대해 시설물에 요구되는 성능수준. 기능수행수준, 즉시복구수준, 장기복구/인명보호수준과 붕괴방지수준으로 구분
❷ 변위의존형 감쇠장치 – 하중응답이 주로 장치 양 단부 사이의 상대속도에 의해 결정되는 감쇠장치로서, 추가로 상대변위의함수에 종속될 수도 있음
③ 성능기반 내진설계 – 엄격한 규정 및 절차에 따라 설계하는사양기반설계에서 벗어나서 목표로 하는 내진성능수준을달성할 수 있는 다양한 설계기법의 적용을 허용하는 설계
④ 응답스펙트럼 – 지반운동에 대한 단자유도 시스템의 최대응답을고유주기 또는 고유진동수의 함수로 표현한 스펙트럼

[풀이]

❷ 상대속도 → 상대변위; 추가로 상대변위의함수에 종속될 수도 있음 → 근본적으로 장치 양단부의 상대속도와 진동수에는 독립적임

제8장 [내진설계] 비구조요소

■ 비구조요소(21년 공무원9급 건축구조)

비구조요소의 내진설계에 대한 설명으로 옳지 않은 것은?

① 파라펫, 건물외부의 치장 벽돌 및 외부치장마감석재는 내진설계가 수행되어야 한다.
❷ 비구조요소의 내진설계는 구조체의 내진설계와 분리하여 수행할 수 없다.
③ 건축비구조요소는 캔틸레버 형식의 구조요소에서 발생하는지점회전에 의한 수직방향 변위를 고려하여 설계되어야 한다.
④ 설계하중에 의한 비구조요소의 횡방향 혹은 면외방향의 휨이나변형이 비구조요소의 변형한계를 초과하지 않아야 한다.

[풀이]

❷ 없다 → 있다

참고문헌

참고문헌 (장별)

제1장 지진

최원호, 내진설계 이야기, 웹사이트

Idriss, I.M. and Sun, J.I. (1992). SHAKE91: A Computer Program for Conducting Equivalent Linear Seismic Response Analyses of Horizontally Layered Soil Deposits, User"s Guide, University of California, Davis, California.

Kramer, S.L. (1996). Geotechnical Earthquake Engineering, Prentice-Hall, Upper Saddle River, NJ.

R.A. Green et al., Geotechnical Aspects of Failures at Port-au-Prince Seaport during the 12 January 2010 Haiti Earthquake, October 2011, Earthquake Spectra 27(S1): S43-S65, DOI:10.1193/1.3636440]

1.1 지진 발생

- 맨틀대류와 판구조론
  https://www.youtube.com/watch?v=ryrXAGY1dmE

1.2 지진 현상

- 실체파와 표면파
  https://www.youtube.com/watch?v=yOGoKCK17a4
- 산사태
  https://youtu.be/-WlMwMrm1uo?si=xVtRan1TYw8kqmjV
- 액상화, MBC 뉴스
  https://youtu.be/un6SFAxQK0Y?si=18eewsLpt4AiPU6Z
- 액상화, KBS1 뉴스(포항 지진)
  https://youtu.be/xMdenUHpPd0?si=v9Hsw9o6JMBlBXG2
- 세이시, Wikipedia
  https://en.wikipedia.org/wiki/Seiche#/media/File:Standing_wave_2.gif
- 세이시, 탱크
  https://youtu.be/PHnRsHfaD08?si=dPb1XrnVBUJlCaAr
- 샌프란시스코 지진 시 액상화
  https://youtu.be/qmVYbjiNWds?si=IxPW1158vEnQt840

제2장 구조설계 vs 내진설계

Taranath, B.S. (2010). Reinforced concrete design of tall buildings. New York, USA, CRC Press: Taylor & Francis Group.

제3장 구조물 피해

시바타 아키노리(柴田明德), 2012年度 耐震工学研究会

오타니 슌스케(小谷俊介), 내진구조특론(耐震構造特論): 철근콘크리트 구조물의 내진구조 특론(鉄筋コンクリート造耐震構造特論), IISEE-UNESCO Lecture Note: C-220-2009-JP, 국제지진공학센터(国際地震工学センタ), 2009 https://iisee.kenken.go.jp/lna/?language=jp&mod=viewall

Asteris PG, Kakaletsis DJ, Chrysostomou CZ, Smyrou EE. Failure modes of in-filled frames, Electronic Journal of Structural Engineering, No. 1, 11(2011) 11-20.

Lee JY, Kim JY and Oh GJ (2009) Strength deterioration of reinforced concrete beam-column joints subjected to cyclic loading. Engineering Structures 31(9): 2070-2085.

Marnetto, R., Vari, A., Marnetto, L., & Leonori, M. (2014). Conservare l'edilizia in muratura: il sistema CAM - Cuciture attive dei manufatti. Edizioni PREprogetti.

Mizuno, H. (1987). "Pile Damage During Earthquake in Japan (1923-1983)." Proceedings of a session of the Geotechnical Engineering Division of the American Society of Civil Engineers in conjunction with the ASCE Convention in Atlantic City, New Jersey, pp. 53-78.

M. Teguh, Duffield, C., Mendis, P. and G.L. Hutchinson (2006) "Seismic performance of pile-to-pile cap connections: An investigation of design issues", Electronic Journal of Structural

Engineering, 6, pp. 8–18. doi: 10.56748/ejse.654.
Ricci, P., De Luca, F. & Verderame, G.M. 6th April 2009 L'Aquila earthquake, Italy: reinforced concrete building performance. Bull Earthquake Eng 9, 285–305 (2011). https://doi.org/10.1007/s10518-010-9204-8
T. Langlade, D. Bertrand, S. Grange, G. Candia, J.C. de la Llera, Modelling of earthquake-induced pounding between adjacent structures with a non-smooth contact dynamics method, Engineering Structures, 241, 2021, 112426, ISSN 0141-0296.

제4장 [내진설계] 지진하중

김두기, 구조동역학, 구미서관, 2021.09.
Brocher, T.M., Page, R.A., Stauffer, P.H., and Hendley, J.W., II, 2014, Progress toward a safer future since the 1989 Loma Prieta earthquake: U.S. Geological Survey Fact Sheet 2014-3092, 4 p., https://dx.doi.org/10.3133/fs20143092.
Dookie Kim, Structural Earthquake Engineering, Super Docu, 2018.

제5장 [내진설계] 구조계획

ASCE/SEI 7, Minimum Design Loads and Associated Criteria for Buildings and Other Structures, 2022.
FEMA P-749, Earthquake-Resistant Design Concepts: An Introduction to the NEHRP Recommended Seismic Provisions for New Buildings and Other Structures, 2010.
Michael Gannon, A Story to Brace For, STRUCTURE magazine, 2019.07.
Miyajima M, Yoshida M, Serikawa Y (2024) Quick report of preliminary reconnaissance of the 2024 Notohanto Earthquake in Japan, Presentation. 2024.1.7.
SEAOC, Recommended Lateral Force Requirements and Commentary.
Sina Kazemzadeh Azad, Cem Topkaya, A review of research on steel eccentrically braced frames, Journal of Constructional Steel Research, Volume 128, 2017, Pages 53-73, ISSN 0143-974X, https://doi.org/10.1016/j.jcsr.2016.07.032.
Wu Y-P, Chen Z-H, Zhou T, Chen X-D, Wang X-D. Experimental and numerical studies on Seismic Performance of The SCFST Column Eccentrically Braced Frames. Advances in Structural Engineering. 2021;24(2):266-278. doi:10.1177/1369433220950609

제6장 [내진설계] 연성

이재훈, 철근콘크리트공학, 동명사, 2023
국토부, 기존 시설물(교량) 내진성능 평가요령, 한국시설안전공단, 2019
N.C. Gould, M.. Kallros, S. Dowty, Northridge – 25 Years Later: Concrete Parking Structures and the Northridge Earthquake, Structure Magazine, Oct 2019.

제7장 [내진설계] 면진과 제진

이종권, 조남철, 김시범, 국내 학교 건물의 내진보강 적용사례 II - ER 댐퍼를 이용한 경기 ◇◇초등학교 내진보강 -, 한국구조물진단유지관리공학회지, 특집기사, 16(1), 28-36, 2012.06.
주석준, 문종호, 초고층 건물의 거주성 향상을 위한 500톤 진자형 TMD의 적용, 건축구조: 특집기사, 31(1), 26-32, 건축구조기술사회, 2024.
한국면진제진협회, 한국의 면진건축, 구미서관, 2023.
W.H. Algaard, R. Crielaard, W. Whitby, Investigating Interactions Between Wind and Seismic Actions for Tall Buildings, Society for Earthquake and Civil Engineering Dynamics(SECED): News Letter, 28(2), 1-15, July 2017

7.1 면진
• 내진설계방법 비교, TheStory, 2016
https://www.youtube.com/watch?v=xaCQ3TYfn5A
• 일반건물과 면진건물의 거동 비교
https://www.youtube.com/watch?v=ZqlXp3czrrM
• 일반교량과 면진교량의 거동 비교
https://www.youtube.com/watch?v=ON8RAXpMNVc

7.2 제진
• Principle of Tuned Mass Damper(TMD)
https://www.youtube.com/watch?v=lhNjfNUOUo8
• Principle of Tuned Mass Damper(TMD) -Pendulum
https://www.youtube.com/watch?v=GzMuF-LMGaM
• Damping System
https://youtu.be/kApmX-OqWNY?si=Ilj0mrGfslK-l0FB
• TLCD
https://www.youtube.com/watch?v=JaIdGw2lQ7g
• Roll damping of a ship model
https://www.youtube.com/watch?v=aI4keInZx-U
• Fluid Viscous Damper Test
https://youtu.be/UrS6Et712Zc?si=nfLEgf7W6RbwbyE6
• Active Vibration Control in Flexible Structures
https://www.youtube.com/watch?v=-VxDpuAJhDk

제8장 [내진설계] 비구조요소와 건물외구조물

8.1 비구조요소
건축물 내진설계기준에 따른 비구조요소 내진설계 예제집, 대한건축학회, 한국건축구조기술사회, 2019.05.
FEMA E-74, Reducing the Risks of Nonstructural Earthquake Damage – A Practical Guide, 2012.

FEMA P-2192-V1: Design Examples, 2020 NEHRP Recommended Seismic Provisions: Design Examples, Training Materials, and Design Flow Charts, November 2021.

FEMA P-2192-V2: Training Materials, 2020 NEHRP Recommended Seismic Provisions: Design Examples, Training Materials, and Design Flow Charts, November 2021.

Dhakal, R.P. (2010). Damage to non-structural components and contents in the 2010 Darfield Earthquake, Bulletin of the New Zealand Society for Earthquake Engineering, Vol. 43, No. 4, 404-412 (http://www.nzsee.org.nz/db/Bulletin/Archive/43(4)0404.pdf).

8.2 건물외구조물

FEMA P-1051, 2015 NEHRP Recommended Seismic Provisions: Design Examples, July 2016.

부록 A. 용어

4.2.6 고유진동수(f_n) vs 고유주기(T_n)

- 질량 중심의 운동 궤적 예(출처: Cincinati Children's Hospital - Human Performance Lab)
  https://youtu.be/HSW8gXmOazs?si=R2ABD1qPIK-YVZou
- 감쇠 조화진동
  https://www.youtube.com/watch?v=HRcjtVa1LfM

찾아보기

[ㄷ]

[ㄹ]

[ㅁ]

[ㅂ]

[ㅅ]

[ㅇ]

[ㅈ]

[A]

[B]

[C]

[D]

[E]

[F]

[G]

[H]

[I]

[J]

[K]

[L]

[M]

[N]

[O]

[P]

[Q]

[R]

[S]

[T]

[U]

[V]

[W]

[Y]

[Z]

■ **저자소개**

김두기 (金斗基)

고려대학교 건축사회환경공학과(공학사)

KAIST 건설 및 환경공학과(공학석사/공학박사)

현재 : 국립공주대학교 천안공과대학
스마트인프라공학과 교수

자격 : 건축구조기술사/토목구조기술사

자료 : www.kim2kie.com 및 유튜브

내진설계 이야기 **정가 28,000원**

저자 : 김두기

발행인 : 임정대
발행처 : 도서출판 구미서관

발행 : 2024년 8월 15일

등록 : 1979년 6월 29일 No.9-6호
주소 : 서울시 마포구 신촌로 2길 5-15 구미빌딩
전화 : 02-333-1101
팩스 : 02-335-2201
http://www.goomibook.com

ISBN 979-11-6257-293-1 (93530)